U0305595

Comprehensive Utilization

of Animal By-Products

家畜副产物
综合利用

余群力　冯玉萍　主编

中国轻工业出版社

图书在版编目（CIP）数据

家畜副产物综合利用/余群力，冯玉萍主编．—北京：中国轻工业出版社，
2014．2

ISBN 978-7-5019-9536-3

Ⅰ．①家…　　Ⅱ．①余…　②冯…　　Ⅲ．①家畜－副产品－综合利用

Ⅳ．①TS251．9

中国版本图书馆 CIP 数据核字（2013）第 272754 号

责任编辑：马　妍　苏　杨

策划编辑：马　妍　　责任终审：张乃柬　　封面设计：锋尚设计

版式设计：王超男　　责任校对：晋　洁　　责任监印：张　可

出版发行：中国轻工业出版社（北京东长安街 6 号，邮编：100740）

印　　刷：三河市万龙印装有限公司

经　　销：各地新华书店

版　　次：2014 年 2 月第 1 版第 1 次印刷

开　　本：787×1092　　1/16　　印张：29.75

字　　数：684 千字

书　　号：ISBN 978-7-5019-9536-3　　定价：120.00 元

邮购电话：010－65241695　　传真：65128352

发行电话：010－85119835　　85119793　　传真：85113293

网　　址：http://www.chlip.com.cn

Email：club@chlip.com.cn

如发现图书残缺请直接与我社邮购联系调换

120409K1X101ZBW

本书编委会

主　　编　余群力　冯玉萍
副 主 编　韩　玲　马忠仁　张　丽
参编人员　（以姓氏笔画排序）
　　　　　师希雄　李永鹏　李明生　李儒仁
　　　　　张玉斌　郭兆斌

前　言

畜牧业和肉类工业是国民经济的支柱产业和保障民生的基础性产业，对促进"三农"发展、保障消费需求、带动城镇就业起到了重要作用，承担着为我国 13 亿人口提供安全放心、营养健康的肉类食品和增强人民体质的重要任务。目前，我国肉类工业总产值突破 1 万亿元，肉类总产量约占世界总量的 1/4，成效显著。与此同时，肉类工业也面临着畜产品资源约束增强、质量安全形势严峻、自主创新能力较弱、产品结构亟待调整、产业竞争力不强、对畜牧业的反哺能力低等诸多问题。肉类工业的大量副产物——骨、血、脏器、脂肪、头、蹄等资源利用水平低，缺乏有效的加工技术和适宜的产品类型，附加值低。所以，我国肉类工业需要通过研发和推广综合利用技术，加快向资源节约型发展方式转变，实现稳定、高效、可持续发展，进一步适应国内外注重副产物综合利用、环境保护、节能降耗以及质量安全的新要求。

2012 年，国家工业和信息化部、农业部制定的《中国肉类工业"十二五"发展规划》中提出，要将"促进转变经济发展方式，加快科技进步和自主创新，提高资源利用水平和产业综合经济效益，全行业副产物综合利用率达到 80%，减少资源消耗"确定为今后肉类工业的发展重点。国家肉牛牦牛产业技术体系也将副产物综合利用列入"十二五"研发与推广任务中。

据此，编者投入了大量时间和精力，汇集总结了近年来国内外猪、牛、羊等家畜副产物利用的新成果、新技术、新产品，也包括我们自己科研开发的成果，以及一些传统但仍有市场效益的技术和产品，以资借鉴。全书依托宰后家畜的血、脏器、骨、脂肪、头、蹄等副产物资源，以食品、生化制剂、饲料等利用途径为主线，全面阐述了家畜副产物的分级整理、工艺原理、技术操作、设备、质量标准等现代加工利用技术，期望有助于解决一些家畜副产物利用的关键技术及装备问题，物尽其用，变废为宝，向工厂化、无公害化、高效化发展。

本书编写分工：

第一章　绪论　余群力　张丽

第二章　家畜副产物的收集与整理　韩玲　李永鹏

第三章　畜血的综合利用　冯玉萍　张玉斌

第四章　畜脂的综合利用　郭兆斌　韩玲

第五章　脏器在食品加工中的利用　余群力　李儒仁

第六章　脏器在生化制剂中的利用　张丽　马忠仁　李明生

第七章　畜骨的综合利用　余群力　李永鹏

第八章　畜皮的综合利用　马忠仁　冯玉萍　郭兆斌

第九章　其他副产物的综合利用　张玉斌　韩玲

第十章　家畜副产物加工产品的质量控制　师希雄　李明生

本书适用于从事相关工作的科技、管理和生产工作人员使用，也可作为技术培训教材和相关院校师生的教学参考书。

目前，专门针对家畜副产物综合利用的系统而有特色的著作尚鲜见，这为本书的编著增加了难度，加之水平有限，不足之处恳请读者批评指正。

本书的编写得到了国家肉牛牦牛产业技术体系岗位专家和综合试验站的大力支持，在此致以衷心感谢。

编　者

2013 年 11 月

于甘肃农业大学、西北民族大学

目　录
CONTENTS

第一章　绪论 ……………………………………………………………… 1

　第一节　我国肉类工业概况 ……………………………………………… 1

　　一、我国肉类工业发展现状 …………………………………………… 1

　　二、主要肉类产品分布区域 …………………………………………… 2

　　三、消费市场业态呈现多元化 ………………………………………… 3

　　四、我国肉类工业发展前景 …………………………………………… 3

　第二节　我国家畜副产物综合利用现状 ………………………………… 5

　　一、家畜副产物占其活体重的比例 …………………………………… 5

　　二、我国的畜骨资源与利用 …………………………………………… 6

　　三、我国的畜血资源与利用 …………………………………………… 8

　　四、我国的家畜脏器资源与利用 ……………………………………… 9

　　五、我国家畜副产物利用中存在的问题 …………………………… 10

　　六、可采用的关键性工程技术 ……………………………………… 11

　第三节　国外家畜副产物综合利用现状 ……………………………… 12

　　一、家畜副产物中可食部分的利用 ………………………………… 12

　　二、国外家畜副产物的提炼工业 …………………………………… 16

　　三、国外家畜血液的利用 …………………………………………… 18

　　四、家畜副产物处理与环境安全 …………………………………… 18

　参考文献 ………………………………………………………………… 19

第二章　家畜副产物的收集与整理 …………………………………… 22

　第一节　屠宰技术规程 ………………………………………………… 22

　　一、猪的屠宰技术规程 ……………………………………………… 22

　　二、牛的屠宰技术规程 ……………………………………………… 24

　　三、羊的屠宰技术规程 ……………………………………………… 26

　第二节　副产物的收集与处理 ………………………………………… 28

　　一、畜血的收集与处理 ……………………………………………… 28

　　二、脂肪的收集与处理 ……………………………………………… 30

　　三、内脏的收集与处理 ……………………………………………… 30

　　四、畜骨的收集与处理 ……………………………………………… 33

第三章　畜血的综合利用 ·· 35

第一节　畜血的组成及保藏 ·· 35

　　一、畜血的组成 ·· 35

　　二、畜血的防凝 ·· 41

　　三、畜血的保藏 ·· 41

第二节　畜血的综合利用现状 ··· 42

　　一、畜血综合利用产业的特点 ·· 43

　　二、国内外畜血资源利用概况 ·· 43

　　三、畜血综合利用的社会意义与经济价值 ··· 47

第三节　畜血在食品中的加工利用 ·· 48

　　一、初级加工产品 ·· 48

　　二、食用蛋白 ·· 54

　　三、血浆蛋白 ·· 56

　　四、畜血蛋白胨 ·· 58

　　五、食品添加剂 ·· 58

第四节　畜血在生化制药中的加工利用 ··· 66

　　一、新生牛血清 ·· 66

　　二、牛血清清蛋白 ·· 69

　　三、免疫球蛋白 ·· 71

　　四、血红素 ·· 75

　　五、转铁蛋白 ·· 80

　　六、凝血酶 ·· 81

　　七、超氧化物歧化酶 ··· 83

　　八、小牛血去蛋白提取物 ·· 87

　　九、提取生物活性物质的联产工艺 ··· 88

第五节　畜血在饲料中的加工利用 ·· 90

　　一、血粉的营养价值和饲料标准 ·· 90

　　二、纯血粉 ·· 93

　　三、酶解血粉 ·· 97

　　四、发酵血粉 ·· 98

　　五、膨化血粉 ·· 101

参考文献 ·· 102

第四章　畜脂的综合利用 ·· 106

第一节　畜脂的性质及加工特性 ··· 106

　　一、畜脂的理化性质及生理功能 ·· 106

　　二、猪脂的加工特性 ··· 110

　　三、牛脂的加工特性 ··· 112

　　四、羊脂的加工特性 ··· 113

第二节 畜脂的氧化变质及保藏 ································· 114
　一、畜脂氧化变质的机制 ································· 114
　二、影响畜脂氧化变质的因素 ······················· 115
　三、防止畜脂氧化变质的措施 ······················· 117
　四、原料油脂的保藏 ································· 118
第三节 畜脂在食品工业中的利用 ····················· 118
　一、食用油脂 ······································· 118
　二、人造奶油 ······································· 121
　三、起酥油 ··· 126
　四、粉末油脂蛋糕 ································· 130
　五、加脂牛肉 ······································· 131
　六、羊脂油茶 ······································· 132
　七、人造可可脂 ····································· 133
　八、食品中添加畜脂的作用 ························· 134
第四节 畜脂在饲料工业中的应用 ····················· 136
　一、饲用脂肪种类及其特点 ························· 136
　二、饲料中添加油脂的作用 ························· 137
　三、含油饲料的优点 ································· 137
　四、畜脂在饲料中的应用 ··························· 137
　五、饲用牛脂的提炼技术 ··························· 141
　六、饲料中添加油脂的注意事项 ··················· 142
　七、饲用油脂的质量控制 ··························· 144
参考文献 ·· 146

第五章 脏器在食品加工中的利用 ····················· 149
第一节 脏器的营养特性 ······························· 149
　一、常量营养 ······································· 149
　二、氨基酸 ··· 150
　三、脂肪酸 ··· 151
　四、矿物质 ··· 152
　五、生物活性物质 ································· 153
第二节 利用脏器加工预制食品 ······················· 153
　一、生鲜类食品 ····································· 154
　二、汤料类食品 ····································· 155
　三、腌腊类食品 ····································· 160
第三节 利用脏器加工熟食品 ························· 170
　一、酱卤制品 ······································· 170
　二、酱制品 ··· 178
　三、熏烤制品 ······································· 184

四、肠制品 ……………………………………………………………… 185

五、干制品 ……………………………………………………………… 189

第四节　利用脏器加工保健食品 …………………………………… 192

一、川贝雪梨炖猪肺 …………………………………………………… 192

二、护眼猪肝酱 ………………………………………………………… 192

三、明眼羊肝液 ………………………………………………………… 193

四、药膳羊肚 …………………………………………………………… 194

五、妙香牛舌 …………………………………………………………… 194

第五节　脏器食品加工设备 ………………………………………… 195

一、打浆机 ……………………………………………………………… 195

二、滚揉机 ……………………………………………………………… 195

三、斩拌机 ……………………………………………………………… 196

四、拌粉机 ……………………………………………………………… 196

五、拌馅机 ……………………………………………………………… 196

六、灌肠机 ……………………………………………………………… 196

七、调料机 ……………………………………………………………… 197

八、压片机 ……………………………………………………………… 197

九、油炸机 ……………………………………………………………… 198

十、肉丸成型机 ………………………………………………………… 198

十一、电烘箱 …………………………………………………………… 199

十二、杀菌机 …………………………………………………………… 199

十三、真空包装机 ……………………………………………………… 200

参考文献 ………………………………………………………………… 200

第六章　脏器在生化制剂中的利用 ………………………………… 203

第一节　脏器生化制剂的种类及性质 ……………………………… 203

一、糖及肽类高分子制剂 ……………………………………………… 203

二、酶制剂 ……………………………………………………………… 206

三、小分子制剂 ………………………………………………………… 211

第二节　生化制剂的脏器来源及应用现状 ………………………… 213

一、生化制剂的脏器来源 ……………………………………………… 213

二、生化制剂的应用现状 ……………………………………………… 214

第三节　糖及肽类高分子制剂的制备工艺 ………………………… 219

一、肝素 ………………………………………………………………… 219

二、肝素钠 ……………………………………………………………… 222

三、冠心舒 ……………………………………………………………… 226

四、细胞色素 C ………………………………………………………… 228

五、胃膜素 ……………………………………………………………… 230

六、胸腺素 ……………………………………………………………… 232

七、胰岛素 ··· 235

第四节　酶制剂的制备工艺 ··· 239
　　一、过氧化氢酶 ··· 239
　　二、胃蛋白酶 ·· 240
　　三、小牛凝乳酶 ··· 242
　　四、酰化酶 I ·· 244
　　五、抑肽酶 ·· 245
　　六、透明质酸酶 ··· 247
　　七、胰蛋白酶 ·· 248
　　八、弹性蛋白酶 ··· 252
　　九、糜蛋白酶 ·· 254
　　十、胰酶 ··· 256

第五节　小分子制剂的制备工艺 ···································· 259
　　一、辅酶 A ·· 259
　　二、辅酶 Q_{10} ··· 260
　　三、人工牛黄 ·· 262
　　四、胆红素 ·· 263
　　五、去氢胆酸 ·· 265
　　六、脱氧胆酸 ·· 266

第六节　生化制剂的常用生产设备 ·································· 269
　　一、提取设备 ·· 269
　　二、分离设备 ·· 271
　　三、发酵反应设备 ··· 274
　　四、干燥设备 ·· 275

参考文献 ··· 276

第七章　畜骨的综合利用 ·· 280
第一节　畜骨的化学成分及保藏 ···································· 280
　　一、畜骨的化学成分 ·· 280
　　二、畜骨的保藏 ··· 281
第二节　畜骨在食品中的加工利用 ·································· 282
　　一、食品基料 ·· 282
　　二、强化食品 ·· 284
　　三、保健食品 ·· 295
第三节　畜骨在食品添加剂生产中的加工利用 ··················· 298
　　一、营养强化剂 ··· 298
　　二、香精香料 ·· 302
第四节　畜骨在生化制药及其他方面的加工利用 ················ 307
　　一、生化制药 ·· 307

二、生化材料 ··· 313

三、生产饲料 ··· 320

第五节 畜骨加工的常用设备 ··· 321

一、切割粉碎设备 ··· 321

二、加热处理设备 ··· 323

参考文献 ·· 324

第八章 畜皮的综合利用 ··· 328

第一节 畜皮的组成 ··· 328

一、畜皮的结构组成 ··· 328

二、畜皮的化学组成 ··· 328

三、畜皮的保健功能 ··· 331

第二节 畜皮在食品中的加工利用 ····································· 332

一、猪皮食品 ··· 333

二、牛皮休闲食品 ··· 344

三、羊皮微波膨化食品 ·· 345

四、驴皮阿胶制品 ··· 346

第三节 畜皮在生物材料中的加工利用 ······························ 353

一、畜皮的初加工 ··· 353

二、胶原蛋白 ··· 354

三、胶原蛋白抗氧化肽 ·· 356

四、混合氨基酸 ·· 357

五、人造肠衣 ··· 357

六、蛋白粉 ·· 359

七、寡肽 ··· 359

八、金属离子氨基酸螯合物 ·· 360

第四节 畜皮明胶的加工利用 ··· 361

一、明胶的结构及分类 ·· 361

二、明胶的营养价值 ··· 363

三、明胶原料的选择 ··· 366

四、猪皮明胶生产方法 ·· 366

五、牛皮明胶生产方法 ·· 373

六、明胶质量标准 ··· 375

七、明胶在食品工业中的应用 ··· 377

八、明胶在生化制药中的应用 ··· 380

参考文献 ·· 383

第九章 其他副产物的综合利用 ·· 385

第一节 头的加工利用 ·· 385

一、猪头的加工 ··· 385

二、牛头的加工 ··· 391

三、羊头的加工 ··· 393

第二节　蹄的加工利用 ··· 394

一、蹄的营养成分 ··· 394

二、提取氨基酸 ··· 395

三、猪蹄的加工 ··· 396

四、牛蹄的加工 ··· 398

五、羊蹄的加工 ··· 399

第三节　牛尾的加工利用 ·· 400

一、清炖牛尾 ·· 400

二、红烧牛尾 ·· 400

三、牛尾汤罐头 ··· 401

四、芝麻牛尾 ·· 402

五、虫草牛尾 ·· 402

第四节　眼的加工利用 ··· 403

第五节　睾丸和鞭的加工利用 ··· 403

一、透明质酸酶 ··· 403

二、鞭的加工食品 ··· 405

参考文献 ··· 406

第十章　家畜副产物加工产品的质量控制 ·· 408

第一节　家畜的检疫 ·· 408

一、宰前检疫 ·· 408

二、宰后检疫与处理 ··· 409

三、家畜及其屠宰检疫的相关标准与法规 ··· 412

第二节　利用家畜副产物生产食品的质量控制 ·· 415

一、国外食品良好操作规范 ·· 415

二、我国食品良好操作规范 ·· 420

第三节　利用家畜副产物生产生化原料药的质量控制 ·································· 422

一、欧盟药品生产质量管理规范 ··· 422

二、我国药品生产质量管理规范 ··· 435

第四节　利用家畜副产物生产饲料的质量控制 ·· 453

一、联合国粮农组织制定的饲料生产规范 ··· 453

二、我国的饲料企业良好操作规范 ·· 458

参考文献 ··· 460

第一章 绪 论

作为一个畜牧业大国，我国的家畜生产总量居世界前列，家畜生产正在由传统自给、分散粗放和低生产力水平向规模化、标准化及优质高效转变，成为极富活力和潜力的主导产业。与之相关的肉类加工业也因此得到了蓬勃发展，并取得了巨大的社会、经济效益。拥有丰富原料资源与广阔消费市场的我国畜产品加工业如何在新形势下保持健康、持续、快速发展，节能降耗、保护环境，承担起保障与促进畜牧业可持续发展、满足与促进人民生活水平提高的重任，是值得探讨的重大问题。这其中，开展家畜副产物的加工及综合利用势在必行。

美国动物油脂及提炼协会的 David L. Meeker 将副产物定义为，主产品生产过程中所产生的次要产品，通常是由于其产品加工方式相似而伴随或迟于某产品的产品。畜牧业和肉类屠宰加工产业的利润大小取决于占家畜 1/3～1/2 体重的副产物以及纤维素是否能为人类所利用，这些副产物原材料可以经过工业化生产的适当加工而成为有用产品。

在我国，家畜副产物资源主要来自于肉类工业副产物，包括对猪、牛、羊等家畜的血液、骨、内脏、头、蹄等的综合加工利用，产品应用于食品、生化制剂（原料药）、饲料等诸多领域。目前，利用肉类工业副产物开发生化制剂（原料药）是与现代生物工程科技紧密结合的一项产业，具有科技含量高、附加值高等特点，已成为肉类工业副产物开发的方向之一，值得重视。

第一节 我国肉类工业概况

一、我国肉类工业发展现状

我国肉类工业快速增长，取得了举世瞩目的成就，成为肉类生产发展最快的国家之一。近年来，中国肉类资源稳定扩大，给肉类工业发展提供了原料基础和可支配资源。从 1990 年开始，我国成为世界第一产肉大国，目前，肉类总产量占世界总产量的 29.0% 左右，已连续 21 年稳居世界首位；而从 1994 年开始，肉类人均占有量已超过世界人均水平，不仅满足了国内需要，而且对世界肉类工业做出了巨大的贡献。

2011 年，我国肉类总产量达到 7957.8 万吨，肉制品总产量达到 1200 万吨，与 2005 年相比，分别增长了 14.2% 和 34.8%；肉制品产量在肉类总产量中所占比重达到 15.1%，增加 3.6 个百分点。在肉类总产量中，猪肉 5053 万吨，禽肉 1718.8 万吨，牛肉 647 万吨，羊肉 393 万吨，杂畜肉 146 万吨，其比重为：猪肉 64.0%、禽肉 20.8%、牛羊肉 13.2%、杂畜肉2%，产品结构逐步改善。产品销售保持增长，企业经济效益提高，2010年我国肉类商品市场交易总额为11489.3亿元，比2005年增长158%。其中，规模以上肉类工业企业销售收入总额6770亿元，利润总额304亿元，分别增长195%和287.8%。产业集中度提升，区域布局渐趋合理，全国肉类工业产业集中度进一步提升。2010年，规模以上肉类工业企业总数达到4054家，比2005年增长64.3%；资产总额达到2940亿元，增长157%；销售收入总额6770亿元，增长195%，占全国肉类市场交易总额的58.9%，比2005年增加了7.4个百分点。肉类产业进一步向畜牧主产区、西部地区和少数民族地区集中。全国规模以上肉类工业企业资产呈3大梯度分布：以鲁、豫、川、辽、苏、吉、皖、蒙、黑、冀10个主产省（区）为第一梯度，工业资产2263亿元，比上年增长30%，占全国总量的77%；以闽、浙、鄂、京、湘、粤、沪、晋、津、桂10个省（市）为第二梯度，工业资产512.4亿元，比上年增长27.5%，占总量的17.4%；以渝、赣、陕、云、新、甘、贵、青、宁、藏、琼11个省（区、市）为第三梯度，工业资产164亿元，比上年增长43.9%，占总量的5.6%，西部地区肉类工业投资增长明显加快（见表1-1）。

表1-1 中国家畜存栏及肉类产量

年份	存栏量/万头（只）			产量/万吨			肉类总产量/万吨
	猪	牛	羊	猪	牛	羊	
2000	44681.5	12866.3	29031.9	4031.4	532.8	274.0	6125.4
2001	45743.0	12824.2	29826.4	4184.5	548.8	292.7	6333.9
2002	46291.5	13084.8	31655.2	4326.6	584.6	316.7	6586.5
2003	46601.7	13467.2	34053.7	4518.6	630.4	357.2	6932.9
2004	48189.1	13781.8	36639.1	4701.6	675.9	399.3	7244.8
2005	50334.8	14157.5	37265.9	5010.6	711.5	435.5	7743.1
2006	41850.4	10465.1	28369.8	4650.5	576.7	363.8	7089.0
2007	43989.5	10594.8	28564.7	4287.8	613.4	382.6	6865.7
2008	46291.3	10576.0	28084.9	4620.5	613.2	380.3	7278.7
2009	46996.0	10726.5	28452.2	4890.8	635.5	389.4	7649.7
2010	46460.0	10626.4	28087.9	5071.2	653.1	398.9	7925.8
2011	46766.9	10360.5	28235.8	5053.1	647.5	393.1	7957.8

二、主要肉类产品分布区域

猪肉生产——重点建设四川、湖南、山东、江苏、江西、湖北、河南、河北、浙江等生猪主产省区和东北粮食主产区的瘦肉型商品基地，以保障大中城市猪肉的有效供给。

牛肉生产——重点建设中原牛肉带，东北、西北和华南地区牛肉商品基地。

羊肉生产——重点建设西北、中原地带和南方羊肉商品基地。

从畜肉的生产量和基地分布也可以看出肉类工业副产品的产量和地区分布状况。

三、消费市场业态呈现多元化

随着冷链物流体系的建立与逐步完善，国内大中型畜产品企业的市场销售渠道发生了巨大变化，超市、卖场和专卖店等现代零售业态的销售比重大于传统农贸市场。可以预计，随着我国城市化步伐的加快、居民消费水平的提升，以及"农改超、农加超"等政策的有效实施，卖场、超市、专卖店、便利店等现代零售业态的畜产品销售比重将逐年上升。

四、我国肉类工业发展前景

（一）发展机遇

1. 产业与市场的发展空间广阔

目前我国人均GDP超过6000美元，肉类消费需求正处在稳步增长阶段，特别是农村的肉类消费市场，还有较大的增长空间。"十二五"时期，国家将继续坚持扩大内需的方针，为肉类工业发展创造了良好的市场条件。

2. 农牧业政策环境较为有利

为解决肉类工业的原料供应问题，国家在发展畜牧业方面采取了一系列政策措施。主要包括：继续实施生猪调出大县奖励；继续实施动物防疫补贴政策；继续扶持畜禽标准化规模养殖；建立草原生态保护补助奖励机制；扶持猪、牛、羊等主要牲畜的生物育种，促进品种改良等多种专项措施。同时，在加大农村农业投入、改革农村金融服务、完善农业保险政策、扶持农民专业合作组织等相关领域，还采取了多项综合性政策措施，为保障肉类工业的原料供应创造了有利的政策环境。

3. 工业技术基础明显增强

通过引进发达国家的先进设备、工艺和技术，我国部分肉类工业龙头企业的装备已经基本达到世界先进水平。国产肉类加工机械快速发展，自主研发的装备水平与国际差距缩小，屠宰自动化生产线、肉类食品冷加工等成套技术与装备实现了重大跨越，从长期依赖进口转变为基本实现自主化并成套出口，为肉类工业的结构调整和发展方式转变创造了必要的技术基础。

4. 食品安全保障能力提升

为确保食品质量安全，国家明确提出要大力推进食品工业企业诚信体系建设和产品质量安全可追溯体系建设等。"十二五"期间，肉类加工企业将建立以确保产品质量安全、防范失信风险为核心的企业诚信管理体系，提升企业诚信经营能力和质量管理水平；应用信息技术对肉类加工装备及生产线进行更新改造，实现在线快速检测和各环节管理信息的采集、衔接和监控；应用现代物流技术，加快冷链物流的标准化，从而为提高肉类加工和流通过程的质量安全风险控制能力创造更好的技术基础和管理条件。

（二）面临挑战

1. 消费需求持续增长，稳定供应难度加大

"十一五"期间，我国人均肉类占有量始终低于2005年人均59.2kg的水平。"十二五"期间人口数量将以年均0.7%的速度增长。此外，每年还将有近千万的农村居民转变为城镇居民，加上受居民经济收入增长、农村消费市场扩大等因素的影响，预计肉类食品

消费需求将年增 140 万吨左右，肉类原料尤其是牛羊肉的稳定供应面临挑战。

2. 资源环境约束增强，影响原料稳定供给

"十二五"期间，我国粮食安全特别是饲料资源将继续对畜牧业发展产生重大影响，蛋白质饲料原料供应不足仍将是制约畜牧业发展的关键因素之一，同时还存在牧区载畜量猛增造成的草原生态环境破坏需要恢复，以及大中型畜牧养殖场周边环境污染有待治理等问题。在农户散养为主的饲养方式下，肉用家畜产量受市场价格和动物疫情的影响波动很大，难以适应新时期肉类食品生产对原料均衡稳定供应的要求。

3. 消费结构升级加快，产品结构亟待调整

随着城乡居民经济收入的增加，肉类食品消费结构升级的速度将明显加快。目前，我国冷加工及冷链物流设施不足，白条肉、热鲜肉仍占全部生肉上市量的 60% 左右，冷鲜肉和小包装分割肉各自仅占 10%，肉制品产量只占肉类总产量的 15%，与发达国家肉类冷链流通率 100%、肉制品占肉类总产量比重 50% 的水平相比差距很大，不能适应城乡居民肉食消费结构升级的要求。"十二五"期间，继续扩大冷鲜肉、小包装分割肉和肉制品的生产比重，加快改变白条肉、热鲜肉为主的供给结构，是我国肉类工业面临的主要任务之一。

4. 食品安全形势严峻，淘汰落后产能迫切

目前，肉类加工的产业集中度和技术装备水平较低，80% 以上的企业还处于小规模、作坊式、手工或半机械加工的落后状态，具备必要的产品检测能力、能够采用现代技术装备、建立完善食品安全管理体系的企业数量较少，肉品质量安全存在着诸多隐患，肉类食品安全事件屡有发生。这与人民群众日益提高的食品安全要求不相适应，亟需在"十二五"时期加快产业结构调整，淘汰落后产能，通过发展规模化、标准化、现代化的生产方式，提高全行业的质量安全管理水平。

5. 节能减排任务艰巨，亟需转变发展方式

由于大多数肉类工业企业规模较小，技术水平和投资能力较低，节能减排措施难以落实，大量家畜的骨、血、脏器、头、蹄等资源综合利用水平不高，资源、能源消耗和污染排放较大，不能适应可持续发展的要求，所以亟需通过开发和推广资源综合利用技术和清洁生产技术，加快转向资源节约型、环境友好型的发展方式。

（三）发展目标

我国工业和信息化部、农业部联合制定了《肉类工业"十二五"发展规划》，以促进肉类工业持续健康发展。其中提出：

（1）肉类产量稳步增长　到 2015 年，肉类总产量达到 8500 万吨。

（2）产品结构更趋合理　在稳步发展猪肉生产的同时，加快发展牛羊肉生产。到 2015 年，猪肉、牛肉、羊肉、杂畜肉的产量分别达到 5360 万吨、690 万吨、500 万吨和 170 万吨，占比分别为 63:8:5.9:2.1。

（3）加快推广家畜资源综合利用技术和清洁生产技术　推广以家畜的骨、血、脏器等副产物为原料生产保健品、药品、食品配料等产品的综合开发利用技术；推广病害家畜及其产品无害化处理技术；推广屠宰加工废水回收与综合利用、污染物减排技术；推广风送系统、现代化生猪屠宰成套设备等清洁生产技术，实现节能、节水、减排。

（4）有效利用资源 加强对家畜血液、脏器、骨组织等副产物资源的综合开发利用，实现全行业副产物综合利用率达到80%。研究开发家畜副产物增值利用技术、副产物有效成分的高效分离提取技术、产品纯化及回收技术、产品精制技术，开发生化药物等高附加值产品，发展绿色环保加工处理技术，实现经济、生态和社会效益的统一。

第二节 我国家畜副产物综合利用现状

一、家畜副产物占其活体重的比例

在肉类屠宰加工业中，宰后家畜副产物占其活体重或胴体重的比例，因副产物所包括的种类不同而异，也因畜种、品种、年龄、肥瘦等差异较大（见表1-2、表1-3和表1-4）。一般而言，产净肉量大的家畜，宰后副产物占其活体重或胴体重的比例相对较小。根据实测，1头400kg活重肉牛，宰后各部位占活重比例约为：胴体52%，头2.87%，肢蹄2.5%，红下水2.53%，白下水5.94%，脂肪5.0%，皮10.7%，血3.2%，牛尾0.16%，腺体0.64%，废弃物14.46%，牛骨6.47%，碎肉等损耗1%。1只30kg活重肉羊，宰后各部位占活重比例约为：胴体50.66%，头蹄11.67%，红下水6.64%，白下水8.33%，皮15%，血2.5%，废弃物5.2%，骨4.56%，碎肉损耗1.8%。

表1-2	家畜可食用与不可食用部分占活重的比例	单位:%
家畜	可食用	不可食用
牛	51	49
猪	56	44

表1-3	副产物占家畜活体重的比例		单位:%
副产物	牛	猪	羔羊
面颊	0.32	—	—
血	2.4~6	2~6	4~9
血粉	0.7	—	—
脑	0.08~0.1	0.08~0.1	0.26
油渣	3.0	2.2	—
食用屠宰脂肪	1~7	1.3~3.5	12
蹄	1.9~2.1	1.5~2.2	2.0
软组织	0.19	—	—
头	—	—	—
头颈肉	0.32~0.4	0.5~0.6	—
心脏	0.3~0.5	0.2~0.35	0.3~1.1

续表

副产物	牛	猪	羔羊
小肠	—	1.8	3.3
肾脏	0.07 ~ 0.2	0.2 ~ 0.4	0.6
唇	0.1	—	—
肝脏	1.0 ~ 1.5	1.1 ~ 2.4	0.9 ~ 2.2
肺	0.4 ~ 0.8	0.4 ~ 0.8	0.7 ~ 2.2
胰腺	0.06	0.1	0.2
胃膜	0.23	—	—
横膈肉	0.2 ~ 0.3	0.4 ~ 0.5	0.5
脊髓	0.03	—	—
脾	0.1 ~ 0.2	0.1 ~ 0.12	0.1 ~ 0.4
尾	0.1 ~ 0.25	0.1	—
舌	0.25 ~ 0.5	0.3 ~ 0.4	—
瓣胃	0.18	—	—
网胃	0.1	—	—
喉	0.04 ~ 0.09	0.05	—
加工油脂	2 ~ 11	12 ~ 16	9

注：上述比例是概数，因动物的年龄、品种和屠宰时状态而异。

表1-4	猪、牛、羊骨占屠宰活重的比例					单位:%
项目	猪		牛		羊	
	肥型	瘦型	肥型	瘦型	肥型	瘦型
全部骨骼占屠畜活重比例	5 ~ 6	7 ~ 9	8 ~ 10	11 ~ 12	13 ~ 15	11 ~ 14

二、我国的畜骨资源与利用

2011 年，我国畜骨产量为 1987 万吨（见表 1-5），对畜骨进行深加工（骨粉等）主要集中在河南、河北、北京、上海、湖南、广东、广西、山东、湖北等。以畜骨为原料的调味料，主要集中在上海、北京、广东、山东、河南、河北、天津等。

表 1 - 5 我国畜骨产量 单位：万吨

年份	猪	牛	其他	畜骨总产量
2000	1025.7	339.1	166.2	1531.0
2001	1047.9	347.9	189.2	1585.0
2002	1066.3	361.7	219.0	1647.0
2003	1096.2	373.6	260.2	1730.0
2004	1122.7	378.7	258.6	1760.0
2005	1178.1	378.7	223.2	1780.0
2006	1202.7	384.5	197.8	1785.0
2007	1108.9	408.9	252.2	1770.0
2008	1193.5	406.7	216.8	1817.0
2009	1263.3	421.5	225.2	1910.0
2010	1309.9	433.2	235.9	1979.0
2011	1305.3	429.5	252.3	1987.0

注：一般畜骨占动物体重的 10% ~ 20% 。典型畜骨所占比例是：猪 12% ~ 20% ，牛 15% ~ 20% 。表中数据为取中间经验值（猪骨 15% ，牛骨 17% ）标准计算所得。

我国利用畜骨、皮脂开发制成骨糊、超细骨粉、骨髓油茶、骨味素、骨味汁、骨味肉、牛油等骨味系列产品，可直接食用，也可添加于汤料、调味品、肉制品、糖果、面点、乳制品等食品中。将骨泥与面粉混合可做成骨泥营养饼干，骨泥、米粉和其他配料可制成富钙骨泥膨化营养米果，超细牛骨粉加入方便面的料包中，可达到补钙增味的效果。用骨泥、CMC（羧甲基纤维素）与面粉混合可生产富钙骨泥挂面，以骨粉和大豆粉为原料，可加工制作高效补钙肽糜，既利用了骨粉含钙量高的优点，又利用了大豆含丰富的优质蛋白质的特点。用鲜骨泥配以复合调味料和明胶液可制成形、味类似于腐乳的"钙方"。骨粉还可用于肉制品及其他汤料的添加。

骨胶原蛋白产品主要有明胶（食品级、工业级）以及水解物（主要为胶原多肽和氨基酸）。我国的明胶规模化生产企业包括了中外合资、外商独资以及私营企业等。国际三大明胶生产巨头（德国嘉利达集团、法国罗赛洛集团、比利时 PB 公司）分别在中国投资开设工厂。我国明胶生产企业规模则普遍较小，绝大多数国内明胶生产企业的明胶年产量仅在几百吨，年产几千吨的企业较少。

根据甘肃农业大学余群力等资料，目前，畜骨深加工终端产品，主要有浓缩清汤、浓缩白汤（骨素）、骨精油，以及即食骨清汤（利乐包、软包装）、骨奶（白汤经调配）、宠物罐头、骨味素、骨髓浸膏（咸味香精）、骨粉、精白骨粉等（见图 1 - 1）。国内部分厂家已做到零排放，全价利用，符合国家产业要求，天然、环保、绿色、循环经济，产品附加值大大提高，经济效益明显。

牛、猪、羊的杂软骨中主要含有硫酸软骨素，我国生产的硫酸软骨素多用于药品和保健食品领域。

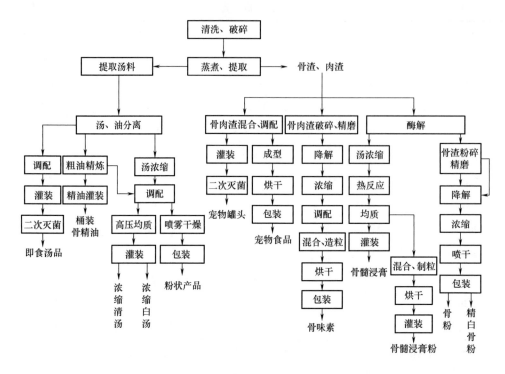

图 1-1 畜骨加工工艺框图

三、我国的畜血资源与利用

2011 年，我国畜血血液产量 383.1 万吨（见表 1-6）。依托规模化养猪产业，四川、重庆、江苏、河南、广东、河北等省区对猪血的开发利用较为充分，形成了猪血采集储运、加工利用、销售一体化的产业链。

表 1-6		我国畜血产量		单位：万吨
年份	猪	牛	羊	畜血总产量
2000	155.6	148.2	41.9	345.7
2001	159.8	141.7	41.4	342.9
2002	162.4	138.2	42.4	343.0
2003	167.1	137.2	44.0	348.3
2004	171.8	134.8	45.6	352.2
2005	181.1	131.9	44.7	357.7
2006	183.6	125.6	42.6	351.8
2007	169.5	127.1	42.8	339.4
2008	179.5	134.6	45.3	359.4
2009	185.6	140.6	47.6	373.8
2010	192.4	144.5	48.8	385.7

续表

年份	猪	牛	羊	畜血总产量
2011	191.7	143.3	48.1	383.1

注：每头（只）猪、牛、羊对应血液产量分别为3kg、12kg和1.5kg。

目前，我国已开发的畜血产品（见表1-7），在医药、食品、化工、保健品、建筑及化妆品行业中均有应用。

表1-7 我国开发的畜血产品

产品	提取部分	用途
饲用血粉	血液	饲料用
工业用血粉	血液	黏合剂、稳定剂、抛光剂、催化剂
微生态血粉	血液	营养保健
血酪素	血浆	可生产塑胶
超氧化物歧化酶	红细胞	药品、食品、保健品、化妆品
血红素	红细胞	天然色素、药品、补铁剂（营养）
凝血酶	血浆	药品
食用蛋白	血液	食用（血豆腐）
血清	血清	组织培养、细胞培养

国内对畜血资源在食品及饲料工业的应用方面有了较大的进展，将血蛋白粉掺入面包、饼干中，提高了产品蛋白质含量；将血色素作香肠的着色剂，血浆粉代替肉作为香肠原料；采用酶水解血蛋白粉，加入果粉、蛋糕、乳儿糕等，效果较好；把牛血浆加入香肠之中，作为保健补品；研制含17种氨基酸的复合氨基酸粉（液）。

从血液中提取血红素，具有重要的生理功能和较高的实用价值，血红素作为人工牛黄的间接来源有较大的市场需求，又是目前治疗缺铁性贫血疗效较好的一种补铁剂，改善缺铁性贫血，具有生物利用度高、无体内铁蓄积中毒及胃肠刺激等不良反应的优点，在肉制品中血红素替代有致癌作用的亚硝酸盐，作为发色剂及人工色素的替代品有很好的效果。

利用猪血加工为饲料是比较成熟的技术，过去我国主要是生产普通干燥血粉，"十一五"期间，开发出了挤压膨化血粉、微生态血粉、酶解蛋白粉等饲料，产品安全性、适口性、可吸收性有了较大提高。

在生化制药的应用方面，主要开发了犊牛血清、血肽素（血红蛋白肽）、超氧化物歧化酶（SOD）、凝血酶、免疫球蛋白等。

由于牛羊养殖业分散、血液不易收集以及清真牛羊肉屠宰加工的特殊要求，我国对牛羊血液的利用较少，尤其是在西北地区几乎为空白。

四、我国的家畜脏器资源与利用

2000年以来，我国家畜脏器产量逐渐增加，至2007年出现下降，但2008年又开始回升，见表1-8。

表 1 - 8 我国家畜脏器产量 单位：万吨

年份	猪	牛	羊	其他	脏器总产量
2000	967.5	126.8	80.8	268.2	1443.3
2001	1004.3	130.6	86.3	222.5	1443.8
2002	1038.4	139.1	93.4	225.3	1496.2
2003	1084.5	150.0	105.4	206.5	1546.4
2004	1128.4	160.9	117.8	179.0	1586.1
2005	1202.5	169.3	128.5	165.0	1665.3
2006	1116.1	137.2	107.3	340.7	1701.4
2007	1029.1	146.0	112.9	359.8	1647.8
2008	1108.9	145.9	112.2	377.5	1744.6
2009	1173.8	151.3	114.9	393.6	1833.5
2010	1217.1	155.4	117.7	409.5	1899.7
2011	1212.8	154.1	116.0	424.5	1907.3

注：猪、牛、羊的脏器与肉的比例分别为 24%、23.8% 和 29.5%。

家畜脏器包括心、肝、胰、脾、胃、肠、肾、胆、腺体等，既可以直接烹饪食用，如煎烤、涮锅、煲汤、酱卤、白烧，也可以加工包装成各种特色食品，营养丰富，风味独特，同时还是医药工业中生化制药的重要原料。

目前，国内外对畜血及脏器资源的研究日益重视。2010 年 10 月 12 日，欧盟批准了一系列关于动物副产物的新实施规则，新规则将于 2011 年 3 月 4 日实施。预计这些新规则将会简化管理和减少行政负担，同时保持对现有的人类和动物健康保护的高水平，给动物副产物的开发利用带来新的机遇。

国内从牛胰脏提取高活力弹性蛋白酶、胰蛋白酶，用于食品添加剂、皮革鞣制剂等；牛肺肝素钠主要作为抗凝血药物应用于临床；高活力牛肺抑肽酶，用于制药；牛胸腺素为机体免疫增强剂，用于原发性、继发性免疫缺乏症以及肿瘤的辅助性治疗。

五、我国家畜副产物利用中存在的问题

（一）副产物的综合利用率和附加值低

我国原料肉加工率（肉制品占原料肉总产量的比重）已达 15%，但是，副产物加工率不足 10%。从目前肉类产品加工现状来看，活畜屠宰后产生的骨、血液、内脏等，一部分（胃、肠、肝、心、脂肪等）作为原料直接上市，一部分不宜食用或口感较差的副产物（骨、头、蹄等）被初级加工成饲料、肥料，其余部分（血、肺、腺体、胰脏等）都被排放或者丢弃了。大多数屠宰加工企业在建厂设计时就没有考虑副产物的利用，长期缺少综合利用的生产设备。

此外，屠宰副产物附加值低，如甘肃、宁夏等地，牛屠宰副产物出厂价：血 2 元/kg，骨 0.5 元/kg，头、蹄 14 元/kg，肉牛百叶 80 元/个，牦牛百叶 16 元/个，脏器 1.8 元/kg，肉牛皮 750 元/张，牦牛皮 120 元/张。

而且，副产物也造成了严重的环境污染。据环保部门统计，每千克畜血的污染负荷 BOD_5 为 150g，去除 1kg BOD_5 负荷需花费 1014 元；防治全国畜血排放所造成的环境污染，需消耗约 1 亿元。有些不法商贩非法利用牛血还带来一系列食品安全问题。

（二）缺少先进成熟的工程化技术

尚未掌握成套的副产物综合利用核心技术，特别是缺少拥有自主知识产权的超滤纳滤膜、离子交换、柱层析等先进的生物分离技术、参数及设备。工程化技术不足，特别是可用于食品及饲料添加剂、医药等天然活性物质的骨胶原蛋白肽、凝血酶、胰蛋白酶、膨化牛血饲料、血氨基酸、超氧化物歧化酶、血红素等技术成果以单项的居多，不仅集成程度低，更未很好地实现工程化。离子交换、层析、膜技术等高新技术应用中出现设备性能低、设计水平和制造水平低、自动化程度低、市场适应能力低等问题。

（三）尚未建立规模化的屠宰—副产物收集分级—综合利用体系

由于牛羊养殖、屠宰的规模化程度较低，散户、贩运户较多，远离加工企业，各类副产物产量小而分散。原料的标准化分级收集、保鲜、储运困难，导致屠宰点（厂）的牛羊骨、血、脏器等无法及时得到加工利用，生化企业又面临原料短缺，原料未建立可追溯以及冷链保鲜体系，无法保证原料安全优质，无法按订单生产，产品产量和质量不稳定，国家也没有有关质量标准等问题，屠宰—副产物收集—综合利用体系分散，严重制约了企业规模化、标准化生产和对先进技术的资金投入。

六、可采用的关键性工程技术

面对国际上注重动物福利、环境保护、节能降耗、综合利用以及质量安全的新形势，我国在家畜副产物综合利用方面应采用食品加工高新技术、生物分离、发酵工程等技术手段，从食用、药用、饲用 3 个方面对家畜副产物进行综合开发，向工厂化、无公害化、商品化、高效化发展，走综合利用的道路，物尽其用，变废为宝，充分发挥废弃物综合利用的作用。

（一）畜骨加工关键技术及装备研究与产业化

研究以畜骨副产物为原料，利用酶解、美拉德反应（Maillard 反应）、低温浓缩和微胶囊包埋等现代环境友好型加工专业技术和装备，改善口感和风味，将中式传统调味料生产现代化、营养化、标准化。开发应用品质优良的骨胶原蛋白肽、高档明胶、骨髓抽提物、蹄筋产品，以及新型或自动化设备，高效节能、环境友好型技术与装备。优化超细骨粉系统和设备，解决骨渣利用途径，建立主要畜骨产品加工生产线及产业化示范基地。

（二）畜血加工关键技术及装备研究与产业化

建立我国畜血、脏器原料的区域收集体系，保证原料数量与质量稳定，形成原料收集保鲜—粗提物（中间体）—纯化品产业链。集成离子交换、层析、膜技术等高新技术，实现我国副产物活性物生化分离技术的规模生产。将已完成的挤压膨化血蛋白粉、微生态血粉等饲料加工技术以及犊牛血清制备技术产业化，推广并进行规模化生产。进一步熟化和优化凝血酶、血红素、血氨基酸、血清蛋白、免疫蛋白生产技术和设备，形成生产线和批量生产，建立主要畜血产品加工生产线及产业化示范基地。

（三）牛脏器加工关键技术及装备研究与产业化

从内脏提取食品饲料添加剂和医药用原料是"十二五"期间需要重点解决的问题，开发牛胰蛋白酶、胰酶、超氧化物歧化酶、肝素钠、肝肺发酵调味品、球蛋白等用于化工、保健、医药等行业的可行途径。

（四）副产物熟食开发与产业化

依托现有肉类屠宰加工企业，对我国民族传统肉食品工艺进行现代化改造，将现代化技术及装备与地方名优食品技艺结合，提高质量和档次。研发亚硝胺、多环芳烃等有害物残留控制技术，保护开发传统发酵畜产品微生态的多样性。开发生产清真杂碎、藏式血肠、血豆腐、胡辣蹄筋、肝泥、发酵调味品等特色风味熟肉食品，制成各种休闲食品、方便食品、营养保健食品。

（五）副产物加工质量标准体系研究与示范

基于广泛的调查和研究，在基准数据基础上，参考发达国家标准，建立适于我国动物源性副产物加工企业的 GMF、SSOP 及 HACCP 综合安全控制体系和 PACCP 品质控制体系。针对动物源性原料加工的食品添加剂、生物制品、饲料添加剂，进一步系统研究我国的动物源食品质量安全标准体系，对质量参差不一、无可依据的行业标准和国家标准，建立基于科学基础之上的标准或增加标准的国际采标率。

第三节　国外家畜副产物综合利用现状

一、家畜副产物中可食部分的利用

在国外，家畜副产物通常分为可食部分与不可食部分，这种分类也不是固定的，由于消费者的购买力、饮食习惯、宗教的不同，可能还有其他的分类。随着技术的进步，曾经被认为是绝对不能吃的副产物，也可能成为可食的。例如，角和蹄加工成蛋白浓缩物，可做汤和其他食物调制品的香料使用。不同国家对食用家畜副产物生产流程、血液收集和加工、占胴体比例和占总副产物比例的要求不同，美国对副产物生产、对外进出口、营养价值、副产物酶水解后的化学成分、水与蛋白质的比率、角蛋白质和弹性蛋白质的含量、氨基酸含量、胆固醇含量和烹调过程等具体指标，都有明确说明。

欧美国家可食用的家畜副产物的特性、平均重量、食物加工质量、储存方法和预处理见表1-9。

表1-9　　　　　　　　　　欧美国家家畜副产物中可食用部分的特性

副产物	特性	均重/lb	加工处理	储存	制品
羔羊、猪和牛的血					血制品、香肠、血肠、面包、香肠配料
羔羊和猪的血浆					配料、血肠
牛、羔羊和猪的骨					明胶、汤、剔骨组织、酥油、精制糖

续表

副产物	特性	均重/lb	加工处理	储存	制品
羔羊、猪、犊牛和牛的脑	鲜嫩、风味精致，犊牛尤其受欢迎	牛：0.75~1.0lb；羔羊：0.25lb；猪：0.25lb	每0.75~1lb可配成4份	冰冻、热水解冻、新鲜、冰箱存放不超过24h	因疯牛病导致用量少；从脊髓分离出鲜嫩品，添加酒，油炸或烤、炒、煮、炖等烹调；肝肠
肠衣	牛、猪、羊			过去常归入香肠类	洗净，有些需要去皮或盐腌；因为疯牛病的原因很少用反刍动物
牛、羔羊和猪的颈、头和下脚料					香肠配料：脑（因疯牛病减少用量）；加调味料炖好的肝肠；煮或炸制品
猪肠	猪小肠，有些国家也用牛肠			需要冷冻	洗净，炖软化；加调味剂，做成汤或油炸
猪油渣	螺旋压去皮后的棕黄蛋白质固体，较脆			由于容易变质，需及时食用	用于面包、饼干、松饼、甜土豆、土豆渣、沙拉和其他小吃的面馅
猪耳					常和猪蹄一起炖
食管					香肠配料
牛、羔羊和猪提取后的汁液					汤
脂肪、原脂和原油					人造黄油、酥油、金属用油
硬脂油					酥油、糖果、口香糖
食用牛脂					酥油、甜馅、软糖、布丁和油
猪头					香肠调料、果冻、血肝肠、馅饼、肉冻和腌肉
猪油					酥油和猪油
羔羊、牛和猪的蹄	猪前腿	猪：含有46%的肉	猪胫骨，骨肉各半，剔骨肉、猪趾关节		冻骨、牛蹄肉冻、腌猪蹄；煮、油炸或香肠制品

续表

副产物	特性	均重/lb	加工处理	储存	制品
牛羊肉杂碎	心、肺、肝				烹调常用羊胃做成燕麦粥
羔羊、猪、犊牛和牛的心	牛心硬度大	牛：4lb 犊牛：0.5lb 猪：0.5lb 羔羊：0.25lb	每份牛心可配成 10～12 份，每份犊牛心或猪心配成 2～3 份，每份羊心配成 1 份	冷冻、新鲜的存放冰箱不超过 24h	与其他肉可一起炖、炸和烤；可加调味剂烧烤，香肠，肉馅饼
羊、羔羊、牛和猪的大肠、小肠					肠衣，猪大肠衣
羔羊、猪、犊牛和牛的肾	犊牛和羔羊的肾比牛肾软，但有时带有腰肌肉	牛：1lb 犊牛：0.75lb 猪：0.25lb 羔羊：0.13lb	每份牛肾可配成4~6份，每份犊牛肾配成3~4份，每份猪肾配成1~2份，每份羔羊肾配成0.5～1份。需要去掉血管和脂肪	存放冰箱不超过 24h	焙制、炖、油炸、熬汤均可；做成熏肉用于煮、炒（加酒）、炖等
羔羊、猪、犊牛和牛的肝	犊牛、猪和羔羊的肝比牛肝嫩，犊牛和羔羊肝比猪肝嫩	牛：10lb 犊牛：2.5lb 猪：3lb 羔羊：1lb	0.75～1 磅可配成 4 份，胆、血管等都去除干净	冷冻、新鲜的存放冰箱不超过 24h，做馅饼则粉碎	切成薄片蒸、烤、油炸、烧，加酒烹调，做汤、肝肠、肉饼、杂碎肉饼
羔羊、猪的肺					欧洲：血制品、肉饼
肉渣	肉和骨头经煮沸后的渣				肉渣浓缩制品
猪胃膜					肉馅饼的外层膜
牛尾	骨头占较大比例，肉风味好		1lb 可配成 2 份	冷冻、新鲜的存放冰箱不超过 24h	煮 2h 直到软化，熬汤或炖
猪面颊	猪颌				熏肉
加工过程的副产物：盐渍肉、肉冻和肉末	猪身体含高胶体蛋白质的组织：舌头、蹄、嘴、耳和皮			有时需要包装冷藏或熏制，容易变质	煮软，去掉肉、毛

续表

副产物	特性	均重/lb	加工处理	储存	制品
牛和猪的皮				猪皮在室温可保存6个月	皮的里层可做肠衣、明胶、果冻和提炼胶体;香肠配料
羔羊和猪的脾					血肠、油炸
猪、羔羊、犊牛和牛汤汁	去肉骨			冰箱冷冻	添加蔬菜炖肉汁
猪胃					香肠配料、肠内容物、放水预煮、蒸、油炸
羔羊、犊牛、牛的杂碎	来自于食管和心脏,含有较多脂肪,通常采用幼畜的肠道杂碎	犊牛:颈部和心脏合计1lb;牛:颈杂碎0.13lb,心杂碎0.15lb,肠杂碎0.4lb;羔羊:2oz,羔羊肠杂碎3/16lb;猪肠杂碎:3/16lb	0.75~1lb可配成4份	冷冻、新鲜的存放冰箱不超过24h	去掉膜、淋巴结和血管;加黄油包被油炸或蒸煮、加酒烹调、拌鸡蛋炒
羔羊尾				洗净,放置冰箱	面包或油炸制品
猪尾		1.5lb	每份配成4份	腌制或熏制	骨肉分开;和泡菜(芥菜、豆)一起做成叉烧肉
羔羊睾丸			每份单配		煮软,炖,磨碎
羔羊、猪、犊牛和牛的舌头	脂肪含量高,有切成方形、短片形、薄形和长形	牛:3~4lb 犊牛:1~2lb 猪:0.75lb	每份牛可配成12~16份,每份犊牛舌配成3~6份,每份猪舌配成2~4份,每份羔羊舌配成2~3份。配料根据切块形状各异	冷冻、新鲜的存放冰箱不超过24h,烹调之前用盐水浸泡	鲜薄片,蒸煮、熏制、腌制、罐头、血舌肠、肝舌肠
羊、牛的内脏、猪胃	牛子宫很难清洗,不常用;牛胃内膜	羊:2.2lb		冷冻、新鲜的存放冰箱不超过24h,烹调之前用盐水浸泡	烹调之前需要预煮,可做香肠配料;羔羊杂碎

续表

副产物	特性	均重/lb	加工处理	储存	制品
乳房					欧洲的食用方法：煮、盐腌、熏制和油炸

注：1lb≈0.45kg。

二、国外家畜副产物的提炼工业

美国每年在牛、猪、羊等的屠宰加工过程中会产生近 2450 万吨的动物副产物，而屠宰厂、食品加工车间、超市、肉店和餐馆每周至少将累计产生 4.5 万吨动物副产物。这样巨大的资源为提炼工业提供了一个符合环境质量与疾病控制基本要求的动物原料处理、加工安全的集成体系。

美国、加拿大有 300 多个提炼工厂，利用约占畜牧产业 1/2 以上的副产物，美国目前每年生产、屠宰和加工约 1 亿头猪、3500 万头牛，在屠宰过程中和肉类深加工中可附带产生出占家畜活重 37% 和 49% 的副产物，包括：皮、毛、蹄、角、头、骨、血液、器官、腺体、肠道、肌肉、脂肪组织和农场家畜尸体。几个世纪以来，这些副产物一直被用于许多重要用途，被提炼厂收集和加工，生产高质量的油脂和蛋白质，进而被世界范围内的动物饲料厂和油脂化工厂利用。精炼加工过程通过脱水作用使其稳定不分解，并将其蒸馏成两种初级产品：纯化脂肪和高蛋白灰分。后者俗称"肉骨粉（MBM）"，增加了原料的产品价值。

由于全球人口的急剧增长以及对畜产品需求的增加（比如肉、奶、蛋等），人们对于能够用作家畜饲料的植物蛋白质及动物蛋白质的需求正在增加。在美国，历来认为动物蛋白质是家畜蛋白质及其他营养物质饲料的重要来源，且逐渐被拉丁美洲和亚洲接受。2003 年年初，美国肉骨粉用作饲料的销售总量约为 255.3 万吨（见表 1 - 10），直到 2003 年 12 月疯牛病（BSE）首次在美国报道，2003 年末肉骨粉出口市场关闭。

表 1 - 10　　　　　　　　　　美国利用不同物种动物蛋白质的情况

饲喂动物	肉骨粉		血粉	
	10^7 lb	%	10^7 lb	%
反刍动物	567.4	10	158.55	70
猪	737.6	13	45.3	20
家禽	2439.6	43	22.65	10
宠物	1304.9	23	—	—
其他	624.1	11	—	—
总计	5673.5	100	226.5	100

注：所有饲喂反刍动物的肉骨粉均来源于单胃动物。

在英国疯牛病爆发之前，几乎所有的肉骨粉都被用于动物饲料的高蛋白原料。目前，大部分国家已经不允许含有反刍动物组织的肉骨粉用于饲养反刍动物。在美国，含有反刍动物组织的肉骨粉可被用于非反刍牲畜（猪和家禽）、导盲宠物及水产生物的饲料中，除猫以外，没有发现动物染上疯牛病。在欧盟国家，肉骨粉被禁止用于任何可能成为人类食物的动物饲养，其肉骨粉作为其他工业的燃料被直接焚化，或用于宠物食品原料。当肉骨粉的饲料应用受限制时，人们开始关注其非饲料应用的发展方向，如作为控制植物病原体药剂、生产生物发酵产物的氮源、流化床燃烧器的燃料、硬质塑料的主要原料等。

同时，美国的提炼工业还利用大量的动物脂肪精炼为油脂，用于饲料、人造黄油、润滑剂、护肤品、生物能源等。美国农业部报告显示，在肉牛屠宰加工业中，肉牛加工产物主要为60%～64%牛脂、14%～16%水分和20%～24%牛肉，占牛体活重约40%的副产物都要经过提炼加工。目前美国食用动物油脂的利用情况见表1-11、表1-12。

表1-11　　　　　　　　　美国动物性食用油脂产量与消费情况　　　　　　单位：10^7lb

产品，时间	产量	国内消费量	出口量
可食用动物脂，1994	1513	557	295
可食用动物脂，2005	1813	402	306
猪油，1994	559	422	139
猪油，2005	267	235	94

表1-12　　　　　　　　　　　　　动物脂肪炼制产品用途

处理的动物蛋白质		炼制的脂肪	
传统炼制法	替代方法	传统炼制法	替代方法
动物饲料	燃料	动物饲料	燃料
宠物食品	集合物体	肥皂	生物柴油
化学肥料	磷灰石	油脂类化学制品	塑料

提炼工业与畜牧业的内在关系见图1-2。这些由人类不可食用原料生产的产品对其相关的产业和社会贡献很大。除此之外，这些副产物的提炼加工与利用对于改善环境质量、保护动物健康和公共健康有促进作用。

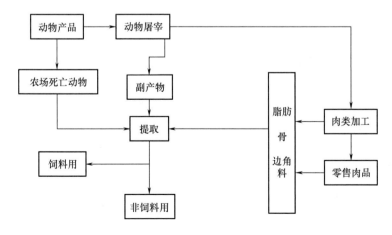

图1-2　提炼工业与畜牧业的内在关系

三、国外家畜血液的利用

在欧美国家，家畜血液主要用于生产血粉饲料，血液制品是饲料工业蛋白质和赖氨酸最丰富的天然来源。美国血粉饲料总产量10.2万吨，使用情况见表1-10。

喷雾干燥血粉是由新鲜卫生的家畜血液制成的，原料中不含毛发、胃内容物和尿。血液中多数水分是通过机械脱水方法脱掉或将血液加热浓缩至半固态，半固态血粉被运至快速干燥设备，结合更紧密的结合水在此被迅速脱掉。喷雾干燥血粉赖氨酸的最低生物学效价为80%。

过去，血粉由于被认为适口性差而限制了应用，此外，血粉本身异亮氨酸含量低，且加工血液的干化过程会降低其中赖氨酸的生物利用率。随着加工方法的改进，很大程度地改善了产品的质量，更新的方法（轮状干燥、闪蒸干燥）生产的产品，氨基酸消化率达到90%或更高，加上配方技术的改进，可以平衡包括异亮氨酸在内的必需氨基酸，也解决了血粉适口性的问题。在畜牧业中，血粉蛋白质含量高（85%～90%），是很好的赖氨酸来源（7%～8%）；铁的含量也高（1900～2900mg/kg），在奶牛、饲育场和放牧牛的研究中表明其含有高过瘤胃蛋白质的特性。

血浆干燥粉和血细胞干燥粉是2种新型的产品，是用柠檬酸钠抗凝剂处理血液，冷却、分离出血浆和血细胞，分别喷雾干燥处理而得到。喷雾干燥血浆粉是早期断奶仔猪非常好的蛋白质来源。除了有好的氨基酸组成，高含量的血清球蛋白（包括免疫球蛋白）可以刺激免疫力虚弱的断奶前期、早期断奶仔猪的生长。肯塔基大学最近的研究发现免疫球蛋白，尤其是免疫球蛋白G，是血浆中刺激仔猪生长的主要成分，而且，牛和猪的血浆有着同样的效果。喷雾干燥血浆粉相对较贵，但是添加到断奶后7～14天仔猪的开食料（3%～6%）中，效果明显。血细胞干燥粉是血液在血浆被分离后剩下的部分，同样是仔猪开食料良好的添加成分。总之，当不用血浆蛋白粉后，这种产品在断奶仔猪二期料中占到2%～5%。

四、家畜副产物处理与环境安全

每年全球持续生产6600万吨的高水分含量易腐烂的动物副产物，如果不尽快处理，这些物质将会迅速的分解和污染，释放出多种化合物、元素、能量等，并污染环境。

根据英国健康组织资料，目前用来处理产生的大量动物副产物的方法，分别是提炼、填埋、焚烧和混合焚烧。提炼工艺对于微生物病原菌和其他危险的控制是一种有效的手段。当通过提炼、焚烧处理死亡动物或副产物时，人们暴露于生物危险物的危险可以忽略，疯牛病问题的危险性也可以忽略。但是，焚烧可能引起对于燃烧后化学物质的中度或高度暴露，填埋可能会造成对环境和人类健康的影响，只有提炼可以避免生物和化学双重的危险（见表1-13）。

表 1 – 13 多种处理动物副产物方法对健康的潜在威胁的总结

危险物	提炼	焚化	填埋	火烧	埋葬
弯曲杆菌，大肠埃氏杆菌，李斯特菌，沙门菌，炭疽菌，肉毒梭菌，钩端螺旋体，结核分枝杆菌牛变异株，耶尔森鼠疫杆菌	很小	很小	适中	很小	高
隐孢子虫，贾第虫	很小	很小	适中	很小	高
破伤风梭菌	很小	很小	适中	很小	高
疯牛病、痒病朊病毒	适中	很小	适中	适中	高
甲烷，二氧化碳	很小	很小	适中	很小	高
焚烧化合物，金属盐	很小	很小	很小	高	很小
颗粒物质，二氧化硫，二氧化氮	很小	适中	很小	高	很小
多环芳烃，二噁英	很小	适中	很小	高	很小
消毒剂，清洗剂	很小	很小	适中	适中	高
硫氢化物	很小	很小		很小	高
发光物	很小	适中	很小	适中	适中

注：很小——很小的人和危险物的接触几率；适中——中等的人和危险物接触的几率；高——很大的人和危险物接触的几率。

参 考 文 献

[1] 余群力，史文利，张文华. 我国肉牛牦牛屠宰加工业副产品利用现状及对策 [J]. 国家肉牛牦牛技术体系技术交流大会论文集，2011，9：303～308.

[2] 郭兆斌，余群力. 牛副产物——脏器的开发利用现状 [J]. 肉类研究，2011，3（25）：35～37.

[3] 张玉斌，郭兆斌，余群力等. 牛血资源综合开发利用研究进展 [J]. 肉类研究，2011，25（9）：30～34.

[4] 吴立芳，马美湖. 我国畜禽骨骼综合利用的研究进展 [J]. 现代食品科技，2005，13（1）：138～142.

[5] 王学平. 畜禽产品加工的综合利用发展趋势 [J]. 肉类研究，2008，22（11）：11～14.

[6] 金绍黑. 利用动物脏器制备生物制剂技术（之一）[J]. 技术与市场，2009，16（3）：75～76.

[7] 白建，赵光英，孙好学等. 动物骨粉产品的研发 [J]. 畜禽业，2005，20（3）：36～38.

[8] 郭兆斌，韩玲. 高活力胰酶提取工艺研究 [J]. 食品工业科技，2010，31（5）：284～286.

[9] 胡孝勇，袁晓玲，蒋寅等. 胶原蛋白酶解的研究进展 [J]. 现代食品科技，2008，24（10）：1076～1078.

[10] 吴立芳，马美湖. 我国畜禽骨骼综合利用的研究进展 [J]. 现代食品科技，2005，18（1）：138～142.

[11] 张长贵，董加宝，王祯旭. 畜禽副产物的开发利用 [J]. 肉类研究，2006，7（3）：40～43.

[12] 王学平. 畜禽加工副产品及废弃物的综合利用将成为肉食行业新的经济增长点 [J]. 肉类工业，2008，9（12）：2～9.

［13］夏秀芳. 畜禽骨的综合开发利用［J］. 肉类工业, 2007, 11 (5): 22~25.

［14］侯瑞锋, 黄岚, 王忠义等. 用近红外漫反射光谱检测肉品新鲜度的初步研究［J］. 光谱学与光谱分析, 2006, 26 (12): 2193~2196.

［15］王卫, 张志宇. 畜骨加工利用及其产品开发［J］. 食品科技, 2009, 34 (5): 154~157.

［16］朱媛媛, 庄红. 血红素铁研究进展［J］. 肉类研究, 2010, 135 (5): 18~23.

［17］程池, 蔡永峰. 可食动物血液资源的开发利用［J］. 食品与发酵工业, 2008, 135 (3): 66~72.

［18］胡奇伟, 过世东. 血浆蛋白分离工艺参数［J］. 粮食与饲料工业, 2004, (9): 29~32.

［19］David L. Meeker. 动物蛋白及油脂产品加工及使用［M］. 朱正鹏等译. 美国弗吉尼亚阿林顿: Kirby Lithographic 有限公司, 2006.

［20］Contantions G Zarkadas. Assessment of the Protein Quality of Bone Isolates for Use an Ingredient in Ment and Poultry Products［J］. Agri. Food Chem., 1995, (43): 77~83.

［21］Denys S, Hendrickx M E. Measurement of the thermal conductivity of foods at high pressure［J］. Journal of Food Science, 2004, 64 (4): 709~713.

［22］Andree S, Jira W, Schwind K H, et al. Chemical safety of meat and meat products［J］. Meat Science, 2010, 86 (1): 38~48.

［23］Calpla C, Gonzalez P, Ruales J, et al. Bone – bound enzymes for food industry application［J］. Food Chemistry, 2000, 68 (4): 403~409.

［24］Hai Lin, Dennis O C, Ratnesh L. Imaging real – time proteolysis of single collagen I molecules with an atomic force microscope［J］. Biochemistry, 1999, 38: 56~59.

［25］Medis E, Rajapakse N, Kim S K. Antionxidant proper of a radical – scavenging peptide purified from enzymatically preparred fish skin gelatin hydroysate［J］. Journal of agricultural and food chemistry, 2005, 53 (3): 580~587.

［26］Dale N. Metabolizable energy of meat and bone meal［J］. Applied Poultry Research, 1997, 6: 169~173.

［27］Federal Register. Substance Prohibited from Use in Animal［J］. Food or Feed, 2005, 70: 58570~58601.

［28］Firman J L. Amino acid digestibilities of soybean meal and meat meal in male and female turkeys of different ages［J］. Applied Poultry Research, 1992, 1: 350~354.

［29］Jorgenson H, W C Sauer, P A Thacker. Amino acid availabilities in soybean meal, sunflower meal, fish meal and meat and bone meal fed to growing pigs［J］. Animal Science, 1984, 67: 441~458.

［30］Knabe D A, D C La Rue, E J Gregg, et al. Apparent digestibilities of nitrogen and amino acids in protein feedstuffs by growing pigs［J］. Animal Science, 1989, 67: 441~458.

［31］Parson C M, F Castanon, Y Han. Protein and amino acid quality of meat and bone meal［J］. Poultry Science, 1997, 76: 361~368.

［32］Powles J, J Wiseman, D J A Cole, et al. Prediction of the Apparent Digestible Energy Value of Fats Given to Pigs［J］. Animal Science, 1995, 61: 149~154.

［33］Enriquez C, N Nwachuku, C P Gerba. Direct exposure of animal enteric pathogens［J］. Reviews of Environmental Health, 2001, 16: 117~118.

［34］Hamilton C R, D Kirstein. National Renderers Association technical review, 2002.

［35］Smith D, M Blackford, S Younts, et al. Ecological relationships between the prevalence of cattle shredding E. coli O157: H7 and characteristics of the cattle or conditions of the feedlot pen［J］. Food Prot., 2001, 64 (12): 1899~1903.

［36］ Swisher K. Market report 2004 ［J］. Render, 2005, 32 (4): 10 ~ 16.

［37］ Matthews D, Cooke B C. The potential for transmissible spongiform encephalopathies in non ruminant livestock and fish ［J］. Revue Scientifique et Technique – Office International des Epizooties, 2003, 22 (1): 283 ~ 296.

［38］ Hendriks W H, Butts C A, Thomas D V, et. al. Nutritional quality and variation of meat and bone meal ［J］. Asian – Australasian Journal of Animal Sciences, 2002, 15 (10): 1507 ~ 1516.

［39］ Garcia R A, Rosentrater K A, Flores R A. Characteristics of north American meat and bone meal relevant to the development of non – feed applications ［J］. American Society of Agricultural and Biological Engineers, 2006, 22 (5): 729 ~ 736.

［40］ Sadowska M, Sikorski Z E. Collagen in the tissues of squid (Illexargentinus and Loligo patagonica) content and solubility ［J］. Food Biochem. , 1987, 11 (2): 109 ~ 120.

第二章 家畜副产物的收集与整理

第一节 屠宰技术规程

一、猪的屠宰技术规程

生猪按照 NY/T 909—2004《生猪屠宰检疫规范》，通过宰前检验以后，依据 GB/T 17236—2008《生猪屠宰操作规程》进行屠宰，猪的屠宰包括致晕、刺杀放血、剥皮等 14 个单元操作。

（一）致晕

猪的屠宰通常采用电致晕或二氧化碳麻醉法致晕。

1. 电致晕

使用麻电器在猪头额骨与枕骨附近进行麻电，将电极的一端放在额骨附近，另一端放在肩胛骨附近。

2. 麻醉法

将猪送入麻醉室后麻醉致晕。麻醉室内气体组成为：二氧化碳 75%，空气 25%，麻醉时间约为 15s。猪致晕后应心脏跳动，呈昏迷状态，不应致死或反复致晕。

（二）刺杀放血

猪致晕后，立即进行卧式放血，或用链钩套住猪左后脚跗骨节，将其提升上轨道进行立式放血。刺杀时操作人员应一手抓住猪前脚，另一手握刀，对准第一肋骨咽喉正中偏右约 0.5cm，向心脏方向刺入再侧刀下拖切断颈部动脉和静脉，不应刺破心脏或割断食管、气管，刺杀时不应使猪呛嗝、瘀血。血液用集血池收集。

（三）剥皮

可采用机械剥皮或人工剥皮。

1. 机械剥皮

按剥皮机性能，预剥一面或两面，确定预剥面积，具体步骤包括：挑腹皮、剥前腿、剥后腿、剥臀皮、剥腹皮、左右两侧分别剥、夹皮、开剥。

2. 人工剥皮

将猪屠体放在操作台上，按顺序挑腹皮、剥臀皮、剥腹皮、剥脊背皮。剥皮时不应划破皮面，注意少带肥膘。

（四）浸烫脱毛

采用蒸汽烫毛隧道或浸烫池进行烫毛。蒸汽烫毛隧道，调整隧道内温度至 59~62℃，烫毛时间为 6 ~ 8min，遇到紧急情况时应立即开启隧道的紧急保护系统。浸烫池，调整水温至 58 ~ 63℃，烫毛时间为 3 ~ 6min，浸烫池应设有溢水口和补充净水的装置。

脱毛采用脱毛机进行。脱毛机内的喷淋水温度控制在 59 ~ 62℃，脱毛后屠体应无浮毛、无机械损伤、无脱皮现象。

（五）预干燥

采用预干燥机或人工刷掉猪体上的残留猪毛与水分。

（六）燎毛

采用喷灯或燎毛炉燎毛，烧去猪体表面残留猪毛并杀死体表微生物。

（七）清洗抛光

采用人工或抛光机将猪体表残毛、毛灰清刮干净并进行清洗。然后将屠体送入清洁区做进一步的加工。

（八）割尾、头、蹄

1. 割尾

一手抓猪尾，一手持刀，贴尾根部关节割下，使割后肉尸没有骨梢突出皮外，没有明显凹坑。

2. 割头

从生猪左右嘴角、眼角后各4cm齐两耳根割下，经颈部第一皱纹下 1 ~ 2cm 位置下刀，走势呈弧形，刀中圆滑，不应出现刀茬和多次切割。

3. 割蹄

前蹄从腕关节处下刀，后蹄从跗关节处下刀，割断连带组织。

（九）雕圈

刀刺入肛门外围，雕成圆圈，掏开大肠头垂直放入骨盆内。应使雕圈少带肉，肠头脱离括约肌，不应割破直肠。

（十）开膛净腔

1. 挑胸、剖腹

自放血口沿胸部正中线挑开胸骨，沿腹部正中线自上而下剖腹，将生殖器从脂肪中拉出，连同输尿管全部割除，不应刺伤内脏。放血口、挑胸、剖腹口应连成一线，不应出现三角肉。

2. 拉直肠、割膀胱

一手抓住直肠，另一手持刀，将肠系膜及韧带割断，再将膀胱和输尿管割除，不应刺破直肠。

3. 取肠、胃（肚）

一手抓住肠系膜及胃部大弯头处，另一手持刀在靠近肾脏处将系膜组织和肠、胃共同割离猪体，并割断韧带及食管，不应刺破肠、胃、胆囊。

4. 取心、肝、肺

一手抓住肝，另一手持刀，割开两边膈膜，取横膈膜肌备检。左手顺势将肝下掀，右手持刀将连接胸腔和颈部的韧带割断，并割断食管和气管，取出心、肝、肺，不应使其破损。

5. 冲洗胸腔、腹腔

取出内脏后，应及时用足够压力的净水冲洗胸腔和腹腔，洗净腔内瘀血、浮毛、污物，并摘除两侧肾上腺。

（十一）劈半

可采用手工劈半或自动劈半。劈半时应沿着脊柱正中线将胴体劈成两半。劈半后的片猪肉应摘除肾脏，撕断腹腔板油，冲洗血污、浮毛等，收集腹腔脂肪和肾周脂肪。

（十二）整修

按顺序整修腹部，修割乳头、放血刀口，割除槽头、护心油、暗伤、脓包、伤斑和遗漏病变腺体。

（十三）预冷

将猪胴体送入冷却间进行预冷，采用一段式预冷或二段式预冷工艺。

1. 一段式预冷

冷却间相对湿度应为75% ~95%，温度0 ~4℃，胴体间距3 ~5cm，时间16 ~24h。

2. 二段式预冷

快速冷却，将猪胴体送入 –15℃以下的快速冷却间进行冷却，时间为1.5 ~2h，然后进入预冷间预冷。预冷间温度0 ~4℃，胴体间距3 ~5cm，时间14 ~20h。

（十四）分割

分割间温度应控制在15℃以下。分割肉加工工艺宜采用冷剔骨工艺，即片猪肉在冷却后进行分割剔骨。分割肉应修割净伤斑、出血点、碎骨、软骨、血污、淋巴结、脓包、浮毛及杂质。严重苍白的肌肉及其周围有浆液浸润的组织应剔除。片猪肉可采用卧式或立式分段，分别使用卧式分段锯和立式分段锯。分割的原料及产品采用平面带式输送设备，其传动系统应选用电辊筒减速装置，在输送带两侧设置不锈钢或其他符合食品卫生要求的材料制作的分割工作台，进行剔骨分割。剔骨分割后将骨类收集，并置于冷库中冷藏。

二、牛的屠宰技术规程

牛按照 GB 18393—2001《牛羊屠宰产品品质检验规程》，通过宰前检验以后，依据 GB/T 19477—2004《牛屠宰操作规程》，牛的屠宰包括致晕、挂牛、放血等17个单元操作。

（一）致晕

致晕的方法有多种，推荐使用刺昏法、击昏法、麻电法。

1. 刺昏法

固定牛头，用尖刀刺牛的头部"天门穴"（牛两角连线中点后移3cm）使牛昏迷。

2. 击昏法

用击昏枪对准牛的双角与双眼对角线交叉点，启动击昏枪使牛昏迷。

3. 麻电法

用单杆式麻电器击牛体，使牛昏迷（电压不超过200V，电流为1 ~1.5A，作用时间7 ~30s）。

致晕要适度，使牛昏而不死。

（二）挂牛

用高压水冲洗牛腹部、后腿部及肛门周围。用扣脚链扣紧牛的右后小腿，匀速提升，使牛后腿部接近输送机轨道，然后挂至轨道链钩上。

（三）放血

从牛喉部下刀，横断食管、气管和血管。对于"清真食品"企业，应采用伊斯兰的屠宰方法，由阿訇主刀。刺杀放血刀应每次消毒，轮换使用。采用集血池收集血液，从致晕至刺杀放血，不应超过30s。刺杀放血刀口长度约5cm，沥血时间不宜少于5min。

（四）结扎肛门

冲洗肛门周围，先将橡皮筋套在左臂上，再将塑料袋反套在左臂上。左手抓住肛门并提起，右手持刀将肛门沿四周割开并剥离，随割随提升，提高至10cm左右，将塑料袋翻转套住肛门，用橡皮筋扎住塑料袋，将结扎好的肛门送回收处。

（五）剥后腿皮

从跗关节下刀，刀刃沿后腿内侧中线向上挑开牛皮。沿后腿内侧线向左右两侧剥离从跗关节上方至尾根部牛皮，同时割除生殖器，割掉尾尖，放入指定器皿中。

（六）去后蹄

从跗关节下刀，割断连接关节的结缔组织、韧带及皮肉，割下后蹄，放入指定的容器中。

（七）剥胸腹部皮

用刀将牛胸腹部皮沿胸腹中线从胸部挑到裆部，沿腹中线向左右两侧剥开胸腹部牛皮至肷窝止。

（八）剥颈部及前腿皮

从腕关节下刀，沿前腿内侧中线挑开牛皮至胸中线。沿颈中线自下而上挑开牛皮。从胸颈中线向两侧进刀，剥开胸颈部皮及前腿皮至两肩止。

（九）去前蹄

从腕关节下刀，割断连接关节的结缔组织、韧带及皮肉，割下前蹄放入指定的容器内。

（十）撕皮

用锁链锁紧牛后腿皮，启动扯皮机由上到下运动，将牛皮卷撕。要求皮上不带膘、不带肉，皮张不破。扯到尾部时，减慢速度，用刀将牛尾的根部剥开。扯皮机均匀向下运动，边扯边用刀轻剁皮与脂肪、皮与肉的连接处。扯到腰部时适当增加速度。扯到头部时，把不易扯开的地方用刀剥开。扯完皮后将扯皮机复位。扯下的牛皮以及之前剥下的牛皮经由专用通道送至仓库中进行保存。

（十一）割牛头

用刀在牛颈一侧割开一个手掌宽的孔，将左手伸进孔中抓住牛头，沿放血刀口处割下牛头，挂到同步检验轨道。

（十二）开胸、结扎食管

从胸软骨处下刀，沿胸中线向下贴着气管和食管边缘，锯开胸腔及颈部。剥离气管和食管，将气管与食管分离至食管和胃结合部，将食管顶部结扎牢固，使内容物不流出。

（十三）内脏收集

1. 白内脏收集

在牛的裆部下刀向两侧进刀，割开肉至骨连接处。刀尖向外，刀刃向下，由上向下推刀割开肚皮至胸软骨处。用左手扯出直肠，右手持刀伸入腹腔，从左到右割离腹腔内结缔组织。用力按下牛肚，取出胃肠送入同步检验盘，然后取净肾周脂肪，收集保存。取出牛脾挂到同步检验轨道。

2. 红内脏收集

左手抓住腹肌一边，右手持刀沿体腔壁从左到右割离横膈肌，割断连接的结缔组织，留下小里脊。取出心、肝、肺，挂到同步检验轨道。割开牛肾的外膜，取出肾并挂到同步检验轨道。然后取净胸腹腔的脂肪组织，收集保存，并冲洗胸腹腔。

（十四）劈半

沿牛尾根关节处割下牛尾，放入指定容器内。将劈半锯插入牛的两腿之间，从耻骨连接处下锯，从上到下匀速地沿牛的脊柱中线将胴体劈成二分体，要求不得劈斜、断骨，应露出骨髓。

（十五）胴体修整及清洗

一手拿镊子，一手持刀，用镊子夹住所要修割的部位，修去胴体表面的瘀血、淋巴、污物和浮毛等不洁物，注意保持肌膜和胴体的完整。并用32℃左右温水，由上到下冲洗整个胴体内侧及锯口、刀口处。

（十六）胴体预冷

将预冷间温度降到 -2~0℃，推入胴体，胴体间距不少于10cm。启动冷风机，使库温保持在0~4℃，相对湿度保持在85%~90%，预冷时间24~48h。

（十七）分割剔骨

依据 GB/T 27643—2011《牛胴体及鲜肉分割》所定义的部位和技术规范进行胴体分割剔骨。

三、羊的屠宰技术规程

羊按照 GB 18393—2001《牛羊屠宰产品品质检验规程》，通过宰前检验以后，依据 DB13/T 963—2008《羊屠宰技术要求》，羊的屠宰包括致晕、挂羊等12个单元操作。

（一）致晕

采用麻电致晕。致晕要适度，使羊昏而不死。清真类屠宰厂可不采用该工序。

（二）挂羊

用已编号的不锈钢吊钩吊挂待宰羊的右后蹄，由自动轨道传送到放血点。用扣脚链扣紧羊的右后小腿，匀速提升，使羊后腿部接近输送机轨道，然后挂至轨道链钩上。用高压水冲洗羊腹部、后腿部及肛门周围。挂羊要迅速，从击昏到放血之间的时间间隔不超过90s。

（三）放血

从羊喉部下刀，横切断食管、气管和血管。清真屠宰厂由阿訇主刀，按伊斯兰屠宰方式宰杀。刺杀放血刀应准备至少2把，放血后应清洗消毒，轮换使用。宰后羊只随自动轨道边走边放血，放血时间不少于5min，血液用集血池收集。

（四）结扎肛门

冲洗肛门周围。将橡皮筋套在左臂上，再将塑料袋反套在左臂上。左手抓住肛门并提起，右手持刀将肛门沿四周割开并剥离，随割随提升，提高至10cm左右，将塑料袋翻转套住肛门，橡皮筋扎住塑料袋，将结扎好的肛门送回收处。

（五）割羊头

用刀在羊颈一侧割开一个手掌宽的孔，将左手伸进孔中抓住羊头，沿放血刀口处割下羊头。

（六）剥皮

1. 剥后腿皮

从跗关节下刀，刀刃沿后腿内侧中线向上挑开羊皮，沿后部内侧线向左右两侧剥离从跗关节上方至尾根部。

2. 去后蹄

从跗关节下刀，割断连接关节的结缔组织、韧带及皮肉，割下后蹄，放入指定的容器中。

3. 剥胸、腹部皮

用刀将羊胸腹部皮沿胸腹中线从胸部挑到裆部，沿腹中线向左右两侧剥开胸腹部羊皮至肷窝止。

4. 剥颈部及前腿皮

从腕关节下刀，沿前腿内侧中线挑开羊皮至胸中线，沿颈中线自下而上挑开羊皮，从胸颈中线向两侧进刀，剥开胸颈部皮及前腿皮至两肩止。

5. 去前蹄

从腕关节下刀，割断连接关节的结缔组织、韧带及皮肉，割下前蹄放入指定的容器内。

对羊尾部位剥皮，腹侧面羊皮基本剥离，从尾根部向下拉扯羊皮，直到彻底分离，要防止污物、毛皮、脏手玷污胴体，净剥下的羊皮从专门通道口送至羊皮暂存间，及时将皮张上血污、皮肌和脂肪刮除，送往加工处，不得堆压、日晒。

（七）用水枪将屠体冲洗干净

（八）开胸、结扎食管

从胸软骨处下刀，沿胸中线向下至气管和食管边缘。切开胸腔，剥离气管和食管，将气管与食管分离至食道和胃结合部，将食管顶部结扎牢固，使内容物不流出。

（九）取白内脏

刀尖向外，刀刃向下，沿腹中线由上向下推刀割开腹腔至胸软骨处。左手扯出直肠，右手持刀伸入腹腔，从左到右割离腹腔内与脏器连接的结缔组织，切忌划破胃肠、膀胱和胆囊，脏器不准落地，胸腹、脏器要保持连接。用刀割取羊肚，取出胃肠，送入同步检验盘，然后扒净腰油。

（十）取红内脏

左手抓住腹肌一边，右手持刀沿体腔壁从左到右割离横膈肌，撕断连接的结缔组织，留下小里脊，取出心、肝、肺，挂到同步检验轨道。割开羊肾的外膜，取出肾脏并挂到同步检验轨道，冲洗胸腹腔。

（十一）胴体修整

冲洗羊颈血迹、内腔及胴体表面的污物，相关人员操作时不得交叉污染。一手拿镊子，一手持刀，依次去除输精管、阴囊皱壁、残余隔肌及零散的脂肪和肌肉，去除体表的伤斑等，使胴体无血、无粪、无污物等不洁物。

（十二）冲洗

用温水由上到下冲洗整个胴体内侧。

第二节　副产物的收集与处理

一、畜血的收集与处理

（一）畜血收集

根据 GB/T 17236—2008《生猪屠宰操作规程》、GB/T 19477—2004《牛屠宰操作规程》、DB13/T 963—2008《羊屠宰技术要求》，猪、牛、羊血液收集均在放血单元操作中通过放血槽和集血池来进行收集。

1. 放血方式

家畜的放血方式主要有 2 种：①立式放血，即电击晕后再倒挂放血，将已击晕的家畜沿颈横割，切断全部颈部血管而放血。②卧式放血，将家畜倒放，在颈静脉沟处割一道切口，切断一侧的颈静脉和颈动脉，屠刀通过胸腔前口向里插入，在两颈动脉的接合处切断前主动脉而放血。

猪主要采用立式放血，从击昏到放血之间的时间间隔不超过 90s，放血完全，放血时间不少于 20s。牛多采用立式放血，从致晕至刺杀放血，不应超过 30s，刺杀放血刀口长度约 5cm，沥血时间不宜少于 5min。羊与牛类似。

2. 放血槽与集血池技术要求

根据 SBJ 02—1999《猪屠宰与分割车间设计规范》和 SBJ/T 08—2007《牛羊屠宰与分割车间设计规范》，放血槽和集血池的设计有严格要求。

（1）放血槽　放血槽应采用不渗水、耐腐蚀材料制作，表面光滑平整，便于清洗消毒。放血槽最低处应分别设血、水输送管道。放血槽长度按工艺要求确定，其高度应能防止血液外溢。悬挂输送机下的放血槽，其起始段长 8~10m，槽底坡度不应 <5%，并且斜坡朝向血输送管道。与放血槽平行的墙裙，其高度不应低于放血轨道的高度。

（2）集血池　集血池的容积最小应容纳 3h 屠宰量的畜血，集血池上应有盖板，并设置在单独的隔间内。集血池应采用不渗水材料制作，表面应光滑易清洗消毒。池底应有一定的坡度，斜坡朝向集血坑，并与排血管相接。对于易排放硫化氢气体的集血池，则必须安装毒气报警装置，且集血池的深度要超过 2m，使重于空气的硫化氢无法溢出集血池而聚积。此外，还应该在集血池周围贴出警告标志，并设置围栏等禁入设施。集血池所在房间应该建造通风设施，或能够形成自然通风。常见的集血池构造如图 2-1 所示。

（二）畜血处理

1. 依据产品类型的畜血处理

畜血的初级产品类型包括全血、血浆、血清 3 种，不同产品需要不同方式加以处理。

（1）全血　在采血器内加入适量的抗凝剂，采血后立即使抗凝剂与血液充分混匀。

（2）血浆　在采血器内加入适量的抗凝剂，采血后使抗凝剂与血液充分混匀，静置或经过离心使血细胞下沉，上清液即为血浆。

（3）血清　将血液置于室温下 30min，凝固后离心 5~10min，上清液即为血清。

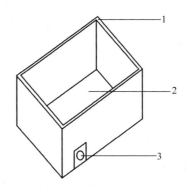

图 2 - 1　屠宰集血池构造
1—集血池　2—倾斜面型池底　3—排血管道

2. 依据用途的畜血整理

畜血的用途包括医药食品、工业用途两类，不同用途的畜血，其整理技术要求的严格程度也不同。

（1）医药食品　必须是在卫生条件较好的大型屠宰场，必须采用电击致晕和空心真空刀，严格按卫生规则采集血液，而产品只有在宰后检验合格之后，方可送往生产，可用塑料容器装运。如食用血粉。

（2）工业用途　卫生条件一般的中小屠宰场中即可，能做到刺杀放血前清除牲畜体表污物，基本达到卫生标准，且通过动物检疫检验，采集到的血液达到工业用血标准。可直接收集到血槽或密封的容器里送往加工处。但病畜血液不能应用，必须销毁。

按产品类型和用途经过整理的畜血，运往加工厂或储藏起来，以备进一步的加工利用。

（三）畜血采集装置

国内外较先进的畜血采集装置是真空采血装置，该装置由真空采血系统在与空气和外界环境完全隔离的条件下采集血液到密闭容器中，确保血液不与外界接触，避免了血液的二次污染。该设备如图 2 - 2 所示。

图 2 - 2　真空采血设备

真空采血系统由真空泵、密闭管道、真空采血刀、血液储存罐构成，真空采血刀在刀体、刀柄内开有连通的输血管道，进血孔与刀体内的输血管道连通，放血时将真空刀刺入家畜颈部，利用真空室内的真空负压将畜血抽出，保证血液清洁不被污染。屠宰用真空采血刀结构如图2-3所示。

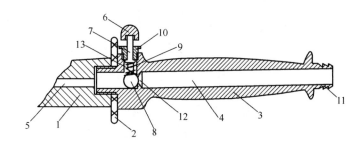

图2-3　屠宰用真空采血刀

1—刀体　2—挡板　3—刀柄　4—输血管道　5—进血孔　6—按钮　7—压杆　8—密封球
9—弹簧　10—压杆套　11—连接管头　12—输血管道口　13—安装孔

二、脂肪的收集与处理

（一）脂肪的收集

依据 GB/T 17236—2008《生猪屠宰操作规程》、GB/T 19477—2004《牛屠宰操作规程》、DB13/T 963—2008《羊屠宰技术要求》。肾周脂肪和腔内脂肪应在屠宰加工劈半时收集，内脏脂肪应在内脏分离、处理工序中尽快趁热摘取，去除非脂肪组织和血污。如果在肾脏和胰脏周围、大网膜和肠管等处，见有手指大到拳头大的、呈不透明灰白色或黄褐色的脂肪坏死凝块，其中含有钙化灶和结晶体等，这一部分脂肪则应当修割干净，不可作为产品被收集。

（二）脂肪的处理

用刀或手除去原料中的非油脂类杂物，如水泡、血块、毛粪、瘦肉及其他杂物等，这些杂物会使原料很快腐败。经过修整的脂肪用洁净的编织袋或塑料袋包裹，隔绝氧气，送入冷库储藏，以备动物性油脂的进一步加工。

三、内脏的收集与处理

（一）内脏的收集

1. 猪内脏的收集

猪内脏的分布如图2-4所示。根据 GB/T 17236—2008《生猪屠宰操作规程》，取内脏时，先取直肠，将肠系膜及韧带割断，再将膀胱和输尿管割除，不应刺破直肠；再取肠、胃，在靠近肾脏处将系膜组织和肠、胃共同割离猪体，并割断韧带及食管；取心、肝、肺，割开肝两边膈膜，顺势将肝下掀，将连接胸腔和颈部的韧带割断，并割断食管和气管，取出心、肝、肺。

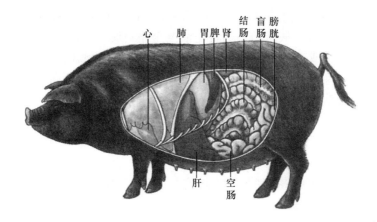

图 2 - 4 猪内脏分布

2. 牛（羊）内脏的收集

牛（羊）内脏的分布如图 2 - 5 所示。根据 GB/T 19477—2004《牛屠宰操作规程》、DB13/T 963—2008《羊屠宰技术要求》，牛、羊都是分红白内脏来取，操作规程相似。取内脏时，先取白脏，由上向下推刀割开肚皮至胸软骨处，扯出直肠，从左到右割离腹腔内结缔组织，取出胃肠；再取红脏，从左到右割离横膈肌，割断连接的结缔组织，留下小里脊，取出心、肝、肺。

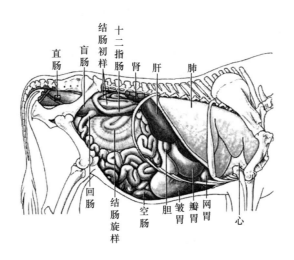

图 2 - 5 牛（羊）内脏分布

（二）内脏的处理

1. 猪内脏的处理

根据 GB/T 17236—2008《生猪屠宰操作规程》进行猪内脏的处理。

（1）脾、胃 将胃底端脂肪割除，切断胃与十二指肠连接处和肝胃韧带。剥开网油，从网膜上割除脾脏，少带油脂。翻胃清洗时，一手抓住胃尖冲洗胃部污物，用力在胃大弯处戳开 5 ~ 8cm 小口，再用洗胃机将胃翻转冲洗干净。

（2）心、肝、肺 切除肝膈韧带和肺门结缔组织，摘除胆囊时，不应使其损伤、残留；猪心上不应带护心油、横膈膜；猪肝上不应带水泡；猪肺上允许保留 5cm 肺管。

（3）大肠　摆正大肠，从结肠末端将花油撕至距盲肠与小肠连接处 15~20cm 割断，打结，不应使盲肠破损或残留油脂过多。翻洗大肠，一手抓住肠的一端，另一手自上而下挤出粪污，并将大肠翻出一小部分，用一手二指撑开肠口，另一手向大肠内灌水，使肠水下坠，自动翻转。经清洗、处理的大肠不应带粪污，不应断肠。

（4）小肠　将小肠从割离胃的断面拉出，一手抓住花油，另一手将小肠末梢挂于操作台边，自上而下排除粪污，操作时不应扯断、扯乱小肠。扯出的小肠应及时采用机械或人工方法清除肠内污物。

（5）胰脏　从肠系膜中将胰脏摘下，胰脏上应少带油脂。

2. 牛（羊）内脏的处理

根据 GB/T 19477—2004《牛屠宰操作规程》、DB13/T 963—2008《羊屠宰技术要求》、DB62/T 2178—2011《牛可食副产品整理技术规程》进行牛（羊）内脏的处理。

（1）胃　在皱胃与十二指肠结合处将胃肠分开，立即将十二指肠头结扎，将肠送至专门处理处。胃的处理如下。

①瘤网胃：将全部肚油摘取干净，再从瘤胃上摘取脾脏，分别放入专门容器。在瘤胃底部划一小口，将内容物倒至指定地点，给瘤胃注水，并用力将水压向皱胃和瓣胃，将内容物冲洗干净。在网、瓣胃结合处将瘤网胃与瓣皱胃分开，将食管从瘤胃上切下，冲洗干净后放在指定容器；瘤网胃放入 65~75℃ 的热水中浸烫，不断翻动，时间 10~15min，浸烫至用手能褪掉黑色黏膜时，捞出，投入洗肚机内进行机械擦洗，将污物及黑膜打洗干净；在瘤网结合处将瘤胃、网胃分割开，分别置于专门容器。

②瓣胃：用刀沿前后两个开口将瓣胃直线剖开，剖开时应使横纹中间的结节带在左侧（不能将结节割开，以免内容物清洗不净）。将残余内容物抖动脱出后，放入水池中冲洗干净，放入 65~75℃ 热水中，不停地搅动，时间 5~10min，用手将黑皮褪掉后，捞起放入洗百叶机内清洗。或在清洗槽内，从一侧叶片开始，逐叶揉搓冲洗干净，至瓣胃另一侧，洗净后将其置于指定容器内。

③皱胃：将皱胃纵向剖开，用钝刀刮去胃黏膜，冲洗干净，放入专门容器。

（2）肠　牛（羊）肠的处理步骤如下，将肠上的膀胱、肛门、胰腺切下，分别置于指定容器内，切下直肠待清理；握住十二指肠切口结扎处，将肠系膜划开，将其内容物放出；将盲肠剥离出来，再将肠油取下；把结肠盘上的淋巴摘掉，打开结肠盘；在小肠与盲肠结合处将二者切开；撕下肠网膜放入专门容器；将十二指肠结扎头打开，把小肠一头套在水管上冲洗内壁，并将肠体外部冲洗干净后置于指定容器；将盲肠底部划开，将内容物排出，用水冲洗肠管内外，冲洗干净后置于指定容器；将结肠内部冲洗干净，然后顺着盘旋的方向，把多余脂肪撕下，用刀将肠体剖开洗净（若脂肪少，则不需摘除），放入专门容器。或将脂肪撕去后将肠体表面洗净，然后把肠体内壁翻出，洗干净放到指定容器；将牛直肠内外冲洗干净，或外部洗净后将肠体内壁翻出，冲洗干净后放入专门容器。

（3）心　剥离心周脂肪，切开心包膜，取出心脏，割除心表面的血管，将瘀血、损伤部位修割掉，冲洗血污，除去护心油和横膈膜，修剪掉黄色的脂肪组织。

（4）肝　用手轻托肝脏，握刀先把肝从心、肝、肺联体上割下，再将胆囊小心从肝体上剥离。操作时不得划破肝脏，修割露出肝脏表面的血管，将肝表面脂肪、筋膜和胆管去除，清洗后放到指定容器内沥水，修整成型。

（5）肺　手握气管，用刀将气管与肺割开，修除与心脏连接处的血污，清洗干净；将气管剖开洗净，分别放到指定容器内沥水。清洗并修整干净。

（6）肾　用刀划开腰部蓄积脂肪，从中将肾脏剥离出来（或用手撕下），注意不能将肾脏划破，清洗后放到指定容器内。

处理后的内脏可以储藏起来，或直接送至加工企业，以备进一步开发利用。

四、畜骨的收集与处理

（一）畜骨的收集

根据猪、牛、羊的屠宰技术规程，畜骨的收集均是在屠宰中的分割剔骨操作单元完成。

1. 猪骨的收集

猪骨的构成如图2-6所示，依据GB/T 9959.2—2008，《分割鲜冻猪瘦肉》中对分割猪肉的定义，胸骨、软肋骨被留在大排上作为鲜肉来销售。而根据GB/T 17236—2008《生猪屠宰操作规程》，猪屠宰时产生的骨类副产物主要指脊椎骨、肩胛骨、肱骨、股骨等。

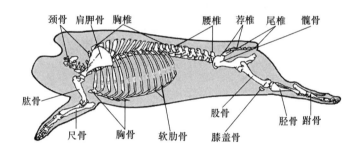

图2-6　猪骨图解

2. 牛（羊）骨的收集

牛（羊）骨的构成如图2-7所示，依据GB/T 27643—2001《牛胴体及鲜肉分割》，牛胴体分割剔骨后得到的主要是脊椎骨、肋骨、肩胛骨、尺骨、股骨、胫骨、髋骨等。

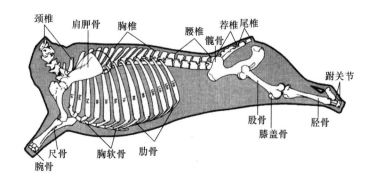

图2-7　牛（羊）骨图解

（二）畜骨的处理

收集到的畜骨为了进一步的加工利用需要进行处理，主要是分类处理和包装。

1. 分类处理

依照产业或应用价值，畜骨可以区分成不同档次的产品。

（1）高档产品　高档产品是指在高档餐饮业中可以用来制作高档菜肴的产品。这类产品在屠宰场中就应当被挑选出来，经过细致的修剪和清洗，直接进入消费渠道，或配以精制的包装，成为礼品。如膝盖骨、股骨、肋骨等。

（2）中档产品　中档产品是指虽然不具备高附加值潜力，但卫生条件较好，未受到污染，具有一定开发潜力的产品。可以用于食品生产或生化制药，附加值较高，且潜力巨大。这类产品有待进一步开发，以提高畜骨综合利用的整体产值。如可用于高汤制作的胫骨、尺骨，可用于骨胶原蛋白提取的脊椎骨等。

（3）低档产品　某些畜骨由于本身营养条件限制，或卫生条件达不到食品或生化制药的标准，只能用于工业用途，这类产品附加值很低，无法充分体现畜骨的产业价值。如常用于饲料加工的肩胛骨、髋骨等，以及屠宰加工过程中产生的碎骨或受到污染的畜骨。

2. 包装

产品档次不同，包装要求也不同。高档产品需用隔绝氧气的材料真空包装，以防止品质的劣变。而用于食品工业和生化制药的畜骨，则需使用达到食品级或医药级的包装材料进行包装。用于工业产品的畜骨，用普通编织袋包装即可。

经过处理的畜骨，可直接运送至加工企业，或在低温下储藏，以备开发利用。

第三章 畜血的综合利用

在肉制品行业中，畜血是较大的副产物，且资源日益丰富。畜血含有丰富的营养和多种生物活性物质，用途广泛，具有广阔的开发利用前景。但目前对畜血的利用率和深加工程度还普遍偏低，仅有小部分被食用或深加工。因此，畜血深加工综合利用产业的社会价值大，产业政策效应优势明显。畜血深加工可减少资源浪费，保护环境，实现动物副产物资源的循环利用。同时可有效提高动物源性蛋白原料供给和利用率，解决国内优质蛋白和功能蛋白匮乏的问题，促进饲料工业产业升级。

近年来，随着科学技术的发展和循环经济政策的实施，以及关于动物副产物的新实施规则的批准和现代生物技术、现代分离技术的迅猛发展，曾经制约畜血综合利用的不利因素渐渐被打破，其产品应用范围已超出饲料产业，逐步被应用于功能性食品、饮料、美容产品、保健品、医药等领域。国内外对血液利用的研究重新成为热点，以畜血等副产物为原料，开发血液生化制品和食品添加辅料已经成为动物源性产品的主流趋势和新兴产业。

第一节 畜血的组成及保藏

一、畜血的组成

（一）畜血的基本组成

血液对动物体十分重要，是动物体内循环系统中的液体组织，在体内流动时，为其他器官和组织提供氧和营养物质，去除代谢产物。血液由血浆和悬浮于血浆中的血细胞所组成。取一定量的新鲜血液与抗凝剂混匀后，3000r/min 离心 30min，上层淡黄色的液体为血浆，下层深红色不透明的是红细胞，中间是一薄层白的不透明的血小板和白细胞。

1. 全血

全血（blood）的体积质量为 1.06，呈弱碱性，pH 平均为 7.47。全血的组成见图3-1。

2. 血浆

血浆（plasma）为淡黄色的液体，但不同种的畜血浆颜色稍有不同，狗、兔的血浆无色或略带黄色，牛、马的血浆颜色较深。血浆之所以呈黄色，主要是因为血浆中存在黄色素。血浆中大部分为水，占90%~93%，7%~10%为干物质，干物质中数量最多的是蛋白质。

（1）血浆的主要化学成分 血浆的化学成分有的来自消化道消化分解产物，有的来自

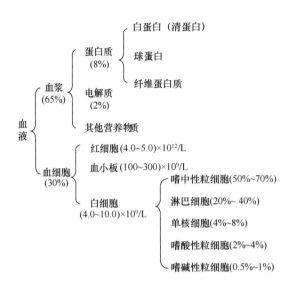

图 3-1　血液的组成

组织细胞释放的代谢产物。主要包括：水分、气体、蛋白质、葡萄糖、乳酸、丙酮酸、脂肪、非蛋白氮、无机盐、酶、激素、维生素以及色素等。

（2）血浆中的蛋白质　血浆蛋白一般分为清蛋白、球蛋白、纤维蛋白原3种，可用盐析法分离，也可用区带电泳法分离。电泳法分离时，球蛋白可以分为 α_1-球蛋白、α_2-球蛋白、β-球蛋白、γ-球蛋白4种。

①清蛋白：又称白蛋白，主要由肝脏形成。相对分子质量69000。血浆胶体渗透压的75%来自清蛋白，也是血液中游离脂肪酸、胆色素、类固醇激素的运载工具。

②球蛋白：α-球蛋白和 β-球蛋白在肝脏合成，γ-球蛋白由淋巴细胞和浆细胞制造进入血液。血中 γ-球蛋白几乎全部都是免疫性抗体。球蛋白类还能同多种脂类结合成脂蛋白，是脂类、脂溶性维生素、甲状腺素在血液中的运载工具。

③纤维蛋白原：完全由肝脏合成，占血浆总蛋白的4%~6%，有重要的凝血作用。

（3）非蛋白含氮物　血中蛋白质以外的一切含氮物质总称为非蛋白含氮物，主要有尿囊素、尿素、肌酸、肌酐、马尿酸、氨基酸、氨、嘌呤碱、尿酸等。其中除氨基酸是供应各组织养分外，其余大部分是代谢废物。非蛋白含氮物的量一般以氮的量来表示，称非蛋白氮（NPN），家畜血液中非蛋白氮主要是尿素氮，约占50%。

（4）酶　血浆中有许多酶，如凝血酶原、碱性磷酸酶、蛋白酶、脂肪酶、转氨酶、磷酸化酶、乳酸脱氢酶等，除凝血酶原外，其他酶含量较少。这些酶来自组织细胞和血细胞。近来发现有超氧化物歧化酶（SOD），已得到大量应用。

3. 红细胞

红细胞（red blood cell，RBC）是单个存在的，微黄色稍带绿色阴影。由于红细胞中含有血红蛋白（Hb），所以多数红细胞聚合起来呈红色。哺乳动物成熟的红细胞同其他细胞不同，是无核、双面略向内凹的圆盘形的细胞，这种双圆盘的结构可以保证全部胞浆，主要是其中的血红蛋白与细胞膜保持最短距离，便于迅速而有效地进行气体交换。红细胞的生存时间很短，旧的红细胞在脾脏中被消灭，新的红血球不断由骨髓中产生来补充。

红细胞中含有 60% 的水分、40% 的干物质。干物质中 90% 为血红蛋白，其余 10% 为磷脂化合物、胆固醇、葡萄糖、钾盐和钙盐等。

红细胞的直径因动物种类而不同，猪为 6.2μm，牛为 5.6μm，马为 5.4μm。红细胞是血细胞中数量最多的一种，其正常数量因动物种类、品种、性别、年龄、饲养管理条件以及环境条件的不同而有所不同。各种成年家畜血液中红细胞数量见表 3-1。

表 3-1　　　　　　　　　　　不同成年家畜血液中红细胞数量　　　　　　　　　单位：$10^{12}/L$

动物种类	数量	动物种类	数量
猪	6.0~8.0	绵羊	6.0~12.0
牛	6.0	山羊	15.0~19.0
水牛	6.0	马	6.0~9.0
南阳黄牛	6.9	驴	6.5

红细胞具有一定的特性：

（1）选择通透性　以维持细胞内化学组成和保持红细胞正常生理活动功能。

（2）渗透脆性　如果血浆或周围溶液的环境渗透压低于红细胞，则水分子大量进入红细胞，红细胞逐渐胀大，最后导致细胞膜破裂，易将血红蛋白释放出来，这一现象称为红细胞溶解，简称溶血。相反，如果血浆或周围溶液的环境渗透压高于红细胞，水分子将由红细胞内透出，红细胞失水而皱褶，最后也将破裂。0.9% 氯化钠溶液是红细胞的等渗溶液，也称等张溶液或生理盐水。

（3）悬浮稳定性　即红细胞在血浆中保持稳定状态，不易下沉的特性。将获得的鲜血加抗凝剂后放入试管内，其中红细胞将缓慢地下沉，在单位时间内红细胞下沉的速度称为红细胞沉降率或简称血沉，红细胞下降越快表示其稳定性越差。在畜血综合利用时，有时需要保持其稳定性，有时需要破坏其稳定性。

4. 白细胞

白细胞（white blood cell，WBC）为无色有核的血细胞，其体积比红细胞大，数量远比红细胞少，不同动物白细胞与红细胞的比例是：猪 1:400，牛 1:800，山羊 1:1300，绵羊 1:1200。家畜正常白细胞的数量变化很大，因为其是动物机体防疫体系的一部分，可随机体生理状况的改变而发生变动。各种家畜白细胞的数量见表 3-2。

表 3-2　　　　　　　　　　　不同家畜白细胞的数量　　　　　　　　　　单位：$10^9/L$

动物种类	数量	动物种类	数量
猪	14.8	山羊	9.6
牛	8.2	马	8.0
绵羊	8.2	驴	11.7

5. 血小板

血小板（blood platelet）是体积很小的圆盘状、椭圆状或杆状细胞，血小板无细胞核，但能消耗氧气，也能产生乳酸和二氧化碳，是活的细胞。在正常家畜血液中血小板的数量为：猪 $400 \times 10^9/L$，绵羊 $740 \times 10^9/L$，马 $350 \times 10^9/L$，其数量变化情况随家畜生理情况而异，家畜在剧烈运动后血小板数量剧增，大量失血和组织损伤时其数量也显著增多。

（二）畜血的理化特性

1. 颜色

家畜血液的颜色与红细胞中血红蛋白的含量有密切的关系。动脉血液中含氧量高，呈鲜红色。静脉血中含氧量低，呈暗红色。

2. 气味

血液中因存在有挥发性脂肪酸，故带有腥味，肉食畜血的腥味尤甚。

3. 相对密度

血液的相对密度取决于所含细胞的数量和血浆蛋白的浓度，血液中红细胞数量越多，则全血相对密度越大。各种家畜全血的相对密度在 $1.046 \sim 1.052$。

4. 渗透压

渗透压的高低与溶质颗粒数目的多少成正比，而与溶质的种类及颗粒的大小无关。家畜血液的渗透压一般在 $0.55 \sim 0.62$。哺乳动物血液渗透压大致一定，用冰点下降度表示，猪为 0.62，牛为 0.56，马为 0.56。

5. 黏滞性

全血的黏滞性为蒸馏水的 $4 \sim 5$ 倍，这主要取决于红细胞数量和血浆蛋白的浓度。

6. 酸碱度

家畜血液的酸碱度一般为 pH $7.35 \sim 7.45$。

（三）畜血的营养特性

家畜血液营养丰富，血液中各种化学成分的含量相当稳定，富含蛋白质和微量元素，以及适量矿物质、维生素、激素、酶系和其他一些生理活性物质。不同家畜血液的化学组成、血浆的化学组成和血细胞的化学组成分别见表 3 - 3、表 3 - 4 和表 3 - 5。

表 3 - 3　　　　　　　　不同家畜血液中的化学组成　　　　　　　单位：g/kg 血液

成分	猪	牛	绵羊	山羊	马
水	790.56	808.9	821.67	803.89	749.02
干物质	209.44	191.1	178.33	196.11	250.98
血红蛋白	142.20	103.1	92.9	112.58	166.90
其他蛋白质	42.61	69.8	70.8	69.72	69.7
糖	0.686	0.7	0.733	0.829	0.526
胆固醇	0.444	1.935	1.339	1.299	0.346
磷脂酰胆碱	2.309	2.349	2.220	2.46	2.913
脂肪	1.095	0.567	0.937	0.525	0.611
脂肪酸	0.058	—	0.488	0.395	—
磷酸	0.0578	0.0267	0.285	0.395	0.06
钠	2.406	3.636	3.638	3.579	2.691
钾	2.039	0.407	0.405	0.396	2.758
氧化铁	0.696	0.544	0.492	0.577	0.828

续表

成分	猪	牛	绵羊	山羊	马
钙	0.068	0.069	0.07	0.06	0.051
镁	0.089	0.035	0.03	0.04	0.046
氯	2.69	3.079	3.08	2.823	2.785
总磷	1.007	0.404	0.412	0.307	0.392
无机磷	0.74	0.171	0.19	0.143	0.171

表 3-4　　　　　　　　　　　不同家畜血浆的化学组成　　　　　　　　　单位：g/kg 血液

成分	猪	牛	羊	马
水	917.61	913.64	917.44	902.05
干物质	83.39	86.36	82.56	97.95
蛋白质	67.741	72.5	67.5	84.24
糖	1.112	1.05	1.06	1.176
胆固醇	0.409	1.238	0.879	0.298
磷脂酰胆碱	1.426	1.678	1.709	1.72
脂肪	1.965	0.926	1.352	1.3
脂肪酸	0.794	—	0.71	—
磷	0.022	0.013	0.011	0.02
钠	4.251	4.312	4.303	4.434
钾	0.27	0.255	0.256	0.263
氧化铁	—	—	—	—
钙	0.122	0.119	0.117	0.111
镁	0.041	0.045	0.041	0.045
氯	3.63	3.69	3.711	3.73
总磷	0.197	0.244	0.232	0.24
无机磷	0.052	0.085	0.073	0.071

表 3-5　　　　　　　　　　　不同家畜血细胞的化学组成　　　　　　　　单位：g/kg 血液

成分	猪	牛	羊	马
水	625.21	591.86	604.79	618.15
干物质	374.38	408.14	385.23	386.84
血红蛋白	306.82	316.74	303.29	315.08
糖	—	—	—	—
胆固醇	0.489	3.379	2.360	0.388
磷脂酰胆碱	3.456	3.748	3.379	3.973
脂肪	—	—	—	—
脂肪酸	0.062			
磷（核苷酸）	0.105	0.055	0.059	0.095
钠	—	2.322	2.135	
钾	4.957	0.722	0.679	4.935
氧化铁	1.599	1.671	1.575	1.563

续表

成分	猪	牛	羊	马
钙	—	—	—	—
镁	0.015	0.017	0.040	0.021
氯	1.813	1.48	1.949	1.475
总磷	0.735	0.699	1.901	2.258
无机磷	0.350	0.279	1.48	1.653

血液中干物质含量平均在 19.0%，干物质中蛋白质含量高，和肉相近，所以，畜血又称为"液体肉"。从氨基酸组成来看（见表3-6），血液蛋白质是一种优质蛋白质，其必需氨基酸总量高于人乳和全蛋，尤其是赖氨酸含量很高，接近9%。以全蛋为参考蛋白质，从化学分计算可以看出，血液蛋白质的第一限制性氨基酸是异亮氨酸，其次是含硫氨基酸蛋氨酸和胱氨酸，而其余的必需氨基酸的化学分都接近或超过100分。

表 3-6　　　　　　　　　　血液蛋白质所含必需氨基酸的数量　　　　　　　单位：mg/g 血液

氨基酸	酪氨酸 苯丙氨酸	亮氨酸	赖氨酸	缬氨酸	异亮氨酸	苏氨酸	蛋氨酸 胱氨酸	组氨酸	色氨酸	总计
理论模式	73	70	51	48	42	35	26	17	11	373
人乳	99	95	68	63	56	46	40	23	17	507
全蛋	98	88	68	72	63	49	56	24	16	534
畜血平均值	89.2	127	88.0	87.8	8.9	40.6	25.3	63.0	17.4	547.2
化学分	91	144	129	122	14	83	45	262	109	

注：理论模式：能满足机体需要的优质蛋白质的氨基酸模式，根据婴儿和10～12岁儿童所需要的必需氨基酸而设计。化学分：全蛋作为参考蛋白质。畜血平均值：猪血、牛血和羊血含量的平均值。

（四）血量

家畜体内的血液总量称为血量，是血浆量和血细胞量的总和。绝大部分血液在心血管系统中循环流动着，这部分称为循环血量；其余部分（主要是红细胞）储藏在肝、脾和皮肤中，称为储藏血量。当家畜剧烈运动或大出血时，储藏血量可释放出来，以补充循环血量的不足。

一般来说，血量占体重的 6%～8%，但随动物的种类、性别、年龄、营养状况、活动程度、妊娠、泌乳和所处的外界环境不同而发生变动。不同家畜的血量见表3-7。

表 3-7　　　　　　　　　　不同家畜血量占体重的百分比　　　　　　　　　单位：%

动物种类	血量	动物种类	血量
猪	5～6	绵羊和山羊	6～7
幼年乳用犊牛	10～11	马（轻型）	10～11
母牛	6～7	马（重型）	6～7

二、畜血的防凝

（一）加抗凝剂法

家畜屠宰后收集新鲜血液，采用加入盐类试剂的方法，可使血液中的红细胞破裂溶血，达到防凝的目的。一般添加柠檬酸盐（柠檬酸钠或柠檬酸三钠），柠檬酸钠加入量一般为鲜血体积的 0.2% 左右，提高柠檬酸钠浓度将会有效防止凝固，最常用的方式是每升血液中添加 10mL 0.4g/mL 的柠檬酸钠溶液，边加入边搅拌。此方法效果较好，可在现场进行使用，但成本较高。在食品和医药工业方面，柠檬酸钠的使用法规各不相同，因此，应用时应先查清有关法规。

其他常用的化学抗凝物质有以下几种。

（1）草酸盐　1L 血液加入 1g 草酸钠或草酸钾，以其 30% 的水溶液加入血中。加工食用血产品或制取医用血产品禁止使用草酸盐，因为草酸盐有毒。

（2）乙二胺四乙酸　1L 血液加入 2g。

（3）肝素　钠盐、钙盐和钾盐，1L 血液加入 200mL。

（4）氟化钠　1L 血液加入 1.5 ~ 3g。

（5）氯化钠　加入血液量的 10%。

这些化学物质使血钙失去作用，以保持血液的液体状态。一般食用血液多用化学抗凝法。

（二）调 pH 法

家畜屠宰后收集的新鲜血液还可以通过调整 pH 使红细胞溶血，达到防凝的效果。如使用氨水或氨气使 pH 达 10，即可防凝。这种方法也可在现场进行，可有效地控制血液的凝固和污染，便于储藏和运输。

（三）脱纤法

脱纤处理方法是脱去血液中能够促使血液凝固的血纤凝蛋白，再进行血液消毒和浓缩，但在 65℃ 时仍会凝固。脱纤一般采用连续搅拌法。机械脱纤法是利用木棍或带旋转桨叶的搅拌机，用力搅拌血液，搅拌中把纤维缠在木棍或桨叶上，使血液始终保持液体状态。脱纤时间通常需要 2 ~ 4min，医药用和工业用血液多采用此法脱纤。

三、畜血的保藏

血液富含营养，是细菌繁殖最好的培养基。血液在空气中暴露的时间较长后，细菌的数量便很快增殖起来。当血液腐败以后，就会产生一种难闻的恶臭味，这是血蛋白被细菌分解的缘故。所谓血的保藏，也就是要设法防止细菌的繁殖和血蛋白本身的分解。实际生产中，畜血往往不能立即加工，或需要进行运输，或需要在不适宜的温度条件下进行长时间的工艺过程，为此，需要对血液进行保藏。在保藏之前，最好进行消毒和防腐技术处理。

（一）消毒处理

方法是将添加过抗凝剂的血液或血液部分成分（使其含水量在 30% 左右或 30% 以下）在 80 ~ 100℃ 加热条件下保持 8 ~ 10min，能有效地消灭细菌和其他微生物，包括存活的细菌及大肠杆菌，不破坏血的特性，不发生蛋白质明显变性，可得到较好消毒效果。

（二）防腐处理

1. 加盐防腐法

家畜刺杀放血时，收集的血液中立即加入总量为 0.5% 的乙二胺四乙酸钠盐，可达到集血防腐的目的。也可利用乙二胺四乙酸的其他盐类，如铝盐、镁盐或其他盐类混合物。这种方法处理的血液，可储藏 10d 左右，能够符合定期集血的条件。有研究表明，血液中添加碱性硫酸盐作防腐剂，可储藏血液 45d 以上。

2. 凝块保藏法

定期收集经处理的血液，送往血液利用的加工厂后，可在 80～110℃ 温度下加热，并连续搅拌，使血液达到沸腾，保持沸腾时间 15～20s，可得到深栗色的凝块。蒸发消耗不超过 5%，得到的凝块可桶装，最好用塑料袋包装，密封储藏，可储数日。这种预处理技术设备简单，成本低，处理量大。此外，也可进行血液的分离和浓缩，然后冷藏保存。

（三）保藏方法

血液保藏可以采用化学保藏、干燥保藏或冷藏等方法。

1. 化学保藏法

化学保藏就是采用化学药剂来防止或抑制畜血中的细菌繁殖，可不使血液的清蛋白分解。但是这些化学药品大部分对人体有害，因此，化学保藏法不适宜用于医用、饲用、食用血液制品的家畜血液的保藏。

化学药剂保藏血液的具体方法为：在 1000kg 脱纤维蛋白的血液中，加入结晶石炭酸或结晶酚（有时也利用醋酸、硫酸、漂白粉、食盐和松节油）2.5kg，用 20kg 水溶解后慢慢注入血液中，同时搅拌 5～15min，然后放入铁桶或木桶内，加盖密封，在 1～2℃ 的冷库内可保藏 6 个月左右。

2. 干燥保藏法

干燥保藏就是把畜血干燥成血粉保藏，血液经过干燥制成的血粉，其化学成分及蛋白质都保持不变。

3. 冷藏法

我国北方地区冬季气温相对较低，可以采用冷冻的方法来保藏血液。血液的冻点为 −0.56℃。当血液冷冻时，细菌也停止了活动。冷冻可以防止血液的腐败，在温度不高于 −10℃ 时，可以保藏 6 个月。冷冻过的血液再融化后制成血粉，其化学成分及蛋白质保持不变。但是必须指出，血液融化后会发生溶血作用。此外，冷冻还会降低蛋白质的溶解性。

用于食用的畜血，可以加入食盐保藏。在脱纤维蛋白的血液中加入 10% 的细粒食盐，搅拌均匀，置于 5～6℃ 的冷藏室内，可以保藏 15d 左右。

第二节　畜血的综合利用现状

欧美国家将畜血用于饲料及其他重要领域已有数十年历史，大量的科学证据和应用实例已经证明其营养价值和特殊的生物活性。以畜血为原料制成的产品已经进入饲料、食品、保健、医药等产业，成为其中重要的一部分。当前，发达国家肉品工业的特点是工厂设备现代化、管理科学化、工艺规模化、产品多样化。为了使肉类资源得到最充分利用，发达国家依靠深加工技术，将以前废弃的血液加工成矿物质强化剂、红色素等，既提高产品的附加值，又可减少环境污染。一些发展中国家也积极开发畜血资源，作为解决营养不良的有效手段之一。

一、畜血综合利用产业的特点

畜血综合利用产业是指采用分离、提取、酶解、干燥等技术将畜血加工成具有营养、免疫调节等功能性产品的生物农业产业。该产业具有如下主要特点。

（1）该产业的原料家畜血液本身的营养价值高，深加工后可提供优质动物源性蛋白和活性肽，丰富和补充了优质动物蛋白和功能性蛋白的来源，产品能广泛应用于饲料、食品、医药等领域，应用领域扩展性强，产业持续成长的潜力巨大。

（2）该产业的集中度正逐步提高，产业需要集成现代生物、节能干燥等多领域先进技术，存在较高的技术壁垒。与传统的存在安全隐患的全血粉加工技术有着本质的区别，对畜血研发能力强、技术基础条件好的企业持续竞争优势明显。

（3）该产业与上、下游产业联动效应强，上游屠宰业的日趋规模化使得原料供给更为丰富，下游集约化养殖逐步提高对动物优质蛋白产品的刚性需求，催生和加速了处于中间环节的畜血深加工产业的发展。

（4）该产业的社会价值大，产业政策效应优势明显。畜血深加工实现了动物副产物资源的循环利用，同时解决了畜血对环境造成的污染问题，符合我国大力发展循环经济与环保产业国家战略。

总之，畜血综合利用产业通过对畜血进行工艺处理，严格按照国家动物源性蛋白生产许可要求生产，控制产品二次污染，可确保畜血生产和产品的安全。畜血通过深加工利用既是循环经济发展的一个典范，也解决了对其利用不当所造成的严重的环境污染问题。因此，政府应从提升农业产业结构、发展环保集约型产业、实现可持续发展的战略高度，从产业政策、经营环节上鼓励、引导和扶持业内优秀企业快速、健康发展，实现该行业规模化和规范化的平稳运行。

二、国内外畜血资源利用概况

目前，畜血的利用主要包括以下几种方式。

（1）作为非反刍动物和水产养殖的蛋白饲料，可以提高动物免疫力。

（2）作为生物制剂（如蛋白胨、无蛋白血清、血红蛋白肽、血红素、药品）的原料。

（3）利用新鲜血清代替鸡蛋清、精肉，添加到肉类食品中，以降低成本和改善感官指标。

（4）直接食用，如血豆腐、血肠等制品。

（5）作为工业用原料（如色素、油漆、过滤剂等）。

国内外畜血液制品的应用情况如表3-8所示。

表 3 - 8	国内外家畜血液制品的应用		
	中国	欧盟	美国
允许使用时间	2003 年	2000 年前、2005 年后	1989 年
在饲料中允许使用范围	除反刍动物外	除反刍动物外	—
生产规模	大部分小	大	大
使用血液	未限制	猪	未限制
其他行业应用	化妆品（SOD）、红酒行业用过滤	化妆品（SOD）、红酒行业用过滤、果冻、火腿等食品	化妆品（SOD）、红酒行业用过滤、果冻、火腿等食品

（一）国内畜血资源利用概况

1. 食品工业

（1）糕点　血浆蛋白粉是一种良好的发泡剂，比鸡蛋发泡快，且口味也好。其也是一种很好的乳化剂，可代替牛奶蛋白。血浆蛋白粉添加到面包中，可使面包外观色泽更好，保型佳，不易老化。血浆蛋白粉添加到面粉中，可提高蛋白质效价，明显降低成本。上海市食品研究所将血蛋白粉掺入面包、饼干中，提高了产品蛋白质含量。邯郸肉联厂采用酶降解，经过脱色脱臭，研制出食用蛋白，蛋白质含量在 80% 以上、脂肪小于 1%、碳水化合物小于 2%、氯化钠小于 6%、溶解度 95%、水分在 6% 以内，应用于糕点效果很好。扬州市生化制药厂采用酶水解血蛋白粉，分别以 1%、2%、3% 的比例加入京果粉、蛋糕、乳儿糕、饼干、桃酥、蛋卷、面包、馒头等，效果也较好。

（2）营养补剂　由于血中含有丰富的蛋白质、微量元素和铁质等，特别适宜于作营养添加剂。如作为蛋白质补剂，可补充儿童发育所需组氨酸、赖氨酸；作为铁质补剂，血色素铁可预防和治疗缺铁性贫血。目前，市场上麦乳精含氮量达不到 8% ~10% 的标准，添加 6% 的血浆蛋白，可增加含氮量 5%。山东潍坊市新技术研究所和湖南浏阳肉联厂均研制成功含 17 种氨基酸的复合氨基酸粉（液）。

（3）肉制品　在香肠、灌肠、西式火腿和肉脯中添加适量的猪血浆蛋白，脂肪含量略有降低，蛋白质含量提高。特别是血浆蛋白的乳化性能好，产品的保水性、切片性、弹性、粒度和产品率等均有提高，成本降低。如江苏省泰县市食品公司加工厂在红肠中加入 10% ~20% 的血浆，蛋白质含量提高 7%，产品得率提高 20.4%，该厂用血粉代替鸡蛋添加到肉脯中，效果良好。天津肉联厂在香肠中添加 10% 的血浆蛋白，经济效益显著。

（4）烹饪菜肴　天津肉联厂利用猪血浆蛋白烹制出 12 种菜肴，这些菜肴具有高蛋白、低脂肪的特点，营养丰富，色、香、味、形俱佳。

2. 医药工业

（1）免疫血清　血液中的免疫因子主要存在于血清中，上海市食品公司、吉林食品公司等单位研制出一种免疫血清，应用效果良好。

（2）凝血酶　畜血中含有凝血酶。北京市第一生物化学制药厂制取的凝血酶，具有良好凝血止血作用。南宁生化药厂研制的口服止血粉，可用于治疗呼吸道和消化道出血。

（3）水解蛋白　上海、南京、武汉等生化制药厂对血纤维蛋白进行水解，得到水解蛋白，可用作营养剂、休克急救、代血浆等。

（4）生化试制　南京生化制药研究所从猪血中提出多种蛋白质类物质，如激肽释放酶等，制成高纯度的标准蛋白系列。中国科学院新疆化学研究所试制了牛血清清蛋白，该产品应用广泛。

（5）血卟啉衍生物　是在原卟啉基础上经过分子结构修饰而制得，该物质可以与癌细胞中的核糖核酸紧密结合。扬州生化制药厂以血卟啉制得血卟啉衍生物，作荧光注射剂，注射后产生荧光反应，可定位癌细胞，然后用激光杀死癌细胞。通过对胃癌、食管癌等临床试验，疗效良好。

（6）原卟啉钠　扬州生化制药厂采用脂化法研制出原卟啉钠，该产品有保肝和降转氨酶作用，用于治疗肝炎等，经临床试验，有效率为71.7%。

（7）超氧化物歧化酶　是从畜血中采用生化方法制取。超氧化物歧化酶能有效地清除超氧化自由基阴离子，保护细胞免受自由基阴离子的损害，可作为抗衰老药物。我国苏州医学院与苏州生化制药厂联合研制成功，为国内抗衰老研究等提供了重要的生化制剂。

（8）球蛋白制剂　杭州工商大学从猪血中制取球蛋白制剂，经试验证明，对仔猪生长发育有明显的作用。

（9）血活素　是从发育旺盛的幼牛血液中除去蛋白质的提取物，具有抗溃疡、愈合创伤皮肤的作用。武汉市牛奶公司生化制药车间和武汉市第三医院研制成功血活素，取得良好的临床效果。

（10）氯化血红素　南京生化研究所从猪血中制取氯化血红素，该药毒性小，据初步的药理及急性毒性试验，可作为治疗贫血的药物。

（11）氨基酸　应用畜血制取的氨基酸有注射剂、口服液等多种形式，可作为营养补剂。江苏省食品公司黄桥肉联厂采用盐酸水解，从猪血中提取氨基酸，配成复方氨基酸注射液，疗效明显。四川大学化学系研制出含有18种氨基酸的复合氨基酸营养剂。青岛生化药厂以猪血生产的碳酸精氨酸可用于治疗支气管炎和胸膜炎，该厂生产的亮氨酸、甘氨酸可用于治疗十二指肠溃疡。

3. 饲料工业

畜血富含蛋白质，可制成血粉替代或强化饲料。但直接干燥的血粉饲料有血腥味，适口性差，利用率低，成本高。郭守令等进行了猪血发酵饲料研究，筛选出一株发酵力强、生长速度快的菌种，实验证明猪血经发酵，其可溶物增加41.7%，游离氨基酸增加15.9倍，营养效价显著提高。经检验，未发现黄曲霉毒素，且猪血发酵饲料的养鸡效果与秘鲁鱼粉不相上下。李春平介绍了发酵血粉的制作工艺，包括菌种、血液和辅料的混合，固体发酵和烘干粉碎等，并指出发酵血粉投资少，见效快。朱伯清等也称用猪血发酵饲料代替鱼粉，制成配合饲料喂养对虾，增长率提高26.1%，而其价格仅为国产鱼粉的一半，可降低养虾成本。罗建湘等利用猪血发酵饲料代替鱼粉，饲养肥育猪，具有良好的可行性。1.25t猪血发酵饲料与1t智利鱼粉相比，蛋白质含量大致相同，前者的成本却是后者的1/2。

目前，发酵菌种的筛选利用也有进展。时方林等利用曲霉来生产猪血发酵饲料，研究了菌种分离、制曲、发酵和生产工艺等。经测定，筛选的4种曲霉菌株，均不产生黄曲霉毒素。这些菌株能产生大量蛋白酶和其他多种酶类，蛋白质分解力强。检测表明，发酵后，氨基酸含量提高 2.70 ~ 3.04 倍，水溶性物质增加 45.6%，蛋白质转化率提高 2.70 ~ 3.06 倍，适口性改善。

（二）国外畜血资源利用概况

1. 食品工业

俄罗斯、德国等国家把猪血浆加入香肠之中，作为保健补品。保加利亚用猪血做香肠和罐头。英国和丹麦用猪血浆做香肠、布丁和甜点等。在法国，新鲜猪血在血香肠中的用量占猪血回收量的 25%。在瑞典，30% ~ 40% 的猪血被做成布丁供食用。此外，在饼干等食品工业中，血浆可代替蛋白，作为黏合及凝胶产品的原料。然而，从世界范围来看，以食用为目的的畜血占畜血总量的比例微乎其微。

2. 医药工业

（1）制取伤口愈合物质　用经过抗凝处理的犊牛血，脱除某些蛋白质，添加激肽类物质，来活化血液中促进血液流通和伤口愈合的有效物质。使用激肽活化的过程是激肽在激肽释放酶的作用下，分解某些激肽原蛋白质的物质，产生活性。该方法制得的活性物，对加速伤口愈合具有极强的增效作用。

（2）制取抗炎类新药　用猪、牛、羊、马的血清（或血浆）进行超滤分离。接着进行凝胶过滤。再用非缓冲水介质进行洗提，即得到产品。

（3）制取人体组织黏结胶　先使血浆冷冻，制成冷冻血浆，分离血浆冷冻沉淀物，对冷冻沉淀物用一种缓冲溶液进行反复处理。这种缓冲溶液中含有柠檬酸钠、氯化钠、甘氨酸、葡萄糖等。其次对经过处理的冷冻沉淀物分离，分离出能溶解的冷冻血浆蛋白，然后溶解提纯沉淀物，分离的固形物再用缓冲溶液漂洗，然后将制得的物质冷冻储藏起来。

（4）制取具有胰岛素作用的物质　采用的原料是小牛血或猪血，首先用亲水溶剂稀释，清除相对分子质量低于 1000 的物质，调 pH 达到 2 ~ 4，在 15 ~ 40℃下保温 4h，然后冷却到 10℃以下，经过中和后在渗透薄膜上渗析相对分子质量低于 6000 的物质，再经过浓缩冻干的富集阶段，再次除去低分子量和矿物盐物质。从畜血粉和血块中还可以提取血卟啉、凝血酶等。

3. 饲料工业

（1）发酵血粉　是用畜血经特种微生物菌种发酵制得。日本首先培养出 VPA 菌种，将发酵血粉广泛应用于畜牧业及水产养殖业，该发明荣获日本国家科学奖。

（2）滚筒干燥血粉　用滚筒干燥法制得血粉，该方法对原料血要求不高，较好地保留了血粉中的蛋白质和氨基酸，又减少了污染。

（3）酸沉淀分离法　先将屠宰场废皮、废毛用酸或碱性化学溶剂溶解，控制温度低于 40℃，调 pH 为 12 ~ 13，时间不超过 24h，使原料中蛋白质降解。其次加入新鲜全血或全血粉，强力搅拌，调 pH 为 3.5 ~ 4，蛋白质快速沉淀，最后经过分离、干燥即可。

4. 工业原料

血粉可作木材加工的黏合剂，用于脲醛和酚醛树脂胶，增加黏合力和附着力。在法国，每年有 4630t 血粉用于脲醛，1000 多吨血粉用于酚醛。血粉还被用于葡萄酒工业，作为酒类澄清剂，如法国有 25 个主要的葡萄酒实验室使用血粉和血块来澄清酒。

三、畜血综合利用的社会意义与经济价值

（一）社会意义

1. 消除资源浪费，保护环境，实现生物资源可持续循环利用

许多小型屠宰企业随意排放无法销售的血液，造成环境的严重污染。传统的全血粉加工方式是在血池中捞取凝血块，通过蒸煮、压榨或暴晒、烘干等方法，再经粉碎而成，此类产品吸收利用率较低、生物安全性较差。捞取血凝块后剩余的富含蛋白的血液被直接排放，连同落后的生产工艺中形成的污水共同造成了严重的环境污染。

现代的畜血深加工企业充分利用这些被浪费以及利用率低的原料，通过先进的生物技术手段，生产出营养均衡、吸收率高、生物安全性高以及能够提高免疫力、促进生长的蛋白原料，同时减轻了屠宰企业的环境污染因素，并极大地降低了屠宰企业的环保成本。

2. 增加我国优质蛋白原料总量和品种供应，促进饲料工业产业升级

随着饲料工业产量的增长，饲料原料的短缺成为限制我国饲料工业发展的主要因素，鱼粉和大豆 70% 左右依赖进口。因海洋捕捞量的下降和周期性的禁捕，以鱼粉为主的动物源性蛋白原料的产量逐年下降，动物源性蛋白饲料资源普遍匮乏，成为饲料工业发展的瓶颈。充分利用过去被浪费、利用率低下的血蛋白原料生产优质蛋白，可以缓解我国饲料原料资源严重匮乏的局面，扭转长期依赖进口的不利形势，为畜牧养殖业提供绿色、安全的饲料原料。

3. 从源头缓解与部分解决产品安全问题

近年发生影响较大的食品安全事件如多宝鱼事件、三聚氰胺奶粉事件、苏丹红事件、瘦肉精事件等，使监管机构与普通大众都日益关注食品安全问题。抗生素已经在畜牧养殖业普遍使用。如果饲料工业能够提供营养均衡的绿色安全饲料，则养殖业产出的乳、肉、蛋类食品的总量与品质都会得到提升。畜血深加工产业能够生产大量的优质蛋白源和可以替代抗生素的、具备免疫调节功能的产品，这样就能从源头解决食品安全问题。

（二）经济价值

畜血资源的深加工，可有效增加动物源性蛋白原料的供给和利用率的提高，是解决国内优质蛋白和功能蛋白匮乏的有效途径，为饲料工业的稳健发展提供保障，进一步促进养殖水平与效益的提高，带动农民稳定增收，拉动农村内需。其他高附加值产品的市场潜力巨大，经济效益明显。

（三）在其他高附加值领域的应用价值

随着畜血深加工产业规模的扩大、产品的深度加工、技术的改进，其产品应用范围已超出饲料产业。开发的功能性动物蛋白具有提高免疫力、快速吸收、保湿抗皱、补血、组织修复等功能，被应用于功能性食品、饮料、美容、保健、医药等领域。

食品级血浆蛋白粉加入到香肠、布丁、糕点、面包、挂面中，可以增加蛋白质含量，改善产品内在质量和口感。其还具有保水、保油、凝胶等特殊功能，因此在火腿、低温肉制品、烤肉制品、蛋糕、冰淇淋、奶粉等中的应用也十分广泛。食品级血浆蛋白粉的卫生和生物安全标准较高，其价格远高于饲料级产品，潜在市场空间很大。

珠蛋白肽因易于被机体吸收而被应用于高档食品、营养品以及能量饮品中。目前在日本已经将其作为免疫调节和血脂调节的保健食品原料应用于茶饮料中。我国也于 2008 年 9 月将其列入新资源食品。如果将国内现有畜血血球都深加工为珠蛋白肽，应用于食品、保健品领域，那么市场价值将以数十亿计。

血红素在食品中被作为着色剂，用来替代熟肉制品中的发色剂亚硝酸盐及人工合成色素。血红素的使用，能使肉制品产生一种诱人的鲜艳红色，并能使肉制品的结构更加细密、无空泡，口感韧性强，味道醇正，既增加了营养价值又减少了亚硝酸盐的致癌作用。血红素在临床上作为补铁剂，可治疗因缺铁引起的贫血症。且相对于传统化学法生产的补血剂，通过畜血分离、酶解、提纯而获得的医用血红素的补铁效果更好，其价格也远高于前者，市场空间巨大。

纤维蛋白在欧美发达国家被广泛用作临床手术缝合剂，具有良好的黏合效果以及很好的生物相容性，同时纤维蛋白还有杀菌消炎的功效。近年来，少数高端医疗器械企业以纤维蛋白为原料，制造出具备良好结构强度和生物相容性的人造组织，如心脏支架、血管支架以及用于修复粉碎性骨折的基质等。目前这一市场刚刚兴起，未来发展空间巨大。

其他畜血深加工产品也具有很大附加值，如凝血酶是治疗先天性凝血功能障碍的特效药，注射用高纯度免疫球蛋白可显著提高珍贵经济动物免疫力，超氧化物歧化酶可广泛应用于各类抗衰老的美容产品中。

第三节　畜血在食品中的加工利用

畜血在食品加工上的应用历史比较长，世界上许多国家都有食用畜血制品的历史，家畜血液对人类营养有着重要的价值和意义。近年来，美国、法国、德国、日本、英国等发达国家先后利用畜血开展了食品添加剂、保健品及药品等制品的研究开发和生产。一些发展中国家，如巴西政府也将补充畜血资源作为提高国民身体素质、解决营养不良的有效手段之一。目前，畜血在我国食品工业上应用还不多，除了血豆腐、血肠等初级加工产品之外，主要是将血液经降解、脱色、干燥、粉碎，制成高蛋白富铁食品和营养补剂。畜血除了可以为人类提供优质动物性蛋白质以外，还对改善由于营养不良或营养不均衡所造成的贫血有特殊的效果。因此，血液制品以其独特的营养保健作用越来越引起人类的关注，其产业也迅速崛起，成为极有发展潜力的新兴领域。

一、初级加工产品

（一）血豆腐

1. 盒装血豆腐

（1）产品配方　以每 100kg 原料血为一个投料单位。猪血 100kg、食盐 1.6kg、羧甲基纤维素钠 1.4kg、水 96kg（其中溶解盐用水 8kg、溶解羧甲基纤维素钠用水 34kg、调配用水 54kg）、柠檬酸钠（抗凝剂）1.0kg（其中采血时使用 0.5kg、配制时使用 0.5kg）、氯化钙（凝血活化剂）2kg（另用水 20kg 溶解）。

（2）工艺流程

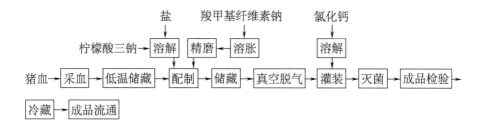

（3）主要设备 真空采血机，真空脱气机，配料罐，蒸煮锅，自动灌装封口机，血液储藏罐，操作台。

（4）操作要点

①采血、抗凝：经过检疫合格的猪方可上屠宰生产线，采用真空采血机的真空采血技术收集全血，以提高血液的回收率以及血液品质。将全血收集在标有编号的储藏罐内，事先加入抗凝剂（1.5‰的柠檬酸钠），血液通过真空刀输血管吸入储藏罐，与罐内抗凝剂溶合。为确保血液与抗凝剂充分溶合，储藏罐内需要安装自动搅拌装置，在采血过程中不停搅拌，以达到血液溶合均匀的目的。定量混合后使新鲜血液快速降温，放入 4～10℃冷库备用。记明容器中血液与猪的对应编号。待肉检完毕，确认无病害污染后方可加工。如其中某头猪肉检不合格，含有该头猪血液的容器中的全部血液废弃，并按要求做无害化消毒处理。另外，容器不可过大，以便于血液及时降温保存。

②过滤：降温后的血液经过 20 目筛过滤，除去少量凝块。与一定浓度的食盐水溶液混合，放入脱气罐进行真空脱气。

③配料装罐及真空脱气：向过滤后的血料加入凝血因子活化剂——氯化钙，搅拌均匀并很快装入罐内，抽去罐内空气，真空脱气机真空度在 0.08～0.09MPa，脱气温度40℃，时间不少于5min。血液灌装要满，尽可能达盒边高度水平，减少血液与封口膜之间的空隙，为防止血豆腐在运输及销售过程中表面析水，在血液配制时加入一定比例的羧甲基纤维素钠增稠剂或保水剂，增强血豆腐的硬度及保水效果。

④封盒：血液在盒中凝固，把盒边缘沾有的血液擦干净，即可用热封机封盒。

⑤打卡：立即把真空罐装好的产品依次打卡，打卡后需要进行严格的质量检测，不合格品一律不得进入下道工序。

⑥灭菌：产品保质期可根据热杀菌温度不同而定，血产品一般分为高温杀菌和低温杀菌两类。高温制品在加工过程中要经过121℃以上的高温灭菌处理，这易导致多种营养成分的破坏，使产品失去原有的口感及风味。而低温制品是在常压下，利用巴氏杀菌法在65～85℃完成杀菌过程，但低温血制品的货架期短，保质期都在3～15d。而采用半高温灭菌，既可适当延长产品保质期，同时又可最大限度地保留血豆腐中的营养成分。一般采用90℃热水中蒸煮 1h 以上，同时在蒸煮锅内注入压缩空气，保持热水翻滚流动，使盒内猪血的中心温度达到78℃时快速冷却，成品在 0～4℃条件储藏销售，产品保质期达到30d以上。

⑦检验与入库：灭菌后的产品进行成品包装，包装前进行严格检查，经检验无破损、无漏气、无变形，剔除废次品方可入库。

（5）产品质量标准

①感官要求：

色泽：红褐色或红色，油润有光泽。

香气：具有猪血固有的气味。

组织形态：无气孔、无碎块，质地柔软，有一定弹性。

②理化指标：水分（g/100g）≤96、蛋白质（g/100g）≥2.5、食盐（以氯化钠计，g/100g）≤2、砷（以 As 计，mg/kg）≤0.1、铅（以 Pb 计，mg/kg）≤0.5、镉（以 Cd 计，mg/100g）≤0.1、总汞（以 Hg 计，mg/g）≤0.05。

③微生物指标：菌落总数（CFU/g）≤8×10^4，大肠菌群（MNP/100g）≤120，致病菌（沙门菌、志贺菌、金黄色葡萄球菌）不得检出。

2. 肽铁湿品新型血豆腐

（1）工艺流程

猪血→ 预处理 → 配料 → 碱化 → 成型、水煮 → 浸泡、冷冻 →成品

（2）主要设备　配料罐，离心机，水浴锅，自动灌装封口机，血液储藏罐，操作台。

（3）操作要点

①预处理：将猪血分离，血清备用，血浆制备肽铁湿品。其中肽铁湿品的制作工艺为：

a. 预处理：采用新鲜猪血，加入质量分数3.8%的柠檬酸钠8%（占猪血重），搅拌均匀。

b. 分离：将猪血在5000r/min转速下离心6min，将血清与血浆分离，放入冰箱备用。

c. 胰脏处理：取新鲜胰脏，去掉脂肪，打碎，取30g，加入3mL无水乙醇，搅拌均匀，放置3~4h。

d. 破裂：取分离后的血浆，加入2.5倍体积的蒸馏水，搅拌15min，使血细胞破裂。

e. 酶解：将破裂的血细胞用10%氢氧化钠溶液调节 pH 至8.5，搅匀，在30~50℃水浴中加入激活后的胰脏，反应4~5h，开始时每隔15min搅拌1次，2h后每隔30min搅拌1次。每次搅拌2~3min。

f. 络合：迅速将水浴温度提高至90℃，灭活15min，30min内降温至40℃以下，用10%盐酸溶液调节 pH 至4~6，加壳聚糖溶液4g，壳聚糖溶于200~500mL的水中，边加边搅拌，反应15min后加入10%的氢氧化钠溶液调节 pH 至7，沉淀过滤。

g. 水洗：滤渣用水洗3~5次，至洗液澄清，沉淀即为肽铁湿品。

②配料：先将血清加水混匀，再分别加入氯化钾、糊精、马铃薯淀粉、卡拉胶等充分搅拌，直至无结块，再将魔芋精粉缓缓加入，搅匀后放置至所加物料完全膨胀，黏结。

③碱化：将海藻酸钠溶解，加入到配好的物料中，再加入肽铁湿品，搅拌均匀，用15%的碳酸钠将物料 pH 调至10，待其充分碱化。

④成型、水煮：将碱化完全的物料放入灌装机成型，成型后立即水煮20min。

⑤浸泡、冷冻：成熟后的产品放入水中浸泡4h以上，捞出后放入不锈钢盘中，于速冻库（-30℃）中冷冻12h。冷冻后的产品在水中解冻，滤去水分，即为成品。

（4）产品特点　利用猪血清和肽铁制作新型猪血豆腐的工艺，可使猪血中的铁易于被人体吸收，达到补铁效果，并且相对普通猪血豆腐成本低，更具商业价值。产品主要有以下特点：

①利于铁的吸收，原料猪血中的血红素铁经重新分离，络合，易于吸收。

②具更多功效，添加多种粗纤维成分，热量低。

③口感好，不易碎，克服普通猪血豆腐易碎的缺点。

（二）血肠

血肠（blood sausage）是以畜血为原料，经过添加辅料如肥肉、畜皮及一定的调味料加工而成的肠制品，其特点为颜色红润、质地鲜嫩、味道鲜美，可煮食、蒸食、烤食，因而深受人们的喜爱。

1. 猪血肠

（1）产品配方　原料猪血 20kg、猪皮 50kg、肥膘 20kg、食盐 1kg、胡椒 100g、洋葱 9kg、白糖 150g，其他调料适量。

（2）工艺流程

（3）主要设备　夹层锅，绞肉机，肥肉切丁机，高速斩拌机，灌肠机，打结机。

（4）操作要点

①猪皮处理：所用猪皮用喷灯将毛燎净，修去皮上的污物、浮毛等，然后将皮在 60～70℃的热水中煮至半软状态，捞出后经过孔板直径为 6～8mm 的绞肉机绞碎。

②肥膘预处理：将肥膘预冻一下，在斩拌机中斩成 2cm³ 黄豆粒大小的丁（切粒的目的是便于灌肠，并且增加香肠内容物的黏结性和断面的致密性）后，在 35～40℃的热水中漂洗，沥干水备用。

③鲜猪血处理：将采来的新血用棍棒搅拌 10min，脱出纤维（捞出漂起的血沫），在 2℃下储藏（也可加入抗凝剂，即每升水加入 84.5g 柠檬酸钠和 84.5g 氯化钠）。将加入抗凝剂的猪血经过 40 目的不锈钢筛过滤，滤去杂质后备用。

④斩拌：将洋葱斩碎后，加入猪皮、肥膘、猪血，斩 3min 后加入食盐、香辛料和白糖，再加入定量的淀粉，继续斩拌至料馅细小无明显颗粒为止。

⑤肠衣制备：取清除内容物的新鲜猪肠，翻出内层洗净，置于平板上，用有棱角的竹刀均匀用力刮去浆膜层、肌肉层和黏膜层后，剩下色白而坚韧的薄膜（黏膜下层）即为肠衣，洗净后泡于水中备用。若选用干肠衣，用温水浸泡、清洗后即可使用。

⑥灌装：将斩拌好的馅料经灌装机灌入肠衣，并根据不同规格，用铝丝或绳索结扎适宜长度。结扎时应先把猪血馅内两端挤捏，使内容物收紧，并用针将肠衣扎些孔，以排除空气与多余水分，同时，还应对香肠进行适当整理，使猪血香肠大小和紧实度均匀一致，外形平整美观。

⑦漂洗：漂洗目的就是将香肠外衣上的残留物冲洗干净。漂洗池可设置两个，一个池盛干净的热水，水温 60～70℃；另一池盛清洁的冷水。先将香肠在热水中漂洗，在池中来回摆动几次即可，然后再在冷水池中摆动几次。漂洗池内的水要经常更换，保持清洁，漂洗完后立即进行烘烤。

⑧蒸煮：将灌装好的肠体投入蒸煮锅，并在85℃下保持30min，然后冷却至中心温度≤40℃。

⑨包装：将扎结用的绳索和香肠尖头剪去。经质量检查合格后的香肠即可进行包装，并在-40～-35℃下急冻，然后在-18℃条件下储藏。

（5）质量要求　严格控制畜血、猪皮、肥膘的卫生质量，使用保质期内的畜血、猪皮、肥膘。严格控制各道工序。操作人员认真消毒，控制杂质和细菌污染。严格按产品标准加工。精确计量，确保其风味独特。

该产品呈暗红色，可采用煎、炸、烤等方法食用，香味浓郁，在-18℃下保质期为90d。

2. 牛血肠

（1）产品配方　原料肉可采用以下几种配方中的任意一种。

①牛血22.7kg、猪皮56.8kg、猪舌45.4kg、猪脸肉45.4kg、猪鼻56.8kg。

②牛血34.0kg、猪皮34.0kg、猪舌68.1kg、猪鼻68.1kg、背膘22.7kg。

③牛血45.4kg、猪皮45.4kg、猪舌90.8kg、猪脸肉45.4kg。

④牛血45.4kg、猪皮34.05kg、猪脸肉45.4kg、猪鼻45.4kg、牛腱子肉56.75kg。

其他原料：食盐3.0kg、洋葱2.3kg、硝酸钠70.9g、亚硝酸钠14.2g、异抗坏血酸钠0.1kg、胡椒粉0.4kg、墨角兰粉0.2kg、丁香粉56.8g、豆蔻粉56.8g、百里香粉56.8g、香芹籽粉28.4g。

（2）工艺流程

腌制→预煮→绞肉、斩拌和搅拌→灌肠→蒸煮→冷却→烟熏→成品

（3）操作要点

①腌制：

a. 猪舌：仔细清洗猪舌，将猪舌放入腌制液中腌制2～3d，腌制完后取出并仔细清洗。腌制液的配方如下：水200L、食盐30kg、亚硝酸钠0.3kg、糖6.8kg。

b. 牛血：只选用去纤维的牛血。在每升牛血中添加15g食盐、1.9g亚硝酸钠。搅拌均匀后放入0～4℃的冷库中放置1～2d。

c. 牛腱子肉：将表面的薄膜、结缔组织、筋腱除去，切成边长为50mm大小的小块。放入搅拌机中，加入3%食盐、0.06%硝酸钠和0.015%亚硝酸钠，充分搅拌后放入0～4℃的冷库中24h。

d. 猪鼻：仔细清洗猪鼻，切成边长为50mm的小块。放入搅拌机中，加入3%食盐、0.06%硝酸钠和0.015%亚硝酸钠，充分搅拌后放入0～4℃的冷库中24h。

e. 猪脸肉或背膘：先预冷至-3℃，放入切片机中切成边长为6～13mm的小块，添加3%的食盐混匀后放入0～4℃的冷库中24h。

②预煮：先将猪舌在锅中煮2～2.5h，取出后去皮去骨，切成4片或5片，用热水冲洗并沥干。将牛肉块和猪鼻在锅中煮约2h，直到肉质变嫩。脸部肉和背膘在锅中煮几分钟后取出，用热水冲洗并沥干，去除表面的脂肪。猪皮需用沸水煮，注意控制温度和时间，以免破坏猪皮的黏结性。

③绞肉、斩拌和搅拌：猪鼻用12mm筛板孔径的绞肉机绞碎。洋葱用6mm筛板孔径的绞肉机绞碎。猪皮用3mm筛板孔径的绞肉机绞碎后倒入斩拌机中，加入洋葱和牛血斩拌。将所有的肉糜倒入搅拌机中，添加预先混合均匀的食盐和所有调味品，搅拌均匀。

④灌肠：肠衣用牛盲肠，边搅拌边灌肠。

⑤蒸煮：将灌肠放入95℃水中煮制，然后逐渐将水温降低至82℃并保持3.5h左右，直到灌肠的中心温度达到77℃。

⑥冷却：将煮好的灌肠取出用冷水冲淋2h。将肠衣扎破，使空气排出，并加快水分挥发。然后立刻将灌肠放置于0~4℃的冷库中至少24h。

⑦烟熏：用盲肠做肠衣的灌肠通常采用烟熏来提高产品的质量。将冷却后的灌肠放入烟熏炉中，用冷烟熏，温度不超过28℃，通风口完全打开，烟熏结束后继续将灌肠放到0~4℃的冷库中。

（三）土家猪血糯米糕

1. 产品配方

猪血30kg、糯米100kg、味精1kg、姜末2kg、花椒粉2kg、胡椒粉4kg、食盐20kg。

2. 工艺流程

制作调料 → 糯米浸泡 → 蒸饭 → 拌料 → 拌猪血 → 成型 → 蒸熟 → 烘干 → 包装 → 成品

3. 操作要点

（1）制作调料 将味精1kg、姜末2kg、花椒粉2kg、胡椒粉4kg、食盐20kg充分混合。

（2）糯米浸泡、蒸熟 选取新鲜无霉变的糯米100kg，清洗后浸泡5d，再将糯米蒸至刚好熟。

（3）拌料 将糯米饭均匀铺洒在大竹盘上，撒入3.5kg调料，拌匀。

（4）拌猪血 按照糯米饭重量的30%加入猪血30kg，充分混合，拌匀。

（5）成型、烘干 将物料拌压成所需要的形状，再放入容器中蒸熟，接着将物料放入烘烤房烘干，即做成猪血糯米糕。

（6）包装 将猪血糯米糕进行杀菌、检验，然后真空包装，入库。

（四）面包猪血布丁

布丁（pudding）通常用面粉、牛奶、鸡蛋和水果等制成，属于果冻的一种，其营养丰富，具有独特的口感。猪血富含维生素B_2、维生素C、蛋白质、铁、磷、钙、尼克酸等营养成分，其中含有的血浆蛋白被人体胃酸分解后，产生一种解毒、清肠的分解物，能够与侵入人体内的粉尘、有害金属微粒发生化合反应，易于毒素排出体外。因此，将猪血加入布丁中，产品配方独特，风味良好，且具有解毒清肠、补血美容的功效。

1. 产品配方

猪血丁100kg、鲜牛奶150kg、面包块50kg、熟大麦75kg、牛油75kg、燕麦片50kg，食盐、鸡精和胡椒粉适量。

2. 工艺流程

牛奶预热 → 面包浸泡 → 混料搅拌 → 烤制 → 冷却分切 → 油煎 → 冷却 → 充氮包装 → 成品

3. 操作要点

（1）将面包块浸入到鲜牛奶中，预热至70℃。

（2）趁热加入猪血丁，熟大麦、牛油、燕麦片、食盐、鸡精和胡椒粉，搅拌10min。

（3）再将上述混合物置于烤盘中，混合物的装入量不超过烤盘容量的3/4，在烤箱中180℃下烤制60min。

（4）冷却后将其切成小块，用少量花生油煎至表面金黄，完全冷却后充氮包装即得面包猪血布丁。

（五）畜血面条

1. 产品配方

畜血 25kg、面粉 100kg、大料 60g、花椒 10g、生姜粉 140g、食盐 200g。

2. 工艺流程

畜血去杂、除腥 → 和面 → 熟制 → 烘干 → 包装 →产品

3. 操作要点

（1）畜血去杂、除腥　称取猪、牛或羊等新鲜畜血 25kg，过滤，除去毛类等杂质。加入大料 60g、花椒 10g、生姜粉 140g、食盐 200g，搅拌均匀，待用。

（2）和面　取面粉 100kg，将上述所得畜血与面粉一起混合搅拌，并加入适量水，和成软硬适度的面团，醒面后，用压面机压成面条。

（3）熟制　面条水煮或笼屉蒸熟，放凉，拌入适量植物油，使面条间互不粘连，切成 8～10cm 或挂面长短的段长。

（4）烘干　将熟制面条放入烘干机中烘干。

（5）包装　将烘干的面条按 500g 或 400g 定量放入包装袋中密封。

4. 产品特点

（1）在畜血中加入以大料为主的调料粉和食盐来遮除其腥味，同时又使畜血具有咸香味，口感适宜。

（2）畜血面条自然上色（枣红色）、口感爽滑，在色、味方面给人以新鲜感，同时具有补血等保健作用。

（3）畜血面条经熟制后，易于保存，克服了畜血制品不易保存的缺点。

二、食用蛋白

（一）代肉食品

代肉食品（substituting meat）是以乳清粉、蛋粉、猪脂肪或骨油、畜血液等为主要原料加工而成的，其氨基酸组成比例合理，营养价值较高，是富含蛋白质的理想代肉食品。

1. 工艺流程

猪脂肪（或骨油）→ 加热融化 → 加蛋液搅打 → 加血混合 → 加乳清 → 加热、搅打 → 形成均质稳定物 → 喷雾干燥 →产品

2. 主要设备

搅拌器，反应槽，双壁锅，喷雾干燥器。

3. 操作要点

（1）用乳清粉配制溶液或利用浓缩乳清。

（2）用蛋粉配制溶液或利用原蛋或蛋乳。

（3）将猪脂肪或骨油熔化至 40～50℃。

（4）在快速搅拌下将蛋乳加入脂肪中，直到形成均质物，将其加热到不高于 45℃ 的温度。

（5）在脂肪和蛋乳混合液中加入畜血液，再加热到45℃后，加入乳清。

（6）将混合液加热，同时搅拌，直至形成均质稳定物，并达到67～73℃。

（7）乳清和血溶液在反应槽内配制，其余整个工艺过程都在装有蒸汽套和搅拌器的普通双壁锅内进行。制成的产品在瓶内冷却，然后送交工厂加工。

（8）产品含水量为67%～72%，在生产粉末状蛋白质浓缩物时，将温度为50～52℃的混合液送入喷雾干燥器，在进口温度220～240℃和出口温度70～80℃下干燥。结果制成颜色较鲜艳的粉末状蛋白质浓缩物。

4. 质量标准

代肉食品质量标准应符合 GB/T 5009.44—2003《肉与肉制品卫生标准的分析方法》。

（二）牛血食用蛋白

1. 原料及试剂

（1）牛血及血粉　要保证新鲜，以确保产品不变质。

（2）牛胰脏　要保证新鲜。

（3）氢氧化钠　用于调节 pH，选用化学纯试剂。

（4）氢氧化钙　俗名熟石灰，作激活胰酶用，且具有调节 pH 作用，选用工业级制品。

（5）氯仿　用作溶剂，选用化学纯试剂。

（6）盐酸　用作调节 pH，选用化学纯试剂。

（7）活性炭　用作脱色剂，选用糖用活性炭。

（8）磷酸　用于调节 pH，选用化学纯试剂。

2. 胰酶水解牛血粉

（1）工艺流程

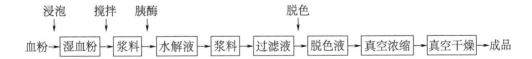

（2）主要设备

配料罐，绞肉机，水解罐，真空浓缩器，真空干燥箱。

（3）操作要点

①浸泡：称取适量的血粉放在调配罐中，加水（以淹没全部血粉为好）浸泡过夜，使血粉呈松软状。

②粉碎：将浸泡松软的湿血粉用绞肉机绞碎，可反复绞3～4遍，然后用0.297～0.35cm孔径筛在水中过筛，滤去残渣，收集泥状物。

③水解：将上述过筛的泥状物移入水解锅中，加入原血粉量3倍的水，搅拌均匀后，用30%氢氧化钠溶液调节 pH 8～8.5。

取适量氯仿（每100kg 血粉加1000mL），加3倍量水混合均匀，加到血粉泥状物中。

取一定量的新鲜牛胰脏（每100kg 血粉加20kg 胰脏），提前2h 绞碎，用熟石灰粉（氢氧化钙）调节 pH 至8，激活2h 后，加入到泥状物中。边搅拌，边加热，控制 pH 在8～8.5，待温度达到40℃时，保温水解18h 左右，水解后期可定时测定氨基酸的生成量，以判定水解程度。

④过滤：水解完毕后，用 1：1 的盐酸（1mol 水和 1mol 的氯化氢）调节 pH 6～6.5，终止酶促反应，然后煮沸水解液 30min 左右，用细布过滤，收集滤液。

⑤脱色：在上述滤液中，按每 10kg 血粉加入 2kg 糖用活性炭，加热到 80℃，搅拌脱色 40～60min，然后过滤，回收活性炭，收集脱色液。

⑥浓缩：把呈淡黄色的脱色液放入真空浓缩器减压浓缩至稠胶状。

⑦干燥：把湿产品放入盘中封好，放入石灰缸中，低温干燥 2～3d。也可用真空干燥箱，干燥温度保持在 50℃ 以上，干燥后的产品即可出售。

（三）酶法制备藏羊血食用蛋白粉

藏羊血中含有丰富的蛋白质，是一种理想的蛋白质资源。由于藏羊血中血红素呈现暗红色，适口性差，血红蛋白不易消化吸收，并且具有特殊的腥味，未被很好利用。利用碱性蛋白酶将藏羊血蛋白水解成易于吸收的小肽或氨基酸，并利用活性炭进行脱色处理，效果理想。

1. 工艺流程

鲜藏羊血→ 分离 → 血球 → 加热 → 调 pH → 酶解 → 弃渣 → 灭酶 → 分离 → 清液（pH 6.0）→ 脱色 → 分离 → 弃渣 → 干燥 →成品

2. 操作要点

（1）采血　在洁净的容器内放入抗凝剂（柠檬酸三钠 4.0%，氯化钠 0.85%），在屠宰现场采集，立即混合均匀。

（2）离心　4000r/min 离心 20min，弃上层血浆，留下层血球凝聚物冷藏备用。

（3）溶血　按血球体积加入 3 倍水，搅拌均匀。

（4）酶解　将已溶血的血球部分加热至 90℃，保持 20min，待温度降至 60℃ 时，用 3% 氢氧化钠分别调 pH 至 8.5、10.5、12.5，按血球量的 3.0g/mL、4.5g/mL、6.0g/mL 分别加入 2709 碱性蛋白酶和尿素、硫酸铵，混合搅拌均匀，分别在 42℃、44℃、46℃ 保温，其酶解时间分别为 7.5h、8.5h、9.5h。用硫酸铜法测定水解终点，到终点后加热至 90℃ 灭酶。

（5）脱色　将完成水解的血液离心，上清液加入 3% 活性炭，搅拌加热至 80℃，保持 30min，离心，获得脱色除腥的蛋白水解液。

（6）干燥　在 60℃，0.09MPa 条件下真空干燥，使水分含量小于 5%。

3. 产品质量标准

（1）感官指标　外观血球蛋白呈淡黄色粉末，疏松，无腥味、杂质。

（2）理化指标　蛋白质含量为 87.3%。

（3）卫生指标　细菌总数 ≤2000 个/g，大肠菌群 ≤40 个/100g，致病菌未检出。符合食品卫生标准。

三、血浆蛋白

血浆蛋白（plasma protein）作为家畜血液加工的主要产品之一，具有营养丰富、廉价易得、性能优良等特点。利用其特殊的加工特性、生物活性，开发出种类多样、质优价廉的肉制品，是畜血资源利用的一条新途径。

（一）猪血制备血浆蛋白粉

1. 工艺流程

新鲜猪血→ 加入柠檬酸钠 → 离心分离 → 盐酸水解 → 过滤 → 浓缩 → 喷雾干燥 →产品

2. 主要设备

离心机，反应罐，搅拌机，水浴锅，真空干燥机，粉碎机，冰箱。

3. 操作要点

（1）收集合格的新鲜猪血，同时添加占猪血体积 1/8 的 2.5% 柠檬酸钠，充分混合后，离心分离，得到血浆。

（2）在搪瓷反应罐中，以 6mol/L 的盐酸搅拌下调血浆的 pH 为 6，水浴加热至沸，保持 30min。

（3）趁热过滤，滤液于水浴中加热蒸发，浓缩至糖浆状，再减压浓缩至 1/5 体积，喷雾干燥，粉碎，过 80 目筛，包装，得成品。

（4）本产品若作为食品添加剂，必须符合国家食用卫生标准。

（二）血浆血球短肽蛋白粉

1. 工艺流程

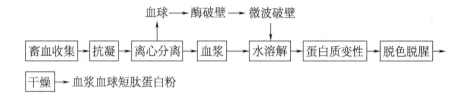

2. 主要设备

高速离心机，酶解罐，箱式微波设备，离心喷雾干燥塔。

3. 操作要点

（1）畜血收集、抗凝　采用无菌法从卫生检疫合格的屠宰场收集新鲜的家畜血液，然后迅速加入柠檬酸三钠抗凝剂。

（2）离心分离　制取好的家畜血液用不锈钢车运至加工厂，采用转速 12000r/min 的高速离心机离心 6min，将家畜血液分成血浆和血球两部分，上层为淡黄色的血浆原料液，下层为暗红色的血球原料液。

（3）血球破壁处理　对经分离后的血球先用微波对其实施微波照射破壁处理，之后再用溶酶菌对其进行破壁处理。溶酶菌的加入量为血球细胞重量的 0.12% 左右，破壁处理的条件为破壁处理时间 3h，温度 40℃。对血球细胞实施微波照射的工艺条件为微波频率 925MHz，波长 0.120m，功率 25kW，照射时间 1min。

（4）水溶解　将微波照射与溶酶菌破壁双效破壁处理后的血球与血浆混合，加水进行水溶解，并搅拌均匀。水的加入量为使血球与血浆在水溶液中的重量浓度达 10% 左右。

（5）蛋白质变性　在上述血球与血浆混合水溶液中加入硫酸锌变性剂对蛋白质进行变性处理，按水溶液中锌离子浓度 5mmol/L 左右加入。变性处理的工艺条件为温度 80℃，时间 12min。

（6）酶解　待血浆血球混合蛋白变性溶液温度降至55℃时，加入浓度为4mol/L碳酸钠调节其pH至9，然后按约5000U/g血浆加入复合蛋白酶，搅拌均匀进行酶解。复合蛋白酶为AS1.398中性蛋白酶和无花果蛋白酶的复合物，复合比例为6:4。酶解工艺条件为温度52℃，时间6h。酶解处理结束后，在酶解温度条件下用5mol/L柠檬酸溶液将其pH调至4，抑制酶的活性而终止反应。

（7）脱色脱腥　在处理好的血浆血球混合蛋白酶解溶液中，加入溶液重量3%的活性炭进行脱色脱腥处理。脱色脱腥处理的工艺条件为温度85℃，时间10min。

（8）干燥　将以上工序处理后的血浆血球混合蛋白酶解溶液输送到干燥塔内进行离心喷雾干燥，干燥温度为250℃。血浆血球混合蛋白酶解溶液迅速转变为固态的血浆血球短肽蛋白粉。冷却后即成为血浆血球短肽蛋白粉。

四、畜血蛋白胨

蛋白胨（Peptone）是由蛋白质经酶、酸、碱水解而获得的一种胨、胨、肽、氨基酸组成的水溶性混合物。蛋白胨是微生物培养基最主要的基础成分之一，在培养基中的主要作用是为微生物生长提供氮源。以畜血为原料生产蛋白胨有效地解决了资源利用和环境污染的矛盾，为我国蛋白胨的生产提供了新的技术方法，提高了产品附加值。

1. 工艺流程

新鲜畜血→ 加入柠檬酸钠 → 加水搅拌 → 高温高压蒸煮 → 降温 → 酶解 → 脱色脱腥 → 过滤 → 浓缩 → 干燥 →产品

2. 主要设备

高压蒸煮罐，酶解罐，硅藻土过滤机，高速离心喷雾干燥机。

3. 操作要点

（1）畜血收集、抗凝　收集100kg新鲜畜血后，加入0.7%柠檬酸钠抗凝。再加1.2倍水搅拌均匀。

（2）高温高压蒸煮　蒸煮时间2h，温度121℃，压力0.1MPa。

（3）降温、酶解　降温至45～50℃，调节pH至7，加入血液重量0.3%的胰蛋白酶，酶解8h，用饱和硫酸锌溶液检测酶解完毕后，升温煮沸10～20min灭酶。

（4）脱色脱腥　升温煮沸过程中添加适量硅藻土，并注意间歇搅拌，然后降温至50℃以下，用帆布粗过滤，加入5%过氧化氢和2%活性炭脱色脱腥除异味。

（5）过滤　用硅藻土过滤机过滤，0.45μm超滤膜过滤，除去致病菌。

（6）浓缩、干燥　低温浓缩（温度低于80℃），浓缩达到水分含量为40%后，高速离心喷雾干燥，入口温度180～220℃，出口温度80～90℃，转速15000～20000r/min，即得畜血蛋白胨产品，蛋白胨产率在12.4%以上。

五、食品添加剂

（一）粉末状调味料

用畜血加工的粉末状固体，具有较高的鲜度和独特的风味，同时具有一定的营养价值，以较低的成本制得高价值的成品。

1. 工艺流程

新鲜牛血→ 盐酸水解 → 过滤（得水解液） → 碱调pH → 过滤 → 脱色、脱臭 → 真空浓缩 →

调配 → 喷雾干燥 →产品

2. 操作要点

（1）在反应器中加入10kg牛血和9kg 10%柠檬酸钠水溶液（为防止牛血凝固），然后加入6mol/L盐酸5kg。于110℃加热10min，除去浮在溶液上部的脂肪，将溶液过滤得到水解血液。

（2）在水解血液中加入6mol/L氢氧化钠水溶液5.2kg左右，调溶液pH至5.8，再过滤得到约17.93kg水解液。

（3）使水解液通过颗粒状活性炭柱体，接触活性炭的时间为15min，进行脱色脱臭处理。

（4）脱色精制后的水解液在真空浓缩器内，于60℃（±5℃）下减压浓缩，将析出的食盐过滤除去。

（5）脱盐水解液补充水至溶液总量为70kg，添加352g混合糖（葡萄糖和蔗糖以1:1混合）。在开口反应器中加热150～170℃，反应1～2h，得到6.2kg总固形物为47%、食盐含量为17.4%的溶液。

（6）上述溶液保持40～50℃，添加1.7kg麦芽糊精和3.7kg水。调整总固形物为35%～45%（该含量适合喷雾干燥），在入口温度115℃、出口温度85℃条件下喷雾干燥即得3.58kg粉末状调味料。

（二）氨基酸粉

猪血纤维蛋白提取混合氨基酸产品，其特点为白色结晶，可溶于水及酸、碱液，难溶于非极性有机溶剂，具有氨基酸的通性，是重要的食品添加剂。

1. 工艺流程

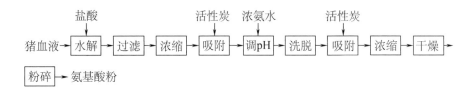

2. 操作要点

（1）水解、过滤　将猪血粉投入搪瓷罐中，加入4倍量6mol/L的盐酸，浸泡2h后，用油浴加热至110℃，保温搅拌回流水解24h，水解液稍冷后过滤除渣。

（2）浓缩　滤液用水浴加热，减压浓缩至呈糖浆状后，加蒸馏水恢复至原体积，继续加热减压浓缩，如此重复加酸3～4次。

（3）吸附　浓缩液加蒸馏水稀释至水解液原体积（此时pH为1.5～2.0），加1%活性炭（按体积计），煮沸10min，于90℃水浴保温搅拌30min，趁热抽滤去除活性炭，并用适量蒸馏水洗涤活性炭2次，合并滤液和洗液。

（4）调pH、洗脱　用浓氨水调节滤液pH为4.0，静置24h以上，滤去沉淀（酪氨酸粗品），滤液加入20倍量的蒸馏水稀释，调节pH为4.0，流入732型阳离子树脂交换柱，用去离子水洗涤至无氯离子，以 2mol/L 氨水洗脱，收集 pH 为 4.0 ~ 10.0 范围的洗脱液。

（5）二次吸附、过滤　加入 6mol/L 的盐酸调 pH 为 5.0，用水浴加热至沸腾，加入总液量 3% 的活性炭，沸腾搅拌 20min，趁热过滤。

（6）浓缩、干燥、粉碎　滤液用水浴加热蒸发，减压浓缩至 1/5 体积，加入等量的蒸馏水，再浓缩至无氨味，于 80℃ 真空干燥，粉碎，过 80 目筛，得混合氨基酸粉状产品。

3. 质量标准

按照 GB 2760—2011《食品添加剂使用标准》。

（三）酵母

以畜血为原料，经加水分解，作为营养源制备酵母，是一种有效利用畜血的途径。由于酵母对血液的同化力弱，因此畜血一般不能直接作为酵母培养基的配料来使用。酵母大多除要求碳源、氮源外，还需要多种生长促进因子，如各种维生素、氨基酸及其他无机、有机化合物等。血液加水分解的方法可采用加入分解蛋白质的酶或酸、碱处理法。

碳源可用通常酵母培养用的葡萄糖等糖类、乙醇等醇类、醋酸等有机酸或高级脂肪酸等；无机营养盐类可利用磷酸盐（如磷酸二氢钾）、镁盐（如硫酸镁）等；作为微量营养素添加的有生物素（维生素 H）、泛酸等维生素类。

培养方法采用通常的固体培养、液体培养等，培养温度以能适于酵母生长为准，尤以 25 ~ 35℃ 为宜。pH 在有机酸、高级脂肪酸环境中以 6 ~ 8 为宜，其他环境中为 4 ~ 6。在培养基中碳氮比要适当，以提高酵母的生长速度及菌体收率。

当血液未经加水分解处理而直接添加于培养液中，在加热杀菌处理时，血液成分会变性而成胶状的不溶物悬浮于培养液中。不能分解同化的血液成分在培养结束后仍残存在培养液内，在收集酵母菌体时，给固液分离带来很大障碍，分离酵母菌体和血液凝固物也困难。而血液经加水分解后呈低黏性，并可溶解于培养液，所以能显著提高固液分离等的操作性能。收集酵母菌体的方法可采用离心分离、过滤、压滤等。由此制得的酵母菌体可直接用于面包制造、酿造或饲料，也可用作谷胱甘肽、辅酶 Q、黄素腺嘌呤二核苷酸（FAD）、烟酰胺腺嘌呤二核苷酸（NAD）等生理活性物质的生产原料。

1. 工艺流程

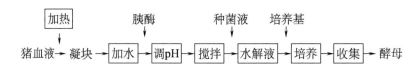

2. 操作要点

（1）水解　猪全血以 120℃、30min 加热杀菌处理得变性凝固物，取 50g，加入粗酶（胰酶制剂）2g 以及蒸馏水 50mL，调至 pH 为 8.0，在搅拌条件下，以 37℃ 水解 20h，得血液加水分解物溶液 100g。

（2）培养种菌液　由葡萄糖 1g、蛋白胨 0.5g、酵母浸膏 0.3g、麦芽浸膏 0.3g 和蒸馏水 100mL 制成培养基，接种啤酒酵母 IFO2044 菌株，振荡培养 24h，将此供作种子培养液。取该种子培养液于 5℃、10000r/min 离心分离 10min，洗涤沉淀而取得菌体，悬浮于蒸馏水即为种菌液。

（3）培养酵母　由葡萄糖10g、磷酸氢二钾（KH_2PO_4）1g、硫酸镁（$MgSO_4 \cdot H_2O$）0.5g和蒸馏水1L组成基础培养基，添加上述血液加水分解物溶液60g，注入容积2L的发酵罐内，于120℃条件下杀菌20min。此培养液内接入前述的种菌液20mL，以30℃培养24h。培养液pH控制在5.0~5.2，培养24h后，从培养液中收集酵母菌体，可得菌体3.4g。

3. 质量标准

酵母的标准应符合QB 2582—2003《酵母抽提物》，如表3-9、表3-10和表3-11所示。

表3-9　　　　　　　　　　　　　　　酵母抽提物的感官要求

项目	膏状		粉状	
	优级	一级	优级	一级
色泽	黄棕色或黄褐色		淡黄或黄色	
形状	膏状		粉状	
气味	具有酵母抽提物所特有的气味，无异味			

表3-10　　　　　　　　　　　　　　　酵母抽提物的理化指标　　　　　　　　　　单位:%

项目		膏状		粉状	
		优级	一级	优级	一级
干物质（固形物）	≥	65.0		94.0	
总氮（以干基计）	≥	9.0	8.0	7.0	6.0
氨基氮（以干基计）	≥	3.0	2.5	3.5	2.0
灰分	≤	—	—	12.0	—
pH		4.5~6.5			

注：作为增鲜用的酵母抽提物，I + G≥0.5%（质量分数）。

表3-11　　　　　　　　　　　　　酵母抽提物的卫生指标

项目		膏状		粉状	
		优级	一级	优级	一级
重金属（以Pb计）/（mg/kg）	≤	20			
砷（以As计）/（mg/kg）	≤	2			
菌落总数/（CFU/mL或CFU/g）	≤	10000			
大肠杆菌/（MPN/100g）	≤	30			
沙门菌/25g样		不得检出			

（四）肉品发色剂

当前，国内外在香肠、火腿等肉制品生产中，为了使产品具有理想的玫瑰红色，增强防腐性，延长保存期，并赋予产品独特的后熟风味，均采用硝酸盐或亚硝酸盐作为发色剂。但硝酸盐或亚硝酸盐的使用量超过一定的标准时，残留的亚硝基能同肉中蛋白质的分解产物——仲胺类物质结合，生成亚硝胺。因此，需要寻求一种安全、可靠、经济、实用，能够代替亚硝酸盐类的发色、防腐物质。

1. 血液腌肉色素的性质及应用

美国农业部和食品与药物管理局专门对硝酸盐和亚硝酸盐的问题组织了委员会，委员会经研究指出抗坏血酸及其钠盐、α-生育酚能有效地降低在肉制品中形成的亚硝胺的数量，与人工合成色素结合使用，制品的感官和风味与使用亚硝酸盐是一样的，同样能防止脂肪氧化，同样具有抗肉毒活性。通常认为能使腌肉发色的物质是在加热时形成的腌肉色素（cooked cured meat pigment, CCMP），可由肌红蛋白转变而成，也可由血红蛋白与亚硝酸盐或一氧化氮反应生成。腌肉色素的凝胶体是血红蛋白，可由血红蛋白与亚硝酸盐或一氧化氮反应制得。血红素中的铁含量高达9%，是具有极高营养价值的膳食铁。

腌肉色素在食品中的利用主要有两个方面：一是作为亚硝酸盐的替代物用于腌肉制品，其使用不仅可大大降低亚硝酸盐的使用量，防止人们因大量食用腌肉制品而中毒，还可增加食品的营养成分；二是作为补铁食品的功能因子，可将其制成保健食品，用于治疗缺铁性贫血引起的各种疾病。此外，由于腌肉色素的结构是卟啉化合物，所以还可以用于生物制药领域，改造成以临床为目的的一系列衍生物，如原卟啉二钠、血卟啉等。

2. 腌肉色素的加工工艺

（1）工艺流程

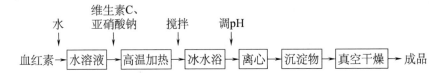

（2）操作要点

①在血红素溶液中，加入9倍血红素溶液体积的氢氧化钠溶液。

②加入抗坏血酸和亚硝酸钠。亚硝酸钠的添加量是根据亚硝酸钠同血液中的血红蛋白反应原理以及血液中血红蛋白的含量及分子结构特点确定的。以猪血为原料制取腌肉色素，每100mL血液中平均含有12g血红蛋白，血红蛋白是结合蛋白质，其蛋白质部分是珠蛋白，辅基是血红素。每个血红蛋白分子结构由1个珠蛋白和4个血红素组成。血红蛋白的相对分子质量为64450，其中每个血红素相对分子质量为652，因此，每100mL血液中血红素的含量大约为485.35mg，每100mL血液中所需亚硝酸钠的量为1.028g。由于在预处理过程中已经将血液离心分离，浓缩为原来体积的1/2左右，理论上应加血量2%左右的亚硝酸钠。

③高温加热数分钟，并在加热过程中进行间歇搅拌。

④加热后的料液进行冰水浴降温至室温。

⑤用酸调溶液pH到酸性。

⑥用3000r/min的离心机，离心20min，弃上清液，取沉淀物。

⑦将沉淀物进行真空冷冻干燥，即得腌肉色素成品。

⑧对腌肉色素稳定性的研究结果表明，光照、氧化剂对腌肉色素有不良影响，腌肉色

素应尽量避光、真空保藏。Fe^{3+} 和 Ca^{2+} 对色素的稳定性影响较大，其他离子对其影响较小。温度、pH 对腌肉色素的影响不大。对腌肉色素溶解性的研究结果表明，pH 在 7 左右有较高的溶解度。腌肉色素的最佳应用条件为：腌肉色素的添加量为 0.05%，维生素 E 的添加量为 0.05%。

（3）产品的质量标准

应符合 GB 2760—2011《食品添加剂使用标准》的规定；亚硝酸盐和硝酸盐的含量测定应符合 GB/T 5009.33—2010《食品中亚硝酸盐和硝酸盐的测定》中"分光光度法亚硝酸盐检出限为 1mg/kg，硝酸盐检出限为 1.4mg/kg"的要求。

（五）血酱油

1. 工艺流程

原料混合→蒸煮→制曲→发酵→浸油→杀菌→成品

2. 操作要点

（1）原料混合 主要原料有全血、大豆、食盐等。将血液与其他辅料按比例进行混合。

（2）蒸煮 采用高压或常压法将混合好的原料进行蒸煮，以达到使蛋白质变性和杀菌的目的。

（3）制曲 在蒸煮的原料破碎以后，于 40℃ 的温度下拌入酱油曲种，培养 24~48h，长出浅黄色孢子即可。在制曲过程中要不断翻曲，控制好温度和湿度，以防因温度过高而烧曲。

（4）发酵 在制好的曲料中加入适当的食盐水，移入发酵池保温发酵，约 25d 酱坯成熟。

（5）浸油 将成熟好的酱坯移入浸油池进行浸淋，即得酱油。

（6）杀菌 为了使酱油能够较长时间的存放，可将淋出的酱油加热到 80℃，保持 20min，然后按规定添加适当防腐剂。

（7）成品 对冷却后的成品酱油进行感官、理化、微生物 3 方面的检验，合格后方可食用或出售。

（六）猪血猪肝补血酱

1. 产品配方

猪血 100kg、猪肝 100kg、花椒 10kg、大料 6kg、生姜 10kg、干红辣椒 40kg、食盐 30kg、味精 10kg、干黄酱 120kg、芝麻 40kg、花生 40kg、大蒜 60kg、花生油 40kg、糖 40kg。

2. 工艺流程

原料处理→配料→混合绞碎→翻炒熟制→装瓶→产品

3. 操作要点

（1）原料处理 将猪血切成片，沸水焯透控干，猪肝洗净煮熟，备用。

（2）混合绞碎 在猪血和猪肝中加入花椒、大料、生姜、干红辣椒、干黄酱、芝麻、花生、大蒜混合后，用绞肉机绞碎制成泥状物，备用。

（3）翻炒熟制 将花生油烧开，再将上述工序制得的泥状物倒入锅中，再加适量纯净水反复翻炒后，用温火炖5min，停火并加食盐、糖、味精搅拌均匀，装入瓶中制成猪血补血酱。

（七）血红蛋白

血红蛋白是结合蛋白质，其蛋白质部分称为珠蛋白，属组蛋白类，其辅基是血红素，所含的铁为二价。各种成年家畜的血液中，血红蛋白的含量为80～160g/L。

家畜血液综合利用时，易产生一种特殊的腥味，主要由红细胞的碎片所产生，有些消费者难以接受。血红蛋白是血细胞中重要的蛋白质，属于色蛋白，在加工过程中，受温度、环境、处理时间等因素的影响易氧化变色，并因血腥味、不易消化等特点使自身用途受限。另外，血红蛋白加入产品后易呈暗棕色，影响产品的感官色泽。因此，血红蛋白加工中的脱色工序是技术关键。

1. 物理脱色法

由于珠蛋白每条肽链以非共价键结合1个血红素，当血红蛋白在水中加热时，珠蛋白变性，并释出血红素，进而氧化血红素形成氧化型血红素，呈暗棕色。物理脱色法是应用物理方法将血红蛋白用包埋剂包埋，外观上看不到让人不易接受的暗红色，使产品外观无色。Smimitskaya等利用凝固的乳蛋白来隐藏血红素。Zayas等人采用经超声乳化处理的脂肪乳化剂达到隐色，后来人们改用压力匀浆机来乳化脂肪。法国制订的方法是在低温下脂质介质中进行，细胞被蛋白质—脂肪膜覆盖而脱色；在美国制订的方法中制作溶化脂肪、蛋白质、水、血混合液，以急剧降压作用于混合液，结果，红细胞被蛋白质—脂肪膜包被；在丹麦，血红蛋白在压力下通过均质脱色。

物理脱色的优点是可避免分解蛋白质、维生素、酶等，使高度易吸收的亚铁血红素保存下来，其制品安全可靠；缺点是脂肪用量大，制品具有一定的颜色，不易保存和运输，乳化剂不稳定时产品易被氧化而发生颜色变化。这种方法虽然达到了不见颜色的目的，但是并没有使珠蛋白和血红素分离，所以虽然没有了颜色，实际上并未提高血红蛋白的利用率。

2. 有机溶剂萃取法

血红蛋白中的血红素是以非共价键与珠蛋白肽键相连。血液中的血红素有游离态和结合态两种，游离态和结合态的血红素之间存在着动态平衡，酸性条件下可使平衡向分解方向移动。一般的方法是将血红蛋白酸解后用有机溶剂萃取分离。常用的有机溶剂有丙酮、2－丁酮、丁酮、乙醇等。

最早用酸性丙酮进行脱色实验的是Jope。之后Tybor等人对该法进行了一些改进，使血红蛋白的pH为4，且在抗坏血酸存在的情况下将血红蛋白转化为胆绿蛋白，然后珠蛋白与血红蛋白得以彻底分离，从而获得了良好的脱色效果。酸性丙酮虽然几乎可完全去除血红素，但要消耗大量丙酮，而且最终产品还有一定量的残留，为了解决这个问题，其他研究者在继续用丙酮的基础上添加其他处理手段，如酸钠法、蒸馏法、单宁酸法。还对采用酸性丙酮和乙醇脱色制取的蛋白质也进行了大量的功能特性研究。但该方法使用有机溶剂较多，使得成本较高，而且还有少量残留物存在，在应用上受到限制。

3. 氧化脱色法

该法是向血红蛋白溶液中加入氧化剂，氧化破坏血红蛋白。在家畜正常体内，血红蛋白可被氧化破坏形成无色物质。通过过氧化氢作为氧化剂氧化脱色，其方法简便易行。例如，在血液温度为20℃、pH2.5的情况下加入0.3%的过氧化氢，并作用20h即可达到脱色目的。但该法会导致含硫氨基酸氧化，破坏了蛋白质的营养价值，同时过氧化氢的消耗量也非常大，使成本增加。后经研究，采用过氧化氢物-过氧化氢酶法，克服了单一用过氧化氢时的不足。另外有研究者先将新鲜血液用三聚磷酸盐稳定，随后加热至68℃，按照每升血液加入60mL的比例加入过氧化氢，混合搅拌30min，残余的过氧化氢用纤维性炭或铁的催化剂处理去除。利用氧和臭氧脱色方面也有一些报道。

氧化脱色法因与血红蛋白进行氧化反应，对蛋白质的功能特性、营养价值产生一定的影响及破坏作用，因此，在应用上受到限制。

4. 吸附脱色法

该法是在酸化的血红蛋白溶液中加入吸附剂，吸附血红素，并将其同珠蛋白分离。活性炭是一种常用的吸附剂。采用AAS型树脂吸附和阳离子交换剂对猪血血红蛋白进行脱色也有报道。Sato采用羧甲基纤维素层析柱吸附血红素，但1g羧甲基纤维素只得到70mg脱色球蛋白。Auto使用可溶性羧甲基纤维素来拆分牛血红蛋白，利用羧甲基纤维素稀释液加入溶血的红细胞中，结合生成羧甲基纤维素-血红素复合物，经离心沉淀分离，其成本大大低于层析柱，缺点是脱色球蛋白中仍然有0.7%铁存在，即大约还有20%的血红素铁没有被拆分。杨严俊经筛选确定了粗血红蛋白拆分剂羧甲基淀粉（CMS），其脱色效果优于羧甲基纤维素，并具有良好的乳化性和发泡性，可代替鸡蛋清作为食品的起泡剂。

5. 水解脱色法

水解是目前最常用的方法，水解后珠蛋白不仅与血红素分离，而且蛋白质自身被降解，变成胨、陈、肽、氨基酸等，表观消化率得到很大提高，一般来说，水解分为酸法水解和酶法水解。

酶法水解比较彻底，利用蛋白分解酶将珠蛋白与血红素分开。在该过程中，释放出的血红素因具有疏水性而聚合成微粒，珠蛋白分解成肽态和氨基态，可用超滤或离心法同血红素分开。蛋白酶分解法有多种，常用的酶有胰酶、中性蛋白酶、木瓜蛋白酶、微生物蛋白酶，有Alcase（NOVO公司）和Proteinase AP114（Henkel公司）。前种酶水解率一般在8%~20%，产品得率为78%~85%。单独用酶法水解得到的水解产物并非完全脱色，有时还会伴有苦味。所以在生产加工中需要辅以其他方法才能完全去除颜色，一般应辅以活性炭或硅藻土来吸附，以除去色泽和不良气味。另外，也有采用使pH达2.5的含血红素的蛋白酶的溶解液离心，分离出血红素，再用过氧化氢来氧化残留在珠蛋白中的血红素。采用蛋白酶解法辅以除臭吸附工艺是可行的。但分离最终产物的工艺复杂，使产品价格提高。

6. 综合脱色法

采用单一的脱色方法效果不是很理想，随着分离技术的发展，多种脱色方法结合起来应用越来越多。酶水解—活性炭法是目前常被利用的一种综合脱色法。

综合脱色法是一种有效利用家畜血液的较科学的方法，该方法首先用加热和亚硫酸氢钠对血液进行处理，使血细胞发生溶血，血细胞破碎，释出血红蛋白，同时该过程还可以破坏血液中的过氧化氢酶，以免影响后续的氧化剂氧化脱色处理，然后用酸性丙酮碎解，使珠蛋白和血红素之间配位键断裂。通过抽滤，滤去血红素，得到灰白色的全血蛋白颗粒，实现初步脱色的效果，血红素滤液通过酸性丙酮蒸馏回收处理，得到高纯度的血红素。已脱去血红素的蛋白颗粒，由于已破坏了过氧化氢酶，用少量的过氧化氢处理，即可达到脱色的目的，得到淡黄色的血粉颗粒，经40℃干燥粉碎后，即为高蛋白食用血粉。此产品蛋白质含量达70.17%，血红素纯度含量达73.75%，其中含铁量9.44%。该方法与其他方法相比，工艺简单，成本低，便于实用。

第四节　畜血在生化制药中的加工利用

一、新生牛血清

新生牛血清（newborn calf serum，NBS）是指出生14h之内未吃初乳的犊牛血清，也有人称之为小牛血清、犊牛血清等。由于其未受初乳影响，具有丰富的营养物质，抗体、补体中的有害成分最少，因而在生物学领域中得到了广泛应用，特别是在生物制品的生产制造过程中得到了大量应用。

大多数疫苗生产是以细胞培养为基础，细胞培养是众多生物技术产品的基本条件之一。新生牛血清是细胞培养中用量最大的天然培养基，含有丰富的细胞生长必需的营养成分，在培养系统中加入适量血清可以补充细胞生长所需的生长因子、激素、贴附因子等，具有极为重要的功能，不仅可促进细胞生长，而且可帮助细胞贴壁。不同的血清对细胞的作用不同，以小牛血清最好，其次为成年牛和马血清，猪和鸡等的血清次之。

Gibco和HyClone等美国主要血清供应商的牛血清都已进入到中国市场，其血清质量标准有严格要求，从血清来源到产品质量都有明确规定。

我国对牛血清的质量标准最早在2010年版《中华人民共和国药典》中提出。包括物理性状、总蛋白、血红蛋白、细菌、真菌、支原体、牛病毒、大肠杆菌噬菌体、细菌内毒素等项目，支持细胞增殖检查。

（一）牛血清的化学组成和性质

1. 蛋白质类

包括清蛋白、球蛋白、α-巨球蛋白（抑制胰蛋白酶的作用）、胎球蛋白（促进细胞附着）、转铁蛋白（能结合铁离子，减少其毒性和被细胞利用）、纤维连接蛋白（促进细胞附着生长）等。

2. 多肽类

主要是一些促进细胞生长和分裂的生长因子，最主要的生长因子是血小板生长因子，还有成纤维细胞生长因子、表皮细胞生长因子、神经细胞生长因子等，虽然在血清中含量很少，但对细胞的生长和分裂也起着重要作用。

3. 激素类

激素对细胞的作用是多方面的，包括以下几种激素。

（1）胰岛素　促进细胞摄取葡萄糖和氨基酸，与促细胞分裂有关。

（2）类胰岛素生长因子　能与细胞表达的胰岛素受体结合，从而有与胰岛素同样的作用。

（3）促生长激素　促进细胞增殖的效应。

（4）氢化可的松　血清中含有微量该成分，具有促进细胞贴附和增殖的作用。

4. 其他成分

如氨基酸、葡萄糖、微量元素等。在合成培养基中作用并不明显，与蛋白质相结合的微量元素对细胞生长起促进作用。

（二）牛血清在细胞培养中的主要功能

（1）提供能促使细胞指数生长的激素、基础培养基中没有或含量微小的营养物以及某些低分子营养物质。

（2）提供结合蛋白，识别维生素、脂类、金属离子，并与有毒金属和热源物质结合，起解毒作用。

（3）作为细胞贴壁、铺展生长所需因子的来源。

（4）起酸碱度缓冲液作用。

（5）提供蛋白酶抑制剂，细胞传代时使剩余胰蛋白酶失活，保护细胞不受损伤。

（三）牛血清的制备工艺

1. 常规膜过滤法

（1）原料　出生 14h 内的新生小牛血。

（2）主要设备　大容量离心机，超净工作台，洁净层流罩，纯水设备，压力蒸汽灭菌器，恒温干燥箱，灌装机，蠕动泵，不锈钢混合罐。

（3）工艺流程

选择健康小牛 → 标记、记录 → 全封闭心脏无菌采集、静置 10h → 原血清 −20℃ 冻存（低温分离） → 去除杂蛋白及抗体 → 抽样检测、分类 → 大规模混合罐混合 → 现代膜过滤 → 灌封、抽样 → 检验 → 入库、放行

（4）操作要点　原血清经过解冻后，检测合格方能用于生产。通过一系列高滞留柱型过滤器除菌、除支原体后，在大容量混合罐内进行混合。混匀的血清再经 100nm 终端膜过滤器过滤后，进行无菌分装，成为最终产品。产品先速冻后再冷冻存放，经检测合格后再进行贴标、装箱，最后在 −20℃ 冷冻存放。

2. 陶瓷复合膜过滤法

（1）原料　出生 14h 内的新生小牛血。

（2）主要设备　大容量离心机，超净工作台，洁净层流罩，纯水设备，压力蒸汽灭菌器，恒温干燥箱，灌装机，蠕动泵，不锈钢混合罐。

（3）工艺流程

新鲜牛血 → 离心分离 → 血清 → 陶瓷复合膜过滤（3 次） → 无免疫球蛋白新生牛血清

（4）操作要点

①新生牛血清采集：先对新生牛血清来源的牛群进行健康状况调查，选择无特定病原的黑白花奶牛生下的健康新生公牛（新生公牛不能吃初乳），通过无菌手术的方法在新生公牛的静脉采血，将采集到的新生公牛血液用大容量冷冻离心机分离血清，将分离得到的牛血清置 −20℃ 冷冻保存备用。

②新生牛血清过滤：将冷冻保存的新生牛血清解冻后用陶瓷复合膜进行过滤。所用陶瓷复合膜材质为氧化锆、氧化铝和氧化钛，其性能参数为：耐压强度 1.0MPa，适用 pH 0～14，适用温度 −10～650℃。

第1次过滤新生牛血清，选取膜孔径0.2μm、膜管面积0.5m²的陶瓷复合膜过滤装置，膜管置高温蒸汽压力灭菌锅内，在蒸汽温度120℃、压力0.1MPa条件下灭菌30min，待膜管冷却至常温时过滤新生牛血清，过滤时，调节回流阀门控制回流液量，使膜管进口流体压力与出口流体压力差保持在0.2MPa，流体温度≤40℃，将收集到的滤液立即进行第2次过滤。

第2次过滤新生牛血清，选取膜孔径0.1μm、膜管面积0.5m²的陶瓷复合膜过滤装置，膜管置高温蒸汽压力灭菌锅内，在蒸汽温度120℃、压力0.1MPa条件下灭菌30min，待膜管冷却至常温时过滤新生牛血清，过滤时，调节回流阀门控制回流液量，使膜管进口流体压力与出口流体压力差保持在0.2MPa，流体温度≤40℃，将收集到的滤液立即进行第3次过滤。

第3次过滤新生牛血清，选取膜孔径0.05μm、膜管面积0.5m²的陶瓷复合膜过滤装置，控制参数和操作要点同第2次过滤方法，收集得到的滤液为无免疫球蛋白新生牛血清。

（5）工艺特点

①根据新生牛血清清蛋白和免疫球蛋白两组蛋白质的分子大小存在差异的特点（新生牛血清清蛋白的平均分子质量为75~65kDa，G型免疫球蛋白平均分子质量为150kDa，M型免疫球蛋白分子质量为1000kDa，A型免疫球蛋白分子质量为400kDa），采用膜孔孔径0.01~0.05μm的陶瓷复合膜过滤新生牛血清，分离效果良好，去除了对细胞生长有害的免疫球蛋白，保留了对细胞生长有益的血清清蛋白、小分子肽、氨基酸、微量元素等小分子物质。

②使用陶瓷复合膜过滤，无需对每份血清都进行细胞培养检测，能耗低，操作简便，可实现无免疫球蛋白新生牛血清的大批量生产。

③所使用的陶瓷复合膜是以无机陶瓷制备而成的非对称膜，具有耐酸、耐碱、耐高温的特点，膜管能承受高温和高压，通过蒸汽高温高压消毒，能够杀死存在于膜管的细菌及芽孢，可避免过滤血清时由膜管造成的污染。同时，陶瓷复合膜管的抗污染能力强，分离过程中无二次溶出物产生，不会造成异物污染。陶瓷复合膜还具有机械强度大，不会发生膜孔溶胀而导致截留性能的变化，膜再生性能好，清洗后膜通量恢复稳定的优点。

（四）质量标准

畜血清制品的质量标准见表3-12。

表3-12　　　　　　　　　　　　畜血清制品质量标准

名称	单位	胎牛血清	其他血清
外观	—	浅黄色澄清稍黏稠的液体，无溶血或异物	浅黄色澄清稍黏稠的液体，无溶血或异物
无菌试验	—	阴性	阴性
总蛋白	g/100mL	3.5~5.5	3.5~7.5
pH	—	6.8~8.4	6.8~8.4
血红蛋白	mg/dl	≤10	≤35

续表

名称	单位	胎牛血清	其他血清
支原体			
培养基检测	—	阴性	阴性
PCR 检测	—	阴性	阴性
荧光检测	—	阴性	阴性
牛病毒外源因子检测（BVDV）	—	阴性	阴性
内毒素	Eu/mL	≤5	—
噬菌体	—	阴性	
促细胞生长试验			
贴壁培养	—	2 种以上细胞贴壁培养 5 代以上，每代 48h 内形成致密单层	—
最大增殖浓度	个/mL	≥1.5×10^6	—
倍增时间	h	≤16	—
克隆率	%	≥90	—
BVDV 抗体	—	阴性	
乙脑抗体	—	阴性	
对酶活力影响测定和蛋白破坏性试验	—	合格	—
细胞培养	—	记录结果	—
其他病毒	—	阴性	

二、牛血清清蛋白

　　牛血清清蛋白（bovine serum albumin，BSA）是一种高纯度的蛋白质生化试剂，为白色或类白色冻干粉。主要用于诊断试剂中的抗原保护、生化研究和医学研究等领域。高纯度的牛血清清蛋白应用于现代生物工程，如牛血清清蛋白组分 V，用于 DNA 探针的制备和标记。

　　目前，国际上主要由美国 Sigma 公司、Gibco 公司、英国 Oxoid 公司等国外公司生产牛血清清蛋白。国内生物技术公司主要集中在沿海发达省区，沿海地区缺乏进行规模生产的牛血资源。我国许多大专院校、科研单位都从事过牛血清清蛋白的研究工作，但均为实验室工艺，其规模小，成本高，因无规模化的原血来源，未形成工业化生产。

　　（一）牛血清清蛋白的化学组成和性质

　　牛血清清蛋白是牛血液中的主要成分（38g/100mL），分子质量 68kDa，等电点 4.8。含氮量 16%，含糖量 0.08%。仅含己糖和己糖胺，含脂量只有 0.2%。清蛋白由 581 个氨基酸残基组成，其中 35 个半胱氨酸组成 17 个二硫键，在肽链的第 34 位有一自由巯基。清蛋白可与多种阳离子、阴离子和其他小分子物质结合。

　　（二）牛血清清蛋白主要功能

　　（1）用于生化研究、遗传工程和医药研究。

　　（2）用作医药保健食品、调味品。

（3）血液中维持渗透压、pH 缓冲、载体作用。

（4）在 PCR 体系中有助于保持 Taq 酶的稳定性及活力，可以提高 PCR 的效率。

（5）在动物细胞无血清培养中，添加清蛋白可起到生理和机械保护作用及载体作用。

（三）牛血清清蛋白的制备工艺

1. 硫酸铵分级沉淀法

（1）原料　牛血浆。

（2）主要设备　大容量离心机，纯水设备，压力蒸汽灭菌器，恒温干燥箱，真空冷冻干燥机，蠕动泵，不锈钢沉淀罐。

（3）工艺流程

牛血→\boxed{低温分离}→血浆→上清→\boxed{沉淀}→\boxed{膜分离}→\boxed{脱色}→\boxed{浓缩}→\boxed{冻干}→成品

　　　　　↓　　　↓　　　↓

　　　　血球　　沉淀　　滤液

（4）操作要点

①低温分离：采集新鲜牛血，加入 3.8% 柠檬酸钠，以 3000r/min 离心 20min，分离牛血浆。将分离的牛血浆用蒸馏水 10 倍稀释，混匀，调 pH 至 5.3，静置过夜。

②硫酸铵沉淀：以 4000r/min 离心 20min，弃沉淀，收集上清液，将收集的上清液加入固体硫酸铵至 50% 的浓度，调 pH 至 5.1，静置过夜。

③硫酸铵二次沉淀：以 4000r/min 离心 20min，弃沉淀，收集上清液，加入固体硫酸铵至 70% 的浓度，调 pH 至 4.3，静置过夜。

④辛酸钠提取：以 4000r/min 离心 20min，弃上清液，收集沉淀，沉淀加入适量蒸馏水使其全部溶解后，加入辛酸钠，缓慢搅拌，并用 1mol/L 盐酸调 pH 至 4.75~4.85，10h 连续加温，温度控制在 60℃±5℃，加温完毕后，迅速降温至 45℃ 以下，过滤，收集滤液。

⑤超滤浓缩：将滤液进行超滤浓缩至原体积的 1/10，再加入 10 倍体积的蒸馏水，混匀，超滤脱盐。

⑥真空冻干：将超滤液进行真空冷冻干燥。

2. 软脂酸钠法

（1）原料　新鲜牛血。

（2）主要设备　大容量离心机，恒温水浴锅，冻干机，恒温箱，超纯水系统，精密 pH 计。

（3）工艺流程

新鲜牛血→\boxed{离心分离}→上清液→\boxed{加水和软脂酸钠溶液}→\boxed{混匀静置}→\boxed{加盐酸，水浴后过滤}→\boxed{滤液加盐酸和氯化钠，放置60min 后过滤}→\boxed{沉淀加水、氢氧化钠和盐酸溶解}→\boxed{透析}→\boxed{冻干}→成品蛋白粉

（4）操作要点

①取新鲜的牛血，离心分离后取上清液，（离心分离的转速为 2800~3200r/min，时间为 10~20min）。加入与上清液等体积的无菌无热原去离子水，再按上清液体积的 1/4~3/4 加入 60~70℃ 的 0.024mol/L 软脂酸钠溶液，混匀后静置 50~100min。

②向上述所得溶液中加入 1mol/L 稀盐酸，调节溶液 pH 至 4.0~6.5，60~70℃ 下水浴 1~2h，过滤得滤液。

③按上清体积的 40% 向所得滤液中加入 1mol/L 盐酸，混匀后再加入氯化钠，使其在溶液中的质量浓度达到 4%，0 ~ 4℃下放置 30 ~ 60min。

④静置后过滤得沉淀，按上清体积的 4% ~ 6% 向沉淀中加入无菌无热原去离子水，加 1mol/L 氢氧化钠溶液，调溶液 pH 至 9.0 ~ 10.0。

⑤待沉淀完全溶解后，再加入 1mol/L 稀盐酸，调节溶液 pH 至 8.0 ~ 9.0，在无菌无热原去离子水中透析 10 ~ 16h。

⑥透析液放入冻干机中，45 ~ 50h 后取出，得蛋白粉。

（四）质量参考标准

牛血清清蛋白的质量参考标准见表 3 - 13。

表 3 - 13　　　　　　　　　　　　牛血清清蛋白的质量参考标准

名称	指标
pH	5.1 ± 0.2
纯度/%	≥96.0（电泳）
重金属含量/%	≤0.005
干燥损失/%	≤2.0
pH（2%，水）25°C	4.9 ~ 5.3
水溶性试验（2%，水）	合格
外观	合格
牛血清清蛋白/（mg/mL）	0.45 ~ 0.55
蛋白酶	无

三、免疫球蛋白

免疫球蛋白（immuno globulin，Ig）是人类及高等动物受抗原刺激后体内产生的能与抗原特异性地相互作用的一类蛋白质，又称为抗体，普遍存在于哺乳动物的血液、组织液、淋巴液及外分泌物中。免疫球蛋白首先被 Behring 发现，世界卫生组织（WHO）首次提出了人体免疫球蛋白的名称。免疫球蛋白的主要来源有初乳、畜血清和蛋黄等。目前研究较多的是初乳和蛋黄，而对生产量大、浪费多、污染重的畜血液免疫球蛋白研究较少。

（一）免疫球蛋白的化学组成和性质

免疫球蛋白是机体免疫系统的一个重要组成部分。免疫球蛋白是所有蛋白质中最不均一的一类蛋白质，根据理化性质尤其是免疫学性质，可将其分为 5 类，即 IgG，IgA，IgM，IgD 及 IgE，牛体内以 G 型免疫球蛋白为主。从分子结构上看，所有的免疫球蛋白分子都是由 4 条肽链组成基本单位，称为 4 链单位，在每个 4 链单位中，有 2 条彼此相同的较长肽链，约由 450 个氨基酸残基组成，称为重链（H 链）。另 2 条肽链较短，由 210 ~ 230 个氨基酸残基组成，也彼此相同，称轻链（L 链）。这些肽链间除以二硫键相结合外，还有各种非共价键结合的方式，如图 3 - 2 所示。

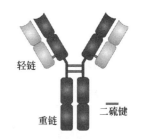

图 3 - 2　免疫球蛋白结构

G 型免疫球蛋白（IgG）的相对分子质量为 160000，含量为血清的 1.5% ~ 1.8%，约占血清蛋白总量的 17%，占血清中免疫球蛋白总量的 75% ~ 80%。G 型免疫球蛋白是血清中最重要的抗体，在体液免疫中起着"主力免疫"的作用。G 型免疫球蛋白的免疫功能主要通过以下几种途径实现。

1. 中和毒素和病毒

一些引起疾病的细菌，如破伤风杆菌、白喉杆菌、志贺氏痢疾杆菌以及肉毒杆菌等，都能产生外毒素，从而引发疾病。由这些外毒素诱导产生的 G 型免疫球蛋白在体内与之结合，使其丧失毒性（中和毒素作用），起到了保护机体的作用。

2. 凝集作用和沉淀作用

G 型免疫球蛋白分子表现为 2 价，能与两个抗原决定簇结合，而细菌和病毒一般都表现为多价，能与多个抗体结合，因此抗原、抗体相互结合后可形成大的网络结构，出现凝集、制动（鞭毛抗体）和沉淀等现象。

3. 激活补体

血清中游离的 G 型免疫球蛋白不能固定补体，只有在抗体与抗原结合后，并且只在两个以上的 G 型免疫球蛋白与抗原结合后，才能固定补体，激活补体。因此当抗原 – 抗体复合物处于聚集状态时，G 型免疫球蛋白能够与补体结合，激活其生理功能，溶化细菌。

4. 亲细胞功能

G 型免疫球蛋白可以与巨噬细胞、单核细胞和嗜中性粒细胞结合，提高这些细胞的吞噬能力，这在免疫学上被称为"调理作用"。

（二）免疫球蛋白的主要功能

免疫球蛋白具有多种生物学活性，如与相应抗原特异性结合、补体激活作用、调理素活性、阻止与中和作用等。异源性免疫球蛋白具有被动免疫作用，通过口服免疫球蛋白可提高机体免疫力，预防和治疗疾病。表 3 – 14 所示为免疫球蛋白对不同人群的保健功能。

表 3 –14　　　　　　　　　　　　免疫球蛋白的保健功能

人群	保健功能
婴幼儿	提高免疫力，预防腹泻，促进生长发育
儿童和青少年	提高免疫力和身体素质，促进生长发育，预防感冒和腹泻，预防龋齿
成年人	预防感冒和流行病，预防龋齿
老人和体弱者	提高免疫力和身体素质，增强人体抵抗力
患者	提高免疫力和身体素质，促进身体恢复，预防感冒、腹泻和其他疾病的发生

除了在营养保健方面的功能之外，免疫球蛋白主要在以下几方面应用。

（1）用于免疫学检测，辅助临床诊断。

（2）单克隆抗体（McAb）用于亲和层析，分离微量可溶性抗原。

（3）标记的 McAb 用于基础研究，了解细胞分化等。

（4）制备生物导弹，用于肿瘤、移植等的临床治疗。

（三）免疫球蛋白的制备工艺

根据蛋白质的分子大小、电荷量、溶解度以及免疫学特征等，从血液中提取免疫球蛋白常用的有盐析法（如多聚磷酸钠絮凝法、硫酸铵盐析法）、有机溶剂沉淀法（如冷乙醇分离法）、有机聚合物沉淀法、变性沉淀法等。曾用于大规模工业化生产的方法主要有冷乙醇分离法、盐析法、利凡诺法和柱层析法等，应用较多的为硫酸铵盐析法和冷乙醇分离法。

1. 盐析法

用于盐析的中性盐有硫酸铵、硫酸钠、硫酸镁、氯化钠等，其中以硫酸铵最为常用。因为硫酸铵在水中溶解度很大，有利于达到高离子强度，且受温度影响小，一般不会引起蛋白质变性。另外，其价格便宜，浓度高时也不会使蛋白质变性，所以常用来盐析免疫球蛋白。硫酸铵盐析法最早是由德国科学家 Hofmeister 报道，此后不断得到改正和补充。其缺点是缓冲力很差，使用前需要调整 pH，盐析后必须充分除盐等。下面以硫酸铵盐析法为例介绍牛血免疫球蛋白的制备工艺。

（1）原料　牛血浆。

（2）主要设备　精密 pH 计，超滤仪，恒温磁力加热搅拌器，电热恒温鼓风干燥箱，恒温水浴锅，紫外分光光度计，蛋白纯化系统。

（3）工艺流程

牛血→ 低温分离 → 血浆 → 沉淀 → 硫酸铵分级盐析 → 脱盐、浓缩 → 冻干 → 成品

血球　上清液

（4）操作要点

①低温分离：将新鲜牛血液注入盛有抗凝剂柠檬酸钠的容器中，轻轻摇动，使抗凝剂完全溶解并均匀分布。然后将已抗凝的血液于4℃下4000r/min冷冻离心15min，沉降血细胞，取上清液即为血清。

②饱和硫酸铵盐析：取牛血清样品300mL，加入等体积的0.01mol/L、pH 7.4 的磷酸盐缓冲液，搅拌均匀，向其中缓慢加入饱和硫酸铵溶液400mL，边加边搅拌，静置12h。将上述溶液于4℃下以4000r/min离心15min，弃去上清液。用240mL磷酸盐溶解沉淀物，然后再向其中缓慢加入饱和硫酸铵溶液160mL，搅拌均匀，静置12h。再于相同条件下离心，沉淀物用少量磷酸盐溶解，装入透析袋。将透析袋用蒸馏水流水透析，然后移入磷酸盐缓冲液中搅拌透析，期间换液数次，直至透析液中无 SO_4^{2-} 及 NH_4^+ 存在。

③蛋白液的浓缩：用0.01mol/L、pH 7.4 的磷酸盐缓冲液将聚乙二醇配成30%溶液，将透析后的透析袋放入其中，在4℃冰箱内浓缩12h。

④超滤法分离免疫球蛋白：取300mL牛血清，用0.01mol/L、pH 7.4 的磷酸盐缓冲液进行6倍稀释，再用中空纤维超滤膜进行浓缩分离。操作压力为0.02MPa，流量为40mL/min。每次浓缩到200mL时，再添加200mL（0.01mol/L、pH 7.4）磷酸盐继续超滤。如此循环3次，循环至料液量为200mL时停机，将泵及膜组件内的料液放回。超滤过程中收集截留液，分别取样进行蛋白质浓度和免疫球蛋白含量的检测。

⑤盐析 - 超滤结合法分离：向牛血清样品中加入硫酸铵，使其饱和度达40%，于4℃下静置12h后，在4000r/min、4℃条件下离心15min，收集沉淀。沉淀物用适量的磷酸盐（0.01mol/L、pH 7.4）充分溶解，然后用中空纤维超滤膜进行超滤。每次加等体积的磷酸盐重复超滤，直到滤液中无 NH_4^+ 及 SO_4^{2-} 存在。

2. 有机溶剂沉淀法

有机溶剂沉淀法广泛用于生产蛋白质制剂，常用的试剂是丙酮和乙醇等，其中以乙醇最为常用。冷乙醇分离法提取免疫球蛋白是由 E. J. Cohn 最早提出，用于制备 G 型免疫球蛋白。目前，国际上常用的冷乙醇法有两种，一种是美国等国家主要使用的 Cohn - Oncley 法，另一种是西欧等国家主要使用的 Kistler 和 Nit schmann 法。冷乙醇分离法是 WHO 规程和中国生物制品规程推荐用的方法，不仅分离物质多，可同时分离多种血浆成分，分辨率高，提纯效果好，而且有抑菌、清除和灭活病毒的作用，但是需要在低温下操作。下面以冷乙醇分离法为例，介绍牦牛血免疫球蛋白的有机溶剂沉淀法制备工艺。

（1）原料 新鲜牦牛血。

（2）主要设备 精密 pH 计，低速冷冻离心机，恒温水浴锅，紫外分光光度计。

（3）工艺流程

新鲜牦牛血→ 抗凝 → 离心 →上清液→ 调 pH → 溶液静置冷却 → 加入 -20℃预冷的无水乙醇，沉淀 →

加入氯化钠溶液，调 pH →上清液→ 加入 -20℃预冷的无水乙醇，二次沉淀 →成品

（4）操作要点

①牦牛血浆的预处理：将新鲜牦牛血液注入盛有抗凝剂柠檬酸钠的容器中，轻轻摇动，使抗凝剂完全溶解并均匀分布。然后将已抗凝的血液于4℃下、4000r/min 冷冻离心机中离心15min，沉降血细胞，取上清液即为血清，-20℃下冷藏备用。

②冷乙醇沉淀法提取免疫球蛋白：将待分离样品与 3 倍体积的蒸馏水混合，调 pH 至 7.7，冰浴中冷却至 0℃。在强烈搅拌条件下，加入 -20℃预冷的无水乙醇，终浓度为 20%，保持在冰浴中，使其产生沉淀，并在 4℃下以 4000r/min 离心10min，沉淀中含有多种类型的免疫球蛋白。将沉淀悬浮于 25 倍体积的预冷0.15 ~ 0.20mol/L 氯化钠溶液中，加 0.05mol/L 醋酸调 pH 至 5.1，使其形成沉淀，在 4℃下以 4000r/min 离心10min，沉淀中含有 A 型免疫球蛋白和 M 型免疫球蛋白，上清液中含有 G 型免疫球蛋白；将上清液调 pH 至 7.4，加入 -20℃预冷的无水乙醇，终浓度为 25%，并保持在冰浴中，使其产生沉淀，在 4℃下以 4000r/min 离心10min，所得的沉淀即是 G 型免疫球蛋白。

3. 有机溶剂 - 盐析法

采用有机溶剂和盐析法结合的方法提取免疫球蛋白的效果良好。辛酸提取 G 型免疫球蛋白时，对设备和操作条件要求较高，如在离心时转速要求在 10000r/min 以上，普通离心机达不到要求。另外，在调节溶液 pH 时，要控制得当，pH 稍低或稍高对 G 型免疫球蛋白的得率和纯度都有很大影响。下面以辛酸 - 硫酸铵法为例介绍牛血免疫球蛋白的有机溶剂 - 盐析法制备工艺。

（1）原料 新鲜牦牛血。

（2）主要设备 精密 pH 计，恒温水浴锅，高速冷冻离心机，透析设备。

（3）工艺流程

新鲜牦牛血→血清→ 氢氧化钠调 pH，加入辛酸 →上清液→ 氢氧化钠调 pH，加入饱和硫酸铵 → 沉淀 → 溶解、透析 → 脱盐 → 浓缩 →成品

（4）操作要点

①透析袋前处理：

1mmol/L 乙二胺四乙酸：称取乙二胺四乙酸 0.295g，用蒸馏水定容在 1L 容量瓶中。

1mmol/L 乙二胺四乙酸二钠：称取乙二胺四乙酸二钠 0.38 ～ 0.40g，用蒸馏水定容在 1L 容量瓶中。

2% 碳酸氢钠：称取 2g 碳酸氢钠，用蒸馏水定容在 100mL 容量瓶中。

透析袋处理：先用含 1mmol/L 乙二胺四乙酸二钠的 2% 碳酸氢钠溶液煮沸 10min，然后用 1mmol/L 乙二胺四乙酸煮沸 10min，最后用蒸馏水漂洗。

②牦牛血浆的预处理：将新鲜牦牛血液注入盛有抗凝剂柠檬酸钠的容器中，轻轻摇动，使抗凝剂完全溶解并均匀分布，然后将已抗凝的血液于 4℃ 下、4000r/min 冷冻离心机中离心 15min，沉降血细胞，取上清液即为血清，－20℃ 下冷藏备用。

③辛酸硫酸铵法提取免疫球蛋白：牦牛血清用 4 倍体积乙酸－乙酸钠缓冲液稀释，用 0.1mol/L 氢氧化钠调整血清稀释液 pH 至 4.5。室温下边搅拌边缓慢滴加辛酸，滴加完后继续搅拌 30min。离心（10000r/min，30min），收集上清液，弃去沉淀。上清液用滤纸过滤除去悬浮物，量体积。按照 10% 体积加入磷酸盐－氯化钠缓冲液，用 5mol/L 氢氧化钠调 pH 至 7.4。上清液 4℃ 预冷，测量溶液总体积，在 4℃ 按 277g/L 缓慢加入硫酸铵粉末（终浓度达到 45% 饱和度），边加边搅拌，加完后继续搅拌 30min。离心（5000r/min，15min），弃去上清液，收集沉淀。沉淀用少量透析液溶解，透析并更换透析液。

④脱盐和浓缩：将要浓缩的免疫球蛋白溶液放入预先处理好的透析袋中结扎，先在水中流水透析 2h，然后移入磷酸盐缓冲液中充分搅拌透析，每 12h 换液 1 次，共换 3 次，直至透析液中无 SO_4^{2-}（用乙酸铅检测）及 NH_4^+（用萘氏试剂检测）存在。用 0.01mol/L、pH 7.4 的磷酸盐缓冲液将聚乙二醇配成 30% 溶液，将透析后的透析袋放入其中，在 4℃ 冰箱内浓缩 5 ～ 12h，一般可浓缩至原体积的 1/3 ～ 1/20，用过的聚乙二醇蒸发除去水分后可以重复利用 4 次。

四、血红素

血红素（heme）是由原卟啉与 1 个二价铁原子构成的称为铁卟啉的化合物，存在于红细胞中，与蛋白质结合组成复合蛋白质，成为血红蛋白（Hb）或肌红蛋白（Mb）。

血红素含有丰富的铁，是铁的最好强化剂，广泛用于治疗缺铁性贫血。缺铁性贫血在我国尤其一些欠发达地区是一种较普遍存在的问题。经研究证明，血红素铁的吸收率在所有的食品不同状态下吸收率最高。血红素是肉类食品的天然着色剂，可直接将提出的血红素添加到肉制品中，使肉制品产生一种诱人的鲜艳红色，不但外观美观而且提高了营养价值，更重要的是减少了硝酸盐的使用量，减少了致癌因素的形成，增加了肉制品的安全性。另外，血红素还广泛应用于医药界，具有很高的药用价值。

（一）血红素的化学组成和性质

人体内的血红蛋白由 4 个亚基构成，分别为 2 个 α 亚基和 2 个 β 亚基，在与人体环境相似的电解质溶液中血红蛋白的 4 个亚基可以自动组装成 $\alpha_2\beta_2$ 的形态。血红蛋白的每个亚基由 1 条肽链和 1 个血红素分子构成，肽链在生理条件下会盘绕折叠成球形，把血红素分子包在里面，这条肽链盘绕成的球形结构又被称为珠蛋白（就是血红蛋白的 1 个亚基）。血红素分子是 1 个具有卟啉结构的小分子，在卟啉分子中心，由卟啉中 4 个吡咯环上的氮原子与 1 个亚铁离子配位结合，珠蛋白肽链中第 8 位的 1 个组氨酸残基中的咪唑侧链上的氮原子从卟啉分子平面的上方与亚铁离子配位结合，当血红素不与氧结合的时候，有 1 个水分子从卟啉环下方与亚铁离子配位结合，而当血红素载氧的时候，就由氧分子顶替水的位置。

（二）血红素的主要功能

血红素是一种由血红蛋白形成的血色素。其核心是亚铁离子，具有携氧能力，维持人体各器官正常工作。除了运载氧，血红素还可以与二氧化碳、一氧化碳、氰离子结合，结合的方式也与氧完全一样，所不同的只是结合的牢固程度不同，一氧化碳、氰离子一旦和血红素结合就很难离开，这就是煤气中毒和氰化物中毒的原理。

血红素目前除了在食品行业常被用于着色剂，如肠类制品。在医学临床上也广泛的使用，如血红素可作为半合成胆红素原料，也可生产抗肝功能亢进、抗炎症作用和抗肿瘤作用的重要药物。血红素也是人类良好的补血剂，亚铁血红素可直接被人体吸收，吸收率高达 10% ~20%。

（三）血红素的制备工艺

近些年来，血红素的应用越来越受到人们的重视，通过研究提出了多种提取的方法，从当前各种文献报道的情况来看，应用于血红素提取的方法主要为冰醋酸法、酸性丙酮法、羧甲基纤维素（CMC）法、表面活性剂法、选择溶剂法和酶水解法等。这些方法都存在着各自的优点，也存在着不同的弊端。

1. 血红素提取制备工艺概述

（1）冰醋酸提取法 俄罗斯学者 Schalteieff 最早在实验室内用冰醋酸、氯化钠与牛血共热，提取分离得到血红素结晶。此法开创了血红素制备的先河，在此基础上学者们进行了一些改进，目前仍在实验室和工业化生产中使用。其原理是冰醋酸能溶解大部分血红蛋白，在酸性条件下分解为珠蛋白和血红素，因血红素在冰醋酸环境中不溶解而被分离。钟耀广对冰醋酸提取血红素的工艺进行了改进，对冰醋酸加入量、反应条件、氯化钠加入量进行了系统研究。在配有回流冷凝管的三角烧瓶中先加入冰醋酸和氯化钠，加热使氯化钠溶解，为避免血液碰到烧瓶的壁上，再以细流加入抗凝猪血球。在 105℃ 下保持 40min，让反应液冷却到室温后，进行分离处理，得到粗血红素。

（2）酸性丙酮提取法 Lindroos 提出使用酸性丙酮分离提取血红素的方法，根据血红素与珠蛋白的结合在 pH <3 时最为疏松，极易被有机溶剂提取出来的原理。丙酮使蛋白凝固沉淀，同时血红素呈溶液状态进入丙酮相。用抽滤的方法使固液两相分离，对液相进一步处理得到血红素。杨淑琴利用此法从猪血中分离出血红素。刘任民等先用超声波对红细胞溶血，再用酸性丙酮提取血红素。杨红等对鸵鸟血经酸性丙酮提取后，加 10g/L 的醋酸钠搅拌均匀，静止后血红素呈无定形沉淀，抽滤、干燥即得血红素成品。还可用鞣酸沉

淀，加 50g/L 的鞣酸搅拌，静置过夜，血红素呈结晶状析出，抽滤水洗结晶，干燥得血红素。庄红等对血红素纯化及亚铁保护方面作了进一步研究。

（3）羧甲基纤维素（CMC）提取法　芬兰科学家使用羧甲基纤维素（CMC）提取血红素，羧甲基纤维素是一种半合成的高分子阳离子型纤维素，其功能基团为羧甲基。由于其有极大的表面积和多孔结构，故易于吸附血红素而与血红蛋白分离。该法用盐酸调节 pH 使血红蛋白溶液达到 pH 3.0，再加入适量浓度的羧甲基纤维素溶液，由于纤维素的特殊构型，其有效交换基团空间较大，进行充分搅拌，使其较大容量吸附血红素。用离心机分离，使与羧甲基纤维素结合的血红素分离出来。由于羧甲基纤维素已混入血红素中，纯度相对较低，羧甲基纤维素血红素可直接作为一种安全有效的补铁添加剂。王超英改进了羧甲基纤维素提取血红素的方法，结果表明，只要选择适当的羧甲基纤维素用量、适应的 pH 条件，就可得到较高产量的羧甲基纤维素血红素。

（4）酶解提取法　用蛋白酶水解血红蛋白制取血红素，避免了使用有机溶剂，被认为是目前最环保的一种提取血红素的方法。该法是利用蛋白酶先将血红蛋白水解成水溶性的氨基酸和多肽，再将不溶于水的血红素离心分离。张亚娟等以猪血为原料，选用多种蛋白酶水解血红蛋白制取血红素，结果表明，碱性蛋白酶的水解能力最强，其次是中性蛋白酶、胰蛋白酶、木瓜蛋白酶，风味酶的水解能力最弱。选用碱性蛋白酶 Alcalase，筛选出最佳工艺参数为最适 pH 7.5，温度 60℃，底物浓度 40mL/L，加酶量 40mL/L，离心分离后，得到血红素粗品。杨锡洪等采用酶法水解血红蛋白制备亚铁血红素肽，血红蛋白经蛋白酶处理，去掉一些不需要的肽链、保留维持血红素铁稳定的肽链，分离后得到血红素铁的复合体，可直接添加到食品中作为补铁剂，是一种较好的利用途径。

（5）血粉提取法　采用低温干燥的血粉为原料，用醋酸配制酸性丙酮作为提取溶剂，充分搅拌提取后，过滤去沉淀，再将沉淀重复提取，滤液真空浓缩，即析出血红素。周淡宜等采用该法将沉淀的血红素，用 28g/L 氨水溶液溶解后，用酸调 pH 至中性，沉淀析出后用水洗 3 次，干燥后得到纯度较高的血红素。该法的优点为节约试剂，克服了新鲜血液的运输、储藏困难，还能进一步回收有机试剂丙酮，降低产品成本，为规模化生产血红素提供了一种新的生产工艺。

（6）有机酸-有机碱混合溶液提取法　姜传福提出了采用有机酸 HA-有机碱 BOH 的混合溶液作为溶剂，提取猪血中血红素的新方法。混合溶剂可发挥各自优势，相辅相成，增强提取效益。以强碱调节 pH 为 5~6 时，血红素即可析出，血红素产率为 5g/L 血液。该法与其他方法比较，工艺流程简单、无污染、成本低，经济效益明显。是一种既经济又环保的新方法，拓展了血红素制取的新工艺，为血资源利用提供了一条新的途径。

提取血红素的方法除以上介绍的之外，还有表面活性剂法、盐酸萘乙二胺法等，这些方法都有各自优缺点。冰醋酸法，收率低，冰醋酸试剂回收困难，成本较高，但提取方法简单实用。酸性丙酮法，试剂成本较高，但工艺技术趋于成熟，可得到纯度较高的血红素。如用鞣酸制备血红素，纯度可达 90% 以上，还有红紫色晶体，但收率低，且鞣酸价格较高，不能回收，不适应规模化生产。羧甲基纤维素法、酶法只能得到粗品，但工艺流程简单，在整个制备工艺中不使用有毒试剂，成本低，可作为补铁剂或食品添加剂直接应用。在实际制备时选用哪种方法，要由血红素的用途而定。今后发展趋势是血红素联产其他相应产品，对动物血液综合开发利用。提取血红素以血细胞为材料，血浆可以作水解蛋白之用，还可以加工制备成血浆蛋白粉。提取血红素后剩余部分变性蛋白可用作饲料添加剂，还可以进一步水解得到氨基酸、多肽和蛋白胨等。物尽所用，降低生产成本，减少环境污染。

2. 冰醋酸法

（1）原料　新鲜畜血。

（2）主要设备　电动搅拌器，冰箱，离心机，提取罐，搪瓷桶，蒸馏烧瓶，锥形瓶，pH 计，温度计，漏斗。

（3）工艺流程

新鲜畜血→ 冰醋酸提取 → 沉淀 → 洗涤 → 干燥 →粗品血红素

（4）操作要点

①提取：先将血液 4 倍体积的冰醋酸放入密闭的提取罐中，然后放入新鲜血液，密封加热至 90℃，搅拌下恒温 30min，在室温下放置过夜。

②沉淀、洗涤、干燥：静置过夜后，缸中即有亮晶的沉淀物析出，倾出上清液，滤出沉淀，然后用 50% 的醋酸溶液 500mL、蒸馏水 500mL、90% 乙醇 250mL 及乙醚 250mL 顺次洗涤。每次洗涤须待上次洗涤溶剂滤尽后进行。用玻璃棒或竹棍将滤饼捣松，加入溶剂，轻轻搅拌，使饼湿润后，再静置 10min，抽滤掉溶剂，即得到血红素粗品。

3. 醋酸钠法

（1）原料　新鲜畜血。

（2）主要设备　电动搅拌器，冰箱，离心机，回流冷凝器，搪瓷桶，蒸馏烧瓶，锥形瓶，pH 计，温度计，漏斗。

（3）工艺流程

新鲜血液→ 分离血球 →滤液→ 抽提 → 沉淀 → 干燥 → 精制 →产品

（4）操作要点

①分离血球、溶血：将新鲜血液移入搪瓷桶中，加入 0.8% 柠檬酸三钠，搅拌均匀，以 3000r/min 的速度离心 15min，弃去清液，收集血球，加入适量的蒸馏水，搅拌 30min，使血球溶血，然后加 5 倍量的氯仿，过滤出纤维。

②抽提：在滤液中加 4～5 倍体积的丙酮溶液（其中含丙酮体积 3% 的盐酸），用 1mol/L 盐酸校正 pH 为 2～3。搅拌抽提 10min 左右，然后过滤，滤渣干燥为蛋白粉，收集滤液备用。

③沉淀：将滤液移入另一搪瓷桶中，用 1mol/L 氢氧化钠调节 pH 为 4～6。然后加滤液量 1% 的醋酸钠，搅拌均匀，静置一定时间，血红素即以无定形黑色沉淀析出，抽滤或过滤得血红素沉淀物。

④干燥：把血红素沉淀用布袋吊干，置于石灰缸中干燥 1～2d，或用干燥器干燥，即得产品。

⑤精制：先将血红素 4 倍量的吡啶、7 倍量的氯仿加入瓶中，然后加入粗品血红素，振荡 30min，过滤后收集滤液。滤渣用氯仿洗涤，合并两次滤液。把适量冰醋酸加热至沸腾后，加入各占 1/7 体积（相对于冰醋酸而言）的饱和氯化钠溶液和盐酸，搅匀后过滤，滤渣用氯仿洗涤，合并两次滤液，静置过夜，过滤收集滤饼，用冰醋酸洗涤后，干燥即得

产品。

4. 羧甲基纤维素（CMC）法

（1）原料　新鲜家畜血。

（2）主要设备　电子天平，离心机，真空干燥箱，搪瓷桶，冰箱，pH 计，温度计。

（3）工艺流程

新鲜血→ 离心分离 →血球→ 提取 → 沉淀 → 干燥 →CMC 亚铁血红素粉

（4）操作要点

①分离血球：将新鲜血液移入搪瓷桶中，加入 0.8% 柠檬酸三钠，搅匀，以 3000r/min 的速度离心 15min，分出血球，弃去血浆。

②提取：将血球移入另一个搪瓷桶内，加 3 倍量左右蒸馏水，搅拌 30min 溶血，用 1mol/L 盐酸调节 pH 至 2～3，按血球液体积 1:10 或 1:15 的比例，加入羧甲基纤维素悬浮液，搅匀静置 3～4h 后，离心分离上清液。

③沉淀、干燥：将分出的上清液，用 2mol/L 氢氧化钠调节 pH 至 5.5，静置沉淀分层，然后离心分出沉淀，把沉淀物压干，置于 60～70℃ 真空干燥，干燥后研磨，过 80 目筛，即得羧甲基纤维素亚铁血红素粉。

5. 藏羊血中血红素提取工艺

（1）原料　新鲜藏绵羊血。

（2）主要设备　离心机，电子天平，电动搅拌机，真空干燥箱，蒸馏水器，真空抽滤机。

（3）工艺流程

新鲜藏绵羊血→血球→ 溶血 → 弃纤维蛋白 → 弃血红蛋白 → 收集滤液 → 沉淀 → 分离血红素 → 干燥 →精制血红素

（4）操作要点

①新鲜抗凝羊血：在羊屠宰放血时，用塑料容器采血。加入 0.4% 的抗凝血剂柠檬酸三钠溶液，搅拌均匀，便得新鲜抗凝羊血。

②分离红血球：取抗凝血于离心管中，以 3000r/min 的速度离心 15min，倾出上清液（血清）收集红细胞后盐水洗 2 次，得到洗干净的红细胞。

③溶血：分别加入相等于红细胞溶血液体积的 1、2、3 倍蒸馏水，用电动搅拌机搅拌 30min，然后加入相等于红细胞体积的 3、4、5 倍氯仿，过滤出纤维弃去，滤液备用。

④抽提、沉淀：加入相等于红细胞溶血液体积的 3、4、5 倍丙酮溶液，用 1mol/L 盐酸校正 pH 为 3.0，充分搅拌 10min，然后抽滤，滤液即为丙酮溶液。将血红素的丙酮溶液用标准氢氧化钠调 pH 至中性，析出沉淀。

⑤血红素的分离：将上述沉淀以 3000r/min 的速度离心，取沉淀，用 0.1mol/L 氢氧化钠溶液溶解后离心，离心时间分别为 10min、15min、20min，取上清液，用 1mol/L 盐酸调 pH 至酸性析出大量沉淀，离心，水洗沉淀 3 次至中性，得血红素。分离提取过程中，使用的丙酮等有机溶剂易挥发、易燃、有毒，同时血红素在高温下不稳定易分解，应控制温度在 25℃ 以下。

⑥血红素的干燥：把血红素沉淀物置于真空干燥箱内室温干燥，便得到血红素精

制品。

（5）产品质量标准

①感官指标：外观血红素为褐色粉末，无杂质。

②理化指标：血红素含量为98.6%。

③卫生指标：细菌总数2000个/g，大肠菌群40个/100g，致病菌未检出，符合食品卫生标准。

五、转铁蛋白

转铁蛋白（transferrin，TRF）是血浆中主要的含铁蛋白质，负责运载由消化道吸收的铁和由红细胞降解释放的铁。转铁蛋白以TRF—Fe^{3+}的复合物形式进入骨髓中，供成熟红细胞的生成。20世纪90年代，人们对转铁蛋白的研究已经进入对其生理功能的开发性应用基础研究阶段。由于转铁蛋白在抗菌、杀菌以及在肿瘤和癌症防治等方面的突出作用，转铁蛋白在医学界和畜牧界已越来越受到人们的重视。近年来在疾病的治疗过程中，为了提高药效减轻毒副作用，药物的定向转运、定点释放和特异性靶细胞治疗方案已引起人们极大的兴趣，人们正在积极探索药物定向转运的可能性及其应用方案。

（一）转铁蛋白的化学组成和性质

转铁蛋白是Holmberg和Laurell首次发现的。不同种类的转铁蛋白有不同的物理、化学和免疫特性，但均有2个三价铁离子结合位点。在不同研究中，按其含铁数目，分为普通转铁蛋白或铁饱和转铁蛋白、单铁转铁蛋白、脱铁转铁蛋白。按其构型，分为普通型转铁蛋白和异构型转铁蛋白。转铁蛋白是单链糖基化蛋白，糖基约占6%，由N端和C端2个具有高度同源性的结构域组成，2个结构域由一短肽连接，N端、C端结构域又由2个大小相同的小亚基构成，小亚基间的间隙是Fe^{3+}结合位点，能可逆地结合Fe^{3+}。Fe^{3+}与来自两个赖氨酸的氧原子、1个组氨酸的氮原子、1个天门冬氨酸的氧原子和碳酸阴离子中的2个氧原子通过配位键形成1个八面体的几何形状。除了Fe^{3+}，很多其他二价和三价金属离子也可结合到这个结合位。转铁蛋白二硫键对其结合金属离子以及受体有一定影响。已经证实人转铁蛋白是由2个结构相似的分别位于N端和C端的球形结构域组成的单一肽链，含有679个氨基酸残基，共有38个半胱氨酸，形成19对二硫键，其中，N结构域有8个，C结构域有11个。二硫键对于蛋白质维持其构象起很重要的作用，这不仅可以稳定二级和三级的肽链内部结构，而且可以介导肽链间四级结构的形成。

（二）转铁蛋白的主要功能

转铁蛋白是体液中不可缺少的成分，不仅参与铁的运输与代谢，参与呼吸、细胞增殖和免疫系统的调节，还能调节铁离子平衡和能量平衡，更具有抗菌杀菌的保护功能，因而转铁蛋白具有较全面的蛋白质生理功能。转铁蛋白的主要生理功能是把铁离子从吸收和储藏的地方运输到红细胞供合成血红蛋白用，或输送到机体的其他需铁部位。铁是生物系统的重要组成部分，在生理条件下以Fe^{3+}形式存在。机体中绝大部分的铁都是血清转铁蛋白供给的。

（三）转铁蛋白的制备工艺

1. 原料

牛血浆。

2. 主要设备

电动搅拌器，冰箱，离心机，pH计，温度计，漏斗。

3. 工艺流程

新鲜血→ 抗凝 → 离心 →上清液→ 加入三氯化铁溶液和硫酸铵，静置过夜 → 离心 →上清液→

超滤浓缩 → 氯化钡滴定透析 → 转铁蛋白粗品 → 亲和膜吸附 → 洗脱 → 冻干 →血清转铁蛋白

4. 操作要点

（1）抗凝、离心、盐析　血液中加入3.8%柠檬酸钠抗凝，离心，弃沉淀，将上层清液与0.1mol/L的碳酸铵溶液混合，pH 7.2，在搅拌条件下滴加0.1mol/L的三氯化铁溶液，在4℃下缓慢搅拌4h，使所有转铁蛋白均被Fe^{3+}饱和，加入硫酸铵于铁饱和的血清中，使硫酸铵饱和度为40%，用氨水调节pH为7.2，静置过夜，离心。

（2）超滤浓缩、氯化钡滴定透析　将硫酸铵沉淀后的上层清液用去离子水10倍稀释，超滤浓缩，反复3次，用0.1mol/L的氯化钡滴定透析液，至无白色沉淀出现，即为转铁蛋白粗品溶液。

（3）亲和膜吸附转铁蛋白　用5mL 0.02mmol/L的磷酸氢二钠－磷酸二氢钠缓冲溶液（pH 7.2）平衡柱，室温下将3mL血清转铁蛋白粗品溶液以0.8mL/min的速度注入柱中，用10mL 0.02mmol/L的磷酸氢二钠－磷酸二氢钠缓冲溶液（pH 7.2）再次平衡柱，收集平衡液。

（4）洗脱　用洗脱液（0.1mol/L氯化钠、20mmol/L咪唑、0.02mmol/L pH 7.2的磷酸氢二钠－磷酸二氢钠缓冲溶液）洗脱，收集洗液，冻干即得血清转铁蛋白。

六、凝血酶

凝血酶（thrombin）是在血液凝固系统中起重要作用的丝氨酸蛋白水解酶，具有较高的专一性，以酶原的形式广泛存在于牛、羊、猪等动物的血液中，能直接促使血液中的纤维蛋白原转化为纤维蛋白，并促使血小板聚集，达到迅速止血的目的，是近几年来国内开发的一种新型速效局部止血药，但其制备工艺复杂，技术要求高，不利于工业化生产。

（一）凝血酶的化学组成和性质

凝血酶是白色无定形粉末，相对分子质量335800，溶于水，不溶于有机溶剂。干粉于2～8℃很稳定，水溶液室温下8h内失活。遇热、稀酸、碱、金属等活力降低。由人或畜血浆分离制得的凝血酶原，再用凝血致活酶和氯化钙激活而成，是一种蛋白水解酶。血浆中的可溶性纤维蛋白原在凝血酶的激活下，转变成不溶性纤维蛋白网状结构，使血液凝固。纤维蛋白原由6条肽链组成，凝血酶的组成是从4条肽链的N端切断一定特定的肽键（—Arg—Gly），放出2个A肽（19肽）和2个B肽（21肽），另2条N端为酪氨酸的肽链没有变化。A肽和B肽切除后，减少了蛋白质分子的负电荷，促进了纤维蛋白分子的直线聚合和侧向聚合，从而形成网状结构的纤维蛋白。

（二）凝血酶的主要功能

凝血酶能使纤维蛋白原转化成纤维蛋白。局部应用后作用于病灶表面的血液，很快形成稳定的凝血块，用于控制毛细血管和静脉出血，或作为皮肤和组织移植物的黏合、固定剂。凝血酶对血液凝固系统的其他作用还包括诱发血小板聚集及继发释放反应等。凝血酶适用于结扎止血困难的小血管、毛细血管，以及实质性脏器出血的止血，外伤、手术、口腔、耳鼻喉、泌尿、烧伤、骨科等出血的止血。

（三）凝血酶的制备工艺

1. 牛血凝血酶

（1）原料　牛血浆。

（2）主要设备　过滤槽，pH计，干燥器，温度计，天平，纯水设备，离心机，搅拌反应釜，真空冷冻干燥机，搪瓷沉淀罐，超滤仪。

（3）工艺流程

血浆→ 离心 →血浆离心液→ 10倍稀释 → 调pH至5.3 → 离心 → 沉淀 → 溶解 → 激活 → 离心 →
收集上清液 → 加入等体积的预冷丙酮 → 离心 → 沉淀 → 纯化 → 冻干 →成品

（4）操作要点

①牛血液的收集：向收集的牛血液中加入柠檬酸钠（终浓度为2.85%），4℃下以4000r/min离心30min分离红细胞，吸出血浆。

②柠檬酸钡吸附和洗脱：在上清液中以8∶100（氯化钡体积∶原血液体积）比例滴加1mol/L氯化钡，持续搅拌30min。4℃下以5000r/min离心30min，离心所得沉淀悬浮于1∶9稀释的柠檬酸盐储备液中（0.9%氯化钠和0.2mol/L柠檬酸钠），用低速搅拌器搅拌，悬浮蛋白质再加入同体积1mol/L氯化钡，持续搅拌10min，并用石蜡封口保持1h。悬浮液以5000r/min离心30min，弃上清液。柠檬酸钡沉淀悬浮于冷的0.2mol/L、pH 7.4的乙二胺四乙酸中（1L血清中加入120mL），用搅拌器低速搅拌形成均匀悬浮液。在0.2mol/L乙二胺四乙酸∶储备柠檬酸盐（0.9%氯化钠和0.2mol/L柠檬酸）∶无离子水为1∶1∶8的溶液中透析40min。然后在储备柠檬酸盐液∶无离子水为1∶9的溶液中透析3h（每30min更换1次透析液）。

③硫酸铵分级沉淀：向悬浮液中滴加饱和硫酸铵（调pH 7.0）至终浓度为40%，搅拌15min。悬浮液以3500r/min离心30min后，弃沉淀。在上清液中逐滴加入饱和硫酸铵至终浓度为60%，持续搅拌10min。悬浮液静置20min后，以3500r/min的速度离心30min，弃上清液。所得沉淀用最小体积的0.9%氯化钠和0.2mol/L柠檬酸缓冲液（pH 6.0）溶解。

④二乙氨基乙基（DEAE）纤维素色谱：用同种缓冲液平衡的二乙氨基乙基纤维素离子交换柱（4cm×45cm）进行透析后，蛋白质液进一步纯化，并用0.025mol/L柠檬酸钠缓冲液（pH 6.0）洗脱离子交换柱，直到杂蛋白质在280nm下的光吸收值小于0.02时，洗脱液更换为pH 6.0的0.025mol/L柠檬酸钠0.1mol/L氯化钠缓冲液，凝血酶原可通过此缓冲液洗脱。

2. 羊血凝血酶

（1）原料　新鲜羊血。

（2）主要设备　pH计，干燥器，温度计，电子天平，恒温水浴器，纯水设备，离心机，巴氏离心机，无油真空泵，搅拌反应釜，搪瓷沉淀罐。

（3）工艺流程

新鲜羊血 → 分离 → 血浆 → 分离 → 凝血酶原 → 激活 → 上清液 → 沉淀 → 粗品
　　　　　　↓　　　　　　　　↓　　　　　　　　　↓
　　　　　血细胞　　　　　上清液　　　　　　纤维蛋白

（4）操作要点

①血样的预处理：取新鲜羊血 1000mL，加入羊血体积 1/7 的 0.38% 柠檬酸三钠溶液，搅拌均匀。

②提取凝血酶原：新鲜羊血在 10℃ 以下低温中放置 10h，这样既利于血浆与血球的分离，又能防止羊血因静置时间太长而发生腐败。将羊血以 3000r/min 的速度离心 10min，取上清液血浆备用。加入其体积 10 倍的蒸馏水稀释，再用一定浓度的醋酸溶液调节 pH 为 5.3。待沉淀完毕后，于离心机中离心 10min。收集沉淀物，即得凝血酶原。

③激活凝血酶原：将制得的凝血酶原，在一定温度下，加入生理盐水 25mL，搅拌均匀使其溶解。加入凝血酶原重量 1.5% 的氯化钙，充分搅拌 10min，在低温下静置 1.5h，使凝血酶原转化为凝血酶。

④沉淀分离凝血酶并干燥：将激活的凝血酶溶液离心分离 10min，取上清液加入等量预冷至 4℃ 的丙酮，搅拌均匀，静置过夜。促使凝血酶很容易释放到溶液中去，有利于有效成分的分离提取。然后离心 10min，沉淀物再加冷丙酮研细，在低温下放置 48h，之后再抽滤。沉淀用乙醚洗涤，再经冷冻干燥，即得凝血酶冻干粗品。

七、超氧化物歧化酶

超氧物歧化酶（super oxide dismutase，SOD）是一种新型酶制剂，在生物界的分布极广，几乎从动物到植物，甚至从人到单细胞生物，都有其存在。超氧化物歧化酶被视为生命科技中最具神奇魔力的酶、人体内的垃圾清道夫，是氧自由基的自然天敌，是生命健康之本。现已证实，由氧自由基引发的疾病多达 60 多种，超氧化物歧化酶可对抗与阻断氧自由基对细胞造成的损害，并及时修复受损细胞，复原因自由基造成的细胞伤害。由于现代生活压力，环境污染，各种辐射和超量运动都会造成氧自由基大量形成，因此，生物抗氧化机制中超氧化物歧化酶的地位越来越重要。

（一）超氧化物歧化酶的化学组成和性质

超氧化物歧化酶按其所含金属辅基不同可分为 4 种。

（1）含铜（Cu）、锌（Zn）金属辅基的称为 Cu. Zn - SOD，是最为常见的一种酶，在大多数动物、植物细胞内都有发现，少数微生物内也发现 Cu. Zn - SOD 的存在。其颜色呈绿色，主要存在于机体细胞浆中。分子质量在 31~33kDa，由 2 个亚基组成，每个亚基含 1 个铜离子和 1 个锌离子，亚基与亚基以非共价键连接。

（2）含锰（Mn）金属辅基的称为 Mn - SOD，呈紫色，存在于真核细胞的线粒体和原核细胞内。分子质量 92kDa，由 4 个亚基构成，每个亚基含 1 个 Mn，它与 3 个组氨酸、1 个天冬氨酸及 1 个 H_2O 配位，形成三角双锥结构，处于 1 个主要由疏水基构成的疏水壳中。

（3）含铁（Fe）金属辅基的称为 Fe - SOD，呈黄褐色，主要存在于原核生物、低等的真核生物及某些植物中，这些真核生物常常是缺少 Cu. Zn - SOD 的种属，Fe - SOD 在植物中一般存在于叶绿体基质中，分子质量为 46kDa，由 2 个亚基组成。

（4）含镍（Ni）金属辅基的称为 Ni - SOD，国外科学家 Kim 等发现在链霉天蓝菌（*Streptomyces coelicolor Muller*）存在 Ni - SOD。分子质量约 135kDa，有 4 个相同亚基构成，每个亚基含 1 个镍离子。

（二）超氧化物歧化酶的主要功能

1. 医学领域

超氧化物歧化酶在医学领域有着广泛的应用，研究者认为超氧化物歧化酶与肿瘤的发生和防治有一定关系。癌症是威胁人类健康的一大顽敌，自由基在医学方面引起了重视，学者们发现自由基反应与肿瘤的发生发展有着密切联系。医学实践证明抗氧化剂抑制癌变过程，这不仅为自由基参与癌变过程提供了有利的旁证，也为肿瘤的预防开辟了新思路。在未来的医药当中，无毒、无不良反应的抗氧化剂将会成为研究者追求的目标，超氧化物歧化酶可能会成为具有应用价值的预防和治疗癌症的最佳候选药物。此外，超氧化物歧化酶与糖尿病和类风湿性关节炎的防治也有一定关系，糖尿病是一种复杂的多因素导致的疾病，近年越来越多的事实证明糖尿病的发生与自由基有关，因此，超氧化物歧化酶中的自由基可能对糖尿病的治疗起到很好的作用。类风湿性关节炎是一种临床上常见的以关节变化为主的全身性疾病。研究者发现，转录因子 NF - KB 的激活是引起类风湿性关节炎的关键因素，而近年研究表明氧自由基是引起 NF - KB 激活的因素之一，因此超氧化物歧化酶有可能成为治疗类风湿性关节炎的良药。事实上临床实践已证明，超氧化物歧化酶对类风湿性关节炎起到了良好的治疗作用，能够减轻类风湿关节炎的炎症，从而使关节受到保护。

2. 食品工业

超氧化物歧化酶在食品业中随着超氧化物歧化酶研究的深入，应用领域在不断地扩大，主要有如下几方面。

（1）食品营养强化剂 含超氧化物歧化酶的食品有良好的抗衰老、抗炎、抗辐射、抗疲劳等保健强身的效果。市面上已有添加超氧化物歧化酶的蛋黄酱、牛奶、可溶性咖啡、啤酒、白酒、果汁饮料、矿泉水、奶糖、酸牛乳、冷饮等食品。

（2）保健食品 研究者已将超氧化物歧化酶制成多种剂型的超氧化物歧化酶复合型保健食品，如超氧化物歧化酶胶囊剂、片剂、口服液、颗粒剂等已经在市场上有大量销售。

（3）抗氧化剂 食品在运输、储藏、保存过程中，由于氧的作用容易发生一系列不利于产品质量的化学反应，引起色、香、味的改变。例如，氧的存在容易引起花生、牛奶、饼干和油炸食品等富含油脂的产品发生氧化作用，引起油脂酸败，产生不良风味，造成食品营养损失、变质，氧化也会引起去皮果蔬、果酱以及肉类发生褐变。另外，氧的存在也为许多微生物生长创造了条件，导致食品风味、品质下降。与其他抗氧化剂一样，超氧化物歧化酶可作为罐头食品、果汁、啤酒等的抗氧化剂，防止过氧化物引起食物变质及腐败现象。此外，还可作为水果、蔬菜良好的保鲜剂。

3. 洗化用品

由于人的皮肤直接与氧气接触，会造成皮肤的老化和损伤。超氧化物歧化酶在保护皮肤、防止氧化等方面的效果比较突出。超氧化物歧化酶可作为化妆品的添加剂，国际生化委员会、美国联邦食品管理局称其为"抗衰因子"、"美容娇子"，具有抗衰老、防晒、抗炎等功效。超氧化物歧化酶还可以加入到牙膏、漱口水、含片等中，对预防口腔疾病有一定的疗效。以超氧化物歧化酶为主要成分的化妆品风靡世界，引发了化妆品历史上的一场革命。

（三）超氧化物歧化酶的制备工艺

1. 有机溶剂法

（1）原料　新鲜畜血。

（2）主要设备　过滤槽，pH 计，干燥器，温度计，天平，纯水设备，离心机，搅拌反应釜，真空冷冻干燥机，搪瓷沉淀罐，超滤仪。

（3）工艺流程

新鲜畜血→ 分离血球 → 除去血红蛋白 → 沉淀 → 热处理 → 分离纯化 →超氧化物歧化酶精制品

（4）操作要点

①分离血球：取新鲜猪血，先加入猪血体积 1/7 的 3.8% 柠檬酸三钠溶液，搅拌均匀，以 3000r/min 的速度离心 15min，除去黄色血浆，收集红细胞。

②除去血红蛋白：红细胞用 2 倍量 0.9% 氯化钠溶液离心洗涤 3 遍，然后向洗净红细胞中加入去离子水，剧烈搅拌 30min，于 0～4℃静置过夜。再向溶血液中分别缓慢加入 0.25 倍体积的预冷乙醇和 0.15 倍体积的预冷氯仿，搅拌 15min，静置 30min，然后用离心法除去沉淀，收集微带蓝色的清澈透明粗酶液体。

③沉淀：向上述粗酶液中加入等量冷丙酮，搅拌均匀，即有大量白色沉淀产生，静置 30min，用离心法收集沉淀物。

④热处理：把沉淀溶于 pH 7.6 的 2.5μmol/L 磷酸氢二钾 – 磷酸二氢钾缓冲液中，加热到 55～68℃，恒温 15～20min，然后迅速冷却到室温。离心收集上清液液，弃去沉淀物。在上清液中加入等体积的冷丙酮，静置 30min，离心分离出沉淀，脱水干燥即得粗品，可作为化妆品或食用超氧化物歧化酶。

⑤DEAE – Seph adex A –50 分离纯化：把沉淀用 pH 为 7.6、2.5μmol/L 的磷酸氢二钾 – 磷酸二氢钾缓冲液溶解，用离心法除去杂质，上清液小心装入 DEAE – Seph adexA –50 柱上吸附。用 pH 为 7.6、2.5μmol/L 的磷酸氢二钾 – 磷酸二氢钾缓冲液进行梯度洗脱，收集具有超氧化物歧化酶活力的洗脱液。将洗脱液装入透析袋中，在蒸馏水中透析 6～8h，得透析液。超滤、浓缩透析液，然后冷冻干燥，即得超氧化物歧化酶精制品。

2. 二氧化碳超临界萃取法

（1）原料　新鲜牦牛血。

（2）主要设备　pH 计，干燥器，温度计，天平，纯水设备，离心机，二氧化碳超临界萃取流体萃取仪，真空冷冻干燥机，超滤仪。

（3）工艺流程

新鲜牦牛血→ 抗凝 → 离心分离 → 超临界萃取 → 膜分离 → 沉淀 → 冷冻干燥 →成品

（4）操作要点

①离心分离：在新鲜的牦牛血中加入 0.3%（V/V）的柠檬酸钠抗凝剂，离心，去除血浆，用浓度为 0.9% 的生理盐水洗涤，得干净血细胞。

②超临界萃取：将血细胞加入到二氧化碳超临界萃取流体萃取仪中，乙醇作为夹带

剂，夹带剂占总萃取溶剂的体积百分比为 1% ~ 4%，萃取条件为提取压力 25MPa，温度 50 ~ 55℃，二氧化碳流量 25L/h，解析压力 6MPa，温度 55 ~ 60℃，萃取时间 2 ~ 2.5h，取萃余相。

③膜分离：将萃余相用水稀释后通过超滤膜浓缩，超滤膜的截留分子质量为 10kDa。洗涤除杂，得截留相。

④沉淀：将截留相用钾盐或钠盐的磷酸盐缓冲溶液溶解，用量为截留相的 10 倍量（V/W）。常温离心，上清液中加入冷丙酮（温度为 -18℃），离心得沉淀。

⑤冷冻干燥：将沉淀冷冻干燥即得。

（5）工艺特点

①整个工艺过程不使用重金属试剂和毒性较大的有机溶剂，比传统方法的产品安全性更高。

②超临界萃取速度比一般的溶剂提取效率高，提取温度低，低碳化，不会使产品分解损失，也不会引进其他污染物。

③膜分离只需要推动力，不需要蒸发耗热，因此能耗小。

④丙酮易挥发，通过冷冻干燥使溶剂完全分离。

3. 猪血规模化提取法

（1）原料　新鲜猪血。

（2）主要设备　pH 计，温度计，天平，纯水设备，电动搅拌器，蝶式离心机，真空冷冻干燥机，超滤仪。

（3）工艺流程

猪血→抗凝→蝶式离心机离心分离→热变性→超滤→层析→透析脱盐→冷冻干燥→成品

（4）操作要点　取 500kg 猪血，加入 7% 的柠檬酸钠溶液，用蝶式离心机连续分离得到红细胞，用 10kg 的生理盐水洗涤后，加入 20L 重蒸水搅拌 30min，在匀浆液中加入 2% 的葡萄糖作为保护剂，60℃热变性 20min，滤液用超滤柱进行分离，一级超滤截流分子质量 36kDa，二级截流分子质量 30kDa，将二级截流液浓缩，再经蛋白层析柱纯化后，用连苯三酚法检测得酶的比活力为 7400U/mg，透析脱盐后，进行冷冻干燥得超氧化物歧化酶纯品。

（5）工艺特点

①本规模化生产工艺没有使用有机溶剂，彻底革除乙醇和氯仿等有机溶剂，简化工艺过程，降低生产成本，对环境的污染很小。

②副产物可进一步综合利用，如分离出来的血红蛋白因没有受到污染，可进一步利用，如果用有机溶剂分离血红蛋白，则无法进一步加工。

③膜过滤时采用二次截流，可以简化生产工艺，同时工艺的连续操作性更强。

④该工艺简单，处理量大，能够在几小时内处理 500kg 的猪血，并使生产周期仅为 36h。

⑤机器的清洗难度小，生产过程紧凑，无过多浪费，成本低。生产的酶比活力达到 3500 ~ 10000U/mg。

4. 牛、羊血大规模工业化提取法

（1）原料　新鲜牛、羊血液。

（2）主要设备　pH 计，温度计，天平，纯水设备，电动搅拌器，离心机，真空冷冻干燥机，超滤仪。

（3）工艺流程

牛（羊）血 → 抗凝 → 超滤 → 上清液 → 温度梯度处理 → 搅拌、离心 → 硫酸铵分级盐析 →

透析脱盐 → 超滤浓缩 → 冷冻干燥 → 成品

（4）操作要点

①在牛血液或羊血液中加入占血液重量比 0.3% ~ 0.6% 的柠檬酸钠抗凝剂，在 4℃ 的低温下静置 30 ~ 60min，待溶液分层后，去掉大部分上清液。

②加入等量体积的蒸馏水，搅拌，低渗溶血 30min，再放置 40 ~ 60min，待溶液分层后，对上清液进行超滤，超滤时可以采用孔径为 1 ~ 10μm 的聚丙烯腈膜，得上清液 a。

对分层后的沉淀边加热边用带热源的搅拌机搅拌，使其在 5 ~ 10min 内迅速加温至 40 ~ 50℃，保温 10 ~ 30min 后，边降温边用带冷源的搅拌机搅拌，使其在 5 ~ 10min 内迅速降至室温，以 4000 ~ 6000r/min 离心 15 ~ 20min 后，在 4℃ 的低温下静置 10 ~ 30min 后除去沉淀，得到上清液 b。

③将获得的上清液 a、b 混合，对混合后的上清液进行三级温度梯度处理。第一级：45 ~ 55℃；第二级：55 ~ 60℃；第三级：60 ~ 65℃；每一级梯度边加热边用带热源的搅拌机搅拌，使其在 5 ~ 10min 内迅速升温到相应温度，保温 10 ~ 30min 后，边降温边用带冷源的搅拌机搅拌，以使其在 5 ~ 10min 内迅速降温。以 4000 ~ 6000r/min 离心 15 ~ 20min 后，在 4℃ 的低温下静置 10 ~ 30min，除去沉淀，得上清液。

④对上述步骤中最后获得的上清液进行两级盐析。首先加入硫酸铵，使盐析液饱和度为 50% ~ 60%，充分搅拌使硫酸铵完全溶解，在温度 4 ~ 6℃ 下放置 15 ~ 30h 后，以 4000 ~ 6000r/min 离心 15 ~ 20min，在 4℃ 的低温下静置 10 ~ 30min，除去沉淀，得上清液。

⑤向获得的上清液中继续加入硫酸铵，使盐析液饱和度为 90% ~ 95%，充分搅拌使硫酸铵完全溶解，在温度为 4 ~ 6℃ 的低温下静置 20 ~ 30h，以 4000 ~ 6000r/min 离心 15 ~ 20min 后，得沉淀 1。对离心后的上清继续在 4 ~ 6℃ 的低温下静置 20 ~ 30h，经漏斗抽滤后，收集沉淀，得沉淀 2。

⑥用浓度 0.1 ~ 0.3mol/L、pH 为 7.0 ~ 7.5 的磷酸钾缓冲液分别溶解沉淀 1 和沉淀 2，完全溶解后，透析脱盐去除残留的硫酸铵，经超滤浓缩（采用孔径为 1 ~ 10μm 的聚丙烯腈膜）和冷冻，即可分别得到比活力和纯度略有不同的两组超氧化物歧化酶成品。

八、小牛血去蛋白提取物

许多生物制品（包括疫苗）绝大多数都是由细胞培养生产的，细胞培养依赖于培养液中的畜血清（主要是牛血清）的存在。小牛血清是各种疫苗生产中细胞培养的重要辅料，但其对人体是一种过敏原，现行的生产工艺尚不能将细胞培养液中的残留牛血清全部除去。因此近年来许多厂家研制无血清培养基取代小牛血清。目前市场供应的无血清培养基存在细胞培养使用范围窄、价格昂贵、细胞在无血清培养基中更容易受到机械因素与化学因素的影响以及培养基难以保存等缺点。小牛血去蛋白提取物（deproteinated extract from calf blood，DECB）是幼牛静脉血去除蛋白质后的小分子混合物，成分比较明确，基本上能够保证细胞的生长繁殖，去除了蛋白的小牛血清，能够给生物工程下游产品的分离纯化及生物制品的检测工程带来了很大的方便。

（一）小牛血去蛋白提取物的化学组成和性质

小牛血去蛋白提取物为幼牛（1～6月龄）静脉血去除蛋白质后含有小分子肽（相对分子质量 < 5000）以及氨基酸、核苷酸、低聚糖及脂类有机成分和 Na^+、K^+、Ca^{2+}、Mg^{2+} 等无机成分的小分子混合物。

（二）小牛血去蛋白提取物的主要功能

（1）小牛血去蛋白提取物具有促进线粒体对氧和葡萄糖的摄取和利用、改善低氧状态下细胞的糖代谢、促进腺嘌呤核苷三磷酸（ATP）的合成、促进细胞生长、加快创伤组织细胞修复等作用。

（2）临床上主要用于治疗阿尔茨海默病、急慢性脑血管等疾病，特别对脑卒中、颅脑外伤等器质性精神障碍，对创伤、溃疡、灼伤等损伤组织有促进治疗的作用。

（3）有研究表明在用脑活素促进脑苏醒、激活脑代谢的基础上联合用小牛血去蛋白提取物治疗新生儿缺氧缺血性脑病，同时给予早期干预，也可获得显著的疗效。

（三）小牛血去蛋白提取物的制备工艺

1. 原料

小牛（1～6月龄）血。

2. 主要设备

搅拌器，纯水设备，离心机，层析系统，酶解罐，超滤仪，过滤系统。

3. 工艺流程

小牛血 → 搅拌 → 加抗凝剂 → 分离血浆 → 壳聚糖柱层析 → 乙醇沉淀 → 酶解 → 过滤 → 罐装熔封 → 灭菌 → 成品

4. 操作要点

（1）将小牛血或血清用消毒后的表面粗糙的搅拌浆按一个方向先快后慢旋搅，取下搅拌浆上缠绕的胶状团块，向血浆中加入3%重量的柠檬酸三钠搅匀后于0～4℃冷藏保存12～30h，撇去表层油膜后，分离出血球，收集血浆备用。

（2）将所得的血浆按 1～3mL/（min·cm²）流速范围通过球状壳聚糖层析柱，收集过柱后的血浆备用。

（3）向上述过柱后的血浆中加入0.5倍量（V/V）95%的乙醇，搅拌、离心除去蛋白质沉淀，上清液在75～85℃下，定容回收乙醇，浓缩到与过柱前的血浆相同的体积，再加入蛋白酶（加入蛋白酶的量为上清液的1%～3%），在45～50℃下酶解10～38h。

（4）向酶解液中加入0.5倍（V/V）蒸馏水，加热至75～85℃，趁热用事先活化好的壳聚糖改性活性炭柱过滤，滤液备用。

（5）将上述滤液浓缩至2/3体积后再一次通过改性活性炭柱，加压下过0.2μm微孔滤膜，罐装熔封，热压灭菌，即得产品，每毫升含有固形物41～60mg，其中55%～65%重量为无机物，35%～45%重量为有机活性物质。

九、提取生物活性物质的联产工艺

猪血深加工过程中需综合运用现代生物技术，如蛋白酶水解技术、生物膜技术、均质细胞破壁技术、萃取技术等，生产环境和产品质量控制较为复杂，且若从猪血中单一提取某种物质，原料利用率低，不适用于工业化生产。从猪血中提取生物活性物质的联产工艺充分利用原料，可提取出 4 种高附加值产品，设备利用率高、提取工艺操作简单，适用于工业化生产。

1. 工艺流程

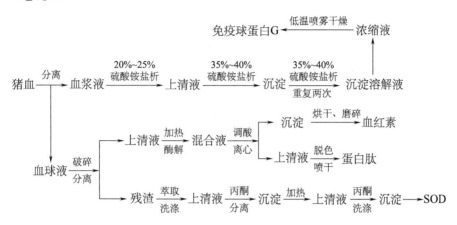

2. 操作要点

（1）免疫球蛋白 G 的提取　100kg 抗凝原血分离后，血浆液 55kg 磷酸盐缓冲液进行稀释，搅拌缓慢加入 6.0kg 硫酸铵固体，饱和度达到 20% ～ 25%，并调节血浆液 pH 为 5.5，常温静置 30min 后压滤收集上清液 100L。在上清液中搅拌缓慢加入 19.4kg 硫酸铵固体，饱和度达到 35% ～ 40%，调节 pH 为 7.2，静置 30min 后压滤收集沉淀。在沉淀中加入 50kg 纯水溶解，加入硫酸铵晶体 9.7kg，调节 pH 为 7.2，处理 30min 后压滤收集沉淀。重复上一过程 2 次，将沉淀加入 50kg 纯水溶解后进行超滤浓缩除盐，操作压力 0.1MPa，浓缩至检测无硫酸根离子，进行低温喷雾干燥，喷雾干燥进口温度为 160℃，出口温度为 75℃，收集免疫球蛋白 G 喷雾干燥粉共 734g。

（2）血红素铁和蛋白肽的提取　将上述步骤中所剩的 45kg 血球液加入 45kg 的纯水，进行快速搅拌，使得血球细胞充分破碎，压滤分别收集滤液和滤渣，将滤液调节 pH 至 7.5 并升温至 56℃，加入 90g 复合酶，反应时间为 15h，反应过程中缓慢搅拌，每 2h 调节溶液 pH 至 7.5，酶解结束调节 pH 至 6.0，静置 30min 后进行压滤，沉淀于 45℃烘干、磨碎，即为血红素铁粉，共 2.8kg。上清液 70L 升温至 65℃，加入 35g 的活性炭脱色 30min，然后进行压滤，将上清液进行喷雾干燥即为蛋白肽成品，喷雾干燥进口温度为 160℃，出口温度为 70℃，收集蛋白肽 11.6kg。

（3）超氧化物歧化酶的提取　将血球液破碎后的残渣加入等体积的蒸馏水，剧烈搅拌均匀，4℃静置过夜，加入 0.2 倍体积的预冷 95% 乙醇和 0.1 倍体积的预冷氯仿，搅拌 30min 静置 1h，压滤收集上清液。在上清液中加入 0.2 倍体积的预冷丙酮，压滤收集沉淀。然后向沉淀中加入 0.1mol/L、pH 7.4 的磷酸盐缓冲液，55℃加热 15min，迅速冷却至室温，固液管式离心机离心，收集上清液，向上清液中缓慢加入 0.16 倍体积的预冷丙酮，压滤收集沉淀，乙醇洗涤，冷冻干燥，获得超氧化物歧化酶成品。

3. 质量标准

从猪血中提取的生物活性物质各项指标如表 3 – 15。

表 3 – 15　　　　　　　　猪血中提取的生物活性物质各项指标

项目	免疫球蛋白 G	蛋白肽	血红素	超氧化物歧化酶	检测方法
粗蛋白质/%	89.34	83.15	—	86.16	GB/T 6432—1994
免疫球蛋白 G/%	66.34	—	—	—	GB/T 21033—2007
灰分/%	1.53	6.08	5.46	—	GB/T 6438—2007
水分/%	3.35	6.14	6.59	—	GB/T 6435—2006
粗纤维/%	0.02	1.43	2.10	—	GB/T 6434—2006
食盐/%	0.10	3.25	3.64	—	GB/T 6439—2007
小肽/%	—	61.26	—	—	GB/T 22492—2008
铁/%	—	—	1.84	—	GB/T 9695.3—2009
SOD 比活力/（U/mg）	—	—	—	4543	GB/T 5009.171—2003

第五节　畜血在饲料中的加工利用

目前，饲料行业中最突出的问题是蛋白质饲料的严重缺乏，全世界每年蛋白质饲料的缺口巨大。开辟新的优质蛋白饲料源，特别是动物源性蛋白饲料资源，实乃当务之急。

国外很重视畜血的开发利用，许多发达国家都设立了畜血利用的研究中心。丹麦、瑞典、德国、美国等国都拥有先进的畜血加工技术，罗马尼亚几乎每个县都有一个血粉加工厂。我国利用畜血较晚，也较落后，近年来，由于饲料工业的发展，对蛋白质饲料要求日益迫切，对开发利用血粉日益重视，我国已着手研究生产工艺和设备，并且初见成效。

一、血粉的营养价值和饲料标准

（一）血粉的营养价值

把畜血利用起来制成血粉，是动物性蛋白质的重要资源，可用于生产家畜的全价配合饲料。其含有 80% 的蛋白质，是一种极好的必需氨基酸来源，血粉的色氨酸、赖氨酸含量很高，被广泛用于小牛及猪禽饲料。血粉的特殊营养价值与含铁量高有关，血内含铁量比现有的所有其他产品都高，而且血铁吸收率很高。从表 3 – 16、表 3 – 17 和表 3 – 18 可看出，血粉可以成为其他饲料补充物的有效代用品。

表 3 – 16　　　　　　　　血粉与其他饲料补充物比较表　　　　　　　　单位:%

饲料补充物	干物质	粗蛋白	醚浸出物	粗纤维	灰分	无氮浸出物	钙	铁	磷
血粉	90.5	79.9	1.6	0.8	5.6	2.6	0.28	0.38	0.22
骨粉	90.5	13.0	2.7	2.1	76.3	3.1	30.16	0.06	13.89
肉粉	93.5	53.4	9.9	2.4	25.2	2.6	7.94	0.04	4.03
鱼粉	92.3	61.2	6.4	1.1	19.3	4.3	6.06	0.04	3.52
麦麸	89.1	16.0	4.1	9.9	6.1	53.0	0.14	0.02	1.17

表 3 – 17　　　　　　　　　血粉与其他饲料补充物中维生素含量比较　　　　　　单位：mg/kg

饲料补充物	维生素 B_3	维生素 B_5	维生素 B_2	维生素 B_1
血粉	31.46	1.10	1.54	—
骨粉	4.40	3.08	0.66	0.22
肉粉	56.76	4.84	5.28	0.22
鱼粉	63.36	9.02	6.82	1.32
麦麸	209.22	29.04	3.08	7.92

表 3 – 18　　　　　　　　　　各种饲料产品及营养品的必需氨基酸　　　　　　　单位：mg/g

品名	色氨酸	蛋氨酸	胱氨酸	赖氨酸	亮氨酸	异亮氨酸	缬氨酸	苏氨酸	谷氨酸	酪氨酸
肉骨粉	0.90	1.30	0.70	5.10	6.10	2.80	4.50	3.50	13.50	2.50
肉粉	1.45	2.25	0.55	8.50	8.50	4.50	4.90	4.00	12.75	2.40
血粉	0.40	0.80	0.95	9.25	9.25	1.40	9.70	3.70	10.00	3.20
鱼粉	1.20	2.80	1.00	1.00	7.90	4.80	5.75	5.00	14.90	3.10
羽毛粉	—	0.70	6.10	6.10	1.95	4.85	7.70	5.20	11.60	2.10
脱脂牛奶粉	1.50	2.35	0.80	0.80	6.75	5.90	6.40	5.20	25.20	5.60

（二）血粉的产品类型

随着高蛋白饲料的需求量日益增多，开发利用畜血的途径也是多种多样的。按当前已有的生产工艺，大致可将产品分为以下 4 类。

（1）把鲜血直接蒸发或喷雾干燥成血粉。

（2）鲜血经蛋白酶类水解后，干燥成粉，简称酶解血粉。

（3）鲜血经过添加辅料微生物发酵后，干燥成粉，简称发酵血粉。

（4）鲜血脱水干燥经粉碎后在膨化机中膨化，随后经水分自然蒸发和粉碎成粉，简称膨化血粉。

通过以上 4 类生产工艺生产的血粉产品的对比见表 3 – 19。

表 3 – 19　　　　　　　　　　　　　　　血粉产品的对比

类别	优点	缺点
干燥血粉	粗蛋白含量 80% 以上	血腥味重；维生素及促生长因子少；设备要求高，投资较大
酶解血粉	粗蛋白含量较高；可溶性蛋白含量高	血腥味重；维生素及促生长因子少；设备要求高，投资较大
发酵血粉	无血腥味，具有香味；维生素与促生长因子较前二者高；设备简单，投资较少	因加有辅料，所以粗蛋白含量 30%～50%，较前二者低，粗纤维含量较前二者高
膨化血粉	无血腥味，饲用安全性高，可消化率为 97.6%，易于运输、储藏，生产工艺简化	设备要求高，投资较大，具有热敏性，维生素损失较大

由于血粉有很高的营养价值，其加工技术和方法也日臻完善，因此，在家畜和水产养殖上的应用受到了广泛的重视，用血粉替代豆饼、鱼粉或添加在饲料中用来喂家畜鱼虾都取得了较为满意的效果。

（三）血粉的饲料质量标准

《饲料用血粉的产品质量》（SB/T 10212—1994）的感官指标与理化指标见表3-20和表3-21。理化指标以粗蛋白质、粗纤维、粗灰分为质量控制指标，各项质量指标均以90%干物质为基础，适用范围是用兽医检验合格的家畜新鲜血为原料加工制成的血粉。供饲料和工业用的血粉分为蒸煮血粉与喷雾血粉2类（不包括"发酵血粉"）。

表3-20　　　　　　　　　　　　　　　血粉感官指标

项目	指标
性状	干燥粉粒状物
气味	具有本制品固有气味；无腐败变质气味
色泽	暗红色或褐色
粉碎粒度	能通过2~3mm孔筛
杂质	不含砂石等杂质

表3-21　　　　　　　　　　　　　　　血粉理化指标　　　　　　　　　　　单位:%

质量指标	等级	
	一级	二级
粗蛋白质	≥80	≥70
粗纤维	<1	<1
水分	≤10	≤10
灰分	≤4	≤6

农业部《动物源性饲料产品安全卫生管理办法》（农业部令第40号）和国务院《饲料和饲料添加剂管理条例》（国务院令第609号）规定：动物源性饲料不能用于反刍动物外，对同源性动物饲料的使用没有明确规定。《饲料用血粉的产品质量标准》（SB/T 10212—1994）对饲料用血粉的质量指标做出了规定，但对畜血制品原料及产品的卫生指标、产品等级以及适用范围均未做出相应的规定。

2001年1月1日，欧盟禁止将畜血液制品用于饲料（766/2000/EC、999/2001/EC）。2006年欧盟重新允许将畜血液制品用于饲料，并认为按规范生产的血浆蛋白是无风险的动物蛋白。关于疯牛病风险，血浆蛋白的风险等同于乳制品、明胶和骨质磷酸盐。只有非反刍动物的血液产品能用于饲料，血浆不能用于反刍动物饲料，畜血浆蛋白允许用来饲养猪。2010年10月12日，欧盟成员国常设委员会的食物链及动物健康部门（SCoFCAH）批准了一系列关于动物副产物的新实施规则。该条例确定收集、运输、处理、使用或出售动物副产物的方法，新规则允许用于研究和开发的任何种类动物副产物的进口，也将推动使用动物副产物饲养受保护物种。这还有利于受保护物种的自然喂养方式，以防止疫病的传播，从而保护和加强欧盟的生物多样性。

二、纯血粉

早期利用的血粉主要是直接由家畜全血经过脱水、干燥、粉碎等步骤生产的未加其他成分的"纯血粉"。这些血粉在加工过程中一般都很难破坏血细胞外层的硬质蛋白，即不能破坏其原有的分子结构，因此，"纯血粉"的消化利用率比较低。目前生产"纯血粉"的方法主要有晾晒法、蒸煮法和喷雾干燥法 3 种。

（一）蒸煮法

1. 工艺流程

原料的收集 → 煮血 → 压榨 → 干燥 → 粉碎 → 储藏和包装 → 成品

2. 操作要点

（1）原料的收集　用于生产血粉的血液，要求在采集时不被残留的洗涤剂、肥皂、杀虫剂等污染。屠宰场应有专门的采血设备，采集的血液放入封闭的容器中。为了防止变质，应加入血重 0.5% ~ 1.5% 的生石灰，边加边搅拌。加了生石灰的血呈黏稠状，但不黏附容器，可安全保存 24h。

（2）煮血　在加热蒸煮之前，如果采血时没有加入生石灰，则应先加入生石灰拌匀后再加热。血是热的不良导体，因此，加热时必须不断搅拌。可在火上直接加热，但很容易造成炭化。隔水套加热法较好，但燃料费要增加很多。用大口径浅盘容器盛血，可减少血的炭化。另一种方法是将高压蒸汽直接通入血中加热蒸煮。煮血时要不断搅拌，用机械或人工搅拌均匀，直至形成松脆的团块。

（3）压榨　煮过的血应压榨除水，可以用螺旋压榨机、饼干压制机或液压压榨机，或用其他方法压榨除去水分，使含水量降至 50% 以下。

（4）干燥　压榨脱水后的血块，应进行干燥处理，处理方法有手工法和工业法两种。手工法是平铺在塑料膜上晾晒。工业法是用循环热空气炉来干燥，炉温不可超过 60℃。

（5）粉碎　将干燥后的血块在球磨机或锤式粉碎机中粉碎成细粒状即为血粉。

（6）储藏和包装　血粉易返潮、结块、生蛆、发霉。未加石灰的血只能储藏 4 周，加石灰的可储藏 1 年以上。

可采用以下方法防止血粉变质。

①加热：将干血粉用 100℃ 恒温加热 30min，冷却后装入密封容器或塑料袋中密封保存。

②熏蒸：用甲基溴化物或其他熏蒸剂消毒，熏后的干血粉密封保存。干血粉可用打包麻布袋、牛皮纸袋、聚乙烯袋等容器包装和运输。

（二）喷雾干燥法

1. 工艺流程

脱纤血 → 过滤 → 喷雾干燥 → 成品

2. 操作要点

（1）脱纤血　采用此法生产血粉的原料必须是脱纤维蛋白血。获得的脱纤维蛋白血应在几小时内进行加工，如暂不能加工，应置于 4℃ 的条件下储藏。

（2）过滤　为了保证原料血中不含血纤维蛋白和其他杂质，在喷雾干燥之前必须进行过滤处理。可用致密的铁丝网完成过滤处理过程。

（3）喷雾干燥　需要通过喷雾设备来完成。具体过程是将脱纤血送到干燥塔顶部，借助压力或离心力的作用，使脱纤血呈雾状向塔中喷出。呈雾状的脱纤血与塔中热空气接触后，水分蒸发并与抽走的空气一道被排出，脱纤血干物质以细粉状落入干燥塔底部。喷雾干燥结束后，在塔内通入空气进行冷却，至室温后取出血粉进行包装即可。

（4）成品　采用喷雾干燥法生产的血粉，其物理指标和化学指标见表 3 - 22 和表3 - 23。

表 3 - 22　　　　　　　　　　喷雾干燥血粉的物理指标（不分级）

项目	指标
外形	通过 2mm 筛的细粉
血粉与水溶液气味	无特殊腐臭气味
颜色	带有极小差异的褐色

表 3 - 23　　　　　　　　　　喷雾干燥血粉的化学指标　　　　　　　　　单位:%

项目	等级	
	优等	一等
可溶性蛋白质	85	75
水分　≤	11	11
脂肪　≤	0.4	0.4

（三）牛血喷雾干燥血浆蛋白粉、血球蛋白粉

喷雾干燥方法主要是将健康动物的新鲜血液经抗凝处理后，过滤除去杂质，用离心机将血液分为血浆和血细胞液，血浆经浓缩后喷雾干燥制成血浆蛋白粉（spray - dried plasma protein，SDPP），血细胞液直接喷雾干燥制成血球蛋白粉（spray - dried animal blood cells，SDBC）。因喷雾干燥速度快、时间短、温度低，喷雾干燥血浆蛋白粉和喷雾干燥血球蛋白粉既保留了血液中高品质的营养成分和各种功能性免疫球蛋白的活性，又消灭了病原，是一种新型、安全、多功能的蛋白源。可增加饲料适口性，产生诱食作用，进而提高日增重、采食量和饲料报酬，能有效替代常规蛋白饲料，并产生常规蛋白饲料没有的未知功效，促进动物生长，能提高机体免疫功能，在生猪生产中应用广泛。

喷雾干燥血浆蛋白粉中的粗蛋白包括纤维蛋白、球蛋白、清蛋白等，牛羊血喷雾干燥血浆蛋白粉粗蛋白含量74% ~76%，消化率在90%以上。免疫球蛋白含量为26% ~27%，还有大量促生长因子、干扰素、激素溶菌酶等物质。组成蛋白的各种氨基酸（除了蛋氨酸）都很丰富，赖氨酸可达 6.5%以上，胱氨酸含量丰富，能很好补充含硫氨基酸，平衡日粮氨基酸比例。喷雾干燥血浆蛋白粉含有丰富的无机盐，灰分含量为 2.27% ~12.44%，其中磷含量为 1.78%，铁含量为 0.0078%，矿物质利用效率较高。

喷雾干燥血球蛋白粉干物质含量为90%～94%，粗蛋白质含量为90%～92%，灰分含量为3.8%～4.5%，粗脂肪含量为0.3%～0.5%，钙含量为0.005%～0.01%，总磷含量为0.15%～0.20%。血红蛋白是喷雾干燥血球蛋白粉含有的主要蛋白，溶解性极好，具有很强的乳化脂肪的能力。此外，天门冬氨酸、亮氨酸、谷氨酸和赖氨酸等氨基酸含量丰富，其中赖氨酸含量相当于鱼粉的1倍多，但异亮氨酸含量低是喷雾干燥血球蛋白粉的限制因子之一，这可以通过日粮设计时平衡氨基酸来加以克服。

1. 工艺流程

屠宰健康的牛 → 牛血收集 → 保鲜储藏 → 保鲜运输 → 血浆、血球离心分离 → 超滤浓缩 → 血球浓缩液、血浆浓缩液 → 低温储藏 → 喷雾干燥 → 无菌包装 → 成品

2. 主要设备

管式血液分离机，蛋白浓缩机，高速离心喷雾干燥机，杀菌机，包装机。

3. 操作要点

（1）牛血收集　肉牛或牦牛新鲜血，桶装每15L血加1L抗凝剂溶液，加入9g固体氯化钠溶解，防止溶血。静置数小时备用。

抗凝剂溶液：12g乙二胺四乙酸钠盐溶解于1000mL蒸馏水。

（2）血浆与血细胞的分离　最佳条件是离心转速2500r/min，离心力1388g，离心时间10min。

（3）血红蛋白变性　把血液离心分离后的下层液红细胞，清洗后使用溶血剂溶血或超声波匀浆技术，使血细胞破坏，制备出变性血红蛋白。

（4）超滤浓缩　经离心分离的血浆仍然含有90%～92%的水。血浆中干物质含量只有10%左右。血浆蛋白的提纯浓缩不同于植物蛋白，对膜材料有较高的血液相容性要求。采用聚砜中空纤维超滤膜分离血浆蛋白，pH为9，超滤压力为0.12MPa，循环超滤时间为24min。

（5）喷雾干燥　浓缩后的血浆是一种淡黄色的胶状物，水分含量仍然达70%～80%。采用离心式喷雾干燥器，进风温度230℃，出风温度80℃。

4. 产品质量及技术指标要求

（1）感官指标　血浆蛋白粉、血球蛋白粉感官指标见表3-24。

表3-24　　　　　　　　　　　血浆蛋白粉、血球蛋白粉感官指标

项目	血浆蛋白粉	血球蛋白粉
性状	干燥无定型粉末，无块状物，无发霉变质	干燥无定型粉末，无发霉变质
气味	具有血制品固有气味，无腐败变质气味	具有血制品固有气味，无腐败变质气味
色泽	淡褐色、淡黄色，色泽均匀一致	暗红色、棕褐色，色泽均匀一致
质地	无杂质，均匀一致；不得含植物性物质、血粉、煤灰以及乳清粉、奶粉等非血浆原料的物质	无杂质，无结块，均匀一致

（2）理化指标　血浆蛋白粉、血球蛋白粉主要理化指标见表3-25。

表3-25　　　　　　　　　　血浆蛋白粉、血球蛋白粉主要理化指标

项目	血浆蛋白粉	血球蛋白粉
水分/%	≤10	≤10
粗蛋白/%	≥70	≥90
粗灰分/%	≤15	≤4.5
水溶性氯化物/%	≤7.0	≤3
挥发性盐基氮 TVBN/（mg/kg）	≤350	≤350
钙/%	≥0.05	≥0.05
总磷/%	≥0.1	≥0.1
蛋氨酸/%	≥0.8	≥0.7
赖氨酸/%	≥5.5	≥7.5
细度（通过孔径0.2mm筛）/%	≥95	≥95
其他	免疫球蛋白≥16%	卟啉铁≥2750mg/kg

注：①G型免疫球蛋白含量是判断血浆蛋白质量最重要依据；②产品加工新鲜度指标为挥发性盐基氮 TVBN。

血浆蛋白粉、血球蛋白粉的新鲜度用挥发性盐基氮（TVBN）比较合理。挥发性盐基氮的数值越低，表明该产品越新鲜。不同储藏条件及变质血液加工的血浆蛋白粉的挥发性盐基氮的比较见表3-26。

表3-26　　　　不同储藏条件及变质血液加工的血浆蛋白粉的 TVBN 比较　　　　单位：mg/100g

不同储藏条件	挥发性盐基氮
血浆蛋白粉（新鲜）	≤18
血浆蛋白粉（冷藏运输）	≤35
血浆蛋白粉（15℃）	≤40
变质血液加工的血浆蛋白粉	≤40

血浆中挥发性盐基氮的含量≤18mg/100g，血浆蛋白粉中挥发性盐基氮含量超过35mg/100g就有明显的腐败气味，这点与鱼粉不同。海鱼中本身含有较多的尿素，因此一级鱼粉的挥发性盐基氮标准是110mg/100g。

变质的血液会破坏血液的营养成分，隐含致病因子且消化率降低。管理良好的工厂只有建立严格的质量保证体系，才能保证挥发性盐基氮的含量≤35mg/100g。对不同条件储藏的血浆、血球蛋白粉每季度测定一次挥发性盐基氮，差异不明显。可以肯定，蛋白粉的挥发性盐基氮主要来源于生产过程。

（3）卫生指标 血浆蛋白粉、血球蛋白粉卫生指标见表3-27。

表3-27 血浆蛋白粉、血球蛋白粉卫生指标

项目	血浆蛋白粉	血球蛋白粉
细菌总数/（CFU/g）	2×10^6	2×10^6
霉菌总数/（CFU/g）	2×10^4	2×10^4
沙门菌	不得检出	不得检出
猪瘟病毒	不得检出	不得检出
口蹄疫病毒	不得检出	不得检出
细小病毒	不得检出	不得检出
砷/（mg/kg）	≤10	≤10
铅/（mg/kg）	≤10	≤10

三、酶解血粉

近几年来，由于酶技术的迅速发展，利用蛋白酶水解畜血以提高其利用率的研究也越来越多，可供选择水解畜血的蛋白酶种类也多。该法具有酶用量少，成本低，副反应少，易于大规模生产等优点。

1. 工艺流程

新鲜畜血→抗凝血→变性蛋白→酶解原液→ 过滤 →上清液→酶解蛋白液→ 烘干 → 粉碎 →成品血粉

2. 操作要点

（1）原料血的抗凝处理 为了使血液在生产的待处理过程中不凝固结块，需在畜血液中加入抗凝剂。用柠檬酸钠做抗凝剂，经济高效，用量可以是1%、4%、6%。

（2）原料血的变性和绞碎处理 一般在酶解之前都需要进行变性处理。变性时有序的血红蛋白结构发生变化，表面疏水性增加，分子的椭圆率下降，分子展开，蛋白质肽链更易于被蛋白酶接触。采用加热的方法是将溶血后的血蛋白质变性，加热时应注意控制变性的温度和时间。若处理过度，既浪费了能源又容易引起结垢，若处理不足，蛋白质变性不充分。一般采用煮沸或者在80~90℃保持40min。Zn^{2+}适合作猪血液变性剂，添加变性剂可有效提高水解液中氨基氮含量，猪血液变性后蛋白质凝固，这时需捣碎处理，减小颗粒的体积，增大有效表面积，有利于酶的作用效果。

（3）酶解 用1mol/L的盐酸或氢氧化钠调pH至5，加酶水解。综合酶解温度、酶解时间及酶/底物比对水解度的影响程度，确定单酶适宜的水解参数为：碱性蛋白酶温度60℃、酶量6000U/g底物蛋白、酶解时间6h；中性蛋白酶温度50℃、酶量6000U/g底物蛋白、酶解时间4h，其水解度达39.62%。双酶组合酶解猪血的适宜参数确定为：酶量（2000U碱性蛋白酶+2000U中性蛋白酶）/g底物蛋白，酶解时间6h，酶解温度55℃，水解度达43.95%。双酶组合酶解猪血的效果优于单酶。酶解结束后，20%三氯乙酸变性，使蛋白酶失活。

（4）烘干、粉碎　采用低温烘干法进行，控制烘干温度在85℃左右，烘干后的血粉应尽快粉碎、包装。

四、发酵血粉

把多种产蛋白酶能力较强的菌株，如真菌类的米曲霉、酵母菌，细菌类的地衣芽孢杆菌等接种在适宜的培养基成分上，选择最适的发酵条件，利用微生物发酵提高血粉蛋白的生物学利用率。发酵血粉经菌种优选和工艺改进，和直接干燥血粉或蒸煮血粉相比，可消化氨基酸增加，适口性提高，且发酵过程中可产生多种B族维生素。这种工艺不仅能够提高蛋白消化利用率而且能够促进益生菌在动物肠道内的生长和繁殖，这对于改善幼龄动物的健康状况有着重要的意义。

采用多菌种发酵提高了综合产酶能力，不但可将血粉中大量的大分子蛋白质降解成小分子蛋白质、多肽和游离氨基酸，促进辅料中淀粉和纤维素分解，而且辅助菌株能使产品增添许多发酵副产物，提高适口性和消化率。

发酵血粉虽然有着广阔的前景，但是对其研究起步较晚，目前仍处于发酵菌株的筛选以及发酵工艺参数确定的研究阶段，尚未形成产业化生产的规模。血粉发酵的方法有多种，有的还在进一步研究、改进之中。

（一）常规发酵法

1. 工艺流程

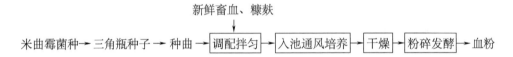

2. 主要设备

拌料机，鼓风机，发酵池，干燥机，粉碎机。

3. 操作要点

（1）菌种培养与制曲

①菌种分离与鉴定：生产发酵血粉所使用的菌种，属好气性真菌，多数是米曲霉，从屠宰场霉变活血中分离。米曲霉属于黄曲霉群，菌丛为黄绿色，后变为黄褐色，分生孢子头呈放射形，顶囊球形或瓶形。小梗为单层，分生孢子球形，平滑、少数有刺，分生孢子梗长达2mm，粗糙。最适培养温度37℃。如米曲霉SPO、AS.3.4437等。

②培养基及培养方法：斜面培养可采用普通察氏培养基。配方为硝酸钠3.0g、氯化钾0.5g、磷酸氢二钾1.0g、硫酸亚铁0.01g、硫酸镁0.5g、蔗糖30.0g、水1000mL、琼脂15.0g。pH6.7，在0.1MPa压力下，蒸汽灭菌20min。28~30℃恒温箱，培养斜面母种5~7d。

种曲采用灭菌麸皮培养基（麸皮10g放入500mL三角瓶中，加水10mL，在0.1MPa压力下灭菌1h），放凉后接种摇匀，30℃扩大培养5d，使孢子生长均匀丰满。二级扩大培养可采用曲盘制曲。成曲孢子含量要求在55亿~60亿/g以上。

（2）配料

①新鲜畜血与麦麸、米糠或草粉混配比例，可根据需要而定。鲜血的用量为50%~

80%。用曲量为原辅料总量的 0.2%～0.5%。

②血应当新鲜不变质，不超过 6h 即进行发酵为宜。鲜血放置久了有形成芽孢的可能，芽孢耐热，不易被发酵热所杀灭，因而有危及家畜的危险。

③辅料麸皮、米糠等载体必须无霉烂变质，且蛋白质含量较高，否则会影响产品的适口性和蛋白质含量。

④血、辅料与曲粉拌完后，含水量约 50% 为宜。水分过高会发黏，透气性差，不利于发酵，且影响产品的色、香、味。

（3）发酵　以通风发酵为好，温度能较长时间控制在 45～50℃，有利于消灭病原菌。但由于发酵设备的繁简、优劣不同，发酵条件的控制也有所差异。有几种常见的发酵方式。

①装箱发酵：与筐式发酵一样，是最简陋的一种，存在的主要缺点是氧气供给不足，发酵速度慢，产量低。发酵温度 25～28℃，温度开始低，5h 后升温渐有甜味，12h 后温度可达 38℃，有醇香味出现。36h 后箱内温度下降，发酵停止，即可晾晒。

②固体发酵两次升温工艺：这是未采用人工通风的发酵方式。由于发酵物料表面氧气充足，因此表层的菌丝量比中央部分明显增多，而当表层品温比中央品温低 4～14℃ 时，发酵后表层常呈血红色，畜血降解缓慢。为了克服这一缺点，采取在发酵过程中间加水翻料 1 次，二次升温发酵工艺，使品温在 45℃ 以上的时间累计达 38～40h，最高温度达 53～55℃，发酵周期达 63h 左右。

③池式通风发酵：每池可装料 700～1000kg。采用蒸汽热源机械通风，控温灵活，供氧充足，发酵时间从 72h 缩短到 48h，产品发酵透，质量好。

④固体通风两段发酵：将接种拌匀的物料加入通风发酵池，以鼓风机通风维持品温，发酵 30h 左右（前发酵），发酵池内整个物料长满白色菌丝，致使料结块，掰开菌块有诱人的香味。前发酵结束后物料翻拌，适量掺水，密闭发酵（后发酵），总发酵时间为 72h。此种工艺的特点是：前发酵菌丝生长良好，产酶多，后发酵分解力强，物料中蛋白质、淀粉降解较好。

⑤血粉发酵生产线：据报道，浙江金华肉联厂自行设计、建立了一条血粉发酵生产线，包括以下 3 部分。

a. 种曲生产线：菌种选育与提纯复壮→小三角瓶培养→大三角瓶培养→种曲生产。

b. 鲜血处理生产线：屠宰车间鲜血经管道输送至两个去向，一是鲜血进入储藏罐→经计量血泵进入混合机→直接发酵；二是鲜血在蒸汽凝结器内凝固→离心脱水→耙式烘干机烘成半湿血粉。

c. 发酵综合生产线：鲜血 + 半湿血粉 + 植物孔性载体 + 蛋白平衡剂 + 种曲→混合机混合→帘式控温发酵→管束式烘干机蒸汽烘干→粉碎→包装。

（4）干燥与粉碎　用喷雾干燥法制血粉，鲜血离体后 3～5min 内必须脱去纤维蛋白，以防凝固。鲜血蒸煮后直接蒸发干燥，在蒸煮搅拌时最好加入 0.5%～1.0% 的石灰水，便于储藏。

粉碎可用粉碎机或球磨机。小型企业可自制土球磨机，将一个桶形容器（内置若干钢球），用枢轴安装在两个支承上，再装上一个手摇把，即成一台简易球磨机。当摇动手摇把，桶便绕自身轴线旋转，桶内钢球及干血块互相撞击，将干血粉碎。

4. 发酵血粉的质量鉴定

（1）感观鉴定 主要检查发酵血粉的色泽、气味和杂质含量。质量好的发酵血粉呈紫褐色，非鲜红色或黑褐色。具有甜香味或酒香味，无酸臭等异气味，无血腥气味。杂质很少。

（2）化学分析鉴定 主要测定血粉中水分、粗蛋白质和粗纤维含量。质量好的发酵血粉含水量12%以下，粗蛋白30%以上，粗纤维7.3%以下，且不含黄曲霉毒素 B_1。

（3）微生物学鉴定 主要检查发酵血粉是否含有病原微生物和肠道杆菌。

5. 产品特点及注意事项

鲜血的黏稠度较大，离畜体几分钟即凝固，不易干燥，但它是微生物的良好培养基。发酵法就利用这个特点选择有益微生物接种发酵。发酵法的优点如下。

（1）投资少，见效快，有的工艺减少了凝结脱水设备。

（2）能耗少，经济效益高。发酵生热升温，使部分水分蒸发，鲜血掺进大量孔性载体，黏稠性下降，提高了通气性，增加了蒸发面积，节约烘干能耗。

（3）发酵法不同于高温处理，因此对营养成分破坏程度较小或没有。血液通过发酵，增加了菌体蛋白，使各种营养更全面平衡，提高了氨基酸效应。此外发酵不需脱去纤维蛋白，保持了鲜血中的蛋白质和氨基酸。

（4）发酵血粉散落性好，有利于配制复合蛋白饲料和浓缩饲料，发酵血粉有酒香味，适口性好。

（5）经发酵后，清除了病原菌的危害，还含有丰富的维生素和促生长因子，促进动物生长发育，增强其抗病能力。

生产发酵血粉应注意：

（1）曲种要纯，不含任何杂菌，菌数要足。

（2）血液要新鲜，不能用有传染病的家畜血液。

（3）严格控制发酵温度，温度一般为25~39℃，不能超过40℃，发酵时间不能过长，否则过度繁殖，营养损失大。

（4）选择孔性载体，最好是麦麸，与血液混合比得当，一般为1:1，添加蛋白平衡剂以利氨基酸平衡。

（5）新鲜血及时与曲种载体混合，以免鲜血凝固难于搅拌，或因时间长而使血液变质。

（二）酸碱处理发酵法

1. 工艺流程

血粉（40%）→ 酸碱处理 → 配料 （羽毛粉20%，棉粕10%，芝麻饼5%，麸皮15%，硫酸铵6%，骨粉3%，菌种1%）→ 搅拌混合 → 固态发酵 （36h，32℃、40℃、50℃）→ 干燥血粉 （40~60目）→成品饲料

2. 操作要点

400kg 血粉与36kg硫酸混合进行酸化处理20min后，与200kg羽毛粉混合堆积30min，然后均匀加入10kg生石灰进行堆积碱化处理30min。均匀拌入60kg硫酸铵、30kg骨粉、100kg棉粕、50kg芝麻饼、150kg麸皮与10kg菌种，混合均匀后拌入1300kg温水，待水分完全吸收后装筐，推入发酵室进行恒温固体发酵。发酵前期0~18h，30~35℃；发酵中

期 18～30h，35～40℃；发酵后期 30～36h，40～50℃。

五、膨化血粉

膨化法是以鲜血脱水后形成的干燥血块为原料，经粉碎后在膨化机中膨化，随后将所得到的膨化血条经水分自然蒸发和粉碎，即可获得膨化血粉。膨化原理是，含一定水分和蛋白质的物料进入膨化腔之后，在螺杆、螺套和物料之间的摩擦挤压和剪切作用下，被挤压螺杆连续地向前推进，使腔内形成足够的温度和压力，同时还借助于加热（温）系统的热量，使物料逐渐呈黏流态。处于高温高压的黏流状物料，连同其中的水分，通过模孔脱腔，在瞬间进入常温常压，水在瞬间汽化做功，将黏流状物料膨胀成许多微孔，水汽化时带走热量和水分，膨化物冷却成形。这一过程包括熟化、灭菌、膨胀、脱水和成形等，这些变化是在瞬间完成的。

1. 工艺流程

新鲜血液→ 脱水 → 干燥 → 粗粉碎 → 调整含水率 → 膨化 → 细粉碎 →成品血粉

2. 主要设备

干燥机，粉碎机，螺旋连续加料机，血粉膨化机（见图 3-3）。

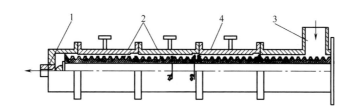

图 3-3　螺旋式干法膨化机结构示意图
1—模孔　2—螺杆　3—进料口　4—机筒

3. 操作要点

（1）脱水、干燥　原料血粉中所含的水分是硬蛋白在高压、高温下实现水解，以及骤然降压时彻底破坏细胞膜的能量媒介。含水率过高，会浪费膨化机能量，并导致膨化机工况不稳和出现自喷孔中"放炮"现象，或自喷孔中"淌鼻涕"现象，过低则会导致变性不充分，甚至出现焦化现象。

（2）粗粉碎　原料粗粉碎要求的直径为 2～3mm，有利于其进入膨化机内腔，并置入容量为 65kg 的螺旋连续加料机的储料斗内备用。

（3）调整含水率　粗粉碎后的原料含水率一般在 12% 左右。

（4）膨化　膨化工序是本工艺流程中的关键工序。

血粉膨化机组采用螺旋加料，单螺杆式，螺杆直径 75mm，长径比为 9.6，压缩比 5.78，转速 125r/min，均化段（起加温、混合、均匀糊化作用）长度 128mm，均化段内腔温度 130～150℃，主机功率 15kW，生产率 65kg/h。为适应血粉加工特点，加料段设有内套水冷系统，同时均化段安有远红外和热电偶控温系统，此外为防止模板膜头及喷孔堵塞，还设计了专用的热防堵杆。

在膨化前先将膨化机预热。首先将料仓加满普通血粉，然后分别启动主机和喂料电机，开始给料，并逐步加大进料量，使其稳定在适当的位置上，待接近出料口的压缩室上的温度表上升至100℃左右时，停止进料，待膨化腔中余料基本卸空后，完成预热过程。

将出料口下的血粉清理干净后，继续给料，缓慢加大进料量（加料时，要添加少量水），使主机电流维持在60~65A，膨化温度170~180℃，螺杆转速340r/min。被连续均匀送入膨化机中的血粉经压缩、剪切、搅拌和加温等作用，逐渐从固态转变为黏流态，并在内腔中的定向推力作用下连续稳定地从膨化机喷口中喷出，立即形成质地极其酥软的膨化血条，完成血粉的膨化过程。膨化血条再经细粉碎后，便得到了膨化血粉。

4. 产品质量和饲养效果

膨化血粉为呈深红褐色带晶状闪光的粉末，具有膨化香味，产品容重0.2~0.3。主要成分：粗蛋白89%，水分7.35%，粗脂肪0.37%，灰分3.28%，可消化率达97.6%，细胞破碎率大于99%。研究表明，膨化加工时间越短，则有效成分和消化率越高。

喂鱼试验，料鱼比由原配方的2.19降至新配方的1.79，新配方每千克饲料成本降低0.08元，每千克鱼成本降低0.54元。与喷雾干燥鱼粉对比，耗料、增重等指标都优于喷雾干燥血粉。膨化血粉在配合饲料用量可达10%。

5. 产品特点

经过一系列的处理后，膨化血粉在营养特性上具有以下优点。

（1）膨化血粉为深红褐色、带晶状闪光的多微孔粉末，具有烤香味，体外消化率为97.6%，其品质优于其他血粉。

（2）经熟化和细胞破碎等处理使蛋白质变性，从而提高血粉消化率，产品质量提高。

（3）使血细胞壁破坏，细胞内的营养物质被释放，脂肪从颗粒内部渗透到表面，使饲料具有特殊的香味，提高了血粉的适口性和消化吸收率，家畜的采食量和采食速度提高。

（4）膨化处理后，由于出料口温度超过200℃，血粉原料在高温高压工况的膨化加工过程中经摩擦、剪切、挤压可杀死物料中的沙门杆菌、大肠杆菌等，灭菌效果很好，提高了饲料的品质。

（5）膨化处理后水分降低，可限制微生物滋长，如密封良好，可较长时间安全储藏。

（6）生产周期短，设备投资小，原料利用率高，无"三废"排放。

参 考 文 献

[1] Duarte R T, Carvalho Simóes M C, Sgarbieri V C. Bovine blood components: fractionation, composition and nutritive value [J]. J Agric Food Chem, 1999, 47 (1): 231~236.

[2] 马美湖等. 动物性食品加工学 [M]. 北京：中国轻工业出版社，2003.

[3] 张升华，乐涛. 动物性食品卫生检验 [M]. 北京：化学工业出版社，2010.

[4] 张玉斌，曹晖，郭兆斌等. 牛血资源综合开发利用研究进展 [J]. 肉类研究，2011，151 (9): 30~34.

[5] 程池，蔡永峰. 可食用畜血液资源的开发利用 [J]. 食品与发酵工业，1998，24 (3): 66~72.

[6] 钟耀广，南庆贤. 国内外畜血研究动态 [J]. 中国农业科技导报，2003，5 (2): 26~29.

[7] 王征南，范润梅. 我国畜血深加工产业发展状况及对策 [J]. 饲料与畜牧，2011，1: 60~68.

[8] 何如喜. 牦牛血液资源化利用技术的可行性研究 [J]. 中国资源综合利用，2006，124 (12): 11~13.

［9］刁治民，杜军华，马寿福. 畜血液的开发利用［J］. 青海科技，2000，9（3）：7～10.

［10］马美湖. 国外家畜血液综合利用动态［J］. 农牧产品开发，1996，9：31～35.

［11］Pearson A M. Edible meat by products［M］. New York：Elsevier Applied Science，1988：231～232.

［12］辛营营，周长旭，张雅玮等. 牛血在食品中的加工利用新技术［J］. 肉类研究，2011，25（8）：55～57.

［13］李森. 盒装猪血豆腐加工关键技术的研究［J］. 肉类工业，2009，343（11）：17～19.

［14］郭玲，刘爱国，胡志和. 牛血浆中主要蛋白质的研究进展［J］. 食品科学，2009，30（21）：489～492.

［15］Ana M D，Eva M S，Isabel J，et al. Application of orignic acid salts and high–pressure treatments to improve the preservation of blood sausage［J］. Food Microbiology，2008，25：154～161.

［16］Eva M S，Consuelo G F，Isabel J，et al. Physicochemical and sensory characterrisation of *Morcilla de Burgos*，a traditional Spanish blood sausage［J］. Meat Science，2003，65：893～898.

［17］Lennon A M，McDonald K，Moon S S，et al. Performance of cold–set binding agents in reformed beef steaks［J］. Meat Science，2010，85：620～624.

［18］Toldrá F，Aristoy M，Mora L，et al. Innovations in value–addition of edible meat by–products［J］. Meat Science，2012，92（3）：290～296.

［19］张廷伟，申勋利，李广燕等. 食用畜血浆的制取及在食品中的应用［J］. 肉类研究，2003，17（3）：41～43.

［20］林金莺. 血浆蛋白在鲜肉制品中的应用研究［J］. 肉类工业，2006，9：38～39.

［21］范素琴，陈鑫炳，于功明等. 猪血血浆分离蛋白对灌肠类制品质构影响的研究［J］. 肉类工业，2009，2：34～36.

［22］Nakamura T. Addition of frozen blood plasma to processed meat products［J］. J Jap Soc Food Sci Tech，1983，10：585～588.

［23］Moure F，Rendueles M，Diaz M. Coupling process for plasma protein fractionation using ethanol precipitation and ion exchange chromatography［J］. Meat Science，2003，64（4）：391～398.

［24］Moure F，Rendueles M，Diaz M. Bovine plasma protein fractionation by ion exchange chromatography［J］. Bioprocess Biosyst Eng，2004，27（1）：17～24.

［25］邓莉，刘章武，杜金平. 畜血提取物活性的研究与开发现状［J］. 食品科学，2010，31（21）：455～458.

［26］Cook J D. Food iron absorption in human subjects. Ⅲ. Comparison of the effect of animal proteins on non–heme iron absorption［J］. Am J Clin Nutr，1976，29：859～867.

［27］赵明，刘宁. 免疫球蛋白的开发及其在食品中的应用［J］. 食品工程，2006，21（3）：25～27.

［28］刘爱国，吴子健，徐清等. 火箭电泳法检测牛血清 IgG 条件的研究［J］. 食品科学，2008，29（8）：537～540.

［29］马志科，昝林森. 血红素的应用与提取方法［J］. 动物医学进展，2010，31（9）：112～114.

［30］李晨光，庄红，吕学举等. 畜血液血红素铁提取方法研究［J］. 食品科学，2008，29（1）：308～310.

［31］翟桂香，黄耀江，董明盛. 血红素制备工艺研究进展［J］. 中央民族大学学报，2007，16（1）：19～20.

［32］钟耀广. 利用冰醋酸提取血红素的研究［J］. 食品科学，2004，25（4）：90～95.

［33］黄群，马美湖，杨抚林等. 家畜血液血红蛋白的开发利用［J］. 肉类工业，2003（10）：

19 ~ 25.

［34］李芙琴，马黎明. 浅谈家畜血液资源的开发利用［J］. 养殖与饲料，2010（6）：73 ~ 75.

［35］张长贵，董加宝，王祯旭. 家畜副产品的开发利用［J］. 肉类工业，2006（3）：20 ~ 23.

［36］蔡旻君. 高原牦牛血胶囊及其制备方法［P］. 中国：专利 CN101244163. 2008 - 08 - 20.

［37］贾杰峰. 牛血综合开发利用规模化生产工艺研究［D］. 呼和浩特：内蒙古大学，2005.

［38］Morris E R. An overview of current informations on bioavailability of dietary iron to human［J］. Fed Proc，1983，42（6）：1716 ~ 1720.

［39］Bunn H F. The role of hemoglobin based blood substitutes in transfusion medicine［J］. Trans Clin Biol，1995，2（6）：391 ~ 433.

［40］Cofrades S，Guerra M A，Carballo J，et al. Plasma protein and soy fiber content effect on bologna sausage properties as influenced by fat level［J］. Food Science，2000，65：281 ~ 287.

［41］Sareevoravitikul R，Simpson B K，Ramaswamy H. Effect of bovine globin and globin – sugar complexes on rheological properties of dough and bread［J］. Food Science and Technology Research，2007，13：332 ~ 337.

［42］Henry Y，Guissani A. Interactions of nirtric oxide with hemoproteins：roles of nitric oxide in mitochondria［J］. Cellular and Molecular Life Sciences，1999，55：1003 ~ 1014.

［43］钱珊珊，高学军，张强等. 牛凝血酶的制备研究［J］. 中国生化药物杂志，2006，27（6）：346 ~ 348.

［44］李耀曾. 超滤法从藏牦牛血中分离纯化凝血酶［J］. 中国生化药物杂志，2005，26（4）：237 ~ 238.

［45］张良，薛刚，黄开勋. 利用牛血块分离提取铜锌超氧化物歧化酶的工艺研究［J］. 天然产物研究与开发，2004，16（4）：334 ~ 337.

［46］Wakamatsu J I，Ito T，Nishimura T，et al. Direct demonstration of the presence of zinc in the acetone – extractable red pigment from Parma ham［J］. Meat Science，2007，76（2）：385 ~ 387.

［47］Wakamatsu J，Okui J，Ikeday Y，et al. Establishment of a model experiment system to elucidate the mechanism by which Zn – protopor – phyrin IX is formed in nitrite – free dry – cured ham［J］. Meat Science，2004，68（2）：313 ~ 317.

［48］Ishikawa H，Yoshihara M，Babaa A，et al. Formation of zinc protoporphyrin IX from myoglobin in porcine heart extract［J］. Food Science and Technology Research，2006，12（2）：125 ~ 130.

［49］郭东宇，赵红梅，卢欢. 一种小牛血去蛋白提取物注射液及其制备方法［J］. 中医药管理杂志，2007，15（2）：110.

［50］Rodriguez Furlan L T，Rinaldoni A N，Padilla A P，et al. Assessment of functional properties of bovine plasma proteins compared with other protein concentrates application in a hamburger formulation ［J］. American Journal of Food Technology，2011，9：717 ~ 729.

［51］Herrero A M，Delahoz L，OrdóÑez J A，et al. Magnetic resonance imaging study of the cold – set gelation of meat systems containing plasma powder［J］. Food Research International，2009，9：1362 ~ 1372.

［52］Hyun C K，Shin H K. Utilization of bovine blood plasma proteins for the produnction of angiotensin I converting enzyme inhibitory peptides［J］. Process Biochenistry，2000，36：65 ~ 71.

［53］Miyaguchi Y，Nagayama K，Tsutsumi M. Gelation of porcine blood globin by calf rennet［J］. Anim Sci Technol，1996，67：482 ~ 483.

［54］Derouchey J M，Tokach M D，Nelssen J L，et al. Effects of blood meal pH and irradiation on nursery pig performance［J］. J Anim Sci，2003，81：1013 ~ 1022.

［55］Davalos P L，Ortegap－Vinuesa J L. A comparative study between the absorption of IgY and IgG on latex particles［J］. Biomater Sci Polym Ed，2000，11：657～673

［56］Grever A B G，Ruiter A. Prevention of *Clostridium* outgrowth in heated and hermetically sealed meat products by nitrite.［J］. European Food Research Technology，2001，213（3）：166～169.

［57］Ahmad N，Qasim M A. Fatty acid binding to bovine serum albumin prevents formation of intermediate during denaturation.［J］. J Eur Biochem，1995，227（1－2）：563～565.

［58］朱森阳，汪国和，王志鹏. 家畜血液资源的开发利用进展［J］. 养殖与饲料，2007（1）：67～69.

［59］鲁云风，杨柯金，杨建伟等. 牛血发酵菌株发酵条件的正交设计优化研究［J］. 饲料广角，2010（14）：27～28.

［60］黄群，马美湖，杨抚林等. 家畜血液血红蛋白的开发利用［J］. 肉类工业，2003（10）：19～25.

［61］张滨，马美湖，唐道邦等. 家畜血的微生物降解技术和综合利用［J］. 肉类研究，2003，17（2）：44～47.

［62］刘广文. 喷雾干燥实用技术大全［M］. 北京：中国轻工业出版社，2001.

［63］胡奇伟. 喷雾干燥血浆蛋白粉加工工艺及应用的研究［D］. 无锡：江南大学，2005.

［64］张裕中，臧其梅. 食品加工技术装备［M］. 北京：中国轻工业出版社，2000.

［65］钟鸣，刘小敏，高利红. 血球蛋白粉的质量鉴别［J］. 粮食与饲料工业，2006（6）：42～43.

［66］张全生，余群莲. 喷雾干燥血浆蛋白粉和血球蛋白粉在生猪生产中的应用进展［J］. 中国猪业，2011（10）：46～49.

［67］钟鸣，刘小敏，高利红. 血球蛋白粉的质量鉴别［J］. 粮食与饲料工业，2006（6）：42～43.

［68］陈立. 血粉蛋白质热变性温度变化规律的研究［J］. 农业机械学报，2004，（3）：104～105.

［69］Bosi P，Casini L，Finamore A，et al. Spray－dried plasma improves growth performance and reduces inflammatory status of weaned pigs challenged with enterotoxigenic *Escherichia Coli K*88［J］. J Anim Sci，2004，82：1764～1772.

［70］Nofraras M，Manzanilla E G，Pujols J，et al. Spray－dried porcine plasma affects in testinal morphology and immune cell subsets of weaned pigs［J］. Livest Sci，2007（108）：299～302.

［71］Moreto M，Perez－Bosque A. Dietary plasma proteins，the intestinal immune system，and the barrier functions of the intestinal mucosa［J］. J Anim Sci，2009，87（14）：92～100.

［72］Steidingen M U，Goodband R D，Tokach M D，et al. Effects of spray－dried animal plasma source on weanling pig performances［J］. J Anim Sci，2000，78（Suppl. 2）：172.

［73］徐琼. 2009 年我国鱼粉市场形势回顾及 2010 年展望［J］. 中国畜牧杂志，2010，46（4）：11～15.

［74］石学刚，王斯佳，李发弟等. 动物性蛋白饲料原料开发及应用现状［J］. 中国畜牧杂志，2007，43（20）：22～23.

［75］胡建，顾林. 动物源性蛋白在配合饲料中的开发利用研究［J］. 畜牧与饲料科学，2009，30（9）：29～31.

第四章　畜脂的综合利用

家畜脂肪主要存在于畜体皮下（背膘）、腹腔、肠系膜、肌间、肌内、脏器周围和骨（髓）中，脂肪一般占家畜胴体的45%左右，应该充分合理地利用。

第一节　畜脂的性质及加工特性

猪、牛、羊饲喂到可以获得经济效益的屠宰重量时，脂肪组织在它们身体的许多部位聚集。脂肪的性质受畜种、年龄、饲料、部位等诸多因素的影响，在加工特性上存在较大的差异。

一、畜脂的理化性质及生理功能

（一）物理性质

1. 色泽

大部分脂肪的主要色泽是由胡萝卜素系的黄、红色组成的，此外还含有蓝、绿等颜色。色泽深的脂肪，说明脂肪的色素成分（类胡萝卜素、叶绿素、生育酚、棉子醇等）含量高，脂肪制品的色泽因原料种类、新鲜度不同而异，经过精炼的脂肪色泽差异比较小。通常使用的色泽检测方法有罗维朋法、FAC标准色片测定法、加德纳比色测定法、光谱法等。

2. 相对密度

脂肪的相对密度受构成甘油酯的脂肪酸种类的影响较大。随着脂肪中不饱和酸、低级酸、含氧酸含量的增加，相对密度增大。普通脂肪的比重为 0.91~0.95（15℃）。

3. 折射率

当光线从空气中射入样品时，光线入射角的正弦与折射角的正弦之比就是折射率。脂肪的折射率与构成甘油酯的脂肪酸种类有关，如果长链酸、不饱和酸、含氧酸的含量高，则折射率大。另外，由于加热氧化，折射率会增大，而氢化可使折射率降低。

4. 熔点

样品加热时，变成完全透明的液体的温度叫透明熔点；另外，样品开始变软、流动时的温度叫上升熔点。天然脂肪是混合甘油酯的混合物，因此，天然脂肪无固定的熔点和沸点。脂肪的熔点随着组成中脂肪酸碳链的增长和饱和度的增大而增高。同样脂肪的沸点也随碳链的增长而增高，而与脂肪酸的饱和度关系不大。猪脂的熔点为 28~48℃、牛脂的熔点为 40~50℃、羊脂的熔点为 44~55℃。

在体温下呈液态的脂类能很好地被人体消化吸收，而熔点超过体温的很多脂类则很难被消化吸收。因此，在37℃时仍然是固体的一些动物脂肪人体很难吸收。

5. 凝固点

脂肪冷却凝固时，由溶解潜热引起温度上升的最高点叫凝固点，凝固点又叫静止温度。高熔点甘油酯含量高的脂肪，凝固点也高，即使是凝固点相同的脂肪，甘油酯组成均匀的脂肪比甘油酯组成不均匀的脂肪的凝固点更明确，呈现细密的固化状态。仅仅靠比较凝固点，不能判断脂肪的硬度。

6. 黏度

黏度是表示液体流动时发生的抵抗程度的数值。由于脂肪及其伴随物为长链化合物，所以黏度较高，是脂肪的一个特性。通常，脂肪酸碳原子少的脂肪和不饱和度高的脂肪，黏度较低，但没有太大的差别。动物脂肪，尤其是固态的猪脂，饱和度高，黏度较高。

7. 烟点、闪点、燃点

烟点、闪点、燃点都是脂肪与空气接触加热时，热稳定性的测量标志。烟点是指脂肪加热时，肉眼所能见到的样品的热分解物或杂质连续挥发时的最低温度。闪点是指表面物质加热挥发加剧，脂肪表面温度能够燃起火花，但不能维持连续燃烧的温度。燃点是指脂肪已经达到可以连续燃烧的温度。

食用脂肪用于高温煎炸时，这些特性因与加工性和脂肪利用率有关而被重视。烟点、闪点和燃点被看作脂肪精炼工程的指标。

（二）化学性质

1. 脂肪的水解

水解是一种化工单元过程，是利用水将物质分解形成新的物质。脂肪水解是在酸、碱、酶或加热作用下，与水反应生成游离脂肪酸和甘油的过程。

在一定的条件下，甘油酯与水发生反应会引起酯键的断裂：

$$C_3H_5（OCOR）_3 + 3H_2O \xrightarrow[酸（碱、酶）]{加热} C_3H_5（OH）_3 + 3RCOOH$$

反应进行时形成中间产物（甘油二酯及甘油一酯），这些中间产物再继续水解，此反应是可逆的，随着反应物数量的减少，特别是水解呈平衡状态。脂肪的水解在没有激化因素存在时进行得很慢。反应速度受到以下因素的影响。

（1）酶　在动物细胞内有脂肪水解酶，这些酶在脂肪加工中转入脂肪，即使脂肪中含有少量的水，在有脂肪水解酶存在时，脂肪的水解速度很快。脂肪水解酶作用的最适当温度是 35 ~ 40℃，温度升高到 50℃ 以上和降低到 15℃ 以下则酶活力减弱，但到 – 17℃ 的低温时，脂肪水解酶仍有作用。

（2）温度　在温度升高时（特别是在 100℃ 以上），脂肪的水解速度大大地增强。

（3）碱的作用　在反应介质中有碱存在，即使很少量时，也会大大地加速脂肪的水解。在脂肪和金属氧化物相作用时，产生相应的脂肪酸的盐（肥皂），能促进脂肪的乳化。

2. 酸价

酸价是指中和 1g 试样中游离脂肪酸所需要的氢氧化钾的毫克数。有时也用酸度来表示酸价。酸度是指中和 100g 脂肪所需要 1mol/L 氢氧化钾溶液的毫克数。

通常用酸价来确定脂肪分解的程度。酸价是脂肪中游离脂肪酸含量的表示方法。在自然界中没有绝对中性的脂肪。从感官上很难区分中性脂肪和含有游离脂肪酸的脂肪，两者色、香、味几乎相同。但具有不好气味的低分子挥发性脂肪酸（丁酸、己酸）的脂肪颜色较暗，滋味较差。随着酸价的升高而导致发烟点降低，在这种情况下烤制时则易出现油烟。

一般来说酸价越低脂肪品质越好。《食用植物油卫生标准》GB 2716—2005 对食用植物油的酸价有最高限量要求，即植物原油酸价≤4mg 氢氧化钾/g，食用植物油酸价≤3mg 氢氧化钾/g，（原油指的是鲜榨油，食用植物油包括了色拉油等精制品），但对食用动物脂肪没有明确规定限量，因为食用油的酸价是指脂肪酸甘油三酯被水解的程度。动物脂肪中饱和脂肪酸含量高，植物油中不饱和脂肪酸含量高，只有不饱和脂肪酸才会被氧化，出现酸价，饱和脂肪酸不存在这个问题，因此，动物脂肪酸价较低。

3. 过氧化值

过氧化值是表示油脂和脂肪酸等被氧化程度的一种指标，是 1kg 样品中的活性氧含量，以过氧化物的毫摩尔数表示，用于说明样品是否已被氧化而变质。过氧化值是脂肪中过氧化物含量的指示值，常用来测定脂肪初期酸败、氧化的程度。一般来说过氧化值越高其酸败就越厉害。一般动物脂肪的过氧化值为 5～7mmol/kg，对于高级精制油，放置半年至 1 年后，其过氧化值会增加到 10mmol/kg 左右。

4. 碘价

通常用样品所能吸取的碘的重量百分数来表示。脂肪酸的双键很不稳定，容易氧化或与碘等结合。碘价的大小在一定范围内反映了油脂的不饱和程度，所以，根据油脂的碘价，可以判定油脂的干性程度。例如，碘价大于 130 的属于干性油；碘价小于 100 的属不干性油；碘价在 100～130 的，脂肪中除含有油酸外还含有亚油酸，这种脂肪属于半干性油。各种油脂的碘价大小和变化范围是一定的，因此，通过测定油脂的碘价，有助于了解它们的组成是否正常、有无掺杂使假等。而在油脂氢化制作起酥油的过程中，还可以根据碘价来计算油脂氢化时所需要的氢量并检查油脂的氢化程度。所以碘价的测定在油脂日常检测中具有重要意义。

5. 皂化

脂肪在碱的作用下会发生皂化反应，使脂肪水解后的甘油和脂肪酸生成其碱金属盐，即肥皂。但皂化反应远比加碱中和反应速度慢，利用这一差别可以进行加碱精炼，以除去脂肪酸，又可制皂。皂化价是指 1g 试样完全皂化所需要的氢氧化钾的毫克数。

皂化值的高低表示油脂中脂肪酸分子量的大小（即脂肪酸碳原子的多少）。皂化值越高，说明脂肪酸分子量越小，亲水性较强，易失去油脂的特性；皂化值越低，则脂肪酸分子量越大或含有较多的不皂化物，油脂接近固体，难以注射和吸收，所以注射用油需规定一定的皂化值范围，使油中的脂肪酸在 C_{16}～C_{18} 的范围。

6. 氢化

在加温、加压和催化剂存在下，含有不饱和脂肪酸的油脂与氧发生加成反应，从而转化为相应的饱和脂肪酸酯或者减少其不饱和程度，这个反应称为加氢或氢化反应。利用氢化反应，可使液体的油变为固体的脂。这种脂，商业上叫做硬化油或氢化油。例如含有双键的油酸或者油酸酯氢化后变成饱和的硬脂酸酯。

7. 聚合和酯化

脂肪氧化产物能聚合和酯化成较复杂的物质，使脂肪熔点升高，黏度增加。在光线及某些微量金属（铁、铝、铜、锡等）催化剂存在下，酯化作用则会增强，也有称此为氧化酸败，氧化酸败不是单一进行的，是各种化学变化的综合反应。家畜脂肪的理化常数见表4-1。

表4-1　部分家畜脂肪的理化常数

类别	相对密度（15℃）	熔点/℃	酸价	皂化价	碘价
猪脂	0.915~0.927	28~48	0.8~8.7	193~200	46~66
牛脂	0.937~0.953	40~50	1.0~5.0	190~200	32~47
羊脂	0.931~0.953	44~49	1.0~5.0	192~198	31~46.5

（三）生理功能

人们很早就认识到，油脂与人类的生存和发展密切相关，人体若长期缺乏油脂会导致严重的功能混乱。随着文明的进步，无论是普通消费者还是科学工作者都越来越深切地感到油脂的种类与摄入量及其中伴随物（如维生素E、植物甾醇、磷脂、谷维素等）在健康中的重要作用与影响。油脂与人类健康的关系已成为食品科学、生命科学等研究领域的重要内容之一。

1. 储藏与释放能量

油脂是食品组分中更为浓缩的能源，以同样质量储藏的脂肪产生的能量相当于糖类或蛋白质的2.25倍。研究表明，对身体最直接的能量来源是在三羧酸循环中被脂酶从甘油三酯释放出来的游离脂肪酸。人体细胞除红细胞和某些中枢神经系统外，均能直接利用脂肪酸作为能量来源。人体在空腹时，体内所需能量的50%来自体脂，禁食情况下能量的85%由体脂提供。尽管大脑优先以葡萄糖作为能量来源，但长期禁食时则转为利用脂肪代谢转化成四碳酸作为动力支持。现代饮食的发展使人们顾忌摄入过多的脂肪、但摄入脂肪过低将对人体产生不利影响。因此，WHO、美国心脏学会建议每日摄取的油脂热量应不低于总热能的15%。脂肪的这一功能对于重体力劳动者、非常规情况下的野外作业者及难民、灾民等，在食物供给上应作为优先考虑的营养素。能量是影响婴幼儿和青少年生长发育的首要因素，脂肪的供给量也显得尤为重要。美国纽约州立大学营养规划及运动医学会的生理学家试验表明，高脂肪膳食能提高自行车、游泳、足球、网球、马拉松等运动员的耐力，认为参加耐力活动人员应提前一天增加脂肪摄入量，使脂肪的热量为总热量的60%左右，以提高耐力。

2. 提供必需脂肪酸

油脂能提供机体不能合成的亚油酸，缺乏它会出现生长过缓甚至停滞及皮肤损害等症状。营养学中有必需脂肪酸这一概念，必需脂肪酸是指人体维持机体正常代谢不可缺少而自身又不能合成、或合成速度慢无法满足机体需要，必须通过食物供给的脂肪酸。很多年来，对亚麻酸、花生四烯酸等不饱和脂肪酸是否归入必需脂肪酸进行过反复研究和论证，现已确认亚油酸、α-亚麻酸是人体必需脂肪酸。研究者一致认为，上述脂肪酸在人体内具有重要的生理功能。对婴儿、犬、豚鼠、大白鼠、家禽和猪缺乏这些脂肪酸进行的观察试验发现，它们多数表现出皮炎、生长缓慢、水分消耗增加、生殖能力下降、代谢率增强等。长期的研究结果已形成对必需脂肪酸功能的共识：参与磷脂合成，并以磷脂形式作为线粒体和细胞膜的重要成分，促进胆固醇和类脂质的代谢，合成前列腺素前体，有利于动物精子的形成，保护皮肤以避免由 X 射线引起的损害等。

最近研究又证明，油脂中的 α-亚麻酸和其长链衍生物二十二碳六烯酸（docosahexae-noic acid，DHA）对人体特别是在幼年时期是必不可少的。实验从用脂肪含量不足的饮料喂养动物观察了特定脑皮层和视网膜中该类成分的变化，证明了 α-亚麻酸及其衍生物的重要性。在怀孕期的最后三个月和出生后的最初三个月中，DHA 和花生四烯酸会快速沉积在婴儿的脑膜上。在完全发育的大脑和视网膜的细胞膜上含有高含量的 DHA。这也是许多富含 DHA 多不饱和脂肪酸的油脂制品被誉为"脑黄金"的原因之一。

3. 作为机体结构成分

饮食中脂肪、糖类和蛋白质均能转变成体脂，体脂过多形成的肥胖导致心理生理上的负担，并与高血压、冠心病、糖尿病等直接相关。许多研究者认为，高脂肪膳食促进肥胖及其并发症的发生。但是，摄入脂肪的百分比在肥胖原因中所起的作用仍未确定。从作为机体结构成分来讲，存在适量并分布在恰当部位的体脂是机体必不可少的，在这些部位，体脂起到支撑和保护器官、减缓冲击与振动、调节体温、保持水分等作用，并有助于其他脂质在细胞内外的运输。其中磷脂还是细胞膜结构的重要组成部分。

4. 其他功能

油脂特有的口感和物理特性，以及油脂和其他营养素结合，在改善食品质地、吸收和保留香味以增进人的食欲、强化味觉等引起的愉悦感方面具有独特作用，油脂还有助于糖类吸收、缩小食物体积、延缓胃排空、产生饱食感。适宜的油脂摄入量可以避免因人体供能不足消耗蛋白质和维生素 B_1、维生素 B_6，起到节约和促进其他营养素吸收的作用。此外，胆囊的正常生理功能也需要脂肪来刺激，以免胆汁长期留存于胆囊形成胆结石。脂溶性维生素 A、维生素 D、维生素 E、维生素 K 的供给和吸收也需要油脂作为来源或媒介。对油脂资源的多方位开发以及对整个脂质体系在分子水平上的科学研究的蓬勃发展也不断提示着油脂新的生理功能。

二、猪脂的加工特性

猪脂是从健康猪新鲜而洁净的脂肪组织中提取的脂肪，也就是说，猪脂是从猪的特定内脏的蓄积脂肪及腹背等皮下组织中提取的脂肪，这种猪脂不经精炼就可食用。猪脂原料是乳白色，结缔组织较少。由饲料引起的黄脂可供食用，由黄疸引起的黄脂不能食用，猪脂原料富含水解酶，故易腐败变质。事实上，不同等级的猪脂的脂肪酸组成相同，猪脂的主要脂肪酸包括棕榈酸、硬脂酸、油酸。还含有少量的肉豆蔻酸、十四碳烯酸、十六碳烯酸和亚油酸等。

由于猪脂具有良好的香味，也符合卫生标准，一般不经脱臭就可食用，现在欧美各国脱臭型猪脂也渐渐增多。经脱酸、脱色、脱臭的精制猪脂失去了猪脂特有的香味，但除去了水分、杂质、游离脂肪酸，色泽和烟点得到了改善。

（一）猪脂的主要成分

1. 猪脂的脂肪酸组成

表 4 - 2　　　　　　　　　　　　　　猪脂中主要脂肪酸组成　　　　　　　　　　　　　单位:%

种类	含量
油酸	41 ~ 51
棕榈酸	20 ~ 28
硬脂酸	5 ~ 14
亚油酸	2 ~ 15
亚麻酸	微量 ~ 1

2. 猪脂中的胆固醇

未经精制的猪脂中，胆固醇含量为 100mg/100g，精制后胆固醇含量减半。精制氢化猪脂中含量更低（38.1mg/100g）。在动物脂肪中，猪脂是含胆固醇最低的脂肪。人体猪脂日摄取量，即使采用各种烹调方法也难以达到 100g，假如每日摄取 100g 精制猪脂，其胆固醇也只是 50mg，远不及一个鸡蛋中的胆固醇含量（约 210mg）。人体内需要一定量的胆固醇，如果摄入量少，体内也会合成，摄入量多，体内合成得少，因此食用正常的猪脂对人体是无害的。

（二）猪脂加工特点

1. 硬度

一般来讲，猪脂硬度适中，可塑性良好，使用方便。猪脂的硬度与所在部位、饲料种类和猪的生长期有关。肾周脂肪较硬，碘价在 58 左右。皮下脂肪较软，碘价接近 70，熔点 30℃以下。猪食用淀粉含量高的饲料，脂肪较硬，而食用大豆、花生类饲料，脂肪较软。另外随着猪生长期的增长，脂肪碘价下降，脂肪变硬。

猪脂硬度不统一，这对商品生产不利，尤其加工面包、糕点更为困难。用牛脂等掺入调节硬度可以克服上述缺点，得到调制猪脂。加工纯制猪脂应该把各种猪脂原料混合，尽量减少硬度差异。

2. 起酥性

起酥性是指食品具有酥脆易碎的性质，对饼干、薄酥饼及酥皮等焙烤食品尤其重要。用起酥油调制食品时，油脂由于其成膜性覆盖于面粉的周围，隔断了面粉之间的相互结合，防止面筋与淀粉固着。此外，起酥油在层层分布的焙烤食品组织中，起润滑作用，使食品组织变弱易碎。猪脂具有良好的起酥性。

3. 氧化稳定性

猪脂含有 2% 以上的亚油酸，接近 1% 的亚麻酸等不饱和脂肪酸，不含天然抗氧化剂，因此很容易氧化。常温下放置 1 个月就会酸败发臭，因此通常要在精制、脱臭的猪脂中添加 0.01% ~ 0.02% 的叔丁基羟基茴香醚或同量的维生素 E，这样脂肪的过氧化值可降低。如果再添加 10 ~ 50mg/kg 柠檬酸等辅助剂，过氧化值还会降低。

4. 改性

猪脂的结晶粗大，组织呈多粒状，外观粗且酪化性差，因此用猪脂加工饼干时制品体积小。猪脂的这一品质缺点，是由猪脂特殊的甘油酯结构造成的。

天然猪脂的甘油酯结构中，棕榈酸大部分选择性地分布在甘油的 2 - 位上，硬脂酸则全部分布在 1 - 位、3 - 位上。天然猪脂中的二饱和甘油酯（GS$_2$U）基本都是以 S—P—U 的形式排列，这些 S—P—U 结构的甘油酯是猪脂形成粗大结晶的原因。酯交换可改变这种特殊的甘油酯结构。

（三）分级

食用动物脂肪必须采用经过兽医卫生检验、符合卫生要求的原料，并采用合理的卫生加工方法进行加工。一般质量良好的脂肪应该是色泽正常、无异味、水分较低、酸价正常的理化指数。不符合卫生要求的脂肪原料可加工成工业用油，一般可参照表 4 - 3，市售食用猪脂的一般分级见表 4 - 4。

表 4 - 3　　　　　　　　　　　　　工业用猪脂分级

项目	一级	二级
色泽（15~20℃）	白色或淡黄色	黄色或褐色
气味	有酸、焦、哈喇等气味	有强烈的酸、焦、哈喇等气味
杂质	不允许有残渣和沉淀物	
水/%	≤1.0	
酸价	≤10	≤15

表 4 - 4　　　　　　　　　　　　　市售猪脂分级

项目	特级	优级	一级	二级
色泽（15~20℃）	白色	白色	白色或略带淡黄色	同一级
熔化后的透明度	透明	透明	透明	透明或微混浊
滋味和气味	正常、无外来异味	正常、无外来异味	正常、无外来异味，微有焦气味	同一级，还微有鲜油渣气味
硬度（15℃下）	软膏状、很坚实			
水分/%	≤0.15	≤0.20	≤0.30	≤0.50
酸价	≤1.0	≤1.25	≤2.25	≤3.5

三、牛脂的加工特性

（一）牛脂的特点

牛脂原料由于含胡萝卜素多而呈黄色。肾脏周围的脂肪和其他脏器的脂肪较多，其制出的脂肪质量好，异味小。而其他部位的脂肪中结缔组织含量多，脂肪含量低，异味重。牛脂又称为牛油，是肉类加工中的主要副产物之一，根据采集部位可分成以下几种。

（1）产量较多的肠油，是加工肠衣时的碎牛油。

（2）腹腔内壁及肾脏周围的脂肪组织。

（3）胴体的脂肪层膘油。

（4）其他含有少量脂肪可供炼油的横膈油、皮油，肉油等。

食用级牛脂被称为"首级肉汁"，是用新鲜牛肾板油在不超过55℃下熬炼回收获得的，被用于人造奶油的制造。其他品级所包括的脂肪一般都只是用于工业用途。

（二）牛脂组成

牛脂的成分以甘油三酯为主，总脂肪酸含量超过90%。其脂肪酸组成见表4-5。

表4-5　　　　　　　　　　　　牛脂的脂肪酸组成　　　　　　　　　　　　单位：%

肉豆蔻酸	棕榈酸	棕榈油酸	硬脂酸	油酸	亚油酸	亚麻酸
$C_{14:0}$	$C_{16:0}$	$C_{16:1}$	$C_{18:0}$	$C_{18:1}$	$C_{18:2}$	$C_{18:3}$
3.0	25.0	2.5	21.5	42.0	2.5	0.5

牛脂是高热能来源，以重量单位计算，其所含能量是纯淀粉和玉米等谷类饲料的2.5~3倍，平均可达32.65MJ/kg。牛脂所含能量易被畜禽利用，在饲料生产中添加牛脂，制造高热能配合饲料，可改善饲料利用率和脂溶性维生素A、维生素D、维生素E、维生素K的吸收利用，促进畜禽生长。

（三）牛脂品质鉴别

牛脂品质的好坏，直接影响成品的质量，生脂应以新鲜为原则，所以应在牛屠宰后立即采集其脂肪进行加工，方能提炼出上等品质的脂肪。

新鲜牛脂的色泽，随着牛的年龄不同而呈白色、淡黄色、黄色或深黄色。优良的牛脂含水量较低，不高于0.5%，在15~20℃的温度下，呈坚硬状态，可压成碎块。陈旧的牛脂，呈灰白色，无光泽，用手压时带有黏性，并有不良气味。

四、羊脂的加工特性

（一）羊脂的特点

羊油脂原料呈白色、较硬，具有特殊的膻味。羊油脂原料可分为网膜油和肾脏油，肥羊尾的油脂比内脏的油脂软些，并且带有浅黄色，其特性同皮下脂肪。

羊肉脂肪含量高、发热量高，是壮阳的滋补食物，有一种膻味，人们不太习惯。但是羊肉脂肪熔点比牛肉脂肪低，人更容易吸收，本草纲目中提到羊吃百草对人的食补更有益。

（二）羊脂组成

羊脂的脂肪酸组成见表4-6。

表4-6　　　　　　　　　　　　羊脂的脂肪酸组成　　　　　　　　　　　　单位：%

肉豆蔻酸	棕榈酸	硬脂酸	油酸	亚油酸	亚麻酸
$C_{14:0}$	$C_{16:0}$	$C_{18:0}$	$C_{18:1}$	$C_{18:2}$	$C_{18:3}$
8.9	23.6	13.5	34.9	2.4	1.3

从表4-6可知，羊脂中 $C_{14:0}$、$C_{16:0}$、$C_{18:0}$、$C_{18:1}$、$C_{18:2}$、$C_{18:3}$ 六种脂肪酸的总含量为84.6%，饱和脂肪酸含量为46%，以 $C_{16:0}$ 含量最高（23.6%），不饱和脂肪酸含量为38.6%。其中，单不饱和脂肪酸含量为34.9%，多不饱和脂肪酸含量为3.7%，多不饱和

脂肪酸以 $C_{18:2}$ 含量最高（2.4%）。

如何利用羊脂是肉类加工企业面临的重要问题，目前全国羊脂加工主要集中应用于洗涤用品中，但其产生的利润较低，加之化工企业对羊脂的收购价比较低，大部分肉羊屠宰及加工企业的羊脂大量积压，造成很大的浪费。

第二节　畜脂的氧化变质及保藏

健康优质的家畜脂肪是人们烹饪、膳食的重要组成部分，它不仅可以给人们提供美味佳肴，更重要的是可供给人体热能、必需的脂肪酸，还有大量的营养物质。所以，保持家畜脂肪的品质，是一个值得我们重视的问题。在日常储藏加工中引起家畜脂肪氧化变质的原因很多，如家畜脂肪的来源、加工工艺、储藏或运输条件等不同或多重条件共同作用，均可能导致家畜脂肪氧化变质，因此需要一系列措施来控制家畜脂肪在储藏加工中的氧化变质问题。

一、畜脂氧化变质的机制

动物脂肪也称为"动物油"。动物脂肪对氧化变质过程比较敏感，主要是因为脂肪中含有高浓度的易氧化的脂类、亚铁血红素、过渡态的金属离子和各种氧化酶，而脂肪氧化和蛋白质氧化是引起动物油品质劣变的主要因素。脂肪的氧化变质也称为脂肪的酸败，主要是空气氧化烯酸产生的氢过氧化物，分解为许多挥发性物质（如烃、醇、醛、酮、酸、酯、内酯和少量芳香与杂环化合物），产生强烈的刺激性气味，不适宜食用，即人们所说的哈喇味。酸败是脂肪或脂肪制品在常温保存一定时间后发生的，分为水解酸败与氧化酸败。水解酸败一般影响不大，可通过加热、精炼、破坏或消除水解产物（甘油、单双甘油酯和游离脂肪酸）达到保护作用。氧化酸败是导致脂肪酸败和腐败的主要原因，是发生在不饱和脂肪酸双键相邻碳原子上的脂质过氧化反应。脂质过氧化反应是自由基（短链物质）连锁攻击不饱和脂肪酸的过程，可分为引发、传递和终止 3 个步骤。

实验证实在光、热和可变价金属铁（Fe）、铜（Cu）、铬（Cr）、锰（Mn）作用下脂质过氧化反应速度更快。由于氧化受到多种因素的影响（如温度、时间、氧气的氧化条件），所以形成的产物和结构异常复杂。实验已经证明的脂肪氧化产生的产物可达到 220 种之多。但主要是氢过氧化物等初级产物和由初级产物分解出来的次级产物，次级产物含量甚至高达 46.7%。动物脂肪在储藏加工中发生氧化变质的过程为：

$$\text{酸价} \qquad \text{过氧化物} \qquad \text{TBARS值}$$
$$\uparrow \qquad\qquad \uparrow \qquad\qquad\qquad \uparrow$$
动物脂肪 → 水解 → 游离脂肪酸 → 氧化 → 过氧化物 → 分解 → 小分子物质(醛、酮、酸等)

脂肪的氧化是在氧、热、光、酶、微生物等的作用下发生复杂化学反应的综合表现。动物脂肪本来含有极少量的游离脂肪酸，经过加工或储藏受到各种因素的影响，脂肪不断水解产生更多的游离脂肪酸，由此表现出酸价不断上升。随着游离脂肪酸的生成，其中一部分不饱和游离脂肪酸发生氧化，在光、热等的激发下，连接双键位置的亚甲基被激活，即与双键相邻处亚甲基的氢原子形成活性基，在空气中氧的存在下发生反应形成过氧化氢的脂类化合物，表现为过氧化值的增加。

氢过氧化物是脂肪的一级氧化产物，它很不稳定，会进一步降解形成低分子物质，如戊醛、己醛、4－羟基壬醛、酮、酸和羰基酸等物质。测定这些小分子氧化产物的含量才能够获得有关脂肪氧化程度的准确信息。脂肪二级氧化产物中一般较多的为醛类物质，丙二醛占主要。因此不断产生二级氧化产物的结果就会在化学指标上表现为硫代巴比妥酸反应底物值（thiobarbituric acid reactive substances，TBARS）的上升，硫代巴比妥酸反应底物值也称为丙二醛含量。

脂肪发生氧化分解后，产生苯并芘类化学物质，其中苯并（a）芘能够导致人类不育、死胎和多种器官形成肿瘤等严重后果。我国食品卫生标准中已经规定了动物性食品中苯并芘的含量不能超过 5μg/L，这是有充分的科学依据的。同时，也应当禁止用饭店多次使用的脂肪的下脚料及骨粉加工过程中产生的脂肪混合物饲喂家畜。否则，最终将会对人类产生毒性危害。

二、影响畜脂氧化变质的因素

（一）空气中的氧气

空气对脂肪氧化变质的影响主要是其中氧的作用，空气中的氧是脂肪氧化的重要因子。脂肪在储藏中是难以与空气完全隔绝的，空气中的氧气是游离脂肪酸产生氧化的条件，由于与空气接触，加速了游离脂肪酸的氧化。

氧气主要来源于包装品内部存在的氧，以及包装材料具有透气性而进入包装内的氧。氧气的含量与被氧化物中脂肪含量的比率，因脂肪的品种、包装容器有很大差别。一般而言，如将脂肪明显发生酸败的过氧化值定为 100mmol/kg，总羰量为 50mmol/kg，没有其他氧化物存在，则促成酸败所需要含氧量是脂肪量的 0.4%，遇到脂肪氧化时，必须从氧气方面来考虑。如包装容器内完全呈无氧状态，则不会发生氧化现象，因此包装容器的透氧性便是脂肪保存上一个重要的因素。

（二）温度

在储藏加工过程中，脂肪的氧化速度与温度密切相关。温度升高，则脂肪的氧化速度加快，脂肪的氧化变质在冬天几乎见不到，但是在夏天很快就表现出来了。在一般化学反应中，温度每上升 10℃ 其氧化速度增加 1 倍，脂肪也不例外。当脂肪中带有水分，在较高温度下，能使脂肪产生分解反应。特别是高级脂肪在 20~60℃ 范围内，温度每增加 15℃，氧化速度就提高 2 倍，在很多报道中，介绍的基本都是过氧化值。根据经验，只要把脂肪保存在容易输送的温度就可以了。脂肪储藏时，不同温度条件下过氧化值的变化见表4－7。

表4－7	不同温度条件下脂肪过氧化值	单位：%
保存天数	38℃	－10℃
0	0.047	0.047
10	0.159	0.048
20	0.206	0.054

续表

保存天数	38℃	-10℃
30	0.572	0.074
40	1.298	0.087
50	2.117	0.100

（三）光线

在光的作用下，脂肪也可以变质，光引起脂肪变质是一个氧化过程，脂肪经过光照，光氧化和自动氧化都可进行，过氧化值就会升高。透明包装的广泛使用，以及销售场所的照明灯光较强，均容易使脂肪受到光线的影响。光线不但能促进脂肪的氧化，而且气味特别难闻。因此光线对脂肪的风味影响最大，研究发现，在自动氧化初期，光氧化是关键的诱因。

（四）助氧化剂及微量元素

不饱和脂肪酸具有自动氧化的特征，光、热、酸、碱和金属离子等均是很好的催化剂，特别是铜、锌和铁等金属离子较活泼，其催化活性大小次序为铜＞锰＝铁＞铬＞镍＞锌＞铝。其作用机制是将氧活化成激发态，促进自动氧化过程。我们已经知道微量金属能够促进脂肪氧化。对于这个问题的研究报道也有很多，可说明各种金属的存在对脂肪保存稳定性的直接影响。从表4-8可以明显看出，各种金属的存在明显缩短了脂肪的保存期，特别是铜，即使有极微量存在，也能够促进脂肪的氧化。根据很多研究学者的报告，铁和铜都有很大的影响，所以铁和铜金属不能用来作储藏脂肪的设备。但目前防止铁对脂肪的污染是比较困难的，因为大多数储油罐、泵和管道都用铁制作的，必须通过适当的处理方法把铁的污染减少到最低限度。

表4-8　　　　　　　　　　使脂肪保存期减半的各种金属含量　　　　　　　　　单位：mg/kg

种类	含量	种类	含量
铜	0.05	镍	2.2
锰	0.6	钒	3.0
铁	0.8	锌	19.5
铬	1.2	铅	50

（五）包装方式

脂肪加工储藏中常用的包装方式有托盘包装、真空包装和气调包装。近几年，真空包装与气调包装应用非常广泛，尤其是在冷鲜肉加工方面，传统聚乙烯膜包装的产品，肉色只能维持4~7d，而高氧气调包装，肉色能保持14~21d，但是，高氧气调包装会增加脂肪的氧化。

（六）冷链储藏

为了延长脂肪的保质期，现大多采用冷藏或冻藏保存。从肉制品的生产商到零售商再到消费者，由于冷藏链的不健全，使得脂肪制品经过冷冻—解冻这样的反复循环，使产品品质严重下降。

（七）二噁英对脂肪的污染

二噁英是一类三环芳香族化合物，广泛存在于自然界中，特别是农药和生活垃圾中。因此，极易造成食用脂肪、动物饲草和饲料的污染。二噁英具有很强的亲脂性，据调查，被污染的牛油和"垃圾猪"的脂肪中二噁英的含量最高。大量的动物试验证明，二噁英具有很强的致癌致畸作用，人误食后常引起头痛、畏食、失眠、神经衰弱和记忆力下降等中毒性症状。所以，被二噁英污染的脂肪不能食用。

三、防止畜脂氧化变质的措施

（一）密闭储藏

罐（桶）装脂肪一定要储藏于室内阴凉干燥处，而且要防止与金属铜直接接触，应密闭或尽量将储油罐（桶）装满，开启后应及时盖紧并尽快用完，有条件的可充氮保存，以减少脂肪与空气中氧及紫外线的接触。光照能显著提高自由基的生成速度，增加脂肪酸氧化的敏感性，加重酸败变质。所以，可以采用有色包装和避光装置来隔绝光照和射线的影响。

（二）隔绝氧气

氧气作为酸败反应底物之一，起着重要的作用，氧含量越大，酮型酸败和氧化酸败越快，但由于厌氧微生物的繁殖而产生的水解酸败却会因氧的存在而使其生理活动受到抑制。可以通过隔绝氧气或加入脱氧剂来减少氧含量。可以通过包装技术来控制氧气浓度，当氧气浓度低于1%时，气调包装对降低牛肉制品的脂肪氧化是有效的。为了降低脂肪的含氧量、减小劣变速度、延长脂肪保存期，采用真空充氮储油法，可以收到满意的效果。

（三）降低温度

温度每升高10℃，酸败反应速度增大2~4倍，温度还影响反应机制。因此，脂肪最好在低温下加工与储藏，以便更好地延长制品的货架期。储藏温度以10~15℃最好，一般不超过25℃。阳光中的紫外线促进脂肪氧化和加速有害物质的形成，所以在储藏加工中，脂肪要放在阴凉处保存，盛油的容器要尽量用深颜色的。

（四）控制水分

水分活度对脂肪的氧化作用影响很复杂，水分活度过高或过低时，酸败都会进行得很快，而且较大水分活度还会使微生物的生长旺盛，使脂肪酸败加剧。所以，可以通过控制水分含量来减缓水解酸败的速度。

（五）添加抗氧化剂

抗氧化剂可有效防止脂肪氧化，可延迟、转接或阻断氧化链进行。脂肪氧化是不可逆的化学反应，它在储藏加工过程中时刻都在进行，并且难以为人们所观察，而一旦哈喇味产生，再采取抗氧化措施则为时已晚，这是因为抗氧化剂并不能逆转氧化过程。常用的抗氧化剂有维生素E（生育酚）、酮胺类、抗氧化增效剂和复合抗氧化剂等。使用抗氧化剂必须注意：①抗氧化剂要趁早添加，及早阻断氧化反应链；②根据不同抗氧化剂产品的规定添加量保证足量添加；③抗氧化剂的添加量一般很小，必须与被添加物混合均匀，这是充分发挥抗氧化作用很重要的条件。有一些物质本身虽没有抗氧化作用，但与抗氧化剂合用时，能增强抗氧化剂的抗氧化效果，这些物质统称为抗氧化增效剂，常用的抗氧化增效剂有柠檬酸、磷酸、酒石酸等。

四、原料油脂的保藏

在屠宰加工中，对摘取的脂肪，为了保证质量，常采用以下方法进行保藏。

（一）冷藏法

脂肪原料冷藏的温度，一般根据能够抑制酶的活性、细菌的生长发育条件和保藏时间来确定。如在 0～10℃冷库内可保藏 10d，经 -23℃冻结后，于 -18～ -15℃冷库内可存 3～4个月。

（二）盐藏法

脂肪原料的盐藏只能用干腌法。湿腌法易引起脂肪水解。腌制时向脂肪原料表面涂撒食盐，然后分层放入容器内，每层约 50cm 厚，压实，再涂撒一层盐，顶层应多撒盐，以起到隔离空气的作用。置于凉爽处保存，2～3d 翻层一次。注意保藏时间不宜过久。

（三）适度干藏

适度干藏是指在通风干燥环境下，使脂肪组织表面失水干燥，达到短期保鲜效果的方法，此法适合小批量脂肪的保藏。

在脂肪的炼制过程中，新鲜原料炼制油脂较好，冷藏后也可保持较好的质量。盐藏的原料炼制的油脂多带有不良气味，质量较差。

第三节　畜脂在食品工业中的利用

一、食用油脂

食用动物油脂包括食用猪油、食用牛油和食用羊油等，是利用动物脂肪组织提炼出固态或半固态脂类经过加工制得的脂类产品。与一般植物油相比，动物油脂有不可替代的特殊香味，且含有多种脂肪酸，饱和脂肪酸和不饱和脂肪酸的含量相当，具有一定的营养价值，并能提供极高的热量。

生产食用动物油脂的一般工艺为：原料收集→炼制→分离净化→精炼→压滤冷却→灌装→入库等工序，每道工序必须按要求操作，否则会影响最终产品的感官质量或理化指标。

（一）原料处理

1. 工艺流程

原料→ 分类 → 分级 → 称重 → 修整 → 粗切 → 冲洗 → 沥水 → 降温 → 绞碎

2. 操作要点

（1）对脂肪原料首先根据动物种别分类，再依部位、肥度、鲜度、色泽和气味进行分级，分别称重，以便合理组织生产。然后进行修整，清除血块、筋膜等非脂肪杂物，以免在熔炼时产生焦煳味或产生动物胶而乳化脂肪等。

（2）将修整好的原料切成 4～5cm 的小块，然后冲洗 2～3h，除去表面污物、盐分及异味等，再沥水约 30min。可在 10～15℃条件下进行，以防止变质，增强硬度以便绞碎。

（3）用绞肉机将原料绞碎，利于脂肪外流，缩短熔炼时间，同时可提高产品质量和出油率，减少消耗。

（二）油脂炼制方法

动物油脂的提取主要采用熔炼法，即加热提取油脂，加热能使油脂熔化引起脂肪组织不同程度的破坏，适合于油脂原料中的大部分油脂自由流出。除温度外，油料中所含的水或加入的水分都对破坏油脂原料和分离油脂起重要作用。

1. 干法熔炼

干法熔炼过程不加水，乳浊液形成少，酸价低，易澄清和分离，质量优于湿炼法，但因受热不均匀而有焦化现象。常用于生产的方法主要有以下几种。

（1）真空熔炼法　真空熔炼油脂的设备，一般采用带搅拌器的卧式密闭夹层锅。用蒸汽加热，蒸汽压力 0.18 ~ 0.2MPa，真空度达到 500 ~ 600mmHg，锅内温度维持 70℃，时间约 1.5h。真空熔炼出的产品质量好，因为原料中大部分水分蒸发，油脂和渣不含有水分，水解程度最小，熔炼温度较低，对磷脂和脂溶性维生素破坏少，不仅营养价值高，且有一定的抗氧化作用。同时很少有特殊的臭味，但设备较昂贵。

（2）明火熔炼法　用特制或普通不锈钢锅在炉火上直接加热熔炼，此法适用于无蒸汽设备的小厂和家庭生产，设备简单，便于操作，成本低。缺点是受热极不均匀，油渣易焦化而降低质量。

（3）蒸汽熔炼法　通过蒸汽加热使脂肪受热均匀，加热温度 65 ~ 90℃，约 1h，使胶原纤维熔化，绝大部分的油脂析出，停止加热和搅拌。再分次加入 1% ~ 1.5% 食盐，配成澄清的饱和食盐溶液进行盐析。

盐析的原理是食盐可使油脂中水的比重增加，加速水的下沉，同时可使悬浮的胶体聚集，破坏胶体的乳化性而下沉，达到除去杂质和水的目的。

2. 湿法熔炼

湿法熔炼是熔炼前向锅内加水，并将蒸汽直接通入原料锅内加热。产品异味少，色泽白，湿法熔炼分低压和高压两种。

低压湿法熔炼，采用 65 ~ 75℃，保温 2.5 ~ 3h，盐析 30 ~ 40min。

高压湿法熔炼，用高压锅在 0.2 ~ 0.3MPa 下直接蒸汽加热熔炼，基本条件同低压法。

（三）油脂的净化

从油脂原料熔炼出的油脂，含有杂质，如油渣的微粒和少量的水，需经净化后才能达到食用要求，净化的方法有自然澄清法、压滤法和离心分离法。

1. 自然澄清法

自然澄清法是最简单的净化杂质方法。澄清槽加热至 60 ~ 65℃，把经过滤的油脂放入澄清槽内然后分次加入食盐溶液进行盐析，澄清 5 ~ 6h，至清亮，产品含水约 0.05%，含盐约 0.008%。澄清后放出下层含杂质的沉淀油，上层脂肪立即快速冷却，使其成为结晶细小、组织状态细腻、色泽一致的优良产品。此法的缺点是时间较长，沉淀中油脂损失较多。

2. 压滤法

通常采用板式压滤机，在 75 ~ 80℃下，以 1.96×10^5 ~ 2.94×10^5 Pa 压力，连续过滤杂质，滤过的油脂立即冷却包装。此法适用于真空熔炼的油脂。

3. 离心分离法

离心分离法是根据油、水和渣的相对密度不同，用离心机除去杂质和水分的方法。分离的技术要点是油温保持在 100℃左右，离心机转速 5000～6000r/min，不能低于 3200r/min。此法生产油脂纯度高、速度快、能连续生产。

（四）油脂的精炼

1. 油脂精炼的目的

采用压榨法或浸出法得到的毛油都含有不同数量的非油杂质。如机械杂质、游离脂肪酸、胶质、色素、臭味物质、水分和蜡质等。这些杂质多数影响到油脂的色泽、气味、滋味、透明度、营养等，如果不除去，不仅会影响食用价值，而且在保存时容易变质，在工业上使用，往往会使生产过程和产品受到影响。因此油脂精炼的目的就在于最少地破坏中性油和天然抗氧化剂——生育酚，并除去各种杂质，制成适合于各种用途、品质优良的油脂。

2. 工艺流程

毛油 → 加温 → 加碱（中和）→ 加盐 → 静置 → 洗涤 → 加热（干燥、脱臭）→ 加活性炭（脱色、脱臭）→ 压滤 → 精油速冷 → 成品包装

3. 操作要点

（1）中和与洗涤　中和是用碳酸氢钠对毛油中的游离脂肪酸进行皂化除去。将毛油加入夹层锅中，加热至 60℃，在搅拌下逐步加入同温度的碱液。碱液的用量需先测定油脂的酸价，然后计算出需加碱量，并配成 5% 的碳酸钠溶液。加完碱液，搅拌保温 30min 以后，再加入 3% 饱和食盐溶液，静置 3h 后，放入皂化液。上层油脂用 95℃ 热水洗涤 3～4 次，热水量约为油脂量的 20%，每洗一次静置 30～40min，放出皂化液，洗至无皂质为止。

（2）干燥与脱臭　洗净的油脂再于原釜中加热至 100～105℃，进行干燥，也可在减压锅中，于 700～730mmHg（93.325～97.325kPa），85～90℃ 条件下干燥 1～2h，使含水量低于 0.2%，干燥过程中有部分脱臭作用。

（3）脱色与脱臭

干燥后的油脂，可能色泽尚不洁白，可用酸性白土或活性炭进行脱色，将脱水的油脂放入开口釜中，加热到 75～85℃，在搅拌下加入 2%～5% 的酸性白土或活性炭，再搅拌 30min 使其吸附。再经压滤，分离出精炼油脂和加入物。脱色过程也有脱臭作用，脱色后所得精脂肪经速冻降温，使结晶均匀，状态细腻，包装后即为成品。

（五）动物脂肪炼油设备

动物脂肪炼油设备见图 4-1。

（六）食用动物油脂生产中的质量控制

首先是原料的预处理。预处理主要工作包括收集和修整，对于一些小的屠宰厂来说，由于屠宰量小、屠宰速度慢，原料的收集过程显得相当重要。原料的周转与存放要注意避免原料变质，在收集够一个加工批量前需存放在冷库中。原料要及时修整，修去瘀血、淋巴结等病变组织，再进行粗切和洗涤，洗去原料表面的泥污、粪污，以保证原料清洁卫生。完成清洁工作后，为加快出油需绞碎原料。为防止洗涤时带入原料过多水分，减少后续油水分离和沸炼等工序对水分含量控制的难度，可在原料投入炼油炉之前增加沥水工序。

在投料后的整套炼制过程中沸炼是关键工序，要注意协同控制油脂的水分、酸价和过氧化值等指标。酸价是指油脂氧化后产生游离脂肪酸的多少，酸价越低，油的质量越好。

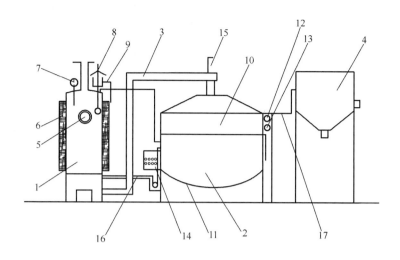

图 4-1　动物脂肪炼油设备

1—锅炉　2—锅体　3—烟气道　4—沉淀箱　5—装备口　6—保温层　7—温度表
8—油浮油位显示　9—余油溢出口　10—肉料进口　11—刮板　12—抽油泵
13—锅传动电机　14—配电箱　15—引风机　16—导热油管　17—油管

过氧化值是表示油脂和脂肪酸等被氧化程度的一项指标，以 1kg 样品中的活性氧含量表示，用于说明油脂是否已被氧化而变质。以上指标均能衡量油脂酸败程度，也能在油脂的最终口感上得以体现。沸炼的温度和时间直接影响到指标是否合格。

　　例如，国内某大型生猪屠宰厂，由于酸价超标导致大量食用猪油被迫转为工业用油，分析多时未找出根本原因。起初排查原因时过分强调原料的新鲜度对酸价的影响，一直从原料的周转上着手，规范流程、加派人手后，产品质量仍时好时坏。后经多方努力，发现不合格原因为部分猪油在生产线停止后炼制，锅炉房为节能降耗，对热气供应有所控制，导致炼制的温度起伏不定，最终影响到油脂的酸价。炼制的温度过高、时间过长均会导致酸价超标，反之则会影响出油效果，所以炼制时应控制温度恒定在一个较小的范围内，并对时间加以控制，这样方能在保证产量的同时保证质量。

　　静置沉淀是为了滤去油渣等杂质。合格的猪油应是融化态时呈微黄色，透明澄清；凝固态时呈白色，有光泽，细腻，呈软膏状且颜色看起来比较均匀一致。如果沉淀操作不当则会使猪油比较黄，并且有一些颗粒。

　　包装入库是生产中的最后一个环节，一般使用食用油盒包装，注明卫生检验批号、生产厂名、生产厂址和产品合格证等。包装后的产品要在符合卫生要求的库房中储藏，严禁与有毒、有害、有异味的物资混放，不得雨淋日晒。同时，要明确要求在销售过程中同样不能与有毒、有害、有异味的物资混装或混运。

二、人造奶油

（一）定义

　　人造奶油（margarine）是根据人造奶油在制作过程中流动的油脂放出珍珠般的光泽而命名的。各国对人造奶油最高含水量的规定，以及奶油与其他脂肪混合程度上的差别，影响了国际的交易，为此，FAO/WHO 联合食品标准委员会制定了统一的国际标准。

1. 国际标准定义

人造奶油是可塑性或液体乳化状食品，主要是油包水型（W/O），原则上是由食用油脂加工而成。人造奶油具有以下三个特征：具备可塑性或液态乳化状；为 W/O 型乳状液；乳脂不是其主要成分。

2. 中国标准定义

人造奶油是指精制食用油添加水及其他辅料，经乳化、急冷捏合成具有天然奶油特色的可塑性制品。

（二）种类

1. 家庭用人造奶油

这类人造奶油主要在饭店或家庭就餐时直接涂抹在面包上食用，少量用于烹调，市场上销售的多为小包装。目前国内外家庭用人造奶油主要有以下几种类型。

（1）硬型餐用人造奶油。

（2）软型人造奶油。

（3）高亚油酸型人造奶油。

（4）低热量型人造奶油。

（5）流动型人造奶油。

（6）烹调用人造奶油。

2. 工业用人造奶油

（1）通用型人造奶油。

（2）逆相人造奶油。

（3）调和人造奶油。

（4）双重乳化型人造奶油。

（三）原料和辅料

1. 原料油脂

最初人造奶油的原料油脂是指牛脂经分离提得的软质部分，后来改用猪脂提取。随着油脂精炼、加工技术的进步，目前人造奶油的原料油脂多种多样，尤其是近年来植物油比例增大，这是人造奶油发展的一个特点。制人造奶油的油脂必须是经脱酸、脱色、脱臭、加氢或不加氢的精炼油，猪油、牛油、羊油等动物油均可加工人造奶油。

2. 辅料

（1）乳成分　一般多使用牛乳和脱脂乳。新鲜牛乳必须经过严格的巴氏灭菌处理，确认未被微生物污染后方可使用，乳粉、脱脂乳粉加水后也可使用，只是乳味稍逊色。含有乳成分易使细菌等微生物繁殖，使人造奶油变质，解决的办法是使用防腐剂并冷藏在 10℃以下。我国目前在配料中一般不用发酵乳和鲜牛乳，这有利于保存，在配料中一般加脱脂乳粉或植物蛋白。

（2）食盐　家庭用人造奶油几乎都加食盐，加工糕点用人造奶油多不添加食盐。添加食盐除可增加风味，还具有防腐效果。

（3）乳化剂　为了形成乳化和防止油水分离，制人造奶油必须使用一定量的乳化剂。常使用的乳化剂为磷脂酰胆碱、单硬脂酸甘油酯以及单脂肪酸蔗糖酯。一般情况下，不单独使用一种乳化剂，而是两种以上复合使用。

（4）抗氧化剂　为了防止原料脂肪酸败和变质，通常添加叔丁基羟基茴香醚（butyl hydroxy anisd，BHA）、二丁基羟基甲苯（butylated hydroxy toluene，BHT）、没食子酸丙酯（propyl gallate，PG）、维生素 E 等抗氧化剂，也可添加柠檬酸作为增效剂。

（5）防腐剂　为了抑制微生物的生长繁殖，人造奶油中需加防腐剂。食盐是调味料，也有防腐作用。我国允许用苯甲酸或苯甲酸钠，用量为 0.1% 左右。此外，柠檬酸可降低乳清的 pH，减少霉菌繁殖机会。

（6）着色剂　人造奶油一般无需着色，天然奶油有一点微黄色，为了仿效天然奶油，有时需加入着色剂。主要使用的着色剂是 β - 胡萝卜素，也可使用其他色素，如柠檬黄等。

（7）香味剂　为了使人造奶油的香味接近天然奶油香味，通常加入少量奶油味和香草一类的合成食用香料，来代替或增强乳成分所具有的香味。可用来仿效奶油风味的香料有几十种，它们的主要成分为丁二酮、丁酸、丁酸乙酯等。

（8）维生素　天然奶油含有丰富的维生素 A 和少量维生素 D。为了提高人造奶油的营养价值，美国规定每磅人造奶油中需添加 15000IU 维生素 A 和 1500IU 维生素 D。添加后对物理性能、口味都没有影响。

此外，在有的小包装人造奶油中，还加入一些糖，以满足甜食者的要求。

（四）人造奶油的生产工艺及设备

1. 工艺流程

$\boxed{\text{原辅料的调和}} \rightarrow \boxed{\text{乳化}} \rightarrow \boxed{\text{急冷捏合}} \rightarrow \boxed{\text{包装}} \rightarrow \boxed{\text{熟成}} \rightarrow \text{成品}$

2. 操作要点

（1）原辅料调和　原料油按一定比例经计量后进入调和锅调匀，脂溶性添加物（乳化剂、着色剂、抗氧剂、香味剂、脂溶性维生素等）在用油溶解后倒入调和锅。若有些添加物较难溶于脂肪（也较难溶于水），可加一些互溶性好的丙二醇，帮助它们很好分散。水溶性添加物（食盐、防腐剂、乳成分等）用水（经杀菌处理）溶解成均匀的溶液，备用。人造奶油的典型配方见表 4-9。

表 4-9　　　　　　　　　　人造奶油典型配方

成分	添加量
油脂/%	80~85
水/%	14~17
单甘脂/%	0.1~0.3
磷脂酰胆碱/%	0.1~0.3
奶油香精/%	0.1~0.3
抗氧化剂/（mg/kg）	100~200
抗坏血酸棕榈酸酯/（mg/kg）	10~20
胡萝卜素/（mg/kg）	45~50

（2）乳化 加工普通的油包水型人造奶油，可把乳化锅内的脂肪加热到60℃，然后加入计量好的相同温度的水（含水溶性添加物），在乳化锅内迅速搅拌，形成乳化液，水在脂肪中的分散状态对产品的影响很大。水滴直径太小，油感重，风味差；水滴直径过大，风味好，易腐败变质；水滴直径大小适当，风味好，细菌难以繁殖。水相的分散度可通过显微镜观察。

乳化锅是一个圆柱形罐，外面有夹套，可以通热水加热脂肪，内部装有搅拌器。

（3）急冷 乳状液由柱塞泵以2.1~2.8MPa压强下送入急冷机（见图4-2），利用液态氨急速冷却，在冷却壁上冷冻析出的结晶被筒内的刮刀刮下。物料通过急冷机时，温度降到10℃。此时料液已降至脂肪熔点以下，析出晶核，由于受到强有力的搅拌，料液不会很快结晶，成为过冷液。

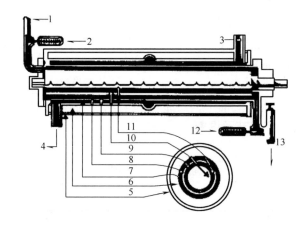

图4-2 急冷机结构

1—物料进口 2—温度计 3—冷却液进口 4—冷却液出口 5—外壳
6—隔热层 7—冷却液通道 8—冷却筒壁 9—乳状液通道
10—空心轴 11—刮刀 12—温度计 13—排料阀

急冷机是由2~3个冷却筒组成的急冷设备。急冷机是装有刮刀的冷却装置，轴的表面装有两列刮刀，冷却筒内表面上形成的结晶被高速旋转（300~800r/min）的刮刀刮离，始终暴露新的冷却面，保持高效传热。其旋转轴是空心的，操作时，轴中心可通入50~60℃的热水，防止轴上黏结固化的结晶，造成堵塞。物料通道为10mm左右的环形通道。物料在急冷机单元停留5~10s。

（4）机械捏合 急冷机的过冷液显然已生成晶核，但还需要经过一段时间使结晶成长，如果让过冷液在静止状态下完成结晶，就会形成固体脂结晶的网状结构，形成硬度很大的整体，没有可塑性。要得到一定塑性的产品，必须在形成整体网状结构前进行机械捏合。

捏合机（见图4-3）的直径比急冷机大得多，有的捏合机外有夹套，必要时可进行调温。物料通过捏合机时，受到固定翅和活动搅拌翅的强烈搅拌捏合，搅拌轴转速可根据需要在20~300r/min调节。物料可在内停留数分钟。

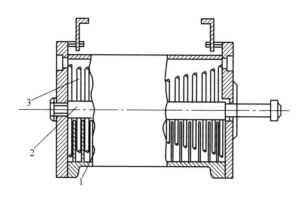

图 4 - 3　捏合机结构
1—固定翅　2—搅拌轴　3—搅拌翅

食品工业用人造奶油必须通过高效的捏合机，打碎原来形成的网状结构使其重新结晶，降低稠度，增加可塑性。捏合机对物料剧烈搅拌捏合，并慢慢形成结晶。由于结晶产生的结晶热（209kJ/kg），搅拌产生的摩擦热，出捏合机的物料温度升至 20～25℃，此时结晶完成了 70%左右，但仍呈柔软状态。

家庭用软型人造奶油如果进行过度的捏合，反而会有损其风味，因而急冷机出来的物料不经捏合机，而是进入滞留管（静止管）进行适当强度的捏合。

（5）包装、熟成　从捏合机出来的人造奶油为半流体，要立即送往包装机，有些需成型的制品则先经成型机后再包装。包装好的人造奶油，置于比熔点低 10℃的仓库中保存 2～5d，使结晶完成，这项工序称为熟成。

（五）人造奶油的特点

人造奶油有良好的乳化性、充气功能和可塑性，可以起到良好的润滑面团作用，操作简便；人造奶油稳定性高、价格低廉。由于不同厂家的产品配方差异大，如含水量、含盐量等，另外不同产品的熔点差别也比较大，因此要注意根据具体用途选择合适的人造奶油产品。

（六）人造奶油质量标准

人造奶油应符合《人造奶油卫生标准》（GB 15196—2003）要求。

1. 感官要求

外观呈乳白色或者淡黄色，半固体状，质地均匀细腻，具有天然奶油特有的风味，无霉变、无异味、无异臭和无杂质。

2. 理化指标（见表 4 - 10）

表 4 - 10　　　　　　　　　　　　理化指标

项目	指标
水分/（g/100g）	≤16
脂肪/（g/100g）	≥80
酸价/（mg KOH/g）	≤1

续表

项目	指标
过氧化值/（g/100g）	≤0.13
铜（Cu）/（mg/kg）	≤0.1
镍（Ni）/（mg/kg）	≤1
总砷（以As计）/（mg/kg）	≤0.1
铅（Pb）/（mg/kg）	≤0.1

3. 微生物指标（见表4-11）

表4-11　　　　　　　　　　　　微生物指标

项目	指标
细菌总数/（CFU/g）	≤200
大肠菌群/（MPN/100g）	≤30
真菌/（CFU/g）	≤50
致病菌（沙门菌、志贺菌、金黄色葡萄球菌）	不得检出

三、起酥油

（一）定义

起酥油（shortening）意思是用这种油脂加工饼干等制品时，可使制品酥脆易碎，因而把具有这种性质的油脂称作起酥油，把这种性质称为起酥性。

起酥油的范围很广，下一个确切的定义比较困难，不同国家、不同地区起酥油的定义不尽相同。起酥油一般不宜直接食用，而是用来加工糕点、面包或煎炸食品，必须具有良好的加工性能。

（二）加工特性

1. 可塑性

起酥油一般是有可塑性的固体乳白色脂肪，其外观和稠度近似猪脂。起酥油在外力小的情况下不易变形，外力大时易变形，可作塑性流动。温度高时变软，温度低时变硬。一般要求在10~15℃时不能太硬，在32~37℃时不能太软。

2. 起酥性

起酥性是指烘焙糕点具有酥脆易碎的性质。各种饼干就是酥脆点心的代表。一般说来，可塑性适度的起酥油，起酥性能好。脂肪过硬，在面团中呈块状，制品酥脆性差，而液体油在面团中，使制品多孔，显得粗糙。

脂肪的起酥性用起酥值表示，起酥值越小，起酥性越好。几种脂肪的起酥值如表4-12所示。从表可以看出，椰子油、椰子氢化油等可塑性差的脂肪，起酥性也差，而像起酥油等可塑性好的脂肪，起酥性也好。

表 4 - 12	几种脂肪的起酥值	
类别	熔点/℃	起酥值
椰子油	24.0	127.9
椰子氢化油	27.3	134.8
椰子氢化油	35.0	155.2
人造奶油（棉籽）	35.3	140.2
起酥油（棉籽）	44.0	126.2
起酥油（菜籽）	39.4	123.0
起酥油（牛脂为主体）	37.4	119.5
猪油	50	<60
猪油氢化油	34.8	82.7
猪油氢化油	42.9	97.9
猪油氢化油	49.2	127.5

3. 乳化性

油和水互不相溶，但在食品加工中经常要将油相和水相混在一起，而且希望混得均匀而稳定，通常起酥油中含有一定量的乳化剂，因此它能与鸡蛋、牛奶、糖加工出风味良好的面包和点心。

4. 吸水性

如同含气性一样，可塑性脂肪也具有一定的吸水性。起酥油的吸水性取决于两个因素，一是自身的可塑性，二是添加的乳化剂。据测定，在 21.1℃ 时，猪油、混合型起酥油的吸水率为 25% ~ 50%，氢化猪油为 75% ~ 100%，全氢化型起酥油为 150% ~ 200%，含甘油一酸酯的起酥油吸水率可达 400%。吸水性对于加工奶酪制品和烘焙点心有着重要意义。例如，在饼干生产中，可以吸收形成面筋所必需的水分，防止挤压时变硬。

5. 氧化稳定性

与普通脂肪相比，起酥油的氧化稳定性好。这是因为原料中使用了经选择性氢化的油。其中全氢化型植物性起酥油效果最好，动物性脂肪则必须使用 BHA 或生育酚等抗氧化剂。

由于起酥油的稳定性好，有的抗氧化值达 200h 以上，可用于货架期较长的商品。

（三）种类

1. 按制造方法分类

（1）全氢化型起酥油。

（2）混合型起酥油。

（3）酯交换型起酥油。

2. 按原料种类分类

（1）植物性起酥油。

（2）动物性起酥油。

（3）动植物混合型起酥油。

（四）起酥油的原料和辅料

1. 原料脂肪

生产起酥油的原料有两大类，植物性脂肪，还有动物性脂肪，如猪油、牛油、鱼油及它们的氢化油。脂肪都是经过很好精炼的，氢化油必须是选择性氢化油。

2. 原料脂肪的配合

为使起酥油具有较宽的塑性范围，需采用不同熔点的脂肪配合。其配比应依据产品的要求来确定。最广泛应用的是控制其固脂指数，也有的是控制熔点、冻点、浊点、折光指数和碘价。

3. 辅料

（1）乳化剂

①脂肪酸蔗糖酯：是蔗糖中 1 ~ 3 个羟基和脂肪酸结合的酯类，也称为糖酯。它和单脂肪酸甘油酯具有类似的作用。

②大豆磷脂：一般不单独使用，多与单脂肪酸甘油酯等其他乳化剂配合使用。通用型起酥油中，大豆磷脂和脂肪酸甘油酯混合时的添加量为 0.1% ~ 0.3%。

③脂肪酸丙二醇酯：通常是丙二醇和一个硬脂酸结合而成。它与单脂肪酸甘油酯混合使用时具有增效作用，多在流动型起酥油中添加使用，添加量为 5% ~ 10%。

（2）抗氧化剂　起酥油中的抗氧化剂多使用天然的生育酚，较少使用合成品。合成的抗氧化剂常用 BHA、BHT、PG，添加量必须在食品卫生法规定的范围内。

（3）消泡剂　用于煎炸的起酥油需要消除气泡，一般添加聚二甲基硅氧烷，添加量为 2 ~ 5mg/kg，加工面包和糕点用起酥油不需要使用消泡剂。

（4）氮气　每 100kg 急冷捏合的起酥油应含有 20L 以下氮气。对熔化后使用的煎炸油则不需压入氮气。

（五）起酥油的生产工艺

1. 可塑性起酥油的生产工艺

（1）工艺流程

$\boxed{原辅料的调和}$→$\boxed{急冷捏合}$→$\boxed{包装}$→$\boxed{熟成}$→成品

（2）具体操作过程　原料油（按一定比例）经计量后进入调和罐。添加物在事先用油溶解后倒入调和罐（若有些添加物较难溶于脂肪，可加一些互溶性好的丙二醇，帮助它们很好分散）。然后在调和罐内预先冷却到 49℃，再用齿轮泵（两台齿轮泵之间导入氮气）送到急冷机。

在急冷机中用液氮迅速冷却到过冷状态，部分脂肪开始结晶。然后通过捏合机连续混合并再次结晶。急冷机和捏合机都是在 2.1 ~ 2.8MPa 压力下操作，压强是由于齿轮泵作用于特殊设计的挤压阀而产生的。当起酥油通过最后的背压阀时压强突然降到大气压而使充入的氮气膨胀，使起酥油获得光滑的奶油状组织和白色的外观。刚生产出来的起酥油是液态的，当填充到容器后不久就将呈半固体状。若刚开始生产时，捏合机出来的起酥油质量不合格或包装设备有故障，可通过回收油槽回到前面重新调和。

2. 液体起酥油的生产

由于液态起酥油必须保持一种固脂均匀悬浮分散的状态，所以它的制备方法是否准确尤为重要。

（1）急冷结晶法工艺流程

原料调配 → 加热熔化 → 速冷 → 捏合 → 熟化 → 包装 → 成品

此法的优点是可以利用现有的生产人造奶油或起酥油的急冷机、捏合机来进行速冷和捏合。其缺点是熟化工艺不易控制，产品常呈塑性而失去流动性。

（2）超微粉碎法工艺流程

硬脂 → 加乳化剂等加热熔化 → 缓慢冷却凝固 → 超微粉碎 → 加入已冷却好的液油中 → 均质研磨 → 陈化 → 包装 → 成品

此法的优点是可以简化陈化工艺，但超微粉碎过程的控制较难，因为粉碎产生的摩擦热会导致脂晶体熔融结团。

（3）调温结晶法工艺流程

原料配制 → 加热熔化 → 搅拌下调温结晶 → 回温或老化 → 流态化后包装 → 成品

该工艺对生产用的设备要求不高，但对调温、老化工艺参数要求十分严格，一般情况下此过程要历时 3～4d 产品才会稳定。但也可以在充分了解物料结晶习性的前提下，采用正确的调温处理加快产品稳定的过程。

3. 粉末起酥油的生产

工艺流程

原料 → 精炼 → 氢化 → 冷却 → 过滤 → 配料 → 雾化 → 包装 → 成品

油脂的精炼由水化、脱酸、脱色、脱臭等操作组成，其目的除了提高油的品质外，更重要的方面在于为氢化反应创造必不可少的条件。氢化前油的含硫量必须低于 5mg/kg，含磷量也要控制在 2mg/kg 以内。因为氢化反应是一种气、液、固三相界面反应，硫、磷、一氧化碳等会妨碍氢元素在催化剂表面的活化。对油的其他理化指标的要求与一般精炼油一致。

油脂氢化的目的是提高熔点或降低碘价。氢化的设备主要是带搅拌的钢制反应釜，氢气的进料方式有鼓泡式和闭端式两种。鼓泡式进料流程如图 4-4 所示。

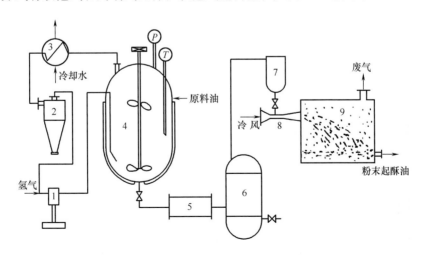

图 4-4　粉末起酥油生产流程图

1—压缩机　2—分离器　3—冷凝器　4—氢化斧　5—过滤机

6—储槽　7—配料缸　8—喷雾嘴　9—沉降室

搅拌器最好选取桨叶型。下部桨叶用来悬浮粒状催化剂，上部桨叶用来吸入和分散液面上的氢气。试验表明，氢气中所含水蒸气对反应无明显影响，因而可在冷凝器出口的汽水分离器中除去。

粉末起酥油目前大部分用喷雾干燥法生产。其制取过程是：将脂肪、被覆物质、乳化剂和水一起乳化，然后喷雾干燥，使其呈粉末状态。使用的脂肪通常是熔点30～35℃的氢化植物油，也有的使用部分猪油等动物脂肪和液体脂肪。使用的被覆物质包括蛋白质和糖类。蛋白质有动物胶、乳清等。糖类是马铃薯等鲜淀粉，也有的使用淀粉糖化物等。

（六）起酥油的特点

起酥油具有良好的乳化分散性、保水性、吸水性、含气性、可塑性、酥脆性及稳定性等。一般用起酥油制作出来的面包柔软、抗老化时间长、面包组织结构细腻。起酥油熔点比奶油高，适合长时间擀压。

（七）起酥油质量标准

起酥油应符合《起酥油》（SB/T 10073—1992）要求。

1. 感官要求

外观呈白色或者淡黄色，质地均匀，无杂质，滋味、气味良好。

2. 质量指标（见表4－13）

表4－13　　　　　　　　　　　　质量指标

项目	指标
水分及挥发物/%	≤0.50
酸价/（mg KOH/g）	≤0.80
过氧化值/（meq/kg）	≤10.0
气体含量/（mL/100g）	≤20.0
熔点/℃	根据用户要求

注：气体含量不作考核指标。

3. 卫生指标（见表4－14）

表4－14　　　　　　　　　　　　卫生指标

项目	指标
铜（以Cu计）/（mg/kg）	≤1.0
镍（以Ni计）/（mg/kg）	≤1.0

四、粉末油脂蛋糕

粉末油脂又称"魔油"，其制造过程是将原料油脂与乳蛋白混合，然后在真空状态下加高温，使其变成粉末。这种用乳蛋白包起来的粉末油脂的优点，一是延长油脂储藏期；二是可随意与粉状食品原料混合；三是对于不便用油的食品也可用油脂配料；四是添加粉末油脂制作的食品可长期保持柔软，不会变硬，口感良好。

在蛋糕加工中添加粉末油脂,改善了蛋糕的品质,延长了蛋糕的货架期并且使蛋糕仍能保持柔软、新鲜、爽口。

(一)配方

面粉 5kg、鸡蛋 5kg、白砂糖 5kg、粉末油脂 300~500g,发泡粉、花生油各适量。

(二)工艺流程

将鸡蛋、白砂糖搅打乳化 → 加入粉末油脂 + 面粉混合物 → 和匀 → 装模 → 烘烤 → 冷却 → 包装 → 成品

(三)加工要点

(1)鲜鸡蛋与白砂糖要充分搅打,至体积膨胀,浆料呈白色、细腻的膏状为止。

(2)加入的粉末油脂、面粉都要过筛。用手混合时,将手指伸开从底部往上捞,混合均匀至无面粉颗粒为止,操作中手法一定要轻,避免泡沫破碎,且不能久混,防止面筋化。

(3)把浆料放入模具中,在 200℃温度下烘烤 10~15min。

(4)蛋糕最后成熟的部分在顶部表皮中心下方 0.5~1cm 处,用手指尖触压蛋糕表面中心处,如果有顺势下塌的现象,则表明蛋糕还未成熟;反之,如果能抵抗指尖压力,并有一定弹性,表明蛋糕已经成熟。

(四)产品特点

蛋糕顶部平坦或略突起,表皮呈均匀的淡褐黄色,内部色泽金黄,孔隙细小均匀,组织柔软富有弹性,口感不黏,轻微湿润,具有蛋香味。

(五)结果比较

(1)添加粉末油脂的蛋糕与未添加粉末油脂的蛋糕在品质上有明显的区别,添加粉末油脂的蛋糕组织结构非常细腻,气泡非常均匀,用小刀切片时不掉渣,柔软而有一定的弹性;而未添加粉末油脂加工的蛋糕气泡不均匀,切片时易掉渣,柔软性和弹性不如添加粉末油脂的蛋糕。

(2)添加粉末油脂的蛋糕比未添加粉末油脂的蛋糕保鲜期延长一倍,品质保持柔软,不变硬,口感良好。

五、加脂牛肉

肌内脂肪丰富的牛肉具有良好的风味、保水性、嫩度、滑腻感和多汁性口感,而肌内脂肪少的牛肉则口感差、质地硬、风味不佳。如果能在宰后将适宜的外源脂肪注入到肌内脂肪沉积不好的牛肉中,则可在短期内迅速提高牛肉品质,必将给企业带来巨大的经济效益。

肥牛脂肪是以牛脂、纯净水、普通豆油为主要原料,在油相和水相中分别加入乳化剂,通过保温、乳化等特殊工序加工而成的一种油包水型食品乳状液。加脂牛肉是指将肥牛脂肪注入牛肉内部,丰富牛肉的大理石花纹,提高牛肉的品质等级。同时对注入的脂肪进行一定的处理,促进脂肪与肌肉的结合,以减少加脂牛肉在熟制及储藏过程中的脂肪损失,并根据评分标准提高牛肉的品质等级,改善牛肉的食用品质,以达到满足消费者需求和提高企业经济效益的目的。

（一）肥牛脂肪

1. 配方

磷脂酰胆碱 0.5%、单硬脂酸甘油酯 0.43%、山梨醇酐油酸酯 0.11%、乳清粉 0.41%、牛油 15%、豆油 55%、水 29.55%。

2. 制作工艺

将脂溶性物质加入脂肪中，水溶性成分加入水中，分别混匀，置于 60℃ 水浴中保温溶解。油相在保温过程中应不断搅拌，以免局部受热，直至油相透亮，将油相降温 3～5℃ 后，用注射器以细流方式将水相加入油相，注射速度为 5mL/min，此过程需同时搅拌 10min，然后静置 2min，应注意水相与油相温度保持一致，否则影响乳状液的形成。将混合溶液高速搅拌乳化（转速 19000r/min）10min，乳化过程中可适当用冷水冷却乳状液。乳化结束后，立即将乳状液急速冷却，在 10min 内降温至 7～10℃，最后将乳状液冷藏熟化（4～7℃），即得成品。

（二）加脂牛肉的制作

1. 工艺流程

原料肉预处理 → 冷藏待用 → 注射肥牛脂肪 → 表面处理 → 交联反应（冷藏条件下） → 速冻 → 切片 → 真空包装 → 冷冻储藏（-18℃）→ 成品

2. 加脂牛肉表面处理

利用谷氨酰胺转氨酶能使蛋白质之间相互交联的特性，在肥牛脂肪乳化结束后添加甘油三酯，添加量为 0.8%；添加谷氨酰胺转氨酶后 1h 内进行注射；将谷氨酰胺转氨酶 0.28%，氯化钠 0.4%，多聚磷酸盐 0.09% 复配后，处理牛肉表面，以防止注入牛肉中的肥牛脂肪流失。

与未加脂牛肉相比，加脂牛肉的各指标没有显著差异，注入的脂肪不会降低人造肥牛的卫生质量和感官品质，而加脂牛肉的汁液流失率也高于未加脂牛肉，因此对牛肉表面处理剂的组成及其脂肪添加量，还有待进一步的研究。

六、羊脂油茶

（一）原料配方

高精面粉 5kg、羊油 2kg、花生仁 1.5kg、玉米淀粉 1kg、芝麻 1kg、食盐 500g、香料粉（八角茴香、小茴香、花椒、丁香、肉桂、草果、陈皮、砂仁共 100g）、小磨香油 600g、花生油 150g、小葱、姜、大蒜各适量。

（二）制作方法

（1）将羊油洗净、切碎，放入夹层锅内在小火上炼成油，捞出油渣，再下入花椒、葱、姜、蒜炸一下捞出，去净羊油膻味。

（2）将羊油倒在有少量冷水的盆内，待使油冷却后倒出。

（3）将面粉、玉米粉上笼蒸约 40min，摊开晾凉，把疙瘩块捏散过筛；将芝麻过筛后炒成深黄色，碾碎；将花生仁用花生油炸焦，捞出晾凉，去皮，压成形如黄豆粒。

（4）将面粉加入夹层锅中用小火炒出香味，再分 3 次加入香油炒上色后，将花生仁、芝麻、食盐、香料粉一起加入，继续炒拌几分钟后出锅。

（5）将羊油在小火上熔化，晾至二成热，将上述面粉、花生仁、芝麻边下边炒，同油掺匀，即成为可食用的油茶面。

（6）食用可分冲食、煮食。冲食时，须先将油茶面用少量温开水搅拌成糊，再用100℃的开水冲入，顺着一个方向搅成稀糊，即可食用。一般50g油茶面可兑热水400g。煮食时，先将油茶面用少量凉水搅成糊，再将糊搅入适量的开水内稍煮即成。

（三）产品特点

淡咖啡色，乳状稀汁，味道浓郁，咸甜适口，营养丰富。

小麦面粉富含蛋白质、糖类、维生素和钙、铁、磷、钾、镁等矿物质，有养心益肾、健脾、除热止渴的功效，对烦热、消渴、泻痢、痈肿、外伤出血及烫伤等病症有辅助治疗作用。

花生仁含有丰富的蛋白质、不饱和脂肪酸、维生素E、烟酸、维生素K及钙、镁、锌、硒等微量元素，有增强记忆力、抗老化、止血、预防心脑血管疾病、减少肠癌发生的作用。其性平、味甘，具有润肺化痰，滋养调气，清咽止咳之功效。

（四）注意事项

（1）若不用花生仁，可代以核桃仁，去皮炸黄，掺入油面之中，滋味更美，也可二者同时使用。

（2）鲜橘皮少许，切成细末，兑入糊中，橘香醇浓，更无羊油膻味。

七、人造可可脂

巧克力是一种高营养成分的食品，含有丰富的脂肪、蛋白质和糖类等营养要素。它的热量很高，因此广泛用于航空、潜水、登山和消耗能量较大的体育运动中。在人们生活中，巧克力也是一种受人喜爱的高级食品。

巧克力的基本原料是可可脂，可可脂是从天然可可豆中榨出的油脂，可可豆是可可树的果实，脂肪含量一般为29%～48%。可可树生长在热带和亚热带，由于受地区气候的局限，产量远远满足不了巧克力的发展需要。可可脂的国际市场价格很高，比一般油脂价格高5～10倍，而且还供不应求。一些工业发达的国家，为了适应巧克力发展需要和降低产品的成本，早已开展研究，通过对普通食用动物油脂的深度加工，改造其化学结构来制取巧克力，并取得了一定的成效。

目前，国际市场上以可可脂代用品制造巧克力的品种很多，这些代用品可概括分为两种类型：一种是类可可脂，另一种是代可可脂。类可可脂原料是从生长在热带的几种野生植物提取的脂肪，资源同样受到地区和气候的局限，价格较高，影响类可可脂的发展和供应。代可可脂的原料资源较广泛，不受地区和气候条件的限制，但加工制造过程较复杂，油脂选择氢化和精炼脱臭的技术要求较高。

天然可可脂的塑性范围较小，在人的体温下能完全熔化，在室温25℃以下硬而脆，当温度升至26℃以上就突然变软和熔化，因而吃到口里有清凉爽口的感觉。

天然可可脂的化学成分主要是脂肪酸和三酸甘油酯。脂肪酸成分为棕榈酸26%、硬脂酸35%、油酸37%、亚油酸2%，以上数据随不同产区略有差异。三酸甘油酯组成为二棕榈酸一硬脂酸酯2.6%、一油酸二棕榈酸酯3.7%、一油酸一棕榈酸一硬脂酸酯57.0%、一油酸二硬脂酸酯22.2%、一棕榈酸二油酸酯7.4%、一硬脂酸二油酸酯5.8%、三油酸酯1.3%。

可可脂的基本特征是含80%的二饱和脂肪酸—油酸甘油酯，这种成分与羊脂的成分十分相似，因此可利用羊脂制作可可脂。

（一）工艺流程

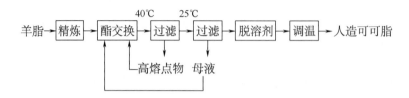

（二）具体操作

将脱酸精炼的羊脂升温至80℃，真空脱水1h，加入0.1%的乙醇钠，搅拌反应3h，至熔点不变化；然后与正己烷混合调温至40℃，过滤，分离高熔点组分，母液冷至25～28℃，放置6～8h，分离结晶，其固体部分经脱溶剂后即得粗产品；再作调温处理，一般温度调节在30～40℃；粗产品受热全部熔化为透明的液态，逐步冷却成固态，出现有规律性多晶型的特点。一般认为有四种主要晶型，它的变化过程是：γ→α→β′→β，其中γ、α、β′为不稳定的晶型，β晶型才是稳定的晶型，这样就制得了人造可可脂。不同晶型显示出不同的熔点范围：

γ：17～19℃、α：21～24℃、β′：27～29℃、β：34～35℃

这种多晶型的特性，关系到人造可可脂的熔点，影响巧克力制品的组织、结构、光泽和塑性范围。

所得人造可可脂可根据需要制模成型，储藏适宜温度为20～22℃，在气候寒冷时，最好先把巧克力在22～24℃中储藏48h后再作通常储藏。

这种将羊脂通过酯交换达到改性制成的人造可可脂，克服了类可可脂和代可可脂的缺点，不但产品理想，而且成本低，使国内大量积压的羊脂经过深度加工制造出高档的营养食品。

八、食品中添加畜脂的作用

（一）对面团特性的影响

小麦粉中的脂类是一种表面活性很强的物质，它对面团特性、面包和面条的品质影响很大。其含量虽不如蛋白质和淀粉多，研究的深度和广度也远不如蛋白质和淀粉，但却是影响面粉品质的重要因素之一，如脂类的组成和种类对面包、饼干、蛋糕等烘焙食品品质有很大影响。

1. 天然动物脂肪对面团特性的影响

面粉本身脂肪含量较少，为了更好地改善面团特性，通常向面粉中添加天然动物脂肪以改善面团的搅拌和加工性能，提高面团的持气性，增加面团强度和耐搅拌性，提高面团吸水速率和吸水量。添加脂肪还可以增强面团的延伸性，使面团具有更好的均一性和更紧密的内部质构。脂肪是一种表面活性很强的物质，可以在和面过程中影响空气的渗透、发酵及醒发期间气泡的扩大和面团弹起。因此，添加适量的脂肪可以改良面团的体积。

向面粉中分别加入1%、1.5%、2%、2.5%的猪油和大豆油后，面团黏弹性均降低，韧性增大，且猪油对面团的影响更大，因此需要改变面团的黏弹性时，选择猪油等固态脂肪更合适。猪油还能很好地改善面团的发酵性能，添加 6% 的猪油，在发酵 200min 时可提高面团约 5% 的产气量和约 12% 的胀发率。

2. 改性动物脂肪对面团特性的影响

改性动物脂肪即为天然脂肪经氢化、酯化或与其他脂类混合制成的专用于食品工业的脂肪，改性脂肪具有比天然脂肪更好的特性。其中起酥油是最常见的改性脂肪，它是精炼的动物脂肪、氢化油或上述脂肪的混合物，经急冷、捏合而成的固态脂肪。起酥油可软化面团，使面团硬度降低。当饼干面团中的脂肪含量从 20% 减少到 10%、8% 和 6% 时，面团硬度变大，而面团黏性、弹性和粘连性增强。

向小麦粉中添加起酥油（2.5%、5.0% 和 7.5%），添加量为 2.5% 时，面团拉伸范围最广，之后呈现降低的趋势，这表明脂肪对面团不是一种简单的稀释作用；添加量为 5.0% 时，氢化油起到短暂的塑性作用，降低了面团的松弛速率。添加氢化油实际上推迟了黏性流的开始，减弱了面筋的弹性，因此影响了面团的黏弹性。当面团结构开始破损时，添加脂肪可以增加面团拉伸度。添加起酥油量分别为 1%、3%、5%，结果表明，在面团形成后加入起酥油更有利于增加面团的持气力。先加入起酥油，脂肪被吸附在小麦粉颗粒表面形成一层油膜，阻碍水分子向蛋白质胶粒内渗透，使得面筋得不到充分胀润，影响面筋网络的形成从而减小面团的持气力，故在面团形成后再加入起酥油为好。

从以上可以看出，添加外源脂肪（包括改性脂肪）可以增加面团强度，从而改善面团的加工性能。面团作为面制品的中间产物，其流变学特性直接影响终端面制品的品质，因此，改善面团品质具有非常重要的意义。

（二）对糖果风味的影响

脂肪作为一种重要的拼料组成被广泛应用于糖果与巧克力制品已经由来久远。不论是直接添加脂肪或间接将含有脂肪的辅料添加到最终制品中去，脂肪的存在无疑将对制品的质构与风味等品质特征产生重大的影响。同时，由于脂肪存在而引发的物理、化学和生物的变化将时而剧烈时而缓慢地影响着最终产品的品质变异，因而不可避免地影响着成品的货架寿命。虽然目前糖制食品的质量标准尚未将这一方面的变化及其结果列入有效的检测范围，然而，对于消费者来说，糖果的风味将是他们最先感受到的也是最重要的品质特征，随之而来的是影响口感的质构品质特征。

糖果的基体本质上是由不同糖类组成的黏稠性流体，由此带来的操作上和口感上的黏着性使加工过程和产品品质具有一定的困难与缺陷，添加一定比例的脂肪旨在改善与提高流体的润滑性。此外，脂肪的存在也有助于糖体的柔和与滋味。因此，应用于这一工艺的脂肪要求有一定的硬度、稠度、可塑性、乳化性和稳定性等品质特性。由于这类脂肪直接构成糖果的基体或糖果的芯体，一般称为"芯体脂肪"。

除此之外，在糖果应用很广的另一类脂肪是作为一种介质制成糖果涂衣，其中也包括巧克力涂衣。应用于这一工艺目的的脂肪除了需具备以上总体脂肪的品质特性外，同时还需具备的品质特性有：相容性、调温性、结晶性、光泽保持性、脂肪转移性、香味释放性和香味传递性等品质特性。由于这类脂肪专门应用于涂布外衣，一般称为"涂衣脂肪"。

很多糖果或糖果芯体都添加脂肪或含有脂肪的辅料，这些糖果的类型有焦香型、充气型、硬质型、软酪型、抛光型和部分的凝胶型等。此外，脂肪作为分散介质可高比例地添加到巧克力和糖果涂衣料中，同时也常添加含有脂肪的辅料。由于工艺的需要，很多糖果或巧克力制品都含有不同比例的脂肪。而且，由于所用脂肪原料的多样性，最终成品所包含的脂肪类型与组成实际上并不是一致的，这种差异不仅在产品的质构特性上得到反映，在产品的风味特性上也体现得尤为明显。

然而，要使通过一定的加工程序并成为糖果组成之一的天然脂肪始终保持其优美的香味，却非轻而易举。相反，产品在经历一段货架期后，产品原有的香味削弱了，甚至不同程度地出现不良的气味，这就是我们不希望产生的糖果异味。

脂肪的类型与品质对于糖果风味的形成和保持有着密切的关系，脂肪的应用选择既要考虑最终制品的口感风味需要，而且要预见到脂肪在不同加工过程和不同糖果体系中可能带来的变质倾向。脂肪在糖果中的变质作用受很多因素的影响，而脂肪变质的基本形式是脂肪组成的分解与裂变，形成不需要的产物，异味的产生实际上就是这些产物带来的不良气味的结果，即使是含量极微的产物也足以使糖果和巧克力制品产生不同程度的臭味、腥味、酸味等令人不快的异味，后果严重的可使产品丧失商品价值。

脂肪本身还具有很强的气味吸收作用或沾染作用，成为良好的吸收体，从而将其周围的气味吸收，被吸收的气味常常要在糖果被品尝时释放出来，显然就变成一种不需要的异味。

第四节 畜脂在饲料工业中的应用

脂肪是高能量的饲料资源，它能提供能量和必需脂肪酸，具有额外热效应，可改善饲粮的营养价值，对动物生产性能的发挥有良好的作用。目前在西方国家已普遍应用，我国由于对脂肪饲用的认识、技术和价格等原因，在动物生产中还未普及。随着人民生活水平的不断提高，人们保健意识的不断增强，对脂肪，特别是动物脂肪的需求将日趋减少，加之饲用脂肪技术的逐渐普及，脂肪将广泛用于动物饲料生产中。

一、饲用脂肪种类及其特点

大豆油、玉米油和葵花油的亚油酸含量都超过50%，而牛羊油及猪油的棕榈酸及硬脂酸含量则超过40%。由于以上3种植物油的高度不饱和性，单独在成年单胃动物饲料中使用时，其代谢能可超过动物脂肪。

混合脂肪由两种或两种以上脂肪成分混合而成，一般以高度不饱和脂肪与饱和度较高的脂肪混合，如用豆油或鱼油与牛油混合。由于鱼油的高度易氧化性，$\omega-3$脂肪酸对家畜无特殊营养意义，但$\omega-3$脂肪酸与其他种类脂肪酸相比，更易在动物体内沉积，对家畜胴体的货架期有不良影响，所以一般家畜饲料中不推荐使用鱼油。

固体脂肪可根据其物理状态分为片状和粉末（或颗粒）状2种。片状脂肪的生产装置简单，成本较低，用于原料生产，而粉末状脂肪是用冷喷技术对喷粉后的产品进行冷却处理制成。片状脂肪一般为过瘤胃脂肪，过瘤胃脂肪也可加工成粉状或细粒状，其特点为熔点高，不易被瘤胃微生物所降解，到达小肠时才被吸收利用。

粉末状脂肪也称为脂肪粉。该产品又可分为纯脂肪和载体脂肪。纯脂肪粉（含脂肪 > 99%）可据其原料组成分为单一脂肪和复合脂肪。好的粉末脂肪需具备如下条件：粉状流动性好，高温季节不易氧化；保证该产品在仔猪上的高消化率；对早期断奶仔猪的生理缺陷有较好的修正作用；气味必须稳定；与高铜配伍，不易被氧化；特殊配方对断奶仔猪免疫启动有促进作用。载体脂肪是向复合脂肪中加入载体而制成的。

二、饲料中添加油脂的作用

（1）脂肪有较高的能量价值，容易被家畜利用，每克脂肪彻底氧化，可放出 38kJ 的能量，比糖类高 2.25 倍。饲料脂肪在小肠内受到胆汁胰脂肪酶和肠脂肪酶的作用，分解为甘油和脂肪酸，被肠壁直接吸收，沉积于畜体脂肪组织中，变为体脂肪。所以饲料脂肪在畜体内转化为体脂肪比糖类及蛋白质要容易得多，而且转化的效率也较高。

（2）脂肪可以为幼畜提供必需脂肪酸。脂肪酸中的十八碳二烯酸（亚油酸）、十八碳三烯酸（亚麻酸）及二十碳四烯酸（花生四烯酸）对幼畜具有重要作用，家畜体内不能合成，必须由饲料中供应称为必需脂肪酸。按比例添加不同种类的油脂，达到脂肪酸之间的互补作用，可以提高饲料利用效率。

（3）饲料中的脂溶性维生素 A、维生素 D、维生素 E、维生素 K 被家畜采食后，必须溶解于脂肪中，才能被畜体消化、吸收、利用。因此，加入脂肪就等于添加了脂溶性维生素。

（4）改善饲料的适口性，增加采食量，提高增重；提高饲料粒状效果，改善饲料外观，并减少饲料的浪费。

（5）配合饲料中添加油脂，会减少粉尘，有利于职工保健。

（6）减轻机械的磨损，延长设备使用年限。

（7）脂肪是构成动物体内组织和器官的重要成分之一。脂肪在体内氧化过程中，在放出热量的同时，还形成大量水分，对动物体内水分调节具有重要作用。

三、含油饲料的优点

（1）油脂能量是淀粉的 2 倍多，是优质能源的来源之一。油脂也是必需脂肪酸亚油酸的来源，亚油酸是家畜饲料的营养中所不可缺少的。

（2）油脂与蛋白质和糖类比较，热量（动物在体内的化学变化中发生的热量）增加少，能源的利用率高。在饲料中添加油脂后，其代谢能量明显提高，饲料效率得到较大的改善，这种现象称之为"特殊热量效果"。

（3）在饲料中添加油脂后，饲料的物理性质得到改善，其结果是饲料粉粒的分散及灰尘可显著地减少，同时改善了饲料的适口性，使家畜的生产量提高。肉鸡饲料中添加油脂后可使饲料的回报提高 40% 以上。另外，仔猪、仔牛用配合饲料中的一部分是颗粒饲料，在这些颗粒饲料的制造中，配入适量的油脂，既可减轻机械设备的磨损，也可提高其生产效率。

四、畜脂在饲料中的应用

（一）猪饲料中添加脂肪的应用

1. 仔猪饲料中添加脂肪的作用

仔猪具有生长发育快、代谢旺盛的特点，对日粮的营养要求较高。这样高的能量要求，若用以玉米、豆饼为主配制的日粮是难以达到的，因此，需要添加一定比例的油脂。

断奶仔猪消化道容积小，采食量少，生长快，必须提高饲料的能量浓度才能满足需要。油脂的能值高，在采食量无法增大的情况下，饲料中添加油脂可提高能量浓度，显著提高育肥猪日增重和饲料报酬。饲料中添加油脂后对猪生长速度、肥育性能有较大提高，缩短肥育期，提高了饲料利用率，在肥育前期（10~35kg）、肥育中期（35~60kg）、肥育后期（60~90kg）饲料中分别添加5%、3%、1%的油脂，日增重、饲料报酬、生长速度、胴体瘦肉度均可达理想水平。

为满足仔猪正常生长发育需要，能量、蛋白质、维生素、矿物质均是十分重要的养分。通常仔猪饲料的能量水平难以达到标准要求。因此，饲料的能量水平是限制仔猪生长的主要因素。此外，仔猪饲料中添加脂肪，能够增加饲料中赖氨酸的有效性，保证饲料中乳品原料的品质，改善颗粒饲料的品质，并增加饲料厂生产率。但添加饲料脂肪的效果受许多因素的影响，主要有动物的年龄、动物脂肪消化酶的分泌和活力、脂肪本身的品质和饲料中能量与赖氨酸的比例（见表4-15）。

表4-15 新生仔猪饲料养分建议水平

养分/阶段	I	II	III	IV
体质量/kg	3~4	5~7	7~11	11~30
代谢能/（kJ/kg）	13376	13376	13376	13376
蛋白质/%	22~24	20~22	18~20	18
赖氨酸/%	1.7~1.8	1.5~1.6	1.3~1.45	1.15~1.35
乳糖/%	20~30	10~20	5~10	—
饲料配方设计目标	增加饲料采食量，综合考虑饲料的适口性、消化率和成本		保证和维持良好的生长速度，尽可能降低饲料成本	

脂肪是新生仔猪生长发育最主要的限制性养分之一。适宜的饲料脂肪应是由品质良好、适口性好、易消化、富含磷脂并经磷脂预乳化、含有特殊功能性脂肪酸、有助于平衡饲料的脂肪酸组成。

2. 母猪饲料中添加脂肪的作用

（1）母猪饲料中添加脂肪对其生产性能的影响（见表4-16）　在母猪哺乳阶段添加脂肪，则可显著增加乳脂率和乳脂中油酸的含量，使断奶窝重提高6%。高能日粮不仅能间接养好仔猪，母猪乳汁品质、仔猪生产性能、母猪体况也可得到改善，最重要的是缩短了断奶发情时间。

表4-16 哺乳母猪日粮中增加能量对乳汁品质、母猪和仔猪生产性能影响

项目	常规能量水平	高能量水平
乳干物质中脂肪含量/%	36.3	39.6（+9.1%）
乳脂中的油酸含量/%	24.2	29.0（+19.8%）
断奶窝重[a]/kg	53.3	56.5（+6.0%）
母猪体重变化[b]/kg	11.4	6.8
断奶后第一个发情周期配种受胎率/%	73.9	8.0

注：a——仔猪26日龄断奶；b——400头母猪。

添加高水平的饲用脂肪对母猪具有重要意义。妊娠后期，向母猪日粮中添加脂肪，母体可通过胎盘将部分脂肪转运至仔猪体内沉积，使新生仔猪体内储藏的脂肪增加，同时提高仔猪肝糖原，有利于仔猪存活。有证据表明，妊娠后期或泌乳期母猪日粮中添加脂肪可增加产奶量、初乳和常乳中脂肪含量及初生至断奶期间仔猪成活率，尤其对于轻型猪效果显著。

有些猪场以实行早期断奶来提高母猪繁殖率，更应注重饲料中添加油脂。妊娠母猪应在临产前两周开始，这将使母猪体内储有较多的能量，可使乳中脂肪含量提高8%以上，产奶量提高450~1700g，从而使初生重提高4%~12%（50~140g），仔猪成活率提高8%~9%，在妊娠末期和哺乳第一周内饲喂加脂日粮，具有预防哺乳末期母猪体重下降和促进断奶后母猪早日发情的作用。

（2）母猪饲料中添加脂肪对热应激的影响 生长或泌乳动物利用日粮中脂肪进行活动比利用糖类和蛋白质产生的效率更高。这由于能量散失减少（即脂肪的热增耗低），对热应激敏感的动物来说，低热增耗是非常重要的。有学者报道，猪进食高脂肪日粮比进食低脂肪日粮对热应激小。由此可见，在高温环境条件下添加脂肪显得更为有益。

（3）脂肪在母猪饲料中的使用方法 母猪妊娠后三个月开始添加脂肪最合适，务必连续添加到哺乳期及断奶配种前。通过添加高日粮能量，可为仔猪提供大量的可利用脂肪，同时可缩短断奶至再配种时间间隔。脂肪的添加量应综合考虑母猪的实际能量需要（含各种环境、健康状况和母猪采食量、脂肪品种、脂肪消化率及脂肪的价格等因素），一般控制在5%~15%，以5%~10%较为合适。母猪一般吸收中、长链的低脂肪酸、植物性油脂如椰子油等效果较好。由于脂肪能与钙、磷等矿物质结合形成脂肪酸盐，影响矿物质元素的吸收，因此要同时增添矿物质、维生素A、维生素E。在补充脂肪时，要特别注意脂肪及高油脂饲料的稳定性和适口性，防止因脂肪氧化、饲料变质而影响母猪的生产性能。

3. 生长肥育猪饲料中添加脂肪的作用

生长肥育猪日粮中添加脂肪能提高猪的日增重和饲料利用率，缩短育肥期，改善肉质等。据报道，对于体质量20~90kg的育肥猪日粮中添加3%豆油沉淀物，结果试验组日增重为（669±63）g，对照组为（609±49）g，饲料报酬试验组为2.98，对照组为3.28；同时育肥天数缩短9d。添加脂肪对生长肥育猪最显著的作用是改善饲料转化率，减少自由采食量。饲粮中添加脂肪对生长肥育猪生产性能的影响程度较断奶仔猪明显而且稳定。生长肥育猪的适宜温度为15~23℃，过热则影响肥育效果，降低其增重速度，如短期处于高温中，以32℃与21℃相比，温度每升高1℃，日采食量减少60~100g，日增重下降35~57g，饲料利用率下降，见表4-17。

表4-17	不同温度下添加脂肪对生长肥育猪的影响		单位：%
项目	10℃	22.5℃	35℃
日增重	-1	+9	+9
日采食代谢能	-2	+3	+5
代谢能/增重	——	-6	-8
背膘厚	+4	+6	+7
体脂	+3	+4	+15

4. 猪饲料添加脂肪的优越性

在猪的饲料配方中，添加 3% ~ 5% 的饲用动物脂肪，有以下几种优越性。

(1) 可以提高母猪的生产力。一般情况下，约有 30% 的仔猪在达到上市体重前死亡。而对分娩到泌乳的母猪饲喂高脂日粮，可以提高仔猪成活率。据试验，从妊娠后 109 天前后，开始给母猪高脂日粮，能增加母猪乳脂含量，可使仔猪成活率提高 8% ~ 9%，或每窝多得仔猪 0.4 只。

(2) 据研究，在仔猪 4 周龄断奶后喂低能日粮的母猪，6d 内发情的只有 28%，30d 内发情的有 60%，而饲喂高能日粮的母猪，在同样的 6d 与 30d 内，发情率分别达到 92% 与 96%，显著提高了母猪的繁殖率。

(3) 有学者对仔猪的代谢试验发现，仔猪利用油酸作为能量最有效，动物脂肪中含油酸量比植物脂肪高，因此动物脂肪应作为母猪日粮中的组成部分。

(4) 在仔猪饲料中加入 5% ~ 10% 的脂肪，可增加适口性，成为仔猪喜食的饲料。

(5) 对生长育肥猪加入 3% ~ 5% 脂肪，由于肉用型猪的酶系统发生了变化，不影响胴体成分，且以脂肪能量代替谷物能量是经济的，但应将蛋白质调节至可以抵偿过量能量的水平。

(二) 奶牛饲料中添加脂肪的应用

满足奶牛，特别是高产奶牛的能量需要是比较困难的。当玉米青贮饲料或其他饲料不足、质量低劣时，奶牛能量缺乏的问题十分突出。如果采用大量谷物精料来补足能量，容易导致瘤胃酸中毒、乳脂率降低和采食量下降等弊病。为保证瘤胃的正常功能，其饲草的喂量至少应达到日粮干物质的 45%。油脂作为一种高能饲料，可以替代较多的谷物，来补足低脂饲料的能量，补足奶牛的能量平衡，提高其生产性能。

牛饲料中油脂的利用相对较少。但是，对高分泌奶牛，特别是在泌乳初期的饲料中，如果添加油脂，可增加泌乳量。据最新的研究成果，如果在饲料中添加 3% 左右的油脂，对乳的成分不会带来不良影响，且产乳量还有所提高，然而，如果添加油脂量过量，乳脂率与乳量又会有所减少。在奶牛日粮中添加油脂，是解决高产奶牛能量负平衡问题的途径，可有效提高产奶量，改善乳品质，高温环境中还有缓解热应激的作用。但是，直接添加无保护的脂肪，会抑制瘤胃微生物的活动，导致瘤胃功能紊乱和酮病的发生。过瘤胃脂肪具有瘤胃保护特性，目前主要有甲醛–蛋白质复合物，包括油脂、氢化脂肪、脂肪酸钙盐以及瘤胃稳定性脂肪，其中脂肪酸钙盐和氢化脂肪是目前常用的过瘤胃脂肪，而瘤胃稳定性脂肪有取代脂肪酸钙盐和氢化脂肪的趋势。炎热夏季在奶牛日粮中添加脂肪酸钙，既可以增加能量摄入，又可有效缓解热应激，使呼吸频率和脉搏次数下降，泌乳量明显增加。

奶牛饲料中添加脂肪的作用机制主要有 3 个方面：提高高产奶牛的能量摄取量；适宜的糖类和粗纤维的比例可促进瘤胃发酵；提高能量利用率。有学者报道，每头奶牛每天添加 364g 脂肪，产奶量提高 8%，乳脂率提高 13% ~ 18%。美国宾夕法尼亚大学两次添加 0.45 ~ 0.50kg 棕榈油钙盐的结果发现，添加奶牛的产奶量、乳脂率及 3.5% 的校正产奶量，均高于非添加奶牛。

近年发现，脂肪酸的钙盐（脂肪酸钙）的消化率良好，且对瘤胃发酵也无影响，为脂肪在饲料中的应用开辟了新途径。现在英国及欧洲一些国家已开发了含脂肪成分 8% ~ 10% 的全新奶牛饲料，且已被先进的牧场采用。

五、饲用牛脂的提炼技术

由于牛脂本身固有的特点，牛脂作为脂肪类饲料添加剂，被广泛地应用在饲料工业中。牛脂有额外的增热效应，除本身所具有能量外，可改善其他成分的吸收。牛脂热能比猪油、植物油低，但与猪油、植物油混合后，可改善本身脂肪利用率，提高代谢能。添加牛脂可减少因代谢而造成的体温上升，在高温环境下，可使家畜处于舒适状态，避免因酷热造成家畜食欲缺乏或生产性能下降。饲料中添加牛脂，可提高饲料风味和适口性，具有油香，有助于提高家畜采食量；可改善饲料的韧性，抑制扬尘，减少粉尘。在饲料中添加2%~3%的牛脂，除了可防止尘埃外，还可改善饲料外观，增加光泽，提高商品价值；在粒状饲料生产中添加牛脂，可提高粒状饲料效果和生产效率，减少混合机、制粒机的机械磨损。

（一）牛脂原料的处理

牛脂原料中除含有脂肪成分之外，还含有蛋白质、糖、盐等多种杂质。为了取得优质的牛脂产品，在熔炼之前必须对牛脂的原料进行必要的处理。首先检查原料的新鲜度和洁净程度，如生脂中有血块、淋巴结、肌肉等非脂肪组织残存，则应彻底除去，然后检查其新鲜度，凡呈现灰色、绿色，带有臭味、异味、黏性等变质现象的原料，应另进行处理，不能与好原料混合。经整理后的大块脂肪原料用切肉机切成约5cm见方的小块，然后将小块脂肪放入底部有流水小孔的桶内，用流水冲洗30min，以洗去脂肪表面的血污、黏液等杂质和异味，洗涤后再使原料冷却到10~15℃，以增加其硬度便于绞碎。经冷却的脂肪小块，先沥去水分，沥水30min，再用绞肉机绞碎。

（二）牛脂的提取方法

1. 干炼法

（1）直接加热法　用特制的或普通锅炉在火上直接加热，为了避免油温过高而引起油渣烧焦等问题，在锅内放一不锈钢的隔板，板上有直径小于2cm的孔，水位保持在隔板以上10~15cm，加料后先使水温升到60℃，维持30min，使脂肪析出后再加热到85℃，维持1h，使胶原熔化，然后再用压榨机使油、渣分离。

（2）蒸汽加热法　利用开口夹层锅蒸汽熔炼，先向夹层中放入蒸汽，开动搅拌器，然后将已搅碎的原料分2~4次加入锅中。为使原料在锅内受热均匀，一般在第1批原料加热至50℃时再加第2批，到60℃时加第3批，到65℃时加第4批，总加料时间不要超过1h。加料后维持在65~75℃的温度1h，使大部分脂肪析出后，再将温度提高到80~90℃，维持20min，使绝大部分脂肪从组织中分离出来，然后停止加热和搅拌。加入占总重量1.0%~1.5%的食盐（澄清的饱和食盐水），分3次加入，两次间隔约5min。盐析总时间从第1次加食盐起，共约30min，达到油脂透明，然后将上层油脂由放油阀注入澄清池中，再将油渣从锅底口中排出。

（3）真空熔炼法　设备一般为卧式封闭夹层锅，锅内装有搅拌器，锅顶有装料口，装料口上安有真空泵和放气的管路。操作时先观察各种仪表是否正常，关闭卸料闸门，打开蒸汽阀门，加热到70~80℃，开动搅拌器，然后装料，封闭装料口，开动真空泵，打开真空阀，使真空度达到500~600mmHg，夹层中的蒸汽压力维持在0.18~0.2MPa，锅内温度维持在70℃，熔炼1.5h可完成熔炼过程。炼好后立即停止抽真空、蒸汽和搅拌，将盖打开，沉淀25min，进行放油。然后关闭阀门和盖口，进行干燥30min。油渣干燥后，最后将卸料阀门打开，开动搅拌器将油渣卸出。

2. 水煮法

此法有低压和高压2种。低压熔炼一般在普通开口的单壁锅中进行，熔炼前先加水，使水平面高出蒸汽蛇形管2～3cm，以避免原料中蛋白质受高温直接作用而产生异味。然后投料，在1h左右加热到65～70℃，如次级原料可加热到90～100℃，维持2.5～3h，放入蒸汽的速度不宜过急，以减少乳浊液的形成，停止加热，分2～4次加入重量1.0%～1.5%的食盐，盐析30～40min，即可分离。高压熔炼只适用于次等原料，设备为热压锅，用0.2～0.3MPa的直接蒸汽，加热熔炼2.5～3h停止加热，再盐析1.0～1.5h，即可分离。

（三）牛脂熔炼后的处理

（1）澄清　澄清的方法有自然沉淀法、压滤法、离心分离法。

自然沉淀法是在熔炼锅放入澄清槽之前，先将澄清槽加热至60～65℃，澄清槽为夹层的锥形底或球形底的圆桶，蒸汽在夹层内通过，在熔炼锅的油管上套1层纱布以过滤除去杂质，然后分数次加入食盐，澄清5～6h，完全澄清为止。澄清后放出下层沉淀物，将上层油脂立即冷却，冷却速度必须迅速，以便获得结晶细小、色泽洁白、稠度一致、可塑性好的优良产品。

压滤法是在压滤机中进行油脂的净化，过滤的速度取决于油脂的黏度或油脂的温度，随着温度的升高过滤速度加快，动物油脂最适的过滤温度为75～80℃，压滤机的压力不超过3kg/m²。

离心分离法是利用离心机除去油脂中的水分和杂质。分离时的温度应维持在100℃左右，以减少氧的溶解和降低黏度，并有利于分离，离心机的速度最好达到5000～6000r/min，最低不少于3200r/min。

（2）装桶　装桶前先用0.3%的氢氧化钠溶液清洗油桶，然后再用清水冲洗，晾干备用，用漏斗将牛脂灌入桶内并稍留空隙，不宜装灌过满，灌装后须密闭封口，防止水和杂质落入油脂内。

（四）牛脂在动物养殖中的应用

在蛋鸡饲料配方中，添加2%～4%的牛脂，可增加蛋重；在肉鸡、火鸡饲料配方中，牛脂用量为2%～5%；在水产饲料中添加牛脂，不仅可供给必需脂肪酸及能量，同时还具有节约蛋白质的功效；在犬的饲料配方中，干型配方牛脂加量为4.5%，半湿型配方牛脂加量为1%；在猫的饼干型饲料配方中，牛脂用量为4%。

在饲料生产中，利用脂肪酸之间的互补作用，常把牛脂和其他脂肪（动物脂肪、植物脂肪）混合使用，以提高牛脂的利用率。

六、饲料中添加油脂的注意事项

饲用油脂作为家畜饲料能量来源的应用越来越广泛，主要原因是油脂作为一种高质量、高浓度的能量来源，对改善家畜生产性能有明显的效果，即油脂本身的能量价值比理论估算实际上还要高，以及油脂能促进其他营养成分的吸收利用。同时，油脂能促进色素的吸收、改善家畜皮肤色素的沉积，以及在高温应激时，使用油脂作为部分能量来源可以减少家畜的应激反应等。

（一）添加方法

（1）直接加入 即将脂肪按比例均匀地加入饲料中，切忌将脂肪与预混料及添加剂同时加入。为避免脂肪与这些添加剂形成小颗粒影响饲料均匀度，可先加入脂肪，待充分混匀后再加入添加剂，或先加入添加剂充分混匀后再加入脂肪。

（2）配成高油料后加入 即将粉碎后的玉米配制成含油 10% 或 20% 的高油饲料，再按所需玉米及脂肪的比例适量加入配成全价料。但高油料必须现配现用，避免配制过多，久置变质影响饲料质量。

（3）喷雾加入 可用喷雾器把油脂均匀地喷洒到颗粒饲料表面上。有条件生产颗粒饲料的，也可把添加量 30% 的油脂加入到颗粒饲料中，另 70% 喷到颗粒料表面上，从而提高适口性。

（二）脂肪的选择

脂肪分为动物性脂肪和植物性脂肪，植物性脂肪因其不饱和脂肪酸含量高于动物性脂肪而利用率较高。动物性脂肪中，猪油中的不饱和脂肪酸含量高于牛油。实践证明，植物脂肪与动物脂肪混合应用优于单一应用，将植物油和动物油按 1∶1 或 2∶1 的比例混合使用效果更好。在我们的日常生产中，卤肉店的卤油及肉联厂作为副产物的猪油都是上等廉价的动物脂肪。各类油脂的特点如下。

1. 猪油

能量价值高，代谢能（metabolizable energy，ME）为 37681kJ/kg 以上。价格中等，但部分国产猪油杂质较多，实际能量价值达不到理论值水平，且质量不稳定。

2. 牛油

能量价值偏低，一般 ME 为 30145～32238kJ/kg，质量较稳定。

3. 饲料级混合油

餐馆回收提炼的产品，以植物油为主，混有部分动物油，一般 ME 在 33913～39775kJ/kg，酸价高和颜色较深，对某些饲料的商品价值有一定影响，但正确使用不会影响到饲养效果。价格较低，对降低成本有一定的作用。

（三）控制添加数量

如加脂量在 5% 以上，对于育肥猪没有增重效果，反而导致肥胖和瘦肉率下降。经学者研究，在猪日粮中添加 10% 向日葵油时肌肉软化，因此建议添加植物性脂肪不宜超过 1.5%，动物油脂和植物油脂应等量添加。

（四）加热消毒

脂肪在使用前应熬制。其作用：一是可以消灭其中杂菌，保证饲料安全；二是便于混合。

（五）补充营养元素

一是要补充足够量的胆碱或蛋氨酸，防止因脂肪代谢不良而造成脂肪肝的发生，胆碱加入量为 0.2%，蛋氨酸加入量要达到 0.15%。二是要补充锌、硒等微量元素。三是要补充足量的维生素 E，提高机体抗氧化能力。

（六）保证油脂的质量

必须没有异味，防止掺杂、氧化、变性、发霉、有毒、受污染等，需要添加适量的抗氧化剂防止酸败。常用的油脂抗氧化剂有 BHT、BHA，添加量为 150g/t 饲料。油脂储藏时间过长或在高温条件下存放易发生酸败，一般来讲，含油脂饲料夏天储藏不要超过 7d，冬天不超过21d。

（七）添加维生素

添加油脂后的饲料必须添加适量的维生素 B_{12} 和维生素 C，便于油脂的吸收利用和提高饲料利用率。

（八）添加油脂须循序渐进

添加油脂应由少到多，先喂 1/3 量，然后是 1/2 量，最后达到设计全量，一般需要 3~4 周时间。

（九）注意日粮中营养的平衡

油脂添加后，由于提高了日粮中的能量水平，饲料中其他营养成分也要作相应的调整，特别是要保持蛋白能量比不变。

七、饲用油脂的质量控制

随着市场上对高营养浓度饲料需求的不断增大，油脂作为浓缩能源在饲料中的用量也在不断提高，因此饲料油脂的质量控制也就显得日益重要。

（一）油脂质量的主要影响因素

饲料中使用油脂的主要目的是增加代谢能，因此，必须了解那些能够影响油脂代谢能的因素。

1. 非脂肪物质（MIU）

饲料级油脂中含有一些非脂肪物质，统称 MIU（水分、杂质和不可皂化物的缩略语）。由于这些物质不含能量或含能量很少，所以只起稀释物的作用。随着 MIU 在油脂中含量的增加，油脂的可利用能将会下降，同时水分和矿物质也能加速脂肪的过氧化进程，并可能导致油脂质量的不稳定和不安全。饲用油脂的 MIU 一般不应超过 2%。

2. 总脂肪酸含量

由于油脂的代谢能主要来自脂肪酸，因此油脂中脂肪酸的含量将直接影响油脂的代谢能。一般油脂中脂肪酸的含量应不低于 90%。

3. 游离脂肪酸的含量

人们经常注意脂肪的游离脂肪酸含量，因为它们较易受到过氧化作用。油脂的消化率和其游离脂肪酸与甘油三酯的比例有关系，游离脂肪酸含量越高，代谢能越低。每当游离脂肪酸含量增加 1 个百分点，代谢能下降 75.4KJ/kg。

4. 氧化酸败

油脂的氧化酸败基本上是发生在甘油三酯双键上的破坏过程，所以不饱和脂肪酸酸败的机会较大。脂肪的氧化酸败是不饱和脂肪酸吸收氧之后发生的一种自然过程。不饱和脂肪酸存在于所有的油脂之中，有些植物油，尤其是豆油和玉米油中不饱和脂肪酸特别丰富。不饱和脂肪酸暴露于空气、光线或高温之下，或接触铜和铁等无机矿物质，很快就会氧化。这一氧化反应具有自我催化的特性，一旦开始就会不断形成氧化脂肪从而积聚起过氧化物（终端产物）。氧化酸败的产物包括酮、醛和短链脂肪酸，正是它们使脂肪产生了特殊的酸败气味。氧化酸败可导致脂肪能值的损失，同时也可使动物脂肪的储备和脂溶性维生素的储备发生下降。氧化脂肪酸（也称为自由基）不但可与其他脂肪酸发生反应，还可与氨基酸发生反应，从而使氨基酸不能为动物所利用。尤其是蛋氨酸和色氨酸对于自由基的氧化作用最为敏感。

活性氧法（active oxygen method，AOM）是最常用的检测酸败的方法。用氧处理20h后，优质脂肪的过氧化物测定值不应超过20mmol/kg。

（二）饲用油脂的质量控制

1. 油脂供应商的选择与评价

要保证饲用油脂的质量就应当从源头——供应商的选择开始。对供应商的选择与评价是从根本上保证饲用油脂质量的有效措施。对供应商评价的目的是为了保证采购到的产品能够持续、稳定地满足规定的要求。首先应制定选择、评价与再评价供应商的准则，主要内容包括下述三点。

（1）产品质量　对产品（样品）的质量检验、试用情况。

（2）质量保证能力　对企业的经营方针、经营业绩、设备（设施）状况、质量管理状况、质量检测能力等进行调查和评定。

（3）历史业绩、服务、履约情况、价格。

在上述准则的基础上，企业应尽量选择那些具有一定的生产规模、质量及市场信誉好的油脂生产厂家。尽量避免选择中间商作为供应商，因为中间商提供的油脂的来源具有不确定性，这就易造成因油脂来源不同而带来的质量差异和不稳定性，同时也会增加油脂质量控制的难度。

2. 油脂的质量检验

油脂的品质判断是一个综合的质量检验过程，仅仅测定油脂中的一两项指标难以说明其品质优劣。一般情况下，除了对油脂感官性状进行检验外，还应针对影响油脂质量的因素制定相应的检验项目。

目前我国还没有制定相应的饲用油脂的标准，表4-18所示为来自美国的油脂标准，可作为参考。

表4-18　　　　　　　　　　　　美国不同动物油脂的质量测定指标

类别	猪油	牛油	混合油
MIU/%	0.3	1.5	2
溶度（Titre）	32~43	40~47	30~36
游离脂肪酸（FFA）/（g/100g）	0.5	4~6	15
碘值（IV）/（g/100g）	53~77	35~48	58~79
不饱和脂肪酸/（g/100g）	59.1	49	70
U/S比例	1.45	0.96	2.33
皂化值（SV）/（mg/g）	190~202	193~202	—
过氧化值（即时）/（mmol/kg）	<4	—	—
过氧化值（20h后）/（mmol/kg）	<20	<20	<20
$C_{18:2}$/（g/100g）	9.0	3.1	18
总脂肪酸含量/%	>90	>90	>90

资料来源：美国动物蛋白及油脂提炼协会。

评定脂肪质量的最好方法是测定其水分、杂质和脂肪酸组成。但是有些较为简单的方法可以用来在一定程度上了解脂肪的品质。一般地，对入厂油脂除进行水分、杂质、脂肪含量等的检测外，还可以通过对酸价、过氧化值、碘价的检测来综合评定和确认油脂的质量。

3. 油脂的储藏管理

（1）油脂应储藏于非铜质的密闭容器中，所有与油脂接触的机械管道、储藏罐、喷油嘴等都不能用铜制部件，因为铜对脂肪氧化有催化作用。

（2）为避免油脂的酸败，可以在油脂中添加抗氧化剂。目前油脂中使用的抗氧化剂主要有 BHA、BHT 2 种。

（3）储藏期间应防止水分混入。冬季储油罐需要加热时，要防止蒸汽管道将蒸汽漏入储油罐，降低油脂质量。

（4）冬季使用时如需对油脂进行加热，储油罐中的油脂储藏量不宜过多。若储藏的油脂过多，一方面使油脂的加热时间比较长，另一方面油脂长期加热也会加快油脂的氧化，降低油脂的品质。

（5）油脂在加热过程中，温度不应过高，应针对不同油脂的凝点确定适宜的加热温度，以避免高温对油脂品质的破坏。

（6）应制订合理的清理计划，对储油罐及管路进行定期清理，将油脂中沉积下来的杂质清除，降低油脂氧化酸败的可能性。

（7）应制订储藏油脂的质量监测计划，对经过一段储藏期的油脂进行酸价和过氧化值的检测是必要的。

参 考 文 献

［1］Wu J P, Kobler P. Estimation of fatty acid profiles in musculus longissimus dorsi of sheep ［J］. Analytical Methods, 2000, 3：49～51.

［2］Purchas R W, Burnham D L, Morris S T. Effects of growth potential and growth path on tenderness of beef longissimus muscle from bulls and steers ［J］. J Anim Sci, 2002, 80：3211～3221.

［3］Okeudo N J, Moss B W. Interrelationships amongst carcass and meat quality characteristics of sheep ［J］. Meat Science, 2005, 69：1～8.

［4］华聘聘. 人造奶油、起酥油品质劣化原因的探讨 ［J］. 中国脂肪, 2003, 4.

［5］张婷. 棕榈仁油在起酥油中的应用研究 ［D］. 无锡：江南大学食品学院, 2007.

［6］Rhee K S. Lipid oxidation of beef, chicken, and pork ［J］. Food Sci, 1996, 57：354～359.

［7］高红艳, 金青哲, 王兴国. 牛油基起酥油的起砂原因初探 ［J］. 中国脂肪, 2007, 2.

［8］后藤直宏, 西出勤, 田中幸隆等. 脂肪加工食品 ［P］. 中国专利：CN1448059, 2003－10－15.

［9］Herrera M L, Hartel R W. Effect of processing conditions on crystallization kinetics of a milk fat model system ［J］. J Am Oil Chem Soc, 2000, 77：1177～1187.

［10］Gill C O. Extending the shelf life of raw chiled meats ［J］. Meat Science, 1996, 1：99～109.

［11］周胜利, 张阜青, 金青哲等. 牛油基起酥油起砂原因及改善探讨 ［J］. 农业机械, 2011, 14.

［12］张阜青. 棕榈油基人造奶油品质缺陷及改善 ［D］. 无锡：江南大学食品学院, 2009.

［13］Danthine S B, Deroanne C. Influence of SFC, microstructure and polymorphism on texture (hardness) of binary blends of fats involved in the preparation of industrial shortening ［J］. Food Research International, 2004, 37 (10)：941～948.

［14］徐振波. 乳化剂在全牛油基人造奶油配方中应用［J］. 中国脂肪, 2008, 7: 54~56.

［15］孙贵宝, 苗颖, 马俪珍等. 加脂牛肉在冷冻条件下贮藏特性的研究［J］. 农产品加工, 2009, (4): 8~11.

［16］蔡桂清, 陈汉堂. 一种排出猪肉脂肪的加工方法［P］. 中国专利: CN101176480A, 2008 - 05 - 14.

［17］Hou D X. Potential mechanism of cancer chemoprevention by anthocyanin［J］. Current Advancements in Molecular Medicines, 2003, 3 (2): 149~159.

［18］郭孝源, 陆启玉, 孟丹丹等. 脂肪对面团特性影响的研究进展［J］. 河南工业大学学报, 2012, 33 (4): 91~93.

［19］Haas C N, Anotai J, Engelbrecht R S. Monte Carlo assessment of microbial risk associated with land filling of fecal material［J］. Water Environment Research, 2006, 68: 1123~1131.

［20］李桂华. 油料脂肪检验与分析［M］. 北京: 化学工业出版社, 2006.

［21］Enriquez C N, Nwachuku, Gerba C P. Direct exposure of animal enteric pathogens［J］. Reviews of Environmental Health, 2001, 16: 117~118.

［22］Maria A Grompone. Physicochemical properties of fractionated beef tallows［J］. Journal of the American Oil Chemists′ Society, 1989, 66 (2): 253~255.

［23］郝利平. 食品添加剂［M］. 北京: 中国农业大学出版社, 2002.

［24］欧阳杰, 武彦文. 脂肪香精一种新型天然肉类香精的制备和研究［J］. 香料香精化妆品, 2001, 5: 12~14.

［25］McGoogan B B, Reigh R C. Apparent digestibility of selected ingredients in red drum (Sciaenops ocellatus) diets［J］. Aquaculture, 1996, 141: 233~244.

［26］Bureau D P, Harris A M, Cho C Y. Apparent digestibility of rendered animal protein ingredients for rainbow trout (Oncorhynchus mykiss)［J］. Aquaculture, 1999, 180: 345~358.

［27］Dong M, Marangon T G. Microstructure and fractal analysis of fat cryatal networks［J］. J Am Oil Chem Soc, 2006, 83, 377~388.

［28］倪培德. 脂肪加工技术［M］. 北京: 化学工业出版社, 2003: 36~44.

［29］张郁松, 寇炜材. 精炼牛油工艺的研究［J］. 食品工业技术, 2007, (4): 170~172.

［30］杨博, 王永华, 杨继国等. 高酸值脂肪的加工方法［P］. 中国专利: CN100999695A, 2007 - 07 - 18.

［31］陈明, 侯建义. 食品工业用牛油的精炼［J］. 江苏食品与发酵, 1997, 3: 2~4

［32］Jeroen V, Imogen F, Kevin W, et al. Relationship between crystallization behavior, microstructure, and macroscopic properties in trans - containing and trans - free filling fats and fillings［J］. J. Agric. Food Chem, 2007, 55: 7793~7801.

［33］许芳萍, 许虎君, 钮菊良. 美国牛油的脱色研究［J］. 中国脂肪, 2003, 28 (8): 2~4.

［34］Johnson M L, Parsons C M. Effects of raw material source, ash content, and assay length on protein efficiency ratio and net protein ratio values for animal protein meals［J］. Poult Sci, 1997, 76: 1722~1727.

［35］Wang X, Parsons M C. Effect of raw material sources, processing systems, and processing temperature on amino acid digestibility of meat and bone meal［J］. Poult Sci, 1998, 77: 834~841.

［36］苏望懿. 脂肪加工工艺学［M］. 武汉: 湖北科学技术出版社, 1997.

［37］小原淳志. 脂肪及脂肪的制备方法［P］. 中国专利: CN102257107A, 2011 - 11 - 23.

［38］Jeung H, Lee K. Physical properties of trans - free bakery shortening produced by lipase - catalyze interesterification［J］. J Am Oil Chem Soc, 2007, 38: 91~116.

［39］Miura S, Konishi H. Crystallization behavior of 1, 3 – dipalmitoyl – 2 – oleoyl – glycerol and 1 – palmitoyl – 2, 3 – dioleoyl – glycerol ［J］. Lipid Sci, 2001, 103（1）：804～809.

［40］彭华. 一种脂肪加工方法 ［P］. 中国专利：CN102250680A, 2011 – 11 – 23.

［41］马志强, 曾凡中, 叶志刚等. 一种脂肪生产方法及脂肪浸出器 ［P］. 中国专利：CN101805621A, 2010 – 08 – 18.

［42］Pierce J L, Cromwell G L, Lindemann M D, et al. Effects of spray – dried animal plasma and immunoglobulins on performance of early weaned pigs ［J］. Anim Sci, 2005, 83：2876～2885.

［43］杜泽学, 胡见波, 张永强等. 一种脂肪的化学加工方法 ［P］. 中国专利：CN101429469, 2009 – 05 – 13.

［44］洪学. 油脂在畜禽饲料中的应用 ［J］. 江西饲料, 2011, 1：24～25.

［45］Belitz H D, Grosch W, Schieberle P. Food Chemistry. 4th revised and extended ［M］. Berlin：Springer, 2009：191～192.

［46］马献中, 李鸿泰, 苏梅. 饲料中添加脂肪的注意事项 ［J］. 河南畜牧兽医, 2003, 24（11）：49.

［47］Ho C T, Chen Q. Lipids in food flavors ［M］. Washington D C：American Chemical Society, 1994, 2～10.

［48］陈新民. 脂肪的氧化作用及天然抗氧化剂 ［J］. 四川粮油科技, 2001, 69（1）：8～10.

［49］Cho C Y. Fish nutrition, feed, and feeding：with special emphasis on salmonid aquaculture ［J］. Food Rev Int, 1990（6）：333～357.

［50］Potman R P, Turksma H, Overbeeke N. Method for preparing process flavourings ［P］. EP：0450672 AI, 1991 – 02 – 19.

［51］穆同娜, 张惠, 景全荣. 脂肪的氧化机理及天然抗氧化物的简介 ［J］. 食品科学, 2004, 25（增刊）：241～243.

［52］张建旺, 张立航, 李艳平. 用动物脂肪制备动物脂肪酸的方法 ［P］. 中国专利：CN101781607A, 2010 – 07 – 21. 脂肪组合物以及可塑性脂肪组合物 ［P］. 中国专利：CN102137595A, 2011 – 07 – 27.

［53］汪秋安. 天然抗氧化剂及其在食品中的应用 ［J］. 粮油食品科技, 2000, 8（01）, 33～35.

第五章　脏器在食品加工中的利用

第一节　脏器的营养特性

一、常量营养

家畜脏器心、肝、胃、肺的蛋白质含量高，脂肪含量少，维生素种类丰富，是良好的廉价食品营养资源。家畜脏器含有丰富的维生素 A 和 B 族维生素，将其加工后食用能有效满足人体对维生素的需求，食用家畜肝脏尤其能够补充维生素 A、维生素 D、维生素 B_2。表 5 – 1、表 5 – 2 和表 5 – 3 所示分别为猪、牛、羊脏器中常量营养的含量。

表 5 – 1　　　　　　　　　　　　猪脏器常量营养含量

项目	水分/(g/100g)	蛋白质/(g/100g)	脂肪/(g/100g)	糖类/(g/100g)	维生素/(mg/100g)					
					维生素A	维生素B_1	维生素B_2	维生素B_3	维生素C	维生素E
心	76.0	16.6	5.3	1.1	0.013	0.19	0.48	6.8	4	0.74
肝	70.7	19.3	3.5	5.0	4.972	0.21	2.08	15.0	20	0.86
胃	78.2	15.2	5.1	0.7	0.003	0.07	0.16	3.7	—	0.32
肺	83.1	12.2	3.9	0.1	0.010	0.04	0.18	1.8	—	0.45
大肠	73.6	6.9	18.7	0.0	0.007	0.06	0.11	5.3		0.11

表 5 – 2　　　　　　　　　　　　牛脏器常量营养含量

项目	水分/(g/100g)	蛋白质/(g/100g)	脂肪/(g/100g)	糖类/(g/100g)	维生素/(mg/100g)					
					维生素A	维生素B_1	维生素B_2	维生素B_3	维生素C	维生素E
心	77.2	15.4	3.5	3.1	0.017	0.26	0.39	6.8	5	0.19
肝	68.7	19.8	3.9	6.2	20.220	0.16	1.30	11.9	9	0.13
胃	83.4	14.5	1.6	0.0	0.002	0.03	0.13	2.5	—	0.51
肺	78.6	16.5	2.5	1.5	0.012	0.04	0.21	3.4	13	0.34
大肠	85.9	11.0	2.3	0.4	—	0.03	0.08	1.2	—	—

表 5-3 羊脏器常量营养含量

项目	水分 /(g/100g)	蛋白质 /(g/100g)	脂肪 /(g/100g)	糖类 /(g/100g)	维生素/(mg/100g)					
					维生素A	维生素B$_1$	维生素B$_2$	维生素B$_3$	维生素C	维生素E
心	77.7	13.8	5.5	2.0	0.016	0.28	0.40	6.8	5.6	1.75
肝	69.7	17.9	3.6	7.4	20.972	0.21	1.75	22.1	—	29.93
胃	81.7	12.2	3.4	1.8	0.023	0.03	0.17	1.8	—	0.33
肺	77.7	16.2	2.4	2.5	—	0.05	0.14	1.1	—	1.43
大肠	83.4	13.4	2.4	0.0	—	—	0.14	1.8	—	—

二、氨基酸

蛋白质是构成生物体的基本成分，无论是简单的低等生物，还是复杂的高等生物，都毫不例外地需要蛋白质来维持其代谢和生命。氨基酸是构成蛋白质的基本单位，其最主要的功能是在人体内合成蛋白质；氨基酸还是合成许多激素的前体物质（如甲状腺素、肾上腺素、5-羟色胺等）；是嘌呤、嘧啶、血红素以及磷脂中含氮碱基的主要合成原料；另外，氨基酸还具有重要的非蛋白质功能，如膳食中蛋白质摄入过多时，机体可通过氨基酸的生糖、生酮作用转变成糖和脂肪或直接氧化供能。家畜脏器中氨基酸种类丰富，含有各种必需氨基酸。必需氨基酸是指人体自身不能合成或合成速度不能满足人体需要，必须从食物中摄取的氨基酸，对成人来讲必需氨基酸共有八种，分别是赖氨酸、色氨酸、苯丙氨酸、蛋氨酸、苏氨酸、异亮氨酸、亮氨酸、缬氨酸。动物脏器中均含有各种必需氨基酸，是优质蛋白质资源。表 5-4 所示为家畜脏器中氨基酸的含量。

表 5-4 家畜脏器氨基酸含量 单位：mg/100g

项目	猪				牛				羊			
	心	肝	胃	肺	心	肝	胃	肺	心	肝	胃	肺
异亮氨酸	702	783	508	404	682	879	533	559	610	761	306	449
亮氨酸	1359	1671	1002	992	1414	1816	990	1492	1238	1586	703	1243
赖氨酸	1221	1273	865	726	1301	1469	878	1184	1220	1231	643	1107
胱氨酸	242	296	183	212	246	361	270	393	246	—	158	268
苯丙氨酸	673	919	519	503	761	1083	561	848	698	940	381	733
酪氨酸	543	679	398	329	512	744	436	463	384	582	256	371
苏氨酸	686	809	572	420	701	845	512	674	657	772	365	620
色氨酸	231	265	94	97	145	229	85	124	130	225	67	102
缬氨酸	810	1067	655	703	844	1197	695	1121	825	1024	526	948
精氨酸	1020	1100	948	705	990	1211	922	1060	977	874	741	997
组氨酸	391	474	280	270	402	524	258	468	381	468	180	412

续表

项目	猪				牛				羊			
	心	肝	胃	肺	心	肝	胃	肺	心	肝	胃	肺
丙氨酸	985	1171	866	899	988	1188	835	1471	895	965	689	1022
天冬氨酸	1398	1619	1163	958	1433	1748	1130	1451	1362	1595	841	1356
谷氨酸	2383	2407	2023	1449	2631	2450	2042	2182	2315	2319	1525	1918
甘氨酸	797	1041	1332	1236	772	1271	1189	1717	748	977	1188	1410
脯氨酸	726	1071	909	844	669	965	821	1054	574	797	769	897
丝氨酸	649	864	584	509	647	854	556	759	563	767	431	662

三、脂肪酸

脂肪酸按其饱和程度可以分为饱和脂肪酸（SFA）、单不饱和脂肪酸（MUFA）和多不饱和脂肪酸（PUFA）。摄入饱和脂肪酸较高的食物容易导致心血管方面的疾病。摄入不饱和脂肪酸含量较高的食物有利于预防心血管疾病，目前营养学认为对人体健康最重要的不饱和脂肪酸包括2类：$n-3$系列不饱和脂肪酸和$n-6$系列不饱和脂肪酸。摄入富含饱和脂肪的膳食与某些慢性疾病的发生和发展有关，如冠心病、肥胖、糖尿病和癌症等；而含有多不饱和脂肪酸的膳食则能够降低动脉粥样硬化的危险，预防心血管疾病；摄入多不饱和脂肪酸还有助于预防癌症、高脂血症和糖尿病。脂肪在慢性病的发生和发展过程中发挥了重要作用，并且膳食脂肪对于基因组的调控作用也是不可或缺的，这种调控是膳食脂肪经过水解转变成脂肪酸而发挥作用的，尤其是$n-3$和$n-6$系列的多不饱和脂肪酸与基因调节之间的关系最为密切。家畜脏器中的脂肪酸种类丰富，从表5-6可以看出，牛脏器中心、肝、胃、肺的不饱和脂肪酸含量分别达到了49.7%、44.2%、53.1%、46%，同样，猪、羊脏器中的不饱和脂肪酸含量也呈现类似的结果，表5-5、表5-6和表5-7所示分别为猪、牛、羊脏器中脂肪酸的含量。

表5-5　　　　　　　　　　　　　猪脏器脂肪酸含量

项目	脂肪酸含量/（g/100g 可食部）					饱和脂肪酸与总脂肪酸比/%	单不饱和脂肪酸与总脂肪酸比/%	多不饱和脂肪酸与总脂肪酸比/%
	总量	饱和	单不饱和	多不饱和	其他			
心	4.2	1.7	1.6	0.9	—	40.5	38.1	21.4
肝	2.6	1.1	0.7	0.7	0.1	42.3	26.9	26.9
胃	4.6	2.4	1.8	0.4	—	52.2	39.1	8.7
肺	3.5	1.5	1.5	0.4	0.1	42.9	42.9	11.4
大肠	17.0	7.7	7.2	2.0	0.1	45.3	42.4	11.8

表 5-6 牛脏器脂肪酸含量

项目	脂肪酸含量/（g/100g 可食部）					饱和脂肪酸与总脂肪酸比/%	单不饱和脂肪酸与总脂肪酸比/%	多不饱和脂肪酸与总脂肪酸比/%
	总量	饱和	单不饱和	多不饱和	其他			
心	2.8	1.4	1.0	0.4	—	50.0	35.7	14.3
肝	2.9	1.6	0.8	0.5	—	55.2	27.6	17.2
胃	1.5	0.6	0.6	0.1	—	40.0	40.0	6.7
肺	2.3	1.2	0.9	0.2	0.1	50.0	37.5	8.3
大肠	2.1	1.3	0.6	0.1	0.2	59.1	27.3	4.5

表 5-7 羊脏器脂肪酸含量

项目	脂肪酸含量/（g/100g 可食部）					饱和脂肪酸与总脂肪酸比/%	单不饱和脂肪酸与总脂肪酸比/%	多不饱和脂肪酸与总脂肪酸比/%
	总量	饱和	单不饱和	多不饱和	其他			
心	4.3	2.2	1.7	0.4	—	51.2	39.5	9.3
肝	2.7	1.3	1.1	0.3	—	48.1	40.7	11.1
胃	3.1	0.9	1.5	0.7	—	29.0	48.4	22.6
肺	2.2	1.3	0.7	0.3	—	56.5	30.4	13.0
大肠	2.2	1.3	0.7	0.1	0.1	59.1	31.8	4.5

四、矿物质

家畜脏器中矿物质种类丰富，其中钙、磷、钾、钠、镁含量丰富，铁、锌、硒等含量较少。矿物质是人体维持正常生理功能不可或缺的元素，食用家畜脏器可以有效补充人体对矿物质的需求。表 5-8、表 5-9 和表 5-10 所示分别为猪、牛、羊脏器中的矿物质含量。

表 5-8 猪脏器矿物质含量 单位：mg/100g

项目	钙	磷	钾	钠	镁	铁	锌	硒	铜	锰
心	12	189	260	71.2	17	4.3	1.90	0.01494	0.37	0.05
肝	6	310	235	68.6	24	22.6	5.78	0.01921	0.65	0.26
胃	11	124	171	75.1	12	2.4	1.92	0.01276	0.10	0.12
肺	6	165	210	81.4	10	5.3	1.21	0.01077	0.08	0.04
大肠	10	56	44	116.3	8	1.0	0.98	0.01695	0.06	0.07

表 5-9 牛脏器矿物质含量 单位：mg/100g

项目	钙	磷	钾	钠	镁	铁	锌	硒	铜	锰
心	4	178	282	47.9	25	5.9	2.41	0.01480	0.37	0.06
肝	4	252	185	45.0	22	6.6	5.01	0.01199	1.34	0.37
胃	40	104	162	60.6	17	1.8	2.31	0.00907	0.07	0.21
肺	8	269	197	154.8	14	11.7	2.67	0.01361	0.22	0.16
大肠	12	102	55	28.0	—	2.0	1.05	0.01094	0.03	—

表 5 – 10				羊脏器矿物质含量				单位：mg/100g	
项目	钙	磷	钾	钠	镁	铁	锌	硒	铜	锰
心	10	172	200	100.8	17	4.0	2.09	0.01670	0.26	0.04
肝	8	299	241	123.0	14	7.5	3.45	0.01768	4.51	0.26
胃	38	133	101	66.0	16	1.4	2.61	0.00968	0.10	0.60
肺	12	172	139	146.2	8	7.8	1.81	0.00933	0.19	0.05
大肠	25	34	117	79.0	17	1.9	2.50	0.01410	1.46	0.09

五、生物活性物质

家畜脏器中含有多种活性物质，主要以左旋肉碱、牛磺酸、肝素钠、谷胱甘肽为主。据余群力、韩玲等研究，在家畜心、肝、肺、肾中这几类生物活性物质含量可观。表 5 – 11 所示为肉牛、牦牛脏器中的生物活性物含量。

表 5 – 11　　　　　　　　肉牛、牦牛脏器生物活性物含量

项目	品种	部位			
		心	肺	肝	肾
左旋肉碱/(mg/g)	牦牛	10.90	6.42	30.45	4.33
	肉牛	14.53	9.92	24.20	5.80
牛磺酸/(mg/g)	牦牛	2.59	4.62	7.02	5.59
	肉牛	2.43	3.41	6.37	4.07
肝素钠/(mg/g)	牦牛	74.33	310.60	63.86	—
	肉牛	66.49	176.56	139.67	—
谷胱甘肽/(mg/g)	牦牛	0.01	—	0.16	0.18
	肉牛	0.01	—	0.30	0.20

第二节　利用脏器加工预制食品

随着社会生活节奏加快，家庭生活中备餐和用餐的时间减少，因此产生了对食品便利性的强势需求。预制食品和速冻食品顺应了这种趋势，同时由于其具有保藏方便、储藏时间长、品质变化小的特点，受到世界各国公共饮食机构和家庭的青睐。预制食品（prepared food）是指在销售前经过充分的预处理，消费者可直接食用或经过简单的热处理即可食用的食品。冷冻食品（quick freezing food）是指新鲜、优质原料经低温冻结后储藏、销售的食品。这两类食品在中国、美国、日本和欧洲发展最快，并且占有较大的市场，可以为不同的消费人群提供各类产品。目前，利用家畜脏器加工的预制食品和冷冻食品种类繁多，本节主要以生鲜脏器制品、汤料制品和腌腊制品为主介绍家畜脏器预制食品的加工工艺。

一、生鲜类食品

家畜屠宰后将脏器收集、清洗、分切、包装后快速冻结，作为加工其他食品的原料，或直接供消费者家庭烹调使用。

1. 原料

牛肝、胃、心、肺、肾、肠。

2. 工艺流程

原料预处理 → 分切 → 装袋 → 预冷 → 冻结 → 成品

3. 操作要点

（1）原料预处理　牛肝、胃、心、肺、肾、肠的整理应符合《牛可食副产品整理技术规程》DB62/T 2178—2011。

（2）分切　将牛肝、胃、心、肺、肾、肠，按照不同的包装规格分切，要求切面整齐，产品表面干净，外观良好。

（3）装袋　将分切好的副产物装入包装袋迅速真空抽气包装，包装后转入冷库预冷。

（4）预冷　要求库温 0~4℃，产品温度达到 8℃后，方可转入冻结间。

（5）冻结　要求库温在 -35℃以下，相对湿度 95%以上，经 48h 副产物中心温度达 -18 ~ -15℃，方可入冷冻库。为防止变质，储藏过程中尽量避免库温出现较大波动，防止产品二次冻结。

4. 质量标准

预制食品的感官、卫生指标应符合 NY/T 1513—2007《绿色食品畜禽可食用副产品》的规定。具体见表 5-12、表 5-13。

表 5-12　　　　　　　　　　　　　　　　感官指标

项目	指标
外观	具有本品种特有的形态，无霉变
色泽	表皮和肌肉切面有光泽，具有该类产品应有的色泽
气味	经水煮后具有本品种应有的气味，无异味
杂质	无肉眼可见的外来杂质

表 5-13　　　　　　　　　　　　　　　　卫生指标

项目	指标
挥发性盐基氮/（mg/100g）	≤15
无机砷（以 As 计）/（mg/kg）	≤0.05
总汞（以 Hg 计）/（mg/kg）	≤0.05
铅（以 Pb 计）/（mg/kg）	≤0.10
镉（以 Cd 计）/（mg/kg）	≤0.10
敌百虫/（mg/kg）	≤0.05

续表

项目	指标
土霉素/（mg/kg）	肾≤0.60
	其他产品≤0.30
四环素/（mg/kg）	肾≤0.60
	其他产品≤0.30
磺胺类（以总量计）/（mg/kg）	不得检出（≤0.005）
氯霉素/（mg/kg）	不得检出（≤0.000 1）
硝基呋喃类/（mg/kg）	不得检出（≤0.000 25）
己烯雌酚/（mg/kg）	不得检出（≤0.25）
盐酸克伦特罗/（mg/kg）	不得检出（≤0.01）
恩诺沙星、环丙沙星/（mg/kg）	肾≤0.03
	其他产品≤0.02
菌落总数/（CFU/g）	≤500 000
大肠菌群/（MPN/100g）	≤10 000
沙门菌	不得检出
致泻大肠埃希菌	不得检出

注：农药、兽药最高残留限量和污染物限量应符合国家相关规定。

二、汤料类食品

（一）即冲即食羊杂汤料

1. 原料

主料：新鲜羊心、肝、肚、肺、肠，羊肉。

辅料：花椒、八角茴香、十三香、白醋、食盐、鸡精、葱花、香菜。

2. 工艺流程

鲜羊杂→ 原料预处理 → 煮熟、拌料 → 冷冻 → 真空脱水干燥 → 包装 →成品

3. 操作要点

（1）原料预处理　将鲜羊杂（肝1.5kg、肺1.5kg、肠1.5kg、心1.5kg、羊肉2kg、架子骨6kg）洗净，在98℃以上的沸水中漂烫60s后捞出待用。

（2）煮熟、拌料　将漂烫过的羊杂及第一类调料（花椒50g、十三香25g），一并放入锅内，煮沸，加水量是羊杂重量的1.5倍，使锅内物料煮熟（大约15min），将煮熟的羊杂捞出冷却待用，然后改为温火，炖3h，炖至汤量为原水量的60%；将羊肝、心、肺、肉切成60mm×60mm×3mm（长×宽×厚）规格的薄片，羊肠切成1cm段状，香菜切成8mm段状，绿葱切成5mm段状。取熬制好的汤12kg，加入切好的羊肝、心、肠、肺、肉，加入白醋160g搅匀煮沸，加入食盐800g、鸡精400g搅拌均匀，停止加热，倒出冷却，加入葱花2kg、香菜1kg搅匀。

（3）冷冻　将制好的羊杂汤用电子秤称重，倒入托盘内。然后用专用料车将摆好的羊

杂汤迅速转入速冻车间速冻，速冻温度为 -18℃，物料速冻至中心温度不高于 -18℃，以确保冻透为原则，再进行真空脱水干燥。

（4）真空脱水干燥 脱水干燥在真空干燥仓内进行，整个过程采用逐步控温的方式。首先将温度在 0.5h 内升至 90℃后保温 10h，再将温度在 1h 内降至 80℃后保温 2h，在 2h 内将温度降至 70℃后保温 3h，在 2h 内将温度降至 65℃后保温 3h，在 0.4h 内将温度降至 30℃，然后将干燥好的羊杂汤料出仓，推入卸料间卸料，卸料间温度应控制在 20℃左右，相对湿度应控制在 50% 以内。

（5）包装、运输 包装袋为防潮袋。包装时，包装人员按照食品标签包装要求进行计量包装，所有包装用品在使用前均需严格消毒检查。包装好的成品应储存于阴凉、干燥的洁净库内，按批次分垛，加垫板存放，与墙壁间隔 50cm，批次间隔 50cm，运输车应清洁、卫生、干燥、定期消毒，防止产品受到外界污染而影响产品质量。

（6）食用方法 食用时打开包装袋将袋内羊杂放入自备容器中，倒入适量开水加盖焖 3~5min，即可制得一碗美味可口的羊杂汤。

4. 产品质量标准

经过真空脱水干燥之后，羊杂汤呈固体状，干燥好的固体汤料含水量为 0.5%~3%，优选汤料为 2%~3%，最优汤料为 2%。其感官应无异味、无酸败味、无异物；理化指标和微生物指标应符合 GB 2726—2005《熟肉制品卫生标准》规定。具体见表 5-14、表5-15。

表 5-14　　　　　　　　　　　理化指标

项目	指标
水分/（g/100g）	≤20.0
复合磷酸盐（以 PO₄计）/（g/kg）	≤5.0
亚硝酸盐	按 GB 2760—2011《食品添加剂使用标准》执行
苯并芘/（μg/kg）	≤5.0
无机砷/（mg/kg）	≤0.05
总汞（以 Hg 计）/（mg/kg）	≤0.05
铅（以 Pb 计）/（mg/kg）	≤0.5
镉（以 Cd 计）/（mg/kg）	≤0.10
菌落总数/（CFU/g）	≤30000
大肠菌群/（MPN/100g）	≤90
致病菌（沙门菌、志贺菌、金黄色葡萄球菌）	不得检出

表 5-15　　　　　　　　　　　微生物指标

项目	指标
菌落总数/（CFU/g）	≤30000
大肠菌群/（MPN/100g）	≤90
致病菌（沙门菌、志贺菌、金黄色葡萄球菌）	不得检出

（二）方便全牛杂

全牛杂俗称"全牛汤"，有着悠久的历史。它是由煮熟的牛头、蹄、肚、肝、肾、肺、百叶、心和肠精制而成。全牛杂的优质蛋白质、脂肪、糖类含量可观，除此之外，全牛杂还含有钙、铁、维生素 B_1、维生素 B_2、维生素 B_3 等，具有益气、养脾胃、解毒等功效，也可治疗营养不良性贫血，具有卓越的补肝明目功能。全牛杂选料考究、制作精良、耐嚼而不坚韧、酥嫩而不软烂、味美可口，且容易被胃肠吸收，是有益于健康的绝佳食品。

1. 原料

新鲜牛头、蹄、胃、肝、肾、肺、舌、心和肠。

2. 工艺流程

牛杂碎→ 预处理 → 入味精煮 → 计量装袋 → 真空封口 → 高温灭菌 →成品

3. 操作要点

（1）原料预处理　将原料预处理后分别制得牛头、蹄条、胃片、肝泥丸、肾、肺、心、肠圈。

①头和蹄：将头、蹄脱毛后清洗干净，每100kg头和蹄配备调料如下：花椒800g、陈皮500g、白芷300g、胡椒600g、草果300g、姜皮200g、砂仁200g、食盐3kg。将花椒、陈皮、白芷、胡椒、草果、姜皮和砂仁装入纱布袋做成调料包；将头、蹄、食盐和调料包投入装有冷水的夹层锅，水量淹没头蹄；将夹层锅升温至沸点，除去血水形成的浮沫，在100℃煮120min，捞出沥干，将头肉、蹄筋从骨头上分离下来；将头肉分切成2.0cm见方、0.5cm厚，蹄筋分切成0.5cm见方、3cm厚。

②胃：将清洗干净的胃放入温度为70℃、质量分数为10%的氢氧化钠水溶液中浸泡20~30s取出，除去牛胃内的薄膜，冲洗干净后用牛胃重量2%的食盐和3%的食醋浸洗，再用流动水浸泡30min取出，放入质量分数为0.1%的醋酸中浸泡20min，再用清水冲洗一遍，在沸水中煮10min，捞出沥干，用切割机分切后放入油炸机中炸成浅黄色，用离心机除油后备用。

③肾：将肾除去白膜、油筋、尿管，清洗干净后放入夹层锅，夹层锅内放有与煮牛头和蹄配料相同的调料包，经沸水煮100min后捞出沥水，分切成2cm见方、0.4cm厚备用。

④肺：将清洗干净的肺放入夹层锅，夹层锅内放有与煮制头和蹄配料相同的调料包，沸水中煮10min至无血水后捞出沥水，分切成约2cm见方、0.5cm厚，经挤压排出污物并清洗干净，备用。

⑤舌：舌洗净，去除舌根、脂肪后放入夹层锅，夹层锅内放有与煮头和蹄配料相同的调料包，经沸煮100min捞出沥水，冷却至常温后去皮，用切割机切成2cm见方、0.5cm厚的片状，入油炸机炸成浅黄色，用离心机除油后备用。

⑥心：把除去筋膜及脂肪并将污物清洗干净的牛心放入夹层锅，煮沸40min至无血水后捞出沥水，切成3cm×2cm×0.4cm片状，入油炸机炸成浅黄色，用离心机除油后备用。

⑦肠：肠的清洗方法与胃的相同，清洗干净后放入夹层锅，夹层锅内放有与煮头和蹄配料相同的调料包，沸水煮90min后捞出沥水，分切成10cm的长段；经轧辊机压出肠内脂肪，分切成4cm×2cm×0.5cm片状，油炸机炸成浅黄色，用离心机除油

后备用。

⑧肝：将清洗干净的肝脏分切成块状后再次冲洗，沥干水分并加入 10% 的精选牛肉，入绞肉机制成肝泥，向 100kg 肝泥中加入淀粉 30kg、食盐 4kg、白砂糖 4kg、白胡椒粉 0.8kg、姜粉 0.5kg、花椒粉 1kg、葱粉 1.1kg、香油 1.5kg，放入搅拌机搅拌均匀，经制丸机制丸，经挂糊机挂糊，入油炸机制成肝泥丸备用。

（2）入味精煮　将步骤 1 预处理好的原料单独复称备料，按 100kg 牛杂主料配备如下：食盐 3600g、花椒 1000g、陈皮 500g、白芷 280g、胡椒 950g、草果 280g、桂香 160g、丁香 220g、八角茴香 200g、砂仁 180g、良姜 200g、姜皮 280g、味精 260g。

将配料装入纱布袋做成调料包，将牛杂分别放入装有冷水的夹层锅，夹层锅中放入食盐、味精和调料包，水淹没牛杂，升温至 100℃ 煮 50min 入味，至七成熟，捞出沥干，单独装盘冷却至常温。

（3）计量装袋　将步骤 1 得到的肝泥丸以及步骤 2 入味精煮后的其他牛杂，计量均匀分配装入蒸煮袋，使每个袋内都能装入各种牛杂。

（4）真空封口　按现有常规方法抽真空封口。

（5）高温灭菌　在 121℃ 条件下灭菌 40min，再反压冷却至常温后得到全牛杂碎包。

（6）计量装袋

①方便型：蒸煮袋内牛杂的重量为 100g，经步骤 4 与步骤 5 后制得方便型全牛杂碎包，方便型全牛杂碎包用于制作方便型全牛杂碎。

②普及型：蒸煮袋内牛杂的重量为 500g，经步骤 4 与步骤 5 后制得普及型全牛杂碎包，普及型全牛杂碎包用于制作普及型全牛杂碎。

（7）辅料包的制作

①液体调味包：酱油 10g，川豉油 0.5g，余量为香醋。用灌装机向食品专用袋灌入 20mL，热合封口，得液体复合调味包。

②蔬菜包：食品专用袋装入 5g 脱水萝卜，0.5g 脱水蒜苗与香菜，15g 豆粉，经热合封口，得蔬菜包。

③固体调味包：食品专用袋装入 10g 优质食盐，0.8g 白胡椒粉和 0.4g 味精，热合封口，得固体调味包。

④油泼辣子包：容器内装有辣椒粉 90kg，温火炒熟的白芝麻 10kg 和花椒粉 15kg，搅拌均匀，将牛骨髓油 50kg 加热至 120℃ 后冷却至 90℃ 倒入容器内，边倒油边搅拌，冷却至常温，再倒入香油 20kg，搅拌均匀制得油泼辣子，向食品专用袋装入 8g 油泼辣子封口，得油泼辣子包。

（8）食用方法

①普及型主要适用于家庭、机关团体食堂与餐馆，售价较低；食用时，可按照需要的口味，自行用调味品凉拌或煲成全牛杂汤。

②方便型主要用于个人、旅途等食用；食用时打开普及型蒸煮袋将袋内牛杂放入自备容器，同时将蔬菜包的豆粉加入，倒入适量开水加盖焖或上火煮 3～5min，然后倒出容器内的开水；加入液体复合调味包、蔬菜包内的脱水蒜苗与香菜、固体调味包及油泼辣子包，重新加入适量开水加盖焖或上火煮 3～5min，即可制得一碗热气腾腾、美味可口、营养丰富的方便全牛杂汤。

4. 质量标准

产品感官应无异味、无酸败味、无异物；理化指标和微生物指标应符合 GB 2726—2005《熟肉制品卫生标准》规定。具体见表5-14、表5-15。

（三）全羊杂

1. 原料

主料：羊头、蹄、胃、肝、肾、肺、心、舌。

辅料：桂皮、丁香、砂仁、花椒、姜皮。

2. 工艺流程

原料预处理→入味精煮→计量装袋→真空封口→高温灭菌→成品

3. 操作要点

（1）原料预处理：将羊头与蹄、胃、肝、肾、肺、心和肠预处理后分别制得羊头片、蹄条、羊舌、胃、肝泥丸、肾、肺、心、肠圈。

①头和蹄：将头、蹄脱毛清洗干净，每100kg头、蹄调料如下：食盐3000g、桂皮160g、丁香170g、砂仁130g、花椒450g、草果180g、姜皮210g。将桂皮、丁香、砂仁、花椒、草果和姜皮装入纱布袋，做成调料包；将头、蹄、食盐和调料包投入装有冷水的夹层锅，水量淹没头、蹄；将夹层锅升温至沸点，除去血水形成的浮沫，在110℃煮90min，捞出沥干，将头肉、蹄筋从骨头上分离下来，将头肉分切成2cm见方、0.5cm厚，蹄筋分切0.5cm见方、3cm厚，舌分切成1.5cm见方、0.5cm厚，备用。

②胃：将清洗干净的胃放入75℃、质量分数为10%的氢氧化钠水溶液中浸泡30s取出，除去羊胃内的薄膜，冲洗干净后用食盐和食醋浸泡以去除异味，再用流动水浸泡35min取出，放入质量分数为0.1%的醋酸内中和20min，再用清水冲洗一遍，经沸水煮10min，捞出沥干，用切割机分切，放入油炸机炸成浅黄色，用离心机除油后备用，食盐用量是胃重量的2%，食醋用量是胃重量的3%。

③肾：将除去白膜、油筋及尿管并清洗干净的羊肾放入夹层锅，夹层锅内放有与煮头和蹄配料相同的调料包，经沸水煮60min后捞出沥水，分切成1.5cm见方、0.3cm厚，备用。

④心：将除去筋膜及脂肪并将污物清洗干净的羊心放入夹层锅，沸水煮10min至无血水后捞出沥水，切成1.5cm见方、0.3cm厚，放入油炸机炸成浅黄色，用离心机除油后备用。

⑤肠：肠的清洗方法与胃相同。清洗干净后放入夹层锅，夹层锅内放有与煮头和蹄配料相同的调料包，经沸水煮60min后捞出沥水，分切成10cm的长段，经轧辊机压出肠内脂肪，分切成0.6cm的圈状，放入油炸机中炸成浅黄色，用离心机除油后备用。

⑥肺：将清洗干净的肺放入夹层锅，夹层锅内放有与煮头和蹄配料相同的调料包，沸水煮10min至无血水后捞出沥水，分切成1.5cm见方、0.3cm厚，经轧辊机挤压排出污物，清洗干净备用。

⑦肝：将清洗干净的羊肝分切成块状后再次冲洗，沥干水分并加入5%的羊尾，入绞肉机制成肝泥，每100kg肝泥配料如下：淀粉30kg、食盐4kg、白砂糖4kg、白胡椒粉0.8kg、姜粉0.5kg、花椒粉1kg、葱粉1kg、香油1.5kg，放入搅拌机中搅拌均匀，经制丸机制丸，经挂糊机挂糊，放入油炸机中制成肝泥丸备用。

（2）入味精煮 将步骤 1 制得的头片、蹄条、舌片、胃片、肾片、心片、肠圈、肺片，单独复称备料，每 100kg 羊杂配料如下：食盐 3600g、桂皮 200g、丁香 200g、砂仁 220g、花椒 650g、草果 220g、姜皮 280g、味精 260g。将桂皮、丁香、砂仁、花椒、草果和姜皮装入纱布袋做成调料包，将各类羊杂单独放入装有冷水的夹层锅，夹层锅放入食盐、味精和调料包，水面淹没羊杂制品，升温至 100℃ 煮 45min 入味，至七成熟，捞出沥干，单独装盘冷却至常温。

（3）计量装袋 将步骤 1 中得到的肝泥丸以及步骤 2 入味精煮后的其他羊杂，计量均匀分配装入蒸煮袋，使每个袋内都能装入羊头片、蹄条、舌片、胃片、肾片、肺片、心片、肠圈和肝泥丸。

①方便型：蒸煮袋内羊杂的重量为 100g，经步骤 4 与步骤 5 后制得方便型全羊杂碎包；方便型全羊杂碎包用于制作方便型全羊杂碎。

②普及型：蒸煮袋羊杂的重量为 500g，经步骤 4 与步骤 5 后制得普及型全羊杂碎包；普及型全羊杂碎包用于制作普及型全羊杂碎。

方便型全羊杂碎还包括液体复合调味包、蔬菜包与固体调味包。液体复合调味包装有酱油、大蒜油和香醋，蔬菜包装有蒜苗、香菜、豆粉和糖蒜，固体调味包装有食盐、胡椒粉和味精。

（4）辅料包的制作

①液体复合调味包：按下述重量百分比勾兑成调味液，酱油 10g，川豉油 0.5g，余量是香醋；用灌装机向食品专用袋灌入 20mL，热合封口，得液体复合调味包。

②蔬菜包：食品专用袋装入 0.5g 脱水蒜苗与香菜、15g 豆粉，热合封口，得蔬菜包。

③固体调味包：食品专用袋装入 10g 优质食盐、0.8g 白胡椒粉和 0.4g 味精，热合封口，得固体调味包。

（5）真空封口 按现有常规方法抽真空封口。

（6）高温灭菌 在 121℃ 条件下灭菌 40min，再反压冷却至常温后得到全羊杂碎包。

（7）食用方法

①普及型：主要适用于家庭、机关团体食堂与餐馆，售价较低；食用时，可按照需要的口味，用调味品凉拌或煲成羊杂汤。

②方便型：主要用于个人、旅途等食用；食用时，打开普及型蒸煮袋将袋内羊杂放入自备容器或方便专用碗，同时将蔬菜包中的豆粉加入；倒入适量开水加盖或上火煮 3～5min，然后倒出容器内的开水；加入液体复合调味包、蔬菜包、固体调味包及油泼辣子包，重新加入适量开水加盖或上火煮 3～5min，即可制得一碗热气腾腾、美味可口、营养丰富的方便全羊杂汤。

4. 质量标准

产品感官应无异味、无酸败味、无异物；理化指标和微生物指标应符合 GB 2726—2005《熟肉制品卫生标准》规定。具体见表 5－14、表 5－15。

三、腌腊类食品

腌腊肉制品是深受消费者喜爱的一类肉制品，根据加工工艺可分为腌制品和腊制品，腌肉制品一般只用腌料腌制而成，腊肉制品在腌制后要经干燥发酵，我国也有许多以动物脏器加工的腌腊制品，该类品种繁多，本节重点以猪内脏为原料介绍腊猪心、腊猪舌、金银肝等名特品种的加工工艺，牛羊内脏腌腊制品的加工方式与猪内脏的相似。

（一）腊猪心

1. 原料

主料：鲜猪心。

辅料：食盐、花椒、白胡椒粉、白糖、白酒、酱油、桂皮等。

2. 工艺流程

原料选择及修整 → 配料 → 腌制和烘烤 → 包装 → 成品

3. 操作要点

（1）原料选择及修整　选用符合卫生标准的鲜猪心，割除血管及心包膜，剖开心室，洗净瘀血，分切片状，再用水洗净。

（2）配料　每 100kg 鲜猪心用料配方见表 5 – 16。

表 5 – 16　　　　　　　　　　　　　　腊猪心配方表　　　　　　　　　　　　　单位：kg

	上海	长沙	涪陵	成都	绵阳	广式
精食盐	3.0	4.6	5.0	5.5	7.0	3.5
硝酸钠	—	—	0.05	—	0.05	0.05
白糖	8.0	1.4	2.0	1.0	—	6.0
白酒	3.0	—	2.0	0.5	0.5	2.0
酱油	8.0	—	4.0	2.0	—	4.0
酱色	3.0	—	混合香料 0.2	桂皮 0.1	—	—
其他辅料	姜汁少许	0.2	花椒 0.1	花椒 0.2	花椒 0.1	白胡椒粉 0.2

（3）腌制和烘烤　将辅料混匀，与猪心拌匀，浸渍 6 ~ 8h，其中每隔 2h 翻缸一次。取出猪心，平放在竹筛上，晾去表水。送入 40 ~ 45℃烘房，烘 72h，也可用日光暴晒。冷凉后包装即为成品。成品率为 38% ~ 45%。绵阳工艺只烘 40h，成品率可达 50%。在通风干燥库内可保存一个月。

4. 腌腊制品质量标准

腌腊制品质量标准应符合 GB 2730—2005《腌腊肉制品卫生标准》，其感官应无黏液、无霉点、无异味、无酸败味，理化指标具体要求见表 5 – 17。

表 5 – 17　　　　　　　　　　　　　　　　理化指标

项目	指标
酸价（以脂肪计）/（mg KOH/g）	≤ 　　　　4.0
过氧化值（以脂肪计）/（g/100g）	≤ 　　　　0.5
苯并芘/（μg/kg）	≤ 　　　　5
无机砷（以 As 计）/（mg/kg）	≤ 　　　　0.05

续表

项目		指标
铅（以 Pb 计）/（mg/kg）	≤	0.2
镉（以 Cd 计）/（mg/kg）	≤	0.1
总汞（以 Hg 计）/（mg/kg）	≤	0.05
亚硝酸盐残留量		按 GB 2760—2011《食品添加剂使用标准》执行

（二）腊猪肝

1. 原料

主料：鲜猪肝。

辅料：食盐、硝酸钠、白酒、生姜（或姜粉）、花椒、白糖、酱油、白胡椒等。

2. 工艺流程

原料选择和修整→配料→腌制→晾挂与烘烤→包装→成品

3. 操作要点

（1）原料选择和修整　选择符合卫生标准的新鲜猪肝，摘除苦胆，割去油、筋膜、膈肌，分割为四叶，于大块上划一刀口，便于腌料渗入。

（2）配料　每100kg 猪肝坯用料配方如表5-18。

表5-18　　　　　　　　　　腊猪肝配方表　　　　　　　　　　单位：kg

	食盐	硝酸钠	白酒	生姜（或姜粉）	花椒	白糖	酱油	白胡椒
广式	6.5~7.0	0.05~0.10	0.5~2.0	0.1~0.3	0.1~0.15	—	—	—
川式	3.5	香料适量	2.0	姜汁0.5	味精可加可不加	6.0	4.0	0.2

注：香料按各地区消费习惯适当增减。

（3）腌制　按配方将辅料拌匀与肝坯充分混匀后入缸腌制，1~2d 翻缸，再腌 2d 即可出缸。

（4）晾挂与烘烤　将腌好出缸的猪肝坯用温清水漂洗干净，拴绳挂于竹竿上，晾干表水后入烘房烘烤。经28~32h（室温40~50℃时，约经72h），产品干硬后，即可出房。烘烤可挂起来烘，也可放在竹筛上烘。冷透包装即为成品。

成品率为30%~40%。如需久存，则不宜太干。用防潮纸或真空包装储存于通风干燥库内。

（三）金银肝

1. 原料

主料：鲜猪肝。

辅料：肥膘、肝坯、食盐、砂糖、曲酒、酱油、潮州珠油等。

2. 工艺流程

原料选择与修整→配料→腌制→嵌膘→烘烤和晾晒→成品

3. 操作要点

（1）原料选择与修整　选择符合卫生标准的新鲜猪肝及硬性肥膘肉，将猪肝无损地摘除苦胆，去除脂肪、筋膜、膈肌，洗净切成厚 3~4cm，长 15~20cm 的肝坯条。肥膘洗净，切成 17 ~ 18cm 宽的条坯。

（2）配料　每 100kg 金银肝配方见表 5 - 19。

表 5 - 19　　　　　　　　　　　　　　　　金银肝配方表　　　　　　　　　　　　　　单位：kg

		肝坯	肥膘	食盐	砂糖	曲酒	酱油	潮州珠油
上海	肝坯	100	—	5.0	10.0	2.5（60°）	3.0（优）	适量（抛光用）
	肥膘	—	100	10.0	0.02	—	—	—
成都	肝坯	100	—	6.0 ~ 6.5	6.5	1.0	3.0（无色）	—
	肥膘	—	100	7 ~ 8	6.5	1.0	3.0（无色）	—

（3）腌制　腌制肥膘时将配料中的盐、糖以及其他辅料混合，与肥膘坯混合，入缸腌 3 ~ 4d。出缸后切成 14 ~ 17cm 长、大头 1.5 ~ 2.0cm 宽的锥形膘条，清洗干净，滤干。再加入剩余的辅料混匀备用。

腌制肝坯时，将肝坯与配料中的盐、酒混匀，入缸腌 6 ~ 8h 出缸，出缸后用蒸馏水清洗；再加入混匀的其他辅料，腌 2 ~ 3h，并搅拌数次，出缸后用麻绳穿挂在竹竿上，晾晒或入 40℃ 左右烘房烘 1 ~ 2h，待肝表面有皱纹出现后停止干燥。

（4）嵌膘　肝坯冷却后，用剑形尖刀从肝条中央穿孔直至肝坯尖，肝坯尖端和两侧不能穿透。用特制的斜头白铁皮套筒（大小与孔相近）将肥膘灌嵌入肝坯空洞内。操作时把肥膘填入套筒，插入肝孔，然后用木棒抵住肥膘，慢慢抽出套筒。再用麻绳扣住肝孔口，使其不露白为准。

（5）烘烤和晾晒　挂杆入 50℃ 左右烘房烘烤 20 ~ 24h 或晾晒，待肝坯发硬，即可出房，冷透后包装即为成品。

成品率为 50% ~ 60%，悬挂于通风、阴凉、干燥的库内保存。不宜堆放。

（四）腊猪腰

1. 原料

主料：鲜猪肾脏。

辅料：食盐、白糖、白酒、生抽等。

2. 工艺流程

原料选择和修整 → 配料 → 腌制 → 烘烤干燥 → 包装 → 成品

3. 操作要点

（1）原料选择及修整　选用符合卫生标准的鲜猪肾脏。剥去油膜，切成两瓣，剔除肾盂及血管，用清水冲洗净。

（2）配料　每 100kg 猪腰坯配方见表 5 - 20。

表 5 - 20　　　　　　　　　　　　　　　　腊猪腰配方表　　　　　　　　　　　　　　单位：kg

种类	成都	广州	长沙	绵阳
食盐	6 ~ 8	2.8	3.12	7
硝酸盐	0.05 ~ 0.15	0.3	0.02	0.05

续表

种类	成都	广州	长沙	绵阳
白糖	—	3.75	1.8	—
白酒	花椒0.1	1.4	—	0.5（腌前先撒在猪腰表面）
生抽	香料随意适量	5.0	—	—

（3）腌制　将辅料拌匀，加入猪腰中，反复揉搓，使腰坯混料均匀。入缸腌2~4d，中间翻缸一次。

（4）烘烤干燥　腌好的腰坯，穿上绳吊挂，晾干表水，用木炭烘烤28~32h，待腰坯干硬，取出冷透即成。

成品率为35%~40%。防潮纸包装，于干燥、通风、阴凉库内保存。

（五）腊猪肚

1. 原料

主料：鲜猪胃。

辅料：食盐、白酒、硝酸盐、花椒等。

2. 工艺流程

原料选择→ 配料 → 腌制 → 烘烤干燥 → 包装 →成品

3. 操作要点

（1）原料选择及修整　选用符合卫生标准的鲜猪胃，洗净污物，剖成板片，再清洗干净，沥去水分。

（2）配料　鲜猪肚100kg、食盐7kg、硝酸盐0.05kg、白酒0.5kg、花椒1.5kg。

（3）腌制　先将白酒撒在肚片上，拌匀。再将其他辅料混匀，加入肚片于盆内搅拌揉搓均匀。入缸腌4d，中间翻缸1次。

（4）烘烤干燥　腌好的肚片出缸，晾干表水，烘烤26~32h，待肚片干硬即可，冷透后用防潮纸包装或真空包装即为成品。

成品率为25%~30%，保存同腊猪腰。

（六）腊猪大肠

1. 原料

主料：鲜猪大肠。

辅料：食盐、白酒、硝酸钠、花椒等。

2. 工艺流程

原料选择及清洗→ 配料 → 腌制 → 烘烤干燥 → 包装 →成品

3. 操作要点

（1）原料选择及修整　选用符合卫生标准、干净的鲜猪大肠。先用温清水漂洗一次，除去脂肪，再加适量食盐或白矾，反复揉搓、擦洗，再用温清水漂洗2~3次，至白净为准。沥去水分。

（2）配料　猪大肠100kg、食盐7.0kg、硝酸盐0.05kg、白酒0.5kg、花椒0.1kg。

（3）腌制　将配料混匀，与大肠搅拌均匀，入缸腌5~7d出缸。用温水淘洗至洁白。

（4）烘烤干燥　用绳圈拴挂，盘成环形，晾干表水，烘烤约30h，待干硬成盘形，冷透后用防潮纸包装即为成品。

成品率为40%，保存同腊猪腰。

（七）腊猪舌

1. 原料

主料：鲜猪舌。

辅料：食盐、白糖、硝酸钠、花椒粉、白酒、酱油、八角茴香粉等。

2. 工艺流程

原料选择及修整 → 配料 → 腌制和烘烤 → 包装 → 成品

3. 操作要点

（1）原料选择和修整　选用符合卫生标准的鲜猪舌。修去筋膜，入80℃左右热水漂烫后捞出，刮净舌苔及黏膜，洗净。从舌根处中央纵划一直刀口，使猪舌成条形。

（2）配料　100kg修整后的鲜猪舌配料见表5-21。

表5-21　　　　　　　　　　　　　腊猪舌配方表　　　　　　　　　　　　单位：kg

	食盐	白糖	硝酸钠	白酒	酱油	花椒粉	八角茴香粉
广式	3.5	6.0	0.05	2.0	4.0	—	—
川式	9.0	—	0.05	1.0	—	0.1	—
	6~9	1~1.5	0.05	1.0	桂皮粉0.05	0.15~0.2	0.15

（3）腌制和烘烤　将辅料混匀，均匀地涂抹于舌坯上，入缸腌1.5~3d，翻缸一次后再腌1.5~3d。取出腌透的舌坯用清水漂洗干净，绳穿舌根端挂于竹竿上，晾干表水后入烘房烘烤。入房时室温50℃左右，经3~4h逐渐升温，但不能超过70℃，然后再降温并保持50℃左右。全部烘烤时间30~35h，舌身干硬后即可出烘房，冷凉后包装即为成品。

成品率为50%~55%。未包装的成品于通风干燥库内可保质1个月。

（八）金银舌

舌肉紫绛泛红似金，舌中心镶嵌猪肥膘似银而得名金银舌。

1. 原料

主料：猪舌、猪肥膘。

辅料：食盐、白糖、花椒粉、八角茴香粉、桂皮粉等。

2. 工艺流程

原料选择和修整 → 配料 → 腌制 → 装嵌 → 烘烤 → 包装 → 成品

3. 操作要点

（1）原料选择及修整　选用符合卫生标准的鲜猪舌和背部硬性肥膘。将猪舌刮去舌苔及黏膜，漂洗干净。将肥膘切成约15cm宽的条块。

（2）配料　每100kg肉坯配方见表5-22，猪舌和肥膘比例为6:4。

表5-22	金银舌配方表			单位：kg
	成都配方		绵阳配方	
	猪舌	猪肥膘	猪舌	猪肥膘
食盐	6.0	7~8	2.8	7~8
白糖	1.5	1.5	2.0	1.5
花椒粉	0.2	大葱汁1.0	0.15	大葱汁1.0
糖色	0.2	白酱油2.0	硝酸钠0.05	白酱油2.0
八角茴香粉	0.15	白酒1.0	白酒0.5	白酒1.0
桂皮粉	0.05	生姜粉1.0	生姜粉0.1	生姜粉1.0

（3）腌制　将配料全部混匀，与舌坯拌匀，入缸腌12h，翻缸1次，再腌12h出缸。晾干表水备用。

先按配方将肥膘配料中的食盐和白糖混匀，涂抹于肥膘坯条表面，入缸腌3~4d，取出肥膘坯，再切成12~15cm长、大头1~2cm宽的椎形肉条，漂洗净，晾干表水，将余下的配料混匀与坯条拌匀，入缸腌36~40h后，取出漂洗净，晾干表水备用。

（4）装嵌　用尖刀从舌根中心向舌尖直刺一刀，但不能刺穿舌周和舌尖，再用白铁皮套筒插入刀口，将肥膘条通过套筒装嵌于舌中心，装满，抽出套筒，用麻绳穿封舌根，使不露白膘馅为止。

（5）烘烤　挂于竹竿上晾干表水后，入60℃左右烘房，烘24~30h，至舌身干硬后出烘房，包装后即为成品。成品率为60%~65%。

（九）盐渍肠衣

肠衣是用于灌装肠制品的材料，用动物肠管刮制的肠衣属于可食肠衣，为便于加工储藏，目前大多生产盐渍肠衣。

1. 原料

新鲜猪、羊的小肠。

2. 工艺流程

鲜小肠→浸漂→刮肠→串水→量码→腌肠→缠把→浸洗→灌水分路→复水→配量尺码→车间抽查→腌肠→沥卤→缠把→厂检→储藏→成品

3. 操作要点

（1）浸漂　猪、羊屠宰后，取出新鲜肠管，将小肠对折，两口向下捋肠，也可以由小头向大头捋肠。捋肠时用力要适当，速度要慢，防止挤破或拉断。将小肠内的粪便尽量捋尽。从口径较大的一端灌入少量清水，然后浸泡在清水缸中。利用微生物发酵和组织自身降解，使肠组织适当分离，便于刮制。浸泡时间应根据气温和水温而定，一般春秋季节水温28℃、冬季水温33℃，夏季则用凉水浸泡，浸泡时间一般为18~24h，将肠泡软，易于刮制，又不损坏肠衣品质。浸泡用水要清洁，不可含矾、硝、碱等物质。

（2）刮肠　把浸泡好的肠捞出，放入木槽内，先将肠整理好，割去弯头，逐根灌入200~300mL清水，然后放在平整光滑的木板（刮板）上，逐根刮制，或用刮肠机进行刮制。手工刮制时，一手捏牢小肠，一手持月牙形竹板或无刃的刮刀，平稳用力均匀刮去肠内外无用的部分（黏膜层、肌肉层、浆膜层），直到整根肠成为透明的薄膜。

（3）串水　刮完后的肠衣要翻转串水，检查有无漏水、破孔或溃疡。如破洞过大，应在破洞处割断，最后割去十二指肠和回肠。

（4）量码　串水后的肠衣，每 100 码（91.4m）合为 1 把，每把不得超过 18 节（猪），每节不得少于 1.5 码（1.37m）。羊肠衣每把的长度限制为 92~95m。

①绵羊肠衣：一至三路不得超过 16 节，四至五路 18 节，六路每把 20 节，每节不得短于 1m。

②山羊肠衣：一至五路每把不得超过 18 节，六路每把不得超过 20 节，每节不得短于 1m。

（5）腌制　将扎把的肠衣散开用精盐均匀腌渍。腌渍时必须一次上盐。一般每把的用盐量为 0.5~0.6kg，腌好后重新扎把放在筛篮内，每 5 个筛篮叠在一起，沥干盐水。

（6）缠把　腌肠 12~13h 后，在肠衣处于半干、半湿状态下便可缠把，即成"光肠"（半成品）。

（7）漂净洗涤　将"光肠"浸于清水中，反复换水洗涤，须将肠内不溶物洗净。漂洗时间夏季不超过 2h，冬季可适当延长，但不可过夜。漂洗水温不得过高，若过高可加冰块降温。

（8）灌水分路　洗好的"光肠"灌入水，一方面检验肠衣有无破损漏洞，另一方面按肠衣口径大小进行分路。具体要求如下，分路标准见表 5-23。

①肠壁内外若存在污物（黏膜层和肌膜层）应随即刮净。

②失去韧性、有铁锈斑点的肠衣应随即割掉或整节剔除。

③粪蚀（粪袋）是由于原肠清洗不干净，导致粪便渗入肠壁，出现黄色或灰黑色，有粪蚀的部分要割掉。

④灌水时容易挤破的薄嫩肠衣或被刮伤的部分都应该割除或整根剔除。

⑤盐蚀是指肠壁上有点状或大块的白色、黄色或褐色的斑痕。凡有盐蚀的肠壁处应开刀割除。

⑥干皮是肠壁上呈现的白色斑点，挤不破且不失去韧性的斑点可以存在，但大块集中的斑点不能出现。

⑦破洞是指直径 3mm 及以上的洞。直径 2mm 左右的洞，2m 以内允许出现 1 个，2m 以上的允许出现 2 个，并且两个破洞的距离应在 0.5m 以上。凡是松皮、软皮、薄嫩皮质的肠衣都不能带破洞。

⑧弯头应按规定割除，肥厚的不透明油头也必须割除，破头一定要修理整齐。

表 5-23　　　　　　　　　　　　　　　分路标准　　　　　　　　　　　　　　　单位：mm

品种	一路	二路	三路	四路	五路	六路	七路
猪小肠	24~26	26~28	28~30	30~32	32~34	34~36	>36
猪大肠	>60	50~60	45~50	—	—	—	—
羊小肠	>22	20~22	18~20	16~18	14~16	12~14	—
牛小肠	>45	40~45	35~40	30~35	—	—	—
牛大肠	>55	45~55	35~45	30~35	—	—	—

（9）复水　复水是指干制品在水中吸收水分的过程。复水是由三人灌水一人复水，复水要求与灌水的要求相同。对新手灌水的肠衣要对每节肠衣进行复水，对熟练工灌水的肠衣也要抽查一部分，根据灌水的质量确定抽查的比例。灌水人员要对每根肠衣灌水时的粗细进行测量，要确定如何正确开刀，同时要检查肠壁的卫生状况。

（10）配量尺码

①将肠把中的水捋净，防止测量长度时肠把打结，拉肠时松紧不一致。

②看清分路标准（见表 5 – 23），有问题的要重新灌水，长短头先分开，先量长头，掌握大概长度再量短头，不足规定长度的短头要剔出，同时要考虑到每把肠衣规定的节头。每把节头与总长度不能匹配时，应从短节头中调换，一定要达到规定长度为止。

③用大拇指和食指夹住肠头，从中间向两边分开，用力要均匀，已经打结的要解开。发涩的肠壁不能强拉，否则会导致尺码偏小；过分润滑的肠子，容易打滑，如果用力过猛，会导致尺码偏大。

④量码时大把肠衣一般用接头量码法，小把肠衣需要单独量码。小把肠衣量码时肠衣伸缩性比较大，容易偏紧或偏松。大把一般可两节一起量，伸缩性较小，拉力大小要掌握好。尺码长短是买卖双方计算价格的关键，不能忽视。

⑤量好码的节头排齐后扣结。容易拉断的肠衣要及时剔出重新灌水检查。

（11）车间检验　首先，车间检验员要掌握透彻产品的规格要求。检验内容、规格数量、程序方法要符合各种质量标准规定。对检验结果要进行综合评定，检验合格的产品才可以转入下道工序。另外，要及时采取纠偏措施，作详细记录，分析存在的问题，找出采取补救措施的方法。如口径偏大，大到什么程度；口径偏小，小到什么程度；尺码小，小到什么程度；尺码大，大到什么程度。要让加工人员便于返工，返工后结果怎样，是否与检验结论相符，经返工后的产品必须重新检验，对整个处理过程要进行分析，总结经验，作为今后生产过程中的改进要点。

（12）腌制储藏　腌制有两种方法，一种是盐卤浸泡储藏，一种是干盐腌制储藏。核对分路标准表，将肠壁中的水用力捋净，然后将扣结处解开，先腌制，腌好后再重新结扣。结扣不宜过紧，过紧时结扣处会产生并条。腌制储藏时每把肠衣再用 500g 食盐腌制，装入腌制缸内，加盐，压实，缸口要盖好，储存在清洁、通风之处，室温保持在 0 ~ 10℃，相对湿度 85% ~ 90%，待水沥干后即为成品肠衣。

4. 质量标准

盐渍肠衣呈乳白色，咸淡适中，水分基本沥干不粘连，肠壁坚韧有弹性。质量标准应符合 GB/T 7740—2006《天然肠衣》。具体要求见表 5 – 24 和表 5 – 25。

表 5 – 24　　　　　　　　　　　　　　盐渍肠衣感官要求

项目	感官要求
色泽	白色、乳白色、淡粉红色、浅黄白色、黄白色
气味	无腐败气味及其他不应有的异味
实质	肠壁洁净、坚韧，在充满水时呈透明状，无显著筋络，无明显腐蚀痕，无软洞、破洞，每把硬洞不超过 2 个

表 5 - 25　　　　　　　　　　　　　　　盐渍肠衣理化指标

项目	六六六	滴滴涕	六氯苯	铅	镉	砷	汞	呋喃唑酮	呋喃西林	呋喃他酮	呋喃妥因	氯霉素
最高残留限量 /（μg/kg）	300	1000	200	1000	1000	1000	1000	ND	ND	ND	ND	ND

（十）猪干肠衣

1. 原料

猪小肠。

2. 工艺流程

鲜小肠→ 漂洗 → 剥油脂 → 碱处理 → 漂洗 → 腌制 → 水洗 → 充气、干燥 → 湿润 → 压制 →成品

3. 操作要点

（1）浸漂　将洗涤干净的小肠浸于清水中。冬季浸漂 1 ~ 2d，夏季数小时即可。

（2）剥油脂　将浸泡好的鲜肠衣剥去肠管外的脂肪、浆膜及筋膜，并冲洗干净。

（3）碱溶液处理　将翻转洗净的原肠以 10 根为一套，放入缸中，按每套用氢氧化钠溶液约 300mL（浓度为 50g/L），倒入搅拌缸中，迅速搅拌，洗去肠上附着的油脂。如此漂洗 15 ~ 20min，可使小肠洁净、颜色转好。处理时间与气温有关，气温高可稍短些，气温低可稍加延长，但不得超过 20min，否则小肠就会被腐蚀而成为废品。

（4）漂洗　将去脂肪后的小肠放入清水中，不断清洗，彻底洗去血水、油脂和氢氧化钠，然后漂浸于清水中。漂浸时间夏季 3h，冬季 24h，需定期换水。这样可加工出洁白、品质优良的肠衣。

（5）腌制　腌制可使肠衣收缩，伸缩性降低，灌制香肠时不至于随意扩大，从而使肠衣产品式样美观。腌制时将肠衣放入腌制缸中，然后按每 100 码（91.4m）用盐 1kg的比例，均匀地将盐撒在肠衣上。腌制时间一般为 12 ~ 24h，随季节不同可适当缩短或延长。

（6）水洗　用清水把盐漂洗干净，以不带盐味为限。

（7）充气　洗净后的肠衣用气泵充气，然后置于清水中，检查有无漏洞。

（8）干燥　充气后的肠衣可挂在通风良好处晾干，或放入干燥室内（29 ~ 35℃）干燥。

（9）压制　将干燥后的肠衣一端扎孔排出空气，然后在肠衣上均匀地喷上一层水润湿。再用压肠机将肠衣压扁，最后包扎成把，装箱为成品。

4. 质量标准

猪干肠衣的色泽应为黄色或银白色或淡黄色；气味应该无霉味及其他不应有的异味；猪干肠衣的肠壁要坚韧，有光泽，无杂质，无破洞；其理化指标要求同盐渍肠衣（见表 5 - 25）。

第三节 利用脏器加工熟食品

一、酱卤制品

酱卤制品是将原料肉用卤汤或卤汁煮制而成的一类熟肉制品。酱卤制品不仅在肉类产品中占据较大的市场份额，家畜副产物也可用来加工酱卤制品。卤汁对酱卤制品品质有直接影响。通常将第一次使用的卤汁称作新卤，使用过一次以上的卤汁称为老卤。卤汁越老越好，因为产品中的可溶性营养成分加热分解后进入卤汁，尤其是氨基酸、盐类等呈味物质，煮制时间越长，浓度越高，产品的风味就越好。一般情况下，将卤汁用完之后要合理的储藏，每次使用完都要进行过滤，储藏时要将卤汁放在带盖的容器中，如果是经常使用，要存放于卤煮车间，若长时间不用，则需要低温储藏，甚至冻藏。另外，卤汁一定要定期煮开，一个月左右煮开一次，若无冷藏室，煮开周期要缩短，夏季一周煮开一次。在卤汁的储藏中还需要注意，卤汁中存留的脂肪不宜过多，仅一薄层，用来保护卤汤，如果变质即可弃去。常见的家畜副产物加工成的酱卤制品有酱牛心、酱卤牛肝、酱牛肚、香卤猪肺、卤制牛筋等。

（一）酱牛心

1. 原料

主料：牛心。

辅料：大豆蛋白、异抗坏血酸钠、食盐、白糖、亚硝酸钠（为了使硝酸盐与其他物料混合均匀，应先用水溶解后使用）、三聚磷酸钠（复合磷酸盐应先用热水溶解后使用）。

2. 工艺流程

牛心预处理 → 修整 → 注射盐水 → 滚揉腌制 → 漂洗 → 煮制 → 冷却 → 装袋 → 真空包装 → 灭菌 → 冷却 → 观察 → 包装 → 成品

3. 操作要点

（1）原料预处理 选用检验合格的新鲜牛心，自然解冻 2 ~ 5d，或用 15 ~ 25℃ 流动水解冻 10h 左右。

（2）修整 将所选牛心修去表面脂肪，先按照筋膜分开，然后根据牛心的形状和大小，将牛心分切成厚度 5cm 左右的肉块。肉块大小、薄厚一定要均匀，切割面必须平整。

（3）注射盐水 配制注射溶液（以 250kg 原料为基准），称取所需添加剂以及所用的水，并由检验人员现场复秤。注射液配方为：大豆蛋白 2.5kg、三聚磷酸钠 750g、异抗坏血酸钠 80g、水 37.5kg、食盐 8kg、白糖 1.5kg。每次配料要多配 10kg 作为注射预留料液。

具体配料工艺：先缓慢加入大豆蛋白，边加水边搅拌，搅拌均匀，不能有小结块和沉淀，在大豆蛋白充分溶解后再加入三聚磷酸钠、白糖、异抗坏血酸钠和食盐同时不断搅拌，使其充分溶解。配制的料液要静置 30min，无气泡及沉淀时方可使用，料液温度不能超过 10℃，要求现配现用。

具体注射操作步骤：在盐水注射机上进行连续注射操作，按盐水注射机的操作规程进行。可通过调整注射时间和注射次数确保注射率在 18% ~ 22%。注射要均匀，必要时可反复注射 2~3 次，注射温度 4~10℃。剩余料液置 0~4℃ 备用，但放置时间不得超过 24h。注射率计算方法如下：

$$Z = \frac{m_1 - m_2 + m_0}{m_0} \times 100\%$$

式中　Z——注射率，%；

　　　m_1——注射前溶液总重量，kg；

　　　m_2——注射后剩余溶液量，kg；

　　　m_0——牛心重量，kg。

（4）滚揉腌制　经盐水注射的牛心装入滚揉罐，抽真空至 0.06~0.08MPa 关闭真空泵，间歇滚揉（每次滚揉 20min，休息 10min）1.5h 即可，出锅温度不能超过 7℃。出锅后转入腌制缸，每缸大约 250kg，压平压实，用塑料薄膜封严，转入腌制间。在腌制期间确保每天定期倒缸一次，保证腌制均匀，腌制 2~3d 后抽样观察肉块外层和内层颜色，如果肉块外层和内层颜色均匀，证明已经腌透，可以煮制；如果肉块外层和内层颜色不均匀，证明未腌透，则要适当延长腌制时间以保证每一块肉都要腌透，再进行煮制。

（5）漂洗　原料腌制成熟后，在下锅前用流动的凉水漂洗。浸泡 40~60min，即可出料预煮。

（6）煮制

①预煮：根据肉量将适量饮用水加入夹层锅，待水沸后加肉，煮沸。降温至 90℃ 左右保持 10~15min。预煮过程不断撇去表面浮沫，保证水及原料的清洁。煮好及时出锅转入调料锅制作。

②蒸煮：根据肉量将适量饮用水加入夹层锅，煮沸。将香辛料包及葱、姜、蒜装入调料袋下锅浸煮 1h 出味，剩余卤料下锅混匀，烧沸。定量下入已预煮肉块，煮沸 5~10min，保持微沸（100℃ 左右）45min~1h。用冷凝水冷却汤温至 70℃ 以下，即可出锅，装盘入晾肉间。

③注意事项：预煮过程一定要将表面浮沫撇干净，预煮结束后及时转入调料锅，转运过程不超过 10min。蒸煮过程中适当搅拌 2~3 次。煮后质量要求：产品成品率控制在 75%~80%，牛心色泽纯正、酱牛心外表深棕色，咸淡适宜。

（7）冷却　将牛心捞出置于晾肉架上 30min 左右，转入内包装间。内包装间的温度控制在 10℃ 以下，相对湿度控制在 45%~65%。

（8）定量装袋　待牛心的中心温度冷却至 10℃ 以下时，即可进行内包装。分切时尽量减少产生小块肉，用刀将肉块分切成所需规格的小块。准确称量装袋后，放置在周转箱内，及时封口。

（9）真空包装　抽真空封口按真空包装机的使用操作规程进行。要求封口平整、整齐、无漏气、无褶皱、美观。包装后主要检验包装袋内异物、真空质量、袋口假封漏封、封口污染、褶皱、烂袋等。

（10）灭菌　将真空包装好的肉袋放入灭菌架，将灭菌架装入灭菌锅，115℃ 灭菌 25min。灭菌过程中蒸汽压力必须大于 0.2MPa，5min 左右升至 115℃，保持 25min。自来水降温时锅内压力保持在 0.2MPa 左右，大约 10min 温度降至 50℃ 以下出锅。

（11）冷却观察　灭菌后出锅产品用冷水冲淋，冷却至室温转入 37℃ 恒温观察间观察

3~5d。在观察期间胀袋的视为不合格品，合格品进入成品包装间。

（12）成品包装入库 产品要求无胀袋、无漏气、无重量异常、无异物等，合格产品装入外包装袋。按照封口机操作规程进行封口，封口过程中贴标、打印生产日期。封口完成后按品种规格装箱，在包装箱上加盖品名、规格、生产日期和生产批号。包装后及时入库，按照库房管理规定，将装好的成品箱送入保鲜库。

4. 质量标准

酱牛心产品应无异味、无酸败味、无异物；理化指标和微生物指标应符合 GB 2726—2005《熟肉制品卫生标准》规定。理化指标具体要求见表 5-14，微生物指标具体要求见表 5-26。

表 5-26　　　　　　　　　　　　　　微生物指标

项目	指标
菌落总数/（CFU/g）	≤80000
大肠菌群/（MPN/100g）	≤150
致病菌（沙门菌、志贺菌、金黄色葡萄球菌）	不得检出

（二）酱卤牦牛肝

1. 原料

主料：牦牛肝脏。

辅料：食盐、白糖、料酒、味精、八角茴香、花椒、胡萝卜等。

2. 工艺流程

原料预处理 → 焯制 → 配料 → 煮制 → 干制 → 成品

3. 操作要点

（1）原料预处理 将冷冻牦牛肝脏充分解冻后，洗净。

（2）焯制 将整理好的肝脏放入清水中用旺火煮 30min 后捞起，澄清汤汁。

（3）配料

①白烧牦牛肝配方：牦牛肝 100kg、花椒 0.2kg、姜 2kg、食盐 3kg、胡萝卜 2kg、料酒 2kg。

②红烧牦牛肝配方：牦牛肝 100kg、食盐 3.0kg、八角茴香 0.11kg、花椒 0.20kg、姜 1.01kg、糖 3kg、葱 2kg、香叶 0.05kg、草果 0.1kg、桂皮 0.3kg、料酒 2kg、胡萝卜 2kg。

（4）煮制 将香辛料装入料包，用白煮后的清汤煮 30min，将肝脏放入汤中，用旺火煮 30min 左右，再用文火焖煮 1h 左右，出锅前 10min 加入料酒。使肝脏内部煮熟后出锅，冷却。

（5）干制 将白烧和红烧牦牛肝酱卤制品在 -18℃ 条件下预冻 12~18h，再将物料切成厚度为 5mm 的薄片，最后在真空度为 15~30Pa，加热板温度为 80℃ 条件下真空冷冻干燥 8h 左右，最终得到白烧和红烧牦牛肝酱卤制品。

4. 质量标准

酱卤牛肝应无异味、无酸败味、无异物；理化指标和微生物指标应符合 GB 2726—2005《熟肉制品卫生标准》规定。理化指标具体要求见表 5-14，微生物指标具体要求见

表 5 - 26。

（三）酱牛肚

1. 原料

主料：鲜牛肚。

辅料：三聚磷酸钠、异抗坏血酸钠、食盐、糖。

2. 工艺流程

牛肚→ 预处理 → 滚揉腌制 → 漂洗 → 煮制 → 冷却 → 装袋 → 真空包装 → 灭菌 → 冷却 →成品

3. 操作要点

（1）原料预处理　选取检验合格的鲜牛肚或冻牛肚，冻牛肚需置于预处理间，自然解冻 1 天。选料时应检验牛肚，检验标准见表 5 - 27。选好的牛肚先用凉水清洗再用流动水漂洗、浸泡 2h 以上。

表 5 - 27　　　　　　　　　　鲜、冻牛肚检验标准

项目	鲜牛肚	解冻的牛肚
外观	无毛污、粪污，无多余脂肪	无毛污、粪污，无多余脂肪
黏度	外表微干，不黏手，韧而湿润	外表有风干膜或外表湿润不黏手
弹性	指压后凹陷立即恢复	解冻后指压凹陷恢复较慢
气味	具有鲜牛肚的气味，无异味	解冻后具有牛肚固有的气味，无异味

（2）滚揉腌制　滚揉是为了加速腌制液的渗透与发色，一般的卧式滚揉机利用物理性冲击的原理，使腌肉落下，揉搓肉组织，使肉的组织结构受到破坏、肉质松弛和纤维断裂从而渗透速度大为提高；也可使注入的腌制液在肉内均匀分布，从而吸收大量盐水，这样不仅缩短了腌制期，还提高了成品率和制品的嫩度。滚揉时由于肉块间互相摩擦、撞击和挤压，盐溶性蛋白从细胞内析出，它们吸收水分、淀粉等组分形成黏糊状物质，使不同的肉块能够黏合在一起，可起到提高结着性的效果。配制滚揉液（以 100kg 牛肚为基准）的配方如下：牛肚 100kg、三聚磷酸钠 300g、异抗坏血酸钠 32g、水 5kg（温度 4℃）、食盐 3.2kg、糖 0.6kg。

先将牛肚装入滚揉罐，再加入滚揉液滚揉 5min 后抽真空至 0.08MPa，关闭真空泵，间歇滚揉（每滚揉 20min，间歇 10min）1.5h 即可，牛肚出锅温度不超过 7℃。出锅后转入腌制缸，每缸 100kg，压平压实，用保鲜膜封严，转入腌制间。在腌制期间确保每天定期倒缸 1 次，保证腌制均匀，腌制 3 天。腌制成熟后，在下锅前用适量冷水漂洗，浸泡 60min。

（3）煮制

①预煮：将适量饮用水加入夹层锅，待水沸后加肉煮沸，降温至 90℃ 左右保持 15min，预煮过程中要不断撇去表面浮沫，保证水和原料的清洁，煮好后转至调料锅煮制。

②蒸煮：将适量饮用水加入夹层锅煮沸。香辛料包和葱、姜、蒜装入料袋中浸煮 1h，剩余卤料放入锅中混匀，煮沸。定量放入已预煮原料，煮沸 10min，保持微沸（100℃）60～75min。卤汤用冷凝水冷却至 70℃ 以下即可出锅，装盘入晾肉间。

③注意事项：预煮过程一定要将表面浮沫撇干净，预煮结束后及时转入调料锅，转运

过程不超过10min。预煮过程中适当搅拌3次。成品率控制在80%，咸淡适宜。

（4）冷却　将肉捞出置于晾肉架上30min左右，再转入内包装间。内包装间温度控制在10℃以下，相对湿度控制在50%。

（5）装袋　待肉中心温度冷却至10℃以下时，即可进行内包装。将肉块分切成产品所需规格的小块。装袋后放在周转箱内，及时封口。分切时尽量减少产生小肉块，分切的小块要求外观美观。

（6）真空包装　封口时按真空包装机的使用操作规程进行，要求封口平整、整齐、无漏气、无褶皱、美观。包装后检验包装袋内异物、真空质量、袋口假封漏封、污染、褶皱、烂袋等。封口一定要与底边平行，操作时轻拿轻放。

（7）灭菌　将真空包装好的样品放入灭菌架，装入灭菌锅，95℃灭菌25min。灭菌过程中蒸汽压力必须大于0.2MPa，5min左右升至95℃，保持25min，降温时锅内压力保持0.2MPa左右，大约10min温度降至50℃以下。

（8）冷却　灭菌后出锅的产品用冷水冲淋，冷却至室温。胀袋产品视为不合格品，合格品进入成品包装间。

（9）成品包装入库　检验产品时要求无胀袋、无漏气、无重量异常、无异物等。合格产品贴上标签，生产日期打印在同一位置，字迹明显。按品种规格装箱，在包装箱上加盖品名、规格、生产日期和生产批号等。包装后及时入库，按照库房管理规定，将装好的成品箱送入保鲜库（温度4℃）。

4. 质量标准

酱牛肚应无异味、无酸败味、无异物；理化指标和微生物指标应符合GB 2726—2005《熟肉制品卫生标准》规定。理化指标具体要求见表5-14，微生物指标具体要求见表5-26。

（四）红烧牛肚

1. 原料

主料：鲜牛肚。

辅料：三聚磷酸钠、异抗坏血酸钠、食盐、糖。

2. 工艺流程

牛肚预处理 → 选料 → 分切（修整）→ 滚揉腌制 → 漂洗 → 煮制 → 冷却 → 装袋 → 真空包装 → 灭菌 → 冷却 → 成品包装 → 入库

3. 操作要点

（1）预处理和选料　选取检验合格的冷鲜牛肚，自然解冻1~2d，选取合格品作为原料。

（2）分切（修整）　先将预处理过的牛肚用饮用水浸泡清洗1h。将清洗干净的牛肚切割分开，同时除去牛肚上面的血污。

（3）滚揉腌制　清洁滚揉间、腌制间，保持温度0~7℃、相对湿度75%~95%。配制滚揉溶液（以250kg原料为基准）的配方为：牛肚250kg、三聚磷酸钠750g、异抗坏血酸钠80g、水12.5kg（5~10℃）、食盐8kg、糖1.5kg。

将添加剂加入到配方量的纯化水中溶解。先将分切好的牛肚加入到滚揉罐，再加入配制好的滚揉溶液，滚揉 5min 后抽真空至 0.06 ~ 0.08MPa，关闭真空泵，间歇滚揉（每滚揉 20min，间歇 10min），共计 1h 即可，牛肚出锅温度不能超过 7℃。出锅后转入腌制缸，每缸大约 250kg，压平压实，用保鲜膜封严，转入腌制间。在腌制期间确保每天定期倒缸 1 次以保证腌制均匀，腌制 1 ~ 2d 后，产品达到腌制色方可出料，防止腌制变质。

（4）漂洗　原料牛肚腌制成熟后，在下锅前用流动的凉水漂洗。浸泡 40 ~ 60min，即可出料预煮。

（5）煮制

①预煮：根据牛肚量将适量饮用水加入夹层锅。待水沸后加牛肚，煮沸。降温至 90℃ 左右保持 10 ~ 15min。预煮过程不断撇去表面浮水，保证水及原料清洁。预煮结束及时出锅转入调料锅煮制。

②蒸煮：根据牛肚量将适量饮用水加入夹层锅，煮沸。香辛料包及葱、姜、蒜装入调料袋下锅浸煮 1h，剩余卤料下锅混匀、煮沸。定量下入已预煮牛肚，煮沸 5 ~ 10min，保持微沸（100℃ 左右）45min ~ 1h。用冷凝水冷却汤的温度在 70℃ 以下，即可出锅，装盘入晾肉间。

③注意事项：预煮过程一定要将表面浮沫撇干净，预煮结束后及时转入调料锅，转运过程不超过 10min。蒸煮过程中适当搅拌 2 ~ 3 次。煮后要求成品率 75% ~ 80%，色泽纯正、外表浅棕色、咸淡适宜。

（6）冷却　将牛肚捞出置于晾肉架上 30 ~ 40min，再转入内包装间。内包装间控制温度在 10℃ 以下，相对湿度控制在 45% ~ 65%。

（7）定量装袋　待牛肚中心温度降至 10℃ 以下时，即可进行内包装。装袋要求搭配均匀，通过牛肚片大小调整重量，并保证每袋重量符合产品要求。装袋后，放置在周转箱内，及时封口。

（8）真空包装　抽真空封口按真空包装机的使用操作规程进行。要求封口平整、整齐、无漏气、无褶皱、美观。包装后主要检验包装袋内异物、真空质量、袋口假封漏封、封口污染、褶皱、烂袋等。封口一定要与底边平行，操作时轻拿轻放。要求用四层铝箔袋包装。

（9）灭菌　将真空包装好的牛肚袋放入灭菌架，装入灭菌锅，115℃ 灭菌 25min。蒸汽压力必须大于 0.2MPa，5min 左右升至 115℃，保持 25min；自来水降温时锅内保持压力在 0.2MPa 左右，大约 10min 温度降至 50℃ 以下出锅。灭菌后出锅产品用冷水冲淋，冷却至室温转入 37℃ 恒温观察间观察 3 ~ 5d。在观察期间胀袋的产品为不合格品，合格品进入成品包装间。

（10）成品包装入库　检验产品要求无胀袋、无漏气、无重量异常、无异物。将合格产品装入外包装袋，按照封口机操作规程进行封口，封口过程中贴标、打印生产日期。封口完成后按品种规格装箱，在包装箱上加盖品名、规格、生产日期和生产批号。

4. 质量标准

产品应无异味、无酸败味、无异物；理化指标和微生物指标应符合 GB 2726—2005《熟肉制品卫生标准》规定。理化指标具体要求见表 5 - 14，微生物指标具体要求见表 5 - 26。

(五) 五香牛腩、牛杂

1. 原料

主料：牛腩、牛肚、牛肠、牛筋。

辅料：八角茴香、小茴香、丁香、草果、山黄皮、胡椒、花椒、生姜、黄酒、冰糖、花生油、食盐、酱油、味精。

2. 工艺流程

浸泡牛腩 → 热烫牛肚 → 沥干牛肚 → 制香料包 → 焯水 → 炒制 → 煮制 → 分装 → 杀菌 → 成品

3. 操作要点

（1）原料配方：牛腩 100kg、牛筋 50kg、牛肚 50kg、牛肠 100kg。香辛料配方：八角茴香 1.5kg、小茴香 1.5kg、丁香 0.57kg、草果 0.6kg、山黄皮 0.75kg、胡椒 0.78kg、花椒 0.57kg、生姜 6kg、黄酒 6kg、冰糖 6kg、花生油 6kg、食盐 2kg、酱油 3kg、味精 2kg。

（2）将牛腩放入 25℃ 左右的水中漂浸 2h，使牛腩中的血水充分漂出，去掉血污后沥干备用。

（3）将牛肚于 80℃ 左右热水中烫 10～30s 取出，然后用刷子将牛肚的外皮去掉，洗干净后沥干，备用。

（4）将牛肠外表的黏液及结油刮掉，洗净后沥干，备用。

（5）将牛筋洗净沥干，备用。

（6）将上述香料于铁锅中加热翻炒 10min，粉碎成 100 目粗粉，用纱布包好，得香料包备用。

（7）将沥干牛腩、牛筋置于锅内，加 50kg 水加热煮沸，及时将表面浮油层撇去，煮沸 10min 后加入沥干牛肚、牛肠，再煮沸 20min，取出后在 30℃ 的水中洗净，切片或切段沥干得预处理牛腩、牛杂备用。

（8）锅中放入食用油加热，加入生姜片翻炒至枯黄色，再加入预处理牛腩和牛杂于锅内爆炒 15～20min 后，加入 200kg 水及香料，一起煮沸，再加入其余辅料，煮沸 30～60min，在煮沸过程中，始终维持水量在 200kg，得到半成品备用。

（9）将半成品分装入密封小包装容器或耐高温蒸煮袋中，进行常规杀菌后即得成品。

4. 质量标准

产品应无异味、无酸败味、无异物；理化指标和微生物指标应符合 GB 2726—2005《熟肉制品卫生标准》规定。理化指标具体要求见表 5–14，微生物指标具体要求见表 5–26。

(六) 卤制牛筋

1. 原料

冷冻牛蹄筋。

2. 工艺流程

冷冻牛蹄筋 → 解冻 → 清洗 → 预煮 → 二次清洗 → 切块 → 卤制 → 拌料 → 装袋密封 → 杀菌冷却 → 成品

3. 操作要点

（1）解冻　用流动水浸泡牛筋，直到牛筋色泽发白、中心回软。

（2）清洗　把附着在牛筋上的油脂和杂物清洗干净。

（3）预煮　预煮过程可以去除牛筋的腥味和血水，同时将牛筋熟化，降低牛筋的韧性，改变其表面特性，便于后续加工。牛筋在预煮液里中火煮30min，自身的腥味基本被去除，组织致密、坚韧，产品得率约为80%。以100kg预处理后的牛筋为基准配制预煮液，预煮液的配方为葱白2kg、姜2.5kg、陈皮2.5kg、花椒0.5kg、白酒1.0kg。水量以没过蹄筋为宜，中火煮30min，其间去除浮沫。

（4）切块　将牛筋切成长宽为3cm×1cm小块。

（5）卤制　把香料装入香料包中，投入水中用微火熬制约2h，卤水制好即可使用。用此配方熬制出的卤水香气宜人，牛筋金黄有光泽。卤水香料配方为（以100kg预煮后的牛筋为基准）：小茴香2.0kg、八角茴香2.0kg、桂皮0.3kg、胡椒0.3kg、陈皮1.0kg、辣椒1.0kg、姜2.0kg；卤水调味料配方为：食盐2.5kg、味精0.8kg、白糖4.0kg、料酒3.0kg、增香剂1.0kg。将牛筋于卤水中文火煮1h，停止加热后焖30min，其口感和组织形态最佳，最后捞出沥干。

（6）拌料　拌料以100kg卤制后的产品为基准，按配方依次加入食盐、鸡精、糖、油和芝麻等拌料，添加过程中搅拌均匀；针对不同人群的口味喜好，开发番茄、五香、麻辣和香辣4种口味，各口味配方见表5-28。番茄口味新颖，入口酸甜；五香口味香气馥郁，口味咸鲜，风味独特，回味悠久；麻辣口味颜色红亮，开袋椒香浓郁，入口麻辣；香辣口味颜色红亮，香味绵长，回味悠远。

表 5-28　各口味拌料配方　单位：kg

名称	食盐	白糖	鸡精	芝麻	花生油	花椒油	辣椒油	番茄油	番茄沙司
番茄	0.6	1.8	0.8	2.0	—	—	—	0.4	20
五香	0.4	1.4	0.4	3	2.2	—	—	—	—
麻辣	0.4	1.4	0.4	3	—	1.6	2.9	—	—
香辣	0.4	1.4	0.4	3	—	—	6.9	—	—

（7）包装、杀菌　根据牛筋不同部位分类定量装袋，真空封口。牛筋在杀菌过程中组织状态发生较大变化，对产品的口感和咀嚼性产生较大影响。牛筋于121℃进行杀菌，恒温时间过短，产品组织坚韧，咀嚼困难，灭菌不彻底；恒温时间过长，产品组织软烂，胶质流出严重，无咀嚼感。当杀菌条件为121℃、22min时，牛筋产品组织软硬适中，咀嚼性好。因此，产品的杀菌条件确定为121℃、15~22min，反压冷却（0.15MPa）。

4. 质量标准

产品应无异味、无酸败味、无异物；理化指标和微生物指标应符合 GB 2726—2005《熟肉制品卫生标准》规定。理化指标具体要求见表5-14，微生物指标具体要求见表5-26。

（七）串串香

1. 原料

主料：牛脾脏、胰腺、牛板筋、牛舌、牛心、牛筋、牛肚、牛腩、牛肠、去皮萝卜。

辅料：冰糖、食盐、味精、八角茴香、桂皮、花椒、多香果、砂仁、九里香、孜然、丁香、胡椒、陈皮、香叶。

2. 工艺流程

牛脾脏等原料预处理 → 焯水 → 清洗 → 添加香辛料 → 煮制 → 切分 → 穿串 → 上酱慢煮 → 成品

3. 操作要点

（1）香辛料配方　陈皮60g、肉桂5g、桂皮60g、白芷2.5g、姜12.5g、花椒12.5g、八角茴香20g、丁香5g、肉蔻20g。

（2）预处理及备料　分别将牛脾脏、胰腺、牛板筋、牛筋、牛心、牛肚、牛肠、牛腩、牛舌的油脂与污物除去，清洗干净，放入有香辛料和去皮萝卜的沸水中焯8~20min，将其逐一捞起并用清水彻底洗净，牛舌应刮去舌衣，沥干水分备用。

（3）煮制　在装有清水的大锅内放入另一包香辛料，水烧沸20min后，将洗净的牛脾脏、胰腺、牛筋、牛板筋、牛心、牛肚、牛肠、牛腩、牛舌一起放入大锅内，并加入味料拌匀，旺火烧沸后转慢火卤熟，20~30min后将牛肠捞起，50~60min后将牛心、牛肚、牛腩、牛舌逐一捞起，70~90min将牛筋、牛板筋、牛脾脏、胰腺逐一捞起。

（4）切分　将牛脾脏、胰腺切成方形，每根竹签串40~50g；将牛筋切件，用竹签串好，每串20~23g；将牛腩顺横纹切件，用竹签串好，每串20~30g；将牛心、牛舌切片用竹签串好，每串20~25g；将牛肚斜刀切成小薄片，用竹签串好，每串20~22g；将牛板筋顺横纹斜刀切成薄片，用竹签串好，每串20~25g；将牛肠切成2~3cm小段，每串20~30g；将萝卜用竹签串好，每串100~130g。

（5）上酱煮制　在装上卤水的容器中再加入磨豉酱120~150g，沙茶酱120~150g，蚝油150~200g，拌匀后加入上述串好的牛杂和萝卜，烧沸后加入香油200~300g，即成为色香味俱全的休闲小吃。

4. 质量标准

产品应无异味、无酸败味、无异物；理化指标和微生物指标应符合GB 2726—2005《熟肉制品卫生标准》规定。理化指标具体要求见表5-14，微生物指标具体要求见表5-26。

二、酱制品

酱制品是以家畜副产物、辣椒、小麦、大豆、蚕豆、大米、番茄等为原料，经过蒸煮、制曲、发酵、腌制、油渍（或不油渍）、添加（或不添加）酱油、添加（或不添加）其他辅料、包装等工艺加工制成。其主要产品有冷食肝酱、猪肝枸杞酱、牛肝酱、羊肝酱、羊肝羹等。

（一）冷食肝酱

1. 原料

主料：猪、牛、羊的新鲜肝脏。

辅料：干橘皮、糊精、白醋、白砂糖、琼脂、食盐、柠檬酸等。

2. 工艺流程

鲜肝浆 → 软化琼脂 → 配制原料 → 熟化肝浆 → 调味 → 包装 → 灭菌 → 储藏 → 运输

3. 操作要点

（1）原料预处理　取猪新鲜肝脏（牛肝、羊肝的加工同猪肝），经清水反复漂洗3次，除去污物及杂质，用食用高效消毒液浸泡，清水漂洗去除消毒液，沥干后冷藏。在

10℃以下，将沥干后的肝脏切块后用打浆机打浆，经纱袋过滤，即得鲜肝浆，冷藏待用。

（2）软化琼脂　干琼脂在清水中迅速淘洗，然后放于 20 倍重量的水中浸泡，中途翻动，使琼脂吸水完全。

（3）原料配备　干橘皮洗净，用净水发软，捞出后分成若干份，用纱袋包装扎口。取适量水在盆中化开全部糊精，过滤除去颗粒状杂质，待用。

（4）熟化肝浆　将溶解糊精剩余的水倒入夹层锅，加入糊精粉，搅匀后用中火加热至肝浆中心温度在 40℃左右，然后改用文火继续煮，直到白色混浊液熟化成青色糊状，停火降温至常温时缓缓加入全部鲜肝浆，充分搅匀成肝糊混合液，小火熬煮，待温度回升到约 40℃，缓缓倒入白醋，当肝糊液由棕红色变成灰色时，放入橘皮，继续文火煮沸 10min，放入软化琼脂，直至琼脂完全溶化后停火。然后捞出橘皮包，将肝糊液盛入容器中，同时用纱布过滤除去颗粒物。注意在整个肝浆熟化过程中，从开火至肝糊液出锅前要不断地翻动使其受热均匀，溶解充分，决不可存在颗粒物。

（5）调味　将白砂糖和微量食盐放入肝糊液中搅匀作为甜味品，将白砂糖和适量柠檬酸提前用温开水化开作为调味料。肝糊液温度降到 20℃左右时加入甜味品和调味料，充分搅匀即可。

（6）包装、储藏、运输　调好味的肝糊液迅速输入灌装机灌入容器、密封、包装，4℃低温储藏，其灭菌要求与目前销售的酸奶相同。

4. 质量标准

酱制品质量标准应符合 GB/T 23586—2009《酱卤肉制品》要求，具体要求见表 5 - 29 和表 5 - 30。

表 5 - 29　　　　　　　　　　　　　　　感官要求

项目	指标
外观形态	外形整齐，无异物
色泽	表面为酱色或褐色
口感风味	咸淡适中，具有酱制品特有的风味
组织形态	组织紧密
杂质	无肉眼可见的外来杂质

表 5 - 30　　　　　　　　　　　　　　　理化指标

项目		指标
蛋白质/（g/100g）	≥	8.0
水分/（g/100g）	≤	75
食盐（以 NaCl 计）/（g/100g）	≤	4.0
亚硝酸盐（以 NaNO$_2$ 计）/（mg/kg）		应符合 GB 2760—2011 规定
铅（Pb）/（mg/kg）		应符合 GB 2726—2005 规定
无机砷/（mg/kg）		应符合 GB 2760—2005 规定
总汞（以 Hg 计）/（mg/kg）		应符合 GB 2726—2005 规定
食品添加剂		应符合 GB 2760—2011 规定

（二）猪肝枸杞酱

1. 原料

主料：猪肝、枸杞。

辅料：青椒、干红辣椒、洋葱、食用油、食盐、白砂糖、料酒、酱油。

2. 工艺流程

原料预处理 → 炒制 → 成品

3. 操作要点

（1）配料　鲜猪肝 10kg、枸杞 2kg、青椒 1kg、干红辣椒 1kg、洋葱 1kg、食用油 0.5kg、食盐 0.01kg、食用糖 0.01kg、料酒 0.5kg、酱油 0.3kg。

（2）原料预处理　将枸杞用等量的沸水浸泡 2h，匀浆，待用。将新鲜猪肝用流动水冲洗干净，去除筋膜和脂肪，用 1% 的白醋浸泡 2h，再用流动水冲洗干净，分切成 1cm 见方、0.5cm 厚，加入料酒和酱油腌制 20min，待用。

（3）炒制　将食用油倒入夹层锅，加热后加入干红辣椒，倒入猪肝丁翻炒 3min，然后加入青椒、洋葱、食盐和白砂糖，继续翻炒 2min。

（4）成品　将炒制的猪肝与枸杞浆混合均匀，按规格灌装，采用真空软包装或罐装，再用 120℃ 高温灭菌，冷却至常温即可。

（三）牛肝酱

1. 辣味牛肝酱

（1）原料

主料：牛肝。

辅料：辣椒酱、食盐、花生油、芝麻仁、黄酒、酱油、水、白糖、桂圆肉、花生仁、核桃仁、甜面酱、麦芽糊精、卡拉胶。

（2）工艺流程

原料预处理 → 调制 → 装瓶 → 排气、封盖 → 杀菌、冷却 → 成品

（3）操作要点

①配方：辣椒酱 64kg、牛肝 11kg、食盐 2.2kg、花生油 2kg、芝麻仁 1kg、核桃仁 0.5kg、花生仁 1kg、桂圆肉 0.2kg、白糖 2kg、酱油 2kg、黄酒 1kg、味精 100g、甜面酱 5kg、麦芽糊精 2kg、卡拉胶 1kg、水 5kg。

②原料预处理

a. 辣椒酱：选用辣味浓郁的新鲜辣椒，除去辣椒柄和不合格部位，清洗干净，捞出沥水后放入腌制缸，每 100kg 加 1.4kg 的食盐，搅拌均匀，辣椒上方施加一定的压力，在常温下盐渍 8 天，每 2 天上下翻动 1 次。盐渍好后取出辣椒，用 1mm 孔径的电动绞肉机将其绞成碎粒。

b. 牛肝：选用新鲜的优质牛肝，清洗干净后剔除淋巴和血管等，再切成 5cm 见方、15cm 左右的长条。将牛肝条放入容器内，每 100kg 牛肝加食盐 11.8kg 和亚硝酸钠 2g，搅拌均匀后，放在 0～4℃ 下腌制 48h，腌制期每天翻动 1 次。腌制好的牛肝放入水中煮制 12min，捞出冷却后，再切成 6mm 见方的小块。

③调制：先将白糖、食盐放入夹层锅中，加热溶解后，用 0.125mm 的滤布过滤，在

滤液中加入经破碎的花生仁、切碎的桂圆肉、辣椒酱、牛肝等全部原辅材料，边加热边搅拌，保持微沸 10min 后出锅。

④装瓶：牛肝酱一般采用玻璃瓶包装。包装前，瓶和盖必须清洗干净，再用 85℃以上热水消毒，控干水分后，趁热将牛肝装入瓶内，每瓶装酱量按照产品规格灌装。

⑤排气、封盖：装瓶后，送入 95℃以上的排气箱中进行加热排气，当瓶内中心温度达到 85℃以上时，用真空旋盖机封盖。

⑥杀菌、冷却：在 110℃下杀菌 15min，反压水冷却。封盖后要及时杀菌，杀菌温度升到规定温度后，保持恒温恒压。杀菌结束时停止进蒸汽，关闭所有的阀门，让压缩空气进入杀菌锅内，使锅内压力提高到 0.12MPa，然后放入冷却水中，并同时用压缩空气补充锅内压力，以保持恒压。待锅内水即将充满时，将溢水阀打开，随着锅内温度的下降，逐步降低锅内压力，至瓶温降到 45℃时，停止冷却，打开杀菌锅，取出牛肝酱罐头，擦净瓶外污物，于 37℃下保温 7 天，合格的产品再贴上标签，包装出厂。

2. 虾米牛肝酱

（1）原料

主料：牛肝、虾米。

辅料：黄豆酱、辣椒酱、酱油、芝麻、白糖、五香粉、味精、山梨酸钾。

（2）工艺流程

原料预处理 → 调制 → 装瓶 → 杀菌 → 成品

（3）操作要点

①产品配方：虾米 2kg、牛肝 2kg、黄豆酱 12kg、辣椒酱 3kg、酱油 2kg、芝麻 0.3kg、白糖 0.4kg、五香粉 0.1kg、味精 0.2kg、山梨酸钾 0.2kg。

②原料预处理

a. 黄豆酱：选用粒大、饱满、无霉烂、无虫蛀的黄豆，清洗并除去杂质后，入池加水浸泡 2h，使豆粒充分吸水，至原重的 1.8 ~ 2 倍，无硬心时，入蒸煮锅，常压蒸 1h，冷却至 40℃，再按每 100kg 黄豆拌入 80kg 面粉，使豆粒外黏附一层面粉，然后接沪酿 3.042 米曲霉种曲。采用厚层通风制曲，曲池保温 32 ~ 36℃，其间翻曲 2 次，制曲时间为 40h。成熟的酱曲拌入 19°Bé 的盐水，在 45 ~ 50℃保温发酵 30 天。

b. 辣椒酱：选取新鲜、红亮、肉厚、无虫害、不发霉的红辣椒，清洗干净并剪去蒂把，加入 20% 食盐，一层辣椒一层盐，并加 5% 的封面盐，上面再铺放竹箅，施以重压，在常温下腌制 3 个月后，将辣椒取出磨细。

c. 虾米丁：选取新鲜虾米，除去杂质，清洗干净后，在黄酒中浸泡 30min，然后捞出沥干，蒸煮 10min 后再切成 4mm 见方的小丁。

d. 牛肝丁：挑选新鲜牛肝，洗净并剔除筋腱、淋巴等，用切肉机将牛肝切成 6mm 见方的小丁，入锅加适量水、酱油、食盐、白糖、八角茴香、小茴香、桂皮、姜片，用文火煨至牛肝丁酥烂。

③调制：先将芝麻炒至金黄色，再按配比将各种原辅料加入锅中，边搅拌边用文火熬制到酱体摊开不流动为止。

④装瓶和灭菌：将浓缩好的牛肝酱趁热装入已经消毒的玻璃瓶内，以香油封面，采用真空封盖。杀菌采用 121℃保持 15min 的工艺条件。冷却后经检验合格的即为成品。

3. 孜然牛肝辣酱

（1）原料

主料：牛肝。

辅料：黄豆酱、甜面酱、山梨酸钾、花生、白糖、植物油、芝麻、孜然。

（2）工艺流程

原料预处理 → 调制 → 包装 → 成品。

（3）操作要点

①产品配方：以生产100kg成品酱计：黄豆酱30kg、甜面酱30kg、牛肝6kg、干辣椒6kg、芝麻1kg、花生1kg、白糖6kg、植物油10kg、山梨酸钾25g，孜然和各种香辛料适量。

②原料预处理

a. 炒牛肝：精选优质牛肝去杂清洗，用绞肉机绞碎。将总用油量10%的植物油加热熬制到无泡沫，加入绞碎牛肝丁，快速翻炒至熟。

b. 炸辣椒：干辣椒分拣、去杂、去梗，清洗干净并晾干，用粉碎机粉碎成辣椒粉。将植物油入炒锅熬制到无泡沫，倒入2倍量的干辣椒粉，快速翻炒，炸至辣椒粉稍变色时起锅。

c. 香料汁：把花椒、八角茴香等香辛料按一定比例装入布袋，加入一定量的黄豆抽油，用文火熬制成香料汁。

d. 封面油：把总用油量20%的植物油加热熬至泡沫消失，投入适量生姜、小茴香等香料，用文火熬至香料变色后起锅，过滤备用。

③调制：将剩下的植物油全部加到炒酱锅中加热至无泡沫，按比例加入磨细的豆酱和甜面酱，翻炒至沸后，依次加入炒牛肝、油炸辣椒、香料汁、炒芝麻、花生碎粒，翻炒至沸后，再加入山梨酸钾、味精和孜然粉即可出锅。

④包装：出锅后的成品酱冷却至室温后，装入玻璃瓶内，上面加少许封面油，盖好瓶盖，贴上标签即为成品。

4. 海带牛肝酱

（1）原料

主料：牛肝。

辅料：海带酱、姜片、辣椒酱、食盐、酱油、白糖、八角茴香、桂皮、五香粉。

（2）工艺流程

原料预处理 → 调制 → 装瓶 → 杀菌 → 成品。

（3）操作要点

①产品配方：牛肝30kg、海带酱60kg、辣椒酱10kg、食盐3kg、酱油2kg、白糖0.6kg，八角茴香和桂皮各100g，五香粉和姜片适量。

②原料预处理

a. 海带酱：将干海带置于高压蒸锅内，以0.2MPa压力干蒸20min，取出后在冷水中浸泡10min，以流动水洗去表面泥沙及杂质，然后将长海带切成粗丝，再用打浆机将其破碎成糊状，破碎时加海带重量50%的水和10%的食盐。

b. 辣椒酱：新鲜辣椒去蒂后洗净，加辣椒重量20%的食盐，以一层辣椒一层盐加入，上放竹算，施加压力，在常温下腌制3个月后，将辣椒取出磨细。

c. 红油：将花生油倒入锅内烧热，待油烧热时，加入姜片、葱段，浸炸出味后离火，待油温冷却到40℃左右时，加入经开水浸洗沥干的辣椒丝，再用小火慢慢加热，浸至油呈红色后，捞出葱和姜。

d. 牛肝：优质牛肝清洗后去筋腱、淋巴等，用切肉机将其切成5mm见方的小丁。将牛肝入锅，加入水、食盐、酱油、白糖和香辛料，以大火烧沸，5min后改用小火维持微沸2h，至牛肝丁酥烂后，取出香辛料。

③调制：按配方比例将原辅材料放入锅中，边搅拌边用文火熬制到酱液摊开不流动即可。

④装瓶和杀菌：将浓缩好的酱液趁热装入已经消毒的玻璃瓶内，以红油封口，用真空封盖，121℃加热杀菌15min，冷却后即为成品。

（四）羊肝酱

1. 原料

主料：羊肝。

辅料：食盐、胡萝卜、大豆、牛奶、葱、生姜、蒜、花椒、八角茴香、桂皮、香叶、酱油、曲酒、白砂糖。

2. 工艺流程

羊肝→|胶体研磨|→|超声处理|→|搅拌|→|均质|→|加热|→|熟化|→|脱腥|→|灭菌|→|包装|→成品

3. 操作要点

（1）熟制　取新鲜的羊肝100kg，清洗干净后去除筋、皮，切成碎块放在锅内，在盐水中煮熟，冷却，备用。

（2）焙烤　把煮熟的羊肝碎块放置到烤盘上，送入烤箱120℃进行焙烤，达到羊肝碎块表面微焦、香气溢出后取出，备用。

（3）辅料熟制　取新鲜的胡萝卜60kg，清洗干净后放在锅内煮熟，切成碎块，备用。

（4）营养浆液熟制　把大豆制成的豆浆和牛奶按1∶1混合，放到锅内加热熟制，备用。

（5）油香调味液熟制　在锅内放入植物油5kg，爆火加热，把葱2kg、洋葱5kg、生姜1kg、蒜1kg切碎后混合，放入爆热的油锅内，爆炒出香味后，取出冷却，备用。

（6）水香调味液熟制　花椒250g、八角茴香250g、桂皮150g、香叶100g，放入锅内，加热至沸腾30min；70℃保温，提取芳香调味液。

（7）可溶调料　准备酱油5kg、曲酒1kg、白砂糖2kg、食盐3kg。

（8）超声处理　把熟制的羊肝碎块、胡萝卜碎块、营养浆液、油香调味液、水香调味液、可溶调料放到搅拌容器内，搅拌均匀后取出，投入到胶体均质超声设备内，进行粉碎、均质、超声处理，成为乳浊状黏稠羊肝液。

（9）熟化　把得到的乳浊状黏稠羊肝液放到恒温搅拌罐内，在70℃下，进行搅拌，熟化8h后得熟化的羊肝酱。

（10）杀菌包装　熟化的羊肝酱，瞬间杀菌后，通过自动定量灌装机罐装，封口、检验、装箱即可。

三、熏烤制品

熏烤制品是指经酱卤或其他方法熟制调味后，再经烟熏，使产品具有熏香风味的快餐熟肉制品。该类制品品种很多，以下分别介绍一些有代表性的名特制品。

（一）熏烤猪肝

1. 原料

主料：新鲜猪肝。

辅料：食盐、味精、白砂糖、三聚磷酸盐、白胡椒粉、五香粉等。

2. 工艺流程

原料预处理 → 腌制 → 清洗 → 熏烤 → 冷却 → 包装 → 成品

3. 操作要点

（1）原料预处理　精选健康猪的新鲜肝脏，放在自来水中冲洗 10min，将血污洗净，然后放在水中浸泡 30min。

（2）腌制　按比例加入精选新鲜猪肝，食盐、味精、白砂糖、三聚磷酸盐、白胡椒粉、五香粉、水适量，腌制 24h。

（3）清洗　用清水洗净猪肝表面附着的香辛料。

（4）熏烤　将清洗干净的猪肝放入干燥箱中 55℃ 干燥 20min，65℃ 干燥 10min，然后放入锅中，在 86℃ 的条件下蒸煮 35min，最后放入烤箱中 65℃ 烘烤 10min 即可。

4. 熏烤制品质量标准

熏烤制品应无异味、无酸败味、无异物；理化指标和微生物指标应符合 GB 2726—2005《熟肉制品卫生标准》规定。理化指标具体要求见表 5-14，微生物指标具体要求见表 5-31。

表 5-31　　　　　　　　　　　　　　　微生物指标

项目	指标
菌落总数/（CFU/g）	≤50000
大肠菌群/（MPN/100g）	≤90
致病菌（沙门菌、志贺菌、金黄色葡萄球菌）	不得检出

（二）烤牛肚

1. 原料

主料：牛肚。

辅料：柠檬汁、食盐、胡椒、红辣椒粉、藏红花、白开水、洋葱、酸奶酪、石榴籽、大蒜、生姜、黑芥末、丁香、桂皮、豆蔻、奶油。

2. 工艺流程

制涂料汁 → 整理牛肚 → 涂料 → 制香料酱 → 涂酱 → 烤制 → 切片 → 包装 → 成品

3. 操作要点

（1）配方　牛肚 2.5kg、柠檬汁 65g、食盐 32g、胡椒 2g、红辣椒粉 1.5g、藏红花 16g、白开水 100g、洋葱 50g、酸奶酪 80g、石榴籽 12g。大蒜、生姜、黑芥末各 10g，丁香

3g，桂皮4g，香菜籽、香芹菜籽各2g，豆蔻2g，奶油50g。

（2）制涂料汁　在盆内倒入柠檬汁、食盐、胡椒、红辣椒，搅拌成涂料汁。

（3）牛肚整理　将牛肚卷成圆筒形，然后用小细绳将其捆牢，每隔2.5cm捆一道绳。

（4）涂料　在牛肚卷表面均匀地涂上涂料汁后，在牛肚表面扎上深孔，孔的间隔为6mm，然后将奶油均匀地涂在带孔的牛肚卷上，放置15~20min。

（5）制香料酱　把洋葱、酸奶酪、豆蔻、香菜籽、芹菜籽、石榴籽、大蒜、生姜、黑芥末、丁香、桂皮等放入搅拌机内，高速搅拌1min左右制成香料酱。

（6）涂酱　将香料酱涂抹在牛肚卷的表面，使其充满牛肚表面的小孔，在0℃~40℃下放置12h。

（7）烤制　将烤箱升温至235℃，再将牛肚放入烤箱，烤10min后使温度降到175℃，将奶油抹在牛肚上，边抹边烤，烤至牛肚的中心温度达到77℃时即可。

（8）切片　烤好的牛肚冷却后，切成厚度为6mm的肚片即为成品。

（9）包装、成品　烤牛肚制成后，立即进行包装，或进行密封储藏。

（三）烤牛舌

1. 原料

主料：牛舌。

辅料：洋葱、大蒜、味素、蜂蜜、砂糖、食盐、酱油。

2. 操作要点

（1）配方　每100kg牛舌片，需加入洋葱780g、大蒜180g、味素80g、蜂蜜130g、砂糖130g、食盐130g、酱油460g、水2kg。

（2）原料出库去皮、去淋巴，特别是去掉牛舌两边的薄皮。

（3）原料完全解冻后清洗，同时将剩余的皮再次去除。

（4）整理好的牛舌再次冷冻，然后用切片机切片，再放入调味液中浸泡10h。

（5）将牛舌片捞出控汁，在铁板上烤至微熟，然后放在盘中常温散热，入冷库冷却。

（6）舌片称重、摆齐后装袋。

（7）真空包装、定量装盘后放入100℃蒸柜中蒸12min，检查是否有漏气、破袋。

（8）流水冷却至中心温度与水温一致，将包装袋表面的水分沥干后，速冻。

（9）装箱。

四、肠制品

肠制品是以家畜副产物为主要原料，适当添加水、淀粉、大豆蛋白、食盐、白砂糖、果仁、香辛料、食品添加剂等，经选料腌制、滚揉、烟熏（或蒸煮或烘烤）、冷却、包装、杀菌制成。本节主要介绍的肠制品有骨泥灌肠、牛肚盐水火腿、牛筋香肠。

（一）骨泥灌肠

1. 原料

主料：新鲜猪肉、牛骨、鲜（冻）猪大肠。

辅料：食盐、白砂糖、白酒、淀粉、味精、香辛料、硝酸钠等。

2. 工艺流程

原料预处理 → 腌制 → 配料 → 制馅 → 灌制 → 烘烤 → 煮制 → 烟熏 → 储藏 → 成品

3. 操作要点

（1）原料预处理　将牛骨清洗干净，用锯骨机切分成 1cm 左右的段状，再用粉碎机将牛骨粉碎成粉末状，备用。

选择中等肥度的新鲜猪肉去皮，剔除骨、血块、淋巴结等，将瘦肉切成长 10cm、宽 5cm、厚约 2cm 的肉块。

（2）腌制　每 100kg 猪肉与 5kg 食盐、50g 硝酸盐搅拌均匀后腌制 2d；若在 0~5℃冷库中腌制，0℃时需要 7d。当肉块切面呈均匀鲜红色且坚实有弹性时，腌制结束。硝酸盐不易渗入牛肉的纤维组织，在加入硝酸盐后要用绞肉机绞碎，搅拌后冷却腌制。

（3）配料　骨泥 20kg、猪肉 20kg、淀粉 5kg、胡椒粉 0.1kg、蒜 0.3kg、硝酸钠 0.1kg、食盐 4kg。

（4）制馅

①绞肉：腌制好的肉块要用绞肉机绞碎，一般用带有 3mm 孔径筛板的绞肉机绞碎。操作时要注意温度，如果肉的温度升高应及时冷却。

②剁碎：为改进产品的组织状态，需将绞碎的肉再次剁碎，在剁肉机中进行。为增加黏度，防止升温，要按原料的 40% 加入冷水，并加入骨粉以及其他配料同时剁碎，之后加入猪肉混合剁碎至浆糊状，具有黏性时，再转移到搅拌机中与肥肉丁搅拌均匀即成肉馅。

③肥膘切块：将腌制好的肥膘，根据不同灌肠的规格要求，切成肥肉丁。

④拌馅：将绞碎或剁碎的骨泥、肉馅、肥肉丁、调料及辅助材料，加入拌馅机充分混合。为增加黏性、调节硬度，有些灌肠馅中需加适量冷水，如煮灌肠类和半熏灌肠类。

将骨泥和适量水在搅拌机中混合 8min，水被充分吸收后再按配方加入香料，然后加入猪肉，混合 6min 后加入肥肉丁混合 3min。需加入淀粉的灌肠必须先用清水将淀粉调和，除去底部杂质，在加肥肉丁前加入肉馅的温度要控制在 10℃以内。

（5）灌制　按不同灌肠的规格选择肠衣，用水清洗干净。按规定长度剪断，一头扎紧，另一头套在灌嘴上灌馅，灌满后扎紧，口径大或质量差的在中间要加一道绳与顶端纱绳连接，以防止肠子中断，每根灌肠顶端还要留下约 10cm 长的双道绳，便于悬挂。

（6）烘烤　为使肠膜干燥及肠内杀菌延长储存期，各类灌肠均需要烘烤，选择树脂含量少的硬木，如柞木、椴木、榆木等。

（7）煮制　煮制的目的是为了消灭病原微生物，破坏酶的活性。煮制的方法有水煮和汽蒸 2 种，汽蒸使灌肠颜色不鲜艳，而且损耗大，所以通常多用水煮，当锅内水温到 90℃ 时下锅，介质水温为 80℃，每 50kg 灌肠的用水量约 150kg。

（8）烟熏　此工序的目的是让灌肠有一种熏制的香味，使灌肠变干，表面产生光泽，同时由于烟味中酚类、醛类的化学作用，增强了防腐能力。熏制时要使熏房内温度保持在 70℃左右，烟是在烧着的柴堆上盖一层锯木屑产生的。肠与肠之间要有一定的距离，使烟熏均匀，如果互相紧靠会形成"粘疤"（灰白色）影响质量。

烟熏的温度和时间因种类而异，煮制的灌肠在 45℃下熏制 12h 左右，半熏煮灌肠在 45℃下熏 24h，生熏灌肠在 20℃下熏 7 个昼夜。当肠体表面光滑透出红色，有熟枣式的皱纹时，冷却，除去烟尘，即为成品。

（9）储藏　未包装的灌肠必须吊挂存放，包装好的在冷库中存放。储藏时间依种类和储藏条件而定。生熏灌肠或水分不超过30%的灌肠，在12℃和相对湿度72%的室内，可悬挂存放35天；用木箱包装后在－8℃的冷库中可存放12个月。湿肠含水量高，在存放温度低于8℃，相对湿度78%的室内，悬挂式存放3个昼夜；在温度不高于20℃的室内只能存放1个昼夜。

4. 肠制品质量标准

肠制品应无异味、无酸败味、无异物；理化指标和微生物指标应符合GB 2726—2005规定。理化指标和微生物指标具体要求见表5－32和表5－33。

表5－32　　　　　　　　　　　　理化指标

项目	指标
水分/（g/100g）	≤20.0
复合磷酸盐（以PO_4计）/（g/kg）	≤8.0
亚硝酸盐	按GB 2760—2011执行
苯并芘/（μg/kg）	≤5.0
无机砷/（mg/kg）	≤0.05
总汞（以Hg计）/（mg/kg）	≤0.05
铅（以Pb计）/（mg/kg）	≤0.5
镉（以Cd计）/（mg/kg）	≤0.10
菌落总数/（CFU/g）	≤30000
大肠菌群/（MPN/100g）	≤90
致病菌（沙门菌、志贺菌、金黄色葡萄球菌）	不得检出

表5－33　　　　　　　　　　　　微生物指标

项目	指标
菌落总数/（CFU/g）	≤50000
大肠菌群/（MPN/100g）	≤30
致病菌（沙门菌、志贺菌、金黄色葡萄球菌）	不得检出

（二）牛肚盐水火腿

1. 原料

主料：牛肚。

辅料：食盐、白糖、亚硝酸钠、异抗坏血酸钠、烟酰胺、嫩肉粉、三聚磷酸钠、焦磷酸钠、香辛料粉。

2. 工艺流程

牛肚预处理→配制盐水→注射盐水→嫩化→滚揉→成型→煮制→冷却→成品

3. 操作要点

（1）配方　牛肚100kg、盐水25kg（其配比为水100kg、食盐13kg、白糖5kg、亚硝酸钠15g、异抗坏血酸钠45g、烟酰胺45g、嫩肉粉100g、三聚磷酸钠0.5kg、焦磷酸钠0.5kg、香辛料粉0.3kg）。

（2）解冻　加工牛肚盐水火腿的原料，可选用经兽医卫生检验合格的新鲜或冷冻牛肚。冷冻牛肚经解冻，使其恢复原有状态。一般采用自然解冻法，夏季解冻温度在12℃左右，解冻8~10h；冬季在16℃左右，解冻10~12h。解冻结束后的牛肚内部温度应控制在0~4℃，以减少解冻后汁液和营养成分的流失。

（3）修整　将解冻好的牛肚修理整齐，切成1kg左右的块状。为增大表面积，可用刀将牛肚表面划开，便于滚揉时提高牛肚的黏结性和保水性。

（4）配制盐水　为了削弱蛋白质内部化学键的结合力，使产品具有细嫩的口感，在配制盐水时应加入适量的嫩肉粉（主要成分是木瓜蛋白酶）。要求在注射前24h配制盐水。

盐水配制方法：先将磷酸盐用少量热水溶解，然后加水和食盐配成盐水，在盐水中加白糖和香辛料粉，搅拌均匀后，在7℃的冷藏间存放。在使用前1h再加入嫩肉粉、亚硝酸钠、异抗坏酸钠和烟酰胺，经充分搅拌并过滤后使用。

（5）盐水注射　使用多针头盐水注射机，将配制好的盐水注入牛肚内。盐水注射前15min，将配制的盐水倒入注射机储液罐内，调好盐水压力、针头注射速度、针头深度等参数，打开盐水注射机进行盐水注射。注射前后都要对牛肚称重，以检查盐水的注射量。若一次注射的盐水量达不到肉重的25%，可进行2次注射。注射的盐水温度要求在6℃，注射间的温度控制在7~8℃。

（6）机械嫩化　采用嫩化机对牛肚进行刀割，使牛肚纤维被切断，增加牛肚的外层表面积，使注射的盐水分布均匀。嫩化时要求切割的深度至少要在3mm以上，嫩化的牛肚应按大小分类分别进行，以便达到各牛肚均匀嫩化的目的。

（7）滚揉　使用真空滚揉机进行滚揉。将机械嫩化后的牛肚放入滚揉机，开动真空泵抽真空，使滚揉罐内的真空度达到0.09MPa以下，再开动滚揉机进行滚揉。滚揉时间一般在10h以上，滚揉60r/min，滚揉程序为10min左转、10min右转、40min停止，如此反复循环至规定时间。滚揉时温度不得高于12℃，以7℃为宜，滚揉车间温度要求6~7℃。牛肚滚揉后在7℃下静置腌制10h。静置腌制后在滚揉机中添加牛肚重3%~5%的大豆分离蛋白和5%改性淀粉，再继续滚揉1h，即可送入下道工序。

（8）成型　将滚揉好的牛肚块装入不锈钢模型中或充填在塑料袋内成型。装模时应尽量将牛肚压紧、压实，使牛肚间结合紧密，没有空隙。如果最终产品出现空隙，应考虑在滚揉时加入10%~15%的肉糜。如充袋成型，应在牛肚充袋后，放入真空成型机进行成型。

（9）煮制　煮制锅内水温先加热至58℃，再加入产品，并继续升温至80~82℃，然后保持此水温至牛肚盐水火腿中心温度达到78℃，再维持此中心温度25min后即可出锅。

（10）冷却　牛肚盐水火腿出锅后可用冷水冷却30min，如果是装模的牛肚盐水火腿，应在冷却30min后再一次将模盖压紧、压实。然后送入6℃左右的冷库中，冷却保存10h后即可出厂销售。

（三）牛筋香肠

1. 原料

主料：冷冻牛筋、牛肉和牛油。

辅料：食盐、白砂糖、味精、亚硝酸钠、红曲红、三聚磷酸钠、卡拉胶、鲜洋葱、白胡椒粉、姜粉、草果粉、八角茴香粉、花椒粉、桂皮粉、冰水、玉米淀粉、大豆浓缩蛋白。

2. 工艺流程

原料→ 解冻 → 修整 → 绞制 → 搅拌 → 灌装 → 杀菌 →成品

3. 操作要点

（1）解冻、修整　冷冻牛筋采用流水解冻；冷冻牛肉、牛油采用自然解冻。解冻间温度控制在18℃以下，解冻好的原料应及时修整。

（2）牛筋预处理　修整好的牛筋在夹层锅中煮制，水沸后改为微沸状态煮制。

（3）牛油乳化体斩拌　将牛油、洋葱、大豆浓缩蛋白、适量冰水在斩拌锅中高速斩拌6min制备牛油乳化体，斩拌后温度控制在12℃以下，乳化体细腻发亮。

（4）牛肉绞制　修整好的牛肉经孔径6mm孔板绞制，牛筋经孔径8mm孔板绞制。

（5）搅拌　先加入牛筋10kg、牛肉56kg，搅拌3min，再加入食用盐1.45kg、味精0.16kg、亚硝酸钠0.004kg、红曲红0.03kg、三聚磷酸钠0.3kg、卡拉胶0.1kg、鲜洋葱1.2kg、白胡椒粉0.09kg、姜粉0.03kg、草果粉0.005kg、八角茴香粉0.005kg、花椒粉0.02kg、桂皮粉0.006kg、玉米淀粉5kg、大豆浓缩蛋白2kg、冰水18kg，搅拌10min，最后加入白砂糖1.6kg、玉米淀粉5kg，搅拌10min并抽真空，出锅温度控制在10℃以下。

（6）灌装　将搅拌好的肉馅灌入直径为35mm的尼龙肠衣中，采用真空打卡灌肠机灌装，每支重量70g，灌制的肉馅要紧密而无间隙，防止灌得过紧或过松。

（7）杀菌　灌装好的产品入杀菌锅中进行蒸煮杀菌。香肠在蒸煮杀菌过程中，产生了特有的香味和风味。杀菌过程不仅使肉黏着、凝固，而且还杀灭细菌，杀死病原菌，延长了产品的货架期。

五、干制品

本节介绍的干制品是以家畜副产物为原料，经切块或绞碎、调味、压制、摊筛、烘干、烤制等工艺制成。干制品营养丰富，携带食用方便，耐储藏，很适合规模化生产。

（一）复合牛肝、蹄筋的牛肉干

在牛肉干产品开发方面，传统产品大都是采用单一牛肉原料，鲜见将牛肉与副产物复合加工而成的食品，存在营养不均衡、风味单调、严重同质化等问题，不能满足消费者的各种需要。在牛肝、牛蹄筋等原料利用方面，主要见于作坊式的酱卤牛肝、清真牛杂、酱卤牛蹄筋等，工厂化生产的产品极为少见，利用率低，造成资源浪费。在产品外观及口感方面，市场上供应的牛肉干均呈块状或较厚片状，水分含量低，质地较硬，咀嚼性差，不适合幼儿及中老年人食用，使消费人群受到限制。为了解决以上问题，可以综合利用牛肉及其副产物，加工成营养丰富、口感疏松柔韧、呈层状结构的牛肉干。

1. 原料

主料：新鲜牛肝、蹄筋、牛肉。

辅料：干酪素、食盐、酱油、味精、白砂糖、白酒、八角茴香、花椒、黄参、草果、砂仁、生姜。

2. 工艺流程

原料预处理 → 牛肉白煮 → 配料熬汤 → 肉块复煮入味 → 肉块斩碎 → 牛肝煮制、斩糜 → 牛蹄筋高压蒸煮、成型、切片 → 牛肉粒、肝糜及辅料混合 → 复合成型、切块 → 热风干燥 → 微波干燥及杀菌 → 包装 → 成品

3. 操作要点

（1）原料预处理　选择卫生检疫合格的新鲜牛肉，在清水中浸泡2h，除去肉中残血，

以保证制品的色泽、风味；剥除筋腱和脂肪，洗净表面污物，切成约1kg重的肉块。选择卫生检疫合格的新鲜牛肝脏，用清水浸泡4h，中间换水2次，除去残血、异味及毒素，割除粗大血管，清洗后切成10cm宽的条块。选择卫生检疫合格的新鲜牛蹄筋，去除表面杂物，清洗干净待用。

（2）牛肉白煮　将清洗好的牛肉块放入蒸汽夹层锅内，加清水将肉块淹没，打开蒸汽在30min内将水烧沸，大火煮制，不断撇去浮沫，煮沸30min后将肉块捞出，摊在操作台上，待肉完全冷却后，切成4cm³的小肉块。

（3）配料熬汤　牛肉以每100kg计时，取八角茴香100g、花椒200g、黄参50g、草果100g、砂仁150g、生姜1.8kg，将上述调料装入用两层纱布缝制的料包中，调料占料包袋体积的2/3即可；取步骤（2）中白煮汤汁的上清液，加入夹层锅，放入调料包，大火熬煮40min，当汤有香味散出时即可。

（4）肉块复煮入味　将分切好的牛肉块放入熬好的汤中，使汤汁与肉面持平，不够可加水，按每100kg肉加食盐2.2kg、酱油3.7kg与调料包大火同煮60min，煮至有熟肉香味散出，待汤汁快干时改小火，此时加入1kg味精、1.4kg料酒，待汤汁收干时出锅，在室内自然条件下让肉块冷却。

（5）肉块斩碎　将冷却好的肉块用斩拌机斩拌成5mm³不等的小颗粒待用。

（6）牛肝煮制、斩糜　将牛肝放入清水中淹没，按每100kg牛肝加入生姜1.8kg、食盐1.4kg，沸煮40min，使牛肝完全变性凝固即可，捞起在室内自然条件下冷却至室温。将冷却后的肝块分切成小块，再用斩拌机斩拌成糜状待用。

（7）牛蹄筋高压蒸煮、成型、切片　将清洗好的牛蹄筋、清水按6∶1的质量比放入高压釜容器中，每100kg蹄筋加入生姜1kg、食盐1kg，在压力0.4MPa、温度130℃条件下，高压蒸煮20min，冷却排气后将蹄筋从汤汁中捞出；趁热将蹄筋整齐摆放在不锈钢模具中，并将热汤汁浇在间隙中，料层厚度10cm，用弹簧盖压紧，送入0℃～5℃冷藏室内冷却14h，使其定型成方块，定型后的蹄筋用切形机分切成0.5cm厚的薄片待用。

（8）牛肉粒、肝糜及辅料混合　将斩拌后的肉粒、肝糜按1∶0.3的质量比混合，每100kg肉肝料中加入食品级干酪素1.5kg、白砂糖1kg、黑胡椒粉2kg、水5kg，在搅拌机中混合均匀成肉肝混料。

（9）复合成型、切块　先将肉肝混料平铺一层于不锈钢模具中，厚度1.0cm，在肉肝混料上铺一层切好的蹄筋片，蹄筋片上再铺一层1.5cm厚的肉肝混料，抹平后加弹簧盖压紧，送入0℃～5℃冷藏10h，使其定型为三层复合体，然后用切形机切成长4cm、宽3cm、厚2cm的小方块。

（10）热风干燥　将切形后的小肉块平摊在刷有薄层植物油的烘盘上，送入55℃热风干燥箱中，干燥4h，每隔30min将肉块上下翻动1次，使制品干燥均匀。

（11）微波干燥及杀菌　将初步脱水干燥的肉块再置于微波干燥箱中，在（2450±50）MHz、0.70kW条件下，加热杀菌5min，使产品水分含量降至20%～30%即可。

（12）包装　微波干燥杀菌后，自然冷却，产品每100g装入塑料薄膜包装袋，抽真空封口即可。

（13）产品质量检测结果

①外观：上下两层肉肝混料间夹一层胶冻状蹄筋的三层复合体。

②色泽：上下层亮棕色、中层半透明。

③滋气味：鲜香浓郁，牛肉香味中略带胡椒微辣和肝脏甜香味。

④组织状态：表层干爽，中间柔韧。

⑤口感：咀嚼性良好，既有脱水牛肉粒的耐咀嚼性和蹄筋的柔韧性，又有肝脏的酥软性。

⑥制品营养成分：水分21.8%、脂肪3.5%、蛋白质45.4%、总糖20.2%。

⑦卫生指标：菌落总数≤3000CFU/g。

（二）灯影牛舌

灯影牛舌因舌片薄如纸，灯照透明而得名。

1. 原料

主料：牛舌。

辅料：食盐、白糖、白酒、香油、胡椒粉、花椒粉、硝酸盐、生姜、桂皮、丁香、八角茴香、甘草、桂子等。

2. 工艺流程

选料 → 分切 → 腌制 → 烘烤 →成品

3. 操作要点

（1）产品配方　牛舌100kg、食盐2kg、白糖1kg、白酒1kg、香油2kg、胡椒粉300g、花椒粉300g、硝酸盐20g、生姜1kg、混合香料（桂皮50g、丁香6g、荜拨16g、八角茴香10g、甘草4g、桂子12g、沙姜12g磨粉混匀）200g。

（2）选料　选用牛舌为原料，去掉牛舌上面残留的皮、瘀血、淋巴，洗净血水沥干后，切成250g左右的肉块，将牛舌在−20℃条件下冷冻。

（3）分切　取出冷冻的牛舌，在4℃下解冻30min，然后取出用切片机分切成2mm厚的薄片。

（4）腌制　把切好的舌片放入盒内，按比例加入各种辅料，轻轻拌匀，防止舌片拌碎或拌烂。

（5）烘烤　将剩余辅料拌匀撒在肉片上，腌制30min，然后将舌片平铺在竹筛上，送入烘房，100℃烘烤10min，烘烤结束后冷却2~3min后取下肉片，装入马口铁罐内，加适量香油，封口后即为成品，成品率30%~40%。

（三）金丝牛肚

1. 原料

主料：牛肚。

辅料：食盐、白糖、花椒、生姜、虾米、复合香辛料、味精、大曲酒、冰糖、固体酱油、香油。

2. 工艺流程

原料预处理 → 煮制 → 制丝 → 油炸 → 烤制 → 包装 →成品

3. 操作要点

（1）配方　牛肚100kg、食盐2.4kg、白糖2.4kg、花椒0.3kg、生姜0.9kg、虾米1kg、复合香辛料0.9kg、味精1.5kg、大曲酒1.2kg、冰糖0.9kg、固体酱油0.5kg、香油2.5kg。

（2）原料预处理　选用新鲜牛肚，将修整好的牛肚于35~40℃的水中漂洗约15min，除净血污。

（3）煮制　将漂洗干净的牛肚放入沸水锅中，按配方比例加入食盐、生姜等辅料，煮约1.5h，至牛肚熟透，出锅摊开晾至室温。

（4）制丝　将煮熟冷却的牛肚放在平板上，将牛肚撕成丝状，基本达到肚丝长度22mm，直径1~2mm。

（5）油炸　将撕好的肚丝投入油温为120~140℃的油锅中进行油酥，在不断翻炒中，加入复合香辛粉料和冰糖，待肚丝炸至棕红色，且相互之间不粘连时即可出锅。

（6）烤制　油炸过的肚丝送入烤炉中，50~55℃，烘烤72min，然后在出炉的肚丝中加入小磨香油，拌均匀即为成品。

（7）包装　将成品肚丝装入复合薄膜袋中，抽真空后密封。

第四节　利用脏器加工保健食品

一、川贝雪梨炖猪肺

川贝是常用的中药，传统的功能是润肺、止咳、化痰，而且川贝碱不但具有降压作用，还有一定的抗菌作用。利用川贝、雪梨、猪肺制成的煲汤口味香甜、口感爽适，具有除痰、润肺、镇咳的功效，制作方便，材料易得。

1. 原料
川贝、雪梨、猪肺、冰糖。

2. 工艺流程
川贝、雪梨去皮 → 切块 → 清洗猪肺 → 去泡沫 → 切块 → 加入辅料 → 大火煮制 → 文火煮制 → 灌装 → 成品

3. 操作要点
将川贝、雪梨去皮，切成1cm³的方块；猪肺洗净挤去泡沫，切成长2cm、宽1cm、厚1cm的长块。将川贝150g、猪肺4kg、雪梨2kg放入砂锅内，加入冰糖少许，加水，置大火上烧沸，再用文火炖3h，装入玻璃容器，杀菌即可。

二、护眼猪肝酱

中医认为，如果过度疲劳、夜眠不酣，容易出现肝失疏泄、气滞血瘀的症状，黑眼圈也由此而生。从中医的观点看，猪肝味甘苦、性温，具有补肝、养血、明目之功效，故有"营养库"之美称。据现代研究分析，猪肝中不仅含有大量的蛋白质和维生素A，还含有丰富的钙、磷、铁及维生素 B_1、维生素 B_2 等。猪肝中含有的维生素A，能养护眼睛，维持正常视力，防止眼睛干涩、疲劳，还能有效地去除黑眼圈。B族维生素是视神经的营养来源之一，维生素 B_1 不足，眼睛容易疲劳；维生素 B_2 不足，容易引起角膜炎。

1. 原料
主料：猪肝。

辅料：植物油、枸杞、黑芝麻、麻黄、车前子、当归、菊花、白术、生甘草、山楂、糖、食盐、香料、黄豆酱、蔬菜。

2. 工艺流程

清洗→浸泡→嫩煮→冷却→磨碎→熬制→灌装→杀菌→成品

3. 操作要点

将新鲜猪肝用流动水冲洗干净，用淡盐水浸泡60min，浸泡期间反复换水至水清为止，捞出用料酒浸泡30min，再用料酒二次浸泡后捞出，加入香辛料和水煮至嫩熟，冷却后切成细末备用；将麻黄、车前子、当归、菊花、白术、生甘草和山楂加水煎煮2次，每次加水量以没过药面为宜，合并2次煎液；将2次煎液过滤浓缩；将植物油加热，先加入黄豆酱熬5min，再加入剩余原料混合，熬制即得成品。

三、明眼羊肝液

维生素A最好的食物来源是各种动物肝脏、鱼肝油、鱼卵、禽蛋等；胡萝卜、菠菜、苋菜、首稽、红心甜薯、南瓜、青辣椒等蔬菜中所含的维生素A原能在体内转化为维生素A。在含维生素A的食物中，羊肝的维生素A的含量是相当高的，历来有羊肝明目一说，可见羊肝的明目效果是不可忽视的。食用可防止夜盲症和视力减退，有助于对多种眼疾的治疗。不仅如此，羊肝也有很高的营养价值，羊肝含铁丰富，铁质是产生红血球必需的元素，一旦缺乏便会感觉疲倦，面色青白，适量进食可使皮肤红润；羊肝中富含维生素B_2，是人体生化代谢中许多酶和辅酶的组成部分，能促进身体的代谢。

1. 原料

新鲜羊肝。

2. 工艺流程

羊肝→去筋、膜→清洗→煮制→绞碎→脱膻→过胶体磨→高压灭菌→接种→发酵→灌装→成品

3. 操作要点

（1）原料预处理　去除羊肝表面及内部的血筋，剥去最外面的薄膜，再用清水清洗5遍以上。

（2）煮制　将20kg水烧开后，加入20kg羊肝，大火煮沸后，撇去上面的浮沫，再加入4kg胡萝卜和1kg茉莉花茶，大火煮5min，小火煮15min，在煮制过程中用筷子在羊肝上扎若干个孔，使血水流出。

（3）绞碎　将煮好的羊肝沥干切成小块，放入绞肉机中绞至泥状，备用。

（4）脱膻液的配制　将0.75kg菊花、6.25kg胡萝卜、0.75kg决明子、2kg红枣、0.75kg桂圆、2kg枸杞洗净，加入100kg水煮制，开锅后再大火煮5min，小火煮15min，煮后用三层纱布过滤2~3次，留滤液备用。

（5）过胶体磨　取绞碎的羊肝10kg与50kg脱膻液混合后，过胶体磨。

（6）高压灭菌　将过胶体磨的羊肝液于118℃的条件下高压灭菌25min。

（7）接种　在无菌条件下接种菌种（植物乳杆菌Lp-115），按重量计，接种量为溶液的0.00625%。

（8）发酵　将接种好的羊肝液放入200r/min的恒温振荡器中，37℃发酵72h，得到明眼羊肝液。

（9）包装　羊肝液冷却至室温后，装入玻璃瓶内，盖好瓶盖，贴上标签即为成品。

四、药膳羊肚

药膳是以药物和食物为原料，经过烹饪加工制成的一种具有食疗作用的膳食。药膳既不同于一般的中药方剂，又有别于普通的饮食，是一种兼有药物功效的特殊膳食。中医药典籍中记载了大量可以使用的药膳材料，羊肚就是其中一种。羊肚即为羊胃，可以为山羊的胃或绵羊的胃。关于羊肚的药用功效，相关典籍不尽相同，相互补充，多被认可的是孙思邈在《千金要方·食治卷》中的记载："主胃反，治虚羸，小便数，止虚汗"。羊肚与某些可作为膳食材料的药材组合烹饪后制得的药膳对中医理论中所记载的肾虚症状具有较好的辅助治疗作用。

1. 原料

主料：羊肚。

辅料：草豆蔻、甘草、红豆、白豆、香叶、沙姜、丁香、桂皮、白芷、山药、女贞子、莲须等。

配方：羊肚100kg、草豆蔻340g、甘草230g、红豆340g、白豆300g、千里香200g、香叶340g、香沙300g、丁香220g、荜拨340g、砂仁300g、桂皮300g、骨脂300g、碎骨300g、小黑药200g、女贞子260g、白芷400g、草果400g、山药600g、黄芪400g、莲须400g、沙苑子400g。

膳食调味料：孜然260g、小茴香400g、辣椒500g、生姜600g、花生油1kg、料酒2kg、盐700g、八角茴香300g、肉桂300g、花椒200g。

2. 工艺流程

洗肚→炒制→加水炖制→收汁→包装→成品。

3. 操作要点

把羊肚清洗干净，切成小块。将花生油烧至60℃，放入花椒炸黄后加辣椒，立即倒入羊肚翻炒，再加生姜、食盐、料酒，再翻炒加水约500g，然后再放入其他原料，烧至水量剩少许即可。

五、妙香牛舌

妙香牛舌是由妙香、黑木耳、茨粉等加工而成的。其中，妙香（酸枣仁）具有安神养心、柔肝敛汗、镇静、催眠、降压、消肿、止痛的功效。而黑木耳自古以来就是我国重要的食用菌和药用菌，黑木耳口感细腻清脆，滑嫩可口，是缺铁性贫血患者的极佳食品，此外，黑木耳还有润肠解毒功能，其中的腺嘌呤核苷有显著的抑制血栓形成的功效。茨粉具有固肾涩精、补脾止泻、开胃助气、行气补血、止渴益肾的功效。该产品适于心肝失调、心悸多梦的冠心病患者食用，有滋补肝肾、宁心安神的功效。

1. 原料

主料：牛舌。

辅料：妙香（酸枣仁）、冬菇、葱、黑木耳、酱油、食盐、茨粉、姜、植物油。

2. 操作要点

（1）配方：妙香（酸枣仁）12kg、牛舌400kg、冬菇30kg、葱10kg、黑木耳20kg、酱油10kg、精盐3kg、芡粉20kg、姜5kg、植物油50kg。

（2）把酸枣仁烘干，研磨成细粉。

（3）将牛舌洗干净，用沸水焯透，刮去外层皮膜，切薄片。

（4）将黑木耳洗干净，发透，去蒂根，撕成瓣状。

（5）姜、葱洗干净，葱切段，姜切丝。

（6）在牛舌中加入酸枣仁粉、料酒、食盐、酱油、芡粉，姜、葱各放入一半，加适量水调成稠状备用。

（7）炒制灌烧热，加入植物油，烧至六成熟时，下入另一半姜、葱爆香，再放入牛舌片，翻炒2min，加入黑木耳、冬菇，炒熟勾入芡粉即成。

第五节　脏器食品加工设备

一、打浆机

打浆机由进料口的转盘切刀将肉馅和辅料切段后，再由高速旋转的锤片刀逐段切碎进而一次成浆；开机3min即可完成打肉、配料、搅拌成浆过程，比手工锤打的肉浆精细，其产品弹性好。该设备如图5-1所示。

二、滚揉机

滚揉机是利用物理冲击的原理，使肉在滚筒内上下翻动，相互撞击、摔打，达到按摩、腌渍作用。可以使肉均匀地吸收腌渍液，提高肉的结着力及产品的弹性；提高产品的口感及断面效果；增强保水性，提高出品率；改善产品的内部结构，节能高效。该设备如图5-2所示。

图5-1　打浆机　　　　　　　　　图5-2　滚揉机

三、斩拌机

斩拌机是加工香肠必不可少的设备之一。从 20kg 处理量的小型斩拌机到 500kg 的大型斩拌机；还有在真空条件下进行斩拌的真空斩拌机。斩拌工艺对控制产品黏着性影响很大，所以要求操作熟练。斩拌工艺为边斩切肉边添加调味料、香辛料及其他添加物并将其混合均匀。但因旋转速度、斩拌时间、原料等的不同，斩拌结果也有所不同，所以要注意冰和脂肪的添加量，确保斩拌质量。该设备如图 5-3 所示。

四、拌粉机

拌粉机用于流动性较好的干性粉状或颗粒状物料的混合，并且在混合过程中不产生物料的溶解挥发或变质，在加工过程中利用拌粉机将辅料混合均匀，如淀粉、调味品及食品添加剂等。该设备如图 5-4 所示。

图 5-3　斩拌机　　　　　　　　　　图 5-4　拌粉机

五、拌馅机

拌馅机是将肉馅搅动和拌匀的机械。该设备结构简单，其主要部件是装在机芯中能正反方向旋转的翅翼形或船桨形的划拌叶片。肉馅受到叶片的剧烈摩擦和推压后，可大大增强肉馅的黏韧性，从而改善产品的质量。该设备如图 5-5 所示。

六、灌肠机

灌肠机广泛适用于各种肠类制品的灌制。该机上部设有储料斗、碟形阀，可实现不揭盖连续灌制，提高了工作效率。灌肠机可连续自动定量灌制各种肠类制品，操作简单、维修方便、准确性高、重复性好，是一种高效率、易操作的理想产品。该设备如图 5-6 所示。

图 5-5　拌馅机　　　　　　　　　　　图 5-6　灌肠机

七、调料机

调料机是一种可以将 2 种或 2 种以上物料均匀混合起来的设备，在肉制品加工中用于搅拌和混合肉馅、香辛料等添加物。该设备如图 5-7 所示。

图 5-7　调料机

八、压片机

压片机是将干性颗粒状或粉状物料通过模具压制成片剂的设备。其合金材料压辊表面采用特殊的热处理工艺，耐磨、耐腐、不粘料。导流卸料器使颗粒料均匀导入压辊间，无滑阻，压片无粘连。压辊间隙、转速可调，压片厚度、产量可调。该设备如图 5-8 所示。

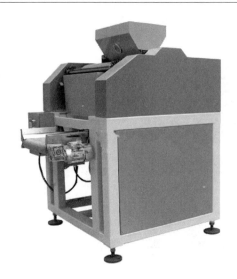

图 5-8　压片机

九、油炸机

油炸机使用安全方便，保证了食品炸制的均匀性，可防止食品因挤压而相互粘连。自动出料系统，减轻了工人的劳动强度，保证了食品在油炸机内炸制时间的一致性，提高了产品质量；相对于人工，还可以节约用油，节省成本。该设备如图 5-9 所示。

十、肉丸成型机

肉丸成型机模拟人工用匙子成型的原理专业设计制造而成，用于制作猪肉丸、鱼肉丸、牛肉丸、鸡肉丸、贡丸等各种肉丸，生产出来的丸子具有密度小、圆度好、外表光滑等特点。肉丸机只要把肉浆及包心料放入料斗内，开机 3min 即可自动制成包心肉丸，制品口感爽脆、味道鲜美、有弹性、色泽好。该设备如图 5-10 所示。

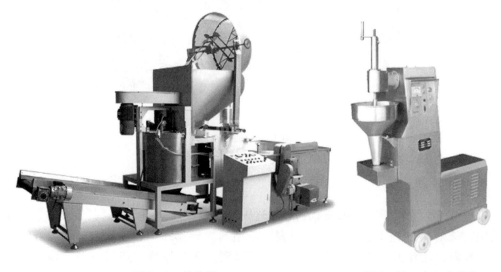

图 5-9　油炸机　　　　　　　　　　图 5-10　肉丸成型机

十一、电烘箱

电烘箱是一种利用热能降低物料水分的机械设备，用于对物体进行干燥操作。电烘箱通过加热使物料中的湿分（一般指水分或其他可挥发性液体成分）汽化逸出，以获得规定湿含量的固体物料。该设备如图 5 – 11 所示。

图 5 – 11　电烘箱

十二、杀菌机

杀菌机可对产品、包装容器、包装材料、包装辅助物上的微生物进行杀灭，使微生物的数量降低到允许范围内。其运行平稳，噪声低，不锈钢网带强度高，伸缩性小，不易变形，易保养，彻底解决了灭菌过程中因为自动化程度低而造成的"随意性"，加强了"一致性"，大大提高了灭菌的成功率。该设备如图 5 – 12 所示。

图 5 – 12　杀菌机

十三、真空包装机

真空包装机能够自动抽出包装袋内的空气，达到预定真空度后完成封口工序。也可再充入氮气或其他混合气体，然后完成封口工序。真空包装机常被用于食品行业，因为经过真空包装以后，可以有效防止食品氧化，从而达到长期保存的目的。该设备如图 5 – 13 所示。

图 5 – 13　真空包装机

参 考 文 献

［1］Miura S，Konishi H. Crystallization behavior of 1，3 – dipalmitoyl – 2 – oleoyl – glycerol and 1 – palmitoyl – 2，3 – dioleoyl – glyc – erol［J］. Eur J Lipid Sci Technol，2001，103：804 ~ 809.

［2］Dong M，Marangon T G. Microstructure and fractal analysis of fat cryatal net works［J］. J Am Oil Chem Soc，2006，83：377 ~ 388.

［3］Potman R P，Turksma H，Overbeeke N. Method for preparing process flavourings［P］. EP：0450672 AI，1991 – 02 – 19.

［4］Jeung H，Lee K. Physical properties of trans – free bakery shortening produced by lipase – catalyze interest erification［J］. J Am Oil Chem Soc，2007，38：91 ~ 116.

［5］Rhee K S. Lipid oxidation of beef，chicken，and pork［J］. Food Sci，1996，57：354 ~ 359.

［6］Gill C O. Extending the shelf life of raw chiled meats［J］. Meat Sci，1996，99 ~ 109.

［7］Cho C Y. Fish nutrition，feed，and feeding：with special emphasis on salmon ida qua culture［J］. Food Rev Int，1990，6：333 ~ 357.

［8］Belitz H D，Grosch W，Schieberle P. Food Chemistry. 4th revised and extended［M］. Berlin：Springer，2009：191 ~ 192.

［9］World Health Organisation，Intemational Agency for Reserch on Cancer（IARC）. Evalution of the carcinogenic risk of chemicals to humans［M］. Lyon：France IARC，1986：123 ~ 159.

［10］Hou D X. Potential mechanism of cancer chemoprevention by anthocyanin［J］. Current Advancements in Molecular Medicines，2003，3（2）：149 ~ 159.

［11］Jeroen V, Imogen F, Kevin W, et al. Relationship between crystallization behavior, microstructure, and macroscopic properties in trans – containing and trans – free filling fats and fillings ［J］. J Agric Food Chem, 2007, 55: 7793 ~ 7801.

［12］Ishikawa H, Mizuguchi T, Kindo S. Studies on granular crystals growing in palm oil ［J］. J Jpn Oil Chem Soc, 1980, 29 : 235 ~ 242.

［13］Herrera M L, Hartel R W. Effect of processing conditions on crystallization kinetics of a milk fat model system ［J］. J Am Oil Chem Soc, 2000, 77: 1177 ~ 1187.

［14］Delgado – Pando G, Cofrades S, Ruiz – Capillas C, et al. Healthier lipid combination as functional ingredient in sensory and technological properties of low – fat frankfurters ［J］. Eur J Lipid Sci Tech, 2010, 112: 859 ~ 870.

［15］Demarquoy J, Georges B, Rigault C, et al. Radioisotopic determination of L – carnitine content in foods commonly eaten in Western countries ［J］. Food Chem, 2004, 86: 137 ~ 142.

［16］Devatkal S, Mendiratta S K, Kondaiah N, et al. Physico – chemical, functional and microbiological quality of buffalo liver ［J］. Meat Sci, 2004, 68: 79 ~ 86.

［17］Enser M, Hallett K G, Hewett B, et al. The polyunsaturated fatty acid composition of beef and lamb ［J］. Meat Sci, 1998, 49: 321 ~ 327.

［18］Estévez M, Ventanas J, Cava R. et al. Characterisation of a traditional Finnish liver sausage and different types of Spanish liver pâtés: A comparative study. Meat Sci, 2005, 71: 657 ~ 669.

［19］Lawrie R A. Nutrient variability due to species and product ［M］//. Franklin K R, Davis P N, Eds. Meat in nutrition and health. Chicago, IL: National Livestock and Meat Board, 1981. 19.

［20］Li L Q, Zan L S. Distinct physicochemical characteristics of different beef from Qinchuan cattle carcass ［J］. Afr J Biotechnol, 2011, 10: 7253 ~ 7259.

［21］Nacim Z, Nahed F, Wafa B A D, et al. Turkey liver: Physicochemical characteristics and functional properties of protein fractions ［J］. Food Bioprod Process, 2011: 89: 142 ~ 148.

［22］Rivera J A, Sebranek J G, Rust R E, et al. Composition and protein fractions of different meat by – products used for pet food compared with mechanically separated chicken (MSC) ［J］. Meat Sci, 2000, 55: 53 ~ 59.

［23］National Agricultural Statistics Service, U. S. Department of Agriculture. Meat Animals Production, Disposition, and Income. Mt An – 1 – 1 (01), 2001.

［24］Fornis O V. Edible by – products of slaughter animals ［R］. FAO Animal Production and Health Paper, 1996: 123.

［25］Ockerman H W, Hansen C L. Animal by – product processing and utilization ［M］. Lancaster, PA. USA: Technomic Publishing Co. Inc. 2000.

［26］Chiba L I. Protein supplements. Swine Nutrition ［M］//Lewis A J, Southern L L, eds. Boca Roton, FL: CNS Publishing. 2001, 803 ~ 837.

［27］National Research Coouncil. Nutrient Requirements of Swine ［M］. 10th ed. Washington, DC. National Academy Press, 1998.

［28］Johnson M L, Parsons C M, Fahey JrG C, et al. Effects of species raw material source, ash content, and processing temperature on amino acid digestibility of animal by – product meals by cecectomized roosters and ileally cannulated dogs ［J］. J Anim Sci, 1998, 76: 1112.

［29］Johnson M L, Parsons C M. Effects of raw material source, ash content, and assay length on protein efficiency ratio and net protein ratio values for animal protein meals ［J］. Poult Sci, 1997, 76: 1722 ~ 1727.

［30］Bureau D P, Harris A M, Cho C Y. Apparent digestibility of rendered animal protein ingredients for rainbow trout（Oncorhynchus mykiss）［J］. Aquaculture, 1999, 180：345～358.

［31］胡卫国, 邹连华, 林宇红. 卤牛杂罐头的生产工艺［J］. 肉类工业, 2002, 1：22～23.

［32］雅昊. 肉类加工中常用的人造肠衣［J］. 肉类工业, 2005, 11：12～14.

［33］周翠英, 张洪路. 商品猪肠衣的优质加工技术［J］. 中国猪业, 2010, 5：66～67.

［34］姜华. 盐渍猪肠衣的加工［J］. 肉类研究, 2002, 3：22～33.

［35］常祺, 冯廷花, 罗毅浩. 牦牛肠衣的加工工艺研究［J］. 黑龙江畜牧兽医, 2002, 7：58～59.

［36］曹效海, 杨海洁. 水晶牦牛肚加工工艺的研究［J］. 青海畜牧兽医杂志, 2005, 4：14～15.

［37］武深秋. 香肚的加工［J］. 肉类工业, 2005, 1：13.

［38］周小立. 牛羊肚、头和蹄的加工［J］. 肉类工业, 2000, 8：6.

［39］张苗苗, 岑宁, 印伯星等. 营养调味品鹅肝酱的研究［J］. 中国调味品, 2008, 34：41～44.

［40］廖瑞军, 卢士玲, 陈颖等. 朗德鹅肥肝酱加工过程中品质控制条件的研究［J］. 中国调味品, 2011, 36：32～35.

［41］李儒仁, 余群力, 韩玲等. 牦牛肝酱卤制品配方筛选及其品质分析［J］. 肉类研究, 2012, 26：18～21.

［42］贺峰, 王海东, 姜其华等. 几种风味鸭肝酱加工工艺的试验研究［J］. 农产品加工, 2009, 33～34.

［43］周雅琳, 李洪军, 霍俊峰等. 低温卤肉灌肠制品加工研究［J］. 肉类工业, 2000, 9：25～30.

［44］司俊玲. 灌肠的加工工艺［J］. 肉类工业, 2008, 5：15～17.

［45］岑湘梅. 熟熏灌肠的加工技术［J］. 农产品加工, 2012, 27：48～49.

第六章　脏器在生化制剂中的利用

第一节　脏器生化制剂的种类及性质

家畜脏器的可食和不可食部分，均可进一步从中提取出各种有效的生物化学成分，作为食品添加剂或应用于医药行业中生化制品。现代科学研究证明，内脏含有复杂多样的生化成分，可作为原料生产氨基酸、蛋白酶、胰岛素、细胞色素C、胸腺素和肝素等多种生物制品和特效药。

猪、牛和羊等家畜的肺、胰、胸腺、小肠黏膜及肝脏中富含酶类、肽类、多糖类与脂类物质，这些生物活性成分是生化制药中的主要原料。但是，由于提取技术相对落后，目前市场上此类产品数量少、价格高、供应不足。利用家畜脏器进行生化制剂的生产，是与现代生物科技紧密结合的一项产业，具有科技含量高、附加值大等特点，已成为家畜内脏产品开发的重点方向之一。

利用家畜脏器可以开发多种生化制品。胰脏含有淀粉酶、脂肪酶和核酸酶等多种消化酶，可从中提取高效能消化药物，如胰酶、胰蛋白酶、糜蛋白酶、糜胰蛋白酶、弹性蛋白酶、激肽释放酶、胰岛素、胰组织多肽和胰脏镇痉多肽等，用于治疗多种疾病。肝脏可用于提取肝浸膏、水解肝素和肝宁注射液等。心脏可制备细胞色素、乳酸脱氢酶、柠檬酸合成酶、延胡索酸酶、谷草转氨酶、苹果酸脱氢酶、琥珀酸硫激酶和磷酸肌酸激酶等生化制品。猪胃黏膜中含有重要的消化酶类，可以生产胃蛋白酶。猪脾脏中可以提取猪脾核糖和脾腺粉等。猪和羊的小肠可制成肠衣，而其肠黏膜可生产抗凝血、抗血栓和预防心血管疾病的药物，如肝素钠、肝素钙和肝素磷酸酯等。猪的十二指肠可用来生产治疗冠心病的药物，如冠心舒和类肝素等。猪、牛和羊胆汁在医药行业中，可用来制造粗胆汁酸、脱氧胆酸片、胆酸钠、降血压糖衣片、人工牛黄和胆黄素等几十种药物。这些生化药物具有毒副作用小、易被机体吸收、疗效好和附加值高等特点，部分脏器产品的经济价值超过了肉的本身价值。因此，大力开发家畜脏器生化制剂，将为发展经济、企业增效提供一条新途径。

此类生化制剂是从家畜脏器中提取、纯化获得的生物化学成分，包括糖及肽类高分子制剂、酶制剂和小分子制剂。

一、糖及肽类高分子制剂

多糖类高分子物质在自然界中的蕴含量很大，广泛存在于动物、植物和微生物中，特别是在动物脏器中大量存在。与蛋白质相比，人体对肽类无过敏性，肽类的分子量更小，具有易消化和可直接吸收的特点，并且不会增加肝脏和肾脏的负担，生物利用率高。多糖和多肽类天然高分子化合物用于药物原料已有悠久历史，因此，近年来，随着合成高分子化合物的发展，越来越多的糖及肽类高分子制剂在药物制剂辅料中得到广泛地应用。

（一）化学结构及组成

1. 肝素

肝素（heparin）是分子质量大小各异的一组酸性黏多糖混合物的统称，具有由六糖或八糖重复单位构成的线性链状分子，即由葡萄糖胺、L - 艾杜糖醛苷、N - 乙酰葡萄糖胺和 D - 葡萄糖醛酸交替组成的黏多糖硫酸酯。其由许多分子质量不同的"重复片段"组成，重复片段链长，分子质量就大。一般的商品类肝素为未分级肝素（unfractionated heparin, UFH），分子质量分布为 3000 ~ 30000u，平均分子质量为 12000 ~ 50000u，研究发现，其至少有 21 种分子个体，一般认为，分子质量小于 8000u 的被称为低分子肝素（low molecular weight heparin, LMWH）。其化学结构式如图 6 - 1 所示。

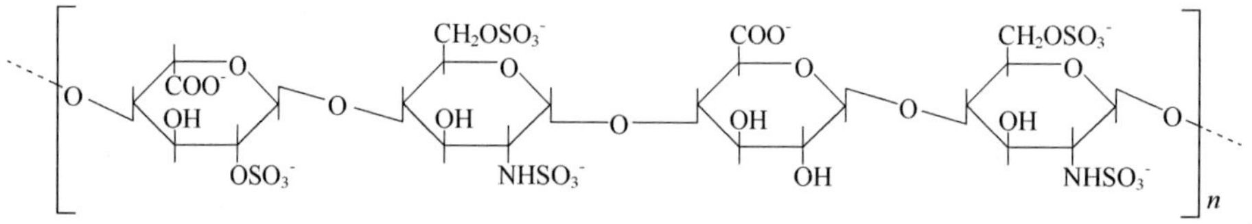

图 6 - 1 肝素化学结构式

2. 肝素钠

肝素钠（heparin sodium）是一种从猪或牛的肠黏膜中提取的含有硫酸基的酸性黏多糖类天然抗凝血物质，属于黏多糖硫酸酯类抗凝血药。其化学结构式如图 6 - 2 所示。

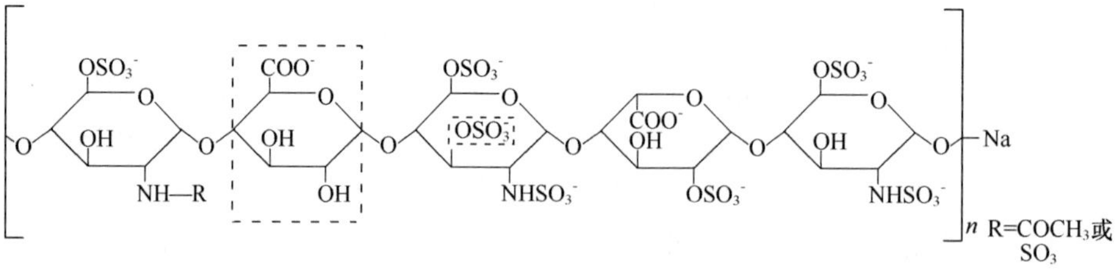

图 6 - 2 肝素钠化学结构式

3. 冠心舒

冠心舒（vasocardilatd）是一种黏多糖类物质，结构上与肝素类似，含有氨基葡萄糖、葡萄糖醛酸和 N - 乙酰氨基半乳糖等。

4. 细胞色素 C

细胞色素 C（cytochrome C）是一种以铁卟啉为辅基的呼吸酶，是细胞呼吸的启动剂，属于络合蛋白质，由多肽与血色素络合而成，与线粒体内膜有关，属于结构松散而微小的血红素蛋白。细胞色素 C 与其他细胞色素不同，为高度可溶性蛋白，溶解度达 100g/L，是电子传递链不可或缺的元件，负责携带 1 粒电子，在复合物Ⅲ和复合物Ⅳ之间传递。其化学结构式如图 6 - 3 所示。

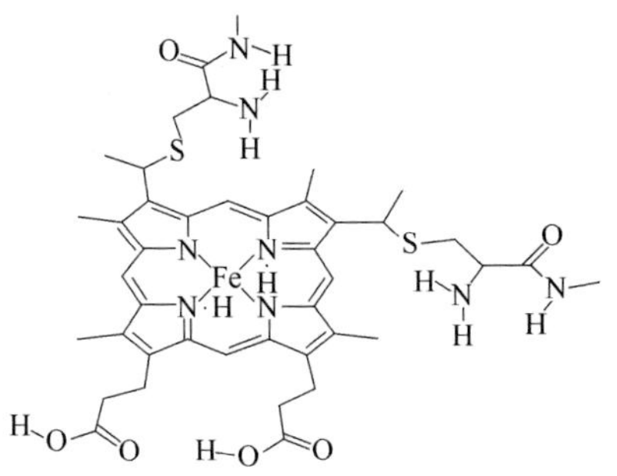

图 6 - 3　细胞色素 C 化学结构式

5. 胃膜素

胃膜素（gastric mucin）是一种抗胃酸糖蛋白。其结构式如图 6 - 4 所示。

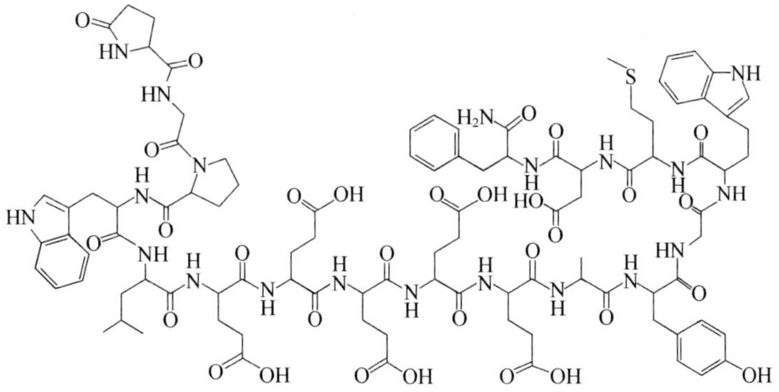

图 6 - 4　胃膜素化学结构式

6. 胸腺素

胸腺素（thymosin）是由胸腺分泌的一类促细胞分裂，含有 28 个氨基酸残基的具有生理活性的多肽激素，含有 10 ~ 15 个组分，常用的胸腺素组分中含有 $\alpha 1$、$\alpha 5$、$\alpha 7$、$\beta 3$ 和 $\beta 4$ 等。其结构式如图 6 - 5 所示。

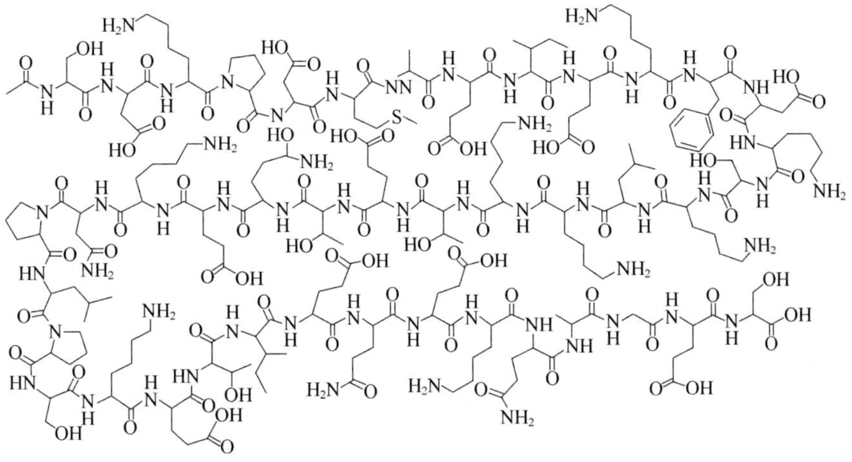

图 6 - 5　胸腺素化学结构式

7. 胰岛素

胰岛素（insulin）是由胰岛 β 细胞受内源性或外源性物质的作用而分泌的一种蛋白质激素。胰岛素化学结构简式如图 6 - 6 所示。

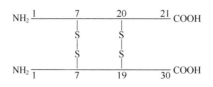

图 6 - 6　胰岛素结构简式

（二）化学性质

糖及肽类高分子制剂的化学性质如表 6 - 1 所示。

表 6 - 1　　　　　　　　　糖及肽类高分子制剂的化学性质

名称	相对分子质量	溶解性	化学性质
肝素	12000 ~ 50000	易溶于水，不溶于乙醇	可以被亚硝酸、肝素酶过氧化物以及高碘酸等降解，从而制得低分子肝素，与氧化剂反应可降解成酸性产物
肝素钠	6000 ~ 20000	易溶于水，不溶于乙醇	呈强酸性，为阴离子，能与阳离子反应生成盐，黏度较小，为 0.1 ~ 0.2dL/g
冠心舒	—	溶于水	含黏多糖类物质，类白色或淡黄色粉末，无臭，有吸湿性
细胞色素 C	12200	易溶于水及酸性溶液	分子中含赖氨酸较高，等电点偏碱，较稳定，不易变形
胃膜素	2000000	不溶于水、弱酸和乙醇	遇热不凝固；与酸长时间作用能分解成各种蛋白质和多糖组分；等电点为 3.3 ~ 5.0
胸腺素	1000 ~ 1500	微溶于水，溶于异丙醇等	由 80℃ 条件下热稳定的 40 ~ 50 种多肽组成的混合物
胰岛素	5000 ~ 6000	不溶于水和乙醚，易溶于稀酸、稀碱	等电点 5.30 ~ 5.35；在弱酸性水溶液或中性缓冲液中较为稳定，在碱性溶液中易水解；能被胰岛素酶等蛋白水解失活

二、酶制剂

酶制剂是指从生物中提取的一类具有酶特性的物质，主要作用是催化食品加工过程中各种生化反应，改进食品加工工艺。酶制剂来源于生物，较为安全，可按生产实际需要适量使用。

（一）化学结构及组成

1. 过氧化氢酶

过氧化氢酶（catalase）是一类广泛存在于动物、植物和微生物体内的末端氧化酶。酶分子结构中含有铁卟啉环，1 个分子酶蛋白中含有 4 个铁原子，是 1 个同源四聚体，每 1 个亚基含有超过 500 个氨基酸残基，并且每个亚基的活性位点均含有 1 个卟啉血红素基团。其活性中心如图 6 - 7 所示。

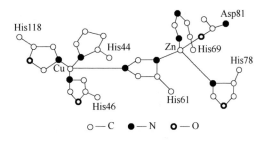

图 6 - 7　过氧化氢酶活性中心

2. 胃蛋白酶

胃蛋白酶（pepsin）是典型的肽链内切酶，其前体是胃蛋白酶原，比胃蛋白酶多出了 44 个氨基酸残基。其空间构象如图 6 - 8 所示。

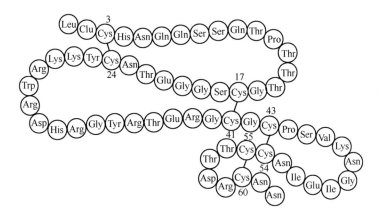

图 6 - 8　胃蛋白酶空间构象

3. 小牛凝乳酶

小牛凝乳酶（chymosin）是单一多肽酶原，属天冬氨酸蛋白酶，其活性中心可专一地作用于酪蛋白 Phe105—Met106 之间的肽键。其活性中心结构如图 6 - 9 所示。

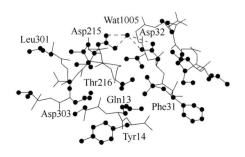

图 6 - 9　小牛凝乳酶活性中心

4. 酰化酶 I

酰化酶 I（acylase I）属于一个多功能的蛋白质家族，主要含有组蛋白酰基转移酶、N-乙酰转移酶和胆固醇酰基转移酶等。活性中心结构如图 6-10 所示。

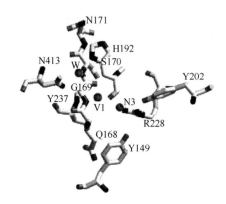

图 6-10　酰化酶 I 活性中心

5. 抑肽酶

抑肽酶（aprotinin）是一种天然的广谱蛋白酶抑制剂，属于从牛腮腺、胰或肺等脏器中提取而得的碱多肽，含 58 个氨基酸，分子式为 $C_{284}H_{432}N_{84}O_{79}S_7$。其空间构象如图 6-11 所示。

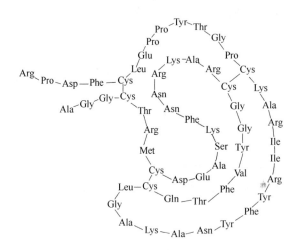

图 6-11　抑肽酶空间构象

6. 透明质酸酶

透明质酸酶（hyaluronidase）是从哺乳动物如牛和羊睾丸中提取或由微生物发酵制得的糖苷内切酶，这类酶是能够使透明质酸降解的酶类的总称。其可以降解由双糖单位 D-葡萄糖醛酸以及 N-乙酰葡糖胺组成的高级多糖类，产生四糖残基，不释放单糖。其空间构象如图 6-12 所示。

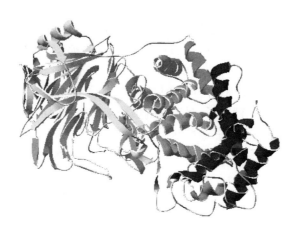

图 6 - 12　透明质酸酶空间构象

7. 胰蛋白酶

胰蛋白酶（trypsin）是胰酶的一种。胰脏合成的是没有活性的胰蛋白酶原，其分泌到小肠后，小肠内的肠肽酶将其活化成为胰蛋白酶，胰蛋白酶能活化更多的胰蛋白酶原。此类酶含有 223 个氨基酸残基，活性部位的丝氨酸残基是不可缺少的丝氨酸蛋白酶。其空间构象如图 6 - 13 所示。

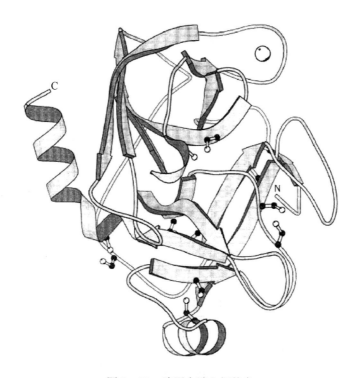

图 6 - 13　胰蛋白酶空间构象

8. 弹性蛋白酶

弹性蛋白酶（elastase）是催化弹性蛋白的肽键或由其他肽键水解中性氨基酸形成的

一种酶，属于丝氨酸蛋白酶，水解酰胺和酯。其产生于胰腺，以无活性的酶原形式存在，在十二指肠中被胰蛋白酶激活。纯胰弹性蛋白酶是由 240 个氨基酸残基组成的单一肽链，相对分子质量约为 25000，包含 4 个二硫键。其空间构象如图 6 – 14 所示。

9. 糜蛋白酶

糜蛋白酶（chymotrypsin）是从哺乳动物如猪、牛和羊胰腺中提取的一种蛋白水解酶。能迅速分解变性蛋白质，水解肽键，属于肽链内切酶，其水解产率高，作用和用途与胰蛋白酶相似，专一性小于胰蛋白酶，活性基团为丝氨酸，属于肽链内切酶。其空间构象如图 6 – 15 所示。

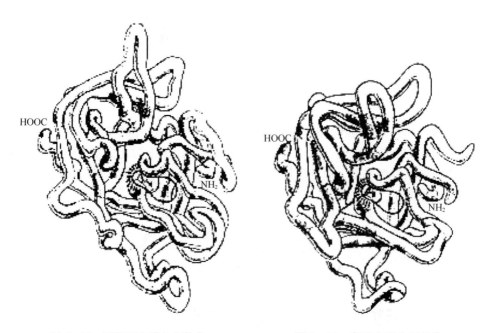

图 6 – 14　弹性蛋白酶空间构象　　　　　　图 6 – 15　糜蛋白酶空间构象

10. 胰酶

胰酶（pancreatin）是多种酶的混合物，主要成分包括胰蛋白酶、胰淀粉酶和胰脂肪酶等。

（二）化学性质

酶制剂的化学性质如表 6 – 2 所示。

表 6 – 2　　　　　　　　　　　　酶制剂的化学性质

名称	相对分子质量	酶学性质
过氧化氢酶	247000	能分解过氧化氢成水和氧气
胃蛋白酶	34500	对热较稳定，100℃加热 10min 不被破坏；酸性溶液中较稳定；能水解大多数天然蛋白质底物
小牛凝乳酶	36000	此类酶的活性基团为天冬氨酸残基；与从牛胃中提出的胃蛋白酶性质相似；专一性、稳定性和凝乳活性

续表

名称	相对分子质量	酶学性质
酰化酶 I	76500	水解 N – 酰化 – L – 氨基酸为脂肪酸和 L – 氨基酸；不同来源的酰化酶对底物化学结构专一性也不一致
抑肽酶	6500	能抑制胰蛋白酶、糜蛋白酶及纤维蛋白溶解酶
透明质酸酶	43000	能水解透明质酸及硫酸软骨素 A、硫酸软骨素 C 的 β – 乙酰氨基己糖糖苷键
胰蛋白酶	23300	蛋白水解酶，能消化脊椎动物食物
弹性蛋白酶	25900	除可水解弹性蛋白外，还可水解纤维蛋白、血红蛋白，但对天然胶原和毛发角蛋白则不起作用
糜蛋白酶	25000	典型的丝氨酸蛋白酶，能消化脊椎动物食物
胰酶	—	猪、羊或牛胰中提取的多种酶的混合物，能转化蛋白质为肽和氨基酸，转化淀粉为糊精和糖。转化能力在中性或弱碱性媒介物中较强。在酸性或强碱液中或将溶液煮沸都使其转化能力下降

三、小分子制剂

从化学角度分析，小分子制剂就是分子量较小的天然化合物，通常是指分子量小于 1kDa（特别是小于 0.4kDa 小分子）的生物功能分子制剂。从生物角度分析，小分子制剂就是具有生物活性的小肽、寡肽、寡糖、寡核苷酸、维生素、矿物质和植物次生代谢产物及其降解产物，如苷元、黄胴元和生物碱等生物药品制剂。

（一）化学结构及组成

1. 辅酶 A

辅酶 A（CoA）是一种含有泛酸的酰基转移酶的辅酶，在某些酶促反应中作为酰基的载体，是由泛酸、腺嘌呤、核糖核酸和磷酸等组成的大分子物质。辅酶 A 的分子结构中有一半是"真正"的单核苷酸，即腺嘌呤 – 3′，5′ – 二磷酸，另一半是由氨基乙硫醇、泛酸和磷酸组成，因此，辅酶 A 在结构上与二核苷酸类似。其化学结构式如图 6 – 16 所示。

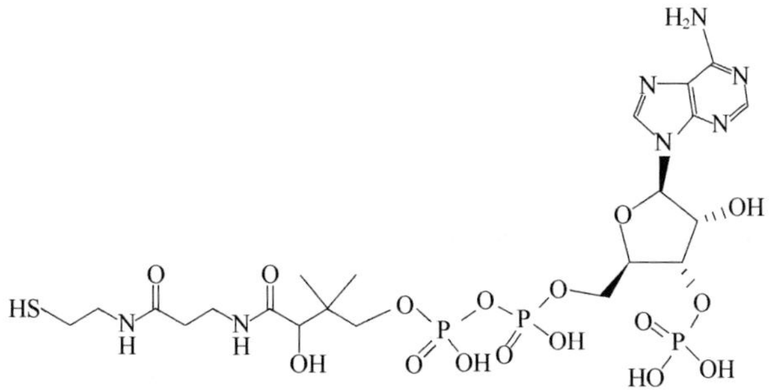

图 6 – 16　辅酶 A 结构式

2. 辅酶 Q_{10}

辅酶 Q_{10}（CoQ_{10}）即 2，3 – 二甲氧基 – 5 – 甲基 – 6 – 癸异戊烯基苯醌，是一种脂溶性抗氧化剂，属于醌类化合物，其结构与维生素 K、维生素 E 和质体醌相似。其分子中含有1个由10个异戊二烯单位组成、并与对苯醌母核相连的侧链，分子中的醌式结构使泛醌具有氧化型（泛醌）与还原型（泛酚）两种形式，在细胞内这两种形式可以相互转变，是泛醌作为电子传递体的基础。其化学结构式如图6-17所示。

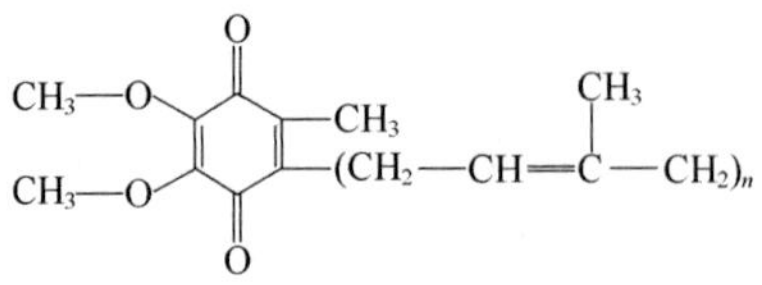

图6-17　辅酶 Q_{10} 化学结构式

3. 人工牛黄

人工牛黄（calculus bovis factitius）是一种人工配制的牛黄代用品，主要成分为胆红素、胆酸、钙盐和维生素 D 等10余种物质。

4. 胆红素

胆红素（bilirubin）是由2个次甲基桥和1个亚甲基桥连接的链状四吡咯化合物，含有4个吡咯环，是体内铁卟啉化合物的主要代谢产物。胆红素第10位碳桥是氢饱和，因此，其碳原子两侧的吡咯环可以旋转，易形成分子内氢键，而成为不同于卟啉的卷曲结构。由于每种构型的立体结构不同，形成分子内氢键的程度不同，从而导致了这些异构体在水溶性（脂溶性）和配位能力等方面的不同。其结构式如图6-18所示。

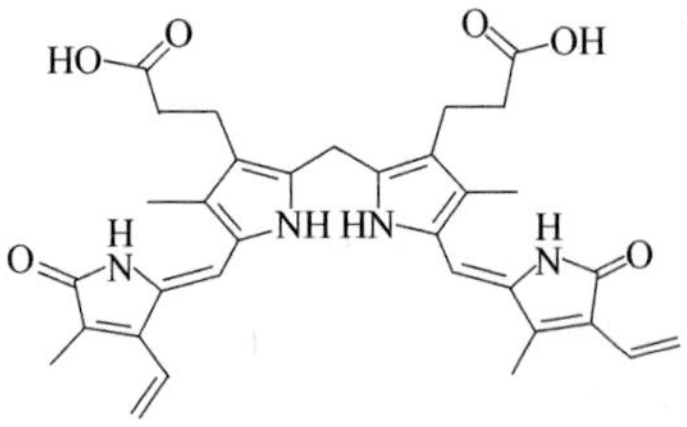

图6-18　胆红素结构式

5. 去氢胆酸

去氢胆酸（dehydrocholic acid）即3，7，12-三氧-5β-胆烷酸。其结构式如图6-19所示。

6. 脱氧胆酸

脱氧胆酸（deoxycholic acid）即3α，12β-二羟-5β-胆烷酸。其结构式如图6-20所示。

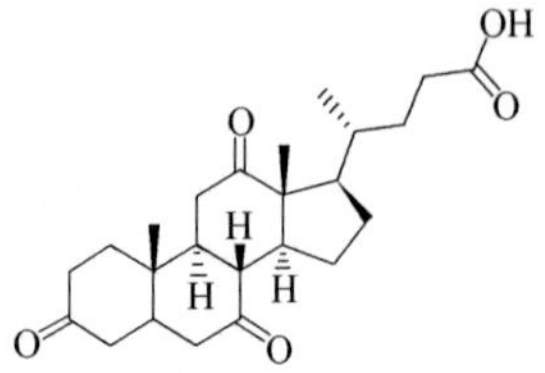

图6-19　去氢胆酸结构式 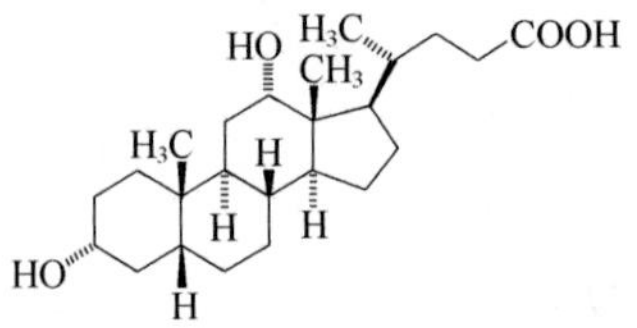　　　　　　图6-20　脱氧胆酸结构式

（二）化学性质

小分子制剂的化学性质如表 6-3 所示。

表 6-3 小分子制剂的化学性质

名称	分子式	相对分子质量	溶解性	化学性质
辅酶 A	$C_{21}H_{36}N_7O_{16}P_3S$	767	易溶于水，不溶于丙酮、乙醚和乙醇	高纯度辅酶 A 为白色无定型粉末，具有典型的硫醇味，有吸湿性
辅酶 Q_{10}	$C_{59}H_{90}O_4$	863	溶于氯仿、丙酮，微溶于乙醇，不溶于水和甲醇	黄色或橙黄色结晶性粉末；无臭无味；遇光易分解
人工牛黄	—	—	—	其性凉，味甘苦，有引湿性
胆红素	$C_{33}H_{36}N_4O_6$	584	不溶于水，溶于苯和氯仿，微溶于乙醇和乙醚	遇三价铁离子较易被氧化为胆绿素，可与甘氨酸和丙氨酸结合
去氢胆酸	$C_{24}H_{34}O_5$	402	在氯仿中略溶，在乙醇中微溶，在水中几乎不溶	主治胆囊及胆道功能失调、胆囊切除后合并症、慢性胆囊炎、胆石症
脱氧胆酸	$C_{24}H_{40}O_4$	392	15℃水中的溶解度为 0.24g/L	可限制羟基-甲基戊二酰辅酶的活性，使胆固醇合成及分泌减少

第二节 生化制剂的脏器来源及应用现状

一、生化制剂的脏器来源

（一）糖及肽类高分子制剂

糖及肽类高分子制剂的家畜脏器来源如表 6-4 所示。

表 6-4 糖及肽类高分子制剂的家畜脏器来源

名称	家畜脏器来源
肝素	猪肠、牛肺、血管、肠黏膜、羊肺
肝素钠	猪肠、羊肺
冠心舒	猪十二指肠、胰脏
细胞色素 C	猪心、牛心
胃膜素	猪胃黏膜
胸腺素	小牛或猪的胸腺
胰岛素	猪、牛的胰腺

（二）酶制剂

酶制剂的家畜脏器来源如表6-5所示。

表6-5 酶制剂的家畜脏器来源

名称	家畜脏器来源
过氧化氢酶	猪、牛、羊的肝脏
胃蛋白酶	猪、牛、羊的胃黏膜
小牛凝乳酶	小牛皱胃
酰化酶Ⅰ	猪肾脏
抑肽酶	牛腮腺、牛肺、牛胰
透明质酸酶	牛睾丸、羊睾丸
胰蛋白酶	猪、牛、羊的胰脏
弹性蛋白酶	猪、牛的胰脏
糜蛋白酶	猪、牛、羊的胰脏
胰酶	猪、牛、羊的胰脏

（三）小分子制剂

小分子制剂的家畜脏器来源如表6-6所示。

表6-6 小分子制剂的家畜脏器来源

名称	家畜脏器来源
辅酶A	牛心、肝
辅酶Q_{10}	猪心、牛心
人工牛黄	牛胆囊
胆红素	猪、牛、羊的胆汁
去氢胆酸	猪、牛、羊的胆汁
脱氧胆酸	猪、牛、羊的胆汁

二、生化制剂的应用现状

（一）糖及肽类高分子制剂

1. 肝素

肝素在肿瘤应用方面，具有增强免疫系统功能、抗增生和抑制肿瘤细胞转移的功能，可与激素类药物合用治疗肿瘤，还可用于放射性治疗综合征和治疗肿瘤并发症。肝素对肥大细胞、抑制白细胞黏附于血管内皮及其随后向组织的迁移等方面表明，对炎症的作用机制是有影响的。主要临床应用有：治疗新生儿硬肿症、不稳定型心绞痛、弥散性血管内凝血、急性心肌梗死、急性下肢深静脉血栓形成、喘息性支气管炎、慢性重症肝炎、慢性免疫性血小板减少性紫癜、难治性肾病综合征和缺血性脑血管病等多种疾病。

2. 肝素钠

肝素钠对凝血过程的许多环节均有影响，可延长凝血时间和凝血酶原时间，其在体内或体外都有迅速的抗凝血作用。主要作用包括，促进纤维蛋白形成、使血小板聚集减少以及预防和治疗血栓栓塞性疾病，如心肌梗死、肺栓塞、血栓性静脉炎、脑血管栓塞、外周静脉血栓和术后血栓形成等；还可用于治疗各种原因引起的弥散性血管内凝血（disseminated intravascular coagulation），如细菌性脓毒血症、胎盘早期剥离和恶性肿瘤细胞溶解所致的弥散性血管内凝血。早期应用可防止纤维蛋白和凝血因子的消耗，以及其他体内外抗凝血，如心导管检查、心脏手术体外循环和血液透析等。

3. 冠心舒

冠心舒在临床上具有广泛的用途，具有降低心肌耗氧量、缓和抗凝血和减少动脉粥样硬化斑块的作用。对于改善或消除心绞痛、心悸、胸闷和气短有较明显的疗效，对心电图的改善和脑血管疾病的治疗有较好的效果，可用于治疗冠状动脉粥样化性心脏病和胸痹心血瘀阻症等。

主要药理作用：①改善急性心肌缺血和心肌梗死；②减轻心肌缺血程度和范围；③减小梗死区；④抑制血清肌酸磷酸激酶活力的升高；⑤降低血液黏度；⑥降低血浆纤维蛋白原含量；⑦抑制血小板黏附性和聚集性；⑧增加冠状动脉血流量，改善心肌供血供氧；⑨调整心脏血管顺应性，改善血管内血液淤滞状态；⑩对心肌缺血再灌注损伤有明确的保护作用；⑪减少室性期前收缩个数；⑫降低心肌中的丙二醛（malondialdehyde，MDA）含量；⑬延长血栓形成时间。

4. 细胞色素 C

临床上，细胞色素 C 主要用于治疗因组织氧化还原过程障碍及组织缺氧所引起的一系列疾病，如改善脑血管障碍、脑出血、脑外伤、脑动脉硬化、脑栓塞和脑卒中后遗症等引起的氧缺乏各症状；治疗一氧化碳中毒、催眠剂中毒、新生儿假死、视神经症以及因心脏代谢障碍和心绞痛引起的心肌组织缺氧等。也可应用细胞色素 C 治疗因支气管哮喘和慢性肺炎所致的肺功能不全，对进行性肌肉萎缩症也有较好疗效，其肠溶衣口服片对放射性治疗和化学性治疗引起的白细胞降低等也有改善作用。

细胞色素 C 在一定条件下可以吸收、转运和进入靶细胞膜。氧化型细胞色素 C 对线粒体亲和力及心肌固着力均比还原型细胞色素 C 强，二者氧化还原的情况不相一致；在生物学效应方面，还原型细胞色素 C 远不及氧化型细胞色素 C，细胞色素 C 具有催化氧气的作用，形成 O_2^-/O_2 循环，可考虑扩大应用范围，临床应用于抗感染和抗衰老等方面。

5. 胃膜素

胃膜素有抗胃蛋白酶分解作用和微弱的抗酸作用，能在胃内成膜，覆盖溃疡面，减少胃酸的刺激，有利于溃疡面的愈合。主要用于治疗胃及十二指肠溃疡、皮肤溃疡、胃酸过多、胃溃疡、急性胃炎及胃痛等。目前主要的药物有：复方胃膜素胶囊和复方胃膜素片，均属于非处方药，主要功效相同。

6. 胸腺素

目前已从胸腺中提取并证明具有生物活性的激素及多肽因子有多种，市场上广泛使用的胸腺素是从小牛胸腺中提取的第 5 组分（F5），并命名为胸腺素。其可调节胸腺依赖性淋巴细胞分化和体内外免疫反应，并连续诱导 T 细胞分化发育的各个阶段，放大并增强成熟 T 细胞对抗原或其他刺激物的反应，维持机体的免疫平衡状态。

胸腺素在临床主要用于治疗各种原发性、继发性 T 细胞缺陷病和部分自身免疫性疾病，以及各种细胞免疫功能低下疾病和肿瘤的辅助治疗。

7. 胰岛素

用于临床的天然胰岛素几乎都是从猪和牛胰脏中提取获得。不同动物的胰岛素组成均有所差异，猪与人的胰岛素结构最为相似，只有 B 链羧基端的 1 个氨基酸不同。注射胰岛素后能使体内血糖降低、肝糖原增加，是治疗糖尿病的重要生化药物，此外，还对部分消耗性疾病有治疗作用。胰岛素主要作用包括：①调节糖代谢，降低血糖；②调节脂肪代谢，促进脂肪的合成与储存，使血液中游离脂肪酸减少，同时抑制脂肪的分解氧化；③调节蛋白质代谢，既能促进细胞对氨基酸的摄取和蛋白质的合成，又能抑制蛋白质的分解，有利于生长；④可促进钾离子和镁离子穿过细胞膜进入细胞内和促进脱氧核糖核酸（deoxyribonucleic acid，DNA）、核糖核酸（ribonucleic acid，RNA）及三磷酸腺苷（adenosine triphosphate，ATP）的合成。

（二）酶制剂

1. 过氧化氢酶

食品工业中，过氧化氢酶用于除去制造奶酪的牛奶原料中的过氧化氢，在食品包装中可防止食物被氧化；在纺织工业中，用于除去纺织物上的过氧化氢，以保证成品中不含过氧化物；在隐形眼镜清洁时，眼镜在含有过氧化氢的清洁剂中浸泡后，可在使用前再以过氧化氢酶除去残留的过氧化氢；在美容业中，一些面部护理中加入了该酶和过氧化氢，可增加表皮上层的细胞氧量；在化学分析领域中，过氧化氢酶可用作工具酶。

2. 胃蛋白酶

胃蛋白酶在临床医学上用于因摄入蛋白性食物过多所致的消化不良，病后恢复期的慢性萎缩性胃炎，以及治疗因恶性贫血而引起的胃蛋白酶缺乏等病症。

胃液中胃蛋白酶活力测定可用于鉴别神经性低酸症和胃性低酸症。当胃酸过少或缺乏时，前者胃蛋白酶的含量有时正常，而后者盐酸与胃蛋白酶同时缺乏。一般认为胃部低酸症是由于胃黏膜的重症器质性变化所致，特别是对于恶性贫血、无酸症和无胃蛋白酶分泌，是诊断上的重要依据。患慢性胃炎、慢性胃扩张和慢性十二脂肠炎等，胃蛋白酶的分泌会减少。虽然胃蛋白酶具有分解蛋白质的作用，但从主细胞分泌出的胃蛋白酶是以无活力的酶原存在，必须通过胃酸激活，并提供作用环境，因此盐酸激活胃蛋白质酶原，提供胃蛋白酶作用的酸性环境，具有助消化功能。

3. 小牛凝乳酶

小牛凝乳酶主要用于奶酪和凝乳酶干酪素的加工，具有较高的牛乳凝结能力，能获得风味醇正、组织状态适宜、口感良好和质地细腻的高质量奶酪，其质量优于其他同类产品，产品得率高。目前，国内几乎所有食品级的干酪素生产厂家都主要依赖进口凝乳酶。国内生产的干酪素大部分为工业级盐酸干酪素，产品只能用于皮革、造纸、涂料、塑料加工、纺织工业和电化学等工业制造行业，不能用于食品行业。所以，小牛凝乳酶是奶酪生产中使用最多、质量最好的凝乳酶。

4. 酰化酶 I

酰化酶 I 主要用于酶工业或制药加工中的水解过程。目前，利用酰化酶可以大规模分离人工合成的消旋氨基酸。在哺乳动物中，以肾脏中含量最为丰富，因此，多以猪的肾脏制备酰化酶。

5. 抑肽酶

抑肽酶通过按一定化学比例形成的可逆的酶－抑制剂复合物，从而抑制人体的胰蛋白酶、纤溶酶、血浆及组织中血管舒缓素。具有丝氨酸活性的蛋白酶在血管舒缓素—激肽原—激肽系统、补体系统和凝血系统中起着主要作用，并在这些系统中对纤溶酶及血浆血管舒缓都起关键作用。同时，其还能抑制胰蛋白酶及糜蛋白酶，阻止胰脏中其他活性蛋白酶原的激活及胰蛋白酶原的自身激活，故可用于各型胰腺炎的治疗与预防。抑肽酶同时能抑制纤维蛋白溶酶和纤维蛋白溶酶原的激活因子，阻止纤维蛋白溶酶原的活化，用于治疗和预防各种纤维蛋白溶解所引起的急性出血；抑制血管舒张素，从而抑制其血管舒张、增加毛细血管通透性和降低血压；还可用于各种严重休克状态。此外，该品在腹腔手术后可直接注入腹腔，预防肠粘连。

6. 透明质酸酶

透明质酸酶是一种蛋白水解酶，在许多疾病的治疗和生物学研究中应用前景广阔。该酶可水解组织透明质酸基质中的主要成分，增加组织的通透性，已被广泛应用于临床。具有保湿、营养和润肤等作用，可应用于各种高级化妆品中，与传统保湿剂相比，其具有更高的保湿效果，且无油腻和阻塞皮肤等缺点。

在临床医学方面应用包括：①眼科手术中，用于眼科麻醉、白内障及其并发症、青光眼、玻璃体视网膜手术等；②局部注射治疗外痔水肿和嵌顿痔，其消肿和止痛作用确切，大部分注射后可免除手术，少部分需配合手术，并能使术野清晰，手术简单化。

7. 胰蛋白酶

胰蛋白酶广泛应用于制药、食品和纺织等行业。目前，中国生物制药行业所需胰蛋白酶全部依赖进口。国外十分重视对动物脏器的合理开发与综合利用，美国 HyClone 公司是全世界较大的胰蛋白酶生产商，其产品主要应用于细胞培养。由于国内胰蛋白酶制备工艺相对落后，产品活性和得率相对较低，且对原材料没有进行严格的筛选，质量控制不够全面，导致产品的应用仅限于纺织工业，很少能用于食品，而所有科研及生化制药用的产品都依赖进口。

胰蛋白酶的主要作用是能选择性地水解蛋白质中由赖氨酸或精氨酸的羧基所构成的肽链，能消化溶解变性蛋白质，且对未变性的蛋白质无作用。因此，能使囊脓、痰液和血凝块等分解、变稀，易于引流排出，加速创面净化，促进肉芽组织新生。此外，还有抗炎症等作用。

8. 弹性蛋白酶

弹性蛋白酶是体内重要的蛋白水解酶，直接参与体内各种生理和病理过程，在感染性疾病发生、组织损伤和炎症等诸多方面起着重要介质作用。各种体液或组织中弹性蛋白酶水平的高低可很好地反映该组织脏器损伤的严重程度，是判断组织损伤的严重程度和预后的敏感指标。

弹性蛋白酶在医学临床主要用于治疗高脂血症、高血压和糖尿病。能活化磷酯酶 A，降低血清胆固醇，改善血清脂质，降低血浆胆固醇及低密度脂蛋白、甘油三酯，升高高密度脂蛋白，阻止脂质向动脉壁沉积和增大动脉的弹性，具有抗动脉粥样硬化及抗脂肪肝的作用，也可用于肉类和水产加工中的嫩化。

9. 糜蛋白酶

糜蛋白酶能迅速分解变性蛋白质，用途与胰蛋白酶相似，比胰蛋白酶分解能力强、毒性低、不良反应小，可使黏稠的痰液稀化，对脓性和非脓性痰液均有效，用于创伤或手术后伤口愈合。目前国内产品中，由中国科学院上海生化所研制的注射用结晶糜胰蛋白酶，是中国自主研发的该类生化制剂。

糜蛋白酶在临床上的主要应用：治疗痤疮、不孕症、腱鞘囊肿、慢性咽炎、盆腔炎、腰椎间盘突出症、疱疹性口炎、重症肺炎、骨伤科、结核性脓胸和皮肤慢性溃疡等。此外有文献报道，$\alpha-2-$糜蛋白酶对急性鼻窦炎、周脓肿、腹部切口脂肪液化、溃疡性结肠炎、哮喘、食物性食管支架阻塞、褥疮、肛裂和宫颈糜烂等方面均有良好的疗效。

10. 胰酶

胰酶是从猪、牛和羊等动物胰脏中提取到的一种混合酶制剂，主要成分为胰蛋白酶、脂肪酶和淀粉酶，广泛用于食品工业、纺织工业、皮革工业、制药行业及化工等部门。胰酶适用于消化不良、食欲缺乏及肝、胰腺疾病引起的消化障碍，同时也适用于先天性胰功能不全、胰腺切除导致的胰功能不全或酒精中毒引起的慢性胰腺炎等。

（三）小分子制剂

1. 辅酶A

辅酶A是维护机体代谢平衡的重要生理活性物质，不仅代谢失衡的患者需要辅酶A的治疗调节，健康和亚健康的广大人群也需要补充辅酶A，以维护机体代谢平衡，防止因代谢失衡引起的各类疾病。口服辅酶A制剂市场前景广阔，社会效益和经济效益重大。

临床上的应用：主要用于治疗心血管疾病、肝脏疾病、休克、肾脏疾病、脑血管意外及肺性脑病和肌肉疾病等。心血管疾病中，心肌炎、冠心病（包括心肌梗死）可以用辅酶A治疗。肝脏疾病中，肝炎和肝硬化在食欲减退、或重症肝炎、肝昏迷时，也可用辅酶A给予能量。休克时组织缺氧，给予辅酶A，一方面可补充能量，另一方面可恢复钠泵的正常作用。

2. 辅酶Q_{10}

辅酶Q_{10}在物质氧化产生能量的过程中是氧化磷酸化的电子传递体，补充辅酶Q_{10}可使线粒体功能恢复正常，使线粒体电子传递能力超出正常水平，并且可以促进线粒体三磷酸腺苷（adenosine triphosphate，ATP）合成，其免疫功能和运动能力都将得到提高。

心血管病临床方面的应用是目前辅酶Q_{10}的主要应用领域，用辅酶Q_{10}预先治疗可以改善缺血后心肌的恢复，使24h后再灌注的心肌仍能保持ATP水平，预防心肌水肿引起的再灌注损伤心脏。手术前，使用辅酶Q_{10}可以得到较好的心室保护效果；同时，辅酶Q_{10}对缺血性心脏病、高血压症以及风湿性充血性心力衰竭所引起的症状均有效。在常规抗心肌缺血药物治疗基础上加用辅酶Q_{10}，可显著减少心绞痛发作次数、提高运动耐量。

3. 人工牛黄

牛黄具有清心解毒、开窍豁痰和息风定惊的功能，常用于治疗热病神昏、中风痰迷、惊厥抽搐和咽喉肿痛等症。牛黄为中医"急症三宝"——安宫牛黄丸、至宝丹和紫雪丹中前二者的主要组成药物，凡是急性传染和感染性疾病而呈高热烦躁、神昏谵语和惊厥昏迷均可使用。现在已经从安宫牛黄丸改制成了以牛黄为主要成分的中成药，如清开灵注射液和醒脑静注射液等，在各型脑病治疗中应用且疗效佳。

4. 胆红素

目前药理实验证明，胆红素对 W256 瘤有较好地抑制作用，对乙型脑炎病毒的灭活率和抑制指数比脱氧胆酸和胆酸均高出 1~1.5 倍。同时，其还是一种有效的肝脏疾病治疗药物，在不破坏肝组织的情况下，有增殖新细胞的作用，用于治疗血清肝炎和肝硬变等疾病。此外，胆红素还具有镇静、镇惊、解热、降压和促进红血球新生等作用，并具有抗氧化剂的功能，可抑制亚油酸和磷脂的氧化，是临床上判定黄疸的重要依据，也是肝功能的重要指标。但是，胆红素有一定的毒性，可对大脑和神经系统引起不可逆损害。

5. 去氢胆酸

去氢胆酸可促进胆汁分泌，增加胆汁中水分和胆汁总量，促使胆道小结石排出，有助于降低阻塞性黄疸的血清内毒素。临床主要用于胆道炎、慢性胆囊炎及胆石症等的治疗，也可用于胆囊造影剂的排泄。在胆石症的治疗中，去氢胆酸作用明显，有较强利胆作用，可收缩胆囊、松弛括约肌、促进胆汁分泌和排泄，抑制胆固醇的生物合成，促进胆石溶解，并能增强肝脏过氧化氢酶的活力，提高肝脏的抗毒解毒作用。

6. 脱氧胆酸

脱氧胆酸主要用作消炎药，治疗慢性支气管炎和小儿病毒性上呼吸道炎症等，能刺激胆汁分泌，使胆汁变稀而不增加固体量。适用于胆道炎、胆囊炎、胆石症和其他非阻塞性胆汁郁积。此外，还可加速胆囊造影剂排出肝脏以及有助于显影、促进肠道脂肪分解和脂溶性维生素吸收、肝胆疾患引起的消化不良等病症治疗。

在临床上主要应用有：①慢性胆汁淤积性肝病，如原发性胆汁性肝硬化（primary biliary cirrhosis，PBC）、囊肿性纤维化（cystic fibrosis，CF）、妊娠肝内胆汁淤积（intrahepatic cholestasis of pregnancy，ICP）；②在各种肝病中的应用，如慢性丙型肝炎、酒精性肝病（alcoholic liver disease，ALD）和非酒精性脂肪肝（non-alcohol induced steatohepatitis，NASH）；③在肝移植手术后的应用，如利胆、降低胆汁酸毒性、细胞保护、免疫调节、抑制细胞凋亡，以及作用于细胞内信号传导。

第三节　糖及肽类高分子制剂的制备工艺

一、肝素

（一）制备原理

1. 盐解–离子交换工艺原理

本工艺是将切分好的肠黏膜经预处理、板框过滤后，进行离子交换吸附，并将树脂用氯化钠溶液洗脱，收集的滤液再用乙醇溶液沉淀、脱水、精制，制得肝素精品。

2. 酶解–离子交换工艺原理

本工艺是将新鲜肠黏膜经预处理、酶解、离子交换吸附后，采用清水和氯化钠洗涤，并用乙醇溶液沉淀，经精制、沉淀、超滤和冷冻干燥，制得精品肝素。

3. 大孔树脂工艺原理

本工艺是将提取的鲜肠黏膜经盐解以及离子交换吸附后，树脂用氯化钠溶液洗脱，收集沉淀，采用无水硫酸钠脱水，制得肝素成品。

（二）主料与辅料

主料：猪、牛和羊的肠黏膜，牛和羊的肺脏。

辅料：滑石粉、阴离子交换树脂、乙醇、氢氧化钠、氯化钠、苯酚、明矾、盐酸、甲苯。

（三）装置与设备

板框过滤机、冷冻干燥机、尼龙滤布、提取罐、陶瓷缸、塑料桶、搅拌器、真空干燥器、天平、恒温水浴锅、D-204 树脂、低温冰箱、pH 计、温度计、漏斗、竹筛、量筒、烧杯。

（四）工艺流程

1. 盐解-离子交换工艺

肠黏膜 $\xrightarrow{\text{NaOH、NaCl}}$ 提取 $\xrightarrow{\text{离子交换}}$ 吸附物 $\xrightarrow{\text{洗脱}}$ 洗脱液 $\xrightarrow{\text{乙醇沉淀}}$ 粗品 $\xrightarrow{\text{溶解}}$ 脱色 $\xrightarrow{\text{乙醇}}$ 沉淀 $\longrightarrow$ 肝素

2. 酶解-离子交换工艺

肠黏膜 $\xrightarrow{\text{酶解}}$ 提取 $\xrightarrow{\text{离子交换}}$ 吸附物 $\xrightarrow{\text{洗脱}}$ 洗脱液 $\xrightarrow{\text{乙醇沉淀}}$ 粗品 $\xrightarrow{\text{溶解}}$ 脱色 $\xrightarrow{\text{乙醇}}$ 沉淀 $\xrightarrow{\text{溶解}}$ 超滤 $\longrightarrow$

冷冻干燥 $\longrightarrow$ 精制肝素

3. 大孔树脂工艺

肠黏膜 $\xrightarrow{\text{提取}}$ 提取液 $\xrightarrow{\text{盐解}}$ 滤液 $\xrightarrow{\text{大孔树脂}}$ 吸附物 $\xrightarrow{\text{洗脱}}$ 洗脱液 $\xrightarrow{\text{乙醇沉淀}}$ 肝素粗品 $\xrightarrow{\text{溶解}}$ 脱色 $\xrightarrow{\text{乙醇}}$ 沉淀 $\longrightarrow$
肝素

（五）操作要点

1. 盐解-离子交换工艺

（1）提取　取切分好的肠黏膜投入反应锅内，按 30g/kg 比例加入氯化钠，用配制好的氢氧化钠溶液调 pH8.0~9.0，然后升温至 50~55℃，保温 2h，并继续升温至 90℃，维持 10min，立即冷却，可用流动的冷水冲刷反应锅外壁，加快冷却速度。

（2）离子交换吸附　将工艺 1 得到的提取液以滑石粉为助滤剂过滤，用板框式过滤机进行过滤，过滤后，室温冷却，待冷却至 50℃时加入 D-204（或 D-254）树脂，树脂用量按 5%~6% 添加，全部添加完毕开始搅拌，静置过夜。

（3）洗涤　24h 后过滤收集的树脂，先用 50℃温水冲洗，再用冷水冲洗至上清液澄清，以 2 倍量 1.4mol/L 氯化钠溶液搅拌洗涤 1h，用双层纱布滤干，再用 1 倍量 1.2mol/L 氯化钠溶液搅拌洗涤 1h，用板框式过滤机进行过滤，至滤液完全澄清。

（4）洗脱树脂　树脂用 4mol/L 氯化钠溶液缓慢搅拌洗脱 4h，滤干，用工艺 3 方法重复洗脱 1 次，每次用树脂 1 倍量的氯化钠溶液合并洗脱液，然后将 2 次洗脱液和氯化钠的合并液用帆布过滤，待澄清后，收集滤液，待用。

（5）沉淀　将上述工艺中所得滤液称量，随后加入等体积的 95% 乙醇溶液，搅拌 10min，静置过夜，使沉淀聚集。通过虹吸作用除去上清液，收集沉淀，离心、脱水，在 68℃下干燥 20~28h，即得肝素粗品。

（6）精制　粗品按 10% 浓度溶解后，盐酸调 pH 至 5.0，过滤至清，随即用氢氧化钠调 pH 至 11.0，按 4% 加入过氧化氢溶液（浓度为 30%），25℃下放置，开始时注意维持

pH11.0，至氧化脱色合格后，过滤，调 pH 至 6.5，加入等量 95% 乙醇，沉淀过夜，次日虹吸去除上清液，将沉淀脱水后，在 65℃下干燥 20~26h，即得肝素精品。

2. 酶解－离子交换工艺

（1）预处理酶解　将新鲜肠黏膜用清水洗净，投入搪瓷缸中，按每 100kg 肠黏膜加苯酚 200mL 比例，向缸中加入苯酚（如气温较低时可不加）。搅拌过程中加入绞碎的胰脏 0.5~1kg，并用 40% 氢氧化钠溶液调节 pH 至 8.5~9.0，加热至 40~45℃后保温 2~3h，再加入 5kg 粗食盐，继续加热至 90℃左右，用 6mol/L 盐酸调节 pH 至 6.5，充分搅拌均匀后，保温 20min，随后装入布袋内，吊滤，收集酶解液，滤渣弃去，滤液待用。

（2）离子交换吸附　将上述工艺得到的滤液冷却至 50℃以下，调节 pH 至 8.0，加入 5% 的 D-204 树脂，缓慢搅拌吸附 8~10h（气温高时可加适量甲苯防腐），静置 20min 后，用 100 目尼龙布收集树脂，再用 50℃的温水漂洗至澄清，备用。

（3）洗涤与洗脱　树脂先以 0.05mol/L 盐酸和 1.1mol/L 氯化钠混合溶液洗涤 1h，用清水洗至 pH 5.0 左右。分别用 2mol/L、1.2mol/L 氯化钠溶液洗涤，或用 pH 11.0~12.0 的 1.0mol/L 氯化钠溶液洗涤 2h，用清水洗至 pH 7.0 左右，然后用 0.5 倍量的 5mol/L 氯化钠溶液洗脱，共 2 次，再用 0.5 倍量 3mol/L 氯化钠溶液洗脱，每次 1.5~2mL，收集洗脱液，帆布过滤至清。

（4）沉淀　将上述工艺中所得滤液称量，缓慢加入等体积 95% 乙醇溶液，直至乙醇浓度达 42%~45%，不停地搅拌 30min，并静置 12h，使沉淀聚集。当上层溶液澄清后，再次通过虹吸作用除去上清液，并收集沉淀。

（5）精制　往上述沉淀物中逐渐加入 2% 氢氧化钠溶液溶解，边加边缓慢搅拌，直至沉淀物溶解达到最大程度。随后往溶液中不断加入高锰酸钾，调节 pH 至 8.0 为止，将溶液升温至 80℃，搅拌 2.5h，再以滑石粉为助滤剂，用板框式过滤机过滤，收集滤液。

（6）沉淀　将上述操作中所得滤液，用盐酸调 pH 至 6.4，然后往溶液中加入 95% 乙醇，进行肝素沉淀，沉淀时间 12h 以上。当上层溶液澄清后，通过虹吸作用去除上清液，并收集沉淀物，将 1% 氯化钠溶液逐渐加到沉淀物中，使其溶解至最大溶解度，再以滑石粉为助滤剂过滤，用板框式过滤机进行过滤，至滤液完全澄清。

（7）超滤　超滤过程为动态过滤，分离是在流动状态下完成。将上述工艺得到的滤液用分子质量截留值为 5kDa 的膜进行超滤，比膜孔大的被截留在膜上，然后对通过膜的溶液进行浓缩、脱盐。脱盐过程中，首先加入与沉淀物等量的蒸馏水进行溶解，再加 4 倍量的乙醇溶液，搅拌均匀后，静置 24h，通过虹吸作用除去上清液，得絮状沉淀物。

（8）冷冻干燥　将超滤截留液置冷冻干燥机中，在 -20℃以下冷冻干燥 48h 以上，得精品肝素。

3. 大孔树脂工艺

（1）提取、盐解　取鲜肠黏膜和工业食盐，用 0.4g/mL 氢氧化钠调 pH 至 9.5，60~65℃下保温搅拌 l.5h 后，用饱和明矾水调 pH 至 7.5~8.5，90℃下保温 10min，趁热过滤，再用 100~120 目尼龙布过滤，滤渣加入清水和工业食盐，重复提取 1 次，两次滤液合并。

（2）离子交换吸附　将上述工艺得到的提取液冷却至 40℃以下，调 pH 7.5~8.5，然后加入 5% 的 D-204 树脂，搅拌吸附 8~10h（气温高时可加甲苯防腐）后，静置 0.5h，用80～100目尼龙布收集树脂,以清水漂洗至不混浊为止,树脂装柱后进行洗脱。

(3)洗脱树脂 将树脂用4mol/L氯化钠溶液缓慢搅拌,洗脱4h,滤干,用相同的方法重复洗脱1次,每次用树脂1倍量的氯化钠溶液合并洗脱液,然后将2次洗脱液和氯化钠的合并液以帆布过滤,待澄清后,收集滤液,待用。

(4)沉淀 向上述操作所得滤液中加入等量95%乙醇溶液,搅拌,进行肝素沉淀,保持12h以上,待完全澄清后,通过虹吸作用除去上清液,收集肝素沉淀,用无水硫酸钠脱水,在60～68℃下干燥12～18h,即得肝素成品。

(六)质量标准与检验方法

1. 质量标准

根据《中华人民共和国药典》2000年版二部(249页),每1mg产品的效价从不少于150单位提高到不少于170单位,因为检测方法的不同,实际上与USP要求的180单位相当。同时,还将比旋度从不小于+30°提升到不小于50°。

2. 检验方法

采用羊血浆法测定肝素效价,将肝素标准品和所得产品加入柠檬酸羊血浆中,钙化一定时间后观察二者的凝固程度,如标准品和供试品配成相同的浓度又得到相同的凝固程度,则说明二者效价相同,并以此来对比所得产品的效价。具体操作如下:取管径均匀、洁净干燥的小试管9支,分别加入血浆0.5mL,置于37℃温水浴中预热10min,依次向每管加入一种浓度的标准品、待测产品以及氯化钙溶液,加入氯化钙溶液后混匀,并开始计算时间。根据《中华人民共和国药典》2000年版二部·附录ⅪⅤ中的量反应平行线测定法计算效价,并同时将各管凝结时间换成对数。

二、肝素钠

(一)制备原理

1. 以猪肠黏膜为原料提取

肝素钠广泛存在于哺乳动物的肝、肺和肠黏膜中,多与蛋白质结合成复合体存在。肝素是含硫基、氨基和醛糖酸的黏多糖,在pH 8.0～9.0时带负电荷,可与阴离子交换剂进行离子交换,进行粗分离,多糖液在高浓度乙醇中沉淀,进行精制。

2. 以牛、羊肺脏为原料提取

以牛、羊肺脏为原料提取肝素钠的优点在于工艺简单,制备时间短,经制浆、酶解、灭酶、提纯和冷冻干燥即可制得肝素钠。

3. 碱性磷酸酶和肝素钠的联产工艺

本工艺有效的结合了碱性磷酸酶和肝素钠的生产工艺,节省了物料和人力。原料打浆粉碎后,加入Tris-HCl缓冲液萃取,用正丁醇沉淀、离心、酶解、过滤、离子交换和脱水干燥,获得粗品肝素钠。最后采用过氧化氢溶液处理、过滤,丙酮脱水干燥即得精品肝素钠。

(二)主料与辅料

主料:新鲜猪肠黏膜,牛、羊肺脏。

辅料:氢氧化钠、盐酸、乙醇、丙酮、氯化钠、氯化钙、高锰酸钾、苯酚、过氧化氢、D-254树脂、滑石粉、蒸馏水。

（三）装置与设备

提取罐、陶瓷缸、塑料桶、搅拌器、真空干燥器、分光光度计、天平、恒温水浴锅、低温冰箱、pH 计、温度计、漏斗、竹筛、量筒、烧杯、滤布。

（四）工艺流程

1. 以猪肠黏膜为原料提取

猪肠黏膜→ 盐析 → 吸附 → 洗涤 → 洗脱 → 沉淀 → 抽滤 → 干燥 →肝素钠成品

2. 以牛、羊肺脏为原料提取

牛、羊肺脏→ 制浆 → 酶解 → 灭酶 → 提纯 → 冻干 →肝素钠粗品

3. 碱性磷酸酶和肝素钠的联产工艺

猪小肠→ 制浆 → 萃取 → 沉淀 → 过滤 → 滤渣 → 浸提 → 酶解 → 过滤 → 离子交换吸附 → 洗涤 →

洗脱 → 醇沉淀 → 脱水干燥得粗品 → 过滤 → 干燥 →肝素钠精品

（五）操作要点

1. 以猪肠黏膜为原料提取

（1）提取　将新鲜的小肠黏膜加入反应锅内，按肠黏膜量加入 4% ~5% 氯化钠（工业级），加热搅拌，用 30% ~40% 氢氧化钠溶液调 pH 至 9.0，待锅内温度升至 50℃时停止加热，搅拌，并于 55℃下保温 2h。然后升温至 85℃左右，停止搅拌，保持温度在 90℃下 15min，趁热用 80 目筛过滤除去大分子杂物，再用 100 目筛过滤提取液。滤液供吸附用，滤渣经水洗、除盐和干燥后为优质蛋白饲料。

（2）吸附　将上述工艺得到的滤液加入吸附缸中，待滤液温度冷却至 50℃以下时，按原小肠黏膜量加入 5% 处理好的 D –254 树脂，搅拌吸附 6 ~8h，切忌搅拌太快，以使整个液体维持转动为宜，防止弄碎树脂，然后用尼龙布滤掉液体，收集树脂。

（3）洗涤　将树脂倒入桶中，用清水反复清洗，直到水变清为止，也可直接用尼龙袋冲洗，但不可冲掉树脂，然后用 1.25mol/L 氯化钠溶液反复洗涤 2 ~3 次，每次搅拌 0.5 ~1h，除去蛋白质、多肽、硫酸、乙酰肝素和透明质酸等杂质。

（4）洗脱　将树脂移入桶中，加入树脂量 2 倍的 4 ~5mol/L 氯化钠，缓慢搅拌洗脱 2 ~2.5h，用板框式过滤机过滤后，保存洗脱液，再按此法洗脱 1 次。将 2 次洗脱得到的洗脱液合并，用来沉淀肝素，第 3 次洗脱液暂时储存，为下一批第 1 次洗脱用。

（5）洗脱液处理　合并第 1、2 次洗脱液，用碳酸钠调 pH 9 ~12，再以滑石粉为助滤剂过滤，用板框式过滤机进行过滤，至滤液完全澄清，除去沉淀，使肝素与杂质蛋白质进一步分离，增加肝素钠的收率。

（6）沉淀　处理过的洗脱液中加入 80% 以上的乙醇，搅拌均匀，静置沉淀。乙醇用量受温度影响，气温高时 50% 乙醇即可沉淀肝素，气温低时 48% 乙醇即可。因洗脱液含有大量盐，影响酒精计测量乙醇浓度，所以乙醇用量用下式计算：

$$所需乙醇体积 = C \times 洗脱液体积 / （使用乙醇浓度 - C）$$

式中　C——沉淀肝素的乙醇浓度（气温高时为 50%，气温低时为 48%）

加乙醇后静置 24 ~48h，若沉淀分离出来，即为肝素钠沉淀物，清液含有 40% 以上的乙醇，可以回收利用。

（7）纯化　由于肝素沉淀中混有一定量的氯化钠，故需进一步脱盐纯化。首先加入与

沉淀物等量的蒸馏水溶解，再加4倍量的乙醇溶液，搅拌均匀后，静置24h，通过虹吸作用除去上清液，得絮状沉淀物。也可用回收的低浓度乙醇浸泡3次，脱盐。

（8）脱水　将纯化得到的絮状沉淀物真空抽滤除水，再用丙酮冲洗2~3次，抽干或滤干，也可加3倍量的95%乙醇溶液到沉淀缸中，搅拌均匀后，盖好沉淀缸，静置6h。然后虹吸除去上层的乙醇（可回收再用），把下层沉淀用无水硫酸钠脱水、滤干。

（9）干燥　采用真空喷雾干燥和真空冷冻干燥，加五氧化二磷吸水剂于干燥器中干燥、烘干，并晒干，一般要求干燥温度在70℃以下为宜。将上述操作中滤干的沉淀在60~68℃下干燥20~26h，得块状物即为肝素钠粗品。

2. 以牛、羊肺脏为原料提取

（1）制浆　将牛肺中大的气管和外部皮质脂肪剔除，将其绞碎，匀化成浆液，牛肺：清水 =1:（2~3），调pH至9.0。

（2）酶解　将上述浆液加热至39~41℃，按浆液质量的1.5%~3.5%加入蛋白酶，酶解3~4h，监测pH变化，维持pH 7.5~8.5，过滤酶解液，然后按浆液质量的0.5%~1.5%加入肝素钠专用复合酶，将温度升到49~51℃，维持pH 7.5~8.5，保温酶解3~3.5h，监测酶解液效价不再变化，酶解结束。

（3）灭酶　将酶解中得到的酶解液加入蛋白沉淀剂及氯化钠，蛋白沉淀剂加入量为浆液质量的4%~4.5%，氯化钠加入量为浆液质量的1%~2%，升温至70~80℃，保温0.5~1h，按浆液质量的0.5%~1%加入氯化钙沉淀剂，沉淀1~2h，将温度降至50℃。

（4）提纯　先经过自动过滤分离器进行一级提纯，再经过粗滤器进行二级提纯，经细滤器进行三级提纯，最后经过精滤器进行四级提纯，得分离液。

（5）冷冻干燥　将上述分离液进一步浓缩，冷冻干燥得肝素钠。

3. 碱性磷酸酶和肝素钠的联产工艺

（1）制浆　将新鲜或冷冻猪小肠除脂肪并绞碎后，加入3倍量的生理盐水，于组织捣碎机中匀浆。

（2）萃取　向上述操作得到的匀浆中加入0.05mol/L含有氯化镁、氯化钠和氯化锌的Tris-HCl缓冲液，萃取。

（3）沉淀　将萃取液倒入沉淀缸中，静置数分钟后，在沉淀缸中缓慢加入正丁醇，快速搅拌数下盖好沉淀缸，静置2~3h，沉淀。

（4）压滤或离心分离　用板框过滤机压滤，滤液用作生产碱性磷酸酶的生产原料，滤渣用作肝素钠的生产原料。

（5）精制

①浸提：滤渣放入水解锅中，按1:（3~5）比例加入0.9%氯化钠溶液，用氢氧化钠调pH至9.0后，加热至50~60℃，保温2~3h。

②酶解：调pH至8.0~8.5，37~40℃下，加入相当于肠黏膜0.8%~1.0%的已绞碎的新鲜猪胰浆，或可加入0.25%胰蛋白酶，搅拌并保温，水解3~4h，并通过加入10%的氢氧化钠溶液保持其pH的稳定。

③过滤：酶解结束后，用10%稀盐酸调整pH至5.5~6.0，然后升温至90~95℃，搅拌过程中加入5%氯化钠，并保温30min，趁热过滤除去不溶性杂质，滤渣用5%氯化钠溶液洗涤1次，合并滤液即为肝素粗提液，滤渣用于动物蛋白饲料。

④离子交换吸附：将肝素粗提液冷却至10℃左右，静置后除去可能出现的表面凝固层，然后加热至40~45℃，调整pH至8.5~9.0，缓慢搅拌条件下加入到D-204大孔吸附树脂中，树脂用量为料液的2.5%~3.0%，吸附3~5h，然后用尼龙布袋滤掉液体，收集树脂（有肝素吸附）。

⑤洗涤：用清水反复冲洗吸附后的树脂，直到冲洗液变清为止。

⑥洗脱：先用3%~4%氯化钠溶液洗涤除去部分杂质，再用12%~15%氯化钠溶液洗涤除去硫酸皮肤素，最后将树脂浸泡到25%~30%的氯化钠溶液中，并轻轻搅动5~8h后，过滤，并用该氯化钠溶液重新洗涤1次树脂，合并收集滤液。

⑦醇沉淀：搅拌过程中往滤液中加入乙醇，使其终浓度达到40%~45%，静置3~5h后，虹吸上层醇溶液（乙醇可回收利用），取沉淀部分，用约2倍量的1%氯化钠溶液复溶后，用乙醇2次沉淀5~8h。

⑧脱水干燥：沉淀物用2倍量的无水乙醇脱水2次，再用丙酮脱水1次，滤干，50℃以下真空干燥箱中缓慢干燥，得粗品肝素钠。此时，粗品肝素钠的效价可在90U/mg以上（依据美国药典方法测定）。

⑨过滤：将粗品肝素钠用1.5%氯化钠配制成10%溶液，用盐酸调整pH至1~2，迅速过滤，上清液再用氢氧化钠溶液调整pH至10~12，按照3.5%量加入30%过氧化氢溶液，于25℃下放置40h以上，并保持pH 10~12，然后过滤，收集滤液。

⑩干燥：滤液用稀盐酸调整pH 6~7后，加入等量的无水乙醇，轻轻搅匀，静置12h以上，取沉淀部分，并用丙酮脱水后干燥，即得精品肝素钠。

（六）质量标准与检验方法

1. 质量标准

根据《中华人民共和国药典》2010年版二部（366页）规定，肝素钠是从猪、牛或羊的肠黏膜中提取的硫酸氨基葡聚糖的钠盐，属黏多糖类物质，具有延长血凝时间作用。其质量标准如下。

（1）效价　按干燥品计算，每毫克不得少于70个单位。

（2）电泳迁移比　与标准品相比，电泳迁移距离比为0.9~1.1。

（3）酸碱度　pH 5.0~7.5。

（4）澄清度与颜色　水溶液澄清无色为最佳，如混浊，在640nm的波长处吸收度不得大于0.018；如显色，在260nm的波长处，其吸收度不得大于0.20，在280nm的波长处，其吸收度不得大于0.15。

（5）黏度　动力黏度不得大于0.030Pa·s。

（6）总氮量　含总氮量应为1.3%~2.5%。

（7）含硫量　按干燥品计算，含硫量不得少于10.0%。

（8）干燥失重　干燥减失重量不得超过5.0%。

（9）炽灼残渣　遗留残渣应为28.0%~41.0%。

（10）钾盐　应符合医药等相关国家标准的规定。

2. 检验方法

（1）效价　采用羊血浆法测定肝素钠效价，将肝素钠标准品和所得产品加入柠檬酸羊血浆中，钙化一定时间后观察二者的凝固程度，以此来对比所得产品的效价。

（2）电泳检验　取所得产品与肝素钠标准品，分别加水制成每 1mL 中含 2.5mg 的肝素钠溶液，依照电泳法试验，分析供试品和标准品所显斑点的迁移距离之比。

（3）酸碱度　取本品 0.10g，加水 10mL 充分溶解后，过滤取澄清滤液，用 pH 计测定 pH。

（4）澄清度与颜色　取所得产品 0.50g，加水 10mL 溶解后，溶液应澄清无色；如显混浊，按照分光光度法，在 640nm 的波长处测定；如显色，与黄色标准比色液比较，不得更深。吸收度取所得产品，加水制成每 1mL 中含 4mg 的溶液，按照分光光度法测定，在 260nm 和 280nm 的波长处分别测定其吸收度。

（5）黏度　精密称取所得产品（按实际测得的单位计算相当于 40 万单位），加水适量研细，移入干燥并称定重量的 10mL 量瓶中，研钵用水冲洗并移入量瓶中，将量瓶置 25℃ 水浴内，待温度平衡后，加 25℃ 水至刻度，摇匀，称定重量，计算供试品溶液的密度。取溶液，必要时用 0.45μm 的滤膜过滤，按照黏度测定法，用内径约为 1mm 的毛细管，在 25℃ ±0.1℃ 测定其动力黏度。

（6）总氮量　取所得产品，按照氮测定法测定，按干燥品计算含总氮量。

（7）含硫量　取所得产品约 25mg，精密称量，按照氧瓶燃烧法进行有机破坏，选用 1000mL 燃烧瓶，用浓过氧化氢溶液 0.1mL 与水 10mL 为吸收液，待生成的烟雾完全吸收后，冰浴 15min，再加热缓缓煮沸 2min，冷却，加乙醇 - 醋酸铵缓冲液（pH 3.7）50mL、乙醇 30mL、0.1% 茜素红溶液 0.3mL 为指示液，用高氯酸钡滴定液（0.05mol/L）滴定至淡橙红色。每 1mL 高氯酸钡滴定液（0.05mol/L）相当于 1.603mg 的硫。

（8）干燥失重　取所得产品，置于五氧化二磷干燥器内，在 60℃ 减压干燥至恒重，直接称量计算失重率。

（9）炽灼残渣　取所得产品 0.50g，依法检查，在马福炉中进行灼烧，通过称重计算残留量。

（10）钾盐　取所得产品 0.10g，置 100mL 量瓶中，加水溶解并稀释至刻度，摇匀，作为供试品溶液（B）；另量取标准氯化钾溶液（精密称取在 150℃ 干燥 1h 的分析纯氯化钾 191mg，置 1000mL 量瓶中，加水溶解并稀释至刻度，摇匀）5.0mL，置于 50mL 量瓶中，加（B）溶液稀释至刻度，摇匀，作为对照溶液（A）。依照原子吸收分光光度法在 766.5nm 的波长处分别测定。

三、冠心舒

（一）制备原理

1. 冠心舒的单产工艺

冠心舒是一种黏多糖，其结构与其生理功能关系密切。因此，黏多糖的提取条件很重要，不同提取条件，可得到不同的黏多糖。此法提取的黏多糖与不经酸性较强条件下提取的有所不同，要避免在酸性较强条件下加热，因为黏多糖会被水解，在酸性较强的条件下多次冷浸，有利于黏多糖与其他组织成分分离。冠心舒的成分在中性条件下对热较稳定，中性加热提取能提高收率，在酸性冷浸基础上，中和所产生的盐，进行中性加热提取，是本工艺的一个特点。

2. 肝素钠和冠心舒的联产工艺

本工艺是一种利用猪、羊的小肠和肺提取肝素钠后的废液来生产冠心舒的工艺。由收集滤液、减压浓缩、除蛋白质、脱脂、乙醇沉淀、脱水和干燥等工艺组成。此工艺采取酸性冷浸与盐的存在基础上进行中性加热提取，既提高了回收率又充分利用了生产肝素钠产生的废弃物。

（二）主料与辅料

主料：猪十二指肠、胰脏。

辅料：盐酸、氢氧化钠、醋酸、乙醇、丙酮、苯酚、胰酶粉、冰醋酸、汽油、无水硫酸铵。

（三）装置与设备

浓缩罐、搅拌器、电磁炉、分液漏斗、真空干燥器、离心机、温度计、pH 计、过滤器、绞肉机、烧杯、剪刀、玻璃棒、滤纸。

（四）工艺流程

1. 冠心舒的单产工艺

猪十二指肠、胰脏→ 绞碎 → 提取 → 过滤 → 中和 → 浓缩 → 酶水解 → 胰蛋白酶处理 → 脱脂 → 沉淀 → 脱水干燥 →成品

2. 肝素钠和冠心舒的联产工艺

提取肝素钠的废液→ 除杂 → 脱脂 → 减压浓缩 → 沉淀 → 脱水、干燥 →成品

（五）操作要点

1. 肝素钠的单产工艺

（1）绞碎　将冷冻或者新鲜的十二指肠经处理后，用清水洗净，剪去附着的脂肪，然后用绞碎机绞碎成肠浆，置于耐酸容器中。

（2）提取　在肠浆中加入 4 倍量清水，搅拌均匀，用盐酸调 pH 至 2.5 ~ 3.0，搅拌、提取 10h，然后静置 1h，虹吸出上层清液，下层沉淀物再加入 2 倍量的清水，并用盐酸调 pH 至 2.5 ~ 3.0，搅拌、提取 7h，静置沉淀，虹吸出上层清液，沉淀，反复按上述方法提取 2 次，合并提取液，沉淀物可用于制备肝素。

（3）浓缩　将所得提取液移入搪瓷浓缩罐中，搅拌中用 40% 氢氧化钠调 pH 至中性，再浸提 2h，加热至沸腾然后分离，除去上浮杂质，静置 15min 后，将液体减压浓缩至原料重量的 1/2，用板框式过滤机过滤后，除去滤渣，收集浓缩液。

（4）酶解　将上述操作得到的浓缩液移入另一个反应缸中，按浓缩液重量加入 0.35% 苯酚溶液，搅拌中用 40% 氢氧化钠溶液调 pH 至 8.0 ~ 8.5，按照使用原料量加入 0.2% 胰酶粉，然后加热至 40℃，恒温缓慢搅拌使酶水解 48h，得酶水解液。

（5）去杂质蛋白　将酶水解液用冰醋酸调节 pH 至 6.0 ~ 6.5，加热至 85 ~ 90℃，保温 15min 左右，然后冷却至室温，静置过滤，将得到的滤液在减压条件下，浓缩至原体积的 1/3，立即冷却，待冷却至室温后再过滤 1 次，弃去沉淀，收集滤液。

（6）脱脂　将过滤液移入分液漏斗中，加入液重 1/4 的汽油，搅拌或摇匀约 10min，静置分层，放出下层溶液，再用液重 1/3 体积的汽油同法处理 1 次，将大部分脂质除去，脱脂液再减压浓缩至原体积的 1/4，冷却至常温后过滤，收集浓缩液。

（7）沉淀　将浓缩液置于烧杯中，冷却至室温后，在搅拌中缓慢加入乙醇，使含醇量达 65%，搅拌均匀，静置过夜。虹吸去上层清液（供回收乙醇），沉淀物再加入 8 倍体积

的水，加入乙醇使含醇量达65%，静置过夜，倾去上清液（供回收乙醇），沉淀再加入0.6倍体积清水，用冰醋酸调pH至5.0左右，加入乙醇，使含醇量达70%，静置10h，倾去上清液（供回收乙醇），离心分离沉淀，用5倍量的乙醇浸泡12h左右，过滤回收沉淀物。

（8）脱水、干燥　乙醇脱水后的沉淀物，用5倍体积丙酮反复洗涤，浸泡15h，滤纸滤干后，再以沉淀物3倍量丙酮同法处理1次，然后过滤，静置30min，得沉淀，将沉淀在60℃条件下真空干燥，即得冠心舒产品，产品需密闭储存，避免杂质混入。

2. 肝素钠和冠心舒的联产工艺

（1）提取肝素钠废液　猪、羊肠黏膜经过盐解、胰解或酶解，通过树脂吸附肝素钠废液与猪、牛、羊肺提取肝素钠废液。

（2）除杂　用冰醋酸调整pH后，加热到一定温度，放在水浴锅中保温后在室温中自然冷却，减压浓缩，除去蛋白质等杂质。

（3）脱脂　用汽油按一定比例加入后，搅拌，用分液器分液后脱去脂肪。

（4）减压浓缩　将脱去脂肪后的分离液减压浓缩至主料重量的1/4。

（5）沉淀　用等量的乙醇将减压后的浓缩液进行沉淀，弃去上清液。

（6）脱水、干燥　将上述操作中得到的沉淀用无水硫酸铵脱去水分，真空冷冻干燥后即得成品。

（六）质量标准与检验方法

1. 质量标准

根据《中华人民共和国药典》2000年版二部·附录ⅠA以及《国家药品标准》第九册，应符合片剂有关的各项规定。

2. 检验方法

（1）定性测定　冠心舒具有还原性多糖的性质，能使斐林试剂还原产生氧化亚酮沉淀，还可与甲苯胺蓝发生变色反应。

（2）定量测定　将冠心舒水解，产生氨基葡萄糖，然后利用Elson – Morgan反应，以分光光度法测定。

四、细胞色素C

（一）制备原理

1. 传统工艺

以新鲜猪心为材料，经酸溶液提取、活性炭吸附、硫酸铵溶液洗脱和三氯乙酸沉淀等步骤制备细胞色素C。

2. 前沿疏水色谱法

使用前沿疏水色谱法纯化细胞色素C，使经过盐析处理后的细胞色素C溶液连续流过疏水色谱柱，可使疏水性较弱的细胞色素C在疏水色谱柱上不保留，而使杂蛋白吸附在疏水色谱柱上。该工艺可以大大地提高色谱柱的利用效率和生产效率，降低纯化成本。

3. 硫酸铝提取法

本工艺以哺乳动物心肌为原料，采用硫酸铝溶液提取法制备，提取过程中硫酸铝的浓度控制在0.1%~10%，硫酸铝溶液的体积控制在1~5倍量心肌体积，提取pH控制在

3~6，反应温度控制在 0~30℃，提取时间控制在 1~4h，再经吸附洗脱，最终得到细胞色素 C。

（二）主料与辅料

主料：猪、牛心脏组织。

辅料：活性炭、稀硝酸、40% 乙醇、丙酮、三氯乙酸、盐酸、氯化钠、五氧化二磷、浓氨水、乙醇、硫酸铝溶液。

（三）装置与设备

离心机、搅拌机、GMA 树脂柱、LD-601 大孔吸附剂交换柱、真空干燥器、冰箱、水浴锅、pH 计、透析袋、刀片、玻璃棒、烧杯、沸石吸附装置、超滤膜、洗脱柱。

（四）工艺流程

1. 传统工艺

心脏组织→ 活性炭吸附 → 洗脱活性炭柱 → 浓缩 → 沉淀 → 透析 → 无菌分装 → 冻干 →成品

2. 前沿疏水色谱法

猪心→ 提取 → 过滤 → 离心 → 粗提取 → 粗纯化 → 平衡疏水色谱柱 → 纯化 →成品

3. 硫酸铝提取法

绞碎牛心→ 提取 → 吸附 → 洗脱、盐析 → 超滤 → 真空冷冻干燥 →细胞色素 C 成品

（五）操作要点

1. 传统工艺

（1）原料预处理　取猪心或牛心，用刀划破心尖血管，使血液流出，3h 后于 -18℃下储藏备用，一般储藏时间不超过 3 天时，对细胞色素 C 的得率无明显影响。先取冷冻心脏用清水浸泡解冻（不能使用热水解冻，高温会使细胞色素 C 失活），然后除尽脂肪、血管和韧带，洗尽积血，切成小块剁碎。

（2）活性炭吸附　将沸石吸附细胞色素 C 后的流出液用稀硝酸调 pH 至 4.0，然后流入活性炭柱，吸附完毕，用蒸馏水冲洗活性炭柱，再用 40% 乙醇溶液反复洗涤，直至洗液加 10 倍量丙酮后不再呈白色混浊为止，表明已经冲洗干净。

（3）洗脱活性炭柱　用含 3.2% 氨的 40% 乙醇溶液洗脱活性炭柱，当观察到洗液略呈微黄色时，立即开始收集洗脱液，边收集边测定 pH，当 pH 至 10.0 左右时停止收集。

（4）浓缩　将洗脱液减压浓缩至原体积 1/10 左右（环境温度不能超过 60℃），用硝酸酸化至 pH 2.5~3.0，于 0℃下的冷库中放置 12~16h，以 3000r/min 转速离心 30min，弃去沉淀，将上清液继续浓缩至原体积的 1/20 左右，得到滤液的浓缩液。

（5）沉淀　将上述操作得到的浓缩液用硝酸调 pH 2.5~3.0，在剧烈搅拌下加入 20 倍量酸化丙酮进行沉淀，然后放置冷库过夜，以 3000r/min 的转速离心 30min 得沉淀，用冷丙酮洗涤沉淀 2 次，低温干燥，得丙酮和细胞色素 C 混合干粉。

（6）透析　将丙酮和细胞色素 C 混合干粉装入透析袋中，溶于 1.5 倍冷蒸馏水中，放进 500mL 烧杯中（用磁力加热搅拌器搅拌），在无热源蒸馏水中低温透析 48h，每 15min换 1 次水。当透析完全时，将透析液过滤，即得细胞色素 C 粗品溶液。

（7）无菌分装、冻干　加蒸馏水稀释至 120U/mL，加入甘露醇（15mg/支）和 L-半胱氨酸盐酸盐（0.5mg/支），用 1mol/L 氢氧化钾调 pH 5.5~6.0，无菌过滤，灌装

（0.5mL/支），冻干，封口，密闭储存。

2. 前沿疏水色谱法

（1）提取　取新鲜猪心 1kg，去脂肪和结缔组织，绞成肉糜，加 400mL 水，用 1.0mol/L 硫酸调 pH 至 4.0，室温搅拌 2h，用滤布压滤除去残渣，为了提取充分，将残渣按上述条件再次提取 1h，除去残渣，合并 2 次提取液，然后用 1.0mol/L 氨水调 pH 至 7.0，在 4℃ 条件下静置，最后离心，收集上清液，过滤即得粗提取液。

（2）粗纯化　向所得的粗提液中加入固体硫酸铵，使其浓度为 50%。沉降 4h 后离心弃去沉淀，收集上层红色清液。

（3）分离纯化　向上述操作所得上清液中加入一定体积的 50mmol/L 磷酸盐缓冲液（pH 7.0），将溶液中硫酸铵的终浓度调节至 30.5%，再以含 50mmol/L 磷酸盐缓冲液（phosphate buffered saline，PBS）（pH 7.0）的 30.5% 硫酸铵溶液平衡装有 PEG600 固定相的疏水色谱柱（10×0.46cm I. D.），并将调整过硫酸铵浓度的细胞色素 C 溶液在流速 1.0mL/min 下连续上样于已平衡过的疏水色谱柱中，收集穿透液，用 30.5% 硫酸铵溶液冲洗色谱柱 15min 以使吸光度基本达到稳定，并收集该过程中的色谱流出液，与上述穿透液合并，即得到纯化后的细胞色素 C。

3. 硫酸铝提取法

（1）绞碎牛心　将冷冻或者新鲜的牛心经过处理后，用清水洗净，然后用绞碎机绞碎，置于夹层反应罐中。

（2）提取　在反应罐中加入浓度为 3% 硫酸铝溶液，调节 pH 至 6.0 左右，控制温度在 15℃ 左右，提取 3h。将提取液过滤，收集提取液，牛心渣可再经硫酸铝溶液按前述方法分别提取 2 次，合并所有提取液。

（3）吸附　将所有的提取液经沸石吸附。

（4）洗脱、盐析　将沸石吸附完全的提取液洗脱，收集洗脱液，进行盐析，收集盐析物。

（5）超滤　用超滤膜将盐析物超滤除盐。

（6）真空冷冻干燥　经除盐后真空冷冻干燥，得到细胞色素 C 成品。

（六）质量标准与检验方法

1. 质量标准

根据《中华人民共和国药典》2010 年版二部（509 页）细胞色素 C 为自猪心或牛心提取的细胞色素 C 的水溶液。每 1mL 成品溶液中含细胞色素 C 不得少于 10mg。

2. 检验方法

细胞色素种类较多，可以用光谱学、血红素基团的精确结构、抑制剂的敏感度以及还原电势的大小来分辨。

五、胃膜素

（一）制备原理

1. 胃膜素单产工艺

胃膜素是从猪胃黏膜经胃蛋白酶和盐酸消化后的上层液中用 60% 左右的乙醇所沉淀的组分。取胃黏膜的盐酸消化液，以乙醇沉淀、脱脂、干燥分离可制得胃膜素。

2. 胃膜素和胃蛋白酶联产工艺

将胃黏膜的盐酸消化液经氯仿分层后，取上清液，用丙酮（或乙醇）分级沉淀，制备胃膜素和胃蛋白酶，即胃膜素和胃蛋白酶的联产工艺，此方法较为优越，减少了物料的浪费。

（二）主料与辅料

主料：猪胃黏膜。

辅料：盐酸、氢氧化钠、乙醇、乙醚、丙酮、氯仿。

（三）装置与设备

真空冷冻干燥机、80 目筛、恒温水浴锅、浓缩罐、夹层锅、搅拌反应釜、天平、搪瓷沉淀罐、刀片、玻璃棒、烧杯。

（四）工艺流程

1. 胃膜素单产工艺

$$胃黏膜 \xrightarrow{盐酸} 消化液 \xrightarrow{乙醇} \boxed{沉淀} \xrightarrow{乙醚} \boxed{脱脂干燥} \xrightarrow{洗涤} 胃膜素$$

2. 胃膜素和胃蛋白酶联产工艺

$$胃黏膜 \xrightarrow{盐酸} 消化液 \xrightarrow{氯仿} 上清液 \xrightarrow{浓缩} 浓缩液 \xrightarrow{丙酮} \begin{cases} 沉淀物 \to \boxed{洗涤} \to 胃膜素 \\ 母液 \to 胃蛋白酶 \end{cases}$$

（五）操作要点

1. 胃膜素单产工艺

（1）消化　绞碎的胃黏膜称重，投入耐酸的夹层锅中，在不断搅拌下加入盐酸，在 pH 3.0～3.5、40～45℃下消化约 4h，经常检查和校正温度，待消化至半透明的浆液时停止。浆液用双层纱布过滤，除去未消化完全的粗块及其他杂质，用 0.5g/mL 氢氧化钠调 pH 至 4.0～5.0。

（2）乙醇沉淀　在不断搅拌下，在滤液中加入 80% 以上的乙醇，使含醇量达到 65%～70%，在 0～5℃ 静置约 12h。收集沉淀，尽量压干，根据湿重加 2～3 倍量 60%～70% 乙醇，充分混合均匀，洗涤 1～2 次，沉淀压干，将压干的沉淀搓碎，在 70℃ 左右干燥。

（3）脱脂、干燥　将烘干的胃膜素半成品装袋，利用相似相溶的原理，用乙醚溶液除去胃膜素半成品中的脂质，处理时间尽量长一点，以保证脂质全部除去，充分挥发乙醚后，在 50℃ 下烘干。胃膜素成品的含水量要求应在 3% 以下，以保证质量。

（4）粉碎　粉碎过 80 目筛。保存和包装时应注意干燥和密闭。

2. 胃膜素和胃蛋白酶联产工艺

（1）消化　绞碎的胃黏膜称重，投入耐酸的夹层锅中，在不断搅拌下加入盐酸，在 pH 2.5～3.0、40～45℃下消化约 4h。经常检查和校正温度，待消化至呈半透明的浆液时停止。浆液过滤后，除去未消化完全的粗块及其他杂质，用 0.5g/mL 氢氧化钠调 pH 至 4.0～5.0。

（2）脱脂、分层　将消化液冷却至 30℃ 以下，利用相似相溶的原理，加入氯仿溶液脱脂，缓慢搅拌均匀后，室温静置 48h 以上，分层明显即萃取完全后，放掉下面氯仿和脂质的混合溶液，收集上清液，即无脂溶液，增加胃膜素的收率。

（3）减压浓缩　将上清液吸入减压浓缩罐中，在 35℃ 下浓缩上清液，当体积减至原体积的 1/3（25℃时相对密度为 1.15 左右）时，得浓缩液，然后将浓缩液预冷至 5℃ 以下，备用。在下层残渣中可回收氯仿，以循环使用。

（4）胃膜素分离　将冷却 5℃ 以下的浓缩液在搅拌下缓缓加入迅速冷却至 5℃ 以下的丙酮，至相对密度约为 0.97，即有白色长丝状的沉淀物析出。5℃ 以下静置 20h，滤取沉淀物，以适量 60% 的冷丙酮洗涤 2 次，并用 70% 冷丙酮浸洗 1 次，真空干燥，即得胃膜素。

（5）胃蛋白酶制取　母液按酶制剂制备工艺中的胃蛋白酶制取工艺进行处理。

（六）质量标准与检验方法

1. 质量标准

根据《中华人民共和国卫生部药品标准》二部第六册（95 页）胃膜素质量应符合相应标准，胃膜素是猪胃膜中的黏蛋白，按干品计算，含总氮（N）应不得大于 10.0%，含还原性物质不得少于 20.0%。

2. 检验方法

参照《中华人民共和国卫生部药品标准》二部第六册（95 页）及《中华人民共和国药典》2005 年版第二部·附录Ⅶ D 中的标准执行。

（七）注意事项

1. 丙酮添加方式的注意事项

丙酮对蛋白质的变性作用是影响收率的主要因素之一，所以分段沉淀时浓缩液与丙酮均要预冷至 5℃ 以下，并在 5℃ 以下静置分离。用丙酮沉淀胃蛋白酶时，酶活力与沉淀时的 pH 关系密切。研究发现胃蛋白酶能稍溶于丙酮中，当溶液 pH 为 1.08 时，丙酮中沉淀的胃蛋白酶活力几乎完全丧失，也不能溶于 9g/L 氯化钠溶液中；pH 2.5 时，即使与丙酮接触 48h，活力也不变；pH 3.6~4.7 的情况与 pH 2.5 基本相同；pH 5.4 的溶液与丙酮接触 15h 以上，活力开始下降，越接近中性，酶活力下降越快。

2. 丙酮添加操作的注意事项

加入丙酮时的操作，直接关系两个产品的分离程度。一般开始时因黏度较高，丙酮要缓慢加入，快速搅拌，避免局部丙酮浓度过高使部分胃蛋白酶与胃膜素过早同时析出。待胃膜素即将沉淀析出时，加入丙酮的速度可适当加快，搅拌改慢，以免胃膜素散碎而不易收集。

六、胸腺素

（一）制备原理

1. 分段盐析法

以小牛或猪胸腺为原料，经预处理后，除去其中的杂蛋白，然后对去杂蛋白后的溶液进行沉淀，将得到的沉淀脱水干燥后分段盐析，对盐析物进行超滤，并对超滤后的 Sephadex G-25 柱进行洗脱，洗脱液脱水干燥，即得胸腺素成品。

2. 透析、除热源法

该种工艺较分段盐析法复杂，需要经过多次过滤、去杂蛋白等过程，其优点在于经过透析、层析、除热源等独特操作，最后得到的胸腺素成品较纯。在提取、过滤后，利用密度不同去除杂蛋白，利用在不同 pH 的溶液中溶解度不同，获得盐析物，经透析、层析、洗脱、除热源获得胸腺素成品。

3. 离心、超滤法

本工艺是采用 pH 3.5~4.0 的缓冲液将胸腺洗涤干净，再加入 pH 3.5~4.0 的缓冲液低温匀浆，制成胸腺匀浆液。得到的匀浆液经过热变性离心去除杂蛋白，然后用盐酸调节上清液 pH 至 4.5~5.0，再次离心，调节上清液 pH 至中性，得到的中性上清液经过不同的滤膜过滤，除去杂质和细菌，真空冷冻干燥，得到胸腺素的成品。

（二）主料与辅料

主料：猪或小牛的胸腺。

辅料：生理盐水、氯化钠、盐酸、氢氧化钠、丙酮、磷酸盐缓冲溶液、乙醚、硫酸铵。

（三）装置与设备

绞肉机、组织捣碎机、高速离心机、SephadexG - 25 柱、超滤器、冷冻干燥机、pH 计。

（四）工艺流程

1. 分段盐析法

小牛胸腺→ 绞碎 → 提取 → 加热除杂蛋白 → 沉淀 → 分段盐析 → 超滤 → 脱盐 → 干燥 →胸腺素成品

2. 透析、除热原法

猪胸腺→ 提取 → 过滤 → 滤液 → 去杂蛋白 → 过滤沉淀 → 除杂蛋白 → 上清液 → 沉淀 → 盐析 → 透析 → 透析液柱层析 → 洗脱液 → 沉淀、除热源 → 无热原粉 →成品

3. 离心、超滤法

预处理 → 匀浆 → 冷冻 → 恒温加热 → 反复冻融 → 一次离心 → 二次离心 → 超滤 → 除菌、干燥 →成品

（五）操作要点

1. 分段盐析法

（1）提取　将新鲜或冷冻小牛胸腺除脂肪并绞碎后，加 3 倍量的生理盐水，于组织捣碎机内制成匀浆，高速离心后得提取液。提取液加入 2 倍量的 9g/L 氯化钠溶液，用 1:1 的盐酸调 pH 至 3.0，然后在 10℃ 以下搅拌提取 4~5h。过滤，滤渣加数倍量 9g/L 氯化钠溶液再提取 1h 左右，合并 2 次提取液。

（2）加热除杂蛋白　用 0.3g/mL 的氢氧化钠溶液调节提取液 pH 至 7.0 左右，在 80℃ 加热 15~18min，然后冷却至 10℃ 以下，用以沉淀对热不稳定的杂质部分。然后在 3000r/min 下离心 30min，去除沉淀，得上清液，即除去杂质蛋白后的溶液。

（3）沉淀　将上述工艺中所得的滤液进行称量，然后在不断搅拌中加入 5 倍量的预冷至 10℃ 以下的丙酮，静置 4h，双层纱布过滤，通过虹吸作用除去上清液，收集沉淀，再用丙酮、乙醚脱水。干燥一段时间后，即得淡黄色丙酮粉。

（4）分段盐析　将丙酮粉溶于 6 倍体积、pH 7.0、0.01mol/L 溴代十六烷基吡啶（cetylpyridinium bromide，CPB）的溶液中，搅拌 30min，过滤或离心（3000r/min），收集清液，沉淀可重复处理 1 次，合并清液。清液中加硫酸铵到 25% 饱和度，调 pH 至 7.0，

静置 3～4h，过滤收集清液，弃去沉淀。清液用盐酸调 pH 至 4.6，搅拌下补加硫酸铵至 50% 饱和度，在 4℃ 下静置 2～3h，收集盐析沉淀，将丙酮粉溶于 pH 7.0 的磷酸盐缓冲溶液中，加硫酸铵至饱和度 25%，离心（3000r/min）除去沉淀得上清液，调 pH 至 4.0，加硫酸至饱和度 50%，得盐析物。

（5）超滤　将上述工艺得到的盐析物溶于 pH 8.0 的磷酸盐缓冲溶液中，然后用相对分子质量在 15000 以下的膜进行超滤，比膜孔大的被截留在膜上，然后对通过膜的溶液进行下一步的操作，超滤过程为动态过滤，分离是在流动状态下完成的。

（6）脱盐、干燥　将上述超滤液经 SephadexG-25 柱脱盐后，收集洗脱液，测定其体积，然后加入洗脱液 4 倍量的冷丙酮，充分搅拌均匀后，静置 3～4h，经板框过滤机过滤后，弃去上清液，收集沉淀，再经冷冻干燥，即得胸腺素成品，密封保存。

2. 透析、除热源法

（1）原料处理　将新鲜或冷冻的小牛或猪胸腺冲洗干净，用绞肉机绞碎，把糜浆倒入搪瓷缸中。

（2）提取　向搪瓷缸中加入 2 倍体积的 0.9% 氯化钠溶液，用盐酸调 pH 至 3.0，在 10℃ 以下，搅拌 4～5h，纱布过滤，滤渣再用同样方法提取 1 次，将 2 次滤液合并，用 30% 氢氧化钠溶液调 pH 至 7.0 左右，置 80℃ 水浴保温 15min，然后冷却至 10℃ 以下，离心收集上清液，弃去沉淀。

（3）沉淀　将 5 倍体积的冷丙酮（预冷至 10℃ 以下）加入上清液中，搅拌均匀，静置 4h，用绸布过滤，收集沉淀，用丙酮和乙醚脱水，即可得到淡黄色丙酮粉，废丙酮可进一步回收。

（4）去杂蛋白　将丙酮粉溶于 6 倍体积 0.01mol/L CPB 溶液（pH 7.0）中，搅拌 30min，离心，收集上清液，残渣可重复上述过程再处理 1 遍，合并 2 次上清液，加入硫酸铵至饱和度为 25%，调节 pH 至 7.0，静置 3～4h，离心，收集上清液，用盐酸调节 pH 至 4.6，加硫酸铵至 50% 饱和度，搅拌 30min，在 4℃ 下静置 2～3h，离心收集沉淀。

（5）透析　将沉淀溶于 5 倍量的蒸馏水中，调节 pH 至 7.0，装入透析袋至无硫酸根离子（白色沉淀）为止，再将透析袋放入 0.01mol/L CPB（pH 7.0）溶液中，透析 10h 左右，离心透析液，收集上清液。

（6）层析　将此上清液经 DEAE-离子交换纤维素柱吸附，用 pH 4.0 的 0.002mol/L CPB 溶液洗脱，收集洗脱液，加入 4 倍量的冷丙酮，搅匀后静置 3～4h，过滤收集沉淀。

（7）除热源　将沉淀溶于适量无热源蒸馏水中，用 1mol/L 盐酸调节 pH 至 6.0，然后加入等量乙醚，搅拌 1h，离心 20min（1500r/min），吸出中层清液，再用等量乙醚处理清液 2 次，合并清液，加入 5 倍的冷丙酮，搅拌均匀，静置 2～3h，滤除丙酮液，收集丙酮粉即可灌封。

3. 离心、超滤法

（1）预处理　取 1kg 新鲜的小牛胸腺，去除脂肪及结缔组织，用 pH 3.0～3.5 的缓冲液洗涤干净。

（2）匀浆　加入 1000mL，pH 3.5～4.0 的缓冲液，在 8～10℃ 下，用匀浆机在 10000r/min 下匀浆 10min，直到变成乳白色液体。

（3）冷冻　得到的匀浆液先在 0~1℃ 条件下放置 6~8h，然后在 -25~-18℃ 条件下放置 18~36h。

（4）恒温加热　将冻结的匀浆液放入 70~80℃ 水浴锅中，恒温加热 10~15min。

（5）反复冻融　迅速取出匀浆液放在 -20~-15℃ 条件下至完全冻结，然后取出放室温融化，反复冻融 3 次。

（6）一次离心　在 1℃ 条件下，7000r/min 离心 20min，取上清液。

（7）二次离心　用稀盐酸调 pH 至 4.5~5.0，在 40℃ 条件下，7000r/min 离心 20min，取上清液，用 4mol/L 氯化钠调 pH 至中性。

（8）超滤　取中性上清液经纸浆板过滤，滤液用截留相对分子质量 100000 的中空纤维超滤柱超滤，得到的滤液再经过截留相对分子质量 10000 超滤膜超滤，得到的滤液再经过孔径为 0.22μm 滤菌膜过滤。

（9）除菌、干燥　取除菌后的滤液测定蛋白含量，真空冷冻干燥，得到胸腺素成品。

（六）质量标准与检验方法

1. 质量标准

根据国家食品药品监督管理局国家药品标准 WS1-XG-042-2000-2003《胸腺肽溶液》以及《中华人民共和国药典》2000 年版二部附录·ⅦH，胸腺素为健康猪或小牛胸腺中提取的相对分子质量小于 10000 的多肽水溶液。每 1mL 中含多肽不得少于 5mg，pH 6.0~7.5，蛋白质试验不得发生混浊或沉淀。

2. 检验方法

（1）pH　用 pH 计直接测定胸腺素的水溶液。

（2）蛋白质试验　取本品 2mL，加 20% 磺基水杨酸 1mL，混匀。

七、胰岛素

（一）制备原理

利用胰岛素在乙醇中溶解的性质，一般乙醇含量为 70% 左右。在此浓度下，胰岛素溶解度比较大，过高会使胰岛素变性，溶解的温度也不宜过高，一般保持在 10~15℃。通过酸化碱化，去除杂碱性蛋白后应立即调溶液 pH 至酸性（在碱性条件下，胰岛素会丧失活性，综合考虑去除杂蛋白的因素，故应立即调至酸性），利用脂肪加热溶解、密度小、浮在上层液的特点，迅速冷却将其去除，通过洗涤干燥得到粗品。

（二）主料与辅料

主料：猪、牛胰脏。

辅料：丙酮、浓氨水、氯化钠、硫酸、柠檬酸、醋酸锌、磷酸缓冲液、硫酸铵、醋酸铵、乙醇、草酸、乙醚。

（三）装置与设备

刨胰机、五氧化二磷真空干燥箱、搅拌机、高速离心机、冰箱、pH 计、去离子水装置。

（四）工艺流程

新鲜猪、牛胰脏→|刨碎|→|提取|→|碱化|→|酸化|→|浓缩|→|去脂|→|盐析|→|除酸性蛋白|→|沉淀|→|除碱性蛋白|→|结晶|→|洗涤|→|干燥|→胰岛素结晶

（五）操作要点

1. 提取

将冻猪胰用刨胰机刨碎，加入 23~26 倍量的 86%~88% 乙醇和 5% 的草酸，调 pH 2.5~3.0，在 10~15℃下搅拌 3h，为了从残留组织中分离提取物，可离心得到尽可能透明的抽出液（可加助剂也可不加助剂）。离心，滤渣再用 1 倍量 68%~70% 乙醇和 0.4% 的草酸提取 2h，在 3000r/min 下离心 20~30min，2 次提取液合并。

2. 碱化、酸化

提取液在不断搅拌中加入浓氨水调 pH 至 8.0~8.4（溶液温度 10~15℃），立即过滤后，及时用硫酸酸化至 pH 3.6~3.8，降温至 5℃，静置时间不少于 4h，使酸性蛋白充分沉淀。

3. 减压浓缩

吸上层清液至减压浓缩罐中，下层沉淀用帆布过滤，滤液并入上清液中，在 30℃ 以下减压蒸去乙醇，然后将其浓缩至比重为 1.04 的浓缩液。

4. 去脂、盐析

浓缩液转入去脂锅内，在 5min 内加热至 50℃后，立即用冰盐水降温至 5℃，静止 3~4h，分离出下层清液（从上面的脂层中可回收胰岛素），调节 pH 2.3~2.5（20~25℃），搅拌过程中加入 27%（W/W）固体氯化钠，保温静置约 2h。析出的盐析物即为胰岛素粗品。

5. 除酸性蛋白盐析物

按干重计算，加入 7 倍量蒸馏水溶解，再加入 3 倍量的冷丙酮，用氨水调 pH 4.2~4.3，然后缓慢补充丙酮，使溶液中水和丙酮的比例为 7:3。充分搅拌后低温放置过夜，使溶液冷却至 5℃以下，次日在低温下离心（3000r/min）25min，滤去沉淀。

6. 锌沉淀

在滤液中加入 4mol/L 氨水使 pH 至 6.2~6.4，按溶液体积的 36% 加入 20% 醋酸锌溶液，再用 4mol/L 氨水调 pH 至 6.0，低温放置过夜后，次日过滤，分取沉淀，沉淀用冷丙酮洗涤，得胰岛素干品。

7. 结晶

按干品重量每克加 2% 冰柠檬酸 50mL、65% 醋酸锌溶液 2mL、丙酮 16mL，并用冰水稀释至 100mL，使充分溶解，冷却至 5℃以下，用 4mol/L 氨水调至 pH 8.0，迅速过滤，滤液立即用 10% 柠檬酸溶液调 pH 至 6.0，补加丙酮，使整个溶液体系保持丙酮含量 16%，慢速搅拌 3~5h，使结晶析出。在显微镜下观察，若外形为似正方形或偏斜形六面体结晶，再转入 5℃左右冷室放置 3~4d，使结晶完全。离心收集结晶，并滤去上层灰黄色的无定形沉淀，用蒸馏水或醋酸铵洗涤，再用丙酮、乙醚脱水，离心后，置五氧化二磷真空干燥箱中干燥，即得胰岛素结晶。

（六）质量标准与检验方法

1. 质量标准

根据《中华人民共和国药典》2010 年版二部（845 页），胰岛素的质量标准如表 6-7 所示。

表 6 – 7	胰岛素的质量标准	单位:%
指标	含量	
锌	0.19 ± 0.01	
脱酰胺胰岛素	1.29 ± 0.06	
高分子量杂蛋白	0.42 ± 0.06	

2. 检验方法

（1）生物检定法　生物检定法的基本原理是在体内和体外组织或细胞对被测药物的某种特异反应，通过剂量（或浓度）效应曲线对目标生物技术药物定量分析（绝对量或比活性单位），一般分为在线分析和离体组织（细胞）分析 2 种。整体生物分析法测定过程对实验条件的要求较严格，操作程序较多，而许多活性细胞因子已建立国际通用的标定国际单位的特定依赖细胞株和标准方法，利用这些系统进行研究是相对可靠的。对于体内实验，一般需要建立动物模型，观察指标也需要建立相应的检查方法，因而耗时数周才能完成，价格昂贵又费时，而且观察终点受主观因素影响，灵敏度较低。但是生物检定法是以药物的活性为评价标准，因而其最大优点是能反映生物活性，尤其是胰岛素的生物活性不仅取决于一级结构而且与三级结构有关，因此生物检定法至今在对胰岛素的研究及应用中有特殊的地位，常常是首先建立的测定方法。胰岛素最常用的生物检定法有小鼠（或兔）血糖法（毛细管法）和小鼠惊厥法，两种方法进行比较，认为小鼠血糖法可以消除人为误差，更为准确。

（2）免疫学方法（immunological methods）　免疫学方法是利用蛋白多肽药物抗原决定簇部位的单克隆或多克隆抗体特异地识别被检药物，再以放射计数、比色等方法予以定量，即将特异的抗原抗体反应配以灵敏检测的方法。免疫学方法的缺点在于其测定的是蛋白多肽的免疫活性而不是生物活性；不能同时测定代谢物，而且具有抗原决定簇的代谢片段可能增加结果误差；不同来源的抗体与相同的蛋白多肽反应可能有较大的差别；可能受到内源物质的干扰。但免疫法毕竟是一种迅速、灵敏、适于批量处理的方法，且已有数十种蛋白多肽被开发成能满足药物动力学研究的商品药盒。其他以免疫为基础的有助于生物技术药物分离和鉴定的分析方法还有免疫沉淀法、亲和层析法和免疫印迹法。

常用的免疫学方法有以下 4 种。

①放射免疫法（radioimmuno assays，RIA）：该法的基本原理是以放射性核素为标记抗体（如^{125}I），加入过量的标记抗体与待测样品反应，待反应平衡后加入免疫吸附剂，吸附反应液中剩余的游离标记抗体，离心分离；或者预先制备固相抗体，然后将待测品加入过量固相抗体中，反应一定时间后，再加标记抗体，生成固相抗体 – 抗原 – 标记抗体夹心复合物，经洗涤除去多余标记抗体。前一种方法称为免疫吸附法，后一种方法称为双位点夹心法。RIA 是由 Yalow 和 Berson 于 1959 年首创，到 20 世纪 80 年代日趋成熟，经历了用放射性核素标记胰岛素抗原到标记抗体，标记的抗体也由多克隆抗体发展到单克隆抗体。目前该方法的特异性高，与生物检定法相比，有简明、易于控制的优点。

②免疫放射定量法（immunoradiometrec assays，IRMA）：IRMA 的测定原理是被测药物胰岛素先与固定相上的抗体形成复合物，再与标记（^{125}I）抗体结合，形成夹心复合物。由于 2 次识别，这就大大增加了方法的特异性，是一种灵敏度高而变异低的测定方法，不

足之处在于对标记抗体的纯度要求很高。

③酶联免疫法（enzyme – linked immunosorbent assays，ELISA）：ELISA 的原理与 IR-MA 相似，只是第二个抗体不是用碘标，而是用可以与底物发生显色反应的酶来标记，根据酶催化反应产物与胰岛素之间量的比例关系来定量胰岛素。与上述两法相比，ELISA 具有使用寿命长、重复性好、无辐射源的优点，并且已有不少实验证明，其与生物检定法具有一定的量效关系及相关性，说明其可部分地反映药物的生物活性。近些年来，随着新材料、新工艺的出现，各种酶联免疫试剂盒已投入商品生产，特别是固相吸附和微粒磁化技术的发展，使得 ELISA 操作简便、快速，迅速成为胰岛素测定的主要方法。

④发光免疫分析法（luminescent immunoassays，LIA）：分子发光一般可分为荧光、磷光和化学发光 3 种。利用发光分子作为示踪剂与抗体或抗原偶联，根据发光分子的发光强度与被测胰岛素含量之间的关系建立的分析方法即是 LIA。LIA 包括荧光免疫分析、磷光免疫分析、化学发光免疫分析和生物发光免疫分析。

（3）放射性核素标记示踪法（isotope label trace assay，ILTA）　放射性核素标记技术是研究蛋白多肽的一种最常用的方法。常用的放射性核素有^{125}I、^3H、^{14}C、^{35}S 等，其中^{125}I因放射性高、半衰期适宜、标记制备简单而最为常用。标记方法有 2 种：一是内标法，即把含有放射性核素的氨基酸加入生长细胞或合成体系，对生物活性的影响小，但由于制备复杂而限制了其广泛应用；二是外标法，常用化学方法如氯胺 T 或 Iodogen 法将^{125}I连接于大分子上，相对简单而首选。放射性核素法简便直观、检测迅速，尤其适用于蛋白多肽药物的组织分布研究。缺点：首先是一般不能进行人体药物动力学研究；其次，放射性核素标记后是否会引起药物的生物活性及其在生物体内的代谢行为发生变化，一直存在争议；最后，由于蛋白多肽进入体内会被降解代谢，或与其他蛋白质结合，总的放射性不能代表药物动力学过程。目前鉴别样品的原药、降解物及结合物常用的方法有凝胶电泳法（SDS – PAGE）和高效液相色谱法（HPLC）。据报道有人用氘代胰岛素通过免疫亲和层析纯化后进行质谱分析，不仅胰岛素的检测范围宽，而且还能将内源性胰岛素和外源性胰岛素分开。

（4）高效液相色谱法（high performance liquid chromatography，HPLC）　HPLC 是定性定量分析蛋白多肽的重要工具。它具有简便快捷、选择性高、分离效率高及检测灵敏度高等优点。在蛋白多肽药物的分析中应用最为广泛的是反相高效液相色谱法（reversed phase high performance liquid chromatography，RP – HPLC），所谓的反相是指弱极性十八烷基（octadecylsilyl，ODS）为固定相，而较强极性的缓冲体系为流动相。流动相的 pH 通常较低，色谱柱温较高，乙腈或异丙醇常用作流动相的有机部分，并以三氟乙酸做添加剂等，这些措施可以提高 RP – HPLC 的分析和分离效果。HPLC 对蛋白多肽药物可以进行有效地分离又不影响受试物的分子结构和生物活性，我国新药审批实验指导中明确规定：新药在进行临床前药代动力学实验时分析方法应首选高效液相色谱法，重组人胰岛素的鉴别与定量都要求使用 HPLC。特别是能满足不同检测需求的检测器的不断发展，如紫外检测器（UV – VIS）、荧光检测器（fluorescence detector，FD）、二极管数组检测器（diode – array detector，DAD）、电导检测器（conductivity detector，CD）、蒸发光散射检测器（evaporative light – scattering detector，ELSD）等，使得 HPLC 不但能够胜任蛋白多肽的测定，而且几乎所有学科领域都有广泛应用。曾有人证明 RP – HPLC 不仅能够鉴定重组人胰岛素，而且还能将人胰岛素与结构相近的猪胰岛素、牛胰岛素分开。但对于复杂体系中的微量胰岛素的测定，待测样品则需进行必要的预处理，否则胰岛素的信号难以检测。作者所在研究室采用液 - 液萃取对胰岛素口腔喷雾给药体系进行预处理，用 RP - HPLC 精确测定了胰岛素的含量，并研究了该体系的稳定性。此外，液质在线联用（LC - MS）获得的成功也进一步扩大了 HPLC 的应用，尤其适用于生物样品中低浓度（pg/mL）药物及代谢物的测定。

第四节　酶制剂的制备工艺

一、过氧化氢酶

（一）制备原理

分离纯化某一种蛋白质时，首先要把蛋白质从组织或细胞中释放出来并保持原来的天然状态，不丧失活性，所以要根据所提取蛋白质的性质采用适当的方法将组织和细胞破碎。过氧化氢酶在乙醇、氯仿等有机溶剂中溶解速度很小，而脂质在有机溶剂中的溶解速度较大，通过加入有机溶剂可实现过氧化氢酶与脂质的分离。过氧化氢酶在乙醇、氯仿等有机溶剂中稳定性好，不易变性，而某些杂蛋白质在有机溶剂中稳定性差，容易变性。根据上述原理，选择 0.05mol/L、pH4.0 醋酸 - 乙醇缓冲液以及氯仿作为匀浆缓冲液，通过匀浆法破碎肝组织细胞，匀浆液离心后脂质分配到有机相中，部分杂蛋白质则沉淀下来，而过氧化氢酶主要存在上清液中，分离出上清液即获得过氧化氢酶的粗提液。

（二）主料与辅料

主料：猪、牛、羊的肝脏。

辅料：去离子水。

（三）装置与设备

绞肉机、胶体磨、恒温真空提取罐、盘片式离心机、冷冻喷雾干燥器。

（四）工艺流程

新鲜肝脏 —去除白色组织→ 绞碎 → 打浆 → 混合去离子水 —比例为 1:(4~8) pH 5.0~7.0→ 恒温提取 → 离心 →

二道膜分离 → 喷雾干燥 →成品

（五）操作要点

1. 原料的选择

一般选用屠宰厂（场）收集的新鲜肝脏为原料。

2. 原料的预处理

将新鲜的肝脏人工去除白色组织，用绞肉机将其反复绞碎 3 次，再用间隙为 0.5 ~ 1mm 的胶体磨将其磨成肝浆备用。

3. 提取

将制备好的肝浆与去离子水以 1:(4~8) 的比例混合，调 pH 至 5.0~7.0，将混合后的液体置于恒温真空提取罐中，恒温提取温度为 20~40℃，罐内压力为 0.08~0.09MPa，提取时间为 30~60min。

4. 分离

采用盘片式离心机对上述操作制得的提取液中的杂质进行分离，离心机的转速为 4000～5000r/min，弃去滤渣，分离所得到的清液备用。

5. 纯化

采用一道膜分离对提取液中分子质量大于 300kDa 以上的杂质进行剔除，采用二道膜分离对一道透过液中分子质量大于 200kDa 的物质进行浓缩。

6. 干燥

通过两道膜后，再采用冷冻喷雾干燥技术对浓缩液进行干燥，即得过氧化氢酶成品。冷冻喷雾干燥机的喷雾冷冻温度为 $-30～-20℃$，冷阱温度为 $-65～-60℃$，冷风量为 $5～5.3m^3/min$。

（六）质量标准与检验方法

1. 质量标准

根据 GB/T 5522—2008《粮油检验 粮食、油料的过氧化氢酶活动度的测定》与 GB/T 23195—2008《蜂花粉中过氧化氢酶的测定方法 紫外分光光度法》，过氧化氢酶的质量标准如下。

（1）外观 棕色至暗绿色粉末。

（2）酶的活力 2000～5000U/mg 蛋白质。

（3）蛋白质 60%～90%（双缩脲）。

2. 检验方法

根据 GB/T 23195—2008《蜂花粉中过氧化氢酶的测定方法 紫外分光光度法》其测定方法如下。

称取 1g 样品，精确到 1mg，置于用适量液氮预冷的瓷研钵中，边加液氮边研磨，待样品充分研磨后，静置至研钵。解冻升温后加入约 10mL 新鲜配制的磷酸缓冲液溶解，转入 25mL 容量瓶中，并用磷酸缓冲液冲洗研钵数次，合并洗液并定容至刻度。混合均匀后，将容量瓶于 4℃ 冰箱中静置 30min，取上清液在低温离心机中，4℃、12000r/min 条件下离心 15min，取澄清液即得待测液。将待测液与过氧化氢溶液分别置于 40℃ 恒温水浴锅中预热 10min，准确吸取样液 0.1mL 置于石英皿中，再准确加入 2.9mL 过氧化氢溶液，混合均匀，立即开始分光光度扫描。在 240nm 下用紫外分光光度计以时间扫描方式，扫描 120s，读数间隔 5s。从 0～90s 中截取线性较好的 60s 时间段，计算其斜率，得出过氧化氢酶活力。以 1min 内过氧化氢在 240nm 波长下吸光度减少 0.01 的酶量为 1 个酶活单位。

二、胃蛋白酶

（一）制备原理

1. 酸法

胃蛋白酶是动物胃液中最主要的蛋白酶，其以酶原的形式存在于胃黏膜的主细胞中，在基部的黏膜中含量最丰富。胃蛋白酶制备过程较为简单，利用盐酸和水的混合液除去组织蛋白和脂质，再将剩余的溶液浓缩干燥即可获得胃蛋白酶粉。

2. 超声辅助酸法

采用超声波是作为一种辅助提取手段，其不仅能通过空化作用产生的极大压力造成被破碎物细胞壁破裂，使胞内物质释放、扩散及溶解，同时能够使酶分子的构象发生正向转化，从而提高酶的活力。由于猪胃蛋白酶是在胃基底细胞内合成并在细胞内行使功能，一旦脱离其原来的生存环境，其分子构象、反应活性会与在细胞内时不完全相同。

（二）主料与辅料

主料：猪、牛、羊胃黏膜。

辅料：乙醇、酒精、盐酸、硫酸、硫酸镁。

（三）装置与设备

夹层锅、搅拌机、过滤器、真空浓缩机、磨材机、60目筛。

（四）工艺流程

1. 酸法

胃黏膜→|自溶|→|过滤|→|脱脂|→|去杂质|→|浓缩|→|干燥|→胃蛋白酶

2. 超声辅助酸法

预处理→|浸提|→|超声处理|→|水浴|→|离心|→|干燥|→胃蛋白酶

（五）操作要点

1. 酸法

（1）自溶、过滤 在夹层锅内预先加入水及盐酸（体积比为100:4），加热至50℃时，在搅拌下加入清洗干净的胃黏膜，并快速搅拌使酸度均匀，保持45~48℃，消化3~4h，经板框过滤机过滤除去未消化的组织蛋白，收集溶液。

（2）脱脂、去杂质 将溶液降至30℃以下，静置24~48h，使杂质沉淀，除杂，得脱脂酶溶液。

（3）浓缩、干燥 取脱脂酶液在40℃以下浓缩至体积的1/4左右，真空干燥、球磨过60目筛，即得胃蛋白酶粉。

（4）结晶 将胃蛋白酶溶于20%乙醇中，并加硫酸调pH 3.0，0~5℃静置20h后过滤，加硫酸镁至饱和，进行盐析。盐析物再在pH 3.8~4.0的乙醇中溶解，过滤，滤液用硫酸调pH 1.8~2.0，即析出针状胃蛋白酶。沉淀再溶于20%、pH 4.0的乙醇中，过滤，滤液用硫酸调pH至1.8，在20℃下放置，可得板状或针状结晶，即胃蛋白酶成品。

2. 超声辅助酸法

（1）预处理 以猪胃为原料，剥取猪胃基底部黏膜厚2~3mm，绞碎，将绞碎的黏膜置于耐酸容器中。

（2）浸提 在绞碎的黏膜内加入1:（2~4）（质量与体积比）倍的pH 2.5盐酸浸提液，加入浓度为5~15mg/mL聚山梨酯-80。

（3）超声处理 将上述混合液置于超声波药品处理机内，利用超声波在冰浴中预处理，超声波功率为（220±20）~（320±20）W，超声波频率为23~43kHz，超声波处理时间为90~150s。

（4）水浴、离心 超声波处理后混合液立即转移到45℃水浴中，浸提58min，离心，取上清液。

（5）干燥 将上清液进行干燥，即得到蛋白酶成品。

（六）质量标准与检验方法

1. 质量标准

根据《中华人民共和国药典》2010 年版二部（530 页），按规定每克中含胃蛋白酶活力不得少于 3800U。在 50℃ 干燥 4h，减失重量不得超过 5.0%。

2. 检验方法

参照《中华人民共和国药典》2010 年版第二部（530 页以及附录ⅣA）的方法进行检测。

（七）注意事项

胃蛋白酶和胃膜素联产工艺，是根据胃蛋白酶和胃膜素 2 种蛋白质的溶解性质不同，利用有机溶剂分步沉淀来进行分离纯化。其方法是在胃浆的浓缩液中，低温下加入丙酮至一定浓度，先分出胃膜素，再加入丙酮沉淀出胃蛋白酶。

三、小牛凝乳酶

（一）制备原理

1. 结晶法

收购的小牛皱胃经流动水解冻后，人工修整去除多余部分及脂肪。修整后的原料中加入冰片搅碎，加入氯化钠溶液浸提，离心除渣后的上清液用吸附剂吸附，将酶与溶液中的杂质分开，然后用洗脱剂将酶洗脱解析，得高浓度的含酶溶液，再经结晶得到酶活力较高的凝乳酶粉。

2. 真空冷冻干燥法

该分离提纯工艺采用二次真空冷冻干燥技术处理犊牛或羔羊皱胃内壁黏膜，在分离提纯过程中，能够较好地保持凝乳酶活力，制得的凝乳酶纯度较好，收率较高。

（二）主料与辅料

主料：小牛或羔羊皱胃。

辅料：5% 硼酸、10% 乙醇、1% 碱明矾、1% 磷酸钾。

（三）装置与设备

组织绞碎机、过滤槽、pH 计、干燥器、温度计、天平、离心机、搅拌反应釜、真空冷冻干燥机、搪瓷沉淀罐、超滤仪、冰箱。

（四）工艺流程

1. 结晶法

小牛皱胃→ 预处理 → 分离 → 提取 → 结晶 →粗制凝乳酶

2. 真空冷冻干燥法

小牛皱胃→ 分离黏膜 → 真空冷冻干燥 →第一原料→ 离心 →第二原料→ 真空冷冻干燥 →凝乳酶成品

（五）操作要点

1. 结晶法

（1）预处理　将皱胃从小牛体内取出后，剔除表面脂肪和其他组织，倒掉皱胃中的内容物，称重。若暂时不用，可放入冰柜中冻结保存，也可以在皱胃表面撒上细盐，阴晾干制后保存。

（2）分离　提取时先将皱胃切碎或绞碎，加入含有5%硼酸的10%氯化钠溶液，使其氯化钠总浓度达到16%～18%，搅拌至均匀，提取前需浸泡3～5d，期间可进行多次搅拌，直至离心除去絮状物。

（3）提取　提取工序一般在室温条件下进行即可，为防止败坏，常加入一定量的防腐剂，如5%硼酸或10%乙醇。

（4）结晶　加入1%磷酸钾，用1mol/L盐酸调pH 5.0～5.5，在20℃下放置，即得到粗制凝乳酶的结晶物。

2. 真空冷冻干燥法

（1）去皱胃　取牛犊或羔羊皱胃，与内壁分离获得黏膜约10g。

（2）分离黏膜　取黏膜在 -35℃处理2h，在30Pa真空度条件下，真空冷冻干燥处理1h，获得第一原料8g。

（3）离心　取第一原料与16%氯化钠溶液200mL（质量体积比1:25），在pH 7.0、25℃条件下浸泡2d，调pH至2.0，静置0.5h后，在4000r/min条件下离心30min，收集上清液，过滤后，浓缩至相对密度1.49（水分含量45%），获得第二原料约13.9g。

（4）真空冷冻干燥　取第二原料在 -35℃下处理2h，在30Pa真空度条件下真空冷冻干燥处理1h，得到淡黄色或白色固体粉末7.6g。

（六）质量标准与检验方法

1. 质量标准

根据《化学药品地标升国标》第九册（205页），小牛凝乳酶质量控制指标如表6-8所示。

表6-8　　　　　　　　　　　　小牛凝乳酶质量控制指标

指标	技术要求
外观	白色或类白色无定型粉状，具吸湿性
气味	有特有气味，无异味
凝乳酶活力/（U/g）	10万，50万，100万
总蛋白/%	>10
干燥失重/%	≤2
氯化物/%	≤30
砷/（mg/kg）	≤2
铅/（mg/kg）	≤2
大肠菌群/（CFU/g）	≤30
致病菌	不得检出
菌落总数/（CFU/g）	$< 1.0 \times 10^4$
酵母/（CFU/g）	<10
黄曲霉毒素/（ng/kg）	<10

2. 检验方法

根据 ISO 15163—2012《牛奶和乳制品 小牛皱胃酶和成年牛干胃膜 凝乳酶和牛胃蛋白酶含量色谱法测定》测定凝乳酶活力。

四、酰化酶 I

(一) 制备原理

酰化酶 I 是一种在动物脏器中分布广泛的生物酶类，主要原料为猪肾脏。在制备过程中，可分别通过提取、离心、沉淀杂蛋白、丙酮分级沉淀和透析等操作获得产品。

(二) 主料与辅料

主料：猪肾脏。

辅料：盐酸、固体硫酸铵、去离子水、丙酮、磷酸盐缓冲液、氯化钡。

(三) 装置与设备

离心机、绞肉机、刀、纱布、透析袋、冷冻干燥机。

(四) 工艺流程

猪肾脏→ 去脂肪和结缔组织 → 绞碎 → 提取 → 离心 → 沉淀杂蛋白 → 离心 → 盐析 → 透析 → 离心 → 丙酮分级沉淀 → 离心 → 透析 → 干燥 →产品

(五) 操作要点

1. 原料修割绞碎

取猪肾脏，清洗，修去脂肪和结缔组织，绞碎。

2. 提取

糜浆加入 2 倍体积水，在 4℃下搅拌提取 30min，然后置于冷冻离心机中，以 3000r/min 转速离心 30min，获得离心液，残渣再同样提取 3 次，合并离心液，用双层纱布压滤，收集滤液备用。

3. 沉淀杂蛋白

滤液用 1∶6 盐酸调 pH 至 5.0 左右，然后于离心机（4000r/min）离心 30min，收集离心液，并立刻用盐酸调节 pH 至 6.5。

4. 盐析

取上述澄清液，在搅拌过程中，加固体硫酸铵，使硫酸铵饱和度达 45%，随时校对 pH 6.5，静置过夜。次日虹吸出上清液，盐析沉淀，4℃下压滤至干。

5. 透析

盐析物用少量去离子水溶解，然后装入透析袋透析，用 1mol/L 氯化钡检测，至无硫酸根时停止透析，再以 3000r/min 转速下离心 30min，除去变性蛋白，收集离心液，即得酰化酶 I 粗品溶液。

6. 丙酮分级沉淀

透析液用少量的 4℃去离子水稀释，在 4℃或冰盐浴下用 1∶10 的盐酸调节 pH 至 6.0。搅拌过程中，加入 0.5 倍体积冷丙酮（-15℃），于离心机中（4000r/min）离心 20min，收集黄色上清液，在 4℃下，缓缓加入 0.6 倍体积的冷丙酮（-15℃），立即于离心机中（4000r/min）离心 20min，收集沉淀。

7. 透析、干燥

丙酮沉淀物用少量去离子水溶解，装入透析袋，采用 0.01mol/L、pH 7.0 的磷酸盐缓冲液透析 2～3h（4℃以下），保留液置于离心机，4000r/min 下离心 20min，除去不溶物，收集离心液，冷冻干燥即得精制酶粉。冷冻喷雾干燥机的喷雾冷冻温度为 –26～–18℃，冷阱温度为 –64～–56℃，冷风量为 5～5.3m³/min。

（六）质量标准与检验方法

酰化酶 I 质量标准与检验方法要符合《中华人民共和国卫生部药品标准》二部六册规定。

五、抑肽酶

（一）制备原理

1. 酸化提取工艺

抑肽酶是一种小分子蛋白质，可以从牛的各种组织（胰、肺、颌下腺等）中提取分离得到。用盐酸溶液浸提，并过滤、除杂蛋白，即可得到抑肽酶提取液。

2. 亲和双水相萃取工艺

本方法为一种从牛肺中直接提取纯化抑肽酶的方法，是将胰蛋白酶固定到聚乙二醇分子上，并获得适当相对分子质量的胰蛋白酶 – 聚乙二醇聚合物，从而建立亲和双水相萃取体系。牛肺经过除杂、切块、捣碎后用硫酸酸解，然后过滤，滤液经过亲和双水相萃取后，通过超滤脱盐和冷冻干燥，获得高纯度的抑肽酶产品。

（二）主料与辅料

主料：牛腮腺、肺脏和胰脏。

辅料：盐酸、氢氧化钠、三氯乙酸、硝酸银。

（三）装置与设备

超滤装置、绞肉机、板框过滤机、离心机、真空冷冻干燥机。

（四）工艺流程

1. 酸化提取工艺

原料→ 盐酸溶液浸取 → 沉淀蛋白 → 离心分离 → 三次超滤 → 冻干 →抑肽酶成品

2. 亲和双水相萃取工艺

活化聚乙二醇 → 偶联 → 酸解 → 过滤 → 萃取 → 超滤 → 脱盐 → 浓缩 → 冷冻干燥 →抑肽酶成品

（五）操作要点

1. 酸化提取工艺

（1）盐酸溶液浸取　将原料去脂肪和气管等杂物，称重，切块用绞肉机（孔径 2～3mm）绞碎，匀浆，加入 2 倍量水，降温至 2～5℃，用 6mol/L 盐酸调 pH 至 2.0，浸提 8h。

（2）沉淀蛋白　浸提液经板框过滤，去除杂质，滤液加 5% 三氯乙酸溶液搅拌 10min，然后过滤去除杂蛋白。

（3）离心分离　滤液调节 pH 8.0，在 2℃下放置 8h，除去液面固形物，在 3000r/min 下离心分离 30min，上清液即为抑肽酶提取液。

（4）三次超滤　超滤装置中 3kDa 和 10kDa 的过滤器先用氢氧化钠溶液处理，去除热源，压力控制在 0.03MPa。将上述工艺得到的滤液 pH 调至 6.0，用 3kDa 超滤膜去除热源，再用 10kDa 超滤膜对洗脱液去除热源，压力控制在 0.03MPa。超滤液用 3kDa 超滤膜进行脱盐，压力控制在 0.1MPa，并定时补加无热源水，直至流出液用硝酸银检测无氯离子，继续超滤得到浓缩液。

（5）冻干　浓缩液加盐酸调 pH 至 5.5，真空冷冻干燥的冷阱温度为 -64 ~ -58℃，冷风量为 5 ~ 5.3m³/min，得抑肽酶成品。

2. 亲和双水相萃取工艺

（1）活化聚乙二醇　称取聚乙二醇 100g 和无水碳酸钠 20g，溶于 500mL 苯中，加入三氯三嗪 1.5g，聚乙二醇与三氯三嗪的摩尔比为 2:1。在 80℃搅拌回流 24h，离心，将上清液倾入石油醚（30 ~ 60℃）中，得活化聚乙二醇粗品沉淀。抽滤，将粗品用体积比为 1:1 的苯与丙酮混合液溶解，再用石油醚沉淀。同样溶解、沉淀，反复 5 次，抽干，即得到活化聚乙二醇。

（2）制备亲和双水相萃取剂　活化后聚乙二醇与胰蛋白酶进行偶联，取活化的聚乙二醇 3.0g，溶解于 0.025mol/L 硼砂缓冲液中，加入少量胰蛋白酶（效价为 3000kIU/mg 以上），轻缓搅拌（50r/min），偶联条件为：15℃，8h，胰蛋白酶 PEG 为 1:5，pH 7.0。采用 20kDa 超滤膜进行超滤，去掉未偶联的聚乙二醇，偶联好的聚乙二醇 - 胰蛋白酶亲和萃取剂采用冷冻干燥的方法保存。

（3）亲和双水相萃取体系的建立　将胰蛋白酶 - 聚乙二醇或聚乙二醇溶液、硫酸铵溶液和一定量的抑肽酶粗提液（总蛋白浓度达到 15mg/mL，抑肽酶活力为 23kIU/mL），双水相系统的总体积为 25mL，磁力搅拌一定时间，调节 pH，在 500r/min 转速下离心 15min，分别测定上下相的体积、双水相中的抑肽酶活力及总蛋白的含量。

（4）亲和双水相萃取体系萃取条件的控制　萃取温度 20 ~ 30℃，萃取体系中萃取剂浓度为 0.08 ~ 0.16g/mL，硫酸铵浓度为 0.10 ~ 0.20g/mL，pH 6.0 ~ 8.0，搅拌萃取时间 30 ~ 45min，萃取体系中初始蛋白浓度为 5 ~ 25mg/mL。

（5）抑肽酶粗提液的制备　取新鲜牛、羊肺 20kg，经硫酸酸解后（pH 1.5），进行板框过滤，滤液调 pH 至 7.0 ~ 8.0，得抑肽酶粗提液，用于亲和萃取。

（6）超滤、脱盐、浓缩　每次亲和萃取体系的体积定为 1L，平均每批产品约萃取 50 次，每批产品的处理量达到 0.2 亿 kIU 左右，平均萃取能力为 40 万 kIU/次。亲和萃取后含抑肽酶的上相组分调 pH 至 1.5 ~ 2.0 后，用截留分子质量为 10kDa 超滤膜超滤，滤出液过 3kDa 超滤膜进行超滤脱盐和浓缩，超滤的截留液重新用于亲和萃取的萃取剂。

（7）冷冻干燥　将上述操作中获得的浓缩液进行冷冻干燥，获得高纯度抑肽酶精品。

（六）质量标准与检验方法

1. 质量标准

根据《中华人民共和国药典》2010 年版二部（329 页），抑肽酶质量标准如下。

（1）性状　白色，微黄，易溶于水和 0.9% 氯化钠溶液，不溶于乙醇、丙酮、乙醚。

（2）水分含量　水分 ≤6.0%。

（3）毒性　异常毒性不高于 4U/mL。

（4）效价　酶底物法，效价 >3.0U/mg；吸光度法，效价 >3U/mL，于 277nm 下最大吸光度≤0.8。

（5）高分子蛋白特性　分子排阻＜1.0%。

（6）pH　蛋白浓度为5mg/mL时，其水溶液pH为5.0~7.0。

（7）N-焦谷氨酰-抑肽酶和有关物质　不得大于1.0%；单个未知杂质不得大于0.5%；未知杂质总和不得大于1.0%。

2. 检验方法

根据《美国药典》第32版（USP32），可用以下3种方法检测抑肽酶。

（1）高分子蛋白检验　采用3根串联Gel色谱柱，柱温35℃，280nm检测。流动相：3mol/L醋酸溶液，流速1.0mL/min，二聚体（112℃加热2h）相对保留时间（RT）0.9，分离度＞1.0，拖尾因子≤2.5。

（2）去丙aa-去甘aa-抑肽酶和有关物质　采用新增附录毛细管电泳法。

（3）N-焦谷氨酰-抑肽酶和有关物质　通过高效液相色谱方法检测相关杂质。色谱柱：TSK-GEL，IC-Cation-SW；柱温40℃，210nm检测。流动相：A磷酸盐缓冲液，B磷酸盐-硫酸铵缓冲液梯度洗脱，相对RT为0.9，分离度＞1.0，拖尾因子≤2.0。

六、透明质酸酶

（一）制备原理

本工艺是利用盐析和透析相结合的方法达到提纯的目的。首先采用低浓度盐溶液将透明质酸酶从动物组织中提取出来，并利用盐析将其沉淀，再利用透析去除过多的盐分。此法避免了有机溶剂及强酸等对酶活力的破坏；同时，通过2次盐析和透析的结合，提高了产品纯度与得率。

（二）主料与辅料

主料：牛、羊睾丸。

辅料：冰醋酸、固体硫酸铵、15%磷酸钠、0.5mol/L氢氧化钠溶液、20%乙酸钙。

（三）装置与设备

组织绞碎机、过滤槽、pH计、干燥器、温度计、天平、纯水设备、离心机、搅拌反应釜。

（四）工艺流程

牛、羊睾丸→ 提取 → 盐析 → 去脂肪 → 二次盐析 → 透析 → 去热源 → 冷冻干燥 →成品

（五）操作要点

1. 提取

将新鲜或冷冻的牛、羊睾丸用刀切开，剥除内外皮层副睾丸，绞成糜浆。称取糜浆100kg倒入陶瓷缸中，加入预先配好的溶液（水90L、冰醋酸0.6L、1mol/L盐酸10L混合而成），在低温（-5℃）下，强力搅拌3~5min，尽量使糜浆与溶液混匀，每隔15min搅拌1次，提取4h，然后用薄滤布过滤，收集浆液。滤渣再加入同样体积的上述混合液，重复上述方法进行提取，过滤，收集浆液，合并2次浆液。

2. 盐析

在不断搅拌过程中，按212g/L比例向提取液中缓缓加入固体硫酸铵（工业用），快速搅拌，至硫酸铵全部溶解后，再搅拌15min，静置45min后，经滤纸垫过滤，收集沉淀物。

再向剩余的滤液中缓缓加入硫酸铵至282g/L，边加边搅拌，至硫酸铵全部溶解后，置0℃冰箱中静置12~24h，虹吸除去上清液。沉淀经滤纸垫过滤，收集微暗黄色沉淀，完全溶解后静置1h左右，用双层涤纶布袋吊滤过夜。在不断搅拌下，再次加入固体硫酸铵，完全溶解后静置1h，吊滤过夜，次日拆袋得透明质酸酶粗品。

3. 去脂肪

将粗品溶于冰蒸馏水中，在不断搅拌下缓缓加入纯硫酸铵，并完全溶解，在10℃左右放置过夜，次日除去液面脂肪，虹吸出中层清液，并经布氏漏斗减压过滤，最后，将上层脂肪和下层沉淀用布氏漏斗过滤，合并滤液。

4. 二次盐析

将滤液在不断搅拌下，再缓缓加入纯硫酸铵，使完全溶解，在10℃左右放置过夜。次日吸去上层清液，得湿固体，如清液混浊，可在冷库内放置2~3d，使沉淀完全，收集沉淀，与上述湿固体合并。

5. 透析

将湿固体溶于冰蒸馏水中，装入透析袋，置于pH 6.5磷酸缓冲液中，在10℃下透析24h后过滤，得透析液。

6. 去热源

透析液于冰浴中冷却，加入15%磷酸钠，在不断搅拌下缓缓加入20%乙酸钙溶液，并以0.5mol/L氢氧化钠调pH至8.5，继续搅拌10min，用4号垂熔漏斗减压过滤（滤瓶放在冰浴中），滤液以0.5mol/L盐酸调pH至7.0，冷冻干燥，冷冻温度一般在-30~-28℃，得无热源透明质酸酶精品。

7. 冷冻干燥

将透明质酸酶精品溶于无热源蒸馏水中，稀释至规定浓度，加入适量5%注射用水解明胶，用1mol/L氢氧化钠调pH至5.0~7.0，然后用6号除菌漏斗过滤，分装，冷冻干燥，冷冻温度一般在-35~-30℃，即得成品。

（六）注意事项

1. 操作环境注意事项

本提取工艺所需时间较长，为防止在提取过程中细菌污染，造成操作过程的失败，操作必须在低温下进行。

2. 结晶工艺注意事项

本工艺中酶的结晶采用盐析法，利用硫酸铵结晶，把盐加入较浓的酶溶液中，使溶液微呈混浊为止，并缓慢增加盐浓度。操作过程要在低温下进行，因为，低温时酶在硫酸铵溶液中的溶解度高，温度升高时溶解度降低。

七、胰蛋白酶

（一）制备原理

1. 胰蛋白酶的单产工艺（分级盐析结晶工艺）

从动物胰脏中提取胰蛋白酶时，一般是用稀酸溶液将胰腺细胞中含有的酶原提取出来，然后再根据等电点沉淀的原理，调节pH以沉淀大量的酸性杂蛋白以及非蛋白杂质，再以硫酸铵分级盐析，将胰蛋白酶原等（包括大量的酸性杂蛋白以及非蛋白杂质）沉淀析出。沉淀经溶解后，极少量的活性胰蛋白酶激活，使其酶原转化为有活力的胰蛋白酶（糜蛋白酶和弹性蛋白酶也被激活），被激活的酶溶液再以盐析的方法除去糜蛋白酶和弹性蛋白酶等组分，收集含胰蛋白酶的组分，并用结晶法进一步分离纯化。一般经过 2～3 次结晶后，可获得相当纯度的胰蛋白酶。

2. 胰蛋白酶的单产工艺（浸提、盐析工艺）

这种单产工艺过程简单、易于操作，可获得胰蛋白酶粗品。经提取后，获得提取液，去除提取液中的杂蛋白，盐析，处理沉降物，干燥后即得胰蛋白酶粗品。

3. 胰蛋白酶与胰岛素的联产工艺

本工艺是一种从胰渣中提取和纯化胰蛋白酶的方法，包括用无机酸从胰渣中抽提胰蛋白酶，经阳离子交换层析收集含有胰蛋白酶活力的洗脱液，再用亲和层析进一步纯化，经浓缩、洗脱、真空冷冻干燥即得纯化的胰蛋白酶。

（二）主料与辅料

主料：猪、牛、羊胰脏。

辅料：硫酸、盐酸、硫酸铵、柠檬酸缓冲液、甘露醇。

（三）装置与设备

绞肉机、过滤槽、搪瓷缸、pH 计、干燥器、温度计、天平、离心机、搅拌反应釜、层析柱、真空冷冻干燥机、板框过滤机。

（四）工艺流程

1. 分级盐析结晶工艺

胰脏预处理 → 浸提 → 分级盐析 → 结晶 → 溶解 → 分级盐析 → 活化 → 除钙、盐析 → 透析 → 冻干 → 胰蛋白酶成品

2. 浸提、盐析工艺

胰脏 → 匀浆 → 提取 → 除杂蛋白 → 盐析 → 胰蛋白酶成品

3. 胰蛋白酶与胰岛素的联产工艺

胰岛素粗品
↑
胰脏预处理 → 提取 → 碱化、酸化 → 减压浓缩 → 去脂、盐析 → 胰渣预处理 → 抽提 → 激活 → 离子交换纯化 → 亲和层析纯化 → 浓缩 → 洗脱 → 真空冷冻干燥 → 胰蛋白酶精品

（五）操作要点

1. 分级盐析结晶工艺

（1）预处理　牛、羊宰后 1h 内取出胰脏，除去脂肪和结缔组织等，浸入预冷的 0.125mol/L 硫酸中，迅速冷却，0℃下保存。从酸中取出后切成小块，用绞肉机绞碎（可反复绞 2 次）制成胰浆。

（2）浸提　将绞碎的胰糜移入搪瓷缸中，加入 2 倍体积的 0.125mol/L 硫酸，在冷室中浸提 24h，充分搅拌，然后用双层纱布压滤提取液，收集滤液。滤饼再用 1 倍量的 0.125mol/L 冰硫酸继续浸提 24h，过滤，将 2 次滤液合并。

（3）分级盐析　上述滤液按 242g/L 的投料量加入硫酸铵，充分搅拌，使成 40% 饱和度，然后放入冷室静置过夜。24h 后，用双层纱布过滤，收集滤液，滤液再加硫酸铵（每

升滤液加 205g），浓度增加至 70% 饱和度，然后放到冷室静置过夜，次日过滤，收集滤饼，弃滤液。滤饼再用 3 倍量的冷水溶解，用上述方法加硫酸铵先后至 40% 和 70% 饱和度。

（4）结晶　将饱和度为 70% 的盐析液进行过滤，收集滤饼。用 1.5 倍量冷水溶解，然后加入约滤饼重量 0.5 倍的饱和硫酸铵溶液，搅拌均匀，再用 5mol/L 氢氧化钠溶液调节 pH 至 5.0，在 25℃ 恒温下，保湿 48h，有针状结晶（糜蛋白原粗品）析出。过滤，结晶另放一处，收集清液，在搅拌下加入 2.5mol/L 硫酸溶液，调节 pH 至 3.0，然后加入硫酸铵（每升溶液加入 305g）使其至 70% 饱和度，放入冷室静置过夜，次日过滤，收集滤饼，即为胰蛋白酶原粗品。

（5）溶解　粗制品先用冰蒸馏水溶解，然后边搅拌边缓慢滴入 2.5mol/L 硫酸，调节 pH 至 3.0，然后加入硫酸铵（按每升蒸馏水加入 210g），放入冰箱静置过夜。

（6）分级盐析　24h 后先将上层清液虹吸入另一容器，下层混浊液中加入少量硅藻土，过滤、收集沉淀。沉淀后加水溶解，并加入 490～735g 硫酸铵使溶液浓度达 40% 饱和度，放入冰箱静置 1h，过滤，收集清液，合并 2 次滤液，加入等体积的饱和硫酸铵溶液，使其达到 70% 饱和度，放入冰箱过夜。次日过滤，弃清液，收集滤饼，滤饼加入酸性饱和硫酸镁溶液静置 1min，抽滤，待滤液开始流出，将漏斗上剩余的硫酸镁溶液倾去，抽滤至干，即得胰蛋白酶原。

（7）活化　用 4 倍量已预冷好的 0.005mol/L 盐酸溶解胰蛋白酶原，再加入 2 倍量预冷的 1mol/L 氯化钙溶液、5 倍量的冷硼酸缓冲液（pH 8.0）和适量冰蒸馏水，使溶液的总体积为滤饼重的 20 倍（pH 7.5）。最后再加入相当于滤饼重量 1% 的结晶胰蛋白酶（活力在 250U/mg 以上）为活化剂，搅拌均匀，放入冰箱中活化 72h 以上。

（8）除钙、盐析　向上述活化液中加入 2.5mol/L 硫酸，调节 pH 至 3.0，再加硫酸铵（每升溶液加 242g），于冰箱静置 48h，使硫酸钙沉淀。随后过滤，收集滤液，再加入硫酸铵（每升溶液加 205g）使滤液达到 70% 饱和度，置冰箱静置过夜。

（9）透析　次日将上述盐析液过滤，弃清液，滤饼中加入其重量 1.5 倍的硼酸缓冲液，充分搅拌使滤饼溶解。用硫酸或氢氧化钠溶液调 pH 至 8.0，过滤，收集清液，并将清液放入透析袋中，在透析液（蒸馏水 400mL，加入硫酸镁 500g，加热溶解，再加入等体积的硼酸缓冲液，调节 pH 至 8.0）中透析除盐，反复摇动加速其结晶。通常 48h 后结晶开始形成，全部结晶完成约需 1 周时间。透析液再过滤，弃滤液，将滤饼用 1.5 倍量冷蒸馏水溶解，滴加 2.5mol/L 硫酸溶液调节 pH 至 3.0 左右。然后将溶液装入透析袋中，在冰水中透析，每 2h 更换冰水 1 次，大约需透析 3d。

（10）冻干　透析完成后，将透析液倒入另一容器内，用氢氧化钠溶液调节 pH 至 6.0 左右，加入少量硅藻土，并加入滑石粉助滤，过滤，收集清液，将清液冰冻干燥即得胰蛋白酶成品。

2. 浸提盐析工艺

（1）匀浆　以新鲜猪、牛和羊胰脏为原料，除去脂肪和结缔组织，用清水洗净，再用绞肉机绞碎得到匀浆。

（2）提取　将匀浆移入不锈钢桶中，加入清水，比例 1:4，用 15% 硫酸调 pH 至 3.0，在室温下不断搅拌 24h，然后在 4000r/min 下离心 30min，获得浸取液和胰脏残渣。

（3）除杂蛋白　浸取液中加入25%～33%饱和度的硫酸铵，静置2h，然后在4000r/min下离心30min，弃去杂蛋白沉淀，获得澄清浸取液。

（4）盐析　澄清的浸取液中再加入65%～75%饱和度的硫酸铵，静置8～10h，在4000r/min下离心30min，沉降后弃去浸取液，收集沉降物。

（5）干燥　沉降物经冲洗后，真空冷冻干燥，即可得胰蛋白酶粗品。

3. 胰岛素和胰蛋白酶的联产工艺

（1）提取　冻猪胰用刨胰机刨碎，加入23～26倍的86%～88%乙醇和5%的草酸，调pH至2.5～3.0，在10～15℃下搅拌3h，离心，滤渣再用1倍量68%～70%乙醇和0.4%草酸提取2h，在3000r/min下离心20～30min，2次提取液合并。

（2）碱化、酸化　提取液在不断搅拌下加入浓氨水调pH 8.0～8.4（溶液温度10～15℃），立即过滤后，用硫酸酸化至pH 3.6～3.8，降温至5℃，静置时间不少于4h，可使酸性蛋白充分沉淀。

（3）减压浓缩　吸上层清液至减压浓缩罐中，下层沉淀用帆布过滤，滤液并入上清液中，在30℃以下减压蒸发乙醇，然后将其浓缩至相对密度为1.04的浓缩液。

（4）去脂、盐析　浓缩液转入去脂锅内，在5min内加热至50℃后，立即用冰盐水降温至5℃，静置3～4h，分离出下层清液（上面的脂层中可回收胰岛素）。清液调pH 2.3～2.5，于20～25℃下搅拌，并加入27%（W/W）固体氯化钠，保温静置约2h，析出的盐析物为胰岛素粗品。将所有的残渣收集，用以制备胰蛋白酶。

（5）胰渣的预处理　将提取过胰岛素的胰渣用水混匀，用6mol/L盐酸溶液调pH至1.5，搅拌2.5h，以滑石粉助滤，板框过滤机压滤后，弃去沉淀，收集上清液。

（6）抽提　用6mol/L盐酸调悬浊液pH至1.5～2.5，搅拌2～3h，抽提胰蛋白酶。

（7）激活　抽提2～3h后，将含有胰蛋白酶的抽提液调整pH至6.0～8.0，加入Ca^{2+}激活。

（8）离子交换　将上述操作中激活后的上清液调pH至3.0～4.0，经阳离子交换层析后，收集含有胰蛋白酶活力的洗脱液。

（9）亲和层析纯化　将上述操作中收集的含有胰蛋白酶的洗脱液与对胰蛋白酶有特异性亲和力的介质接触，洗去未结合的蛋白质。

（10）浓缩　用含3%～5%（重量体积g/100mL）甘露醇的缓冲液对含有胰蛋白酶的亲和层析洗脱液透析浓缩。

（11）洗脱　用解离胰蛋白酶的洗脱液（100～200mmol/L柠檬酸缓冲液，pH 3.0～4.0）洗脱结合的胰蛋白酶，收集洗脱液。

（12）真空冷冻干燥　将洗脱液真空冷冻干燥后即得纯化的胰蛋白酶。

（六）质量标准与检验方法

1. 质量标准

根据《中华人民共和国药典》2010年版二部（847页），胰蛋白酶质量标准如下。

（1）效价　胰蛋白酶为自猪、牛或羊胰脏中提取的蛋白水解酶，按干燥品计算，每1mg中胰蛋白酶的活力不得低于2500U。

（2）生产过程　胰蛋白酶应从检疫合格的猪、牛或羊胰中提取，生产过程应符合《良好操作规范》2010版（good manufacture practice，GMP）的要求。

（3）外观　本品为白色或类白色结晶性粉末。

（4）酸度　pH应为5.0~7.0。

（5）澄清度　溶液应保持澄清。

2. 检验方法

（1）鉴别　取本品约2mg，置白色点滴板上，加对甲苯磺酰－L－精氨酸甲酯盐酸盐试液0.2mL，搅匀，即显紫色。

（2）酸度　取本品，加水溶解并制成每1mL中含2mg胰蛋白酶的样品溶液，直接用pH计测定pH。

（3）澄清度　取本品，加0.9%氯化钠溶液溶解并制成每1mL中含10mg的溶液，检查澄清度。

（4）效价　取试管3支，精密量取供试品原液1mL与硼酸盐缓冲液2mL，在40℃水浴中保温10min，分别加入在40℃水浴中预热的酪蛋白溶液5mL，摇匀，立即置40℃水浴中反应30min。再各加入5%三氯醋酸溶液5mL终止反应，混匀，过滤，取滤液作供试溶液。另以先加入三氯醋酸溶液的反应液为空白，于275nm波长处，测定并计算吸光度平均值，即为效价。

八、弹性蛋白酶

（一）制备原理

1. 离子交换法

以猪、牛胰脏为原料经预处理后，用水提取将弹性蛋白酶溶于水中，再经离子交换吸附将溶液提纯，去除杂质。然后加入氯化铵缓冲液和丙酮，经洗脱、静置沉淀，将弹性蛋白酶进一步纯化。最后，纯化后的湿品经脱水、干燥可得弹性蛋白酶成品。

2. 反胶束萃取法

本工艺是一种从猪胰脏中提取纯化弹性蛋白酶的方法，是将猪胰脏经过绞碎后形成胰糜，采用板框过滤、超滤等方式将胰糜中残渣去除，得到含有弹性蛋白酶的滤液。再采用离子交换树脂进行吸附，洗脱液用反胶束萃取方法进行正萃取和反萃取步骤，反萃取出纯度很高的弹性蛋白酶。经过超滤脱盐浓缩和真空冷冻干燥即得高纯度的弹性蛋白酶产品。

（二）主料与辅料

主料：猪、牛胰脏。

辅料：滑石粉、乙醚、醋酸、磷酸盐缓冲溶液、醋酸盐缓冲溶液、氯化钙、醋酸钠缓冲液、醋酸－醋酸钠溶液、碳酸钠、醋酸钾溶液。

（三）装置与设备

低温干燥机、真空干燥机、AmberhteCG－50树脂、过滤器、板框过滤机、pH计、445大孔树脂、组织绞碎机、磨浆机、超滤膜、阳离子交换树脂、反胶束萃取体系。

（四）工艺流程

1. 离子交换法

胰脏原料→ 水提取 → 离子交换吸附 → 洗涤、洗脱 → 沉淀 → 脱水干燥 →弹性蛋白酶原粉

2. 反胶束萃取法

预处理 → 板框过滤 → 超滤 → 离子交换 → 洗脱 → 反胶束萃取 → 浓缩 → 真空冷冻干燥 →成品

（五）操作要点

1. 离子交换法

（1）预处理　将冷冻或新鲜的胰脏预处理后，加入一定量的丙酮溶液，搅拌 10 ~ 20min，然后低温干燥得丙酮干粉。或用胰酶工艺制得的胰酶作为提取弹性蛋白酶的原料。

（2）水提取　将冷冻干燥得到的丙酮粉加 20 倍量的水，或者给胰酶中加 10 倍量的水，于室温分别提取 1 ~ 2h，提取物可加少量的滑石粉助滤。采用纱布自然过滤或板框过滤机压滤（于 20℃ 条件下操作），弃去沉淀，得澄清提取液。

（3）离子交换吸附　提取液用水稀释至原体积的 2 ~ 3 倍，加入已用 0.1mol/L、pH 6.4 磷酸盐缓冲液平衡过的 AmberhteCG – 50 树脂，搅拌吸附 2h。或用 pH 4.5 醋酸盐缓冲液平衡的 445 大孔树脂搅拌吸附 1h，然后用蒸馏水漂洗树脂，直至洗液无色为止，得吸附物。

（4）洗涤、洗脱　加入 0.5mol/L、pH 9.3 氯化铵缓冲液搅拌洗脱 1h，分离树脂，洗脱液用 2mol/L 醋酸调至中性，过滤，得澄清洗脱液。445 大孔树脂的酶可被 pH 4.8 铵盐溶液洗脱，也可采用 AmberhteCG – 50 树脂洗脱条件。

（5）沉淀　将上述操作得到的洗脱液，称量其体积，然后在 5℃ 条件下，边搅拌边加入 3 倍量的丙酮，继续搅拌 10min，于 –5℃ 静置 6 ~ 8h，使沉淀聚集，通过虹吸作用除去上清液，收集沉淀。

（6）脱水、干燥　将收集的沉淀用丙酮、乙醚冲洗，各洗 2 ~ 3 次，通过离心法对沉淀进行脱水，然后利用真空干燥机在 68℃ 左右下干燥 20 ~ 28h，得弹性蛋白酶原粉。

2. 反胶束萃取法

（1）预处理　取新鲜或冻猪胰脏，经过 2 次绞碎并磨浆之后，在 pH 8.0、25℃ 的条件下，加入 0.01mol/L 氯化钙，不断搅拌，激活 2 ~ 5h，形成胰糜。

（2）过滤　胰糜经过 8 倍体积 0.1mol/L、pH 4.5 醋酸提取 3h 之后，以滑石粉助滤，进行板框过滤，弃去沉淀，收集滤液。

（3）超滤　滤液用 50 ~ 100kDa 和 10kDa 超滤膜过滤后得到弹性蛋白酶粗提液。

（4）离子交换　弹性蛋白酶粗提液采用强酸性阳离子交换树脂对目的产物进一步浓缩和富集，同时为后续的反胶束萃取体系做准备。

（5）洗脱　弹性蛋白酶粗提液中加入适量再生过的吸附剂，4℃ 搅拌吸附 2 ~ 4h，过滤。得到的吸附物装柱，用 pH 4.0、0.1mol/L 醋酸钠缓冲液洗脱 4 ~ 5 柱床，再用 pH 4.0 的醋酸 – 醋酸钠溶液洗脱 1.5 柱床，收集洗脱液。

（6）反胶束萃取　洗脱液直接用反胶束萃取体系进行正萃取（正萃取剂最优为 pH 1.0 ~ 3.0、盐离子浓度 0.5 ~ 3mol/L）和反萃取（反萃取剂最优为 pH 5.0 ~ 10.0、盐离子浓度 0 ~ 0.5mol/L 醋酸钠、碳酸钠或醋酸钾溶液）操作。

（7）浓缩　反胶束萃取洗脱液采用截留分子质量为 10kDa 的超滤膜进行超滤脱盐浓缩。

（8）真空冷冻干燥　将浓缩后的产物进行真空冷冻干燥，即得弹性蛋白酶精品。

（六）质量标准与检验方法

1. 质量标准

（1）外观　白色或浅黄色冻干粉。

（2）干燥失重　在60℃条件下，经过4h烘干，失重不超过6.0%。

（3）灼烧残渣　灼烧后，残渣≤1.0%。

（4）重金属　总量≤20mg/kg，砷≤2mg/kg。

2. 检验方法

基于弹性蛋白－RBB底物的弹性蛋白酶活力检测。

九、糜蛋白酶

（一）制备原理

1. 结晶法

猪、牛和羊胰脏经提取、过滤后得提取液，提取液加固体硫酸铵，至70%饱和度，盐析，再经粗制结晶、重复结晶、纯化结晶后，冷冻干燥，即得成品。

2. 酶原法

本工艺采用冷冻牛胰或猪胰，经原料粉碎、提取蛋白、分级盐析、酶原结晶、粗品酶解、亲和层析分离纯化、超滤浓缩除菌、真空冷冻干燥制得成品。与现有技术相比，此工艺已建立起一套规模化生产的生产工艺，体现出了亲和层析法制备糜蛋白酶的高效性、专一性，有利于生产工艺的简化可控，减少了生产成本，大大提高了产品品质。

（二）主料与辅料

主料：猪、牛、羊胰脏。

辅料：硫酸、硅藻土、饱和硫酸铵、5mol/L氢氧化钠溶液、滑石粉、氯化钾、甲酸。

（三）装置与设备

绞肉机、过滤槽、pH计、干燥器、温度计、天平、纯水设备、离心机、搅拌反应釜、真空冷冻干燥机、粉碎机、板框过滤机、硫酸铵、超滤膜、硅藻土。

（四）工艺流程

1. 结晶法

新鲜胰脏→ 提取 → 过滤 → 盐析 → 粗制结晶 → 重复结晶 → 纯化结晶 → 干燥 →糜蛋白酶晶体

2. 酶原法

取牛胰或猪胰 → 粉碎提取 → 板框过滤 → 分级盐析 → 酶原结晶 → 酶原酶解 → 亲和层析 → 超滤浓缩 → 除菌过滤 → 冷冻过滤 →成品

（五）操作要点

1. 结晶法

（1）提取　取胰脏，剥去脂肪和结缔组织，用绞肉机（孔径2~3mm），反复绞3次使成胰浆，称量其体积。再用2倍量的置于冷库中的0.125mol/L硫酸在冷室中浸渍24h，每隔1~2h搅拌1次，得浸渍物。

（2）过滤　将浸渍物用纱布过滤，弃去沉淀，得滤液，滤液呈乳白色。在3000r/min下离心15~30min，然后将上层清液虹吸出，向沉淀中加入适量硅藻土助滤，将沉淀过滤，然后将得到的滤液与上清液合并，得提取液。

（3）盐析　提取液加固体硫酸铵，1~2h内加完，至70%饱和度，放冷室过夜。次日吸取上清液，弃去，过滤下层沉淀，得滤饼，滤饼以4倍体积的蒸馏水溶解，每升溶解液加硫酸铵至 30% 饱和度，放置 3～5h 后用滤纸过滤，弃去滤饼。每升滤液补加硫酸铵至70% 饱和度，放置过夜，次日减压抽干。

（4）粗制结晶 滤饼称量，按滤饼重量加 3 倍量的冰水溶解，加入滤饼重量 1/2 的饱和硫酸铵溶液，并用 5mol/L 氢氧化钠溶液调 pH 至 5.0 为止。然后静置于恒温箱中，在25℃保温 48h，进行结晶，用布氏漏斗过滤至干，即为糜蛋白酶原粗制品。

（5）重复结晶 取粗制品称重，加入 7 倍量的冷蒸馏水，并滴加硫酸至 pH 2.0。溶液加滑石粉助滤，滤液应澄清，加入 2 倍量的饱和硫酸铵溶液，并滴加 5mol/L 氢氧化钠溶液，使 pH 达 5.0。在 20～50℃保温静置 4h 以上，即有白色沉淀物析出，置显微镜下观察为棒状结晶。沉淀再按同法重复结晶 3 次，得糜蛋白酶原结晶。

（6）纯化结晶 称取糜蛋白酶原结晶，按其重量加入 3 倍量的冰蒸馏水，并滴加少量2.5mol/L 硫酸溶解，然后用氢氧化钠调 pH 至 7.6，再加入少量胰蛋白酶，置于 5℃的冰箱，2h 后用布氏漏斗减压过滤，弃去滤液。取以上沉淀物称重，加入 3/4 倍量 0.005mol/L 硫酸使其溶解，所得溶液用酸洗，再用滑石粉助滤至清。加入少量 α-糜蛋白酶晶种，在 20～25℃放置 24h，即有大量结晶形成，用布氏漏斗抽滤至干。

（7）干燥 将纯化后的结晶冷冻干燥，冷冻温度一般在 -35～-30℃，即得胰蛋白酶成品。

2. 酶原法

（1）取牛胰或猪胰 取冷冻牛胰 150kg，原料的运输采用冷藏运输，保存条件为冷冻保存。

（2）粉碎提取 用粉碎机将冷冻原料直接粉碎。

（3）板框过滤 加入 450L 预冷的 0.25mol/L 硫酸溶液，转移到搅拌容器中，在 4℃冷库中搅拌提取 3h，放置过夜，次日用板框过滤机过滤。

（4）分级盐析 得到的清液搅拌加入硫酸铵至 30% 饱和度，并加入少量硅藻土助滤，在 4℃冷库中放置过夜后过滤得到提取液。在提取液中补充硫酸铵至 70% 饱和度，在 4℃冷库中放置过夜，次日吸取上清液，弃去，离心得到沉淀 7.5kg，用 11.25L 冰水溶解沉淀，再加入 3.75kg 的饱和硫酸铵溶液，调 pH 至 5.0。

（5）酶原结晶 在 25℃下保温静置 48h，过滤得到酶原粗品 4.5kg。粗品用 45L 去离子水溶解，调节 pH 至 8.0，再加入 225mg 胰蛋白酶（效价：3400g/mL，此时酶解的专一性高，可以取得很好的酶解效果），然后置于 4℃冷库中，酶解 48h。

（6）酶原酶解 离心得到酶解液，将 20L 自制的亲和层析介质装柱，用 60L0.1MTris-HCl、pH 8.0 缓冲液进行平衡。平衡后用酶解液上样，控制流速在 30cm/h，上样完毕，用 60L 上述平衡液冲柱，至流出液吸光度 OD280 值小于 0.1，换用 0.1mol/L 甲酸、0.05mol/L 氯化钾、pH 2.2 缓冲液洗脱，流速为 50cm/h。

（7）亲和层析 收集洗脱峰 40L，采用此亲和层析纯化方法，一步纯化糜蛋白酶。

（8）超滤浓缩 用截流量 10kDa 的超滤膜系统进行超滤浓缩，浓缩至总体积 5L。

（9）除菌过滤 将浓缩液通过 0.22μm 滤膜过滤除菌。

（10）冷冻过滤 将除菌后的酶液装载到冻干盘中，采用真空冷冻干燥技术，将酶液直接冷冻干燥，得到成品。

（六）质量标准与检验方法

1. 质量标准

根据《中华人民共和国药典》2005 年版二部（887 页），糜蛋白酶的质量标准如表 6-9所示。

表 6-9   糜蛋白酶的质量标准

指标	标准
效价/（U/mg）	≥2500
酸度 pH	5.0~7.0
溶液澄清度	澄清
干燥失重/%	≤5.0

2. 检验方法

效价测定：取底物溶液 2.0mL 与磷酸盐缓冲液（pH 7.0）1mL，加0.001mol/L盐酸溶液 0.2mL，摇匀，作为空白。再取供试品溶液 0.2mL 与底物溶液 3.0mL，立即计时并摇匀，每隔30s 读取吸收度，共5min，吸收度的变化率应恒定，恒定时间不得少于3min。若变化率不能保持恒定，可用较低浓度另行测定。每30s 的吸收度变化率应控制在 0.008~0.012，以吸收度为纵坐标，时间为横坐标，绘图。取在 3min 内呈直线的部分，通过回归分析计算效价。

十、胰酶

（一）制备原理

1. 自身活化稀醇提取法

胰酶是从动物胰脏中提取的一种混合酶制剂。本工艺采用的是自身活化稀醇提取法，用 25%稀乙醇活化，然后提取，将提取液在 5℃下静置24h，搅拌过程中加入预冷至 5℃的 95%乙醇，使乙醇的体积分数达到 70%，5℃下静置 16h，使其完全沉淀，过滤，收集沉淀，压干，得粗制胰酶，将粗制胰酶脱脂干燥则得到胰酶原粉。

2. 聚乙二醇保护法

聚乙二醇作为酶沉淀保护剂是一种制备高活力胰酶的新工艺。用聚乙二醇对激活胰浆进行沉淀，具体过程为将冻猪胰或新鲜猪胰绞碎成胰浆后激活，调至一定 pH，加入聚乙二醇充分搅拌，一定温度条件下沉淀一段时间后，加入少量的促沉淀剂充分搅拌，继续沉淀一段时间，离心，收集沉淀，脱脂干燥后得胰酶成品。

3. 激活引物法

本工艺利用牛或羊的胰脏作为原料，在激活过程中加入了胰酶粉作引物，以马铃薯淀粉、麦芽糖、氯化钠作为保护剂，用异丙醇进行提取，产品得率提高。用正丁醇脱脂，脱脂及沉淀过程采取低温离心，既缩短了操作时间，又对沉淀脱脂后胰酶的活力影响较小。

（二）主料与辅料

主料：猪、牛、羊胰脏。

辅料：25%乙醇、聚乙二醇、盐酸、乙醚、氯化钙、马铃薯淀粉、麦芽糖、异丙醇、氢氧化钠溶液、正丁醇。

（三）装置与设备

绞肉机、过滤槽、pH 计、干燥器、温度计、天平、纯水设备、离心机、搅拌反应釜、高速斩拌机、尼龙网筛、低温离心机、真空干燥箱、粉碎机、反应罐。

（四）工艺流程

1. 自身活化稀醇提取法

新鲜胰脏→绞碎→活化→提取→脱脂→干燥→胰酶原粉

2. 聚乙二醇保护法

新鲜胰脏或冻猪胰→绞碎→活化→聚乙二醇保护→提取→脱脂干燥→胰酶成品

3. 激活引物法

原料选择→预处理→激活→提取→沉淀→脱脂→干燥→胰酶成品

（五）操作要点

1. 自身活化稀醇提取法

（1）绞碎活化　将新鲜胰脏切成小块，用绞肉机绞成胰浆，移入提取缸中，加 1 ~ 1.5 倍的 25% 工业乙醇溶液，搅拌均匀，然后用 1∶1 盐酸调 pH 至 5.0 ~ 6.0，再加入一定量的活化剂与钙离子保护剂。

（2）提取　在室温下，继续搅拌提取 16h 左右，然后加入 95% 的乙醇溶液，使乙醇浓度达 65% ~ 70%（用乙醇比重计测量）。用双层纱布摇滤 1 次，收集胰乳，将其静置 10 ~ 12h，虹吸出上层乙醇溶液（供回收），把下层沉淀用布袋吊滤至干。

（3）脱脂干燥　把吊干的胰块研磨至颗粒状，移入脱脂器中，加入乙醚抽提 3 次，每次 4 ~ 5h，然后过滤除去乙醚（可供回收），将脱脂后的产品干燥，粉碎成粉末状，即为胰酶原粉。

2. 聚乙二醇保护法

（1）绞碎活化　将新鲜胰脏切成小块，用绞肉机绞成胰浆，移入提取缸中，再加入一定量的激活剂与钙离子保护剂，搅拌均匀。

（2）聚乙二醇保护　取激活胰浆 10g（相当于猪胰 4g），加水至 50mL，调 pH 至 7.0，加入聚乙二醇 15g 充分搅拌，时间 10 ~ 15min。

（3）沉淀　在 4℃ 条件下沉淀 60min，然后加入少量的促沉淀剂，充分搅拌，相同条件下继续沉淀 5 ~ 8h，在 3000r/min 下离心 10min，收集沉淀，用布袋吊滤至干，上清液用于回收聚乙二醇。

（4）脱脂干燥　把吊干的胰块研磨至颗粒状，移入脱脂器中，加入乙醚抽提 3 次，每次 4 ~ 5h，然后过滤除去乙醚（可供回收），将脱脂后的产品干燥，粉碎成粉末状，即为胰酶成品。

3. 激活引物法

（1）原料选择　原料选择经检疫合格的牛。

（2）预处理　取出胰脏，剥除其表面脂肪、结缔组织以及其他杂物，并用清水冲洗干净，立即冷冻。将冷冻牛胰脏解冻，或新鲜牛胰脏也可，洗净，切成约 1cm³ 小块，然后用 2000r/min 高速斩拌机打浆，呈微红色肉糜状即得胰浆。

（3）激活 将胰浆打入反应罐中，添加胰浆重量 0.2% 的氯化钙、0.5% 的市售胰酶粉作为激活剂，添加胰浆重量 0.5% 的马铃薯淀粉和 0.5% 的麦芽糖作为保护剂，充分电动搅拌后，在 8℃ 条件下保持激活 8h。

（4）提取 在激活后的胰浆中，加入胰浆体积 1.5 倍、浓度为 15% 异丙醇，然后用 0.1mol/L 氢氧化钠溶液调节 pH 至 6.5，在 20℃ 下电动搅拌，提取 6h，80 目尼龙网筛过滤，滤渣再按相同办法进行二次提取，合并 2 次提取液，弃去滤渣，得到胰乳滤液。

（5）沉淀 将胰乳滤液打入另一反应罐，加入纯异丙醇溶液，使其在该胰乳滤液和纯异丙醇溶液的混合体系中体积分数达到 60%。得到的纯异丙醇溶液，加入到胰乳滤液反应罐中，电动搅拌 18min，在 5℃ 下静置 12h，然后打入 40℃、4000r/min 低温离心机中离心 20min，弃去上清液，收集沉淀，得粗制黏稠状胰酶。

（6）脱脂 将粗制黏稠状胰酶移至反应罐中，把冷却至 40℃、相当于粗制黏稠状胰酶 2 倍体积的纯正丁醇加入到反应罐中，电动搅拌 8min，然后将其放入 40℃、4000r/min 低温离心机中离心 10min，弃去上清液，保留沉淀。按相同方法重复操作 2 次，得脱脂块状胰酶。

（7）干燥 将脱脂后的块状胰酶置于不锈钢托盘中，厚度一般不超过 3cm，放入真空干燥箱，在真空度 650mmHg（86.45kPa）、15℃ 条件下干燥 4h，干燥后在 100 目粉碎机中粉碎，得到牛胰酶粉，及时包装，阴凉干燥处保存。

（六）质量标准与检验方法

1. 质量标准

根据《中华人民共和国药典》2005 年版二部（625 页），胰酶活力：3500～4500U/g。

2. 检验方法

根据中华人民共和国国家标准：农业部 869 号公告 - 2 - 2007《转基因生物及其产品食用安全检测 模拟胃肠液外源蛋白质消化稳定性试验方法》执行。并规定 1min 水解酪蛋白生成三氯醋酸不沉淀物（肽及氨基酸等），其在 275nm 波长处与 1μmol 酪氨酸相当的酶量，为 1 活力单位。

（七）注意事项

1. 胰脏冷藏

胰脏应在 3h 内送入冷库，于 -14℃ 以下冷藏，如果要立即投料，可不经过冷冻阶段；冻胰在半融状态下应绞碎，绞碎的胰浆温度应不超过 4℃。

2. 胰脏破碎

冰冻胰脏用刨胰机刨成片后，再绞碎 1 次，有助于胰酶的充分提取，也可用绞肉机反复绞碎 2 次，绞肉机筛板孔眼直径应不超过 2mm。

3. 所用工业乙醇

工艺中所用乙醇浓度，用乙醇比重计测量，也可采用计算法配制，乙醇浓度为 40% 后才能作为提取液。

4. 沉淀

本工艺制得的胰酶，其胰蛋白酶及胰淀粉酶含量较高，而脂肪酶活力很低，这是由于用乙醇提取沉淀，会使胰脂肪酶失活，为保持胰酶含有胰脏中按天然比例存在的酶特性，可将胰脏自溶后用丙酮沉淀，或用水提取再用丙酮沉淀胰酶。

5. 活化

胰蛋白酶原活化的同时存在分支反应，在 pH < 4.0 时加入 0.02mol/L 钙离子，可以加速酶原的活化而抑制分支反应的发生。因此，加入氯化钙有助于启动反应，获得较高的收率，但过滤较困难，也可以用肠激酶活化。

第五节　小分子制剂的制备工艺

一、辅酶 A

（一）制备原理

辅酶 A 是维生素泛酸的一种辅酶形式，在代谢中作为酰基的载体，某些酰基连接在辅酶 A 的巯基上。本工艺采用活性炭吸附除去白色，用含氨的乙醇洗脱后浓缩、离心、沉淀和透析，即得产品。

（二）主料与辅料

主料：牛心脏和肝脏。

辅料：活性炭、稀硝酸、40% 乙醇、丙酮、三氯乙酸、盐酸、氯化钠、五氧化二磷、浓氨水。

（三）装置与设备

离心机、搅拌机、GMA 树脂柱、LD－601 大孔吸附剂交换柱、真空干燥器、冰箱、水浴锅、pH 计。

（四）工艺流程

牛心脏、肝脏→ 活性炭吸附 → 洗脱 → 浓缩 → 沉淀 → 透析 → 无菌分装、冻干 →辅酶 A 成品

（五）操作要点

1. 活性炭吸附

将沸石吸附细胞色素 C 后的流出液（见细胞色素 C 生产工艺）用稀硝酸调至 pH 4.0，然后流入活性炭柱。吸附完毕后，分别用蒸馏水和 40% 乙醇洗涤，直至洗液加 10 倍量的丙酮不呈白色混浊为止，表明已经清洗干净。

2. 洗脱

活性炭柱吸附完毕后，再用含 3.2% 氨的 40% 乙醇溶液洗脱，当流出液略呈微黄色时，立即开始收集，边收集边测定 pH，直至 pH 为 10.0 左右时停止收集。

3. 浓缩

将洗脱液移入减压浓缩罐中，减压浓缩至原体积的 1/10（环境温度不能超过 60℃，避免对产品造成影响），接着用硝酸酸化至 pH 2.5～3.0，放置冷库过夜后，高速离心，将得到的上清液继续浓缩至原体积的 1/20。

4. 沉淀

将浓缩液用硝酸调 pH 至 2.5～3.0，在剧烈搅拌下加入 20 倍量的酸化丙酮溶液，使浓缩液沉淀，然后放置冷库过夜。浓缩液离心，弃去上层清液，得沉淀后，用冷丙酮洗涤 2 次，低温干燥，测定其效价。

5. 透析

将上步操作得到的丙酮干粉称重，然后溶于其 1.5 倍量的冷蒸馏水中，装入透析袋中，将透析袋放进无热源蒸馏水中低温透析 48h。

6. 无菌分装、冻干

准确测定辅酶 A 效价，加蒸馏水稀释至 120U/mL，加入甘露醇（15mg/支）和 L - 半胱氯酸盐酸盐（0.5mg/支），用 1mol/L 氢氧化钾调 pH 至 5.5 ~ 6.0，无菌过滤，灌装（0.5mL/支），冻干，封口。

（六）质量标准与检验方法

1. 质量标准

根据《中华人民共和国卫生部药品标准》二部 6 册（131 页），辅酶 A 的质量标准为：按干燥品计算，每 1mg 含辅酶 A 的效价不得低于 250U。

2. 检验方法

辅酶 A 的测定方法可分为化学法、微生物法和酶学法。

（1）化学测定法　辅酶 A 的化学测定法或非酶测定法，是借辅酶 A 或其衍生物复杂分子上的官能团而进行的，例如—SH 和 S—COR 基团的化学测定、磷酸根的测定，以及腺嘌呤和乙酰硫醇的分光亮度测定等。辅酶 A 化学测定法易受到干扰，专属性差，一般不用作定量测定。如腺嘌呤的分光亮度测定，虽然还原型和氧化型辅酶 A 在波长 260nm 处有最大吸收，其分子吸收系数分别为 14.6×10^3 和 29.2×10^3（pH 2.0），但若是纯度低辅酶 A，其中杂有核苷酸类衍生物，就将引起大的误差。

（2）微生物测定法　辅酶 A 的微生物测定法即用各种专一的酶类处理，使其释放泛酸，继续用微生物法测定。如辅酶 A 结构所示（见图 6 - 16），虚线表示各种酶作用的键。由于碱性肠磷酸酯酶具有一磷酸酯酶和二磷酸酯酶两者的活性，用其处理辅酶 A，将引起结构中 1，2，3，4 等处键的断裂。在键 1 处断键，形成脱磷辅酶 A，如在键 2 处的焦磷酸键断开，将生成 4′ - 磷酸泛酰乙硫醇胺和 3′，5′ - 二磷酸腺苷，继续再受一磷酸酯酶的作用，将键 3 和键 4 断开，移去磷酸根，结果生成腺苷和泛酰乙硫醇胺。此法虽较其他方法费时，但其灵敏度高，可用于测定组织提取液中的微量辅酶 A，甚至 0.03U 的辅酶 A 也可测定，此法有时也用以标化辅酶 A。

（3）酶学测定法　随着辅酶 A 的功能研究的开展，发现了辅酶 A 在许多酶反应中的活性功能，使利用辅酶 A 所限制的酶学反应系统来测定辅酶 A 成为可能。一般来说，所选用的酶学方法应遵循下列原则：酶学反应仅为辅酶 A 所限制，且必须专一和重现性强；反应的测定应简便、快速，且应便于实施；需用的材料，如各种酶制剂，应易于取得，易于制备和比较稳定。

二、辅酶 Q_{10}

（一）制备原理

辅酶 Q_{10} 是一种很好的生化药物，具有重要的生理作用，是细胞自身产生的天然抗氧化剂和激活细胞呼吸的细胞代谢激活剂。本工艺采用醇碱皂化法，经石油醚萃取、硅胶柱层析、无水乙醇结晶和重结晶得到辅酶 Q_{10}。

（二）主料与辅料

主料：猪、牛心脏。

辅料：氢氧化钠、环己烷、硫代硫酸钠、乙醚、无水乙醇、浓氨水、浓硫酸、无水硫酸钠、硅胶。

（三）装置与设备

旋转蒸发器、循环水式真空泵、磁力搅拌机。

（四）工艺流程

心脏组织→ 前处理 → 皂化 → 萃取 → 减压浓缩 → 层析分离 → 浓缩结晶 →辅酶 Q_{10} 产品

（五）操作要点

1. 前处理

将心脏组织去除脂肪、血管后绞碎，加入 1:1.5 的去离子水，加入少量浓硫酸轻轻搅匀，用 1mol/L 硫酸调 pH 至 3.8~4.2，用磁力搅拌器搅拌 2h，再用 2mol/L 氨水调 pH 至 6.0，静置 30min 后，取沉淀用于皂化。

2. 皂化

将经前处理后的心脏组织用去离子水漂洗沉淀，进一步去除脂肪，用耐酸滤布过滤、甩干，加入焦性没食子酸拌匀。在回流罐中分 3 次加入质量分数为 10% 的氢氧化钠乙醇溶液，分 3 次投入拌有焦性没食子酸的猪、牛心脏沉淀，迅速加热回流。回流温度控制在 90℃，时间为 30min，迅速冷却至室温，收集回流物。

3. 萃取

在回流物中加入环己烷（体积比为 2:1）萃取，静置 30~50min，萃取完成后，用去离子水反复洗涤至中性，除去水分，有机相中的微量水分可用无水硫酸钠除去。

4. 减压浓缩

将萃取后的环己烷提取液，以旋转蒸发器和循环水式真空泵联合减压，将温度设定为 30℃，蒸馏除去环己烷至原体积的 1% 左右。

5. 层析分离

以环己烷和硅胶装柱，将澄清浓缩液体引入硅胶层析柱，用 4% 的乙醚 - 环己烷混合液洗脱，收集黄色带洗脱液的部分，然后多次反复洗脱至无色。

6. 浓缩结晶

将洗脱液进行蒸馏，除去溶剂，得黄色油状物。加入无水乙醇温热，使其完全溶解，过滤，趁热将滤液置于冰箱中冷却结晶，得黄色结晶即为辅酶 Q_{10} 产品。

（六）质量标准与检验方法

1. 质量标准

根据《中华人民共和国药典》2005 年版二部（653 页），含水量不得超过 0.2%，辅酶 Q_{10} 峰的保留时间约为 10min，异构体的相对保留时间约为 0.9min，异构体峰与辅酶 Q_{10} 峰的分离度应大于 1.5。

2. 检验方法

根据《中华人民共和国药典》2010 年版二部　附录 V D，用液相色谱法测定辅酶 Q_{10}。取本品 20mg，精密称定，加无水乙醇约 40mL，在 50℃ 水浴中振摇溶解，放冷后，移至 100mL 容量瓶中，加无水乙醇稀释至刻度，摇匀，作为供试品溶液，精密量取 20μL，注入液相色谱仪,记录色谱图;另取辅酶 Q_{10} 对照品适量,同法测定。按外标法以峰面积计算含量。

三、人工牛黄

(一) 制备原理

人工牛黄就是将异物种植在牛的胆囊内,接着将创口缝合,牛会分泌特殊物质包裹异物,时间长了异物会被钙盐包围,实现有机化,形成人工胆结石。

(二) 主料与辅料

主料:牛胆囊。

辅料:碘酊、乙醇、苯扎溴铵消毒液、肥皂、大肠杆菌液。

(三) 装置与设备

剃刀、镊子、敷布、医用手套、海浮石。

(四) 工艺流程

活牛→ 选牛准备 → 手术部位的确定 → 皮肤消毒 → 手术操作 → 手术护理 → 取牛黄 →牛黄成品

(五) 操作要点

1. 选牛准备

选用 4~6 岁龄牛,品种、公母不限。术前 12h 禁止喂料喂水,检查牛的脉搏、呼吸及活动状态是否正常,有病或妊娠的牛不宜做手术。

2. 手术部位的确定

手术确定在牛体右侧肝脏下缘的胆囊部位,即从牛肩胛 1/3 处往后画一直线,直到与倒数第 2、3 根肋骨相交的地方。公牛多在第 10~11 根肋骨间,母牛多在第 9~10 根肋骨间便是胆囊。

3. 皮肤消毒

先将手术部位的牛毛剃光,再用肥皂水冲洗并擦干,然后用 5% 的碘酊涂擦 2 次,再用 70% 乙醇脱碘消毒,待干后盖上敷布,周围覆盖上清洁的塑料布。

4. 手术操作

将牛四肢捆绑,左侧卧倒在地,在手术部位的两根肋骨中间,沿肋间走向切开皮肤和肌肉 8~12cm。然后,按肌肉纤维走向分离肌层,用镊子提起腹膜剪开 3cm 的小孔,露出胆囊。将食指伸入腹腔内,沿着肝脏边缘把胆囊轻轻拉出,在胆囊壁上部血管较少处剪开约 2cm 的小口,让胆汁流出 1/2 左右,然后将大小适当的、消过毒的异物核(可用海浮石或鸡蛋大小的塑料制品,外包医用纱布)置入,并用注射器向囊内注入大肠杆菌液 2mL,用胃肠缝合法将胆囊缝合好,并用 1% 苯扎溴铵消毒液洗干净,然后将胆囊移回腹腔内,再用连续缝合法缝合腹膜和肌肉,用间隙结节法缝合皮肤,最后擦干皮肤上的血渍即完成手术,一般手术时间为 25~30min。

5. 手术护理

手术后 7~10d 拆线,要预防伤口感染。15d 内,要喂些蛋白质含量较高的精饲料和新鲜的菜叶、绿草等,以利于伤口愈合,恢复体质。

6. 取牛黄

一般在手术后一年左右即可取牛黄。取牛黄时,打开胆囊,找到置入的异物取出即可，异物表面黏覆的一层较厚的黄色物即是牛黄。取牛黄的同时，可将事先准备好的异物核第 2 次置入，继续培植牛黄。一般 1 头健壮牛可培植 2 ~ 3 次，取出的牛黄用吸水纸轻轻吸去水分，除净表面的黏液、血液、胆汁和污物，随后烘干或晾干，将核心外表的黄色物刮离下来，便是牛黄的成品。

（六）质量标准

根据《中华人民共和国药典》2005 年版一部（4 页），人工牛黄的质量标准为胆酸含量不得少于 13%，胆红素含量不得少于 0.63%。

四、胆红素

（一）制备原理

1. 钙盐法

将猪胆剪破，取胆汁，过滤去掉杂质后加 4 倍量的饱和石灰水处理，加热到 70℃ 左右，当开始出现胆红素钙盐小颗粒，有橘黄色胆红素钙盐浮起时，取出胆汁过滤，再经过 2 次酸化后用氯仿提取，浓缩干燥后即得胆红素成品。

2. 无醇法

利用胆红素的特性，运用物理化学方法使其与胆汁中其他成分分离。本方法与钙盐法的主要区别在于，无醇法在最后添加了乙醇，且用无水乙醇冲洗了产品，在最后用氯仿多次提取，得到胆红素成品。

（二）主料与辅料

主料：猪、牛、羊胆汁。

辅料：石灰、盐酸、氢氧化钠、氯仿、乙醇、氯化钠、亚硫酸钠、对氨基苯磺酸、亚硝酸钠、醋酸、醋酸钠、甲基红、氯化钙。

（三）装置与设备

夹层锅、分液漏斗、搅拌器、恒温水浴锅、陶瓷缸、玻璃冷凝管、天平、温度计、pH 计、40 目筛、80 目筛。

（四）工艺流程

1. 钙盐法

胆汁→ 石灰水处理 → 过滤 → 一次酸化 → 二次酸化 → 氯仿提取 → 浓缩干燥 →胆红素成品

2. 无醇法

猪胆汁→ 制备钙盐 → 酸化 →提取液→胆红素晶体→ 干燥 →胆红素成品

（五）操作要点

1. 钙盐法

（1）石灰水处理　剪破猪胆，称取洁净的新鲜胆汁，经纱布过滤去掉杂质后，加 4 倍量的饱和石灰水，直接吹蒸汽加热，逐步升温，不断搅拌到温度升至 50 ~ 60℃，除去浮起的白色泡沫。

（2）过滤　将经石灰水处理后的胆汁加热到 70℃ 左右，仔细观察溶液，当开始出现胆红素钙盐小颗粒，并且有橘黄色胆红素钙盐浮起时，取出胆汁，用细布过滤，弃去上清液，滤得的胆红素钙盐备用。

（3）一次酸化　用研钵将胆红素钙盐研磨成糊状，按钙盐量计加入0.5%的重亚硫酸钠，不断搅拌，然后用10%的盐酸溶液酸化至pH 1.0~2.0，过滤，使沉淀聚集，用细布滤去酸液，得到的沉淀进行二次酸化。

（4）二次酸化　向一次酸化得到的聚结成的深红色固体团块加适量90%以上浓度的乙醇，溶解成浆状，再立即加与乙醇等量的重亚硫酸钠溶液，然后用盐酸与乙醇比例为1:1的混合溶液调至pH 1.0~2.0。接着加10倍量的80%以上浓度的乙醇溶液稀释，连续沉降提取3次。将得到的沉淀用细绸布滤干。

（5）氯仿提取　用沸水将得到的沉淀冲洗，板框过滤机压滤，除去其中的乙醇溶液，接着用氯仿提取，待全部提取后，将氯仿回收利用。

（6）浓缩干燥　将剩余的残留物继续用乙醇溶液回流精制浓缩。浓缩至体积减少3/4左右，状态黏稠，然后于60~70℃烘箱中干燥6~8h，得胆红素成品，然后进行密封储存。

2. 醇化法

步骤（1）~（4）与钙盐法相同。

（5）回收氯仿　在酸化液中直接加入4~6倍量氯仿，搅拌均匀，在35℃保温2h（也可回流提取2h）。此时液体明显分成3层：下层为氯仿提取液，中层为胆红素粗品，上层为水。分出下层氯仿提取液，残渣再加氯仿提取，直至氯仿颜色变浅时为止，合并氯仿提取液，用细布过滤后移入蒸馏瓶中。在常压下蒸出氯仿（加热温度控制在80℃左右），至胆红素结晶析出，加入95%乙醇，继续蒸馏，至溶液内的氯仿蒸发干净，把湿胆红素精品经布氏漏斗过滤，用无水乙醇洗至无色。

（6）干燥、保存　将洗过的精品滤干，包好放入干燥器内干燥，干燥好的胆红素精品装在棕色瓶内，于避光、干燥处保存。

（六）质量标准与检验方法

1. 质量标准

干燥失重，取本品约0.5g，五氧化二磷60℃减压干燥4h，减失重量不得超过2.0%。

2. 检验方法

进行成品含量测定时，以定量纯胆红素作为标准品，用光电比色计进行比色。标准液的配制采用研细的标准胆红素10mg，置于250mL干燥的容量瓶中，徐徐加入氯仿，边加边振摇，直至溶解。用880滤光片在光电比色计中进行比色，计算公式如下：

$$胆红素含量（\%）=检验品光密度/标准品光密度×100\%$$

（七）注意事项

1. 石灰水配置

劣质石灰水中含有三价铁离子（Fe^{3+}）等，可使胆红素氧化破坏而影响其收率和含量。放置过久的石灰水，因吸收了空气中的二氧化碳生成碳酸钙而使游离的钙离子浓度降低，从而影响胆钙盐收率，故煮钙盐时所用的石灰水应坚持用优质石灰水配制和现配现用的原则。

2. 石灰水用量

石灰水的用量一定要适宜。石灰水过少，反应不完全，钙盐收率低；石灰水太多虽不影响钙盐收率，但酸化时耗酸量明显增多，且易产生饱和现象，影响酸化效果。

3. 酸化时间

酸化时间越短，胆红素被氧化的程度就越低，酸化过程中不产生饱和现象，胆红素释放的就越完全。因此酸化时应尽量缩短酸化时间，并防止饱和现象产生。

4. 盐酸

工业盐酸因含有较多的 Fe^{3+}，可使胆红素氧化成胆绿素，故选用纯盐酸进行酸化可提高胆红素收率。

5. 操作环境

操作过程应避光，操作温度应该在20℃以下，冬天可适当加温。

五、去氢胆酸

（一）制备原理

将猪、牛和羊胆汁经4倍量饱和石灰水处理，加热至70℃后用细纱布过滤，降温至50℃以下，用工业盐酸酸化，待猪结合胆汁沉淀，将乳状液倾出，用清水冲洗猪结合胆汁，即为胆酸粗品。将胆酸粗品加入4倍量的50%醋酸、1.23倍量的醋酸钠、18～20℃下通入氯气后析出，再经洗涤、干燥，加3～5倍量的95%乙醇、3%活性炭，加热回流30min，趁热过滤，除去沉淀，滤液冷却，移入冰水中使结晶析出，用少量冷乙醇溶液洗2～3次，真空干燥即得成品。

（二）主料与辅料

主料：猪、牛、羊胆汁。

辅料：石灰、盐酸、50%醋酸、醋酸钠、活性炭、冷乙醇（95%）、50g/L碳酸钠溶液、丙酮、重铬酸钠、硫酸。

（三）装置与设备

真空干燥机、回流锅、搅拌器、烧杯、纱布。

（四）工艺流程

胆汁→ 石灰水处理 → 过滤 → 酸化 → 沉淀 → 氧化 → 洗涤 → 干燥 → 精制 →去氢胆酸成品

（五）操作要点

1. 石灰水处理

称取洁净的新鲜胆汁，经纱布过滤后，称量其体积，加4倍量饱和石灰水，直接吹蒸汽加热，逐步升温，不断搅拌到温度升至50～60℃，除去浮起的白色泡沫。

2. 过滤

将经石灰水处理后的胆汁加热至70℃，当开始出现胆红素钙盐小颗粒，橘黄色胆红素钙盐浮起时取出，用细纱布过滤，滤液即为胆酸提取液。

3. 酸化

取胆酸提取液，降温至50℃以下，在提取液中加入刚果红试剂作为指示剂，然后用工业盐酸酸化提取液，至刚果红试剂变蓝，即为终点。

4. 沉淀

待黑色胶状的猪结合胆汁沉底后，将乳状液倾出，用清水反复冲洗猪结合胆汁，即为胆酸粗品，可供制备去氢胆酸。

5. 氧化

将胆酸粗品加入 4 倍量的 50% 醋酸、1.23 倍量的醋酸钠搅拌均匀，于 18~20℃下通入氯气，4h 后成澄清溶液，继续通氯气，溶液逐渐变稠，且有白色固体析出，继续通氯气 1h，直至沉淀全部析出为止。

6. 洗涤

取出沉淀，用大量的蒸馏水反复冲洗，用纱布过滤后，再用蒸馏水冲洗至中性。

7. 干燥

将冲洗后的胆酸粗品，在 60℃下烘干，即得去氢胆酸粗品。

8. 精制

取去氢胆酸粗品，加 3~5 倍量 95% 的乙醇、3% 的活性炭，加热回流 30min，趁热过滤，待滤液冷却后，移入冰浴中使结晶析出，再用少量冷乙醇洗 2~3 次，真空干燥即得成品。

（六）质量标准与检验方法

1. 质量标准

根据《中华人民共和国药典》2005 年版二部（67 页），去氢胆酸质量标准为：氯化物不得浓于 0.02%，硫酸盐不得浓于 0.05%，干燥失重不得超过 1.0%，炽灼残渣不得超过 0.3%。

2. 检验方法

（1）显色反应　取本品约 5mg，加 1mL 硫酸、1 滴甲醛，使溶解，放置 5min，再加水 5mL，溶液呈黄色，并有青绿色荧光。

（2）红外图谱　本品的红外光吸收图谱应与对照的图谱一致。

（3）检查臭味　取本品 2.0g，加水 100mL，煮沸 2min，应无臭。

（4）乙醇溶液的澄清度与颜色　取本品 0.1g，加乙醇 30mL，振摇使溶解，溶液应澄清无色。

（5）氯化物　取本品 1.0g，加水 100mL，振摇 5min，过滤。取滤液 25mL 与标准氯化钠溶液 5.0mL 制成的对照液比较，不得更浓（0.02%）。

（6）硫酸盐　取上述氯化物检查项中剩余的滤液 10mL，与标准硫酸钾溶液 4.8mL 制成的对照液比较，不得更浓（0.048%）。

（7）钡盐　取本品 2.0g，加水 100mL、盐酸 2mL，煮沸 2min，冷却，过滤，并用水洗涤，洗液与滤液合并成 100mL，摇匀；取 10mL 加稀硫酸 1mL，溶液不得混浊。

（8）干燥失重　取本品，在 105℃下干燥至恒重，减失重量不得超过 1.0%。

（9）炽灼残渣　取本品 1.0g，遗留残渣不得超过 0.3%。

（10）重金属　重金属含量不得超过 20%。

（11）微生物限度　依照微生物限度检查法检验，同时不得检出沙门菌。

六、脱氧胆酸

（一）制备原理

1. 猪脱氧胆酸的制备

通常将猪、牛、羊胆汁经 4 倍量的饱和石灰水处理，50℃以下，用工业盐酸酸化后待结合胆汁沉底，将乳状液倾出，用清水冲洗猪结合胆汁，即为胆酸粗品。再由脱氧胆酸反应、回流精制，加入无水硫酸钠（2次），干燥脱水，然后过滤，再用醋酸乙酯结晶1次，得精品。

2. 以提取胆红素的下脚料作为原料制备猪脱氧胆酸

该提取纯化工艺主要为下脚料盐析、碱液水解、溶解脱色、过滤脱水、浓缩结晶和真空干燥工艺得猪脱氧胆酸粗品，再经甲酯化、柱层析分离、碱液水解、纯化，即得到猪脱氧胆酸纯品。

（二）主料与辅料

主料：猪、牛和羊胆汁。

辅料：石灰、盐酸、活性炭、乙酸乙酯、乙醇、硫酸钠、酚酞。

（三）装置与设备

真空干燥机、回流锅、反应锅、漏斗、过滤器、锥形瓶、碱式滴定管、温度计、pH计。

（四）工艺流程

1. 猪脱氧胆酸的制备

胆汁→ 石灰水处理 → 过滤 → 酸化 → 沉淀 → 脱氧胆酸粗制 → 回流精制 → 干燥 →脱氧胆酸精品

2. 以提取胆红素的下脚料作为原料制备猪脱氧胆酸

胆红素下脚料→ 盐析 → 碱液水解 → 溶解脱色 → 过滤脱水 → 浓缩结晶 → 真空干燥得粗品 → 甲酯化 → 柱层析分离 → 碱液水解 → 纯化 → 真空干燥 →纯品猪脱氧胆酸

（五）操作要点

1. 猪脱氧胆酸的制备

（1）石灰水处理　称取洁净的新鲜胆汁，经纱布过滤后，称量其体积，加4倍量的饱和石灰水，直接吹蒸汽加热，逐步升温。不断搅拌到温度升至50~60℃后，除去浮起的白色泡沫。

（2）过滤　将经石灰水处理后的胆汁，加热至70℃，当开始出现胆红素钙盐小颗粒，橘黄色胆红素钙盐浮起时，取出，用细纱布过滤，滤液即为胆酸提取液。

（3）酸化　取胆酸提取液，降温至50℃以下，用工业盐酸酸化至刚果红试剂变蓝。

（4）沉淀　待黑色胶状的猪结合胆汁沉底，将乳状液倾出，用清水冲洗猪结合胆汁，即为胆酸粗品。

（5）脱氧胆酸反应制备　将粗品放入反应釜中，加入9倍量的清水和1~2倍量的30%工业氢氧化钠溶液，搅拌加热16~18h，然后停止加热，冷却后静置分层。虹吸除去上层淡黄色的溶液，沉淀物加0.5~1倍的清水，搅拌使其完全溶解，然后用1:1的盐酸调pH至3.5，静置后过滤取出沉淀，再用水洗至中性，干燥后即得猪脱氧胆酸粗品。

（6）回流精制　精制时将猪脱氧胆酸移入搪瓷桶中，加4~5倍量的乙酸乙酯和20%的活性炭，加热到70~80℃后搅拌，回流30min，冷却后过滤，滤液再加2~3倍醋酸乙酯回流，过滤，合并2次滤液，即得精制液。

（7）干燥　将精制液加入无水硫酸钠，干燥脱水后过滤。将过滤液移入锅中加热浓缩到原来体积的 1/4 左右，冷却沉淀滤液，过滤收集沉淀，用乙酸乙酯洗涤 1～2 次，吊干后放入石灰缸中干燥，即得产品，再用乙酸乙酯结晶 1 次，得精品。

2. 以提取胆红素的下脚料作为原料制备猪脱氧胆酸

（1）盐析　将提取胆红素的下脚料作为原料，加入反应釜中，再向反应釜中加水，用酸溶液调 pH 至 2.0～4.0，温度控制在 15～25℃ 之间，边搅拌边加入盐，连续搅拌，抽滤，得滤饼。

（2）碱液水解　将上述操作得到的滤饼加入反应釜中，再加入碱液进行水解，水解时间为 30～60min，以酸溶液酸化至刚果红变蓝为止，静置，抽滤，得到滤饼。

（3）吸附脱色　将上述操作得到的滤饼加入反应釜中，再向釜中加入有机溶剂和活性炭，加热至 65～80℃，冷凝回流 30～60min。冷却至 20～30℃，抽滤，得滤液，向滤液中加入脱水剂，脱水 15～24h。抽滤，滤液旋蒸，浓缩至原体积的 1/3～2/3，静置结晶，过滤收集晶体，真空干燥，得到猪脱氧胆酸粗品。

（4）甲酯化　取猪脱氧胆酸粗品溶于有机溶剂中，加入浓硫酸进行酯化，于 15～25℃ 下搅拌 36～48h，调 pH 至 6.8～7.2，继续搅拌 1～2h，进行抽滤。滤饼用有机溶剂洗涤 2～3 次，合并滤液及洗液，减压蒸去有机溶剂，得到棕色黏稠状物。

（5）柱层析湿法装柱　将上述步骤中所得棕色黏稠状物加入硅胶柱中，用洗脱剂进行梯度洗脱，收集洗脱液，再进行减压浓缩，得到淡黄色黏稠状固体。

（6）碱液水解　将上述操作得到的淡黄色黏稠状固体加入反应釜中，加入碱和水，用酸溶液调节 pH 至刚果红变蓝，抽滤，收集沉淀，水洗至流出液无色，得猪脱氧胆酸。

（7）纯化　将所得的猪脱氧胆酸加入有机溶剂中，在机械搅拌条件下加热至有机溶剂水溶液完全沸腾，待猪脱氧胆酸溶解后，分次加入冷却水，继续进行搅拌，待温度降至 10～20℃，再机械搅拌 30～60min，进行抽滤，得到猪脱氧胆酸晶体。

（8）真空干燥　将上步操作得到的猪脱氧胆酸晶体用恒温真空干燥箱进行干燥，即得猪脱氧胆酸纯品。

（六）质量标准与检验方法

1. 质量标准

根据《中华人民共和国药典》2005 年版二部（832 页），脱氧胆酸质量标准如下。

（1）熔点　190～201℃（熔点间距不超过 3℃）。

（2）比旋度　6.5～9.0。

（3）干燥失重　不超过 10%。

（4）灼烧残渣　不超过 0.2%。

（5）总含量　按脱氧胆酸计算不得少于 98.0%。

2. 检验方法

含量测定：取本品 0.5g，精确称量，加中性乙醇 30mL，溶解后，加酚酞指示剂 2 滴，用 0.1mol/L 氢氧化钠溶液滴定，按干重计算总胆酸量。

（七）注意事项

1. 产品储藏

产品中常会遇到粗品胆酸似半固体的沥青，倒不出、捣不碎、拉不断，给精制造成很大的困难。此时，可将产品放在冷库中冻结，投料前趁冻结状态将其破碎，立即生产。

2. 精制

精制时，胆酸在醋酸乙酯中结晶成膏状，不能析出理想的结晶物，主要原因是猪脱氧胆酸的碳酸乙酯溶液中少量水分没有完全除去，用无水硫酸钠脱水不彻底。因此，要加足量的无水醋酸钠，待缸底的硫酸钠呈粉末状，即表示脱水完全。

3. 浓缩结晶

产品的熔点偏低，可能与醋酸乙酯浓缩体积大小有关，这时应浓缩到原来体积的 1/5 左右；也可用少量的醋酸乙酯洗涤结晶，并滤干；若熔点仍不符合质量要求，可用醋酸乙酯再结晶 1 次。

第六节　生化制剂的常用生产设备

一、提取设备

（一）蘑菇型提取罐

蘑菇型提取罐的内部构造包括消沫器、冷凝器、冷却器、过滤器、油水分离器、药液泵，可用于中药、食品和化工行业的常压、微压、水煎、温浸、热回流、强制循环渗漉作用、芳香油提取及有机溶媒回收等多种工艺操作，具有效率高和操作方便等优点。罐内配备定位清洗（cleaning in place，CIP）系统，符合良好作业规范（good manufacturing practice，GMP），可组合成动态提取系统。该设备如图 6 – 21 所示。

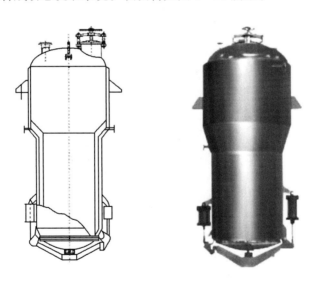

图 6 – 21　蘑菇型提取罐

（二）翻转式提取罐

翻转式提取罐可用于生化制剂的热回流提取，其罐身利用液压传动通过齿条和齿轮机构可使罐体倾斜，由上口出渣。这类设备料口直径大，容易加料与出料，适合于结构复杂的物料处理。该设备如图 6 – 22 所示。

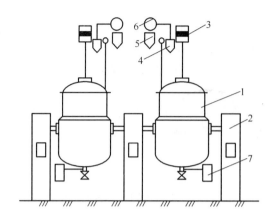

图 6 - 22 翻转式提取罐

1—提取罐 2—支座 3—液压缸 4—分离器 5—水油分离器 6—冷凝器 7—滤渣器

（三）快速加压渗漉提取浓缩装置

快速加压渗漉提取浓缩机组是在传统静态渗漉器和目前使用多功能提取罐的基础上改进而成，是目前较为先进的高效提取浓缩装置，适用于天然活性成分的浸出与浓缩，对醇提、水提或混合溶剂提取也十分有效。该装置如图 6 - 23 所示。

图 6 - 23 快速加压渗漉提取浓缩装置

（四）螺旋推进式连续浸出器

螺旋推进式连续浸出器由 3 根管子组成，每根管按需要可设蒸汽夹套。物料自加料斗进入浸出管，由各螺旋推进器推进通过各个浸出管，经浸出后的残渣最后被输送到出料口推出管外，浸出溶剂由相反方向逆流浸出。螺旋推进式连续浸出器结构如图 6 - 24 所示。

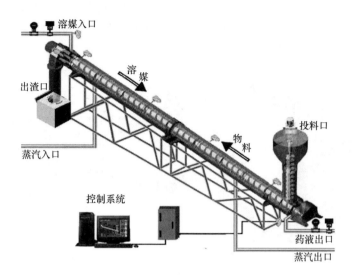

图 6 - 24　螺旋推进式连续浸出器

二、分离设备

(一) 离心分离设备

离心分离设备其工作原理是在离心力的作用下，重液部分被甩向转鼓壁，残留在转鼓壁上或者沉积于转鼓底部的集液槽里。此类设备对物料适应性强、操作方便、结构简单、制造成本低，主要适用于固液二相分离，特别适用于悬浊液中非胶体类的小颗粒物质分离。离心分离设备如图 6 - 25 所示。

图 6 - 25　离心分离设备

(二) 板框式过滤机

板框式过滤机的操作多以间歇式为主，每个操作循环由装合、过滤、洗涤、卸渣、整理5个阶段组成。这类设备结构简单、价格低廉、占地面积小、过滤面积大、对物料的适应能力较强，由于操作压力较高，对颗粒细小而液体黏度较大的滤浆仍能有很好的过滤效果。板框式过滤机如图6－26所示。

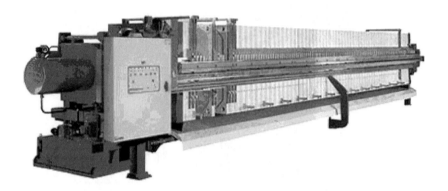

图6－26　板框式过滤机

（三）转筒式真空过滤机

转筒式真空过滤机转筒旋转时，借助分配头的作用，在转筒旋转1周的过程中，每个小过滤室均可依次进行过滤、洗涤、吸干和吹松卸渣等操作。设备可自动连续操作，适用于处理量大、固体颗粒含量较多的滤浆。但该设备在真空下操作，过滤推动力较低，对于滤饼阻力较大的物料适应能力较差。转筒式真空过滤机如图6－27所示。

图6－27　转筒式真空过滤机

（四）超滤设备

超滤设备是一种以切向流为主的过滤设备，能截留2～100nm之间的大分子物质和蛋白质，可使小分子物质和无机盐等通过，同时能截留胶体、蛋白质、微生物和大分子有机物。超滤装置的截留相对分子质量范围在1000～500000之间，使用的超滤膜孔径不同，截留分子量也不同。该设备操作压力0.1～0.7MPa。超滤设备如图6－28所示。

图 6 - 28　超滤设备

（五）色谱分离设备

色谱分离设备利用各种组分分子大小、极性、吸附力、亲和力和分配系数等的差异，使各组分达到分离目的。主要适用于物料的纯化，能够将成分复杂、杂质多的粗品，制备成纯度高、质量好的精品制剂，是目前市场上主要的生化制剂纯化装置。色谱分离装置如图 6 - 29 所示。

图 6 - 29　色谱分离装置

（六）蒸馏设备

蒸馏设备利用混合液体或液固体系中各组分沸点不同，使低沸点组分蒸发，再冷凝，以分离整个组分。该设备适合于从提取剂中分离挥发性成分。目前，该项技术已广泛应用于石油化工、食品香料等领域，适用于天然活性物质的提取与分离。蒸馏设备如图 6 - 30 所示。

图 6 – 30　蒸馏设备

三、发酵反应设备

（一）气体搅拌型发酵罐

气体搅拌型发酵罐由圆柱形罐体、圆柱形内筒、罐底、罐顶、气体循环管、循环泵及喷嘴等组成，液体循环管由罐底引出，管路上有循环泵和换热器，气体循环管由罐顶引出，通过内、外循环结构实现内部流体循环，达到均匀混合的目的。该设备如图 6 – 31所示。

（二）窗口式生物发酵罐

窗口式生物发酵罐的罐盖上设置有两个通孔，一个通孔处有照明装置，另一个通孔处的罐盖上设置透视窗，能够观测发酵罐内的反应状况，有利于工作人员作出正确的判断。该设备如图 6 – 32 所示。

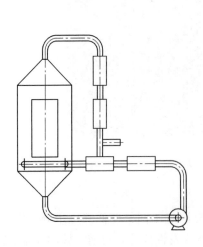

图 6 – 31　气体搅拌型发酵罐

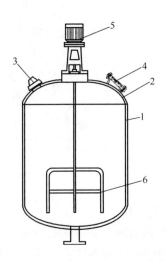

图 6 – 32　窗口式生物发酵罐
1—罐体　2—罐盖　3—照明装置
4—透视窗　5—搅拌电机　6—搅拌装置

四、干燥设备

(一) 烘箱

生化制剂常用的烘箱，是利用不锈钢发热管通电发热后，经过高效离心风机利用空气流动将发热管中的热量带到工作室内部，在工作室内与被烘干物料进行热量交换，以达到烘烤或干燥的目的，适用于膏状、半固体或半液体物料的干燥。常见工业用烘箱如图6-33所示。

图6-33　烘箱

(二) 喷雾干燥机

喷雾干燥机是连续式常压干燥设备的一种。采用雾化器将液料喷成雾状，使其与热空气接触而被干燥，用于干燥某些热敏性的液体、悬浮液和黏滞液体，如牛奶、蛋液、单宁和药物等，也可用于干燥燃料、中间体、肥皂粉和无机盐等。生化制剂类产品常用的喷雾干燥机如图6-34所示。

图6-34　喷雾干燥机

（三）真空冷冻干燥机

真空冷冻干燥机由制冷系统、真空系统、导热油加热系统和排湿系统组成，是一种能较好地利用箱体内存放物料空间进行干燥的冷冻真空干燥设备，可使干燥后粉体拥有良好的分散性。真空冷冻干燥机适用于热敏性高的原料药、中药饮片、食品和药物中间体等物料的干燥。该类设备如图6-35所示。

图6-35　真空冷冻干燥机

1—电气控制柜　2—真空泵　3—液氨调节阀组　4—低温液氨换热器
5—制冷泵　6—加热泵　7—冷凝器　8—机架　9—冻干前箱

（四）低温连续真空干燥机

低温连续真空干燥机结合了喷雾干燥和冷冻干燥的特点，是一种新型干燥机。能使干燥制品内部形成多孔疏松状，保留产品的原有物料特性，外观良好。由于是真空低温干燥，因此可以满足大多数热敏性物料的加工要求。该设备如图6-36所示。

图6-36　低温连续真空干燥机

参 考 文 献

［1］孙远明，余群力. 食品营养学［M］. 北京：中国农业大学出版社，2002.

［2］金绍黑. 利用动物脏器制备生物制剂技术［J］. 技术与市场，2009，16（3）：75~76.

［3］ Medis E, Rajapakse N, Kim S K. Antionxidant proper of a radical – scavenging peptide purified from enzymatically preparred fish skin gelatin hydroysate［J］. Journal of Agricultural and Food Chemistry, 2005, 53（3）: 580 ~ 587.

［4］ 马永钧, 秦干安, 陈小娥等. 鱿鱼加工副产物综合利用研究进展［J］. 渔业现代化, 2008, 35 （4）: 62 ~ 65.

［5］ 张长贵, 董加宝, 王祯旭. 家畜副产物的开发利用［J］. 肉类研究, 2006, 3: 40 ~ 43.

［6］ 王学平. 家畜加工副产品及废弃物的综合利用将成为肉食行业新的经济增长点［J］. 肉类工业, 2008, 12: 2 ~ 9.

［7］ 夏秀芳. 家畜骨的综合开发利用［J］. 肉类工业, 2007, 5: 22 ~ 25.

［8］ 夏文水, 姜启兴, 许艳顺. 我国水产加工业现状与进展［J］. 科学养鱼, 2009,（11）: 2 ~ 4.

［9］ Sadowska M, Sikorski Z E. Collagen in the tissues of squid（illexargentinus and loligo patagonica）content and solubility［J］. Food Biochem, 1987, 11（2）: 109 ~ 120.

［10］ Denys S, Hendrickx M E. Measurement of the thermal conductivity of foods at high pressure ［J］. Journal of Food Science, 2004, 64（4）: 709 ~ 713.

［11］ 付刚. 骨胶原多肽的制备及其抗氧化性研究［D］. 四川: 四川农业大学, 2006.

［12］ 田良. 水产品加工成就山东渔业富强之路［J］. 中国水产, 2005, 9: 13.

［13］ 王龙, 叶克难. 水产蛋白资源的酶解利用研究现状与展望［J］. 食品科学, 2006, 27（12）: 807 ~ 812.

［14］ Andree S, Jira W, Schwind K H, et al. Chemical safety of meat and meat products［J］. Meat Science, 2010, 86（1）: 38 ~ 48.

［15］ Calpla C, gonzalez P, Ruales J, et al. Bone – bound enzymes for food industry application［J］. Food Chemistry, 2000, 68（4）: 403 ~ 409.

［16］ 吴立芳, 马美湖. 我国家畜骨骼综合利用的研究进展［J］. 现代食品科技, 2005, 1: 138 ~ 142.

［17］ 史苏佳. 近红外对食品的无损伤分析［J］. 食品研究与开发, 2007, 3: 177 ~ 179.

［18］ 方俊. 猪血活性多肽的制备和生物活性的研究［D］. 湖南: 湖南农业大学, 2006.

［19］ Karagoz H, Yuksel F, Ulkur E, et al. Comparison of efficacy of silicone gel, silicone gel sheeting, and topical onion extract including heparin and allantoin for the treatment of postburn hypertrophic scars ［J］. Burns, 2009, 35（8）: 1097 ~ 1103.

［20］ Middeldorp S. Heparin: From animal organ extract to designer drug［J］. Thrombosis Research, 2008, 122（6）: 753 ~ 762.

［21］ Snellman O, Sylvén B, Julén C. Analysis of the native heparin – lipoprotein complex including the identification of a heparin complement（heparin co – factor）obtained from extracts of tissue mast cells［J］. Biochimica et Biophysica Acta, 1951, 7（1）: 98 ~ 109.

［22］ Essaidi I, Brahmi Z, Snoussi A, et al. Phytochemical investigation of *Tunisian Salicornia herbacea L.*, antioxidant, antimicrobial and cytochrome P450（CYPs）inhibitory activities of its methanol extract ［J］. Food Control, 2013, 32（1）: 125 ~ 133.

［23］ Virgona N, Yokotani K, Yamazaki Y, et al. Coleus forskohlii extract induces hepatic cytochrome P450 enzymes in mice［J］. Food and Chemical Toxicology, 2012, 50（3 – 4）: 750 ~ 755.

［24］ Debersac P, Heydel J, Amiot M, et al. Induction of cytochrome P450 and/or detoxication enzymes by various extracts of rosemary: description of specific patterns［J］. Food and Chemical Toxicology, 2001, 39（9）: 907 ~ 918.

［25］ Ohno M, Darwish W S, Ikenaka Y, et al. Astaxanthin rich crude extract of Haematococcus pluvialis induces cytochrome P450 1A1 mRNA by activating aryl hydrocarbon receptor in rat hepatoma H4IIE cells [J]. Food Chemistry, 2012, 130 (2): 356~361.

[26] Plumb G W, Chambers S J, Lambert N, et al. Influence of fruit and vegetable extracts on lipid peroxidation in microsomes containing specific cytochrome P450s [J]. Food Chemistry, 1997, 60 (2): 161~164.

[27] Kupatt C, Bock-Marquette I, Boekstegers P. Embryonic endothelial progenitor cell-mediated cardioprotection requires thymosin $\beta4$ [J]. Trends in Cardiovascular Medicine, 2008, 18 (6): 205~210.

[28] Park H J, Lee M K, Park Y B, et al. Beneficial effects of undaria pinnatifida ethanol extract on diet-induced-insulin resistance in C57BL/6J mice [J]. Food and Chemical Toxicology, 2011, 49 (4): 727~733.

[29] Bogdanski P, Suliburska J, et al. Green tea extract reduces blood pressure, inflammatory biomarkers, and oxidative stress and improves parameters associated with insulin resistance in obese, hypertensive patients [J]. Nutrition Research, 2012, 32 (6): 421~427.

[30] Tanabe K, Nakamura S, Omagari K, et al. Repeated ingestion of the leaf extract from Morus alba reduces insulin resistance in KK-Ay mice [J]. Nutrition Research, 2011, 31 (11): 848~854.

[31] Suwannaphet W, Meeprom A, Yibchok-Anun S, et al. Preventive effect of grape seed extract against high-fructose diet-induced insulin resistance and oxidative stress in rats [J]. Food and Chemical Toxicology, 2010, 48 (7): 1853~1857.

[32] Krisanapun C, Peungvicha P, Temsiririrkkul R, et al. Aqueous extract of abutilon indicum sweet inhibits glucose absorption and stimulates insulin secretion in rodents [J]. Nutrition Research, 2009, 29 (8): 579~587.

[33] Kishino E, Ito T, Fujita K, et al. A mixture of *Salacia reticulata* (kotala himbutu) aqueous extract and cyclodextrin reduces body weight gain, visceral fat accumulation, and total cholesterol and insulin increases in male wistar fatty rats [J]. Nutrition Research, 2009, 29 (1): 55~63.

[34] Bukowska B, Bors M, Gulewicz K, et al. Uncaria tomentosa extracts protect human erythrocyte catalase against damage induced by 2, 4-D-Na and its metabolites [J]. Food and Chemical Toxicology, 50 (6): 2123~2127.

[35] Rampilli M, Larsen R, Harboe M. Natural heterogeneity of chymosin and pepsin in extracts of bovine stomachs [J]. International Dairy Journal, 2005, 15 (11): 1130~1137.

[36] Melachouris N P, Tuckey S L. Comparison of the proteolysis produced by rennet extract and the pepsin preparation metroclot during ripening of cheddar cheese [J]. Journal of Dairy Science, 1964, 47 (1): 1~7.

[37] El-Gazzar F E, Marth E H. Loss of viability by listeria monocytogenes in commercial bovine pepsin-rennet extract [J]. Journal of Dairy Science, 1989, 72 (5): 1098~1102.

[38] Rampilli M, Larsen R, Harboe M. Natural heterogeneity of chymosin and pepsin in extracts of bovine stomachs [J]. International Dairy Journal, 2005, 15 (11): 1130~1137.

[39] 张万山, 刘兰花, 李菊根等. 一种从牛肺中直接提取纯化抑肽酶的方法 [P]. 中国专利: CN1587394, 2005-03-02.

[40] 苏翰, 苏有录, 唐甜等. 一种从牛肺中提取抑肽酶和肝素钠的联产工艺 [P]. 中国专利: CN1803829, 2006-07-19.

[41] 宋杨, 侯司, 汪姗霖等. 直接从黄牛肺中制取高纯度抑肽酶的方法 [P]. 中国专利: CN1160720, 1997-10-01.

[42] Nagaraju S, Devaraja S, Kemparaju K. Purification and properties of hyaluronidase from hippasa

partita（funnel web spider）venom gland extract［J］. Toxicon, 2007, 50（3）：383～393.

［43］Girish K S, Mohanakumari H P, Nagaraju S, et al. Hyaluronidase and protease activities from Indian snake venoms: neutralization by mimosa pudica root extract［J］. Fitoterapia, 2004, 75（3 - 4）：378～380.

［44］Kim K, Song E J, Lee S Y, et al. Changes in antigenicity of porcine serum albumin in gamma - irradiated sausage extract by treatment with pepsin and trypsin［J］. Radiation Physics and Chemistry, 2011, 80（11）：1258～1262.

［45］Perera E, Moyano F J, Rodriguez - Viera L, et al. In vitro digestion of protein sources by crude enzyme extracts of the spiny lobster panulirus argus（latreille, 1804）hepatopancreas with different trypsin isoenzyme patterns［J］. Aquaculture, 2010, 310（1 - 2）：178～185.

［46］Mattson K J, Devlin B R, Loskutoff N M. Comparison of a recombinant trypsin with the porcine pancreatic extract on sperm used for the in vitro production of bovine embryos［J］. Theriogenology, 2008, 69（6）：724～727.

［47］Díaz - Mendoza M, Farinós G P, Castañera P, et al. Proteolytic processing of native Cry1Ab toxin by midgut extracts and purified trypsins from the mediterranean corn borer sesamia nonagrioides［J］. Journal of Insect Physiology, 2007, 53（5）：428～435.

［48］吕向广. 一种分离提取糜蛋白酶的方法［P］. 中国专利：CN101302505, 2008 - 11 - 12.

［49］孙廷华. 一种糜蛋白酶的纯化工艺［P］. 中国专利：CN102618523A, 2012 - 08 - 01.

［50］Pietrasik Z, Aalhus J L, Gibson L L, et al. Influence of blade tenderization, moisture enhancement and pancreatin enzyme treatment on the processing characteristics and tenderness of beef semitendinosus muscle［J］. Meat Science, 2010, 84（3）：512～517.

［51］Chen C H, Chang M Y, Lin Y S, et al. A herbal extract with acetyl - coenzyme A carboxylase inhibitory activity and its potential for treating metabolic syndrome［J］. Metabolism, 2009, 58（9）：1297～1305.

［52］Córdoba - Pedregosa M C, Villalba J M, Alcaín F J. Determination of coenzyme Q biosynthesis in cultured cells without the necessity for lipid extraction［J］. Analytical Biochemistry, 2005, 336（1）：60～63.

［53］Brito M A, Silva R F M, Brites D. Bilirubin toxicity to human erythrocytes: a review［J］. Clinica Chimica Acta, 2006, 374（1 - 2）：46～56.

［54］Li J, Huo M R, Wang J, et al. Redox - sensitive micelles self - assembled from amphiphilic hyaluronic acid - deoxycholic acid conjugates for targeted intracellular delivery of paclitaxel［J］. Biomaterials, 2012, 33（7）：2310～2320.

［55］Huo M R, Zou A F, Yao C L, et al. Somatostatin receptor - mediated tumor - targeting drug delivery using octreotide - PEG - deoxycholic acid conjugate - modified N - deoxycholic acid - O, N - hydroxy ethylation chitosan micelles［J］. Biomaterials, 2012, 33（2）：6393～6407.

［56］张仕权, 李亮. 牛黄的人工培植技术［J］. 经济动物学报, 2002, 1：8.

［57］李洪亮, 方书起. 双循环气体搅拌厌氧发酵罐［P］. 中国专利：CN2550372, 2003 - 05 - 14.

［58］陈芳, 肖杰. 生物发酵罐［P］. 中国专利：CN202089963U, 2011 - 12 - 28.

第七章　畜骨的综合利用

第一节　畜骨的化学成分及保藏

一、畜骨的化学成分

畜骨占家畜活体重的 6% ~ 12%，占胴体重的 13% ~ 20%。畜骨包括骨组织、骨髓和骨膜。骨组织又由骨细胞、骨胶纤维和基质组成。畜骨的主要化学成分包括水分、蛋白质、脂肪、灰分，灰分中以磷和钙为主，畜骨化学组成如表 7 - 1 所示。总体而言，畜骨中水分在 25 ~ 35g/100g，蛋白质在 17 ~ 22g/100g，脂肪在 11 ~ 25g/100g，灰分在 29 ~ 40g/100g。

表 7 - 1　　　　　　　　　　　　畜骨化学组成　　　　　　　　　　　　单位：g/100g

骨骼部位	水分	干物质			灰分中的钙磷	
		蛋白质	脂肪	灰分	钙	磷
头骨	30.0	18.3	11.3	40.4	10.0	22.1
胸椎骨	35.6	19.3	16.0	29.1	7.8	16.9
肩胛骨	24.6	21.5	14.3	39.6	8.8	20.1
肱骨	22.9	16.5	24.7	35.9	8.7	17.4
桡骨	24.7	18.0	19.5	37.8	8.8	19.3
肋骨	30.2	17.2	17.7	34.9	8.5	19.1
盆骨	30.0	18.2	19.3	32.5	7.6	17.8
股骨	27.0	17.2	22.1	33.7	7.6	17.2
胫骨排骨	28.0	18.1	18.3	35.6	8.3	19.0

畜骨中的蛋白质组成包括骨胶原蛋白、碱溶蛋白、弹性蛋白，猪、牛、羊 3 种主要家畜的骨蛋白组成如表 7 - 2 所示。

表 7 - 2　　　　　　　　　　　　畜骨蛋白组成　　　　　　　　　　　　单位：g/100g

畜骨种类	总量	骨蛋白成分		
		胶原蛋白	碱溶蛋白	弹性蛋白
猪骨	15.62	12.25	1.24	1.21
牛骨	18.01	14.11	0.71	1.77
羊骨	17.67	13.52	0.90	2.11

畜骨中最主要的资源是无机盐，具体包括磷酸钙、碳酸钙、磷酸镁、氟化钙、氯化钙等，其组成如表 7 - 3 所示。

表 7 - 3		畜骨蛋白成分		单位：g/100g	
无机盐	磷酸钙	碳酸钙	磷酸镁	氟化钙	氯化钙
含量	85	10	4.5	0.25	0.25

二、畜骨的保藏

从屠宰厂收集而来的畜骨，被运送至深加工企业后不一定马上进行加工，通常需要保藏备用。畜骨深加工的产量、质量和原料骨的新鲜程度有很大关系。加工食品、饲料和生物活性物质时，要求畜骨一定要新鲜。但鲜骨含水量大，附带有残余的鲜肉、脂肪和结缔组织，易受微生物的影响而发生腐败变质，给生产加工带来不便，应根据畜骨生产的具体情况选择适当的收集和保藏方式。新鲜的湿骨应堆放在低温、空气流通和干燥的地方，避免日光直接照射，不要放在潮湿和空气不流通的地方，以免鲜骨生霉。干燥的畜骨可放在温度相对较高的场地保存，但也要保持通风，并避免日光直接照射。常见的保藏方式包括冷藏保鲜和冷冻保藏。

（一）冷藏保鲜

冷藏保鲜是将畜骨冷却到中心温度 0 ~ 4℃，然后在 -1 ~ 1℃ 的条件下储藏保鲜。屠宰后的畜骨进入冷却间后，应按层次堆放。冷却间的温度在畜骨进入前需保持在 -1 ~ 0.5℃，冷却过程中的标准温度为 0℃，冷却中的最高温度为 2 ~ 3℃。经 48h 冷却使畜骨中心温度达到 0 ~ 4℃。冷却过程中除严格控制温度外，还要将相对湿度维持在 95% ~ 98%，在冷藏后期 3/4 的时间内，维持相对湿度 90% ~ 95%，最大风速不超过 2 m/s。畜骨的冷藏室温度为 -1 ~ 1℃，温度波动不得超过 0.5℃，进库时升温不得超过 3℃。相对湿度为 85% ~ 90%，冷风流速为 0.1 ~ 0.5 m/s。在此条件下，畜骨可储藏保鲜 5 ~ 6 周。

（二）冷冻保藏

冻藏保藏是先将畜骨在 -25℃ 以下的低温进行深度冷冻，使畜骨冻结后，在 -18℃ 左右的温度下储藏。冻结方法根据冷却介质不同，可分为空气冻结法、间接冻结法和直接接触冻结法 3 种。

（1）空气冻结法　该方法是以空气作为冷却介质，经济方便，但速度较慢。

（2）间接冻结法　该方法是使畜骨与冷壁接触而冻结的方法。

（3）直接接触冻结法　这种方法是把畜骨与制冷剂直接接触而冻结，接触方法可采用喷淋法或浸渍法，常用的制冷剂是盐水、干冰和液氮。

3 种方法中最常用的是空气冻结法。冻结速度直接影响畜骨的质量。畜骨冻结可采用两阶段冷冻法，即牛屠宰后先冷却畜骨，然后将冷却的畜骨冻结。一般冷冻间的温度为 -23℃ 或更低，相对湿度 95% ~ 100%，风速为 0.2 ~ 0.3m/s，经 20 ~ 24h 使畜骨中心温度降低至 -18℃，即完成冻结。畜骨冻结后，转入冷库进行长期储藏。比较合理的冻藏温度为 -18℃，一般要求温度波动不超过 1℃。相对湿度维持在 95% ~ 98%。冷藏室空气流动速度控制在 0.25 m/s 以下。

第二节　畜骨在食品中的加工利用

畜骨在食品生产过程中的直接应用包括食品基料、强化食品和保健食品3个方面。

一、食品基料

畜骨经过简单的清洗、加工、包装等工序之后就可以成为食品基料，食品基料通过罐装保藏的方式，可以长期储藏。

（一）流变型食品基料

1. 主料与辅料

主料：新鲜的猪、牛、羊骨。

辅料：多糖类食品胶、悬浊剂。

2. 装置与设备

旋转切割机、压碎轧辊、切碎机、压片机、胶体磨、搅拌反应罐、高温杀菌釜。

3. 工艺原理

利用处于冷冻状态下含骨髓的畜骨为原料，依次经过旋转切割机和压碎轧辊的破碎、压碎处理，形成柔软的片状物体。将其置于搅拌反应罐中加水搅拌，并在高压杀菌釜中进行高压杀菌处理，杀菌处理后，经过胶体磨进行研磨即得到骨髓糊状物。通过热灌装于马口铁罐中即得到具有良好的卫生和风味品质的流变食品基料，该产品由于添加了食品悬浊剂，能进一步提高其可塑性。

4. 工艺流程

骨原料→破碎→压碎→加水搅拌→加压煮沸→研磨→灌装杀菌→成品

5. 操作要点

（1）破碎　为了方便破碎，首先将清洗干净含有骨髓的畜骨（如肋骨、脊柱骨、腿骨等）冷冻至中心温度 -20℃左右，然后用旋转切割机进行破碎，骨原料最终粒度不超过5mm。

（2）压碎　将破碎得到的骨块进行解冻，解冻后将骨与骨髓通过压碎辊进行碾压，压碎后，将骨与骨髓混合物在 -10℃左右通过压片机制成柔软的、具有一定延展性及弹性的片状物料。

（3）加水搅拌　取骨与骨髓制得的柔软物料，按其重量10% ~80%的比例加入0℃纯净水，根据需要添加多糖类食品胶，如植物种子胶、树胶、卡拉胶、海藻多糖、黄原胶等，用搅拌机以20r/min的转速，搅拌10min。

（4）加压煮沸　将制备得到的骨块混合物在高压杀菌釜内进行加压煮沸和杀菌，温度121℃，时间30min，使骨质发生脆化，并通过加热消除异味和致病性微生物等，然后自然冷却至室温。

（5）研磨　将经加压煮制后的粉状骨原料在室温下使用胶体磨进行研磨，将其磨成粒度为50 ~100μm的微粒，每次研磨40min、冷却20min，以防止温度过高导致设备损坏，研磨时间4 ~8h，研磨结束后，自然冷却即得到骨髓糊状物。

（6）灌装杀菌　通过热灌装方式将糊状物灌装，密封于马口铁罐中。密封后采用商业灭菌方式杀菌，温度 90~95℃，时间 5~10min，杀菌后即得成品。

6. 产品特性

该类产品在低温下呈固态，在高温时呈液体形状，添加食品悬浊剂能进一步提高其可塑性，可以达到控制食品固液形态的目的，方便后续加工及直接食用。此外，该产品具有良好的卫生和风味品质。

7. 质量标准

流变型食品基料质量标准可参照 GB 13100—2005《肉类罐头卫生标准》。

（1）感官指标　容器密封完好，无泄漏、胖听现象存在。容器内外表面无锈蚀，外观完整。

（2）内容物　具有骨特有的色泽、气味和滋味，无杂质。

（3）理化指标　砷含量（以总 As 计）不大于 0.5mg/kg，铅含量（以 Pb 计）不大于 1.0mg/kg，铜含量（以 Cu 计）不大于 5.0mg/kg，锡含量（以 Sn 计）不大于 200mg/kg，汞含量（以 Hg 计）不大于 0.1mg/kg，亚硝酸盐含量（以硝酸钠计）不大于 5.0mg/kg。

（4）微生物指标　必须符合罐头食品商业无菌要求。

（二）脆化食品基料

1. 主料与辅料

主料：新鲜畜骨。

辅料：蛋白酶、乳酸、盐酸、柠檬酸、氢氧化钠。

2. 装置与设备

切割机、压碎轧辊、切碎机、胶体磨、反应罐。

3. 工艺原理

利用新鲜畜骨原料，经粗切碎、细切碎和绞碎修整后，采用生物化学的方法将其软化，软化剂采用蛋白水解酶、乳酸、盐酸和柠檬酸进行配制。过量的酸用氢氧化钠进行中和，调整其 pH 接近中性，冷却后包装即得到脆化食品基料。该产品生产加工过程中所采用的生物化学方法降低了畜骨硬度，且操作简单，便于生产。

4. 工艺流程

新鲜畜骨→ 原料骨修整 → 软化 → 中和 → 杀菌、冷却包装 →成品

5. 操作要点

（1）原料骨修整　选择卫生达标的新鲜畜骨，经修整后，去除筋膜和残肉，用温水将血污清洗干净，沥干水分后用切割机进行粗切，再用粉碎机进行细粉碎，最后通过骨磨将其磨碎成骨粉，使最终物料的粒径大小控制在 2~3mm 范围内。

（2）软化　用生物化学的方法软化，软化剂用蛋白水解酶 + 乳酸 + 盐酸 + 柠檬酸配制，软化剂用量为原料骨重量的 30%~40%，将软化剂与骨原料一起置于发酵罐内，搅拌 10min 使其充分混匀，软化过程中，罐内温度控制在 10~30℃之间，总软化时间 30~48h。

（3）中和　软化结束后，向装有骨原料的发酵罐内逐渐加入氢氧化钠，进行中和，每次添加量不超过骨原料的 5%，每次添加后搅拌 10min 混匀，并用试纸测定 pH，将软化后的畜骨原料调整 pH 至 6.0~7.0。

（4）杀菌、冷却包装　将中和后的畜骨原料用金属罐灌装密封后，采用商业灭菌方式杀菌，温度 90~95℃，时间 5~10min。杀菌后先自然冷却至室温，然后在 0~1℃的冷库

中冷却 12h，再将成品罐用纸箱包装，冷藏。

6. 产品特性

该类产品使用生物化学的方法使骨糊中的钙、磷成为活性钙和有效磷，提高人对钙、磷的消化吸收率，且通过软化处理，减小了骨的硬度，降低了加工难度，改善了骨糊受热后的色泽。

7. 质量标准

脆化食品基料质量标准可参照 GB 2762—2012《食品中污染物限量》。

（1）重金属　铅含量（以 Pb 计）不大于 0.2mg/kg，镉含量（以 Cd 计）不大于 0.1mg/kg，汞含量（以 Hg 计）不大于 0.05mg/kg，砷含量（以无机砷计）不大于 0.05mg/kg，铬含量（以 Cr 计）不大于 1.0mg/kg，硒含量（以 Se 计）不大于0.5mg/kg。

（2）其他　苯并芘含量不高于 5.0μg/kg，亚硝酸盐含量（以硝酸钠计）不大于 3.0mg/kg。

二、强化食品

（一）即食骨汤

1. 主料与辅料

主料：猪、牛、羊棒骨或脊椎骨。

辅料：砂仁、香油、薄荷油、酵母抽提物、水解蛋白、黄原胶、磷酯、蔗糖酯。

2. 装置与设备

碟片离心机、均质机、双效浓缩塔、全自动无菌灌装机。

3. 工艺原理

利用剔除筋的新鲜畜骨为原料，经粗碎机粉碎后放入高压蒸煮罐内，同时加入水和除腥剂进行蒸煮。除渣后，提取液用碟片离心机，分离出油脂，所得清液在均质机内进行均质。均质后加入香精、稳定剂和乳化剂，在双效浓缩塔中进行真空负压浓缩，然后用全自动无菌灌装机杀菌灌装，得到即食骨汤成品。

4. 工艺流程

原料骨→ 油脂分离 → 均质 → 乳化调香 → 浓缩 → 杀菌灌装 →即食骨汤成品

5. 操作要点

（1）清洗煮制　将畜骨剔除筋膜，用 25℃的温水清洗干净，沥干水分后，用粗碎机以 200kg/h 的速度碎成小块，然后放入高压蒸煮罐中，加 2 倍量的水，同时加砂仁等除腥剂，温度控制在 121℃，压力为 0.2MPa，时间为 4h，进行煮制。

（2）油脂分离　将煮制后的骨汤用滤布过滤，去除肉骨残渣。骨汤滤液使用碟片离心机分离油脂，离心速度 2000r/min，时间 30min，离心得到的清骨汤备用。

（3）均质　将离心分离所得清骨汤用管式换热器预热至 80℃，然后在 80℃恒温、50MPa 的压力下用均质机进行均质，均质后的清汤黏度有所下降。

（4）乳化调香　均质后的骨汤清液添加香精、稳定剂和乳化剂，香精选用薄荷油、酵母抽提物、水解蛋白，稳定剂选用瓜尔豆胶、卡拉胶、海藻酸钠、黄原胶、刺槐豆胶，乳化剂选用硬脂酰乳酸钠、磷酯、蔗糖酯、双乙酰酒石酸单甘油酯。

（5）浓缩　将乳化调香后的骨汤放入双效浓缩塔中，进行真空负压浓缩，浓缩温度控制在 70℃，真空度 0.08MPa，浓缩时注意搅拌，可以解决因受热不均匀而引起的锅底焦化，而且能加速蒸发。待固形物含量浓缩至 40% 时，即可停止浓缩，并将料液抽出浓缩塔。

（6）灌装杀菌　用全自动无菌灌装机进行灌装，将骨汤灌装至 PE 罐后，用热封方法封口，采用商业杀菌方式，温度 80℃，时间 5min，杀菌后即得成品。

6. 产品特性

该生产工艺使得骨中的营养成分充分地溶解在骨汤里，营养价值高，钙的吸收率高，工艺简单，成本低，适合于工业化大规模生产。

7. 其他相关产品

（1）清真牛骨汤　如果在原料获取过程中，选取清真方式进行屠宰，以经卫生检疫合格的鲜牛、羊骨，经预煮、煮制、过滤、除油、汤液灌装等工艺制得的速食骨汤，经清真食品认证后，可成为一种工业化、规模化的清真牛羊骨汤。该类产品不但食用方便、滋味鲜美、营养丰富，而且还能针对穆斯林市场，前景可观。

（2）速食骨汤粉　对所得的液态骨汤进行真空浓缩、冷冻干燥或喷雾干燥，制成粉状或膏状物料，形成一种全新的速调营养骨汤粉。该类产品食用方便，并且保留了原骨汤的风味和营养，适用于大规模工业化、标准化生产。

（3）无花果骨汤　选取无花果、核桃仁、猪骨等作为原辅料，可制得无花果猪骨汤，不仅营养丰富，而且具有健胃清毒、滋阴润燥等功能，该产品同时有制备工艺简单、易操作、重现性良好等优点，适于工业化生产。

8. 质量标准

即食骨汤质量标准可参照 GB 13100—2005《肉类罐头卫生标准》。

（1）感官指标　容器密封完好，无泄漏、胖听现象存在。容器内外表面无锈蚀、外观完整。

（2）内容物　具有骨特有的色泽、气味和滋味，无杂质。

（3）理化指标　砷含量（以总 As 计）不大于 0.5mg/kg，铅含量（以 Pb 计）不大于 1.0mg/kg，铜含量（以 Cu 计）不大于 5.0mg/kg，锡含量（以 Sn 计）不大于 200mg/kg，汞含量（以 Hg 计）不大于 0.1mg/kg，亚硝酸盐含量（以硝酸钠计）不大于 5.0mg/kg。

（4）微生物指标　必须符合罐头食品商业无菌要求。

（二）畜骨乳液饮料

1. 主料与辅料

主料：骨乳粉、浓缩骨乳液、骨乳酱。

辅料：乳化剂、麦芽糊精、糖、可可粉、明胶溶液、大豆分离蛋白、植物油、葡萄糖、脱脂奶粉、蔗糖、淀粉、卡拉胶、香草、精制米糠、牛奶、奶油、果葡糖浆、香草粉、磷酸钙。

2. 装置与设备

均质机、反应罐。

3. 工艺原理

畜骨乳饮料有大豆蛋白饮料、巧克力谷物饮料和巧克力奶饮料三种。均采用一定浓度骨乳粉、浓缩骨乳液、骨乳酱、乳化剂的水溶剂为主要原料进行混合搅拌，混合搅拌后进行真空脱气得到畜骨溶液。畜骨溶液配以不同的辅料经过混料、杀菌、起泡等工序即可生产出各种口味的畜骨乳饮料。

4. 工艺流程

5. 操作要点

（1）骨乳溶液制备 将骨乳粉、浓缩骨乳液、骨乳酱、乳化剂以水为溶剂配成适宜浓度的溶液，再将其加入需要量的水搅拌混合均匀，使饮料中含骨乳粉2%~8%。进行混合搅拌时，混合搅拌的速度为300r/min。混合搅拌后进行真空脱气，真空度为0.08MPa，温度为60℃，脱气10min，脱气后在20MPa下持续作用时间10min进行均质。

（2）大豆蛋白饮料 以麦芽糊精、糖、可可粉、明胶溶液、大豆分离蛋白、优质植物油、葡萄糖等为辅料，与骨乳溶液混合。

①混料：混合所有的干物料，把以上配料和明胶溶液倒入水中，并较好地搅拌，加入增稠剂以提高产品稳定性，如瓜尔豆胶、卡拉胶、海藻酸钠、黄原胶、刺槐豆胶等。

②加热：加热至45℃，加入油和乳化剂，乳化剂可选用硬脂酰乳酸钠、磷酯、蔗糖酯、双乙酰酒石酸单甘油酯等，总添加量不超过5%。

③杀菌：采用巴氏杀菌方式进行湿热杀菌，将物料加热至71℃，然后在该温度下保持30min，杀菌完成后自然冷却至室温，冷却后进行包装，即得成品。

（3）巧克力谷物饮料 以脱脂奶粉、蔗糖、天然可可粉、淀粉、香草、精制米糠为辅料，与骨乳溶液混合。

①混料：将上述物料混合均匀，加入增稠剂以提高产品稳定性，如瓜尔豆胶、卡拉胶、海藻酸钠、黄原胶、刺槐豆胶等，并添加0.2%~0.3%的乳化剂，如硬脂酰乳酸钠、磷酯、蔗糖酯等。

②加奶：混合料中加入适量牛奶，加热混匀，即得成品。

（4）巧克力奶饮料 以牛奶、可可粉、奶油、果葡糖浆、香草粉、磷酸钙为辅料，与骨乳溶液混合。

①混料：将上述配料混合均匀。

②搅拌：在混合配料中加水，搅拌混合。

③起泡：在加盖容器里摇动以获得起泡，冷藏1h，即得成品。

6. 产品特性

畜骨提取乳液饮料中含有大量的蛋白质、有机钙、有机磷（磷脂质、磷蛋白）和各种维生素、微量元素等人体所需要的营养成分，经常饮用可增强人体体质，对缺钙人群有一定的辅助治疗效果。由于在该产品中，钙、磷等元素呈有机化合物的状态存在，通过后续不同工艺，可制成各系列口味的饮料，口味良好，不但可以补充人体需要的各种维生素、钙、磷及各种微量元素，还兼具各种果味饮料和奶制品优点。这类产品工艺方法，工艺简单，易于操作，设备投资少，可以利用制作其他各种饮料的原有设备进行生产。

7. 质量标准

畜骨乳液饮料质量标准可参照 GB/T 21732—2008《含乳饮料》。

（1）感官评价　畜骨乳液饮料中要含有特有的乳香滋味和气味，具有骨特有的风味，无异味，色泽均匀呈乳白色、乳黄色或带有添加辅料的相应色泽，组织状态均匀、细腻、呈乳浊液，无分层现象，允许有少量沉淀，无正常视力可见外来杂质。

（2）理化指标　蛋白质含量不低于 1.0g/100mL，脂肪含量不低于 1.0g/100mL，总砷含量（以 As 计）不高于 0.2mg/L，铅含量（以 Pb 计）不高于 0.05mg/L，铜含量（以 Cu 计）不高于 5.0mg/L。

（3）微生物指标　菌落总数不大于 10000CFU/mL，大肠杆菌数不大于 40MPN/100mL，霉菌数不大于 10CFU/mL，酵母菌数不大于 10CFU/mL，致病菌不得检出。

（三）骨汤豆腐丝

1. 主料与辅料

主料：新鲜畜骨、豆腐丝。

辅料：花椒、八角茴香、丁香、桂皮、鸡架、中草药佐料。

2. 装置与设备

反应釜、熏炉、真空包装机。

3. 工艺原理

利用新鲜畜骨原料，加入中草药佐料进行熬制，得到骨汤。将经常规工艺磨浆、榨制获得的豆腐丝置于骨汤中充分浸泡，浸泡完成后将其置于无菌车间晾至半干，将半干的豆腐丝放入熏炉，用糖进行熏制着色，然后进行定量真空包装即为骨汤豆腐丝成品。

4. 工艺流程

原料→ 配料 → 豆腐丝制作 → 骨汤熬制 → 浸泡 → 晾干 → 熏制 → 包装 →成品

5. 操作要点

（1）配料　将花椒、八角茴香、丁香、桂皮精选配齐，备用。

（2）豆腐丝制作　按常规工艺经磨浆、榨制获得豆腐丝产品，备用。

（3）骨汤熬制　把符合卫生标准的新鲜畜骨剔除筋及残余肉，用 25℃的温水将血污及残渣清洗干净，置于高压反应釜内，加入畜骨 4 倍重量的纯净水，再加入中草药佐料，在 100℃下加热 10 ~ 15h，即得骨汤，备用。

（4）浸泡　将豆腐丝置于骨汤内浸泡，在 100℃下煮 1.5 ~ 3h，至骨汤将豆腐丝浸透为止。

（5）晾干　将豆腐丝从骨汤中捞出，在无菌车间晾至半干，含水量控制在 20% 以内，备用。

（6）熏制　将晾至半干的豆腐丝放入熏炉，用糖进行熏制着色，即得骨汤豆腐丝成品。

（7）成品包装　按袋定量，真空包装，速冻入库。

6. 产品特性

这种骨汤豆腐丝的制作工艺解决了现有技术口感单一、营养价值低等问题。在生产过程中，骨汤对豆制品的营养成分和风味进行了调整，生产出的综合型产品营养价值高、口感鲜美，特别适宜现代人对健康食品的消费需求。

7. 质量标准

骨汤豆腐丝质量标准可参照 GB/T 23494—2009《豆腐干》。

（1）感官指标　骨汤豆腐丝形状完整，厚薄均匀，无焦煳，具有熏制豆腐特有的色泽，咸淡适中，具有特殊的熏香味。

（2）理化指标　水分含量不高于 70g/100g，蛋白质含量不低于 15g/100g，食盐含量（以氯化钠计）不高于 4.0g/100g。

（3）卫生指标　苯并芘含量不高于 5.0μg/kg，总砷含量（以 As 计）不高于 0.5mg/kg，铅含量（以 Pb 计）不高于 1.0mg/kg，硒含量（以 Se 计）不高于 0.3μg/kg，黄曲霉毒素 B_1 含量不高于 5.0μg/kg。

（4）微生物指标　菌落总数不大于 750CFU/mL，大肠杆菌数不大于 40MPN/mL，致病菌不得检出。

（四）鲜骨豆奶粉

1. 主料与辅料

主料：畜骨、大豆。

辅料：脱脂奶粉、蔗糖、低聚异麦芽寡糖、β-环状糊精、磷脂酰胆碱、硫酸镁、调味剂、抗氧化剂。

2. 装置与设备

粉碎机、微波杀菌装置、超微粉碎机、微波干燥机、均质机。

3. 工艺原理

利用新鲜畜骨原料，经粗碎、蒸煮提髓、微波杀菌后，用超微粉碎机粉碎得到鲜骨髓粉。大豆通过筛选、清洗、晾干后，经过微波杀菌、脱腥、干燥，用超微粉碎机带皮整粒粉碎，得到全大豆粉。将鲜骨粉、全大豆粉及其他辅料混合均质，筛粉后用微波杀菌干燥，包装，即得到鲜骨豆奶粉。

4. 工艺流程

畜骨→预处理→骨髓粉预制→大豆蛋白粉预制→混合均质→微波杀菌→干燥→包装→成品

5. 操作要点

（1）预处理　将经检疫的新鲜畜骨，剔除筋及残余肉，用 25℃的温水将血污及残渣清洗干净，用旋转切割机进行破碎，骨原料最终粒度不超过 2mm。

（2）骨髓粉预制　使用高温反应釜蒸煮提髓，温度控制在 95℃，压力为 0.2MPa，时间为 8h。蒸煮过的畜骨沥干水分，然后用微波杀菌设备杀菌，最后用超微粉碎机粉碎，得鲜骨髓粉。

（3）大豆蛋白粉预制　将经筛选的优质大豆清洗、晾干或烘干，至含水量为 1% ~ 2%后，经微波杀菌、脱腥、干燥，用超微粉碎机带皮整粒粉碎，得全大豆粉。

（4）混合均质　将鲜骨粉、全大豆粉及其他辅料（脱脂奶粉、蔗糖、低聚异麦芽寡糖、β-环状糊精、磷脂酰胆碱、硫酸镁、调味剂、抗氧化剂）加入到搅拌机中，进行混合均质。搅拌速度 20r/min，时间 2h。

（5）杀菌干燥　所得混合骨豆混合粉料，用筛子筛粉，能够通过 80 目筛孔的为合格产品，然后用微波杀菌，干燥，包装，得鲜骨豆奶粉。

6. 产品特性

该产品是针对人们长期缺钙和膳食不平衡而导致多种疾病等问题的一种营养保健食品。其特点是选用鲜畜骨和优质大豆为主要原料，利用微波干燥、杀菌和超微粉碎技术，加入其他辅料混合均质而成，生产工艺简便，营养配比均衡合理。

7. 质量标准

鲜骨豆奶粉质量标准可参照 GB/T 18738—2006《速溶豆粉和豆奶粉》。

（1）感官指标　鲜骨豆奶粉色泽呈淡黄色或乳白色，外观呈粉状或微粒状，无结块，具有大豆和骨汤特有的香味，口味醇正，无异味，润湿下沉快，冲调后易溶解，允许有极少量团块，无正常视力可见外来杂质。

（2）理化指标　其水分含量不高于 4%，蛋白质含量不低于 15%，脂肪含量不低于 8%，总糖含量（以蔗糖计）不高于 60%，灰分含量不高于 5.0%，溶解度不低于 85g/kg，总酸含量（以乳酸计）不高于 10.0g/kg，定量法测定尿素酶活性不大于 0.02mg/g，总砷含量（以 As 计）不高于 0.5mg/kg，铅含量（以 Pb 计）不高于 1.0mg/kg，铜含量（以 Cu 计）不高于 10mg/kg。

（3）微生物指标　菌落总数不大于 30000CUF/g，大肠杆菌不大于 40MPN/g，霉菌数不大于 100CUF/g，致病菌不得检出。

（五）即食骨泥

1. 主料与辅料

主料：鲜畜骨。

辅料：带骨肉、食醋。

2. 装置与设备

切割机、磨浆机、灌装机。

3. 工艺原理

利用鲜骨作为原料，将其进行选择分类后用切割机切成大小基本一致的骨块，然后进行清洗去除杂质。将清洗完毕后的骨块按一定比例加水，并进行高压蒸煮，然后在磨浆机的作用下进行两次磨碎，将其磨成均匀一致并具有一定表面活性和黏合性的骨泥。最后，按一定比例将辅料和磨碎好的骨粉均匀混合，搅拌，使其具有良好的风味，然后用灌装机将制好的骨泥进行包装。

4. 工艺流程

鲜畜骨→ 选择 → 小块 → 清洗 → 加水 → 高压蒸煮 → 一次磨碎 → 二次磨碎 → 混合 → 包装 →成品

5. 操作要点

（1）原料选择　选择无污染变质的猪、牛、羊等带肉鲜骨，将硬腿骨除去。

（2）小块　将选择的带肉鲜骨切割成长和宽均小于 20cm 的小块。

（3）温水清洗　将骨块放入 40~50℃ 的温水中清洗。

（4）装料加水　将温水清洗过的骨块装入高压锅内，高压锅的大小根据加工量确定，加水量与带肉鲜骨的重量比为 1:2。

（5）高温高压蒸煮　温度为 120℃，压力为 0.1MPa，蒸煮时间为 50min，蒸煮时加入少量食醋，食醋添加量占带肉鲜骨重量的 0.5%~1%。

（6）一次磨碎　用经改进的市售磨浆机，将高温高压蒸煮后的骨块磨碎。

（7）二次磨碎　将一次磨碎所得骨泥过滤后，把不符合粒度要求的骨泥、骨渣进行第二次磨碎，经过第二次过滤后弃渣，在一次磨碎和二次磨碎时均加入蒸煮原汤（即高温高压蒸煮时出的汤），原料温度保持在70℃以上。

（8）混合　将两次所得骨泥混合，即得即食骨泥。

（9）包装储藏　即食骨泥装罐后可长期储藏。

6. 产品特性

该产品生产过程中利用高温高压蒸煮原理，采用热加工方法，便于杀菌消毒，在加工过程中不易污染，营养物质损失也少，其成品在空气中的储藏时间比冷加工成品在空气中的储藏时间延长1~2倍，而且经过高温高压蒸煮后骨质酥软，便于磨碎，用一般市售磨浆机即可。利用该方法制取鲜骨泥，整个加工过程所需设备投资小，而且适用于大、中、小批量生产，还可以充分利用骨质资源。

（六）营养骨泥蔬菜肉饼

1. 主料与辅料

主料：畜骨。

辅料：肉、食盐、味精、磷酸盐、异抗坏血酸钠、亚硝酸盐、蔬菜、淀粉、植物油、大豆蛋白、乳清蛋白、面包屑。

2. 装置与设备

绞肉机、打浆机、斩拌机、灌肠机、切片机、真空包装机。

3. 工艺原理

利用鲜骨作为原辅料，将其按一定的加工工艺制成骨泥；选取品质新鲜的肉切块，加入食盐、味精、混合磷酸盐、异抗坏血酸钠、亚硝酸盐等进行腌制；将蔬菜用水清洗后切割、烫漂、打浆制成蔬菜泥；选择品质优良的大豆进行浸泡、漂洗、沥干水分等，制成需要的大豆蛋白；将上述制备好的骨泥、腌肉、蔬菜泥以及大豆蛋白放在容器中均匀混合，然后进行灌制、挂浆包装制成营养骨泥蔬菜肉饼。

4. 工艺流程

原辅料→ 肉的腌制 → 制骨泥 → 制蔬菜泥 → 制大豆蛋白 → 馅料混合 → 灌制 → 挂浆包装 →成品

5. 操作要点

（1）肉的腌制　将新鲜的肉切成长宽各为2~3cm的小块，向其中加入食盐、味精、混合磷酸盐、异抗坏血酸钠、亚硝酸盐，置于容器中混合均匀，在0~4℃温度下腌制24~30h，制成腌制肉。

（2）制骨泥　将畜骨用水清洗后，在121℃高温、0.1MPa高压下处理1h，绞碎后高速匀浆，制成骨泥。

（3）制蔬菜泥　将蔬菜用水清洗，经切割、烫漂、打浆制成蔬菜泥。

（4）制大豆蛋白　向大豆组织蛋白中加入占大豆组织蛋白重量0.5%的碳酸氢钠溶液，放入容器中，加入70~90℃的热水，浸入大豆组织蛋白浸泡20~30min，再漂洗、沥干水分，反复2~3次，清洗干净，挤干水分，冷却、冷藏备用。

（5）馅料混合　腌制肉添加骨泥、蔬菜泥、淀粉、植物油、大豆蛋白、乳清蛋白等，用斩拌机斩拌成肉糜。

（6）灌制　将肉馅灌入塑料复合肠衣中，将填充好的肠体放入冰柜进行冻结，剥去肠衣用切片机切成 5mm 厚的肉饼。

（7）挂浆包装　按面粉 15%、淀粉 15%、大豆蛋白 10%、葡萄糖溶液 0.5% 和水 59.5% 的比例配好挂浆料，将肉饼放入挂浆料中，使其均匀挂上一层面浆，再放入面包屑中裹上一层面包屑，冷却、真空包装。

6. 产品特性

将动物肉、畜骨、蔬菜、大豆蛋白等加工成有利于人体吸收的肉饼，其营养成分高，便于加工制作，产品具有良好的口感和风味。该产品是一种老少皆宜、加工和食用方便、口感良好、味道鲜美的方便营养食品。

7. 质量标准

营养骨泥蔬菜肉饼可参考 GB 2730—2005《腌腊肉制品卫生标准》。

（1）理化指标　过氧化值（以脂肪计）≤0.25g/100g，酸价（以脂肪计）≤4.0mg/g，三甲胺氮≤2.5mg/100g，苯并芘≤5μg/kg，亚硝酸盐残留量按 GB 2760—2011《食品添加剂使用标准》执行。

（2）重金属　铅≤0.2mg/kg，无机砷≤0.05mg/kg，镉≤0.1mg/kg，总汞（以 Hg 计）≤0.05mg/kg。

（七）高钙营养肉肠

1. 主料与辅料

主料：畜骨、猪肉或牛肉、淀粉、大豆。

辅料：香辛料、肠衣、色拉油。

2. 装置与设备

绞肉机、斩拌机、搅拌机、灌肠机、烘烤箱、冷风机。

3. 工艺原理

以卫生合格的肉、去杂的变性淀粉、清洗干净的大豆以及鲜骨制成的骨泥作为基本原料，按一定比例将制成的原辅料在搅拌机的作用下搅拌均匀，严格控制腌制时间进行腌制，将腌制好的肉馅放在灌肠机中充填到天然羊肠衣中进行烘烤，待烘烤上色良好并达到规定标准后，进行煎炸熟化，然后在冷风机的作用下使熟化好的制品进行冷却包装。

4. 工艺流程

原料→ 精选与制备 → 混合腌制 → 灌制烘烤 → 煎炸熟化 → 冷却包装 → 速冻装箱 →成品

5. 操作要点

（1）原料精选与制备

①肉预处理：猪肉或牛肉经卫生检疫合格后，洗净用绞肉机绞碎。

②淀粉预处理：变性淀粉去杂，待用。

③大豆预处理：将大豆浸泡 8~12h，甩干，用斩拌机粉碎，待用。

④骨泥制作：取经过检疫的新鲜畜骨，洗净后用粉碎机先制成 1cm³ 左右的骨块，再用胶体磨研磨成骨泥，备用。

（2）混合腌制

①搅拌：将绞好的肉和粉碎后的大豆蛋白加入到搅拌机中充分混合搅拌 8~10min。

②混料：将肥肉切成丁，与变性淀粉加入到搅拌机中，并将其余辅料及香辛料等全部

加入搅拌机中，继续加水搅拌 10 ~ 15min。

③腌制：停机检查，搅拌均匀后，放入腌制间（温度控制在 20 ~ 50℃），腌制 8 ~ 12h 待用。

（3）灌制烘烤

①肠衣预处理：将合格的天然羊肠衣用 25 ~ 35℃ 温水浸泡 1 ~ 2h，然后搓洗干净待用。

②灌肠：将腌制好的肉馅放在灌肠机中，然后充填到天然羊肠衣中。

③烘烤：将充填好经打结的肉肠连同吊肠架一起送进烘烤箱，在 65 ~ 75℃ 热风中烘烤 25 ~ 45min，待表面干燥、肠衣与肉馅紧贴在一起，即取出送煎炸熟化间。

（4）煎炸熟化

①油预热：锅中放入色拉油（油占锅的 70% ~ 80%），加热至 75 ~ 95℃。

②煎炸熟化：将烘烤箱取出的肉肠趁热放入油锅之中，煎炸 20 ~ 30min，待肠体表面颜色变成深红，肠体硬挺而有弹性，并能确认肠中心温度达到 72 ~ 80℃，便可取出送冷却间。

（5）冷却包装

①冷却：将煎炸熟化后的肉肠放在冷却间的吊架上，用冷风机吹凉 1 ~ 2h，待肠体温度降至常温后，送至包装间。

②包装：称重包装。

③检验：在金属检测仪上检测合格后，将小包装装入周转箱。

（6）速冻装箱　将周转箱中的肉肠经预冷后送至速冻间速冻。成品库按标准取样检验，确认合格后，签发合格证。

6. 产品特性

该产品采用传统生产工艺、现代技术设备生产，是一种含钙量高、营养丰富、口味独特并具食疗保健功能的香甜味美肉肠。产品卫生安全、储藏期长，适于烧烤、油煎、微波炉加热后食用及烹调炒菜、炒饭等，适宜老年人和儿童以及肥胖人群，以及冠心病、心脑血管病等患者食用，具良好的食疗保健功能。

7. 其他相关产品

骨汤鲜火腿，在火腿灌制过程中，将骨胶原蛋白粉及骨汤加入到馅料中充分腌制，让配料充分吸收骨的风味，可制成骨汤鲜火腿。这是西式肉制品中的中高档产品，其肉质鲜嫩、美味可口、精美外观，是消费者比较喜爱的一种低温肉制品。可有效保持猪肉及骨汤风味和重要营养成分，食用消费方便，适合大多数企业进行生产。

8. 质量标准

高钙营养肉肠质量控制可参考 GB 2730—2005《腌腊肉制品卫生标准》。

（1）理化指标　过氧化值（以脂肪计）≤0.25g/100g，酸价（以脂肪计）≤4.0mg/g，三甲胺氮≤2.5mg/100g，苯并芘≤5μg/kg，亚硝酸盐残留量按 GB 2760—2011《食品添加剂使用标准》执行。

（2）重金属　铅≤0.2mg/kg，无机砷≤0.05mg/kg，镉≤0.1mg/kg，总汞（以 Hg 计）≤0.05mg/kg。

（八）黑米骨泥饼干

1. 主料与辅料

主料：骨泥、黑米、面粉。

辅料：棕榈油、糖稀、碳酸氢铵。

2. 装置与设备

磨浆机、调面机、和面机、辊印、烤炉隧道。

3. 工艺原理

选取品质良好的黑米，除去杂质后浸泡一定时间，用磨浆机磨成黑米浆，再经干燥、过筛制成黑米粉。将鲜骨制成骨泥，将制备好的黑米粉、骨泥和盐水按一定比例混合均匀，然后加入一定量的面粉，在和面机作用下进行揉和，将和好的面团进行辊印成型，最后在烘箱中烘烤制成黑米骨泥饼干。

4. 工艺流程

原辅料→ 黑米粉制备 → 盐水制备 → 原辅料混合 → 面团制备 → 辊印成型 → 烘烤 →成品

5. 操作要点

（1）黑米粉制备　将黑米（15%～20%）浸泡后用磨浆机磨成浆，经脱水混合后，放入蒸间室蒸粉，冷却干燥制得黑米粉，过筛。

（2）盐水制备　称取碳酸氢铵（0.5%～2%）与26～34℃温水混合，并不断搅拌，至碳酸氢铵充分水解。

（3）原辅料混合　将黑米粉、棕榈油（1%～2%）、糖稀（1%～3%）、水解好的碳酸氢铵等原料用调面机搅拌均匀，再加入面粉（35%～45%）和骨泥（2%～5%）。

（4）面团制备　在和面机中调制成面团，直至面团搅拌成熟，静置15min，以消除面团内部应力。

（5）辊印成型　调制好的面团经层叠、压延、成型得到饼干生胚。

（6）烘烤　生胚经烤炉隧道烘烤，即得饼干成品。

6. 产品特性

主食面粉、骨泥与黑米营养搭配，营养价值高，有利于降低血液中胆固醇的含量、预防冠状动脉硬化引起的心脏病、滋阴补肾、健脾暖肝、明目活血，同时保持了饼干原有的营养和风味，松、脆、香、口感好，食用方便。

7. 其他类似产品

将全价畜骨粉加入到面粉中制成的全价骨粉糕点，克服了一般糕点营养不够全面的问题，不改变糕点原有品质，提高了营养含量，可满足人体健康需要。另外这类产品制备工艺成熟，简单易行。

（九）骨泥强化花生酥糖

1. 主料与辅料

主料：骨泥、白砂糖。

辅料：淀粉糖浆、柠檬酸、水果香精。

2. 装置与设备

绞肉机、拉条成型机。

3. 工艺原理

骨泥强化花生酥糖是利用鲜骨制成的骨泥和品质良好的花生磨浆而制成。取一定量的白砂糖在拉条成型机的作用下拉制糖皮，选取品质优良的花生进行焙炒、磨浆，然后加入骨泥制成酥芯。将酥芯放在糖皮中央，用糖皮包紧酥芯，并在拉条机的作用下拉制成型。

4. 工艺流程

制糖皮：烊糖 → 过滤 → 熬制糖膏 → 拉制糖皮 → 糖皮

制酥芯：选料 → 焙炒 → 磨浆 → 骨泥制芯 → 酥芯

} → 包芯 → 成型 → 成品

5. 操作要点

（1）制糖皮

①烊糖：取占糖皮总量65%的白砂糖，加入3%～4.5%的水，加温至60～70℃，使糖溶化。

②过滤：用纱布或纱网过滤，去除糖中的杂质和污物。

③熬制糖膏：烊糖过滤后，加入占糖皮总量30%的淀粉糖浆，用不低于160℃的旺火熬制成糖膏，分为两份，分别倒在冷却台上，一份为40%作为皮料，另一份为60%作为芯料拉酥用。

④拉制糖皮：将糖膏冷却至80～90℃，加入占糖皮总量0.4%～1.9%的柠檬酸和0.1%的水果香精，混合后，取一切块作本色或着色，其余用拉白机拉白叠匀，然后摊平成均匀的长方形糖皮，用本色或着色嵌糖条状放在保温台上。

（2）制酥芯

①选料：拣选颗粒饱满、干燥的花生。

②焙炒：将选好的花生加热至淡黄色。

③磨浆：用绞肉机将精选后的花生磨成花生浆备用。

④骨泥制芯：将糖膏的另一部分（即60%部分），当作酥芯总量的60%压成薄片状，再把占酥芯总量30%的温热的花生浆和10%的骨泥混合后，倒入中央拉长条，迅速将糖条合成双条平列再拉长，反复9～10次即成酥糖芯。

（3）包芯　将酥芯放在糖皮中央，用糖皮包紧酥芯。

（4）成型　包芯后立即进入拉条机成型。

6. 产品特性

制酥心工序中加入骨泥，制成的骨泥强化酥糖营养丰富、香甜可口，钙含量较原来的花生酥糖提高5倍以上，且钙、磷及其他多种微量元素配比合理，为消费者提供了一种高档糖果，尤其适于儿童和老人食用。

7. 其他相关产品

骨泥强化华夫香糕，这种产品主要是在制作的香糕芯料中加入骨泥，经过制皮、制芯、夹芯后成型包装。要点是先用加压浓缩法或大口锅加热浓缩法把骨泥的水分含量降至20%以下，制芯时把奶油放入桶内搅打均匀，再放入白糖粉和备用的骨泥搅打均匀，其中加入骨泥含量为10%～15%。这套工艺简便可行又经济实惠，制作的香糕味道好、含钙量高、营养价值大，而且能够有效地利用骨泥，推广应用价值很大。

（十）畜骨膏挂面

1. 主料与辅料

主料：新鲜畜骨、面粉。

辅料：食醋。

2. 装置与设备

反应釜、和面机、切条机。

3. 工艺原理

利用新鲜畜骨和面粉作为原料，将鲜骨在反应釜中进行熬制浓缩为骨膏，残骨待用。在和面机中用熬制好的骨汤进行和面，然后进行熟化、压片、切条、烘干、切断等一系列挂面制作工艺制作成品。

4. 工艺流程

畜骨→ 预处理 → 骨汤熬制 → 残骨加工 → 挂面制作 →成品

5. 操作要点

（1）畜骨预处理　取新鲜畜骨清洗，去除杂质后，加 90～100℃ 水淹没全部新鲜畜骨，于 90～100℃ 煮 8～12min，畜骨取出待用。

（2）骨汤熬制　在畜骨中加入 4～6 倍量的饮用水，在 0.21MPa、110～130℃ 下煮 1～3h，过滤后在畜骨中加入 2～4 倍量的饮用水，并添加饮用水重量 1%～5% 的醋酸，再于 0.2MPa、110～130℃ 下，蒸煮 1～3h，过滤，合并 2 次熬煮液，以食用碱调节 pH 为 6～7，浓缩为骨膏，残骨待用。

（3）残骨加工　取上述残骨于 100～105℃ 干燥，至含水量低于 10%，粉碎成 100～200 目细粉。

（4）挂面制作　取面粉，加入面粉重量 0.3%～0.5% 的上述骨粉，并加入为面粉重量 5%～25% 的骨膏及 12%～20% 的水，和面，熟化，压片，切条，烘干，切断，包装即成成品。

6. 产品特性

该产品是将新鲜畜骨分别用饮用水和加入食用酸的水高压熬煮，以溶出鲜味物质等，并浓缩为骨膏，再将经两次熬煮后的骨渣干燥、粉碎等细化处理，最后将浓缩的骨膏和细化的骨粉按比例加到面粉中制成挂面。我国工业化处理畜骨一般只利用了其中的钙或胶原蛋白，畜骨熬汤只利用了少量可溶性蛋白和风味物质，而该产品的畜骨利用率达到 100%。这种挂面风味良好，能从产品的口味上吸引更多的消费者。含钙量与鲜牛奶相当，为人们提供了一种补钙的新方式。且加工成本合理，适于大规模工业化生产，具有较好的市场前景。

7. 其他相关产品

骨粉营养鲜湿面条，与干挂面对应，是在所用的优质面粉中添加骨粉，通过优化添加剂配方和改进制作工艺，生产出拉伸性能好、不易浑汤、色泽光亮的骨粉营养鲜湿面条。

三、保健食品

（一）牦牛壮骨粉

1. 主料与辅料

主料：牦牛骨粉。

辅料：杏仁、膨化玉米粉、大豆蛋白粉、淀粉、糖粉、低聚糖、茯苓粉、巧克力粉、香菇粉、麦芽糊精。

2. 装置与设备

粉碎机、挤压膨化机、槽型混合机、胶体磨、摇摆式颗粒机、烘箱。

3. 工艺原理

牦牛壮骨粉是利用牦牛骨粉为原料，膨化玉米粉、大豆蛋白粉、淀粉、糖粉、低聚糖、茯苓粉、巧克力粉、香菇粉、麦芽糊精等为辅料，依次经过粉碎机、挤压膨化机等进行原料制备，然后将其投入到槽型混合机中搅拌均匀，待用。再将已烘好的杏仁粉碎后加入5%蜂蜜和食用酒精，于胶体磨中反复磨制成浆料，之后将其倒入到上述制好的粉料中搅拌均匀。接着将此混料投入摇摆式颗粒机中制成颗粒固体软料，而后摊入不锈钢盘中于烘箱中烘干，再经灭菌、检验、包装即制得牦牛壮骨粉。

4. 工艺流程

原料及辅料→ 原料制备 → 混料 →浆料→混合料→ 造粒 → 烘干 →成品

5. 操作要点

（1）原料制备

①膨化玉米粉：将玉米碴控制其水分在15%～25%，在膨化机上膨化挤出玉米条，玉米条在粉碎机粉碎过80～100目筛。

②杏仁脱苦、脱皮：取杏仁，放入夹层锅中，加入1.5倍量的水，35～45℃下浸泡10～12h后，脱皮，将已脱皮的杏仁投入夹层锅内加水煮沸1～2h捞出，在烘箱中100～105℃烘1～1.5h，取出备用。

③茯苓粉、蔗糖粉：把茯苓在粉碎机中粉碎，于80～100目过筛备用；蔗糖于粉碎机粉碎，过80～100目筛。

④香菇粉：将香菇在烤箱中烤干，粉碎至80～100目备用。

⑤甘草浆：将甘草浸于水中10～12h，滤出液体。

（2）混料　将牦牛骨粉、大豆蛋白粉、膨化玉米粉、淀粉、糖粉、低聚糖、茯苓粉、巧克力粉、香菇粉、甘草浆、麦芽糊精投入槽型混合机中搅拌30～45min。

（3）浆料　将已烘好的杏仁在粉碎机中粉碎，加入5%蜂蜜于胶体磨中反复磨浆为胶体状，后加入食用酒精混合后为浆料。

（4）混合料　将制成的粉料加入到浆料中，搅拌混合均匀为止。

（5）造粒　将混合均匀的物料在14～16目的摇摆式颗粒机中制成颗粒固体软料。

（6）烘干　将所得颗粒软料摊入不锈钢盘中，放于烘箱中，温度105～110℃，烘制1～1.5h，过12～14目筛，灭菌、检验，包装制成牦牛壮骨粉。

6. 产品特性

本品主要是采用我国青藏高原特有的牦牛全骨为主要原料加工而成，其钙的含量达5000mg/kg以上，食用本品可以补充人体对钙的需要，是中老年人、妇女、婴幼儿、青少年、体弱多病者、孕产妇等极好的纯天然功能性保健食品。

7. 其他相关产品

（1）有机钙壮骨粉　将牛脊骨、猪脊骨和猪脑、牛脊髓分别进行高压、干燥、粉碎后，将枸杞、芝麻、胡桃、茯苓等中药材用水提炼成中药粉，按一定配比将各组分进行混配，在 60～70℃ 的温度下用 0.1%～0.35% 的木瓜蛋白酶进行酶解 3～5h，然后调温至 100℃，并保持恒温 0.5～1h，以使木瓜蛋白酶失活，去脂后进行干燥和粉碎，再经粉碎、干燥、灭菌、包装，制成有机钙壮骨粉。该产品能有效地提高钙的生物活性，很容易跟蛋白质等载体结合且不易分离，吸收率比较高，补钙效果好，对防治中老年人骨质疏松有保健作用。

（2）预防骨质疏松及缺钙的壮骨粉　由骨粉、熟地黄、山药、山茱萸、枸杞、菟丝子、当归、茯苓、陈皮、党参、黄芪等组成，根据骨粉和每味中药的不同特性，经科学方法按比例提取精制而成。该产品以补充有机钙为主，同时提供人体必需的多种微量元素，既能补钙，又能补肾健脾疏肝。

8. 质量标准

牦牛壮骨粉的质量规范可参照标准 GB 16740—1997《保健（功能）食品通用标准》。

（1）有害金属

①铅：一般产品中含铅量≤0.5mg/kg；一般胶囊产品中≤1.5mg/kg；以藻类和茶类为原料的固体饮料和胶囊产品中≤2.0mg/kg。

②砷：一般产品中含砷量≤0.3mg/kg；以藻类和茶类为原料的固体饮料和所有胶囊产品中≤1mg/kg。

③汞：以藻类和茶类为原料的固体饮料和胶囊产品中≤0.3mg/kg。

（2）微生物限量　致病菌（指肠道致病菌和致病性球菌）不得检出；菌落总数不大于 30000CFU/g（蛋白质≥4.0%），菌落总数不大于 1000CFU/g（蛋白质<4.0%），大肠菌群不大于 90MPN/g（蛋白质≥4.0%），大肠菌群不大于 40MPN/g（蛋白质<4.0%），霉菌不大于 25CFU/g（蛋白质≥4.0%），霉菌不大于 25CFU/g（蛋白质<4.0%），酵母不大于 25CFU/g（蛋白质≥4.0%），酵母不大于 25CFU/g（蛋白质<4.0%）。

（二）牦牛骨胶

1. 主料与辅料

主料：牦牛骨。

辅料：大枣、有机酸、漂白剂。

2. 装置与设备

反应釜、烘箱。

3. 工艺原理

牦牛骨胶是利用清洗干净的牦牛骨为原料，依次经过脱脂、浸酸、浸灰处理后洗涤中和。然后将中和后的牦牛骨在反应釜中经熬胶、再浓缩、防腐漂白等措施后，置于烘箱中烘干、切块、包装制成牦牛骨胶。另称取大枣经磨浆、浸提后加入到牦牛骨胶中，进一步熔化、调配后进行浓缩、制粒，最后包装制成牦牛骨胶产品。

4. 工艺流程

牦牛骨→┃清洗┃→┃浸酸┃→┃中和┃→┃熬胶┃→┃烘干┃→┃浸提┃→┃造粒┃→┃烘干┃→┃包装┃→成品

5. 操作要点

（1）清洗　取牦牛骨，然后进行原料清洗。

（2）浸酸　将清洗后的原料进行脱脂、浸酸、浸灰处理。

（3）中和　将经上述处理过的原料洗涤中和。

（4）熬胶　将中和后的牦牛骨原料熬胶，温度为90℃，压力为0.1MPa，熬胶时间为20h，再浓缩，然后采取防腐漂白。

（5）烘干　将漂白后的原料烘干、切块，最后包装成牦牛骨胶。

（6）浸提　称取大枣，将其磨浆、浸提。

（7）制粒　将枣浆加入牦牛骨胶，熔化、调配后进行浓缩、制粒，包装制成牦牛骨胶产品。

6. 产品特性

该产品提取出牦牛骨的有效成分，食用后可增加人体所需的微量元素、壮筋骨、除风寒湿痹。

7. 质量标准

牦牛骨胶的质量规范可参照 GB 16740—1997《保健（功能）食品通用标准》。

（1）有害金属

①铅：一般产品中含铅量≤0.5mg/kg；一般胶囊产品中≤1.5mg/kg；以藻类和茶类为原料的固体饮料和胶囊产品中≤2.0mg/kg。

②砷：一般产品中含砷量≤0.3mg/kg；以藻类和茶类为原料的固体饮料和所有胶囊产品中≤1mg/kg。

③汞：以藻类和茶类为原料的固体饮料和胶囊产品中≤0.3mg/kg。

（2）微生物限量　致病菌（指肠道致病菌和致病性球菌）不得检出；菌落总数不大于30000CFU/g（蛋白质≥4.0%），菌落总数不大于1000CFU/g（蛋白质＜4.0%），大肠菌群不大于90MPN/g（蛋白质≥4.0%），大肠菌群不大于40MPN/g（蛋白质＜4.0%），霉菌不大于25CFU/g（蛋白质≥4.0%），霉菌不大于25CFU/g（蛋白质＜4.0%），酵母不大于25CFU/g（蛋白质≥4.0%），酵母不大于25CFU/g（蛋白质＜4.0%）。

第三节　畜骨在食品添加剂生产中的加工利用

一、营养强化剂

（一）多肽骨粉

1. 主料与辅料

主料：新鲜畜骨。

辅料：醋酸、食用碱。

2. 装置与设备

蒸煮罐、磨浆机、均质机、真空浓缩机、喷雾干燥机。

3. 工艺原理

多肽骨粉是利用检疫合格的新鲜畜骨为原料，经破碎机破碎后放入蒸煮罐中高压蒸煮，使其中的脂肪最大限度地溶出，骨块软化，冷却后将固体粗磨，并加酸进行酸水解。酸解后的液体加水稀释，然后打入沉降离心机中离心，去除沉淀。用食用碱将配料中和，并在均质机中均质，接着在底料中加入蛋白酶进行酶解，并将滤液置于真空浓缩罐中浓缩，经喷雾干燥后即可包装成品。

4. 工艺流程

新鲜畜骨→ 高压蒸煮 → 磨浆 → 酸解 → 离心 → 中和 → 均质 → 酶解 → 浓缩 → 喷雾干燥 → 包装 →成品

5. 操作要点

（1）原料处理　将检疫合格的动物鲜骨清洗干净，用破碎机破碎成小块。

（2）高压蒸煮　破碎后的鲜骨放入蒸煮罐中，加入 1～1.5 倍体积的水，通入高温蒸汽升温至 115～130℃，气压达 0.2～0.3MPa，蒸煮 3.5～4.5h，使其中的脂肪最大限度地溶出，骨块软化，冷却后出罐。

（3）磨浆　蒸煮好的骨块经固液分离，进行粗磨，然后细磨使粒度达 200～300 目。

（4）酸解　磨浆后的骨泥打入罐中，加酸进行酸水解，升温升压，在 115～125℃、0.2～0.3MPa 压力下，酸解 3.5～4.5h 后，降温降压出罐。

（5）稀释离心　酸解后的液体加 1～1.5 倍体积的水稀释，然后打入沉降离心机中离心，去除沉淀。

（6）中和配料　用食用碱进行中和，调节 pH 至 7.0。

（7）均质　将中和配料好的物质在 40～60MPa 均质机中均质。

（8）酶解　调整底料浓度为 8%～12%，温度为 50～55℃，pH 为 6.5～7.0，加入蛋白酶进行酶解。

（9）浓缩　将滤液置于真空浓缩罐中，调整物料温度 55～65℃，真空度 0.09～0.1MPa，进行浓缩。

（10）喷雾干燥　浓缩后的液体进行喷雾干燥，温度为 130～150℃，时间为 15～30s。

（11）包装　将干燥后的产品包装，即成品。

6. 产品特性

利用生物技术和酶解技术将动物鲜骨经过精深加工制成多肽骨粉，其中含有丰富的氨基酸、磷脂、生物活性肽、矿物质，是一种钙营养强化剂，其生产周期短，不含有害的重金属。

7. 其他相关产品

（1）综合利用骨粉　在骨粉加工过程中，先将骨与水放入高压蒸煮器中，在压力为 0.4～0.6MPa，温度为 145～155℃的条件下蒸煮 2h，然后放气减至常压，温度降至 20～30℃，提取骨油。加入脂肪水解酶、骨蛋白水解酶和骨素水解酶，静置后，在压力为 0.4～0.6MPa，温度为 145～155℃的条件下蒸煮 1h，在 −65～−60℃的条件下冻干成粉状，提出骨素和骨蛋白，本生产工艺在得到骨粉的同时，还收集得到了骨油、骨素、骨蛋白等其他产品。

（2）高效骨粉　针对目前国内外提取骨粉过程中，蛋白质、脂肪废弃量大，骨综合利用率低的问题，可以在骨粉加工工艺中增加提取罐封盖工艺，升温至 105～120℃（压力小于 0.3MPa），105～120℃保温 4h，这样既可以充分利用骨原料中的各种营养物质，同时对蛋白质、脂肪、钙、磷等成分也能加以提取、回收，能将畜骨的综合利用效率大幅提升。

（3）蒸制骨粉　用蒸汽加热罐体内的碎骨块，压力为 0.2~0.4MPa，时间20~40min，分离出油脂，得到脱脂灭菌骨块。脱脂灭菌骨块经链条清洗输送机用 80~90℃ 的热水清洗，洗下附着的油脂。把脱脂灭菌骨块在高湿物料烘干机内用 400~600℃ 热风烘干，骨块含水量低于 10%。用骨粉碎机把干燥骨块粉碎成粒径小于 3.5mm 的骨粉，即得蒸制骨粉。这种蒸制骨粉在封闭设备内烘干，产品含油较低，卫生指标较好。

（4）活性速溶全价骨粉　利用真空解离技术，得到的骨粉具有极好的溶解性，营养成分与人体骨骼几近相同，符合人体营养需要，作为各种食品添加剂使用不影响食品加工及质量，用途更为广泛。其制备方法简单易操作，成本低，无污染物产生，满足大型工业化生产的需要。

（二）离子化钙

1. 主料与辅料

主料：新鲜畜骨。

辅料：氢氧化钠、醋酸。

2. 装置与设备

粉碎机、胶体磨、离心机、热风干燥机。

3. 工艺原理

离子化钙是利用新鲜畜骨为原料，依次经粉碎机、胶体磨，并加入氢氧化钠溶液进行粉碎研磨、搅拌脱脂、洗涤中和、干燥等程序后，加入醋酸提取上述制备好的骨粉，然后将提取的骨粉置于离心机中离心，取上清液，最后经微波干燥等后得到离子化矿物质干粉。

4. 工艺流程

新鲜畜骨→ 酸液浸提 → 离心 → 干燥 →成品

5. 操作要点

（1）制备骨粉　将畜骨粉碎，得到粒度 60~150 目的骨泥，优选粒度 80~120 目的骨泥；用浓度为 0.2%~9% 氢氧化钠溶液与骨泥混合均匀，在室温搅拌下进行脱脂，搅拌速度 50~100r/min，时间 4~12h，得到脱脂骨泥；脱脂骨泥再用清水多次洗涤、过滤直至骨泥呈中性；干燥超细粉碎，得到粒度为 200 目以下的骨粉。

（2）酸液提取　采用浓度为 1%~8% 的醋酸提取骨粉，骨粉浓度为 1%~7%。

（3）离心　离心机转速 3000~7000r/min，时间 8~18min，得上清液。

（4）干燥　热风干燥、微波干燥、真空干燥、真空冷冻干燥、喷雾干燥等方法任选其一，得到离子化矿物质干粉。

6. 产品特性

该产品生产工艺具有钙溶出率高、处理时间短、处理前后产品营养成分基本保持不变等优点；产品适用于食品、功能性食品和医药领域，生产成本低，生产效率高，经济效益好。

（三）纳米级牛骨粉

1. 主料与辅料

主料：牛骨。

辅料：氢氧化钠。

2. 装置与设备

强力破骨机、骨泥磨、超微气流粉碎机、热风干燥机。

3. 工艺原理

纳米级牛骨粉是以牛骨为原料，清洗干净后放入强力破骨机，添加适量冰水进行强力破骨粗碎，然后高压蒸煮，烘干脱去牛骨表面附着的水分。再将烘好的牛骨置于骨泥磨中，并添加冰屑依次进行一级和二级粉碎。向研磨好的骨泥中添加氢氧化钠搅拌均匀后脱脂，再用热水洗涤至中性，利用气流粉碎上述牛骨粉，干燥脱水即可得纳米级牛骨粉成品。

4. 工艺流程

牛骨→ 清洗 → 强力破骨 → 蒸煮 → 烘干 → 一级粉碎 → 二级粉碎 → 脱脂 → 超微气流粉碎 →

脱水 →纳米级牛骨粉

5. 操作要点

（1）清洗 以牛骨为原料，清洗去除杂物、毛皮、血污等。

（2）强力破骨 将清洗后的原料依次放入强力破骨机进行强力破骨，为保证鲜骨顺利出料，在粉碎时添加适量冰水，冰水添加量为鲜骨重量的30%。粗粉碎后粒度≤1mm。

（3）蒸煮 将清洗好的牛骨进行高压蒸煮，蒸煮温度为150～180℃，压力0.5～0.8MPa，时间1～2h。

（4）烘干 在50～70℃温度下，烘干10～30min，脱去牛骨表面附着的水分。

（5）一级粉碎 鲜骨的细粉碎采用骨泥磨，将强力破骨后的物料进行两道磨碎，通过调节骨泥磨转子和定子的间隙以获得颗粒渐细的骨泥，第一道骨泥磨转子和定子的间隙大，第二道骨泥磨转子和定子的间隙小。利用骨泥磨将牛骨粉碎10～30min，获得牛骨粉粒径在200～500μm范围。在磨碎之前，将冰屑与物料混合均匀，控制物料出口温度≤30℃，冰屑的添加量为鲜骨重量的40%。

（6）二级粉碎 将上述牛骨粉采用骨泥磨研磨15～30min，温度65～75℃，牛骨粉粒度达到100μm以下。

（7）脱脂 采用化学方法进行脱脂。加入0.8%氢氧化钠溶液，与骨泥混合均匀，在搅拌作用下进行脱脂，搅拌速度90r/min。脱脂在室温下进行，时间6h。脱脂结束后，用热水洗涤，去除残留的碱，直至脂肪呈中性，得到骨脂肪和脱脂骨泥。

（8）超微气流粉碎 在室温下，利用气流粉碎牛骨粉，空气压力0.6～0.85MPa，气固比为（2～3）:1，粉粒径达到100～300nm。

（9）脱水 采用70～80℃热风干燥，得到含水量小于2%的纳米级牛骨粉成品。

6. 产品特性

纳米级牛骨粉粒径在1000nm以下，粒径峰值在100～500nm，含有大量粒径在100nm以下的骨粉颗粒。纳米级牛骨粉口感佳、无杂质、无异味，牛骨中的大部分营养得以较完全的保留，口感好、易吸收、应用面广，为牛骨回收利用、高附加值加工拓展出一条新路。

7. 其他相关产品

（1）纳米级牦牛骨粉 以牦牛骨为原料制取牦牛纳米级骨粉，采用超微气流粉碎技术制取牦牛纳米级骨粉，产品粒径达到 100 ~ 300nm，分散均匀，口感佳，可被人体直接吸收利用；具有资源独特、无污染的特点，符合国内外市场倡导的"绿色消费"的观念，市场竞争优势显著。

（2）脱脂超细鲜骨粉　采用粉碎、化学脱脂、干燥和超细粉碎相结合的加工方法，降低能耗，所得产品安全、卫生、易储藏，可广泛用于肉制品、糕点和调味品的钙营养强化。

二、香精香料

（一）浓缩骨汤调味料

1. 主料与辅料

主料：猪脊骨、猪腿骨。

辅料：鸡、鸭、猪蹄、猪肉、金华火腿、姜、环糊精、米酒、冬虫夏草。

2. 装置与设备

斩拌机、夹层锅、绞肉机。

3. 工艺原理

以猪脊骨和猪腿骨为主料，用斩拌机将其斩碎，将其放入夹层锅中，并添加冬虫夏草等辅料进行骨汤熬制，再用鸡肉蓉处理骨汤，加入环糊精搅拌均匀加热，至汤浓缩成乳白色膏状，即得到浓缩骨汤调味料。

4. 工艺流程

原料与辅料→ 预处理 → 骨汤熬制 → 鸡肉蓉处理 → 浓缩 →成品

5. 操作要点

（1）原辅料称取　称取 10kg 鸡、5kg 鸭、10kg 猪脊骨、20kg 猪腿骨、20kg 猪蹄、20kg 猪肉、1kg 火腿、1kg 姜、5kg 环糊精。

（2）预处理　对称取的鸡、鸭、猪脊骨、猪腿骨等进行预处理，用斩拌机将其斩碎。

（3）骨汤熬制　将处理好的畜骨放入夹层锅中，加入称取好的米酒，再加入水，加热，待水烧开后清浮沫，加入冬虫夏草，调节夹层锅内的蒸汽压力为 0.04 ~ 0.06MPa（此压力下，锅内水不沸腾，相当于慢火熬煮），煮制 150min，关闭阀门，待夹层锅内蒸汽压力降至 0MPa 时，开盖将固体捞出，得到骨汤。

（4）鸡肉蓉处理　将称取的鸡肉洗净后绞成鸡肉蓉，将鸡肉蓉平均分成 3 份后依次处理骨汤。用鸡肉蓉处理骨汤时，向鸡肉蓉中加入 1.5kg 的水，搅拌均匀，然后倒入骨汤中，加热 2min 后将固体捞出。

（5）浓缩　在夹层锅内加入环糊精，搅拌均匀，在 50 ~ 70℃加热，至汤浓缩成乳白色膏状，即得到浓缩骨汤调味料。

6. 产品特性

该产品口味自然、耐热性强、风味稳定、营养流失小、香味持久。冷冻后风味保持不变。产品工艺标准简单，便于操作，制作时间短。

7. 质量标准

浓缩骨汤调味料参考 SB/T 10458—2008《鸡汁调味料》标准。

（1）感官特性　香味醇正，无不良气味，状态为浓稠状液体，无异物。

（2）理化指标 总固形物不小于30.0g/100g，氯化物（以氯化钠计）不大于20.0g/100g，总氮（以氮计）不小于1.0g/100g，氨基酸态氮（以氮计）不小于0.5g/100g，其他氮（以氮计）不小于0.25g/100g，总砷（以As计）不大于0.5mg/kg，铅（以Pb计）不大于1.0mg/kg。

（3）微生物指标 物料的菌落总数不大于10000CFU/g，而大肠菌群不大于30MPN/100g，致病菌（沙门菌、志贺菌、金黄色葡萄球菌等）不得检出。

（二）调味骨粉

1. 主料与辅料

主料：新鲜畜骨。

辅料：乳化剂、微胶囊壁材。

2. 装置与设备

粉碎机、真空浓缩机、均质机、喷雾干燥机。

3. 工艺原理

经卫生检疫过的新鲜畜骨预处理后粉碎成碎骨，放入清水中常压浸提，用滤布过滤，经真空浓缩使固形物浓度达到一定要求，加入乳化剂和微胶囊壁材进行微胶囊包埋，依次经过高压均质机均质、喷雾干燥、冷却的工序后即成调味骨粉。

4. 工艺流程

新鲜畜骨→ 碎骨 → 浸提 → 过滤 → 真空浓缩 → 包埋 → 均质 → 干燥 →成品

5. 操作要点

（1）预处理 经卫生检疫过的新鲜畜骨用清水洗净，去除污物、血水和筋膜，在低于-25℃的条件下快速冷冻。

（2）碎骨 将冷冻的畜骨粉碎成骨颗粒，骨颗粒粒度为1~5cm。

（3）浸提 将粉碎的骨颗粒放入清水中，骨颗粒与清水的重量比为1:（2~8），在90~100℃常压的条件下浸提5~8h。

（4）过滤 用滤布进行过滤，滤除大块骨颗粒。

（5）真空浓缩 滤液在45~50℃中真空浓缩2~4h，固形物浓度达到8%~12%。

（6）包埋 加入乳化剂和微胶囊壁材于浓缩液中，混合均匀，进行微胶囊包埋。

（7）均质 用高压均质机进行均质，高压均质采用两段式均质，均质温度为55~60℃，一级均质压力25~40MPa，二级均质压力为5~10MPa。

（8）干燥 均质后的浓缩液再经喷雾干燥、冷却即为成品。

6. 产品特性

该产品采用肉类加工业废弃的畜骨作为原料，生产出的成品，蛋白含量为20%~40%，脂肪3%~5%，钙5~15mg/g。工艺的生产周期短，可以作为调味料，也可作为原料生产骨的全营养冲剂和液体骨汤调味料进行深加工。

7. 质量标准

浓缩骨汤调味料可参考SB/T 10458—2008《鸡汁调味料》和DB 31/2002—2012《复合调味料》。

（1）SB/T 10458—2008《鸡汁调味料》

①感官特性：香味醇正，无不良气味，状态为浓稠状液体，无异物。

②理化指标：总固形物不小于 30.0g/100g，氯化物（以氯化钠计）不大于 20.0g/100g，总氮（以氮计）不小于 1.0g/100g，氨基酸态氮（以氮计）不小于 0.5g/100g，其他氮（以氮计）不小于 0.25g/100g，总砷（以 As 计）不大于 0.5mg/kg，铅（以 Pb 计）不大于 1.0mg/kg。

③微生物指标：物料的菌落总数不大于 10000CFU/g，而大肠菌群不大于 30MPN/100g，致病菌（沙门菌、志贺菌、金黄色葡萄球菌等）不得检出。

（2）DB 31/2002—2012《复合调味料》

①感官要求：组织状态为颗粒状、结晶状、粉状、块状，具有该产品应有的滋、气味，无霉变，无异臭及哈喇味等异味，无肉眼可见的杂质。

②理化指标：产品酸价≤5.0mg/kg，过氧化值（POV）≤0.25g/100g，产品以上 2 个指标的检验参考 GB/T 5009.37—2003《食用植物油卫生标准》。

③微生物指标：菌落数不大于 10000CFU/g，大肠菌群不大于 20MPN/100g，致病菌（沙门菌、志贺菌、金黄色葡萄球菌等）不得检出。

（三）酶解畜骨咸味复合肽

1. 主料与辅料

主料：新鲜畜骨。

辅料：木瓜蛋白酶、碱性蛋白酶、Protamex 复合蛋白酶、Alcalase 碱性蛋白酶、中性蛋白酶、胰蛋白酶、风味蛋白酶、动物蛋白水解酶。

2. 装置与设备

强力破骨机、胶体磨、反应罐、真空浓缩机、冷却干燥机。

3. 工艺原理

将清洗过的新鲜畜骨经粉碎机制备成骨泥，再添加一定比例的水，加热煮沸，冷却后去除上层液体和油脂，沥干水分，得到脱脂骨泥，将脱脂骨泥依次经过一步酶解和二步酶解，将得到的酶解液灭酶，使用滤布过滤除渣，得到含有咸味复合肽酶解液，再将滤液真空浓缩或冷冻干燥，得到咸味复合肽浓缩液。

4. 工艺流程

新鲜畜骨 → 清洗 → 破碎 → 粉碎 → 脱脂 → 一步酶解 → 二步酶解 → 灭酶 → 过滤除渣 → 真空浓缩 → 成品

5. 操作要点

（1）清洗　将鲜骨放入温水中清洗。

（2）制备骨泥　将畜骨强力破碎，得到颗粒直径为 2～5mm 的骨泥。

（3）脱脂　向骨泥中添加 1～3 倍重量的水，加热煮沸，并保持 10～20min，冷却后去除上层液体和油脂，沥干水分，得到水分 40%～60% 的脱脂骨泥。

（4）一步酶解　将脱脂骨泥与 2 倍重量的水混合，再加入骨泥重量 0.5%～2% 的蛋白酶，在 pH 5.0～9.0、35～60℃条件下，水解 1～6h，此处蛋白酶为木瓜蛋白酶、碱性蛋白酶、Protamex 复合蛋白酶、Alcalase 碱性蛋白酶、中性蛋白酶中的一种。

（5）二步酶解　在 pH 5.0～9.0、35～60℃条件下，加入骨泥重量 0.5%～2% 的蛋白酶，水解 1～6h，此处蛋白酶为胰蛋白酶、风味蛋白酶、动物蛋白水解酶中的一种。

（6）灭酶　将得到的酶解液加热至90～100℃，保持10～20min使酶失活。

（7）过滤除渣　趁热使用滤布过滤除渣，得到咸味复合肽酶解液。

（8）真空浓缩　将滤液真空浓缩或冷冻干燥，得到咸味复合肽浓缩液。

6. 产品特性

该产品无苦味，可降低咸味食品中钠盐含量，克服利用钾盐等金属盐替代部分钠盐带来的苦味及用量限制问题，是一种安全、营养、健康的新型钠盐替代物。咸味复合肽具有原料价格低、营养价值高、健康安全、附加值大的优点。

7. 其他相关产品

天然肉味香精，将畜骨、肉的下脚料用混合酶酶解后，将肉骨酶解物、葡萄糖、木糖、氨基酸混合物在反应釜中混合反应制得。该产品所用的原料是价格低廉的肉类工业副产物，使以前难以开发的蛋白质资源得以利用，创造了经济价值，同时能在风味与营养性能上统一，提升了传统食品加工附加值。产品具有天然、香味持久、耐热性好等优点，增香效果明显。

8. 质量标准

酶解畜骨咸味复合肽可参照标准DB 31/2002—2012《复合调味料》。

（1）感官要求　组织状态为颗粒状、结晶状、粉状、块状，具有该产品应有的滋、气味，无霉变，无异臭及哈喇味等异味，无肉眼可见的杂质。

（2）理化指标　产品酸价≤5.0mg/kg，过氧化值（POV）≤0.25g/100g，产品以上2个指标的检验参考GB/T 5009.37—2003《食用植物油卫生标准》。

（3）微生物指标　菌落数不大于10000CFU/g，大肠菌群不大于20MPN/100g，致病菌（沙门菌、志贺氏菌、金黄色葡萄球菌等）不得检出。

（四）食用调味骨油

1. 主料与辅料

主料：新鲜牛骨。

辅料：氢氧化钠、胡椒粉、花椒粉。

2. 装置与设备

粉碎机、高压蒸煮釜、提取罐、真空浓缩机、精滤装置。

3. 工艺原理

将经预处理后的新鲜牛骨用粉碎机粉碎成一定大小的碎骨料，与水混合，在高温高压的条件下蒸煮，后冷却分离出骨油，再加入食盐，水化沉淀油脂中的骨胶，缓慢而均匀地加入氢氧化钠溶液，中和游离脂肪酸形成皂角，过滤储备滤液，再添加预处理后的其他辅料，置于密闭提取罐中进行浸提，依次经过真空浓缩、精滤后冷却包装即得食用调味骨油。

4. 工艺流程

畜骨原料→ 原料骨处理 → 高温高压蒸煮 → 冷却、分离 → 水化碱炼 → 过滤 → 香辛料预处理 → 混合浸提 → 真空浓缩 → 精滤 → 冷却包装 →成品

5. 操作要点

（1）原料骨处理　把牛骨上的残肉或结缔组织剔除，用冷水浸泡洗去血污，沥干后用

粉碎机粉碎成径长为 1cm 左右的碎骨料。

（2）高温高压蒸煮　将碎化后的原料骨与水混合，在 120℃、1.0MPa 的高温高压下，蒸煮 3h。

（3）冷却、分离　冷却至室温，将粗骨油分离出来。

（4）水化碱炼　向粗骨油中加入油脂总重 6% 的热水，再加入食盐，缓慢搅拌，水化 2 次，以沉淀油脂中的骨胶。用碱中和游离脂肪酸形成皂角，缓慢而均匀地加入氢氧化钠溶液，油脂初温为 25℃，控制终温在 75℃ 左右。

（5）过滤　通过过滤，滤除水化形成的骨胶沉淀和碱炼形成的皂角，得滤液储藏备用。

（6）香辛料预处理　将香辛料粉碎至 0.1mm 左右，通过 20 目筛孔，或者将香辛料碾碎成糊状。

（7）混合浸提　将胡椒粉、花椒粉混合在骨油中，置于密闭提取罐中进行浸提，先抽真空使真空度在 0.08MPa 左右，升温至 80℃，浸提 30min，其间双向搅拌，转速为 90r/min。静置一段时间，使胡椒粉、花椒粉的风味成分充分溶于骨油中。

（8）真空浓缩　将上述骨油置于真空浓缩器中，在 60℃，真空度为 0.08MPa 条件下进行旋转蒸发，去除水分并脱臭。

（9）精滤　精滤除去其中的杂质。

（10）冷却包装　冷却后真空包装。

6. 产品特性

该产品以牛骨为主要原料，生产的调味骨油营养全面，具有保健功能。畜骨脂肪酸中含有人体必需脂肪酸（即亚油酸）和其他多种脂肪酸，可作为优质食用油。开发的食用调味骨油，易于加工，适于规模化的生产。

7. 质量标准

食用调味骨油可参照标准 DB 31/2002—2012《复合调味料》和 GB 10146—2005《食用动物油脂卫生标准》。

（1）DB 31/2002—2012《复合调味料》

①感官要求：组织状态为颗粒状、结晶状、粉状、块状，具有该产品应有的滋、气味，无霉变，无异臭及哈喇味等异味，无肉眼可见的杂质。

②微生物指标：菌落数不大于 10000CFU/g，大肠菌群不大于 20MPN/100g，致病菌（沙门氏菌、志贺氏菌、金黄色葡萄球菌等）不得检出。

（2）GB 10146—2005《食用动物油脂卫生标准》

①感官要求：无异味、无酸败味。

②理化指标：酸价不大于 2.5mg/g，过氧化值（POV）不大于 0.20g/100g，丙二醛不大于 0.25mg/100g。

③重金属：铅（以 Pb 计）不大于 0.2mg/kg，总砷（以 As 计）不大于 0.1mg/kg。

第四节　畜骨在生化制药及其他方面的加工利用

一、生化制药

（一）硫酸软骨素

硫酸软骨素（chondroitin sulfate，CS）主要存在于动物软骨中，商品硫酸软骨素是从动物组织中提取的酸性黏多糖，是糖胺聚多糖的一种，由 D - 葡萄糖醛酸和 N - 乙酰氨基半乳糖以 β - 1，4 - 糖苷键连接而成的重复二糖单位组成的多糖，并在 N - 乙酰氨基半乳糖的 C - 4 位或 C - 6 位羟基上发生硫酸酯化。主要分为硫酸软骨素钠盐和硫酸软骨素钙盐等。其结构式如图 7 - 1 所示。

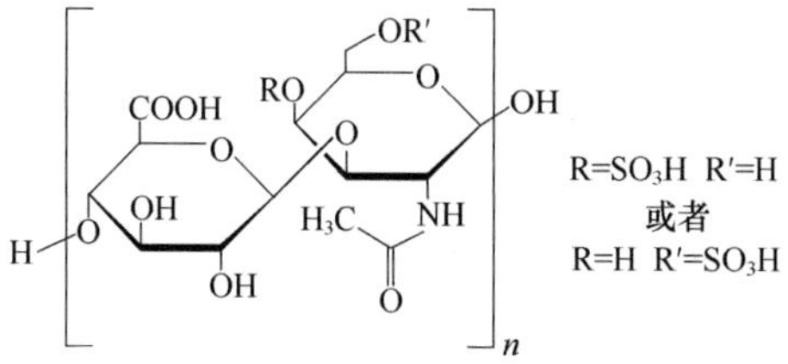

$$R=SO_3H \quad R'=H$$
$$或者$$
$$R=H \quad R'=SO_3H$$

图 7 - 1　硫酸软骨素

硫酸软骨素能够减少脂质沉着于动脉壁，降低血胆固醇，抑制动脉粥样硬化及斑块形成，兼有抗血栓及促进侧支循环形成的作用，对肝脏有保护和解毒作用，对中枢神经有镇静、镇痛作用。作为治疗关节疾病的药品，常与葡萄糖胺配合使用，具有止痛、促进软骨再生的功效，对改善老年退行性关节炎、风湿性关节炎有一定的效果。该物质具有抗凝血、调节细胞黏附、调节炎症、调节免疫、阻碍血管生成、抗氧化等多种药理活性。临床上也在不断发现其新的药理活性，CS 作为生物药物，来源于自然，生物活性高，不良反应小，具有很大的开发潜力。

利用畜骨原料的硫酸软骨素生产方法常见的有单酶解生产工艺、双酶法生产工艺、反向沉淀生产工艺、超声微波协同提取工艺、二次提纯生产工艺、肉味香精与硫酸软骨素联产制备工艺 6 种常见的生产工艺。

1. 主料与辅料

主料：猪软骨。

辅料：盐酸、硫酸、胰蛋白酶、碱性蛋白酶、中性蛋白酶、树脂、乙醇、氢氧化钠、氯化钠。

2. 装置与设备

真空干燥机、发酵罐、搅拌器、超滤装置、超声波细胞破碎仪。

3. 工艺原理

（1）单酶解生产工艺　单酶解工艺是最简单的硫酸软骨素制备工艺，利用胰蛋白酶在恒温下处理猪软骨，使蛋白结构破坏，然后通过酸处理使硫酸软骨素从软骨中游离出来，再通过乙醇沉淀使硫酸软骨素从液相中分离，并通过脱水干燥制得成品。

（2）双酶法生产工艺　双酶解工艺是先用碱性酶再用酸性酶处理软骨的提取工艺，通过两种酶先后两次的作用，提高软骨组织的破坏程度，增加游离的硫酸软骨素数量，然后通过酸解、酒精沉淀、干燥等工艺制备硫酸软骨素。

（3）反向沉淀生产工艺　反向沉淀工艺与单酶解工艺大体相同，只是在乙醇沉淀时，先将硫酸软骨素浓缩，然后将硫酸软骨素反向加入到95%的乙醇中，从而提高硫酸软骨素的沉淀得率，然后通过脱水、干燥等工艺制备高纯度的硫酸软骨素。

（4）超声微波协同提取工艺　超声微波协同提取工艺，是指在酶解之前的碱处理过程中，通过使用超声波协同作用的方法，提高硫酸软骨素的溶出率，然后通过浓缩、沉淀、干燥等工艺制备硫酸软骨素。

（5）二次提纯生产工艺　二次提纯生产工艺，是在硫酸软骨素的提取过程中，对酶解剩余的固态物料用提取液进行二次提取，并对二次提取得到的提取液分别进行二次沉淀，降低废骨渣中硫酸软骨素的残余量，提高产品得率。随后通过干燥等工艺制得硫酸软骨素纯品。

（6）肉味香精与硫酸软骨素联产制备工艺　将清洗后的猪软骨加入一定比例水蒸煮去油，再依次加入一定量的中性蛋白酶和端肽酶，进行酶解，将酶解后的酶解液依次经过过滤、树脂吸附、洗脱得到洗脱液，后进行乙醇沉淀，抽出上部乙醇，收集底部的硫酸软骨素，再进行真空干燥，去除水分，得到硫酸软骨素成品。

4. 工艺流程

（1）单酶解生产工艺

软骨碎块 $\xrightarrow{\text{胰酶}}$ 酶解液 $\xrightarrow{\text{加酸}}$ 反应液 $\xrightarrow{\text{过滤}}$ 提取物 $\xrightarrow{\text{沉淀干燥}}$ 粗品

（2）双酶法生产工艺

猪软骨→ 碱性酶解 → 胰酶酶解 → 热处理 → 酸处理 → 超滤浓缩 → 结晶 → 干燥 →成品

（3）反向沉淀生产工艺

猪软骨→ 碱提 → 酶解 → 酒精沉淀 → 氧化 → 反向沉淀 → 脱水烘干 →成品

（4）超声微波协同提取工艺

猪软骨→ 软骨粉末制备 → 加碱 → 超声波微波协同提取 → 浸提 → 酶解 → 灭酶 → 脱色 → 超滤浓缩 → 乙醇沉淀 → 脱水脱脂干燥 →成品

（5）二次提纯生产工艺

猪软骨→ 软骨处理 → 酶解 → 过滤 → 二次提纯 → 盐解 → 乙醇沉淀 → 二次沉淀 → 脱水干燥 →成品

（6）肉味香精与硫酸软骨素联产制备工艺

软骨原料 $\xrightarrow[\text{蒸煮}]{\text{软骨原料}}$ 蒸煮液 $\xrightarrow[\text{酶解}]{\text{离心去油}}$ 酶解液 $\xrightarrow{\text{过滤}}$ 酶解滤液 →
成品 $\xleftarrow[\text{真空干燥}]{\text{乙醇洗脱、脱水}}$ 醇沉物 $\xleftarrow[\text{乙醇沉淀}]{\text{除蛋白}}$ 洗脱液 $\xleftarrow[\text{洗脱}]{\text{分离树脂}}$ 树脂吸附

5. 操作要点

（1）单酶解生产工艺

①酶解：将洁白干净的软骨块放入反应釜内，并加入适量水，加入软骨块重量的 0.1% ~1.5% 的胰蛋白酶，调节 pH 在 8.0 ~9.0，控制温度在 45 ~55℃，搅拌 8 ~10h。

②酸处理：当软骨块反应完全后，用盐酸或乙酸调节酶解液使 pH 在 5.0 ~7.0，加热至 70 ~85℃，保温 10 ~40min。

③过滤：酶解液冷却后，过滤或离心除渣，得到较清的过滤酶解液，加入酶解液重 1.2% ~2.0% 的活性炭，使 pH 在 3.0 ~5.0，搅拌 60min，过滤或离心除渣。

④沉淀：向上步得到的酶解液中加入酶解液体积的 2.5 倍的工业乙醇，使乙醇的浓度达到 80%，然后静止沉淀。

⑤干燥：将上步沉淀物用 95% 以上的酒精洗涤 3 遍，干燥后即得所述硫酸软骨素成品。

（2）双酶法生产工艺

①碱性酶解：将经预处理洁净的碎软骨置于酶解罐中，加入一种自制的碱性复合酶，在 55℃下，酶解搅拌溶解 12h。

②胰酶酶解：在酶解液中加入胰酶，调节 pH 为 8.5，在 53℃下酶解 4h。

③热处理：将上述物料加热至 85℃，加热 15 ~20min，进行热处理后进行过滤。

④酸处理：将所得滤液调节 pH 为 2.5 进行酸处理，静置 2h 后过滤。

⑤超滤浓缩：用中空纤维超滤膜对所得滤液进行超滤，浓缩至一半体积。

⑥结晶：调节 pH 为 6.5，于 70% 乙醇溶液中进行结晶。

⑦干燥：所得结晶在 55℃热风干燥 6h，即得成品。

（3）反向沉淀生产工艺

①碱提：软骨原料加水浸没，用碱调 pH 至 8 ~9，升温至 55 ~60℃，保温 4 ~6h。

②酶解：加入碱性蛋白酶，保持 pH 8 ~9，保温 55 ~60℃搅拌 6 ~8h，升温，沸腾 12 ~18min，过滤得到硫酸软骨素溶液。

③乙醇沉淀：得到的硫酸软骨素溶液降至室温，在搅拌状态下，向溶液中加入氯化钠，使溶液含氯化钠质量浓度为 1% ~4%，再加入溶液体积 2 ~3 倍的质量浓度为 90% 以上的乙醇，静置 6h 以上，过滤得到硫酸软骨素沉淀。

④氧化：将得到的硫酸软骨素沉淀加入水中溶解，同时向水中加入氯化钠，使其含氯化钠质量浓度为 1% ~4%，含硫酸软骨素质量浓度为 3% ~5%，调 pH 至 10 以上，然后加入溶液重量的 1% ~3% 双氧水或高锰酸钾，氧化达到 6h 以上，过滤得滤液。

⑤反向沉淀：将得到的硫酸软骨素溶液取出，然后调节 pH 至 5 ~6，温度控制在 15 ~20℃，在搅拌状态下，将硫酸软骨素溶液缓慢加入到是其体积 4 ~6 倍的、质量浓度为 90% 以上的乙醇中，加完后继续搅拌 0.5 ~1.5h，静置沉淀 10h 以上。

⑥脱水烘干：沉淀结束后弃去上层乙醇，收集沉淀，进行脱水干燥，即得硫酸软骨素成品。

（4）超声微波协同提取工艺

①软骨粉末制备：将畜骨软骨依次经过蒸煮、清洗、烘干、粉碎、脱脂、过筛后得到软骨粉末。

②加碱：在软骨粉末中加入 3% 的氢氧化钠溶液，软骨粉末与氢氧化钠溶液的质量比为 1:20。

③超声波微波协同提取：将软骨粉末和氢氧化钠溶液的混合物放置在超声波微波协同提取仪中进行提取，设置参数为超声波 30~50W，微波 60~300W，提取时间 270s。

④浸提：协同提取完成后，将提取物于 70℃水浴锅中浸提 20~40min，过滤，回收的滤液为提取液。

⑤酶解：待提取液自然冷却至室温后，调节提取液的 pH 至 6.0 左右。然后向提取液中加入复合蛋白酶，其添加量为提取液质量的 2%，于 40℃下恒温酶解 4h。

⑥灭酶：酶解结束后，加热至 100℃灭酶，灭酶时间为 5~10min。

⑦脱色：待灭酶后的提取液自然冷却至室温后，加入粉末活性炭于 50~60℃水浴锅中进行脱色，脱色时间达到 20~30min，粉末活性炭的用量是灭酶后提取液质量的 2%。

⑧超滤浓缩：对脱色后的提取液进行离心分离，将离心后所得上清液进行超滤处理，使其体积浓缩至原体积的 1/2，得到浓缩液。

⑨乙醇沉淀：将浓缩液的 pH 调节至 5~7，再加入体积百分浓度为 95%的乙醇，使最终的乙醇浓度控制在 60%~70%。静置，至沉淀完全后，进行离心分离。

⑩脱水脱脂干燥：将离心后所得的醇沉物用丙酮及石油醚脱水、脱脂后干燥，即得到硫酸软骨素。

（5）二次提纯生产工艺

①软骨处理：取新鲜软骨，在杀菌釜中加热至 100℃，保温 1h，除去油和肉渣。

②酶解：将上述处理后的软骨倒入反应釜内，加水、盐、蛋白酶、淀粉酶、脂肪酶等，然后加碱调 pH 至 8.0 左右，之后再升温，至 45℃左右，进行酶解 4h 以上。

③过滤：酶解后的软骨，升温至 60℃，保温 1h，降温至室温，用 90~120 目尼龙网布过滤，保存滤液待用。

④二次提纯：对过滤后的软骨进行第二次提取，合并两次滤液。

⑤盐解：合并后的滤液加盐，加碱调 pH 至 12.0 以上，升温至 80℃，盐解 4h。盐解后，降至室温，加碱调 pH 至 7.0。

⑥乙醇沉淀：盐解后的溶液加入同体积的 95%乙醇，搅拌片刻，静态沉淀 1h，抽出上部乙醇，收集底部的硫酸软骨素。

⑦二次沉淀：向沉淀得到的硫酸软骨素加 10 倍量的水溶解，加入同体积的 95%（重量）乙醇，静置 1h，抽出上部乙醇，收集底部的硫酸软骨素。

⑧脱水干燥：将所得的硫酸软骨素加入 3 倍量的 95%乙醇，脱水。重复脱水 3 次，置于干燥器内干燥，得硫酸软骨素。

（6）肉味香精与硫酸软骨素联产制备工艺

①软骨预处理：将新鲜软骨清洗，加入 5~10 倍重量的水，蒸煮后，去油，备用。

②酶解：调节 pH 至 8.3~8.8，温度控制为 50~60℃，加入占软骨重量为 0.8%的中性蛋白酶，酶解 4~8h；调节 pH 至 7.0~7.5，温度控制为 50~60℃，加入占软骨重量为 0.5%的端肽酶，酶解 3~5h。

③过滤：对酶解产物进行过滤，滤液作为制备硫酸软骨素的酶解液，滤渣作为生产肉味香精的蛋白酶解浓缩物。

④树脂吸附：酶解液采用树脂吸附或超滤的方法分离制备硫酸软骨素，经过滤及树脂吸附后，洗脱得到洗脱液。

⑤乙醇沉淀：向洗脱液中加入 95% 乙醇，搅拌片刻，静态沉淀 6h，抽出上部乙醇，收集底部的硫酸软骨素。

⑥真空干燥：在温度 60℃，真空度为 0.08MPa 条件下进行真空干燥，去除水分，得到硫酸软骨素成品。

⑦肉味香精的制备：向蛋白酶解浓缩物中加入硫胺素盐酸盐、半胱氨酸盐、鸡油、葡萄糖和木糖等，搅拌均匀，调 pH 至 5.5 左右，加热至 90℃，反应时间为 60min，干燥后制成肉味香精。

6. 工艺特点

(1) 单酶解生产工艺　该工艺主要经过酶解、除蛋白、沉淀干燥等工序制得。该法只需一步酶解即可把硫酸软骨素从软骨中提取出，不需要碱解或用盐浸泡，产品色泽洁白、粉末疏松，收率可高达 42% 以上，且纯度较高，符合口服标准，生产工序简单，周期较短，反应时间只需要 4~8h，用碱量比稀碱酶解法省 80% 以上，同时减少下游提纯的难度，减轻对环境的污染，有利于环保。而且可采用原有的生产设备，易于工业化生产。

(2) 双酶法生产工艺　硫酸软骨素的双酶法提取工艺，主要解决目前同类产品生产工艺中存在的流程复杂、成本高、产品质量不稳定、生产周期长等问题。双酶法以动物软骨为原料，采用了双酶酶解和超滤工艺，使产品色泽洁白、粉末疏松。具有周期短、成本低、操作简便易行等特点。

(3) 反向沉淀生产工艺　该工艺得到的硫酸软骨素质地疏松，容易脱水、烘干，不需要粉碎，具有节约能源、节约生产成本的优点。产品的色泽好，质量稳定，硫酸软骨素的含量在 98% 以上。产品的有机溶剂残留极少，低于 0.2%。

(4) 超声微波协同提取工艺　该工艺利用了超声波振动的空穴作用以及微波的高能作用，既缩短了提取时间，又显著提高了提取效率，从而降低了生产成本，具有操作简便、提取周期短、提取率高、产品纯度高的优点。

(5) 二次提纯生产工艺　该工艺具有工艺简单、操作方便、成本低、提取率高的优点。目前，硫酸软骨素主要是从软骨中提取，多采用酶解法生产，纯度一般为 90% 左右，纯度不高，杂质较多，软骨经酶解后，部分硫酸软骨素还与多肽连接，达不到制药要求。该方法有效地解决了上述难题。

(6) 肉味香精与硫酸软骨素联产制备工艺　该方法水解工艺用中性酶和端肽酶进行两步分解，有利于使功能性蛋白膏与特定的物质发生美拉德反应，生成咸味香精，消除水解产生的苦味，使肉味香精味道更加鲜美。同时由于回收了大量的蛋白质，减轻了污水处理厂的压力。

7. 质量标准

硫酸软骨素质量监控可参考 GB/T 20365—2006《硫酸软骨素和盐酸氨基葡萄糖含量的测定》。硫酸软骨素和盐酸氨基葡萄糖含量的测定选用液相色谱法，硫酸软骨素 A 标准品纯度约为 70%，其余为硫酸软骨素 C；硫酸软骨素 B 标准品纯度约为 90%，其余为硫酸软骨素 A 和硫酸软骨素 C；硫酸软骨素 C 标准品纯度约为 90%，其余为硫酸软骨素 A。

(二) 骨宁注射液

骨宁注射液 (bone exract injection) 是以健康而新鲜的畜骨为原料，经提取、去脂、浓缩、沉淀等处理后制成的多肽物，医药上被制成骨宁注射液，为微黄至淡黄色，澄清液体，主要成分是多肽或蛋白质，此外还包括有机钙、磷、无机钙、无机盐、微量元素、氨基酸等。

骨宁注射液的成分溶于水和75%浓度以下的乙醇，可被10倍丙酮沉淀，水溶液在pH 4.0和8.5不产生沉淀。骨宁注射液对热稳定，较长时间加热不失去其药理作用。骨宁注射液具有以下作用：①促进新骨形成：骨宁注射液含多肽类代谢因子，可以诱导骨髓细胞转化为成骨细胞，具有促进骨髓成骨作用，也可以促进骨细胞生长，促进骨折处骨痂生长和新生血管形成，因此可促进骨折愈合和治疗成骨不全；②修复坏死骨：股骨头缺血性坏死具有一个复杂的病理过程，如早期不能得到及时有效的治疗，就会使股骨头塌陷，关节间隙变窄，最后导致坏死性骨关节炎，使患者髋关节功能障碍而致残，所以股骨头坏死的治疗，目前仍是医学界的一大难题。骨宁注射液含多种调节骨代谢的多肽类生长因子，活性肽类可明显改善患者的临床症状，促进坏死骨的修复；③抗炎、镇痛：骨宁注射液不但含有氨基酸、蛋白质、肽类物质、钙、磷和骨生长因子，并可激活钙、磷和骨生长因子，促进骨细胞增长和骨基质的生物合成，改善关节周围微循环及组织营养，从而修复损伤、减轻疼痛，起到抗炎、镇痛的作用；④治疗骨质疏松和骨质增生性疾病：骨宁注射液含多种多肽类骨代谢因子、有机钙、无机钙、无机盐、微量元素、氨基酸等，调节钙、磷代谢，增加骨钙沉积，同时有镇痛消炎作用，对骨质疏松和骨质增生有较好的治疗作用；⑤治疗急性腰扭伤：急性腰扭伤是由于姿势不正确或用力过度而使腰部肌肉用力失调所产生的扭伤，受伤部位多在肌肉的起止点和筋膜受牵部位，受伤后持续性剧烈疼痛，自主活动受限，服止痛药效果不佳。骨宁注射液含多种骨代谢的活性肽类，能消肿止痛，改善局部软组织的血液循环，缓解肌肉痉挛，恢复正常生理功能，治疗急性腰扭伤疗效显著。其提取制备工艺为酸碱连续沉淀法。

1. 主料与辅料

主料：新鲜畜骨。

辅料：乙醇、苯酚、盐酸、氢氧化钠、氯化钠、活性炭、蒸馏水。

2. 装置与设备

真空浓缩机、灌封机、滤槽、发酵罐、色谱分离装置、灌封机。

3. 工艺原理

取预处理的新鲜畜骨，加入一定比例水，在高温高压下进行水提取，过滤储备滤液，滤液置于冷室中静置，除去上层脂肪，依次经过两次真空浓缩，再经酸性沉淀、碱性沉淀、中和等工序得到滤液，滤液加入活性炭搅拌加热，后过滤，滤液加入氯化钠处理后过滤，并灌封于小瓶中，用流通蒸汽灭菌，得到骨宁注射液。

4. 工艺流程

$$畜骨 \xrightarrow{水提取} 提取液 \xrightarrow{0\sim5℃去脂} 去脂液 \xrightarrow{浓缩} 浓缩液 \xrightarrow{乙醇沉淀} 乙醇液 \xrightarrow{浓缩} 浓缩液 \xrightarrow[pH\ 4.0,\ 100℃]{酸性沉淀/苯酚、盐酸}$$

$$滤液 \xrightarrow[pH\ 8.5,\ 100℃]{碱性沉淀/氢氧化钠} 滤液 \xrightarrow[pH\ 7.2,\ 100℃]{盐酸} 滤液 \xrightarrow[100℃]{活性炭吸附} 滤液 \xrightarrow[pH\ 7.1\sim7.2]{水、氯化钠} 灌封 \rightarrow 骨宁注射液$$

5. 操作要点

（1）原料选取　取新鲜的畜骨，洗净，破碎，称重。

（2）水提取　按骨与蒸馏水1:2的重量比，在0.12MPa的压力下高温高压加热1.5h，然后用双层滤布过滤。骨渣再加相同量的蒸馏水在0.12MPa的压力下高温高压加热1h，双层滤布过滤，两次滤液合并，滤出的骨渣可加工成饲料骨粉。

（3）去脂肪　将滤液置于 0～5℃冷室中，静置 36h，除去上层脂肪。

（4）真空浓缩　接着加温，使膏状物变成液体，然后在 70℃ 以下进行真空浓缩。

（5）乙醇沉淀　浓缩液冷却后加乙醇，至最终浓度为 70%，静置沉淀 36h，用滤槽过滤，除去杂质蛋白。

（6）二次浓缩　将清澈滤液取出，在 60℃ 以下进行真空浓缩，浓缩至原来体积的 1/2。

（7）酸性沉淀　将浓缩液加入 0.3% 苯酚，补蒸馏水至原有体积。溶液在不断搅拌下缓缓加入 1:1 的盐酸，调节 pH 至 4.0。常压 100℃ 加热 45min，用布氏漏斗过滤，除去酸性杂质蛋白，滤液置冷却室静置。

（8）碱性沉淀　用滤纸自然过滤 1 次，滤液在不断搅拌下加入 50% 氢氧化钠，调 pH 为 8.5，常压 100℃ 加热 45min，置冷却室静置。

（9）中和　常压 100℃ 条件下加入盐酸，调节 pH 为 7.2，以中和过量的碱。

（10）活性炭吸附　滤液加 0.5% 活性炭，100℃ 下搅拌加热 30min，用布氏漏斗过滤。

（11）加盐处理　滤液补足蒸馏水，加氯化钠至 0.9%，校正 pH 为 7.1～7.2，并于 100℃ 加热 45min，置冷却室静置。

（12）灌封　取样进行有关项目检查，如合格，用玻璃砂漏斗过滤，灌封于 2mL 小瓶中，流通蒸汽 100℃ 灭菌 30min，即得到骨宁注射液。

6. 产品特性

骨宁注射液具有调节骨代谢、刺激成骨细胞增殖、促进新骨形成，以及调节钙、磷代谢，增加骨钙沉积，防治骨质疏松的作用。

7. 产品检验方法及质量标准

（1）双缩反应吸收度测定　吸取试液 1.2mL 于试管中，加入蒸馏水 2.8mL，另取一试管，准确加入蒸馏水 4.0mL 作为空白对照试验，然后于两试管中分别加入氯化钠溶液 4mL。混合均匀，于室温放置 15min 后在分光光度计上用波长 540nm 进行比色，吸光度值应不低于 0.35，其含量为每毫升内相当于骨 1.5g 以上。

（2）蛋白质　取试液 1mL，加磺基水杨酸 1mL，不得产生浑浊。

（3）安全试验　取体重 18～20g 健康小白鼠 5 只，分别由尾注射 0.5mL，观察 48h，应健康存活，如有死亡，应另取小白鼠 10 只，依法复试，不得有死亡。

（4）过敏试验　取体重 300～400g 的豚鼠 5 只，腹腔注射试液，每次 5mL，隔日注射一次，连续 3 次，在第一次注射后的 3～4 周，每只豚鼠注射 1mL，注射后 15min 内观察动物，不得有明显的竖毛、呼吸困难、干呕、痉挛、死亡等现象，咳嗽也应不得超过 3 次。

（5）降压物质检查　按《中华人民共和国药典 2010 版二部增修订·降压物质检查法》检查，静脉注射本品 0.1mL，所致的降压程度不得超过 0.1μg 的组织胺所致的降压程度。

二、生化材料

（一）骨胶原蛋白

胶原蛋白是脊椎动物体内含量最丰富的蛋白质之一，占动物体内总蛋白质量的 25%～

33%。胶原蛋白中甘氨酸含量最高，其次是脯氨酸和丙氨酸，羟脯氨酸也有较高的含量。胶原蛋白种类较多，常见类型为Ⅰ型、Ⅱ型、Ⅲ型、Ⅴ型和Ⅳ型。Ⅰ型胶原是动物体内含量最多的胶原蛋白，其在组织工程领域的应用也最为广泛，占生物体胶原总量的90%。

骨胶原蛋白制品已广泛应用于医药、保健、食品加工、化妆品等众多领域。胶原蛋白制造的包装膜，可用于香肠、火腿、冻肉、熏鸡肉、油炸肉等肉制品的肠衣材料，胶原膜不但能够阻氧、阻油、阻水，还能携带抗氧化剂及抗菌剂，胶原膜的收缩率几乎与肉一样。骨胶原蛋白还可用作食品添加剂，可增加肉制品的口感柔和度，且味道清淡、易消化、有强亲水性能，同时还是蛋白质营养源。水解胶原蛋白作为一种高效的动物性蛋白营养添加剂，可作为混、配合饲料生产过程中鱼粉的替代品；此外，饲料中加入1%~3%的骨胶原蛋白，可明显增进饲料粉的成粒效果。骨胶原蛋白还可以用于化妆品的生产，能有效加速真皮层细胞生长，活化表皮细胞，保持肌肤弹性及结实度，防止皱纹出现；骨胶原蛋白与皮肤角质层结构的相似性，使其与皮肤有很好的亲和力和相容性，能渗透入皮肤表皮层，促使其细孔收缩细致，并与角质层中的水结合，形成网状结构，锁住水分，起到天然保湿的作用。骨胶原蛋白能够支持人体组织、骨骼的张力强度及黏稠性，将其覆盖在烧、烫伤的伤口上，能促进表皮细胞的移入与生长能力，可大幅度缩短伤口愈合的时间，提高烧伤患者的存活率；此外，骨胶原蛋白还可有效改善关节病及骨质疏松症，并具有抑制血压上升、抗溃疡、免疫调节等功能。

畜骨总重量的20%~30%为蛋白质，主要为胶原蛋白，其中的Ⅰ型胶原蛋白含量尤为丰富，达到胶原蛋白总量的90%以上。因此，畜骨是非常好的胶原蛋白生产原料。

1. 主料与辅料

主料：新鲜畜骨。

辅料：蛋白酶、柠檬酸、食用碱。

2. 装置与设备

提取罐、板框式过滤机、高温杀菌装置、真空浓缩机、喷雾干燥机。

3. 工艺原理

取预处理后的新鲜畜骨加入一定比例水高压提取，用油水分离器分离油和加热融化后的汤液，用柠檬酸和食用碱调节汤液的酸度，再依次加入复合蛋白酶和复合风味蛋白酶进行酶解，将酶解汤液灭酶，加入天然香辛料和食盐调味，过滤后对滤液进行瞬间高温灭菌，后将汤液浓缩至浸膏状态，喷雾干燥即得成品。

4. 工艺流程

新鲜畜骨→ 清洗 → 高压提取 → 油水分离 → 酶解 → 灭酶 → 调香 → 过滤 → 杀菌 → 真空浓缩 → 喷雾干燥 →成品

5. 操作要点

（1）原料清洗　取猪、牛、羊骨，除去杂质后，用凉水浸泡，搅拌后取出备用。

（2）高压提取　按照骨原料和水1∶5的比例，加到高压提取罐内，然后升温至95℃，加热30min把污油排出，在高压条件下提取6h，再升温至100℃提取4h。

（3）油水分离　用油水分离器分离油和加热融化后的汤液。

（4）酶解　把分离好的汤液放入酶解罐，用柠檬酸和食用碱将该汤液的pH调至7.5，然后升温至55℃，再加入复合蛋白酶，酶解2h，使得汤液的pH至6.0，再将汤液降温至50℃以下，加入复合风味蛋白酶，酶解8h。

（5）灭酶 将所述汤液升温至90℃，灭酶30min。

（6）调香 加入天然香辛料，1h后加盐调味。

（7）过滤 用板框过滤机将汤液过滤。

（8）杀菌 用瞬间高温灭菌机对汤液杀菌。

（9）浓缩 用双效降膜蒸发器将汤液浓缩，至40%干物质的浸膏状态。

（10）喷雾干燥 用压力式喷雾器干燥机组将所得汤液浸膏干燥成粉状，得到成品。

6. 产品特性

该产品的骨胶原蛋白含量在86%以上，分子质量3kDa，人体吸收率高达98%。产品能改善人体发质，防止头发分叉，使头发乌黑亮丽富有弹性，有效消除皮肤斑点，防皱纹，促进指甲的新陈代谢。

7. 质量标准

骨胶原蛋白的质量规范可参照标准GB 16740—1997《保健（功能）食品通用标准》。

（1）有害金属

①铅：一般产品中含铅量≤0.5mg/kg；一般胶囊产品中≤1.5mg/kg；以藻类和茶类为原料的固体饮料和胶囊产品中≤2.0mg/kg。

②砷：一般产品中含砷量≤0.3mg/kg；以藻类和茶类为原料的固体饮料和所有胶囊产品中≤1mg/kg。

③汞：以藻类和茶类为原料的固体饮料和胶囊产品中≤0.3mg/kg。

（2）微生物限量 致病菌（指肠道致病菌和致病性球菌）不得检出；菌落总数不大于30000CFU/g（蛋白质≥4.0%），菌落总数不大于1000CFU/g（蛋白质<4.0%），大肠菌群不大于90MPN/g（蛋白质≥4.0%），大肠菌群不大于40MPN/g（蛋白质<4.0%），霉菌不大于25CFU/g（蛋白质≥4.0%），霉菌不大于25CFU/g（蛋白质<4.0%），酵母不大于25CFU/g（蛋白质≥4.0%），酵母不大于25CFU/g（蛋白质<4.0%）。

（二）生物填充材料

1. 主料与辅料

主料：新鲜畜骨。

辅料：乙醇、盐酸。

2. 装置与设备

提取罐、冷冻干燥机、高温杀菌装置、真空包装机、辐照灭菌装置。

3. 工艺原理

利用畜骨为原料将其经过粉碎，制成粉状产品。通过不同孔径的尼龙网对原料骨粉进行筛选，将筛选后的骨粉先进行清洗、脱矿等处理，然后进行灭菌消毒，这样得到的骨粉可用作医用填充材料，能够广泛地应用于医疗行业，避免由骨粉引起感染和疾病传播。

4. 工艺流程

鲜畜骨→ 制骨粉 → 清洗 → 乙醇脱脂 → 脱矿 → 去酸 → 初次灭菌 → 冷冻干燥 → 包装 → 二次灭菌 →成品

5. 操作要点

（1）制骨粉　将清洗干净的新鲜畜骨利用车床旋成碎屑，把碎屑放入粉碎机中粉碎，制成骨粉。

（2）筛选　准备孔径为 0.9mm 和 0.125mm 的尼龙网袋各 1 只，将粒径在 0.125～0.9mm 的骨粉筛选出来，备用。

（3）清洗　取已制好的骨粉原料放入孔径为 0.125mm 的尼龙网袋中，将此尼龙网袋放入有蒸馏水的不锈钢容器中，用超声波清洗机清洗 30min，以洗去骨粉中的污物，取出网袋后甩去水分。

（4）乙醇脱脂　将甩干的网袋放入含浓度为 95% 乙醇的不锈钢容器中，超声波清洗 8h，中间置换乙醇 1 次。用净化水冲洗骨粉 4 次，取出骨粉甩干。

（5）脱矿处理　将骨粉倒入不锈钢容器中，加入浓度为 0.6mol/L 的盐酸，在超声波清洗机内清洗 7h，然后将骨粉中的盐酸脱矿液倒掉，把骨粉重新放入孔径 0.125mm 的尼龙网袋中，再将网袋放入不锈钢容器用净化水反复漂洗 5 次，甩干。

（6）去酸　将尼龙网袋放入不锈钢容器中，加入净化水，进行超声波清洗，1h 置换 1 次净化水，超声波清洗 8h 后，用蒸馏水代替净化水，1h 置换 1 次蒸馏水，超声波清洗 4h，直到 pH 大于 6.5。

（7）初次灭菌　将尼龙网袋放入不锈钢中，加入 75% 的乙醇，浸泡 30min 以杀灭骨粉中的微生物。

（8）冷冻干燥　将骨粉放入冷冻干燥机中进行冷冻干燥。

（9）包装　在万级洁净间中根据临床需要将骨粉按照 0.3g、0.5g 等规格用医用热封塑料袋包装。

（10）二次灭菌　将包装好的骨粉放入钴射线辐照装置中，进行辐照灭菌处理。

6. 产品特性

由于这种骨粉是经过充分脱脂、可控制深度脱矿、彻底去酸、冷冻干燥辐照灭菌制备的，因此，既有效降低了免疫原性，保留了成骨因子，又彻底杀灭了致病微生物，避免了由骨粉本身引起的感染和疾病传播。这种骨粉可以直接作为填充材料广泛应用于口腔科牙周病、拔牙窝、囊肿、肿瘤等原因引起的骨缺损，也可以与生物调合剂重塑成各种非天然结构的骨植入材料，用于其他原因造成的骨缺损填充修复。

7. 质量标准

生物填充材料的质量规范可参照标准 ISO 6872—2008《牙科陶瓷材料》。

（1）牙医涂层材料　修补牙齿过程中作为涂层的材料，其最低强度应达到 50MPa，最大有机溶剂残留应达到 100μg/mL。

（2）牙医填充材料　在补牙的过程中作为镶嵌物、填充物、覆盖物的材料，其最大强度应达到 100MPa，最大有机溶剂残留应达到 100μg/mL。

（3）牙医黏合剂　作为黏合剂的医用材料，其最大强度应达到 100MPa，最大有机溶剂残留应达到 2000μg/mL。

（4）假牙替代物　作为假牙等替代物的材料，其最大强度应达到 300MPa，最大有机溶剂残留应达到 100μg/mL。

（5）臼齿补充组织　作为臼齿等补充组织，其最大强度应达到 500MPa，最大有机溶

剂残留应达到 $2000\mu g/mL$。

（三）磷酸三钙

1. 主料与辅料

主料：骨粉。

辅料：钙盐、液氮。

2. 装置与设备

干燥箱、烧结炉、球磨粉碎机。

3. 工艺原理

将新鲜的畜骨在磷酸二氢钙溶液中去离子，然后混入天然粉末，当钙磷的摩尔比达到一定数值后，经过高温干燥后磨粉过筛。将所得的粉末进行煅烧，在不同的煅烧温度和冷却条件下，分别得到 α - 磷酸三钙和 β - 磷酸三钙，然后将其研磨成粉末，得到磷酸三钙。

4. 工艺流程

新鲜畜骨→ 钙盐溶液制备 → 骨粉预处理 → 干燥制粉 → 煅烧 → 粉碎 →成品

5. 操作要点

（1）钙盐溶液制备 将磷酸二氢钙完全溶解于去离子水中。

（2）骨粉预处理 在钙盐溶液中加入天然骨粉粉末，使整个溶液的钙、磷摩尔比为 1.5。

（3）干燥制粉 搅拌后干燥，在 80℃烘箱中干燥 3d，去除水分，干燥后磨成粉末，粒度能够过 40 目筛。

（4）煅烧 将粉末放入烧结炉中进行煅烧，在 1300℃下进行煅烧，用冰水或液氮冷却，得到 α - 磷酸三钙；在 1200℃下进行煅烧，通过空气冷却或炉体冷却，得到 β - 磷酸三钙。

（5）粉碎 通过球磨粉碎制得成品。

6. 产品特性

该产品原料为畜骨粉，得到的产物为高纯度单一成分的 α - 磷酸三钙或 β - 磷酸三钙。由于这类材料成分与人体骨骼的无机成分非常接近，因此表现出优异的生物相溶性。同时，与羟基磷灰石相比，α - ，β - 磷酸三钙又具有较好的生物降解性能，不仅可单独用于制备骨支架材料，也可掺杂在其他材料中，用于调节其他生物材料的降解性。该产品的生产工艺易于实现规模化生产，所得的磷酸钙产品具有相当好的市场竞争力。

7. 质量标准

磷酸三钙可参考 GB 25558—2010《食品添加剂磷酸三钙》和 ISO 6872—2008《牙科陶瓷材料》。

（1）GB 25558—2010《食品添加剂磷酸三钙》

①感官特性：应为白色粉末状。

②含量：磷酸三钙（以 Ca 计）质量标准为 34% ~40%。

③重金属限量：重金属总含量（以铅换算）不大于 10mg/kg；铅的含量不大于 2mg/kg；砷的含量不大于 3mg/kg；氟化物含量不大于 75mg/kg。

④灼烧后减量：不大于 10%。

（2）ISO 6872—2008《牙科陶瓷材料》

①牙医涂层材料：修补牙齿过程中作为涂层的材料，其最低强度应达到 50MPa，最大有机溶剂残留应达到 100μg/mL。

②牙医填充材料：在补牙的过程中作为镶嵌物、填充物、覆盖物的材料，其最大强度应达到 100MPa，最大有机溶剂残留应达到 100μg/mL。

③牙医黏合剂：作为黏合剂的医用材料，其最大强度应达到 100MPa，最大有机溶剂残留应达到 2000μg/mL。

④假牙替代物：作为假牙等替代物的材料，其最大强度应达到 300MPa，最大有机溶剂残留应达到 100μg/mL。

⑤臼齿补充组织：作为臼齿等补充组织，其最大强度应达到 500MPa，最大有机溶剂残留应达到 2000μg/mL。

（四）磷酸四钙

1. 主料与辅料

主料：畜骨粉。

辅料：碳酸钙。

2. 装置与设备

烘箱、烧结炉。

3. 工艺原理

选取天然骨粉与碳酸钙粉末进行混合，使其按照一定的钙、磷摩尔比例进行混合，然后加入蒸馏水调和，使其达到悬浮液状态后，经过烘干、研磨、高温煅烧、冷却等工艺得到磷酸四钙，然后利用球磨粉碎机进行粉碎，得到产品。该产品留存了动物体内的一些有利的微量元素，同时所得磷酸钙纯度较高。

4. 工艺流程

畜骨粉→ 骨粉预混料 → 烘干 → 研磨 → 煅烧 → 冷却 →磷酸四钙

5. 操作要点

（1）预混料　称量天然骨粉和碳酸钙粉末混合，使得钙、磷摩尔比为 2，加入蒸馏水调和，形成 HAP - 碳酸钙悬浮液，充分搅拌，使两种粉末混合均匀，充分接触。

（2）烘干　放入 80℃的烘箱中烘 2 ~ 3d，烘干。

（3）研磨　取出烘干后的粉末研磨，过 40 目筛。

（4）煅烧　将上述粉末放入烧结炉中进行煅烧，煅烧温度为 1400 ~ 1500℃，保温数小时，然后取出冷却，得到磷酸四钙。

6. 产品特性

该产品的原料为畜骨粉，制作工艺简单，参数易控制，得到的产物纯度高。主要成分为羟基磷灰石，不仅来源广泛、价格低廉，还留存了动物体内的一些微量元素，所得磷酸钙不含羟基磷灰石和氧化钙，纯度接近 100%。

7. 质量标准

磷酸四钙的质量规范可参照标准 ISO 6872—2008《牙科陶瓷材料》。

（1）牙医涂层材料　修补牙齿过程中作为涂层的材料，其最低强度应达到 50MPa，最大有机溶剂残留应达到 100μg/mL。

（2）牙医填充材料　在补牙的过程中作为镶嵌物、填充物、覆盖物的材料，其最大强度应达到100MPa，最大有机溶剂残留应达到100μg/mL。

（3）牙医黏合剂　作为黏合剂的医用材料，其最大强度应达到100MPa，最大有机溶剂残留应达到2000μg/mL。

（4）假牙替代物　作为假牙等替代物的材料，其最大强度应达到300MPa，最大有机溶剂残留应达到100μg/mL。

（5）白齿补充组织　作为白齿等补充组织，其最大强度应达到500MPa，最大有机溶剂残留应达到2000μg/mL。

（五）骨胶黏合剂

骨胶是在高温下直接从畜骨中提取的动物胶粗制品。主要成分是明胶蛋白质，是使用最为广泛的动物类黏结材料，其外观为珠状。骨胶与明胶相比，由于其原料预处理较简单，萃取的工艺条件较剧烈，因此产品中明胶有较多的降解，色泽较深，从金黄色到红棕色不等，杂质较多，浑浊度较高，黏度和凝胶强度较低。骨胶是脆性硬块凝固体，不溶于水，经加热等处理后变成胶朊，能溶于热水，并具有黏结性能。胶膜形成后很坚固，富有弹性，但不耐水，遇水会使胶层膨胀而失去黏结强度。其耐腐蚀性也较差，温度过高、湿度过大都会引起变化。骨胶黏结性能好，强度高，水分少，干燥快，黏结定型好，且价格低廉，使用方便。

骨胶用途广泛，具体包括：①作黏结剂，用于铅笔、砂布、砂纸等的黏结及胶合木器、装订书本等；②用于印刷制版及金属铭牌和徽章制造，骨胶溶液中加入重铬酸盐，涂在金属表面后烘干，进行曝光后可形成不溶解的薄层，被遮住而未受到曝光的部分仍然可溶于水而洗去，这样就可以利用蚀刻制成印刷版等产品，还能用于丝网印刷；③用作电镀添加剂，少量添加可使镀层表面光亮；④用作施胶剂，用于造纸和纺织工业；⑤用于净水的絮凝剂，净水效果较好，且对人体无毒，使水中带电颗粒快速凝聚在成大块絮状物而沉降。

常用的骨胶提取工艺为高温提炼法。

1. 主料与辅料

主料：新鲜畜骨。

辅料：苯、石油醚、二氧化硫、防腐剂。

2. 装置与设备

破碎机、浸提罐、漂白罐、逆流萃取器、真空浓缩机、真空干燥机。

3. 工艺原理

将新鲜的畜骨经过清洗、破碎的工艺后，用破碎机将骨料轧碎，至全部为碎块后，利用苯、石油醚等有机溶剂进行萃取，降低骨料中的脂肪含量，然后利用二氧化硫气体将部分磷酸钙转变为磷酸二氢钙，并溶于水中，定时将萃取液逐罐逆向流动，萃取液经过滤后再蒸发浓缩。最后经凝胶、干燥得到骨胶原黏合剂。

4. 工艺流程

新鲜畜骨→ 清洗 → 破碎 → 浸提骨油 → 熏骨 → 萃取 → 浓缩 →凝胶→ 干燥 →骨胶成品

5. 操作要点

（1）清洗　将新鲜畜骨清洗干净，去除血迹、碎肉及结缔组织。

（2）破碎　用破碎机将骨料轧碎为 1~8cm 的碎块。

（3）浸提骨油　用苯、石油醚等有机溶剂进行骨油的萃取，使骨料中脂肪含量降至1%以下，一般为 0.3%~0.5%。

（4）熏骨　将残骨装入漂白罐中，加水并通入二氧化硫气体，使骨料中的部分磷酸钙转变为磷酸二氢钙而溶解于水中，便于用水萃取。

（5）萃取　在 0.25MPa 的压力下进行萃取，萃取器以 6~8 个为 1 组，定时将萃取液逐罐逆向流动。从新装料的萃取器抽出的是最浓的萃取液。

（6）浓缩　萃取液经过滤后再蒸发浓缩到 50% 左右。

（7）凝胶、干燥　加入适当的防腐剂，冷却形成凝胶，烘干成为骨胶黏合剂。

6. 产品特性

从畜骨中提炼出的骨胶是一种使用最为广泛的动物类黏结材料，黏结性能好、强度高，水分少，干燥快，黏结定型好，且价格低廉、使用方便，特别适合黏结和糊制精装书封壳。可以用作黏结剂、电镀添加剂、助凝剂等。

7. 其他相关产品

对骨胶进行卤化处理，制成卤化骨胶絮凝剂，该产品净水效果较好，且对人体无毒。骨胶分子经卤化反应改性后，含有多羟基吸附基团，对水中悬浮物具有极强的吸聚能力，利用分子桥架作用，使水中带电颗粒快速凝聚成大块絮状物而沉降，作为助凝剂加入无机高分子絮凝剂中可明显提高絮凝效果。

8. 质量标准

骨胶的质量标准参考试行 QB 582-1981《附骨胶》。

（1）特级骨胶　黏度为 12.5%（绝对干胶溶液），60℃不小于 54N°，水分不大于16%，灰分不大于3%，含氯量不大于 0.6%，1% 的骨胶 pH 为 5.5~7.0。

（2）一级骨胶　黏度为 12.5%（绝对干胶溶液），60℃不小于 48N°，水分不大于16%，灰分不大于3%，含氯量不大于 0.6%，1% 的骨胶 pH 为 5.5~7.0。

（3）二级骨胶　黏度为 12.5%（绝对干胶溶液），60℃不小于 42N°，水分不大于16%，灰分不大于3%，含氯量不大于 0.6%，1% 的骨胶 pH 为 5.5~7.0。

三、生产饲料

1. 原料

鲜畜骨。

2. 装置与设备

高温杀菌釜、烘箱、碎骨机。

3. 工艺原理

将新鲜的畜骨置于高压杀菌釜内进行灭菌，杀死各类致病菌，并使其蛋白质变性，然后进行干燥、破骨等过程。对破骨进行适当的粉碎，得到生骨粉，将生骨粉进行包装后，得到骨饲料。畜骨经干燥后粉碎制成的饲料，主要含有的成分为钙和磷。

4. 工艺流程

鲜畜骨→ 灭菌 → 干燥 → 破骨 → 粉碎 → 包装 →成品

5. 操作要点

（1）畜骨灭菌　将来自于肉类工业的副产物畜骨置于杀菌釜内，在120℃下高温灭菌20~30min，以充分杀灭致病菌，并使骨蛋白变性。

（2）干燥　灭菌后的畜骨用铁架吊挂起来，沥水2h，置于20℃的储藏室中通风晾干，之后在烘箱内于90℃下烘干。

（3）破骨　通过手工将烘干的畜骨砸碎。

（4）粉碎　将碎骨用粉碎机粉碎成末，即得熟骨粉。

（5）包装　在洁净间中根据需要将骨粉用编织袋进行包装。

6. 产品特性

畜骨经干燥后粉碎制成的饲料，其主要成分是钙和磷。骨粉中的钙磷容易被畜禽吸收，而且钙磷比例适中，符合动物的营养需要，是畜禽最常用的钙磷补充饲料。生骨粉质地坚硬，畜禽食用后不易消化，饲喂效果较差。骨粉经上述煮沸、焙炒起到了消毒灭菌和熟化作用，可放心使用。骨粉在配合饲料或混合饲料中的配制比例为1%~2%，在浓缩饲料中的比例为5%左右。

7. 质量标准

骨粉饲料的质量标准参考GB/T 20193—2006《饲料用骨粉及肉骨粉》。

（1）特级骨粉　粗蛋白不小于50%，赖氨酸不小于2.4%，胃蛋白酶消化率不小于88%，酸价不大于5mg/g，挥发性盐基氮不大于130mg/100g，粗灰分不大于33%。

（2）一级骨粉　粗蛋白不小于45%，赖氨酸不小于2.0%，胃蛋白酶消化率不小于86%，酸价不大于7mg/g，挥发性盐基氮不大于150mg/100g，粗灰分不大于38%。

（3）二级骨粉　粗蛋白不小于40%，赖氨酸不小于1.6%，胃蛋白酶消化率不小于84%，酸价不大于9mg/g，挥发性盐基氮不大于170mg/100g，粗灰分不大于43%。

第五节　畜骨加工的常用设备

一、切割粉碎设备

（一）多功能骨片、棒骨切割机

多功能骨片、棒骨切割机能固定畜骨，骨片切割完后，推出器随即将骨片从机内推出，防尘罩可防止喷溅。该设备能够快速地将各类食用畜骨切割成任意大小的片和块，便于安放、使用及清洗，卫生、安全可靠。设备如图7-2所示。

（二）骨粉饲料粉碎加工机

该骨粉饲料加工机具有装在机架上的粗碎装置，其中所述的粗碎装置与细碎装置分别带有锤子上箱体和锤子下箱体以及锤片上箱体和锤片下箱体，细碎加工腔则通过锤片下料口与带有出料口的盘磨加工腔相连通。通过装在机架上的粗碎装置，可把畜骨的粉碎、细碎、磨粉集中在1台机械上完成，工艺简化，提高了粉碎效率，本机结构简单、体积小、生产率高。设备如图7-3所示。

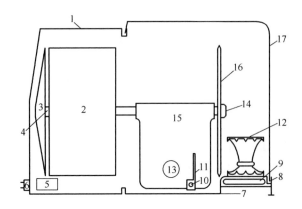

图 7-2 多功能骨片、骨棒切割机

1—电动机外壳 2—电动机 3—电风扇 4—电动机轴 5—电源开关 6—电源线
7—凹凸型不锈钢底座 8—防尘安全罩卡槽 9—推拉式骨夹槽 10—固定钮
11—骨片薄厚卡尺 12—推拉式骨夹 13—骨片推出器后座弹簧 14—锯片固定螺母
15—自动弹性骨片推出器 16—多功能锯片 17—不锈钢防尘安全罩

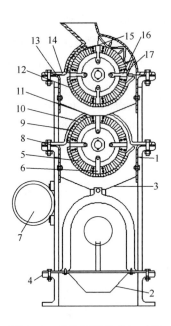

图 7-3 骨粉饲料粉碎加工机

1—右支架 2—盘磨出料口 3—锤片下料口 4—左支架 5—锤片箅条筛
6—锤片 7—电机 8—锤片下箱体 9、15—内壁耐磨衬板 10—锤片上箱体
11—锤子下料口 12—锤子箅条筛 13—锤子下箱体 14—锤子上箱体
16—锤子 17—破碎筋板

（三）剪切式破碎机

该破碎机通过定位销将动刀固定在固定盘上，在轴的带动下旋转，长臂动刀与圆弧线形的定刀产生不断变化的剪切力，实现破碎骨料，充分提高了骨料有效利用率。该设备如图 7-4 所示。

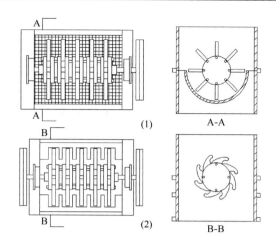

图7-4　破碎机的结构示意图

（1）锤式破碎机　　（2）剪切式破碎机

（四）鲜骨泥机

该设备操作方便，能保持新鲜骨的营养成分，适合含钙量大的鲜骨泥机。该设备结构简单、操作方便。设备如图7-5所示。

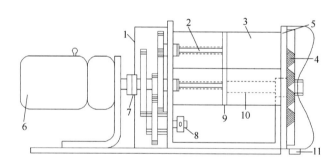

图7-5　鲜骨泥机

1—齿轮箱　2—丝杆　3—进料仓　4—动刀　5—定刀　6—摆线减速机
7—对轮　8—离合器　9—推进板　10—主轴　11—出料口

二、加热处理设备

（一）蒸制骨粉生产设备

此种生产设备生产蒸制骨粉劳动强度小、生产环境清洁、生产效率高，产品质量稳定，在高湿物料烘干机内骨块是在封闭的设备内烘干，产品的油脂含量较低、卫生指标较高。设备结构如图7-6所示。

（二）节能型两用烘干机

该装置可同时烘烤骨炭（一种无定形炭，由骨在隔氧条件下高温灼烧制得）和骨粉。骨炭块进入骨炭烘烤筒仓，骨粉则被留在骨粉烘烤仓内，骨炭被实施高温烘烤，而余热则通过筒体对骨粉实施烘烤，节省了动力消耗，提高了热能的利用率。该设备如图7-7所示。

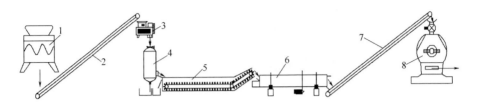

图7-6 蒸制骨粉生产设备示意图

1—洗骨机 2—带式输送机 3—碎骨机 4—压力罐 5—链条清洗输送机

6—高湿物料烘干机 7—带式输送机 8—骨粉碎机

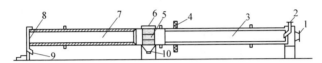

图7-7 节能型骨炭、骨粉两用烘干机剖面图

1—出风口 2—进料口 3—骨粉俱烤筒仓 4—大齿轮 5—筛网

6—密封罩 7—骨炭烤仓 8—喷油枪 9—骨炭出口 10—骨粉出口

(三) 骨粉蒸制器

该骨粉蒸制器能杀菌消毒，脱去、收集骨油，加工成本低廉，制作简单，使用方便，安全卫生，适于个体户加工骨粉使用。设备如图7-8所示。

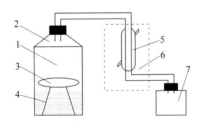

图7-8 骨粉蒸制器

1—蒸制桶 2—蒸制盖 3—蒸箅 4—支架 5—冷凝管 6—水槽 7—集油桶

参 考 文 献

[1] 孙远明，余群力. 食品营养学 [M]. 北京：中国农业大学出版社，2002.

[2] 增田恒男. 食品原料的制造方法及其装置 [P]. 中国专利：CN86103410A，1987-02-11.

[3] 王中华，李创雄，鲁华等. 畜骨的食化方法 [P]. 中国专利：CN1079120A，1993-12-08.

[4] 赵滨生. 浓缩骨汤调味料及其制作方法 [P]. 中国专利：CN101366489A，2009-02-28.

[5] 马巍. 速调营养骨汤 [P]. 中国专利：CN1602751A，2005-04-06.

[6] 薛殿慧. 天麻保健羊骨汤 [P]. 中国专利：CN1631256A，2005-06-29.

[7] 张占永. 骨汤豆腐丝制作工艺 [P]. 中国专利：CN101341953A，2009-01-14.

[8] 吴志华，陈红兵，杨安树. 纳米级牛骨粉的加工方法 [P]. 中国专利：CN101569417A，2009-

11－04.

［9］陈文华，成晓瑜，冯平．脱脂超细鲜骨粉及其用途［P］．中国专利：CN101496610A，2009－08－05.

［10］Li Z R, Wang B, Chi C F, et al. Isolation and characterization of acid soluble collagens and pepsin soluble collagens from the skin and bone of Spanish mackerel（Scomberomorous niphonius）［J］. Food Hydrocolloids, 2013, 31（1）：103～113.

［11］Bercu V, Negut C D, Duliu O G. Detection of irradiated frog（Limnonectes macrodon）leg bones by multifrequency EPR spectroscopy［J］. Food Chemistry, 2012, 135（4）：2313～2319.

［12］Gu R Z, Liu W Y, Lin F, et al. Antioxidant and angiotensin I－converting enzyme inhibitory properties of oligopeptides derived from black－bone silky fowl（Gallus gallus domesticus Brisson）muscle ［J］. Food Research International, 2012, 49（1）：326～333.

［13］Buckley M, Penkman K E H, Wess T J, et al. Protein and mineral characterisation of rendered meat and bone meal［J］. Food Chemistry, 2012, 134（3）：1267～1278.

［14］Chae H S, Oh S R, Lee H K, et al. Mangosteen xanthones, α－ and γ－mangostins, inhibit allergic mediators in bone marrow－derived mast cell［J］. Food Chemistry, 2012, 134（1）：397～400.

［15］Qazi M R, Nelson B D, DePierre J W, et al. High－dose dietary exposure of mice to perfluorooctanoate or perfluorooctane sulfonate exerts toxic effects on myeloid and B－lymphoid cells in the bone marrow and these effects are partially dependent on reduced food consumption［J］. Food and Chemical Toxicology, 2012, 50（9）：2955～2963.

［16］Shakila R J, Jeevithan E, Varatharajakumar A, et al. Functional characterization of gelatin extracted from bones of red snapper and grouper in comparison with mammalian gelatin［J］. LWT－Food Science and Technology, 2012, 48（1）：30～36.

［17］潘丽军，马道荣，姜绍通等．一种骨粉营养鲜湿面条及制作方法［P］．中国专利：CN102028146A，2011－04－27.

［18］马守海．食用鲜骨泥的热加工方法［P］．中国专利：CN1050310，1991－04－05.

［19］余芳．一种黑米骨泥高钙营养饼干［P］．中国专利：CN10187879A，2010－11－10.

［20］李勇汉．鲜骨泥营养风味肉燥酱及其制作方法［P］．中国专利：CN1017797A，2010－07－21.

［21］孔保华，刁新平．营养骨泥蔬菜肉饼及其制作方法［P］．中国专利：CN1568818A，2005－01－26.

［22］彭梅，李奇志，张传盛．鹅骨泥保健食品［P］．中国专利：CN1568806A，2005－01－26.

［23］薛增亮．骨泥熟食制品的加工方法［P］．中国专利：CN1243681A，2000－02－09.

［24］邹永宏，邓银焕．畜骨提取乳液饮料及其制法［P］．中国专利：CN1119506A，1996－04－03.

［25］李卫平．鲜骨奶豆粉及其生产方法［P］．中国专利：CN1161167A，1997－10－08.

［26］郑捷，刘安军．一种骨油的提取及食用调味骨油的加工技术［P］．中国专利：CN102038042A，2011－05－04.

［27］张万山，杨华英，张志武等．一种硫酸软骨素的制备方法［P］．中国专利：CN101012288A，2007－08－08.

［28］田秀萍，董开金，魏文珑．双酶法生产硫酸软骨素［P］．中国专利：CN1544645A，2004－11－10.

［29］陈宁，刘淑云，王振声等．硫酸软骨素的提取方法［P］．中国专利：CN1624004A，2005－06－08.

［30］Liu D S, Liang L, Regenstein J M, et al. Extraction and characterisation of pepsin－solubilised collagen from fins, scales, skins, bones and swim bladders of bighead carp (Hypophthalmichthys nobilis) [J]. Food Chemistry, 2012, 133 (4): 1441~1448.

[31] Koli J M, Basu S, Nayak B B, et al. Functional characteristics of gelatin extracted from skin and bone of Tiger – toothed croaker (Otolithes ruber) and Pink perch (Nemipterus japonicus)[J]. Food and Bioproducts Processing, 2012, 90 (3): 555~562.

[32] Al – Nouri D M, Al – Khalifa A S, Shahidi F. Long – term supplementation of dietary omega – 6/ omega – 3 ratios alters bone marrow fatty acid and biomarkers of bone metabolism in growing rabbits [J]. Journal of Functional Foods, 2012, 4 (3): 584~593.

[33] Wug C, Zhang M, Wang Y Q, et al. Production of silver carp bone powder using superfine grinding technology: Suitable production parameters and its properties [J]. Journal of Food Engineering, 2012, 109 (4): 730~735.

[34] Lu Y, Suh S J, Li X, et al. Citreorosein, a naturally occurring anthraquinone derivative isolated from Polygoni cuspidati radix, attenuates cyclooxygenase – 2 – dependent prostaglandin D2 generation by blocking Akt and JNK pathways in mouse bone marrow – derived mast cells [J]. Food and Chemical Toxicology, 2012, 50 (3 – 4): 913~919.

[35] Queiroz M L S, da Rocha M C, Torello C O, et al. Chlorella vulgaris restores bone marrow cellularity and cytokine production in lead – exposed mice [J]. Food and Chemical Toxicology, 2011, 49 (11): 2934~2941.

[36] Mery D, Lillo I, Loebel H, et al. Automated fish bone detection using X – ray imaging[J]. Journal of Food Engineering, 2011, 105 (3): 485~492.

[37] 王平, 苏为科, 汤君敏等. 一种硫酸软骨素的无溶剂提取方法 [P]. 中国专利: CN101250237A, 2008 – 08 – 27.

[38] 张榜忠, 张志斌, 袁红英. 反向沉淀生产硫酸软骨素的方法 [P]. 中国专利: CN101824446A, 2010 – 09 – 08.

[39] 赵静. 一种硫酸软骨素的提纯方法 [P]. 中国专利: CN101698686A, 2010 – 04 – 28.

[40] 赵世样. 高含量硫酸软骨素的生产方法 [P]. 中国专利: CN101392035A, 2009 – 03 – 25.

[41] 孙康, 李万万, 陈高祥. 用天然骨粉制备 a -, β – 磷酸三钙的方法 [P]. 中国专利: CN101264872A, 2008 – 09 – 17.

[42] 孙康, 李万万, 余晓鸣. 用天然骨粉制备磷酸四钙的方法 [P]. 中国专利: CN101264871A, 2008 – 09 – 17.

[43] 王锦. 药用保健型鹿骨胶产品的加工技术 [P]. 中国专利: CN1515270A, 2004 – 07 – 28.

[44] Tian Y G, Zhu S, Xie M Y, et al. Composition of fatty acids in the muscle of black – bone silky chicken (Gallus gellus demesticus brissen) and its bioactivity in mice [J]. Food Chemistry, 2011, 126 (2): 479~483.

[45] Liu J H, Tian Y G, Wang Y, et al. Characterization and in vitro antioxidation of papain hydrolysate from black – bone silky fowl (Gallus gallus domesticus brisson) muscle and its fractions [J]. Food Research International, 2011, 44 (1): 133~138.

[46] Schwen R, Jackson R, Proudlock R. Genotoxicity assessment of S – equol in bacterial mutation, chromosomal aberration, and rodent bone marrow micronucleus tests [J]. Food and Chemical Toxicology, 2010, 48 (12): 3481~3485.

[47] Haleagrahara N, Jackie T, Chakravarthi S, et al. Protective effects of Etlingera elatior extract on lead acetate – induced changes in oxidative biomarkers in bone marrow of rats [J]. Food and Chemical Toxicology, 2010, 48 (10): 2688~2694.

［48］Booman A，Márquez A，Parin M A，et al. Design and testing of a fish bone separator machine ［J］. Journal of Food Engineering，2010，100（3）：474~479.

［49］Pavino D，Squadrone S，Cocchi M，et al. Towards a routine application of vibrational spectroscopy to the detection of bone fragments in feedingstuffs：Use and validation of a NIR scanning microscopy method ［J］. Food Chemistry，2010，121（3）：826~831.

［50］王中华. 骨粉蒸制器［P］. 中国专利：CN202050870U，2011-11-30.

［51］刘秀河. 牛骨泥深加工装置［P］. 中国专利：CN202232750U，2012-05-30.

［52］汤儒库. 鲜骨泥机［P］. 中国专利：CN2660907Y，2004-12-08.

第八章 畜皮的综合利用

第一节 畜皮的组成

一、畜皮的结构组成

畜皮是一种复杂的生物结构组织，在动物生活时起保护机体、调节体温、排泄分泌物和感觉的作用。不同畜皮的组织结构除在外观上有所差异外，基本上相同。畜皮从外观上可分为毛层（毛被）和板层（皮板）两大部分。把板层的纵切面染色后在显微镜下进行观察，可清楚地看到板层分为表皮、真皮和皮下3层，见图8-1。

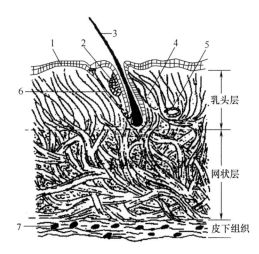

图8-1 生皮的纵切面示意图

1—表皮 2—脂腺 3—毛 4—汗腺
5—血管 6—竖毛肌 7—脂肪细胞

表皮层位于被毛之下，紧贴在真皮的上面，由表面角质化的复层扁平上皮所构成，表皮的厚度随动物的种类不同而异。一般猪皮的表皮层为总厚度的2%～5%；绵羊皮和山羊皮为2%～3%；而牛皮则为0.5%～15%。

真皮层介于表皮与皮下层之间，由致密结缔组织构成，是畜皮的主要部分，总重量占畜皮重的90%以上，是食品加工的主要对象。

根据胶原纤维的编织形式可将真皮分为上下两层，即乳头层（粒面层）和网状层，一般以毛根底部的毛球和汗腺所在的水平面为分界线，两层的相对厚度随原料皮的不同而不同，真皮内粒面层（水平线区）、网状层（网格区）厚度示意见图8-2。

二、畜皮的化学组成

畜皮的化学组成成分主要是水、蛋白质、脂肪、无机盐和糖类，其含量随动物的种属、年龄、性别、生活条件的不同而异，其中最主要的为蛋白质。鲜牛皮的化学成分见表8-1。

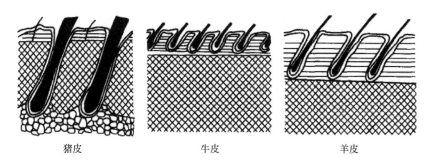

图 8 - 2　真皮内粒面层（水平线区）、网状层（网格区）厚度示意图

表 8 - 1		鲜牛皮的化学组成	单位:%
组分			含量
水			64
蛋白质			
	构造蛋白质	弹性蛋白	0.3
		胶原蛋白	29
		角蛋白	2
	非构造蛋白质	清蛋白	1
		球蛋白	1
		类黏蛋白	0.7
脂肪			2
无机盐			0.5
色素及其他			0.5

（一）水分

畜皮的水分含量随家畜的种属、性别和年龄不同而异。如公猪皮含水分64.9%；母猪皮含水分67.5%；公牛皮含水分67.3%；小山羊皮含水分63.45%。以上数据说明，幼畜较老畜皮水分含量高，母畜较公畜皮水分含量高。另外，每张皮不同部位的含水量也不一样，如牛皮背部含水分67.7%，颈部70%。

（二）蛋白质

畜皮中的蛋白质根据存在部位和主要作用分为角质蛋白、清蛋白、球蛋白、弹性蛋白和胶原蛋白。

1. 角质蛋白

角质蛋白是动物表皮层的基本蛋白质。如动物的表皮、毛皮、趾甲、蹄及角等都由角质蛋白组成，其特点是含胱氨酸较多。

2. 清蛋白和球蛋白

这类蛋白主要存在于皮组织的血液及浆液中，加热时凝固，溶于弱酸、碱和盐类的溶液中，球蛋白不溶于水，清蛋白溶于水中，在清洗时随水溶出。

3. 弹性蛋白

弹性蛋白是畜皮中黄色弹性纤维的主要成分，皮中含量约1%，不溶于水，也不溶于稀酸及碱性溶液中，可被胰酶分解。

4. 胶原蛋白

胶原蛋白是皮中的主要成分，也是主要蛋白质，约占真皮的95%，不溶于水及盐水溶液，也不溶于稀盐酸、稀碱及酒精，加热到70℃以上则变为明胶而溶解。胶原蛋白对人体的健康有着重要的作用，可以增加皮肤、血管壁的弹性，提高血小板的功能，增强人体免疫力，是人类良好的食物资源。

（三）脂类

畜皮的脂类主要积存于脂肪细胞内，大量分布在皮下脂肪层。畜皮中脂类含量因动物的种属和营养状况不同而异。各种皮的脂类含量为猪皮10%～30%，大牛皮0.5%～2%，山羊皮3%～10%，绵羊皮30%（均以鲜皮重计算）。

畜皮中的脂类主要有甘油三酯、磷脂、神经鞘脂、蜡、醇、脂蛋白、脂多糖等。而蜡一般是由油酸与十六烷醇、十八烷醇、二十烷醇和二十六烷醇化合成的酯组成，也有少数是胆固醇和胆固醇酯组成的。磷脂是由甘油、脂肪酸、磷酸和含氮的碱性物（如胆碱等）组成的，畜皮中的磷脂有卵磷脂、脑磷脂和神经磷脂等。

（四）糖类

糖类在畜皮中的含量不多，一般只占鲜皮重的0.5%～1%，其中包括葡萄糖、半乳糖等单糖和黏多糖。糖在畜皮中分布是很广的，从表皮到真皮，从细胞到纤维都有。正常真皮内基质主要含非硫酸黏多糖、硫酸黏多糖和中性黏多糖。非硫酸黏多糖主要是透明质酸，硫酸黏多糖主要含硫酸软骨素。

透明质酸是一种多糖高聚物，其基本单位以 N - 乙酰氨基葡萄糖及葡萄糖醛酸构成，其黏性很强，具有保持组织内水分的作用，并与胶原蛋白和弹性纤维结合成凝胶样结构，使真皮具有弹性，并可防止病原体的侵入。

硫酸软骨素是由等分子的 N - 1 - 酰基 - D - 氨基半乳糖、葡萄糖醛酸及硫酸构成，有A、B、C三种异构物。它的分子质量约为260000 u，分子键的长度为 4700×10^{-10} m，硫酸软骨素 A 和 C 的性质较相似，均能被透明质酸酶水解；B 则不同，能抗透明质酸酶的水解作用，溶解度也较小。硫酸软骨素是软骨素的硫酸酯，构成结缔组织的主要成分，具有澄清脂质、提高机体解毒功能、利尿和镇痛等作用，对胶原性疾患十分有效，对由链霉素引起的听觉障碍也有效果。

（五）无机盐

畜皮中的无机盐成分含量甚微，为鲜皮重的0.35%～0.5%，其中氯化钠含量最多，其次是磷酸盐、碳酸盐及硫酸盐等，各种动物皮中无机盐含量稍有不同。各种畜皮中无机盐含量见表8-2。

表8-2			各种畜皮无机盐含量		单位:%
畜皮种类	阉牛皮	乳牛皮	牛犊皮	小公牛皮	山羊皮
总灰分	0.4530	0.3630	0.4950	0.4920	0.8500
$Fe_2O_3 + Al_2O_3$	0.0107	0.0190	0.0134	0.0124	0.1695
CaO	0.0101	0.0038	0.0095	0.0124	0.0057

续表

畜皮种类	阉牛皮	乳牛皮	牛犊皮	小公牛皮	山羊皮
MgO	0.0032	0.0036	0.0073	0.0037	0.0076
NaCl	0.4455	0.3530	0.4430	0.4825	——
Cl^-	0.2730	0.2130	0.2690	0.2930	——
SO_3	0.0702	0.0614	0.0952	0.0689	0.3144
P_2O_5	0.0318	0.0262	0.0829	0.0334	0.0287

（六）非蛋白含氮物

鲜皮中含有少量非蛋白含氮物，其中除了黏多糖外，还有核酸、嘌呤碱和游离氨基酸等。

（七）酶

所有动物体内发现的酶，在畜皮内都能找到，它们属于蛋白质类。畜皮从动物体剥下后，这些酶便发挥分解皮蛋白的破坏作用——自溶作用，并影响着畜皮在剥取后的变质。

畜皮被分解为陈、多肽，由固体分解为液体，是由组织蛋白酶所造成的。组织蛋白酶至少是含有四种分解蛋白质酶的混合物。它们在中性或弱碱性的皮内时，是没有什么作用的，但若畜皮 pH 降到 4.0 ~ 5.0 时，分解蛋白的能力最剧烈。因此，剥下后的畜皮要注意保存。

畜皮内有酯酶（分解脂肪）、卵磷脂酶（分解卵磷脂）和固醇酯酶（分解固醇酯），淀粉酶的数量也较多，其他还有氧化酶和各类肽酶。

（八）纤维间质中的蛋白质

纤维间质是充斥于生皮胶原纤维之间起润滑和保护作用的一类混合物，主要由水、糖类物质、蛋白质等组成。纤维间质中的蛋白质均为非纤维型蛋白质，主要有清蛋白、球蛋白和类黏蛋白。清蛋白是基质中含量最丰富的蛋白质，超过球状蛋白总量的50%，与其他球状蛋白相比，清蛋白的相对分子质量小，溶解性好，能溶于清水及酸、碱、盐的稀溶液中。球蛋白溶解需要比较高的离子强度，不溶解于清水，可溶于酸、碱和盐的稀溶液中。大量黏多糖通过共价键结合到蛋白质分子上形成蛋白糖，欲称类黏蛋白。研究表明，皮中的类黏蛋白主要是玻璃糖酸蛋白多糖和硫酸皮肽素蛋白多糖，二者的含量比35:65。

（九）畜皮的微量成分

畜皮中除上述常规营养成分外，还有许多对人体有益的微量成分。《中国食物成分表》对北京市某肉类企业来自河北的猪皮进行营养分析：100g 猪皮中含有蛋白质 27.4g，脂肪 28.1g，胆固醇 100mg，维生素 A 3μg，维生素 B_1 0.03mg，维生素 B_2 0.14mg，叶酸 5.4μg，维生素 B_3 0.63mg，钙 13mg，磷 37mg，钾 62mg，钠 72.4mg，镁 56mg，铁 1.7mg，锌 0.67mg，硒 4.68mg。

三、畜皮的保健功能

人们食用较多的是猪皮，常食猪皮有利于人体健康。

（一）具有减皱、失血、延缓皮肤衰老的功效

猪皮（包括猪蹄、猪尾）蛋白质含量为 27.4%，是猪肉（10.8%）的 2.5 倍；糖类

含量比猪肉高4倍多；脂肪含量仅为猪肉的1/2。猪皮的蛋白质主要由角蛋白、清蛋白、球蛋白、弹性蛋白和胶原蛋白组成，而且90%以上是大分子的胶原蛋白和弹性蛋白，含量可与熊掌媲美。研究表明，人体缺乏胶原蛋白就会使细胞储水机制发生障碍，皮肤就会干瘪、出现皱纹。猪皮中含有大量的胶原蛋白和弹性蛋白，经常食用可使皮肤娇嫩、油润、皱纹减少或消失、延缓皮肤的衰老过程，从而起到护肤养颜的作用。此外，现代医学研究还表明，大分子胶原蛋白对出血、失血、失水及营养不良、贫血症也有一定疗效。

（二）猪皮在动物类食物中含锰量较高

人体对动物食品中微量元素的吸收率比植物食品高。锰是人体必不可少的微量元素，分布（由高至低）于人体骨骼肌、肝、胰、胃、小脑、大脑、膈肌、肾、脾、十二指肠、空肠、回肠、结肠、食管、皮肤内，不仅参与酶、蛋白质、激素、糖、维生素的合成，还参与遗传信息的传递。人体缺锰会引起许多种疾病，有报道，在300例皮肤瘙痒患者中，有26.7%是由缺锰引起的。据报道，100g猪皮含锰1.25mg，仅次于黄鳝（2.22mg），居第2位，远远高于猪肉（0.02mg）、酱牛肉（0.25mg）、猪肝（0.26mg）、羊肉串（0.34mg）、羊肚（0.60mg）、河蟹（0.42mg）、虾米（0.77mg）等动物食品。

（三）预防骨质疏松

全国的著名骨科专家经过多年研究一致认为，"骨质疏松等骨病是复合骨胶原缺乏引起的骨骼退行性疾病"。钙的缺失源于复合骨胶原的流失，传统补钙并不能解决骨质疏松的问题，补充复合骨胶原才是解决骨质疏松问题的关键。人体的骨骼好比房子，钙好比是沙子，复合骨胶原好比是钢筋和水泥，没有复合骨胶原这个网架作黏合剂，人的骨骼房屋就无法建造起来。而骨胶原的重要组成部分就是胶原蛋白，在预防骨质疏松方面，补充胶原蛋白与补钙同样重要。中老年人可以适量吃些富含胶原蛋白的猪皮和蹄筋等食物来预防骨质疏松。

（四）猪皮的脂肪和胆固醇含量并不高

人们想吃猪皮，但怕脂肪和胆固醇含量高。其实猪皮中脂肪含量较低，为猪瘦肉的79%，而胆固醇含量比鸡肉、鸭肉都低。100g猪皮中含有胆固醇100mg，与猪脑（3100mg）、咸鸭蛋黄（2302mg）、鸡蛋黄（1105mg）、河虾（896mg）、小虾米（738mg）、水发鱿鱼（265mg）、鸡肉（117mg）等相比，并不算高。

第二节　畜皮在食品中的加工利用

动物副产物的营养价值也是食品行业关注的一个新热点，而家畜皮中的营养价值主要体现在蛋白质含量较高，以猪皮为例，据营养学家们分析，每100g猪皮中含蛋白质26.4%，为猪肉的2.5倍，而脂肪却只有2.27g，为猪肉的一半。特别是肉皮中的蛋白质，主要成分是胶原蛋白，胶原蛋白是皮肤细胞生长的主要原料，具有增加皮肤储水的功能，滋润皮肤，保持皮肤组织细胞内外水分的平衡。国外畜皮广泛地用于食品加工业，例如，菲律宾利用水牛皮制作咸饼干，马来西亚和印度尼西亚有用干牛皮烹制的菜肴，泰国西北部用水牛皮加工的食品等。

一、猪皮食品

（一）猪皮冻

1. 原料

猪肉皮、香叶、生姜、葱、八角茴香、小茴香、花椒粒、桂皮、料酒、生抽。

2. 工艺流程

猪皮清洗 → 煮皮 → 刮油 → 熟洗 → 复煮 → 切丝 → 煮丝 → 冷却凝固 → 切型 → 包装 → 成品

3. 制作方法

（1）清洗猪皮时，往水里加入一点食盐可以去除猪皮表面的杂质；洗干净的猪皮要用拔毛钳将残留的猪毛拔干净。

（2）洗好的猪皮放入锅里，一定要用凉水下锅，大火煮 15min，使肉皮煮透，有利于刮除肥膘。

（3）煮好的猪皮，要将肉皮上残留的肥膘与残毛刮净，防止肥膘的油脂逐渐溶于汤中形成小颗粒，影响皮冻的透明度。

（4）熟洗猪皮是将刮去油脂的猪皮放入加有食用碱和醋的热水中，反复搓洗几次，以去除刮油脂过程中残留的油渣。用热水清洗可以更好地去除猪皮的油腻；加食用碱的目的是可以洗去肉皮上残留的油脂；加醋一方面可以除去肉皮上的异味，另一方面醋的酸味中和碱性，避免营养物质流失。

（5）将猪皮放入加有生姜片、大葱段和料酒的热水锅中，开盖大火煮 3 ~ 4min。注意：①烧水时水不要烧开，而是在水似开非开也就是水响时放入猪皮。②不要盖锅盖，盖盖后易使汤色浑浊。③加入葱、姜、料酒可以除去肉皮的异味和腥味，透出肉皮的香气。

（6）将煮好的猪皮切成细丝，切丝的目的是为了增大肉皮的表面积，有利于吸收热量，使肉皮中的胶原蛋白质充分溶于汤中，丝切得越细越好。

（7）切好的猪皮丝放入锅中，加入猪皮 5 倍重量的清水，小火熬煮约 2h。注意：①煮猪皮丝时要注意火候的掌握，始终保持微小火熬煮，保持水开但不沸腾的状态，也就是自始至终有 3/4 的水面处于开，有 1/4 的水面处于不开的状态。若火过大，汤就变得不清亮，易浑汤。②熬煮时，要不断地用小勺撇去汤汁表面的浮沫，以保持汤汁的清亮。③整个过程不需要加任何调味料，如果需调味，可以在 2h 后关火，放入少许食盐即可。不放其他辅料，这样汤色清亮，不浑浊，做好的皮冻晶莹剔透。

（8）将熬煮好的猪皮丝连同汤汁一起倒入干净的容器中，冷却后放入冷藏室，使其凝固（不要放入冷冻室，因为温度低于 0℃ 会使皮汁冻结，化冻后水分会流失，从而无法成型，失去皮冻的特色风味）。

（9）将凝固后的皮冻倒扣在案板上，用刀将皮冻切成大小适合的小块状。切皮冻时，要采用颤刀法：左手压住皮冻，右手握刀，不要像切菜似的一刀切下去，否则很容易使皮冻破碎，而要将刀刃抵住皮冻的表面，抖动着将刀切下去，这样切出来的皮冻形状完整，不松散。

（10）包装分切好的皮冻，放入托盘用保鲜膜包好，置于 0 ~ 4℃ 条件下储藏销售。

（11）食用时将醋、蒜泥、酱油、芝麻香油、香菜调成味汁，浇在切好的皮冻上，调匀即可。

4. 皮冻制作原理

肉皮、小蹄及肘子都属于富含动物结缔组织的原料，其主要成分是胶原蛋白，加热的过程中在组织蛋白酶的作用下，使肌浆蛋白质一部分分解成肽而游离出来，而一些氨基酸随着水温的升高也溶于汤中，肉皮中的胶原蛋白也分解成明胶。肉皮在制冻的过程中其变化如下：①肉皮加热后会快速收缩，长度会变短，因为胶原纤维韧性强、弹性差，但很柔软；②当汤水继续加热肉皮会因吸水而变得膨胀，皮丝伸展开来恢复原状；③在长时间的加热后胶原蛋白就会变成水溶性的明胶，皮冻就是利用了这一原理，使之凉后凝结为冻。

5. 制作皮冻时的注意事项

在熬制皮冻时精盐不应提前放入，待皮冻熬制接近尾声时再放盐，效果会更好。投盐过早会影响汤汁的色泽，尤其是清冻，因为盐是一种电解质，在水中可使原料中的蛋白质凝固，影响鲜味的渗出；盐还会造成已溶入汤汁中的蛋白质产生沉淀，汤汁变暗。

在熬制皮冻时，当汤水刚开时应及时撇净浮沫，这层浮沫主要是蛋白质变性与污物在一起浮上水面，如不及时清除浮沫，水开后就会将浮沫冲散，以后不易清除，使皮冻凝结后的透明度降低。

（二）泡椒猪皮

泡椒猪皮是近年来新开发的休闲食品，具有清脆爽口的特点，充分利用了猪皮的营养价值和美容功效，深受消费者欢迎。

1. 工艺流程

原料预处理 → 去毛 → 分切整形 → 蛋白酶处理 → 发酵液浸泡 → 称重包装 → 辐照杀菌 → 装箱销售

2. 操作要点

（1）原料预处理　选用经兽医检验合格的健康新鲜猪皮为原料，将残留在肉皮表面的脂肪用刀修理干净，将猪皮清洗后倒入锅中煮制，水沸腾后煮制 3~5min 起锅，起锅后的猪皮放入冷水中冷却至室温。

（2）分切　将冷却好的猪皮进行烧毛去杂处理后切分猪皮，每块猪皮按照长度 5~8cm，宽度 0.5~0.8cm 切分。

（3）蛋白酶处理　将切分好的猪皮用 1% 的木瓜蛋白酶处理 30min 后再煮至猪皮熟，起锅冷却后放入消毒过的容器中。

（4）生物发酵液的配置　称取一定量纯净水，加入 3%~5% 的食盐、2%~3% 的白砂糖、1%~2% 葡萄糖、0.1%~0.3% 花椒、0.7%~0.9% 大蒜、0.3%~0.5% 的八角茴香、1%~2% 的姜、4%~6% 的野山椒一起煮沸 25~30min，并冷却到 15℃ 以下，加入发酵液总量 5%~8% 的番茄汁，按照发酵液总量 8%~10% 的量接种植物乳杆菌和啤酒片球菌，植物乳杆菌和啤酒片球菌的菌比为 1∶1，密封，控制温度在 35℃ 左右，发酵至 pH 为 3.5~4.5 成发酵液。

（5）猪皮发酵　将分割、预煮的猪皮和发酵液按照 1∶1.2 的比例加入到消毒好的容器中，保持猪皮浸没在液面以下，然后盖好容器，抽出空气密封发酵，于 15~20℃ 的环境下发酵 12~18h，产品包装后辐照杀菌即成成品。

3. 产品功效

人体皮肤之所以出现皱纹，是由于皮肤细胞储水功能发生障碍，细胞结合水的能力下降，可塑性衰减，弹性降低，黏膜干燥所致。要延缓或减少皱纹的出现，就必须摄入一些能提高结合力的胶原蛋白和弹性蛋白。肉皮正是富含胶原蛋白的食物，对减皱美容很有特效。

（三）乳化猪皮

乳化猪皮含有丰富的胶原蛋白，具有增强弹性的作用，可广泛用于肉类制品的加工，也可以代替脂肪，既提高品质，又降低成本。乳化猪皮在常温下呈糊状，可以和其他配料任意混合，在蒸煮时呈液体状，具有灌汤的效果，由于出品率高，成本低，可以大幅降低速冻水饺、包子的成本，用量为馅重的15%～30%。利用乳化猪皮，直接加入其他调味料、配料，如蔬菜、肉丁等，可以加工出各种胶冻状食品。但是在猪皮深加工利用过程中，存在以下几个缺陷：结构特殊，使得猪皮韧性极大，难以破碎；加热后颜色暗黄、臭味难闻，影响了猪皮的深加工利用；猪皮中蛋白质的主要成分为胶原蛋白，该种蛋白不能在水或者盐溶液中溶解析出，加工性能较差，难以直接利用。

1. 工艺流程

原料→腌制→清洗→浸泡→漂洗→乳化→贮藏→包装

2. 加工方法

（1）原料处理　选择卫生、安全的鲜、冻白毛猪猪皮，解冻后刮净油脂，除去毛根、杂质污物，修洗干净。

（2）腌制　配制浓度控制在2%的乳酸液，并加入冰块，冰块与肉皮的比例控制在1:1，要求猪皮全部被浸没，在0～4℃的条件下腌制30h。

（3）清洗　腌制好的猪皮再用清水清洗两遍，去除杂物。

（4）浸泡　清洗好的猪皮再用清水浸泡4h。

（5）漂洗　浸泡完成的猪皮最好要用清水清洗1～2遍，将猪皮进行称重。

（6）乳化　计算生猪皮的吸水量，按出品率200%计算出所需添加的冰块，首先慢速斩拌4min左右，转数2000r/min，然后进行快速斩拌10min左右，转数5000r/min，使猪皮完全乳化。过程中逐渐添加冰块以控制猪皮温度，防止温度过高，要求乳化猪皮出机温度≤15℃。猪皮乳化完全的标准为：猪皮完全斩成白色絮状，用手轻压有弹性，不粘手或很少量粘手。

（7）贮藏　将乳化皮送入0～4℃的库内存放。

3. 产品特点

（1）猪皮经过乳酸溶液的腌制后降低了韧性，容易破碎。

（2）在腌制和乳化过程中加入冰块，降低了加工温度，从而可保持猪皮原有颜色，没有臭味，便于猪皮的深加工利用。

（3）猪皮可以完全乳化，提高了加工性能，使得胶原蛋白容易直接利用。

（四）膨化猪皮

1. 工艺流程

选料→原料处理→干燥→加压膨化→包装成品

2. 加工要点

（1）选料　选用煺毛后的、无疫病、无疤痕的猪皮。

（2）原料处理　先将剥下的猪皮放入清水中浸泡30min，然后用竹刷或塑料刷刷洗，用刀刮除表皮上的污物，剔除皮下脂肪，修割疤痕，切成长 1.5~2cm，宽 0.5cm 的小块。

（3）干燥　将切好的猪皮小块摊放在竹筛或铁筛上，放入温度为 45~60℃ 的干燥室内干燥。在竹筛或铁筛下，需放置盘子接住猪皮上滴下的油。干燥室内的猪皮约 1h 翻动 1 次。经 2~4h，当猪皮呈棕黄色或棕褐色卷缩的亮块、用手压不出压痕时，即可停止干燥。

（4）加压膨化　将已经干燥的猪皮装入高压半自动膨化机，再加入适量的膨化剂，扣紧封闭压力开关后，迅速加热升温。当机内达到 150~180℃ 的高温时，膨化机的转速为 80~100r/min。经 5~7min，待机内压力达到 1MPa 便停止加热。这时，打开压力开关，膨化好的猪皮就喷入容器中。经冷却和称重包装后，即为膨化猪皮成品。

3. 产品特性

猪皮中含有大量的胶原蛋白、胱氨酸等营养物质，新鲜猪皮通过膨化以后，发生一系列变化，体积比原来增大了十几倍，改良了原有的口味及外观特征，味道酥脆，毛根消失，呈乳白色或者乳黄色，并有诱人的香味，可以直接食用或者加工成其他菜肴配菜。经膨化的肉皮，挂浆、红烧、溜炒、凉拌、炝、配菜都非常好吃，但是在做菜前先要进行软化处理。

（1）软化方法　将膨化好的猪皮用温水浸泡 1~2min，使其大量吸收水分，出现蜂窝状即完成软化。将水分挤出后，具有良好的弹性，质地软嫩清香，食用风味极佳。

（2）制作菜肴方法

①凉拌菜：将切好的长条皮丝，用水浸泡几分钟进行软化，挤出水分，根据口味需要适量地加入酱油、醋、香油、辣椒油、蒜泥、芥末面等即可。口味干香，少汤味厚，脆嫩爽口，食之不腻。

②炝菜：皮丝切好后，用开水略焯一下，捞出沥去水分，加食盐、姜丝、味精等，同油炸的花椒等材料拨入，使调料味渗透内部，拌匀即成。食之不酸不辣，清香嫩软，富有弹性，别具风味。

③溜菜

原料：膨化皮 500g、淀粉 500g、鸡蛋 30 个、胡萝卜 500g。

调料：食盐适量、食用油 1kg、鲜姜 250g、味精 150g、醋 150g、蒜 500g。

取膨化的皮肚，切成适当的形状，装盘，加蛋清、水淀粉 1.5kg，并食盐少许抓匀，烩 10min，胡萝卜或青绿配菜切片，葱、姜、蒜待用。锅烧热后加食用油适量，用盐、醋、味精、淀粉兑成混汁，八成熟时倒入烩好的皮肚，放在油中稍炸一下即捞出，并在溜底油内放葱、姜、蒜、胡萝卜片和兑好的混汁搅成糊状，快速投入炸好的皮肚片，翻炒几下，加材料油后，出锅即成。

（3）食用价值　肉皮具有一定的营养价值，膨化以后，改善了原有的"黏、腻"的口味特征，以及不受人欢迎的气味与外观。用来调制多种滋味的菜肴，将极大地丰富人们的生活。肉皮中含有大量的胶原蛋白、肌红蛋白和胱氨酸等营养物质，一经膨化易于为人体吸收利用，这类营养物质对补充精血、滋润皮肤、光泽头发具有一定的疗效，此外，常常食用这类食品还可以改善微循环和细胞营养新陈代谢，所以肉皮膨化食品是营养较高的食品。

4. 膨化猪皮感官评价

膨化猪皮的感官评价标准见表 8-3。

表 8 – 3		膨化猪皮感官评价标准	
风味	组织状态	颜色	复水性
猪皮特有的香味，无油腻感，酥脆可口	蜂窝状均匀，起泡完全	乳白，色差不明显	3min 以内完全复水

（五）烧烤猪皮串

烤食，可能是人类从生食到熟食最早的加热方式。而且烤制出来的香气是蒸、煮、炸、煎等方式所不能比拟的。炭烤食品作为一种传统食品，人们对它的喜爱一直有增无减。

目前市场上可以见到的猪皮类产品大多经过了长时间的熬制，已经无法辨认猪皮，且添加多种胶类物质，而油炸猪皮又存在很多危害。烧烤用的各种烤串产品常见羊肉串、鸡肉串、脆骨串等，但很少看到烤猪皮串，因为猪皮的营养及特殊功效，人们往往想吃而找不到合适的产品。

1. 配方

精猪皮 105kg、猪管骨 25kg、食盐 1.8kg、糖 0.9kg、味精 2.2kg、花椒 1kg、辣椒 2.7kg、桂皮 0.6kg、孜然粉 4kg。

2. 工艺步骤

（1）称取原料的过程中，要尽可能选取大块猪皮，以前腿皮和后腿皮为主，除尽多余脂肪、残留猪毛及毛根，清洗干净。

（2）将预处理好的猪皮切成方形小块，面积约 4cm×4cm，切好后放置在 0~4℃ 低温环境下待用。

（3）熬煮汤料

①水烧开，将 25kg 管骨放入熬制，大火煮 30min 后用小火熬制直到锅内的汤成白色液体，并除去表面的泡沫。

②将花椒 1kg、辣椒 2.7kg、桂皮 0.6kg 配好料包，放入白汤进行小火煮制至香料完全进入汤内。

（4）将预处理好切成小块的猪皮放进熬制好的骨汤中，煮制 6min。

（5）捞出煮制过的猪皮块，平铺冷却，然后用消过毒的竹签穿串，每只竹签穿 3 块。

（6）速冻入库。

3. 产品特点

为猪皮补充了一种食用方法——烧烤，满足既喜欢吃猪皮又爱烧烤风味的消费者需求。该烤串采用传统工艺，先熬制入味，烧烤过程可根据个人爱好再进行调配，所有配料均为传统香料，纯天然不含添加剂，不仅味道鲜美，而且营养丰富。此法制作出来的产品，相比常见的猪皮食品（炸猪皮、皮冻）有以下优势：①不油炸，完全避免油炸食品的种种危害性；②原材料真实可见，不用添加任何食品添加剂；③煮制时间短，猪皮营养流失少。

（六）皮肚

皮肚（又名干肉皮）是我国的一种传统美食，色泽黄白、质地酥脆、孔状均匀、块形空整、口感鲜美，适宜于拌、烧、扒、作汤等烹调方法。皮肚中含有人体所必需的蛋白质、氨基酸，糖类的含量要比猪肉高 4 倍多，脂肪的含量却只有猪肉的 1/2，皮肚中还含有大量的微量元素，能促进新陈代谢，滋颜润肤。

1. 工艺流程

原料清洗 → 去脂肪 → 分切整形 → 晾干 → 去油污 → 温油回软 → 油爆涨发 → 沥油冷却 →
称重包装 → 成品

2. 加工要点

（1）原料清洗　收集屠宰分割加工后的小块精猪皮和肚裆皮以及其他滞销的猪肉皮，用温水清洗干净，修净污物、奶头，去净杂毛并采取连根拔除的方法，尽量不用利刀刮毛的方法，避免将毛根留在肉皮内而影响成品质量。

（2）去脂肪　将残留在肉皮表面的脂肪用刀修理干净，要求不得残留一丝脂肪，以免影响"油爆涨发"的程度。

（3）分切整形　将清洗干净、已去净脂肪的猪肉皮进行分切整形。分切块形大小在 $5 \sim 10 cm^2$ 之间，不得超过 $10 cm^2$ 否则油爆涨发后包装困难；小于 $5 cm^2$ 的自然皮块也可以加工、无须再切成小块和整形，否则经包装、运输、销售后容易造成碎块。根据市场需求也可将猪肉皮切丝、切丁等，以满足不同消费群体的需要。

（4）晾干　在一块闲置空地上，将整形后的猪肉皮薄层摊放于竹匾里，采用日光自然晾晒的方法将猪肉皮晾干，晾干时间 $7 \sim 10d$，也可以在 $40 \sim 45℃$ 烘箱中干燥。

（5）去油污　经过 $7 \sim 10d$ 的晾晒，已经晾干的肉皮上会落下许多灰尘，而经过晾晒干的肉皮也会溢出许多的油脂，再与灰尘混合成附着于干肉皮上的积尘油污，因此在后期加工中就需要清除油污，方能进行油爆涨发。清除方法：将猪肉皮浸泡在温碱水中，用毛刷刷净油污，再用温水漂洗干净沥干水分即可。

（6）温油回软　在油爆涨发前，猪肉皮需要在温油中回软，这是能否涨发的关键。油温应该掌握在 $40 \sim 50℃$，温度高了也会影响涨发的程度。是否回软达标视肉皮软塌程度即可。这项操作标准在文字上无法准确清楚表示，只有在加工过程中熟能生巧，生产加工经验是最主要的。

（7）油爆涨发　回软后的待油爆肉皮应保持回软状态不能回硬，将锅中油温升至 $80℃$ 后即可将肉皮放入油锅中，边翻动边加温；油温达到 $120℃$ 猪肉皮即可以涨发好。在涨发时油温应掌握好，不得过高，关键是保持不焦、不老、不黄的感观程度和完全涨发开的标准。

（8）沥油冷却　完全涨发后的皮肚，从热油锅内捞出后控尽油脂并冷却到常温后方可包装。不得未控尽油脂或未降低温度就进行包装，否则既不利于包装又影响产品质量。

（9）称重包装　按 $250g/$袋和 $500g/$袋分别进行小包装，贴上食品标签，标注生产日期，每袋重量准确，每箱数量准确；内外包装袋、箱食品标贴标注一致。

3. 操作过程注意事项

（1）鲜品猪皮在晾晒前应将猪皮上的毛去干净，油脂刮掉以及洗去表面污物，否则在后期处理上较困难，且效果也不好。

（2）晾晒时要摊薄且经常翻动，防止猪皮晒不透、发黑，影响感观效果。

（3）猪皮在晾晒时应特别注意不得让其发霉发黑，否则后期的成品依然是发黑、色泽差。

（4）晾晒时间和程度需要掌握恰当，一般晾晒的时间在 7~10d，晾晒程度为肉皮出油为好。晾晒好的半成品应整齐码放在麻袋或者塑料编织袋内，0~4℃低温储存，应保持干肉皮不"走油"变质。

（5）涨发时必须冷油下锅，热油下锅则会缠死不发；必须使用中小火，火力过小，涨发率低，火力过大，外焦内不透；必须掌握好时间，太短则未发透，太长则皮肚色黄松散。

（6）猪皮经过"温油回软"后再到"油爆涨发"，此间待炸的猪皮要保持"温软"否则会影响"油爆涨发"，"温油"和"涨发"的温度，需要凭经验和熟练的技术来达到产品质量的标准。

（7）在猪皮涨发时，所使用的油脂应是无色透明的干净油，不得使用颜色较深且有很重味道的油，否则炸出的皮肚色泽不佳而且有异味。

（七）平菇猪皮兔肉肠

兔肉包括家兔肉和野兔肉，家兔肉又称为菜兔肉。兔肉属于高蛋白质、低脂肪、少胆固醇的肉类，兔肉的蛋白质含量高达 70%，比一般肉类都高，但脂肪和胆固醇含量却低于所有的肉类，故对它有"荤中之素"的说法。每年深秋至冬末间味道更佳，是肥胖者和心血管患者的理想肉食。

香肠是一种利用非常古老的食物生产和肉食保存技术，将动物的肉绞碎成泥状，再灌入肠衣制成的长圆柱体管状食品。香肠中常用硝酸盐作为防腐杀菌剂，亚硝酸盐长期使用会产生致癌等危害人体健康的不良反应。此外，现有香肠还存在有风味单一，无食疗保健作用的缺点。

1. 配方

每 10kg 兔肉需要配入猪皮 500~1000g、平菇 300~400g、白糖 200~250g、食盐 300~400g、胡椒粉 30~40g、五香粉 30~40g、老抽 200~300mL、卡拉胶 3~4g、薏米粉 40~50g、红枣粉 50~70g、炒麦芽粉 50~70g、补血顺气酒 200~250g、果蔬冻干粉 300~400g。

果蔬冻干粉由以下重量配比的原料制成：紫葡萄 100~200g、胡萝卜 100~200g。

补血顺气酒由以下重量配比的原料制成：每 15kg 白酒中配入天门冬 100~120g、麦门冬 100~120g、生地 200~250g、熟地 250~300g、人参 40~60g、茯苓 40~60g、山药 40~60g、黄精 10~20g、桔梗 10~20g、桑叶 5~10g。

2. 原料加工

（1）将新鲜兔体剔除骨，除去筋腱后而得兔肉。

（2）将去籽紫葡萄与去皮胡萝卜分别放入沸水中漂烫 4~6min，控水后，按重量配比称取，破碎混匀后真空冷冻，过筛后得果蔬冻干粉。

（3）按重量配比混合原料后，密封浸泡 5 个月以上，过滤残渣后即得补血顺气酒。

3. 工艺步骤

（1）将猪皮去毛洗净，切成长段后高压煮制 50~60min，绞碎备用。

（2）将兔肉绞碎后按重量配比加入绞碎的猪皮、白糖、食盐、胡椒粉、五香粉、老抽、补血顺气酒，搅拌均匀后腌制 5~6h，得腌制好的猪皮兔肉。

（3）将平菇绞碎，再将其按重量配比与腌制好的猪皮兔肉、卡拉胶、果蔬冻干粉、薏米粉、红枣粉、炒麦芽粉拌匀，得拌匀的香肠馅料。

（4）将拌匀的香肠馅料经过灌肠排气、蒸煮、熏制、晾挂风干、真空包装，即得产品。

4. 产品特点

（1）采用了廉价易得、维生素和类胡萝卜素含量丰富的蔬菜水果，可以使得香肠色泽更鲜艳，从而刺激食欲、营养更丰富，有美容养颜排毒的保健功效；生产中不添加任何色素和护色剂，蔬菜水果在破碎前于沸水中漂烫起到护色的作用。

（2）猪皮中的胶质可以使香肠口感更细嫩有弹性，同时其营养丰富，由于兔肉脂肪含量不高，猪皮可以提供脂肪，满足香肠制品的脂肪需求，从而使得香肠口感更浓郁醇厚；补血顺气酒适用于气血不足、短气乏力、须发早白、脾胃失和等，配伍合理；平菇的添加使得营养更全面；薏米粉、红枣粉、炒麦芽粉给制得的香肠带来了丰富的营养，以及炒麦芽粉的香气；卡拉胶可以使得口感更细嫩富有弹性。

（3）本配方科学合理，制作方法简单，在加工中不加色素，也不添加亚硝酸盐，这样加工出的香肠色泽自然，无污染，保持原味，同时还延长了产品的保质期。

（八）猪皮海绵健美食品

本产品属于一种健美食品，是一种能使皮肤光洁柔嫩，除皱防皱，富有弹性，且具有延缓衰老、容颜功能作用的猪皮海绵健美食品。

1. 加工方法

（1）选用无菌猪皮，将肉皮除毛、除垢、除杂质。

（2）用无锋口刀刮去肉皮上的肥肉油脂。

（3）将肉皮用饱和食用明矾溶液浸泡、揉搓、甩干，以进一步除垢、除脂。

（4）用温水浸泡肉皮，反复漂洗，除去残留在肉皮上的明矾和油脂，脱水。

（5）将处理好的肉皮进行切块、切条、切片、切丝等整形，并分别存放。

（6）烘干、风干或晒干，以除去水分为止，可有少量油脂浮于肉皮外表。

（7）用新鲜无霉变的植物油或者调和油将整形好的肉皮（块、片、条、丝状）分别进行油炸，煎炸至金黄色海绵状为止，且海绵状经络网孔均匀。年老者食用的肉皮要炸至颜色呈深黄色，年轻者食用的则要炸至颜色较浅，用煎炸时间来调控。

（8）将上述海绵肉皮通过风冷或者自然冷却方式冷却。真空包装或者干燥剂密封包装。

（9）食用时，将袋中肉皮放入熟温水中，待软后，捞出滤干待用。

2. 食用方式

（1）凉拌　将上述处理好的肉皮按自己的口味喜好直接加入调料拌匀即可食用。

（2）炒菜　将其他菜炒至六七分熟后，再放入处理好的肉皮，稍加炒制即可起锅食用。

（3）汤菜　将汤汁熬制好后，或其他菜完全熟后，再放入处理好的肉皮，稍许漂烫即可食用。

（4）煲汤　放入汤料及调料，主配菜完全炖好后，再放入处理好的肉皮，即可食用。

（5）火锅或麻辣烫　将汤料、调料或其他主配菜完全煮熟后，再放入处理好的肉皮，随烫随食用。

（6）风味时令小吃　将处理好的肉皮配以各种调味佐料小包，真空密封包装，食用时即开即拌即食。

3. 产品特点

（1）随意调配自己喜爱的口味或色泽食用，增强口感和食欲。

（2）手工生产和机械自动化生产均可，效果相同，机动灵活，既可现做现卖，也可以加工储存。注意保存方法，存放期会更长。

（3）既可以作为时令便当小食，也可以作为餐桌上美味佳肴，食疗保健作用明显。

（4）食用形式多种多样，风味独特，男女老少皆宜。

（5）工艺简单，科学合理，加工实施十分容易，市场潜力巨大。

（6）独特处理后的肉皮营养更加丰富，容易吸收转化利用，集健身美容于一体。

（九）猪皮饮料

多年来研究人员围绕猪皮的综合开发利用和提高经济效益做了大量的研究和探讨，针对目前猪皮开发利用的不足，提供一种以猪皮为主要原料制作猪皮胶饮料的工艺方法，为猪皮的利用开辟一条新路。

1. 原料

干猪皮胶、桂圆肉、松子仁、冬瓜子仁、核桃仁、磷脂、维生素E、木糖醇、柠檬酸、其他调味剂。

2. 加工方法

（1）将鲜猪皮去毛、去皮下脂肪后洗净，称取100kg，切成20cm×20cm块状，置入高压釜中并加入300kg水，于0.3MPa压力下煮2h，取液体，过滤，得滤液，弃去皮渣。

（2）向滤液中加入200g的桂皮和200g的八角茴香，加热浓缩至100kg，取出八角茴香和桂皮，得猪皮胶液，备用。

（3）先将8kg桂圆肉加入80kg的水中浸泡，再将研细的3kg松子仁、9kg冬瓜子仁、1kg核桃仁加入到桂圆浸泡液中，浸泡0.5h，打浆，取出上浮油脂，过滤得澄清滤液，再将滤液和上浮油脂合并，加入0.5kg磷脂和0.2kg维生素E，混匀，得提取液，备用。

（4）将猪皮胶液和提取液混合，然后加入20kg木糖醇，分别加入爆玉米香精和山梨酸数滴，加热沸腾20min，静置10h，粗滤后灌装密封，100℃灭菌1h得成品。产品久置不分层，酸甜可口，为鲜爽的酸梅味，滑润，营养丰富，具有良好的美容效果。

3. 产品特点

（1）产品将猪皮高压处理、干燥成胶块去味，溶解成的胶液和松子仁、冬瓜子仁等美容佳品的提取液合并，再加入维生素E、磷脂等美容成分，调成酸梅味，灭菌而成。

（2）在用鲜猪皮高压制备猪皮胶液时，为防止皮碎烂，勿使高压情况下的猪皮被搅动，否则皮中脂类会和煮出的胶质混在一起，使胶的猪肉味大增且在制作产品时很难去除。猪胶液在浓缩干燥过程中也熬走了肉味，增加了胶香。

（3）猪皮胶入消化道后可分解成多肽和氨基酸等，吸收后经血液运送至皮肤时，在酶作用下以多肽作为引物，以所需氨基酸作原料迅速合成皮肤胶原，使皮肤致密、润滑、有弹性。所以，猪皮胶饮料是一种动植物成分相结合、营养成分齐全的饮料，不仅提高了猪皮利用的经济效益，为猪皮的高附加值利用开辟了一条新路，而且工艺简单、成本低廉、市场前景好。

（十）人造海参

海参是一种蛋白质含量高、氨基酸和微量元素较为均衡的营养食品，长期以来受到人们的青睐。海参在《本草纲目拾遗》中被列为补益药物，具有较高的药用价值，可"补肾经、益精髓、消痰涎、摄小便，生血、壮阳，治疗溃疡生疖"。海参的种类很多，全世界现存约 900 种，从浅海到 8000 多米的深海都有，其中有 40 种左右可以食用，我国可食用的有 20 多种。

1. 工艺流程

（1）胶原粉制备

冻结猪皮 → 氢氧化钙去毛 → 乳酸中和 → 丙酮脱脂 → 切块 → 加热干燥 → 冷冻 → 粉碎 → 胶原粉

得到的胶原粉成分为：粗蛋白 81%，脂肪 6%，灰分 2.5%。

（2）人造海参制造

取上述制得的胶原粉 1 份 → 加入 4 倍冷水浸泡 2h → 加入 6 倍温水 → 在人造海参模具中浇注成型 → 整形 → 低温冷冻干燥 → 成品

2. 产品特点

猪皮是胶原蛋白的良好来源，其特有的三维结构决定了胶原蛋白具有很好的弹性以及吸收、保持水分的能力，因而能使人体肌肤饱满。尽管它与人们推崇的海参成分相似，也主要由胶原蛋白构成，但猪皮的口感不受人们欢迎，故可将猪皮制成人造海参，使其质地、口感均达到海参水平。

（十一）其他肉皮食品

1. 炸猪皮

（1）配料　干猪皮 5kg、食用油适量。

（2）加工方法　将干猪皮与食用油一同入锅，使油温升至 80℃ 左右翻动 30min，见到肉皮上出现小泡时，捞出晾凉，再放入 200℃ 的油锅小炸，边炸边将卷曲的肉皮理平，待呈金黄色时捞出，冷却包装即为成品，食用时再用清水涨发。

2. 千层皮

（1）配料　猪肉 15kg、猪皮 5kg、猪耳朵 5kg、酱油 1.25kg、食盐 1kg，料酒、大葱和生姜各 0.5kg、味精 50g、花椒 75g、八角茴香 125g。

（2）加工工艺

选料、修整 → 卤制（加辅料、水，煮制 50min）→ 铺好白布 → 放上洗净的猪皮（皮面朝下）→ 铺一层猪耳朵 → 铺一层肉（至猪耳朵放完）→ 用肉皮盖好 → 放在木板下（上加重物，4h）→ 晾凉 → 包装 → 成品

3. 羊肉猪皮冻

（1）配料　羊腿 50kg、猪皮 25kg、萝卜 12.5kg，生姜、大葱、蒜、食盐、味精、酱油、料酒、白糖、八角茴香、桂皮、花椒各适量。

（2）加工方法

①将鲜猪肉皮刮净残毛，剁成块，用沸水煮一下后，洗净。羊腿刮洗干净，剔去骨，入沸水锅煮出血水，用冷水冲洗净。萝卜洗净后切成块，八角茴香、桂皮、花椒用纱布包

成香料包。

②在夹层锅中垫上竹箅子，依次放进羊腿、肉皮、香料包、萝卜、大葱、生姜、蒜、食盐、料酒、酱油、白糖、清水，盖上盖，大火烧沸后，转小火炖至酥烂离火。去掉大葱、生姜、蒜、萝卜，捞出肉皮，晾凉后绞碎，取出羊腿，皮朝下铺于不锈钢容器中，把精肉扯散、铺平。将原汤置火上烧开，撇净油沫，加入肉皮末，用小火继续熬浓汤汁，撒入味精，然后将汤过滤，倒入装有羊肉的容器中，冷却后切形包装，食用时可根据需要切成小块，装盘。

（3）特性　半透明状，无羊膻味，鲜香滑润。

4. 猪皮冻肉肠

（1）配料　带皮血脖肉 25kg、带皮奶脯肉 25kg、鲜猪皮 5kg、食盐 3kg、硝酸钠 5g、胡椒粉 150g、肉蔻粉 200g、白砂糖 250g、小茴香粉 100g、味精 150g、牛肠衣适量。

（2）加工方法

①将猪肉及鲜猪皮切成小块，用硝酸钠、食盐腌渍 24h，期间要翻动几次，使肉充分腌透。注意要先用少量水将硝酸钠溶化，与食盐混匀，再加入肉中拌匀腌制。

②将切好的肉块绞成馅，加入其余配料拌匀。

③将牛肠衣洗净，用灌肠机把拌好的肉馅灌入，两端用绳子扎紧，在生肠的周围用绳绕数道，将锅内水烧至 86℃，生肠下锅，温度降至 78℃，煮 1h 后出锅，晾凉后即送入 0℃ 的冰箱内，冷却 24h 即成。

5. 水晶蛋花即食皮冻

猪皮经去脂、脱色、脱毛、去味除腥、水解、稀释、杀菌、凝絮，可加工成外观晶莹透亮，易消化吸收的即食皮冻。加入蛋花、肉松、菜汁，即可制成风味独特的即食超浓缩皮冻。

6. 油炸猪皮汤

将干猪皮用食用碱洗净上面的油污，以温水发透，再以小火炖至五成熟，捞出滤去水，切成小条，用温油炸至金黄色酥脆时即可储存备用。食用时，以鸡汤或精制猪肉汤煨炖炸好的猪皮，再加笋片、黄瓜片、黄酒、食盐、味精等，佐餐食用。

7. 猪皮蛋白粉

原料皮经脱脂、脱色、脱毛、去味除腥、水解、膨化、干燥、粉碎，可加工成猪皮蛋白粉。用该产品既可调制成各种风味肉冻，也可作食品添加剂，改善灌肠、西式火腿午餐肉等制品的保水性、质地和口感。猪皮蛋白粉还可作畜禽的蛋白饲料添加剂，提高产蛋率和生长速度。

8. 赛鱼肚

指用猪皮代替鱼肚烹制菜肴。将猪皮去肥膘刮洗干净，放入开水锅内煮至五六成熟时取出，切成长条或块状，让其自然风干。食用时，可用油或盐进行涨发，方法是将猪皮和冷油一起下锅，油以浸没猪皮为度。将油逐渐加温，见猪皮卷缩泛出一粒粒小白气泡时，捞出稍冷却，待油温升到六七分热时，再将猪皮下锅续炸，使迅速膨胀、卷缩的肉皮伸展开，切忌油温过高和火候过急。待猪皮完全涨开时捞出，用热水浸泡，放碱水里反复洗数遍，随即用清水漂洗数次，再用温水浸泡至肉皮完全柔软、蓬松并稍有弹性时，即可充作鱼肚，烹制各种菜肴。

采用新工艺加工猪皮系列食品,猪皮利用率可达 100%。加工上述猪皮食品的主要设备可通用,也可用于其他动物皮食品加工利用,具有投资小、见效快的特点,适于乡镇企业推广应用。

(十二) 猪皮的药用验方

猪皮不仅味道鲜美、营养构成对人体有益,而且自古以来就能治病。猪皮为常食之物,但作为药物,早在东汉时期就有记载。猪皮,俗称猪肤。中医认为它性凉,味甘;能清虚热,润肌肤,补血止血;有滋阴补虚,养血益气之功效。可用于治疗心烦、咽痛、贫血、血小板减少性紫癜、血友病及各种出血性疾病。

(1) 猪皮 500g,去毛,洗净,切成小块,与洗净的干红枣 100g,放入锅中,加水适量,以小火慢炖,也可加冰糖适量。本方除有一般的滋补作用外,可治血友病、紫癜等病症,还可治疗血小板减少引起的各种出血病症。

(2) 猪皮适量,加水和少许黄酒,用小火煮至糊状,用红糖调服;或猪皮 1kg,加水用小火煮烂,加黄酒 250mL、红糖 250g,调匀煮沸后装入盆中,冷藏成冻胶,切片食用,有滋阴养血、止血润肤作用,经常食用,可治失血性贫血、便血和妇女崩漏下血等症。

(3) 猪皮 500g、白粉 15g、蜂蜜 30g。先用水煎煮猪皮至水剩一半,去渣,加白粉及蜂蜜,熬香,和匀即成。此汤有养血祛风之功效,适用于各种皮肤瘙痒症,对血虚风燥者尤为适宜。

(4) 黄豆 300g、猪皮 200g,放入砂锅内炖煮,加葱、姜调味食用,适用于肾阴不足型骨质疏松症。

(5) 猪皮 500g、带皮花生 300g。取猪皮切成小块,和花生共同加水用小火煎煮,每天 2 次,趁热服用,可治疗血小板减少性紫癜。

(6) 猪皮、葱各 1kg,一同捣烂,加入少许食盐,蒸熟后一次食完,连服三天,适用于过度疲劳,耳鸣耳聋。

(7) 应用猪皮胶 30g,烊化或做成胶冻,白开水送服,每天 2 次,28 天为 1 疗程,治疗原发性血小板减少性紫癜;2 个疗程后,临床症状全部消失,随访 1 年无复发;3 个疗程后,红细胞数由 270 万/mL 上升至 420 万/mL,可用于辅助治疗再生障碍性贫血。

二、牛皮休闲食品

牛皮中含有大量人体必须的胶原蛋白,优质牛皮的蛋白质含量高达 70%,蛋白质中有 35% ~ 40% 是胶原蛋白,且容易被人体吸收,有利于皮肤、血管、骨骼、筋腱、牙齿和软骨等的保健,在食品发展上具有广阔的市场前景。保健养颜牛皮休闲食品,让人们在吃零食的同时就能补充胶原蛋白,有效调理痛经,延缓妇女更年期,起到保健养颜的功效。

(一) 原料配方

食用牛皮 10kg、辣椒 80 ~ 120g、食盐 20 ~ 40g、白糖 20 ~ 40g、酱油 80 ~ 100g、香辛料 40 ~ 60g、八角茴香 20 ~ 40g、益母草 20 ~ 40g、雄鸡冠 20 ~ 40g、干茄子片 40 ~ 60g、红花 20 ~ 40g、当归 60 ~ 100g、龙身凤尾草 60 ~ 100g、知母 20 ~ 40g、人参 80 ~ 120g、金樱子 40 ~ 60g、大豆 20 ~ 40g、珍珠母 40 ~ 60g。

(二) 加工方法

(1) 将食用牛皮切丝后放入加热容器中。

（2）将配料中的部分益母草、雄鸡冠、干茄子片、红花、当归、凤尾草、知母、人参、金樱子、大豆、珍珠母加入盛有牛皮的加热容器里，与牛皮一起烧煮，等到水开后，再继续加热 10~15min。

（3）将全部辣椒、食盐、白糖、酱油、香辛料、八角茴香加入，搅拌均匀后，继续加水烧煮，等到水开后，再继续加热 20~30min。

（4）将剩下的益母草、雄鸡冠、干茄子片、红花、当归、凤尾草、知母、人参、金樱子、大豆、珍珠母加入水里，搅拌均匀，继续加水烧煮，至所有原料物质熟透为止。

（5）将煮熟的牛皮捞出自然冷却后，再进行真空包装。

（6）将真空包装好的牛皮在 110~125℃灭菌 20~30min，即为成品。

（三）产品特点

用此法生产出来的牛皮休闲食品，味美爽口，余香味长，加工的过程中加入了多种保健中药，让女士们在吃零食的同时就能补充胶原蛋白，常食可有效调理痛经，延缓妇女更年期，起到保健养颜的功效。

三、羊皮微波膨化食品

现代医学研究发现，羊皮中富含蛋白质、水分、脂肪、硬蛋白、清蛋白和黏蛋白，以及锌、铁、铜、锰、铬、磷、硅等元素的无机质，并且羊皮对补虚、祛痰、消肿有一定的作用。

现行的食物膨化方法多采用砂炒、盐炒、油炸和气流膨化，而这些方法都存在明显不足。砂炒膨化和盐炒膨化的卫生条件差，产品中可能含有碎砂和盐，且需要加工温度过高；油炸膨化的方法温度过高，易产生有致癌作用的高分子聚合物，且不符合少脂肪含量的时尚要求；气流膨化多采用锥形半自动膨化机，这种膨化的方法温度高气流压力大，产品的溶化性，适口性差。微波膨化的技术方案是十分可行的。

（一）工艺流程

原料选择 → 刮皮 → 剪毛 → 拔毛 → 整形 → 清洗 → 分切 → 腌渍调味、除腥去膻 → 微波干燥、灭菌 → 微波膨化 → 包装 → 成品

（二）加工方法

（1）选择带毛、新鲜、无疫病的羊皮原料。

（2）将羊皮摊平放置于刮皮机内，刮除皮层上的脂肪、肉屑、凝血及杂质。

（3）将羊皮摊平，置于剪毛机内剪毛。

（4）将羊皮摊平置于拔毛机内拔毛，进一步检查并拔除残存的毛。

（5）割除口唇、耳朵、蹄瓣、污皮和带有疤痕的皮。

（6）将羊皮用清水浸泡后清洗、晾干。

（7）用切割机把羊皮切成 10mm×60mm 左右的条状或 20mm×20mm 左右的块状。

（8）腌渍料配方为食盐 3%、味精 0.12%、调料 0.15%、甜味剂 1.5%、米酒 0.03%。将上述羊皮、食盐、味精、调料、甜味剂、米酒，在 0℃腌渍 10h。调料含量比例为：胡椒 3%、花椒 19%、八角茴香 3%、桂皮 3%、丁香 3%、豆蔻 1%、砂仁 1%、紫苏 8%、生姜 12%、腐乳 12%、韭菜花 16%。

（9）将已腌渍入味的羊皮放置于70℃的微波干燥机或微波干燥箱内进行干燥、灭菌，微波干燥3~50min，直至羊皮水分含量降到15%，置于密闭容器内均湿。

（10）将干燥的羊皮置于频率为2400MHz的微波炉内进行常压微波膨化3min。

（11）将膨化好的羊皮置于真空包装袋（以保持食品的脆性），并放入干燥剂（袋装）即制得羊皮风味特色食品。

（三）特点

此法提供了一种羊皮食品的制造方法，采用常压微波膨化或真空微波膨化，操作简单，食品安全卫生。

四、驴皮阿胶制品

阿胶，为马科动物驴的皮，经煎熬、浓缩制成的胶块。主产于山东、浙江、江苏等地。阿胶呈整齐的长方形块状，表面及其断面均为棕黑色或乌黑色，平滑有光泽，对光视之显琥珀色，半透明，质坚脆，易碎。气微，味微甜。阿胶遇热、遇潮均易软化，在干燥寒冷处又易碎裂。储藏时可用油纸包好，埋入谷糠中密闭储存，使外界湿空气被谷糠吸收；也可装入双层塑料袋内封口，置阴凉干燥处保存。夏季最好储存于密封的生石灰缸中。

阿胶多由胶原组成，其水解可得明胶、蛋白质及多种氨基酸。阿胶的蛋白含量为60%~80%，含有18种氨基酸（包括8种人体必需氨基酸），以甘氨酸、脯氨酸、丙氨酸、赖氨酸、精氨酸、谷氨酸等为最多。此外，还含有28种微量元素，其中以铁、钙、锰、锌、磷、铜、锂、锶等含量较多。药理实验表明，阿胶有提高红细胞数量和血红蛋白含量的作用，可促进造血功能，有扩张微血管、扩充血容量、降低全血黏度、降低血管壁通透性和增加血清钙含量的作用。阿胶为补血止血、滋阴润燥之良药，临床上常应用于血虚萎黄、眩晕心悸、肌痿无力、心烦失眠、虚风内动、肺燥咳嗽、吐血、便血崩漏、妊娠胎漏等方面，具有显著疗效。阿胶还具有生血作用，可用于失血性贫血、缺铁性贫血、再生障碍性贫血及年老体弱、儿童、妇女的滋补。长期服用阿胶，还可丰富皮肤营养，使肌肤光洁滑润并具弹性。

（一）阿胶制备原理

1. 原料前处理工序的生产原理

驴皮由表皮层、真皮层和皮下层组成，三层的主要成分分别为角质蛋白、胶原蛋白及脂肪。胶原蛋白是制胶的主要成分，而角质蛋白和脂肪等必须除去。角质蛋白是水不溶物的主要来源，在制备过程中不易水解，但它可溶于碱性溶液中，用碱水搓皮能将其部分除去。脂肪在碱性溶液中则可发生水解，继而被除去。

有些驴皮（尤其是皮下层的脂肪和表皮层的角质蛋白）易在细菌及酶的作用下腐败变质，发生脱羧脱氨反应，生成游离氨和低链烃胺、芳香胺。这些小分子碱性物质大多具有毒性和异臭味，能溶于水，是挥发性盐基氮的主要来源。通过漂泡、搓洗等处理，可不同程度地将其除去，降低阿胶中挥发性盐基氮的含量。

2. 胶汁提取工序的生产原理

若给以适当的温度（压力）、时间和水分，可使驴皮结构发生化学变化。首先，驴皮胶原蛋白的肽键部分断裂，形成许多较大的颗粒，而后，部分颗粒继续水解，生成一系列降解产物，即按胶原蛋白→胨→多肽→二肽→氨基酸的程序完成初级水解。此工序是阿胶生产最重要的一步，而温度（压力）是决定其成败的关键。

3. 沉淀工序的生产原理

提取工序制成的胶汁均应沉淀处理，并加明矾助沉。此原理是，硫酸铝钾发生水解反应，生成氢氧化铝絮状物，该物吸附胶汁中的杂质一同沉于底部而被过滤除去。根据胶体溶液的特性可知，氢氧化铝只吸附胶汁中的杂质而不吸附胶粒。然而，胶液是一种蛋白高分子溶液，对氢氧化铝应具保护作用，使其难以产生预想的沉淀效果。故加明矾沉淀的工序是否需要改进，有待于进一步探讨。

4. 浓缩工序的生产原理

浓缩过程是胶原蛋白水解成氨基酸的主要过程，也是除去杂质的关键步骤。在温度与水共存的情况下，给予一定时间，即可完成胶原蛋白的继续水解，生成一系列降解产物，达到阿胶标准的分子量分布状态。

随着胶原蛋白的逐渐水解，蛋白颗粒变小，亲水性成分与疏水性成分由原来的紧密结合而逐步分离开来，且混悬在胶汁中。此时加入一定量的水，部分水蒸发后，水中的金属离子浓度增大到一定程度，离子的电性将中和掉疏水性胶体粒子的电性，并使之聚合，粒子团因结构疏松、相对密度稍小而上浮。此上浮物即是要除去的杂质。

总之，阿胶的生产原理极其复杂，但贯穿始终的主线无非是提纯胶原蛋白并使其逐步水解。

（二）阿胶炼制工艺

1. 传统制备工艺

（1）工艺流程

原料处理 → 煎取胶汁 → 过滤澄清 → 浓缩收胶 → 切块 → 晾干 → 包装 → 成品

（2）操作过程

①原料处理：宰杀毛驴后，收取驴皮。将驴皮置清水中浸2~3d，每天换水1~2次，浸软后取出，去净毛及污垢，切成小块，洗净，放入沸水中煎煮，并不时翻动，至皮卷成筒状时取出，捞出洗净供煎胶用。

②煎取胶汁：将已经处理好的驴皮小块放入另一有盖锅中，加5倍量的清水淹没过面，煎熬约3昼夜，待液汁稠厚时取出，加水再煮，如此反复5~6次，直至驴皮溶化而成胶质溶液为止。

③过滤澄清：将所得液汁用筛过滤，滤液中加入少量白矾粉搅匀，静置数小时，待杂质沉淀后，再次进行过滤。

④浓缩收胶：将澄清的胶汁置胶锅中，以文火加热浓缩，在出胶前2h加入矫臭、矫味剂，每百公斤驴皮加黄酒、冰糖各7.5kg，黄酒要温热加入，冰糖要溶化过滤后加入。见锅面起大泡时，改用文火继续煎熬，至胶液达到用铲挑起少许能成片落下时，再加豆油2.5kg，立即停火出胶。倾入不锈钢金属胶盘（胶盘预先涂抹豆油以免粘盘），待胶冷却凝固。

⑤切块及晾干：取出已凝固的胶块，切成长10cm，宽4~4.5cm，厚0.8cm或1.6cm的小块。置网架上晾，每隔2~3d翻动1次，以免两面凹凸不平，7~8d后整齐地排入木箱中闷，密闭箱并压平，待外表回软时取出摊晾，干后再闷，再晾，在包装前用湿布拭去

表面膜状物，盖上朱砂印即成。

（3）传统制备经验

①原料的漂洗：将原料静态浸泡改为动态漂洗，可使成品的挥发性盐基氮含量由 100mg/100g 以上降至 30mg/100g 以下，灰分也明显下降。

②胶液的煎煮：在煎煮过程中，驴皮与锅底接触容易焦化，故常需在锅下装置假底。也可用不锈钢提篮装原料，放置锅中煎煮，此法既方便又实用。

对每次煎煮所得胶液量应适当控制，一般第一次为原药量的 2 倍，第二次为 1.5 倍，第三次为 0.8 ~ 1 倍。过多会延长浓缩时间，过少则胶液太浓，影响过滤和沉淀。

③胶液的沉淀：过滤后在胶液中加入 0.025% ~ 0.030% 的明矾，室温沉淀 8 ~ 10h，可清除大部分杂质，明矾量超过 0.035% 会产生涩苦味，影响成品质量。

④胶块的阴晾：已切好的胶块应单层排列于竹器内，置晾胶架上阴干。如进烘房晾胶，起始温度不宜超过室温 5℃，然后缓慢升温，最高不得超过 25℃。干燥时应避免阳光直射，也不宜使用去湿机。

⑤成品的包装：成品水分应控制在 15.0% 以下。经留样观察，避光储藏，如果 1 年内无变化，可继续保存 3 年。

2. 现代制备工艺

为了提高生产效率、缩短生产周期，近十多年来，不少阿胶生产企业对耗时过长的煮胶化皮工序进行了改造。

（1）工艺设备 化皮新工艺设备的主体部分为可旋转悬轴空心蒸球。容积 4m³，直径 2m，采用 8mm 普通钢板焊接而成，齿轮变速，转速 6r/min。见图 8 - 3。

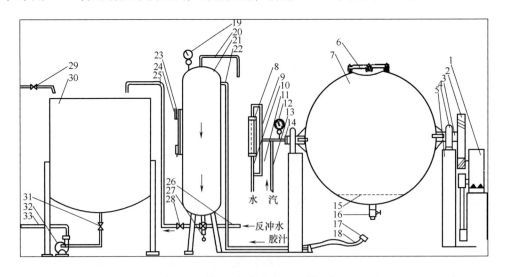

图 8 - 3 蒸球化皮工艺设备示意图

1—变速箱 2—斜齿轮 3—悬轴 4—轴承盒 5—支架 6—进料（排渣）口

7—球体 8—流量计 9、10、29—水阀 11—备用水阀 12、19—气压表

13—气阀 14—气封 15—过滤板 16—出胶汁阀 17—活节 18—耐热耐压橡胶管

20—放空阀 21—过滤罐 22—进胶汁管 23—封盖 24—手轮 25、33—出汁管

26—反冲水阀 27—排污阀 28、31—出汁阀 30—蒸发锅 32—胶汁泵

（2）工艺要点

①投料：将浸泡好、洗干净的驴皮块（35cm×35cm）350kg（按干皮重计算）及纯碱1.5kg从投料口一次投入蒸球，并上紧封盖密封。

②掇皮：开启冷水阀加水250kg，关闭水阀的同时打开气阀，启动电动机使蒸球旋转，密切观察气压表。约过18min，气压表稳定在0.5kg/cm²，停止旋转，停汽，使出汁阀口向下。开启出汁阀，污水在蒸气压力压迫下排出。污水排毕，关闭出汁阀，完成一次掇皮。再重复掇皮一次，完成此工序。

③化皮：开启冷水阀，加水190kg。关闭冷水阀，开启蒸汽阀，同时启动蒸球旋转，使球内气压保持在1~1.2kg/cm²。连续加压3h，停球。使排汁阀口向下，接上耐压耐热橡胶活管节，开大蒸汽阀，使表压升至2kg/m²。开启出汁阀门，球内胶汁被压出，通过胶汁过滤罐流至蒸发锅内。胶汁压尽后，关闭气阀、排汁阀，打开胶汁过滤罐放空阀，待过滤罐气压表压力降至零时，卸下橡胶管活节，完成一次取汁。连续取汁四次，即完成化皮工序。

④排渣：取汁完毕后，打开排汁阀，将球内蒸汽放空，使表压降为零。启动蒸球旋转至适当部位，将端盖卸下。再启动蒸球连续旋转，毛渣即自行排出。至排完停球，整个化皮工序结束。

（3）工艺的优越性

实践证明，蒸球加压化皮新工艺与传统常压化皮工艺相比，在各方面都具有显著的优越性。

①提高了工效：蒸球加压化皮工艺比敞口常压锅化皮提高工效30倍以上。

②降低了煤耗：蒸球加压化皮工艺和敞口常压锅化皮工艺熬制1kg阿胶分别需耗煤7kg、12kg，前者与后者相比，降低耗煤率41%以上。

③节约了原料：敞口常压锅化皮历经48h仍不能将真皮含胶成分全部化尽，可从残渣中找出胶胨。蒸球加压化皮可在较短时间内将真皮含胶成分几乎全部化为胶汁，蒸球排出的残渣全是毛渣、碎表皮、皮下层及碎肉。每熬制1kg阿胶，旧工艺需干毛皮2.2kg，新工艺则仅用1.9kg。

④改善了劳动条件：敞口常压锅化皮过程中，投料、掇皮、抢锅、压毛、出渣等工作均为强体力劳动，且车间内蒸汽弥漫、浊臭熏人。采用化皮新工艺后，除投料一项尚未实现机械操作外，其余工作都是通过蒸球转动完成的，工人只需查看气压表、流量计，操纵水、气阀门，启动电钮，大大减轻了劳动强度。同时，车间内的环境也有较大改善。

⑤提高了成品质量：通过对两种工艺产品的黏度、灰分及氨基酸成分的测定对比，证明新工艺生产的阿胶较旧工艺熬制的阿胶质量有较大幅度的提高。

（三）阿胶质量标准

阿胶的质量标准参照《中华人民共和国药典》2005年版第一部第130~131页。阿胶的形状指标见表8-4，阿胶各项检测指标见表8-5。

（四）阿胶的食用方法

阿胶含18种氨基酸（其中有8种人体必需氨基酸）和20多种微量元素，不但有养血补血、美容养颜之功效，还能调经安胎、改善睡眠、健脑益智、延缓衰老等，可说是女性之宝，因而古今历代，阿胶尽得女士们的欢心。上等的阿胶以颜色乌黑、透明光亮、无腥臭气、经夏不湿软者为佳。在中药里，阿胶为妇科上等良药。

表 8 - 4   阿胶的形状指标

项目	指标
性状	黑褐色，长方形块、方形块或丁块状
质地	质硬而脆，断面光泽，碎片对光照呈棕色半透明状
色泽	黑褐色，有光泽
气味	气微，味微甘

表 8 - 5   阿胶的各项检测指标   单位:%

项目	指标
水分	≤15
总灰分	≤1
重金属	≤0.0003
砷	≤0.0003
水不溶物	≤2
挥发性碱性物质，以氮（N）计算	≤0.1
总氮（N）量	≤13

1. 牛奶冲服

将阿胶粉碎成细粉状，每次取 3g 置于牛奶杯中，边加入边搅拌，使阿胶粉充分溶于牛奶中，温服，口感香甜绵软，回味悠久。有速溶性"阿胶饮宝"颗粒，是用阿胶配以牛奶、巧克力、可可粉、甜味剂精制而成，属保健食品。

2. 膨化食用

用微波炉进行阿胶膨化试验，得到酥香可口的阿胶珠，直接口中含化，纯香持久，效果满意，制作方法如下：将蛤粉均匀地放入微波炉的载物盘上约 0.5cm 厚，然后将破碎成黄豆大小的阿胶丁相互间隔 0.5cm 撒在蛤粉上面，按动微波启动键，设定火力 10 成，定时 3min 即可。

3. 炖烊服用

具体可分为下面三个步骤进行。将碎阿胶放入汤盆中，加黄酒适量浸泡12h；取冰糖适量，加水化成冰糖水，滤去渣后倒入泡软的阿胶中；将盛阿胶的容器放锅中，隔水蒸 1~2h，取出放凉后服用。

4. 服用阿胶的注意事项

（1）阿胶属于滋补品，性偏于黏腻，消化不良者服用时要特别注意，避免影响消化吸收。宜在空腹时服用阿胶，服用后不要马上吃冷饮冷食，不要吃不易消化的食物。

（2）阿胶的味道有些人不太习惯，可以在其中加入冰糖、蜂蜜等调味。同时可以在饭后服用，避免造成反胃、恶心等情况。

（3）如果服用后感觉口鼻干燥、牙龈出血，或眼睛干涩、发红，甚至出现喉咙干痛及大便秘结等症状，可能是因为阿胶货新，出厂不久，性温助火。可以提前购买阿胶放置一段时间后服用。

（4）如果是体寒怕冷的人，吃阿胶的时候可以加一点桂圆；肾虚的人也可以再配上一点枸杞；气虚的人可以加入党参或西洋参一起服用，气血双补，效果更佳。

（5）阿胶作汤剂时宜热饮，不要凉服；阿胶作膏剂时，宜用沸水化开食用；阿胶作为丸剂时，宜用温酒或温开水送下。

（6）患有感冒或月经来潮时，应停服阿胶，待病愈或停经后再继续服用。

（7）服用阿胶也需要忌口，在前后2h内，不要吃萝卜或大蒜，否则会降低阿胶功效，也不宜喝浓茶。

（8）市面上常有用牛皮胶、杂皮胶冒充阿胶，但与真阿胶的质硬易碎、加热后有麻油香味散出不同，这些伪劣品多黏性较强、不易破碎，遇热则散发出一股浓烈的腥味或臭味，购买者可凭此加以鉴别。

（五）阿胶产品

1. 阿胶黄酒

（1）原料配比（以500kg成品酒为单位） 阿胶5kg、大枣2.5kg、桂圆2.5kg、枸杞2.5kg、陈皮2.5kg。

（2）原辅料质量要求

①阿胶：选择山东阿县阿胶，要求黑褐色、断面光滑、质硬而脆、气微香、味微甜。

②植物料：枸杞以红色、肉厚、质柔润、籽少、味甜者好；大枣选择颗粒均匀、无腐烂、无病虫害、成熟度好的红皮大枣；桂圆要求棕褐色、半透明、质地柔润、气微甜、味甜为佳；陈皮要求除去杂质，清洗、闷润、切丝、晒干，质稍柔软、不易折断、气味浓郁、辛甘而略苦。

（3）工艺流程

糯米→浸泡→冲洗→蒸煮→淋水→酒药拌饭→入缸搭窝→放水冲缸→加生麦曲→糖化发酵→加入植物料粉末→灌坛养醅→压榨→澄清→过滤→灌坛→密封→入库贮存→开坛倒酒→勾兑平衡→混合入桶→冷处理→分级过滤→灌坛→压盖→水浴杀菌→整理→检验→成品

（4）操作方法

①原料处理：将选择好的植物料整理除杂，然后和阿胶一起放入烤箱在105℃温度下烘烤30min，取出晾凉，打碎，用研磨式超微粉碎机粉碎到150目以上的细度后，备用。

②蜂蜜：可加入软化水按1:5稀释，然后加热沸腾，趁热过滤，备用。

③酒基酿造：黄酒是制备阿胶黄酒的基础，其制作方法与传统红酒方法基本相同。酿制好阿胶黄酒酒基要掌握4个方面的关键技术。a. 要选择精白糯米及良好的酒药和生麦曲，在黄酒酿造中要严格把关，精耕细作。b. 糖化发酵中控制好最适温度和开耙时机，以保证发酵平衡性；c. 适时加入动植物料超微粉末，并延长发酵养醅期，以保持阿胶黄酒的非生物稳定性；d. 黄酒经密封贮存，需在通风低温中成酿，贮存期不得低于1年。

④勾兑平衡：将贮存1年以上的阿胶酒基调入少量调香味陈年酒和蜂蜜液，按不同比例勾兑调配，经感官品尝和理化分析筛选优，确立最佳配比，再转入大生产混合调配。

⑤冷处理：勾兑调配组合完成后，进入大罐进行冷冻处理，通过冷处理有助于酒液中胶体物质、蛋白质、焦糖色和灰分凝集与沉降，从而提高阿胶黄酒的稳定性和口味爽适

性，减少苦涩味。冷冻温度一般控制在 -5 ～ -4℃，时间1周左右。

⑥过滤：将板式过滤机准备完毕以后，利用酒泵将硅藻土和水（或酒基）的混合液送到滤框入口，穿过板框，两边同时形成2块助滤层平整均匀地附在滤布表面，此为滤床预涂过程，滤布起着精滤或载体的作用，而后再送入酒液加硅藻土的混合液。刚开始滤出的酒液不够清亮，可重返混合循环到滤液清亮为止。

⑦分级精滤：精滤是在一定压力下，通过滤膜进行分离，采用前道硅藻土过滤和精滤相结合，有利于减轻负担和降低膜成本。滤膜可选用混合纤维素酯微孔膜，滤膜的孔径采用 1.0 ～ 0.8μm 分级过滤，将有效去除蛋白质、糊精、灰分等不稳定分子，较好地保留阿胶黄酒中葡萄糖、异麦芽低聚糖、氨基酸、维生素以及黄酮类等有益成分，进一步提高黄酒的稳定性和透明度。

⑧灌装、杀菌：将阿胶黄酒入桶冷灌入瓶，压盖，入桶水浴巴氏杀菌后取出，整理、贴标、检验、装箱即得成品。

2. 阿胶膏

（1）材料　阿胶500g、黑芝麻500g、核仁500g、红枣500g（去核）、冰糖250g（甜度可自调）、黄酒1000mL。

（2）制作方法

①将阿胶用干净的布包裹住，用锤子将其砸碎置入带盖的盆内，用黄酒1000mL（给儿童食用时可改加酒味较淡的料酒）加盖浸泡2～3d。（注：如果阿胶已经打成粉就不需要该步骤）。

②黑芝麻洗干净，在锅里炒干；核桃仁炒熟；红枣洗干净，去核。

③将这5种食品依次处理完后，全部放入大盆里，加入冰糖和100mL热水搅拌均匀，盖好盖子，然后再放入大锅内隔水蒸。先用大火蒸15min，然后再用小火蒸1.5h，完全蒸透即可。

④等放凉后，放入洁净、干燥的大瓶。

3. 芝麻、核桃阿胶膏

（1）原料　阿胶250g（冬天可用500g）、黑芝麻500g、核桃仁500g、红枣750g、冰糖250g。

（2）制作方法

①将大块的阿胶连着包装用榔头敲成小块，再倒进食品加工机里打成粉状。

②把黑芝麻洗干净，在锅里炒干，粉碎。

③核桃仁在加工机里不易打碎，可在家用的小型绞肉机里绞碎。

④红枣洗干净，去核，在绞肉机里绞碎。

⑤冰糖放入加工机里粉碎。

⑥将这5种原料按照以上方法处理完后，放入一个大盆里搅拌均匀，倒入黄酒1kg（给儿童食用时可改加酒味较淡的料酒），搅拌均匀后，放入盆里，盖好盖子，然后放入大锅内，隔水蒸。先用大火蒸15min，然后再用小火蒸1.5h，完全蒸透即可。等放凉后，放入洁净、干燥的大瓶。

4. 阿胶冻

制作方法：取阿胶250g砸碎，加黄酒250mL浸泡2天，呈海绵状。加冰糖250g、水

100g，置锅内加盖蒸化，冷后或置冰箱内即成冻。每天服 1～2 次，每次 1～2 匙，补血益气，适于一般血虚患者及男女老少进补保健，经常服用，功效显著。

5. 阿胶八宝粥

糯米或黄米 250g、花生 50g、莲子 30g、薏米 30g、红小豆 50g、桂圆 10g、冰糖 50g、阿胶 15g，炖 1.5h。常年服用可滋阴补血、强身益智、延年益寿。

第三节　畜皮在生物材料中的加工利用

畜皮除了在食品加工中的开发利用外，生产生物材料也是其重要用途之一。

一、畜皮的初加工

（一）原料制备

收集刚剥下来的生猪皮、生牛皮、生羊皮等，如果不能直接送到各种生产企业，就必须进行初加工予以防腐处理，以免腐烂霉坏。

（二）生产设备及药品

盐池、碳酸钠、氯化铵、明矾、食盐。

盐液配制：新鲜畜皮 50kg、食盐 90kg、碳酸钠 5kg、清水 360kg。配制时，先将清水倒入池内，加食盐搅拌，再将碳酸钠加入适量的清水，配制成碱液后，倒入盐水溶液中，用木棒搅拌均匀，24h 后盐粒全部溶解。

（三）工艺流程

1. 湿腌法

新鲜畜皮→ 盐水浸泡 → 搅拌 → 出池 → 晾晒 →初加工品

2. 干腌法

新鲜畜皮→ 洗净 → 撒盐 → 堆皮 → 翻堆 → 晾干 →初加工品

（四）操作步骤

1. 湿腌法

湿腌法即下池盐腌。盐池大小可根据日常处理皮张的数量设计，一般以每口池盐腌 20～30 张皮为佳。池的长和宽应稍大一些为宜，以便操作。盐腌时，将沥干水分的新鲜畜皮逐张投入不低于 25% 食盐液的盐水池内浸泡，并边投边搅拌。为防止盐斑，可在食盐中加盐量 4% 的碳酸钠溶液。将待腌的皮张全部投入盐池后，盖上木板架，压上石块，使畜皮不露出水面。每隔 2h 搅拌一次，8h 后取出畜皮，并搅动池内盐液，使其上下均匀，然后再将皮张按照上下次序颠倒地投入池中，皮张腌渍要均匀。经过这样两次浸泡，时间 24～30h 后，即可出池，沥尽盐水，晾晒。晾晒时将毛面向下、皮面朝上搭在架子上，并将四腿、腹边、头尾等拉开，防止皱褶，放在阴凉处晾 3～4d。待皮张接近干燥时，移到室外曝晒至全干后收回，放在平坦的地面上，一张张地重叠，上面加盖木板、石头压平即可收藏。

2. 干盐腌法

干盐腌法又叫撒盐法或直接加盐法。将洗净沥水后的鲜生皮毛面向下、皮面向上，平铺于水泥地板或木垫板上，在整个肉皮面均匀地撒上一层盐。然后在该张皮上再铺另一张皮，作同样的处理。如此层层撒盐堆叠至高达 1.5m 即成皮堆。在撒盐时要注意将皮张的四腿、腹边、头尾等拉开，防止皱褶和弯曲。中部要多撒些盐，使皮张堆叠后中部高于四周，便于盐层溶化后排出来。食盐的用量一般为鲜皮质量的 25% ~30%。皮张上盐 3 ~4d 后，要进行 1 次上下层调换翻堆，翻动时应逐张撒盐，再过 3 ~4d 就可以取出，放在通风处晾干，夏季需 6~8d；而冬季则需 10 ~12d。

（五）注意事项

（1）为了提高皮张的质量，也可以在干盐腌法的食盐内掺入 2% 的碳酸钠溶液作为防腐剂，效果较好。食盐和防腐剂必须在使用前 1 ~2d 先混合搅拌均匀。

（2）若皮张较多，一个盐池容纳不下，可采取分批盐腌，但必须按照皮张质量，在原有盐水中加盐 10% ~15%，加碳酸钠 1%，因为盐液使用 1 次后，盐碱浓度已降低。盐水一般用过 4 ~5 次后不可再用，应重新配制盐液。

（3）生皮经初步加工后，送入仓库中储藏。仓库应通风良好，室内温度不超过 25℃，湿度 65% ~70%，能隔热、防潮，避免日光直接照射皮张。生皮在仓库贮存的堆放以铺叠式最好。库中皮堆之间应有 10cm 的距离，中间还应留有翻堆用的空地。

（4）生皮一般采用自然晾干，大批干燥时，应采用干燥室。自然干燥时，把鲜皮肉面向外挂在通风的地方，避免阳光曝晒。在干燥室，注意控制温度，切忌火烘和水洗。生皮经干燥后，面积减少 5%，厚度减少 30% ~40%，含水分 15% 左右。在我国南方地区也可采用盐干法：经盐腌的生皮，再进行干燥，处理后的生皮质量减轻 50% 左右，防腐力强。酸盐法适于绵羊皮等防腐：将含 85% 食盐、7.5% 氯化铵和 7.5% 明矾的混合物，均匀地撒在皮的肉面并稍加揉搓，然后毛面向外折叠成方形，堆积 7 天左右。

（5）废液的处理与排放必须遵照国家有关规定，防止对环境造成污染。

二、胶原蛋白

畜皮中胶原蛋白的含量可达 90% 以上，是世界上资源量最大的可再生动物生物资源。胶原蛋白是畜皮中的主要蛋白质，也是人体内含量最多的蛋白质，它主要构成人体的血管、神经、骨骼、皮肤等组织器官，对于人体健康具有十分重要的生理作用。由于胶原蛋白能够有效地增加皮肤组织细胞的储水功能，因此人体经常补充胶原蛋白可增加肌肤弹性，保持皮肤柔软、细腻，也能使人体内的血管和神经保持韧性和弹性，头发光亮，对人体抗衰老及美容具有特殊的功效。

用酶解法提取鲜猪皮中的胶原蛋白是目前比较理想的手段。酶水解反应速度快，时间短。提取的水解胶原蛋白纯度高，水溶性好，理化性质稳定。

（一）工艺流程

猪皮处理 → 加热 → 脱脂 → 高压蒸煮 → 酶解 → 酶灭活 → 分离去渣 → 浓缩 → 干燥 → 成品

（二）操作步骤

（1）鲜猪皮清洗去污物后，放入锅内，加适量水，升温至 100℃ 后保持 5min。

（2）煮熟的猪皮，稍凉后用刀刮去脂肪，拔掉猪毛，然后将熟猪皮放入高压釜内加入 2 倍量水，在 0.15MPa 下保持 15min。

（3）高压处理后的熟猪皮和汤移入反应罐内，加酶酶解，反应结束后，升温将酶灭活。

（4）除去反应后剩余的皮渣，即得清液。

（5）经浓缩后，喷雾干燥制成粉剂。

（三）质量标准

胶原蛋白应符合中华人民共和国轻工行业标准 QB 2732—2005《水解胶原蛋白》要求。

1. 感官要求

（1）形状　呈无缝管状，无破孔、无粘连。

（2）色泽　呈半透明米黄色。

（3）气味　具有弱烟熏味或胶原的特殊气味。

2. 理化指标

胶原蛋白的理化指标见表 8 – 6。

表 8 – 6　　　　　　　　　　　　　胶原蛋白的理化指标

项目	指标	项目	指标
灰分/%	≤3.5	砷/（mg/kg）	≤0.5
山梨酸/（g/kg）	≤0.5	羧甲基纤维素钠/（g/kg）	按正常生产需要
铅/（mg/kg）	≤2.0		

3. 细菌指标

胶原蛋白的细菌指标见表 8 – 7。

表 8 – 7　　　　　　　　　　　　　胶原蛋白的细菌指标

项目	指标
大肠菌群/（个/100g）	≤30
致病菌（沙门菌、志贺菌）	不得检出
菌落总数/（个/g）	≤1000

（四）胶原蛋白的生物学性质与功能

1. 低抗原性

与其他具有免疫原性的蛋白质相比，胶原蛋白的免疫原性非常低。人们曾认为胶原蛋白不具有抗原性，近十年来的研究表明，胶原蛋白具有低免疫原性，不含端肽时免疫原性尤其低。

2. 可生物降解性（易被人体吸收）

由于天然胶原蛋白紧密的螺旋结构，大多数蛋白酶只能打断胶原蛋白侧链，只有特定的蛋白酶才能使胶原蛋白肽键断裂。在胶原蛋白水解酶的存在下，胶原蛋白的肽键将逐渐被打断而水解，胶原蛋白肽链的断裂随即造成螺旋结构的破坏，从而胶原蛋白将被蛋白酶彻底水解，这就是胶原蛋白的可生物降解性，可生物降解性是胶原蛋白能用作器官移植材料被利用的基础。

3. 生物相溶性

生物相溶性是指胶原蛋白与宿主细胞及组织之间具有良好的相互作用。因胶原蛋白本身就是构成细胞外基质的骨架，胶原蛋白分子特有的三股螺旋结构及其交联形成的纤维或网络构成细胞重要组成成分，故胶原蛋白材料无论是在被吸收前作为新组织的骨架，还是被吸收同化进入宿主，成为宿主组织的一部分，都与细胞周围的基质有着良好的相互作用，表现出相互影响的协调性，并成为细胞与组织正常生理功能整体的一部分。

4. 细胞适应性和细胞增殖作用

胶原蛋白可与细胞相互作用并能影响细胞形态，各种细胞可在体内及体外直接或间接与不同类型的胶原蛋白作用，并通过这种作用控制细胞的形态、运动、骨架组装及细胞增殖与分化；胶原蛋白有利于细胞的存活和生长，不仅能促进细胞的增值分化，而且对细胞的分裂机能也有效果。

5. 促进血小板凝聚

胶原蛋白纤维一旦与血液接触，流动血液中的血小板立刻与胶原蛋白纤维吸附在一起，发生凝聚反应，生成纤维蛋白，并形成血栓，进而血浆结块阻止流血，达到促凝血作用。

6. 力学性能

天然胶原蛋白紧密的螺旋结构对高强度的力学性能起重要作用，在生物体中，胶原蛋白是为结缔组织提供强度的主要蛋白组分，因而可在较广范围内满足肌体对机械强度的要求。

三、胶原蛋白抗氧化肽

由于猪皮有令人难以接受的特有异味、不良的口感、消化率低、加工不方便等原因，常常将其扔弃，很少直接使用，造成了猪皮的大量积压，猪皮的营养价值和功用没有得到充分的发挥。据报道，猪皮中蛋白质含量高达33%以上，其中胶原蛋白含量为88%左右，其营养价值十分可观。胶原蛋白由于特殊复杂的空间结构，其分子质量约为300kDa，相对于胶原蛋白肽而言很难被人体吸收，因此，通过生物手段把胶原蛋白水解为具有抗氧化、免疫等多种生理调节功能小分子的多肽物质，是极具发展前景的功能因子。目前国内外研究者多采用酶法水解胶原蛋白，利用蛋白酶催化活性肽的合成，最明显的副作用是蛋白酶本身的水解作用，会造成许多不必要的产物生成，此外缺乏适合使用的蛋白酶、产率低等技术问题也限制酶法的广泛应用。

（一）工艺步骤

（1）按重量百分比取4%的浓度为95%的猪皮胶原蛋白和96%的水，混合均匀，形成猪皮胶原蛋白溶液，利用0.45μm的微孔滤膜对猪皮胶原蛋白溶液进行过滤，灭菌，备用。

（2）按重量份数比取2份枯草芽孢杆菌菌液和1份地衣芽孢杆菌菌液，混合均匀，形成混合菌液，备用。

（3）按重量百分比将5%的混合菌液接种到95%的步骤1经过灭菌后的猪皮胶原蛋白溶液中，在34℃条件下，发酵培养48h，形成发酵液，备用。

（4）将步骤3中得到的发酵液送入离心机内，以转速10000r/min，离心30min，取离心后的上清液并经过0.45μm的微孔滤膜过滤，得到滤液，备用。

（5）将步骤4中得到的滤液通过截留分子质量为3kDa的超滤膜过滤，得到分子质量为 3kDa 的胶原蛋白抗氧化肽。

（二）产品特点

（1）通过猪皮制备猪皮胶原蛋白抗氧化肽的方法，其得到的猪皮胶原蛋白抗氧化肽的分子质量为 1~5kDa，具有较高的抗脂质氧化活性、清除自由基的能力和螯合金属离子的能力。

（2）制备方法工艺简单、便于操作，制得的抗氧化肽相对分子质量小，更易被消化道直接吸收，且不含有害成分及毒副作用，适合大规模生产，能够有效提高猪皮中胶原蛋白资源的利用率，提高猪皮资源的附加值。

（3）胶原蛋白由于特殊复杂的空间结构，分子质量高达 300kDa，很难被人体吸收，通过微生物发酵把胶原蛋白水解为具有抗氧化、免疫等多种生理调节功能的小分子多肽物质，极具发展前景。此法利用微生物发酵猪皮胶原蛋白生产胶原蛋白多肽，以产蛋白酶的发酵菌株代替昂贵的商品酶制剂，降低成本，另外利用微生物发酵生产多肽时，微生物可对肽的基团进行修饰、重组，制得的肽无异味，可广泛用于食品和医药行业。

（4）此法提高经济效益，降低生产成本，减少资源浪费。

四、混合氨基酸

从猪皮脱脂废液中提取混合氨基酸，该法制得的产品为白色固体，熔点较低，可溶于水，具有有机酸的性质，是制造肥皂、化妆品的原料。

（一）原料制备

将猪皮洗净、刮去油脂，再洗净，切碎，晾干备用。

（二）工艺流程

备用猪皮→ 脱脂 → 水解 → 脱色 → 过滤 → 浓缩 → 精制 → 干燥 → 包装 →成品

（三）操作步骤

将备用猪皮用等量的氯仿振摇脱脂 1 次，盛于三颈瓶中，加入 4 倍量的 8mol/L 盐酸，用砂浴加热至 110~112℃，保温回流 10h，减压蒸馏除酸，至呈糖浆状液，用等量的清水稀释，加入总液量 3% 的活性炭，用水浴加热至 70℃，保温搅拌 30min，趁热过滤，得微黄色滤液。将此液以 5mL/min 流速通过装有处理好的 717 阴离子交换树脂的层析柱，分步收集，分别测定 pH，合并所有流出液，测定 pH 为 4.0，用水浴减压蒸发，浓缩至黏稠状，加入适量沉淀剂沉淀，再精制、真空干燥，得成品，密封保存。

（四）注意事项

（1）盐酸为强酸，氯仿有剧毒，操作时应穿戴防护衣、手套和口罩等。废液的处理与排放必须遵照国家有关规定，防止对环境造成污染。

（2）本产品在食品、医药上应用时，必须通过国家有关部门检测，办理有关手续。加工业主须有卫生许可证、从业人员须定期进行健康检查，产品质量必须符合食用标准，所用药品试剂应为化学纯。

五、人造肠衣

国内熟肉行业使用的肠衣，一部分是天然肠衣，而大部分是不能食用的塑料薄膜等。塑料肠衣不耐水煮、油炸和熏烤。以皮胶原为主要成分的胶原膜肠衣恰好可以弥补塑料肠衣的缺点，而且胶原本身是营养丰富的蛋白质食品，用胶原膜包装肉食品在美国、日本等发达国家已经非常普遍。

（一）工艺流程

原料预处理 → 盐浸 → 漂洗 → 切碎 → 酸浸 → 糜化 → 成型 → 干燥 → 检测 → 成品

（二）操作方法

1. 原料预处理

将猪皮、牛皮、羊皮（牛皮、羊皮做清真肠衣用）分类后，切成约 50mm 见方的皮块，用清水浸泡并适当搅拌洗涤 8 ~ 10h，换水 2 次。

2. 盐浸

用一定浓度的碳酸盐液浸泡皮块 30 ~ 40d，每 7d 换一次新液，每次陈液都要尽量排净，再用清水洗一遍后加入新液。在浸泡期间每 8h 搅拌 1 次，使每块皮都能搅到，不能留死角，以防个别皮块受厌氧菌的感染而腐烂。

3. 漂洗

盐浸后期，皮质膨胀，质地纯白，然后用清水漂洗 48h，每 8h 换水 1 次，共换水 5 次，最后一次排水后控干。

4. 切碎

用螺旋切皮机把控干水的皮块尽量切碎。

5. 酸浸

向切碎的皮末中加入乳酸水溶液进行浸酸，乳酸水溶液的 pH 要控制在一定范围，酸浸全部时间为 8h 左右。

6. 糜化

排净废酸后，用绞肉机将原料绞成粥状，呈酸性胶朊分散体。这种酸性胶朊分散体不易腐败，常温下保持 8h 不会变质。

7. 成型

将这种浆状原料通过成型装置制成管状膜，同时，在固定液内固定 6min，固定后的管状膜已不溶于水，然后用清水洗涤干净。

8. 干燥

洗涤后的膜送进干燥系统，用常温清洁空气吹干表面水分之后，风温逐渐上升，直到 60℃，继续烘干肠衣，全部烘干约 8h 左右。

9. 检测

检测肠衣的水分含量 ≤15%，符合卫生条件，即为人造肠衣。

（三）注意事项

全部过程都在低温下进行，并用冷水使设备冷却。用喷出法（挤出法）将所得浆质制成管状薄膜，干燥，充分洗涤薄膜，中和到 pH 为 4.5 ~ 5.0，薄膜厚为 0.08mm，直径 120mm 以下。

国内也有用制革厂下脚料制造胶原肠衣的介绍，用灰皮皮屑为原料，经水洗、脱灰、切碎，然后研磨成胶原浆，再加入稀乳酸酸解（pH 为 2.5 ~ 2.7）得到胶原浆液，滤除杂质后，用挤压模后研磨成胶原浆液，最后将此肠衣固定（用铝与柠檬酸形成的络合物）、增塑、中和、干燥为成品。如果用作可食用的肠衣，就要考虑铝盐的含量和增塑剂的种类必须符合食品标准，不能对人体有害。

六、蛋白粉

（一）原料制备

将生猪皮切碎成屑，洗净，除杂，晾干备用。

（二）生产设备、仪器及药品

水浴锅、搅拌机、烘干机、粉碎机、pH 计、温度计、石灰水、硫酸。

（三）工艺流程

1. 酸法

备用猪皮→ 硫酸浸泡 → 过滤 → 洗涤 → 水解 → 过滤 → 洗涤 → 烘干 →成品

2. 碱法

备用猪皮→ 水解 → 过滤 → 中和 → 过滤 → 洗涤 → 晾干 →成品

（四）操作步骤

1. 酸法

将猪皮洗净、除杂，加入 2 倍量的清水，用水浴加热至 96～100℃，保温搅拌 10min，捞出，沥干，切成边长为 5～8mm 小块，用 2%～2.5% 硫酸浸泡 15min，过滤，用清水搅拌洗涤至中性，加入 2%～2.5% 硫酸，用水浴加热至 45～50℃，保温搅拌水解 1h，趁热过滤，用清水洗涤至近中性，烘干，粉碎，得成品。

2. 碱法

将备用猪皮加入 2 倍量的清水，用饱和石灰水调 pH 至 11，用水浴加热至沸，保温搅拌 1h，使皮屑成碎渣，趁热过滤，将滤液静置，完全澄清，虹吸出清液，搅拌下用 2%～2.5% 硫酸中和至 pH 为 6～7，有大量蛋白质析出，静置 12h，先将上层清液过滤，再将下层沉淀过滤，用清水搅拌洗涤至近中性，晾干，得粉状成品。

（五）注意事项

硫酸为强酸，操作时应穿戴防护衣、手套和口罩等，防止酸液灼伤。废液的处理与排放必须遵照国家有关规定，防止对环境造成污染。

七、寡肽

对于 10 个氨基酸以下的胶原蛋白寡肽，因发现有降血压等活性而受到重视。制备胶原蛋白寡肽，用酸性水解或碱性水解都不好，得到的是混合氨基酸或从两个氨基酸到几十个氨基酸的小肽和多肽，且碱性水解得到的混合氨基酸不是 l - 氨基酸，而是 dl - 外消旋氨基酸，最好的方法是酶解。

学者提出在 pH 渐变条件下的双酶协同水解猪皮制备胶原蛋白寡肽的方法值得推荐。其优点是利用碱性蛋白酶水解蛋白质时，介质的 pH 会降低，加入酸性蛋白酶则阻止介质pH 的下降，既维持了碱性蛋白酶所需的 pH，使碱性蛋白酶能继续发挥酶解作用，同时酸性蛋白酶也起酶解作用，双酶协同酶解，有利于制取寡肽，而且避免了碱性蛋白酶单酶水解需加碱维持其所需的 pH 所带来的后处理需透析除盐的麻烦。

该方法是将新鲜猪皮刮脂、洗净、绞碎，以 60g/L 的浓度加水转移入发酵罐，启动搅拌，升温到 90~95℃，保持 5min，降温至 60℃，按每克蛋白加入 25μL 枯草杆菌碱性蛋白酶和 4% 的黑曲酶酸性蛋白酶，水解 12h，水解液在 95℃下灭活 5min，用 2% 活性炭脱色，以 4000r/min 的速度离心，上清液冷冻干燥，即得产物。其中分子量小于 1kD 的胶原蛋白寡肽占 42.5%，其余主要是分子量 2~5kD 的胶原蛋白，还有少量 5kD 以上的胶原蛋白。

八、金属离子氨基酸螯合物

许多金属元素是动物必需的。目前已被确认的动物必需的金属元素有十几种，包括铁、铜、锌、锰、铬等。铁、铜、锌、锰属于微量元素（生物有机体中含量小于0.01%）。尽管它们在动物体内含量极小，但对动物的生长、发育和繁殖有重要营养作用。

无机金属元素的研究应用相对广泛。动物日粮中通常都加入无机盐类物质来满足其对金属元素的需要，但由于其体内消化率和利用率较低，往往超量添加，随粪便排泄会对环境造成严重污染，此外无机元素之间存在复杂的拮抗作用。微量元素氨基酸螯合物被称为第三代微量元素添加剂，是微量元素与氨基酸反应形成的有环状结构的化合物，具有接近动物体内微量元素的自然形态、化学稳定性高、易于消化吸收、无毒性、无刺激性的优点。

金属元素氨基酸螯合物的合成可以用可溶性金属离子与氨基酸为原料，离子和氨基酸可以使用一种或者几种。另外可以用可溶性金属与蛋白质水解产物在一定条件下进行反应获得螯合物。蛋白质水解产物一般为单体游离氨基酸和肽，种类复杂，用水解产物合成的微量元素氨基酸螯合物更接近元素的天然形态，并可一定程度上降低成本。

（一）制备方法

1. 从牛皮中提取复合氨基酸

将牛皮剪碎，称取 10kg 牛皮，放入索氏提取器中，加入 10L 石油醚于烧瓶中，反应8h，取出晾干、剪碎，是为了除去牛皮中的脂肪。将预处理的牛皮和 8mol/L 硫酸溶液置于圆底烧瓶中，配料比 m（牛皮）:V（硫酸）=1:2.5，油浴加热，保持 110℃，搅拌，10h 后停止加热，液体呈深褐色黏稠状，将液体转移至烧杯内，加氢氧化钙中和过滤，在滤液中加适量活性炭，加热，过滤，浓缩液体至有大量固体析出，结晶得到复合氨基酸。凯式定氮法测总含氮量，甲醛滴定法测定游离氨基酸含量。

$$水解率（\%）=（游离氨基含量/总氮含量）\times 100\%$$

运用硫酸水解法测得牛皮水解率为 90%。

2. 以此牛皮水解物为复合氨基酸来源，与锌螯合

取 240g 上述牛皮水解物所制得的复合氨基酸，加水至恰好溶解，加入 287g 水合硫酸锌，调节 pH 至 8，室温下搅拌反应 30min，加入 100mL 乙醇，有大量白色沉淀析出，抽滤，干燥，得到产品，用原子吸收法测定螯合率为 92%。

3. 以此牛皮水解物为复合氨基酸来源，与铜螯合

取 240g 上述牛皮水解物所制得的复合氨基酸，加水恰好溶解，加入 250g 水合硫酸铜，调节 pH 至 6，50℃下搅拌反应 30min，加入 100mL 乙醇，有大量蓝色沉淀析出，抽滤，干燥，得到产品，用原子吸收法测定螯合率为 97%。

4. 以此牛皮水解物为复合氨基酸来源，与亚铁螯合

取 240g 上述牛皮水解物所制得的复合氨基酸，加水恰好溶解，加入抗氧化剂亚硫酸氢钠 2.4g，加入 278g 水合硫酸亚铁，调节 pH 至 4，20℃下搅拌反应 30min，加入 100mL 乙醇，有大量棕色沉淀析出，抽滤，干燥，得到产品，用原子吸收法测定螯合率为 91%。

5. 以此牛皮水解物为复合氨基酸来源，与锰螯合

取 240g 上述牛皮水解物所制得的复合氨基酸，加水恰好溶解，加入 198g 水合氯化锰，调节 pH 至 6，50℃下搅拌反应 30min，加入 100mL 乙醇，有大量沉淀析出，抽滤，干燥，得到产品，用原子吸收法测定螯合率为 93%。

6. 以此牛皮水解物为复合氨基酸来源，与镁螯合

取 240g 上述牛皮水解物所制得的复合氨基酸，加水恰好溶解，加入 246g 水合硫酸镁，调节 pH 至 7，50℃下搅拌反应 30min，加入 100mL 乙醇，有大量沉淀析出，抽滤，干燥，得到产品，用原子吸收法测定螯合率为 90%。

（二）产品特点

此法提供一种用牛皮制备金属离子氨基酸螯合物的方法，可以解决家畜工业牛副产物的环境污染问题，生产的微量元素螯合物螯合率高，提高了动物的微量元素的利用率。

第四节　畜皮明胶的加工利用

畜皮明胶（Gelatin）又称动物胶，是接近无色或呈淡黄色、透明、带有光泽的固体物质，纯度高，无特殊臭味，相对分子质量在 1.75 万～45 万内变化。明胶的氨基酸组成很特殊，其中硫氨酸含量很低，而甘氨酸、丙氨酸、脯氨酸及羟脯氨酸 4 种氨基酸含量很高，约占总氨基酸的 67%。明胶是水溶性蛋白质的混合物，皮肤、韧带、肌腱中的胶原经酸或碱部分水解或在水中煮沸而产生。

明胶能溶解于热水、尿素及硫脲等，但不溶于冷水，也不溶于乙醇、乙醚、氯仿、汽油等有机溶剂。甲醛、重铬酸钾及三价铝盐溶液能使明胶从溶液中析出来。明胶在干燥空气中比较稳定，在潮湿空气中易吸潮，受潮的明胶极容易变质。1 份干明胶可吸收 5～10 份重量的水，发生体积膨胀，重量增加。

一、明胶的结构及分类

（一）明胶的结构与分类

1. 明胶的结构

明胶是胶原蛋白部分水解后的产物。胶原蛋白是由 3 条多肽链相互缠绕所形成的螺旋体。当胶原蛋白分子水解时，三股螺旋互相拆开，其肽链有不同程度的分离和断裂。

明胶是一个具有一定相对分子质量分布的多分散体系，其相对分子质量分布因工艺条件不同而有所差别，并影响到明胶的理化性能，明胶分子质量一般为 15～250kDa，是 18 种氨基酸所组成的两性大分子，其中甘氨酸占 1/3、丙氨酸占 1/9、脯氨酸和羟脯氨酸合占 1/3，谷氨酸、精氨酸、天门冬氨酸及丝氨酸共占 1/5，组氨酸、蛋氨酸及酪氨酸少量存在。明胶中还含有少量微量元素，不同的行业都要求有严格的技术指标来控制明胶中微量元素的含量。

2. 明胶的性质

明胶的功能性质与明胶的分子组成和结构特征有关，也受外界环境因素如温度、压力等的影响。

（1）明胶的溶胶凝胶性质　在明胶水溶液中，明胶分子存在 2 种可逆变化的构型：溶胶形式和凝胶形式。这种性质是明胶最重要、最具特征性的理化性质，使明胶在微胶囊领域得到了广泛的应用。明胶的溶胶、凝胶性质与明胶的分子质量、分布、提取、浓缩条件、杂质及添加剂的化学性质等有关。

当温热的明胶水溶液冷却时，其黏度逐渐升高，如果浓度足够大、温度充分低，明胶分子互相缠结而形成三维空间的网状结构，使明胶分子的运动受到限制，但其中间夹持的大量液体却有正常的黏度，电解质离子在其中的扩散速度和电导率与在溶胶中相同，明胶水溶液即转变为凝胶，成为类似于固体的物质，能够保持其形状，并具有弹性。温度继续下降，在冷却到 0℃ 以下时，内部水分结冰，其结晶晶格的引力超过了明胶分子对水分子的引力，水分就在凝胶内部网络中间形成冰的结晶，并逐渐扩大。在皮明胶结冰时，冰晶在凝胶内部形成，将冰晶除去，剩下一个和冻豆腐类似的立体网络；但在骨明胶结冰时，冰晶在凝胶的表面及四周产生。

（2）黏度　在液体相邻两层间有相对运动时所出现的与分子间内聚力有关的内摩擦称为黏度。也可以说，黏度是液体的内摩擦，是一层液体对另一层液体运动的阻力。黏度是液体的一种性质，表明液体运动的难易程度。

（二）明胶的分类

在我国及国际市场上，明胶的品种按用途不同可分为食用明胶、照相明胶、药用明胶和工业明胶 4 类，其中所占比重最大的是食用和医药用明胶。按处理方法不同可以分为酸法胶、碱法胶、酶法胶；按品质不同可以分为高档明胶、低档明胶、骨胶。

食用明胶可用于肉冻、食品添加剂、罐头、糖果、火腿肠、汽水悬浮剂、雪糕等食品行业等。药用明胶主要用于软硬胶囊、片剂糖衣的原材料。工业明胶主要用于胶合板、印刷、塑料、电子、国防、砂布砂纸、火柴、木器家具、冶金镀液、化妆发胶等工业和部门。

根据工艺的不同，明胶又分为 A 型明胶、B 型明胶、普通型明胶。A 型明胶是用酸法工艺生产的明胶，其等电点为 7.0～9.0；B 型明胶是用碱法生产的明胶，其等电点为 4.7～5.4；普通型明胶是通过生产工艺上的不同而制得的一种既有 A 型明胶特性又有 B 型明胶特性的明胶，这种明胶用 A 型、B 型明胶所采用的同样方法来检验和分级，有时也可以通过将 A 型与 B 型明胶适当混合来获得普通型的明胶。A 型和 B 型明胶的性质见表 8－8。

表 8－8　　　　　　　　　国外某企业 A 型、B 型明胶产品的主要技术指标

	A 型明胶	B 型明胶
pH	3.8～5.5	5.0～7.5
等电点	7.0～9.0	4.7～5.4
胶冻强度/Bloom g	75～300	75～275
黏度/（mPa·s）	2.0～7.5	2.0～7.5
灰分/%	0.3～2.0	0.5～2.0

在某些工业中使用时，明胶品种不同是无关紧要的，但在有些方面应用时，必须准确地采用所必需的型号，以避免制品的失败或变异。常常会发生用某种型号明胶可以得到良好的结果，而换一种型号却得不到良好结果的情况。

在食品和医药用明胶中，我国目前基本上还没有生产与供应 A 型明胶。在国际市场上，明胶产品除具有一定的理化质量指标外，作为商品，基本上是以冻力来分级和计价。自冻力 100g 起始，每升高 25g 为一级，最高级的冻力为 300g，各级产品间均有适当的价差。

某种黏度高的明胶，其冻力可能低于另一种粘度低的明胶的冻力。由于明胶在某些应用上主要是利用其冻力，而且也要根据冻力大小来确定使用量，所以冻力指标直接与用户的生产成本有关，这是商品胶以冻力分级计价的主要原因。

明胶的冻力是指在规定检测环境的条件下，使用专业的动物明胶冻力检测仪，将一定比例溶解的胶液（含明胶 6.67% 或 12.5% 的胶液），在专用冻力测试瓶中溶解并冷凝一定时间后形成圆柱，冻力检测仪器探头压入胶冻表面 4mm 时所施加的力，由于冻力仪的探头配置不同，测量会有误差。

单冻力：是指水分 12% 、明胶含量 6.67% 的情况下，在 10℃ 环境下的凝冻强度。

双冻力：是指水分 12% 、明胶含量 12.5% 的情况下，在 10℃ 环境下的凝冻强度。

除了冻力以外，与应用技术关系密切的物化特性还有明胶的保护胶体的特性、聚凝作用、混浊现象，以及明胶的染菌与防腐等。这些在应用技术上是十分重要的，在应用明胶生产制品时，往往由于对这些物化特性的忽视而导致使用失当甚至造成废品。

二、明胶的营养价值

（一）食用明胶的蛋白营养价值及提高途径

对于蛋白质的营养，按其必需氨基酸的含量齐全与否分为四大类。

完全蛋白质：它所含的必需氨基酸种类齐全，比例合适。例如牛奶中所含的酪蛋白，鸡蛋中的卵白蛋白，黄豆中的大豆球蛋白等。

半完全蛋白质：它所含的必需氨基酸种类齐全，但是有的含量太低。例如小麦和大麦中的醇溶蛋白等。

不完全蛋白质：它缺少一种或数种必需氨基酸。例如明胶、豌豆中的豆球蛋白等。

理想蛋白质：它所含的必需氨基酸不仅种类齐全，而且比例也是目前认为最合适的，理想蛋白质是世界卫生组织（WHO）设想的，是人为制订用作评价蛋白质营养价值的。

1. 食用明胶的生物价

生物价是表示蛋白质营养价值最常用的方法，一般以人或动物试验表示。生物价的计算是用食物中蛋白质在体内被吸收的氮与吸收后在体内储留真正被利用的氮的数量比。

$$生物价 = （氮在体内的储留量/氮在体内的吸收量）\times 100$$

氮的储留量 = 食物含氮量 − （粪中含氮量 − 肠道代谢废物氮量） − （尿中含氮量 − 尿内原含氮量）

氮的吸收量 = 食物含氮量 − （粪中含氮量 − 肠道代谢废物氮量）

生物价表征蛋白质被吸收后在体内被利用的程度。明胶和几种食物的生物价见表 8−9。

表 8 - 9		明胶和几种食物的生物价
食物	成长中的白鼠	成年人
明胶	20	—
鸡蛋	87	94、97
牛奶	90	62、79、100
牛肉	76	67、82、84、75
白面	52	42、40、45、67、70
大豆粉	72	65、71、81

蛋白质的生物价可因条件的不同而不同，例如，鸡蛋蛋白质在食物中比例占总热能的 8% 时，其生物价为 91；而占 12% 时则为 84；如增加至占 16% 时即为 62，这是应当注意的。

2. 食用明胶的营养价值

从表 8 - 9 可以看出，明胶的生物价为 20。说明有 20% 的明胶被小白鼠机体用来合成蛋白质，80% 的明胶被氧化降解。

然而，明胶的氨基酸评分为零。按照氨基酸评分的观点，明胶因缺色氨酸而成为不完全蛋白质，其氨基酸全部不能为人体用于合成蛋白质。但是必须注意，这是一种纯理论推导的结果，没有考虑其他必需氨基酸和非必需氨基酸的作用。食用明胶的营养价值及评定指标还有以下方法。

（1）食物中蛋白质含量　膳食中蛋白质含量的多少，虽然不能决定一种食物中蛋白质营养价值的高低，但评定蛋白质营养价值时是以其含量为基础的，不能脱离其含量单纯考虑营养价值。食用明胶如前所述含有 18 种以上的能被人体吸收的 L - 型氨基酸，蛋白质的总含量是相当高的，是其他蛋白质所不及的。

（2）蛋白质的消化率　是指一种食物蛋白质可被消化酶分解的程度。它的定义如下：

$$蛋白质消化率 = （食物中被消化吸收氮量/食物中含氮总量） \times 100$$

蛋白质消化率越高，则被机体吸收利用的可能性越大，其营养价值越高。食用明胶应该开展这方面的研究工作。

（3）蛋白质净利用率　表示摄入蛋白质在体内被利用的情况，即在一定条件下，在体内储留的蛋白质在摄入蛋白质中所占的比例。这也是目前评定食用蛋白质营养价值使用较多的方法。

$$蛋白质净利用率 = 生物价 \times 消化率$$

3. 提高明胶营养价值的途径

食物的营养价值如前所述是以理想蛋白质作为比较标准的，要想提高明胶的营养价值，就有必要把食用明胶与理想蛋白质作比较分析。明胶不仅缺色氨酸，而且，其他必需氨基酸的含量也较低。因此，要提高食用明胶的营养价值，就必须改善明胶中必需氨基酸的含量和比例。

（1）直接添加氨基酸　这种方法就是在食用明胶中直接添加各种必需氨基酸的成分，使之达到或接近理想蛋白质中必需氨基酸的组成比例，适合于人体吸收和利用。这是一种最简单的方法。

但是，这种方法受到许多限制。首先人们不可能直接拿明胶食用；其次是人工制造必需氨基酸的成本很高，售价自然就很昂贵，如每公斤色氨酸售价为1000元人民币，每公斤赖氨酸售价30元人民币。因此这种方法只能用于其他特殊用途。

（2）间接添加氨基酸　把食用明胶与某些天然食物按一定比例混合制作成明胶食品，从而达到间接添加氨基酸来提高明胶营养价值的方法，这是一种易行的较为理想的方法。

不少天然食物中某些必需氨基酸的含量较高，尤其是那些色氨酸、蛋氨酸含量较高的食物，可用来与明胶混合，达到取长补短的目的。明胶与鸡蛋、鸡肉、鸭肉、猪肉等制成水晶冻，便是其中一类的例子。

（二）食用明胶的无机营养

1. 食用明胶中的无机营养成分

通常制备的明胶含有多种无机物质，它们一般为游离态或与明胶分子上的游离基团结合在一起。含量一般小于2%，但也有高达5%的记载。食用明胶中几种常量元素及微量元素列于表8-10。

表8-10　　　　　　　　　明胶及几种食物中的矿物元素含量　　　　　　　　　单位：mg/kg

物种	常量元素				必需微量元素				
	钾	钠	镁	钙	铜	锌	锰	铁	硒
水稻	620	81	120	130	7.5	30	140	118	0.03
猪肉	1250	120	80	20	5	60	—	20	—
牛肉	1000	250	70	60	7	160	—	40	—
水解明胶	36	2850	190	700	0.3	11	0.58	0.4	—

由表可知，水解明胶中的常量元素钠（Na）、镁（Mg）、钙（Ca）的含量较高，而钾的含量较低；必需微量元素铜（Cu）、锌（Zn）、锰（Mn）、铁（Fe）含量较低；另外对食用明胶进行半定量测定，发现其中硒（Se）和锶（Sr）的含量较高。这些现象的存在可能是因为制造明胶的原料中的某些元素（如铜、铁、锌、锰等）被酸所浸出，使食用明胶中该类元素较原料中含量大为降低，某些微量元素未明显流失，在食用明胶中呈"富集"态，如硒和锶。"富集"现象可能有两个方面的因素，首先，作为食用明胶的原料之一的骨头含有可观的硒和锶。如机体内99%的锶主要分布在骨骼中，而硒在骨骼中的含量（0.2μg/g）与肌肉及心、肝等器官内的含量（0.2~0.4μg/g）相当；其次是它们被吸收进机体后，可能与蛋白质结合形成了稳定结构，在制取食用明胶过程中其损失量较小。

2. 食用明胶的无机营养价值及提高途径

前面虽然提及明胶中的无机元素含量，但是要注意食用明胶的制取由于各种处理方法不同，会导致其中的无机元素的含量也各不相同。

从表8-10所列数据可知，食用明胶含有高于淀粉类的普通盐类（K、Na、Ca、Mg等），另外还含有较丰富的硒、锶等微量元素，同时食用明胶的氨基酸又对人体有营养，因此它是一种兼具治疗和营养的双重效能的新型食品，是一种大有希望发展的营养疗法。但是食用明胶的无机营养也是不完全的，可以通过下述途径解决。

（1）添加无机盐　关于添加无机盐来制作食品，虽然在世界范围内已有许多允许作为食品添加剂的金属络合物，但成本太高。

（2）利用其他食物互相配合制作食品　利用其他食物互相配合制作食品是一条可行的途径，不足的是现在还找不出食用明胶食品中无机营养的分析数据。

综上所述，无机元素尤其是微量元素与人体健康密切，而食物中这些元素又是人体需要的基本来源，这就开辟了食品结构研究的又一领域。目前，人们尚未意识到食用明胶和明胶食品在营养学中应有的地位，因此，要应用近年来关于微量元素营养学研究的成果来研究食用明胶和明胶食品，还需要进行大量细致的工作。尽管如此，只要牢记生物化学的基本原理和营养学的基本观点，明胶食品的发展是极有前途的。

三、明胶原料的选择

生产明胶以皮、骨为原料，特别是生产高级明胶时，对皮的选择、分类就尤为必要。对原料的选择、分类，是进行明胶生产活动的第一步。对皮的选择、分类必须注意下列各点。

（1）用于生产明胶的皮必须按品种分类，单独处理，干皮和湿皮、猪皮和牛皮、两面光洁的上剖皮和一面光洁、一面带膜层的下剖皮应严格分开，不得混在一起。

（2）水牛皮胶原纤维粗松，黄牛皮胶原纤维细密，用黄牛皮制出的明胶质量较好。在制造高级明胶时，黄牛皮和水牛皮应该分开。

（3）猪皮背部和臀部的纤维组织紧密，腹部疏松，在生产照相明胶时，应使用猪背部和臀部的皮。

（4）带毛的皮应集中在一起，用5%浓度的石灰乳或0.5%~1%的硫酸钠溶液浸泡数天，将毛脱去。用不同方法脱毛的皮，因酸碱性不同，也应分开。

（5）腐败变质的皮应当拣出，否则将影响整批胶液的质量。

（6）头皮、边角、厚皮、脚皮等，应拣出另行处理。

（7）动物的表皮有的带有褐色、红棕色的色素。色素能降低明胶的透明度，因此，生产高级明胶时应拣出带有色素的皮。如果带有色素的皮较多，则可集中起来，单独处理。利用色素能溶解于稀碱溶液的这一性质，经过精心操作，可以把色素除去。

（8）各种带肉的皮应将肉质割除。

（9）为提高浸灰效率和降低明胶的油脂含量，鲜猪皮的皮下脂肪层应尽量刮净。

（10）进厂的湿皮应及时处理，以防变质。皮越新鲜则生产出胶的质量越高。

四、猪皮明胶生产方法

（一）碱法生产工艺

用石灰悬浮液、氢氧化钠溶液等预处理含有胶原蛋白的原料来生产明胶的方法称为碱法，用碱法处理原料能够生产出高质量的明胶。目前国产明胶80%以上是用碱法生产的，世界各国也都普遍采用碱生产明胶。

1. 工艺流程

预浸灰→脱脂→浸灰→退灰→中和→水洗→熬胶→过滤与分离→浓缩→冻胶→切胶→干燥→胶粒的包装→成品

2. 操作步骤

（1）预浸灰　将整理好的皮料浸入含氧化钙1%左右的石灰乳中，预浸灰1～2d，使皮膨胀变硬以便于切碎，同时除去脏物和臭气等。

预浸灰装置是一只带搅拌桨的圆池，其大小视原料数量而定，如图8-4所示。从图中可看出，1为变速器，由电动机拖动，使搅拌桨3旋转。搅拌桨共有8个叶片，其中2片改为可翻转的抛皮器，当抛皮器向外伸出时，可将原料钩住，利用离心力将原料抛到传送带上送进切皮机；在抛皮器向里折进时，便和其他叶片一样只起搅拌作用。2为砖砌圆池，用水泥砂浆粉光。4为中央直径1m的圆墩，一方面可放轴承，一方面可使原料顺利地流转。5为排废灰浆用木塞。6为滤水栅，由直径8mm的圆钢外套塑料管排列而成（塑料管用以防锈）。这种预浸灰装置在搅拌时可将皮料与石灰浆充分混合，在浸灰后又能将原料抛出，使用比较方便。

（2）脱脂　在脱脂机内，利用高速旋转的锤，在水中不断敲打皮而将皮下面的油脂及膜层除去。水力脱脂机如图8-5所示。

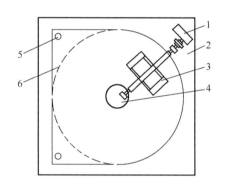

图8-4　预浸灰装置

1—变速器　2—圆池　3—搅拌桨
4—中心圆墩　5—排水木塞　6—滤水栅

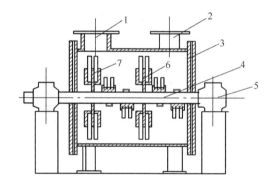

图8-5　水力脱脂机

1—进料口　2—出料口　3—机体　4—主轴
5—轴承座　6—钢质圆盘　7—钢锤

水力脱脂机是用钢板制成二个半圆的筒身，筒身上部两端开有进、出料口。中间有一根主轴，并装有几个钢质圆盘，主轴直接与动力（电动机）连接，以1440r/min的速度，在密封的机壳筒身内运转，这时摆动的钢锤便造成螺旋曲线。当皮与水同时进入机体内，由于水的涡流能量，对皮进行外力冲击，再加上钢锤的锤击，皮很快被粉碎，脂肪组织就更易被冲出。随着螺旋曲线的推进，皮与水油乳化液一起由出料口冲出。分去水油乳化液便得脱脂皮，经水清洗便可进行浸灰。

（3）浸灰　以石灰乳浸泡原料的碱处理过程称为"浸灰"。浸灰是碱法制胶极为重要的一环，原料在碱的作用下，不仅能疏松原料的组织，而且能够溶解并除去影响明胶质量的有机物，如可溶性蛋白、色素等。经过浸灰处理的原料，胶原纤维吸水膨胀、疏松、张开，内部结合力减弱，容易切断，有利于胶原蛋白的溶出。

由于氢氧化钙在水中的溶解度主要受温度影响，相同的温度下增加氢氧化钙在水中的浓度不改变它的溶解度和溶液的pH，对明胶提取率和明胶性质没有明显的影响。浸灰时间和浸灰温度对明胶提取率和明胶性质的影响显著，而浓度对提取率及明胶性能影响不显著。在热水提胶过程中，小分子的杂蛋白也极易溶出，增加浸灰时间，原料中的杂蛋白基本不变，但胶原蛋白会在碱液中进一步降解，纤维膨胀，明胶的表观提取率提高但其品质劣变。因而控制适当的浸灰时间是制取高品质明胶的一个关键因素。

①浸灰的操作程序：将浸软、脱毛、脱脂后的皮原料置于浸灰翻动设备内，按工艺要求加入石灰乳和水，搅拌均匀以加速浸灰。

②石灰乳的配制：石灰乳的配制包括熟化和稀释。氧化钙与水作用生成氢氧化钙，并放出大量的热，该过程称之为熟化。其反应式为：

$$CaO + H_2O \rightarrow Ca(OH)_2 + 65.27kJ$$

为使所有的氧化钙都能发生反应，为了保证石灰乳质量，必须加入足够量的水，并进行充分的搅拌，然后存放 10d 以上。将熟化后的熟石灰，加水搅拌即配成浸灰用的石灰乳。为提高石灰乳质量，可采用旋液分离器除去石灰乳中颗粒性杂质。

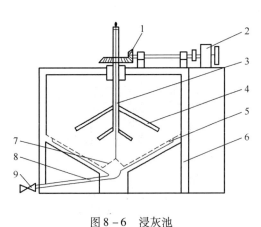

图 8 - 6 为机械化浸灰大池，用钢筋水泥造成，其直径为 5m，直边向上 2.5m，锥底高 1.5m，容积 53m³，锥底上设有多孔板，可使石灰水从孔中放出，装在空心轴上的搅拌桨用以搅动原料。空心轴经锥齿轮用减速器拖动。空心轴能上下吊动，在开始转动时须将搅拌桨吊起，而后一边转动一边放下，使机器容易起动、节约电力。在放出原料时须将钟罩拉起，原料在搅拌中可随水从阀门放出。这种浸灰池使搅拌工作实现了机械化。

图 8 - 6 浸灰池
1—齿轮 2—变速器 3—空心轴 4—搅拌桨
5—多孔板 6—圆池 7—钟罩 8—放出管 9—放出阀

（4）退灰 浸灰结束后，原料表面及毛细孔内吸附了较多的氧化钙和原料的分解产物，必须在洗涤设备内进行充分水洗，划桨式圆形或椭圆形池比较大，U 形池其次，转鼓最小。水洗原则是在不损伤原料和原料正常运动的前提下，尽可能减少液体，做到少量多次，以节约用水、减少污水量。当用溴麝香草酚酞指示剂检验原料时，原料不显蓝色，pH 10 以下，即退灰已达终点。

（5）中和 原料浸灰后，胶原蛋白上结合的钙是无法用水洗脱掉的，这就必须加酸进行中和，中和用的酸可以用无机酸，也可用有机酸。但从成本考虑，一般都用硫酸和盐酸，但硫酸与钙离子形成的硫酸钙溶解度很小，洗涤困难，所以在生产中更广泛使用的是盐酸。

中和仍在洗涤设备内进行，在搅拌的情况下逐步加入酸液，加酸的速度不能过快，开始阶段，即 3h 内使中和 pH 在 5 以上，3h 后停止加酸，当中和液内无酸时，立即放掉废液，重新加水，在搅拌的情况下继续加酸中和。当 pH 为 3 时，应分次加酸，即每次加少量酸，搅动 5min 左右停搅，一段时间后再搅动并补酸至 pH 2.5 如此反复进行，直至中和液稳定在 pH 2.5 以内时即可静置定酸。

中和池由砖砌成，表面涂有耐酸水泥，深度与一般浸灰池相同，一般为长形，两端为弧状，池内装上洗涤机，中和池一般都造在若干个浸灰池的当中，具备这样构造的中和池，同样有洗涤作用，因而对于产量比较大的明胶制造厂，中和池可建筑 3 ~ 4 个。

（6）水洗　定酸后原料内含有一定的酸和钙盐及其他杂质，必须采用水洗的办法予以除去。水洗的固液比和次数根据具体情况而定，其原则是：一要使原料达到规定的 pH，二要把中和反应时生成的盐和其他杂质清洗干净。退灰、中和、水洗是明胶生产的关键环节之一，对明胶的质量是至关重要的，必须高度地重视。

（7）熬胶　经过水洗以后的皮料装入熬胶锅内，加入预热到一定温度的水，热水加入量应以能浸没皮料为原则，然后保温熬胶。当热水的含胶量达到一定浓度时，放掉胶液，另加热水再次熬胶，如此循环数次，直至皮料内的胶原全部熬出为止。对于各种皮原料的熬胶次数及熬胶条件是不尽相同的，其条件见表 8 - 11。

表 8 - 11　　　　　　　　　　　　　　　　猪皮的熬胶条件

次数	温度/℃	时间/h	淡胶液相对密度	含胶量/%	产胶率/%
1	50 ~ 55	4 ~ 5			35
2	60 ~ 65	5 ~ 6			25
3	65 ~ 70	5 ~ 6			20
4	70 ~ 80	6 ~ 8	1.003 ~ 1.007	5.5 ~ 7	10
5	80 ~ 90	6 ~ 8			6
6	90 ~ 100	3 ~ 4			4
7	100	任意			4

熬胶锅是用铝板或不锈钢板制成的敞口大圆形熬胶锅，如图 8 - 7 所示。其优点是操作方便、处理量大；缺点是只能进行分道熬胶。它一般都是直径大而高度低，这样，在熬胶时不会使原料压紧，有利于出胶，操作也便利。

在锅下部装一假底，假底为 3 ~ 4 块由长条形孔的扇形板拼成。在锅底与假底之间有拉条加固。加热时，蒸汽通过夹层锅底，原料放在假底上，这样可避免原料直接与锅底接触，防止因局部过热而影响胶的质量。加热蒸汽由进蒸汽阀通入夹层，回汽水从回汽水阀排出。使用的蒸汽压力通常低于 1kg/cm²，以免损坏锅底。

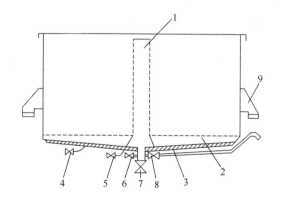

图 8 - 7　熬胶锅
1—中心多孔管　2—假底　3—锅　4—进蒸汽阀
5—回汽水阀　6—对流阀　7—出渣阀　8—放胶阀　9—搁脚

随着熬胶的进行，胶液达一定浓度后，开启放胶阀，放出胶液，使胶液集中在贮液桶中，以便过滤。放胶时，为了使油脂留在锅内，放胶管稍微向上翘起。对流阀主要是通过动作较慢的往复泵使胶液对流，以使锅内温度均匀，并可加速出胶。当熬胶完毕后，将假底吊起，使胶渣落下从出渣阀放出。

（8）过滤与分离　熬得的淡胶液中含有原料细粒、畜毛、脂肪等杂质，可用澄清或过滤法加以清除。通常以压滤机过滤，并以过滤棉、活性炭、硅藻土等作为助滤剂。普通框板压滤机的操作方法是：先在滤板上铺一层滤布再在每两块滤板间夹一滤框，将压滤机旋紧；另外在淡胶液中加入1%左右的硅藻土一类的助滤剂，而后再送入压滤机中；在开始时，滤布表面尚未形成一定厚度的助滤剂层，滤出胶液仍是混浊的，必须重复过滤，当滤布上积聚一定厚度的助滤剂层后，即能流出澄清的胶液。过滤时用齿轮泵送胶，正常压力为 $2.5\sim5\mathrm{kg/cm^2}$，温度在60℃左右。

用活性炭或硅藻土做助滤剂，不仅能吸附胶液内的悬浮杂质和脂肪等，而且能清除胶液的气味，并能吸附胶液中的某些溶解杂质，如硫化物等，因此有利于改变胶的化学性质。此点在生产不同品种的照相明胶时，具有重要的意义。

离心分离是利用高速离心机旋转时产生的巨大离心力，使相对密度较小的油脂与相对密度较大的胶液迅速分离，结果油脂集中到旋转钵（旋转筒）上面，而胶液则集中到外圈，并分别从两个出口流出。胶液中细小悬浮杂质的相对密度较胶液更大，多集中在转体的内壁，在停机后可以除去。普通的奶油分离机可供胶液离心分离时采用，新式的碟片式高速离心机或圆筒式高速离心机，则效率更高。进入离心机的胶液温度以 $50\sim60$℃为宜，因为温度低分离油脂的效率将随之降低，猪皮明胶含油脂较多，用高速离心机分离尤为适合，油脂减少后可作高级明胶。

（9）浓缩　浓缩在蒸发器中进行，目前最常用的胶液蒸发器为列管式双效真空蒸发器，它的优点是：①蒸发温度低；②蒸发速度快；③节约蒸汽；④胶液水解少，质量有保证。

典型的双效真空蒸发器如图8-8所示，有两只加热器和两只蒸发桶。胶液从进、出胶液管7进入第一效加热器3后，受热沸腾，从弯头2冲到第一效蒸发桶1，在桶内胶液与产生的二次蒸汽分开，胶液向下一部分经对流管18返回第一效加热器3再循环蒸发，一部分则从胶液阀17流向第二效加热器15，在第二效中蒸发。从锅炉来的蒸汽，从蒸汽进口5进入第一效加热器，冷凝后从回汽水出口6流出。在第一效蒸发桶中产生的二次蒸汽，经二次蒸汽管10通到第二效加热器中起加热作用，使第二效蒸发桶中胶液沸腾，在第二效胶液中产生的第三次蒸汽则经出口14通向冷凝器和真空泵。开始抽真空时，先将第二效中空气抽出，第一效中的空气是通过二次蒸汽管10、抽气阀12及抽气管11进入第二效中被抽掉的。在开始蒸发以后须将抽气阀12关小些。第二效的真空由真空泵维持，而第一效的真空则主要以二次蒸汽在第二效加热器中冷凝来达到。如锅炉里的蒸汽有少量不凝性气体，

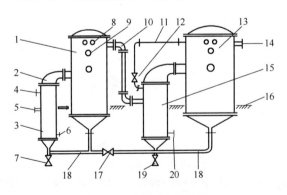

图8-8　双效真空蒸发器

1—第一效蒸发桶　2—弯头　3—第一效加热器　4—放气管
5—蒸汽进口　6—回汽水出口　7—进、出胶液管　8—真空泵
9—视镜　10—二次蒸汽管　11—抽气管　12—抽气阀
13—第二效蒸发桶　14—第二次蒸汽出口　15—第二效加热器
16—工作台板　17—胶液阀　18—对流管　19—抽液阀　20—回汽水管

仍可通过抽气阀 12 抽出。所以第二效中真空度略高于第一效,能使第一效胶液经阀 17 自行吸入第二效。

(10)冻胶、切胶 浓缩后的胶液需加入防腐剂,食用明胶多采用双氧水或尼泊全甲酯(对羟基苯甲酸甲酯)作防腐剂。双氧水加入量为干胶的 0.5% ~1%;尼泊全甲酯加入量为干胶的 0.1% ~0.2%;工业明胶多采用硫酸锌和亚硫酸作防腐剂,硫酸锌的加入量为干胶的 1% ~2.5%。亚硫酸同时具有防腐及漂白的作用。照相明胶和要求品质极纯的食用明胶,最好不加任何防腐剂,应严格进行各种消毒、重视操作环境及设备卫生等,来达到无菌、防腐的目的。处理之后,将胶液倒入金属盘或模具中冷却,待胶液完全凝冻之后,切成厚度小于 5mm 的均匀薄片。

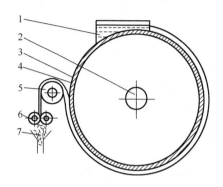

图 8 -9 滚筒冻胶机
1—浓胶槽 2—空心轴 3—机身 4—内隔层
5—小滚轴 6—切胶刀辊 7—小颗粒胶

冻胶可在滚筒冻胶机内进行,滚筒冻胶机的构造如图 8 -9 所示,是一个表面光滑带有冷却隔层的滚筒。从空心轴一端通入 -5℃ 的冷却盐水,通过滚筒内侧由另一端流出。这时,滚筒被冷却,表面变冷。胶液接触到冷却的表面即凝成胶冻。图中 1 为浓胶槽,槽中胶液的深度决定了胶冻的厚度;2 为空心轴;3 为机身;4 为内隔层。胶液在胶槽中开始凝冻,经 3/4 转,在 30 ~50s 内已冻好,即可揭起。在小滚轴 5 处转弯,经切胶刀辊 6 轧成方形、长方形、菱形等多种形状的小片,这些小片胶冻随即可以送到烘房去干燥。

(11)干燥 切片之后在烘房中进行干燥,烘房里装有空气过滤器、鼓风机和加热器,进入烘房的空气应预热到 20 ~40℃,相对湿度在 75% 以下,干燥时间为 1 ~3d。

明胶的干燥是用隧道式烘房进行的,如图 8 -10 所示。干燥时将切成薄片的胶冻放在烘网上,烘网装在胶车上,胶车按轨道推入干燥室。开始时,空气从进风室 1 进入,经冷风机 2 冷却至 15℃ 左右后吹入干燥室 6,随着干燥的进行,空气的温度需逐渐升高。干燥至一定程度后,关闭冷风机,开启暖气片,使空气的温度进一步升高,最后在 45℃ 左右的温度下干燥至成品。干燥完后,从出胶门推出胶车,干燥结束。

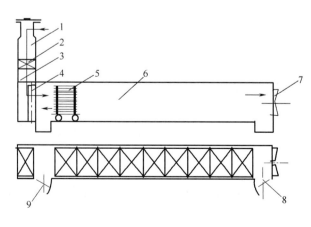

图 8 -10 隧道式烘房
1—进风室 2—冷风机 3—空间过滤筛 4—暖气片
5—胶车 6—干燥室 7—抽风机 8—进胶门 9—出胶门

(12)胶粒的包装 粉碎好的胶粒经过分析或测定后,装入衬有塑料纸的三夹板木桶内,贴上商标和检验单,即可出厂。有时需要大批质量相同的明胶粒,往往将质量略有差异的若干个批号的明胶粒经拌和机充分拌和后再测定质量装桶出厂。

（二）酸法生产工艺

明胶的酸法与碱法生产通常是指明胶的原料前工序与提胶过程中化学处理方法不同。酸法明胶主要选用盐酸、硫酸、磷酸、乳酸、柠檬酸、醋酸等单一酸或复合酸对原料进行膨胀等处理，并进一步用弱酸或强酸破坏分子间交联与断裂分子键，使多肽溶于酸水溶液中，又称之为提胶。

通过酸浸使胶原蛋白水解而制取明胶的方法称为酸法，它较适合于用畜骨和猪皮制取明胶。酸法制取明胶大体上有下列两种情况。

1. 慢性盐酸酸化法

这是以畜骨为原料的酸法制胶过程，将畜骨粉碎、提油（或不经粉碎、提油），去掉无机盐而成为骨素后，经水力脱脂并水洗去残酸，再在温度 10～20℃下，用浓度为 2.5% 的盐酸浸渍 8～10d，然后再水洗抽提。当生产高黏度酸法胶时，水洗至 pH 为 5.5；当生产低黏度酸法胶时，水洗至 pH 为 4。经酸法处理的原料较硬，胶原水解为明胶的速度比碱法慢，为加快抽提速度，通常采用较低的 pH。

2. 畜皮酸化法

以畜皮为原料的酸法制胶过程是将皮切碎，经水力脱脂后，水洗数次，然后在温度 10～20℃下，用浓度为 0.5%～5% 的盐酸（也可用亚硫酸、硫酸或磷酸）浸渍 10～24h，放去废酸水，再水洗至 pH 为 4～5。考虑到非胶原蛋白的等电点多数在 pH 为 4～5 范围内，在浸酸时并未被溶去，为使这些非胶原蛋白易于凝聚而较少溶入胶液，抽提时的 pH 应掌握在 4～5。

酸法生产的猪皮明胶，其等电点最高可达 9。延长浸酸时间可降低其等电点，为此，浸酸时间最长可达 7d。

（三）盐碱法生产工艺

用硫酸钠和氢氧化钠的混合液代替石灰乳浸渍原料而生产明胶的方法称为盐碱法。其工艺过程是用 10% 的硫酸钠水溶液和 2%～5% 的氢氧化钠的混合液，在 0～20℃下浸渍原料 1～4d，经水洗、中和后即可装锅抽提。浸渍原料使用的氢氧化钠能使胶原纤维充分膨胀，有利于提高出胶速度，但氢氧化钠浓度大时，胶原纤维将由最大膨胀转为溶化，使原料腐烂；硫酸钠对蛋白质有脱水盐析作用，使胶原纤维收缩，阻止其达到最大膨胀，所以用混合液浸渍，既可使胶原膨胀，又能避免腐烂。

盐碱法适用于以皮为原料生产明胶，对用石灰难于处理的干皮更为有效。湿牛皮、干猪皮、干牛皮用盐碱法浸渍，不仅能提高明胶的产胶率，而且明胶的冻力、黏度等主要质量指标也有所提高。盐碱法生产明胶所产生的大量高浓度的强碱液，容易污染环境，应加以回收利用或用废酸中和。

（四）酶法生产工艺

酶解制胶无论在工艺上和设备上均属于一种新的制胶方法，近年来国内外关于酶法制胶的研究越来越多。

酶法主要是利用蛋白酶（胃蛋白酶、胰蛋白酶、木瓜蛋白酶等）对胶原蛋白进行预处理，使胶原蛋白部分降解。相对于传统的化学方法，酶法的生产周期缩短数倍，产品质量稳定、产率高，减少了浸酸、浸灰等工序，耗水量和环境污染都减小，改进了传统工艺的不足。但该工艺中蛋白酶用量较大，生产成本较高，这也是该工艺一直未能实现产业化的原因所在。

目前，根据文献介绍，酶解制胶的方法有两种：第一种较为常见，即用酶的溶液处理砸碎后的骨或皮胶原，然后在酸性溶液中搅拌，得到胶原蛋白溶液，再用碱中和到胶原蛋白等电点或用盐盐析，得到胶原的纤维沉淀，分离沉淀后再加热，即得到明胶；另一种是酶代浸灰，用酶的溶液代替传统碱法制胶中的石灰乳处理胶原（骨素或皮），然后再按照传统方法完成余下的工序，这种工艺方法比第一种方法更适合于对骨明胶的制备。

1. 酶法制胶一般工艺

皮料→ 预处理 → 酶解 → 酶钝化 → 溶胶 → 分离 → 纯化 →成品

2. 猪皮制明胶最优工艺

取一定量生皮，除去表层脂肪，切成小条，用质量分数为1%的氯化钠溶液在常温下浸泡5~6h。倒掉浸渍液，洗净猪皮，加入脂肪酶和中性蛋白酶而成的复合酶液及防腐剂氟硅酸钠（用量为3.33g/kg生皮），调pH至7.0左右，反应一段时间（35℃，7h，不搅拌）。酶解后，于pH 2~3下浸泡1~2h，使酶钝化。将皮料洗净，加去离子水，在一定温度下搅拌溶胶，所得胶液分离纯化后再经浓缩、干燥、粉碎，即可获得明胶产物。

（五）碱法、酸法、酶法提胶方法的比较

传统生产明胶的方法，酸法和碱法由于其工艺简单、成本低廉而被普遍采用，但酸法和碱法可对最终的胶原蛋白产品的分子结构产生一定的破坏，尤其是碱法对胶原分子破坏性更大，致使相对分子质量分布范围太宽。酸法和碱法制备出的明胶分子质量范围较宽，经常在15~25kD范围内，通过控制酸或碱的浓度、温度以及处理时间可以部分地调整明胶的相对分子质量分布，但制备的明胶分子范围难以有效控制。而且，酸法和碱法制备的明胶质量较差，凝冻强度低，甚至在生产过程中会产生致癌物质，所以一般用于工业明胶的生产，如应用于造纸、显像、乳化等。酸碱法生产工艺逐渐不能满足生产食品、保健品以及药品需要的高纯度、均一性和低残毒性的要求。另外，大量酸碱残留在生产废水中，会导致土壤污染及水资源的浪费，直接排放将导致植物根部腐烂，造成土壤盐碱化。

酶法是一种先进的生产方法，用蛋白酶定向水解胶原蛋白纤维，所得降解蛋白质相对分子质量符合人体最佳吸收率，是近年来国际上较为领先、安全可靠的方法。其产物相对稳定，保持明胶产品很高的生物活性。酶法制取胶原蛋白的活性较强，活性多肽是功能性食品与化妆品添加剂的良好来源。另外，酶法制取胶原蛋白的相对分子质量相对可控，利于生产生物制品来源的明胶。

（六）制取海绵明胶

将猪皮明胶粉碎，加入10~15倍量的蒸馏水，自然膨胀，用水浴加热至60℃，搅拌溶解，趁热过滤，滤液移入铝桶中，向桶内加入相当明胶量12%的化学纯的甲醛溶液，用水浴加热至35~41℃，保温搅拌（800r/min）泡打，至泡沫细小均匀即可，移入布袋中，于-20℃环境中放置24h，剥去布袋，得到多孔松软的海绵明胶。切弃外围明胶，再裁切成所需形状，用纸包装后放置120℃干燥箱中高温消毒2h，再用食品塑料袋包装。

五、牛皮明胶生产方法

牛皮胶，又名黄明胶、水胶，味甘、性平，有补血止血，滋阴润肺的功能，常用于血虚症、阴虚症、阴虚燥咳。牛皮胶入药始于汉代或更早，宋元两代所用阿胶既有牛皮胶，又有驴皮胶，还混有少部分杂皮熬制的次品胶。李时珍将牛皮胶从阿胶中分出，以黄明胶之名另述。据此，后世遂将驴皮胶称为阿胶，牛皮胶称为黄明胶，猪皮胶称为新阿胶。黄明胶与阿胶功效相似，临床常互为代用。阿胶滋阴补血力较好，黄明胶则兼能消肿。在食品工业中主要用于制造各种工艺品水果等。

（一）工艺流程

原料处理 → 预浸灰 → 绞碎 → 水洗 → 浸灰水洗 → 中和水洗 → 熬胶 → 过滤 → 浓缩 → 干燥 → 粉碎 → 包装 → 成品

（二）工艺要点

1. 原料处理

将鲜牛皮放入水池内清洗，除毛，刮去脂肪层。

2. 预浸灰

将原料在划槽中用5%的石灰乳液处理24h，通过预浸灰可使皮初步得到膨胀，且经膨胀后皮变得硬挺，切皮时容易切断。此外，还可除去皮上的血污、黏液、脏物以及皂化部分油脂等。

3. 切碎

切碎的目的是为了加快反应速度，缩短浸灰、熬胶时间。将预浸过的原料从石灰水中捞起，在切皮机上进行，对切碎的要求是切成不大于5cm×8cm的小块，较厚的牛皮可切成不大于2cm×8cm的小条。总之原料切碎时应尽可能切得小，但以在浸灰、水洗时皮块不大量流失为限度，且同批料应尽可切得大小一致，使作用均匀。然后用清水冲洗。

4. 浸灰

浸灰的目的是在预浸灰的基础上进一步更充分地使胶原纤维膨胀，松弛侧链与侧链以及主链与主链之间的结合，使胶原纤维由于膨胀而高度分散，这样在加温熬胶时水分子容易进入胶原分子空隙，使胶原容易水解而出胶。经浸灰后由于胶原的收缩温度降低，这样有利于在较低温度下熬胶，同时由于灰液的作用，可进一步除去对制胶有害的蛋白质，如黏蛋白、类黏蛋白以及色素、脂肪等。总之，充分浸灰是制造高级明胶所不可缺少的重要环节。可在划槽或转鼓中进行。将石灰按料液比（2.5~4）:1制成液体，温度为15~18℃，浸泡时间为30~40d。若改用30g/L右右的氢氧化钠代替浸灰，则浸灰时间可缩短为2d，然后用清水冲洗。

5. 中和

多采用盐酸，酸的耗用量为3%~4%，需在12~24h内完成。中和加酸时必须注意，应避免一次加入过量的酸，否则由于溶液中局部酸过浓，会导致皮产生酸膨胀，胶原纤维变得透明溶胀，将纤维间的毛细孔堵塞，阻碍酸液进入皮内，使中和皮内剩余的碱发生困难。中和之后弃去皮酸水并充分进行水洗，以洗去中和时产生的盐类及余酸。中和、水洗后皮的pH应为中性，即使少量的酸或碱存在也会使胶原蛋白过度水解，使黏度和凝固点下降。

6. 熬胶

在熬胶锅内放入热水，将清洗过的原料倒入锅内，注意不要焦煳。熬胶分四次进行：

70~75℃，75~85℃，85~90℃，100℃。每次蒸煮6~8h。温度是影响成胶的主要因素，温度低，出胶速度慢，但温度高会加快水解，降低胶的质量，故熬胶时应根据原料情况尽可能采取较低温度，尤其在熬制高级明胶时，温度不宜超过70℃。每次熬胶时间应控制在3~8h。熬煮时间宜短不宜长，防止胶原蛋白过度水解而使胶的质量下降。出胶浓度以低为好，但放出胶液浓度太低，将会给浓缩造成困难，因此要求每道胶液出锅时应达到一定浓度。

7. 过滤浓缩

因熬得的胶液中含有一些皮渣小颗粒、畜毛、脂肪等杂质，可用澄清或过滤法加以清除，通常采用板框压滤机过滤，在过滤前可在胶液中加入纸浆、过滤棉、硅藻土等作为助滤剂，以吸收悬浮物质，然后把胶液置于压滤机上过滤。浓缩宜采用真空减压浓缩法，浓缩时间为2h左右。总之，浓缩浓度越低胶的质量越好，浓缩浓度越大胶的质量越差。浓缩后立即将胶液盛入不锈钢盆或模具中冷却，至完全凝胶化生成胶冻为止。

8. 干燥粉碎

将胶冻切成适当大小的薄片或碎块，采用隧道式烘房，在烘房的一端装有空气过滤器、鼓风机和加热器，将进入烘房的空气预热到20~40℃，其相对湿度应在75%以下，空气与胶片以逆流的方式进行。干燥完毕后，在锤击式粉碎机上进行粉碎，粉碎时胶片的水分含量不可超过15%，否则将给粉碎带来困难，对于粉碎细度尚无统一要求。

9. 包装

将粉碎好的胶粒装包，对于包装材料的要求是牢固耐用，尤其应该注意防潮。

六、明胶质量标准

（一）食用明胶

食用明胶应符合中华人民共和国轻工行业标准 QB/T 4087—2010《食用明胶》要求。

1. 原料

应为动物的皮和骨等，严禁使用制革厂鞣制后的任何废料。

2. 感官

产品为淡黄色或黄色固状物（如颗粒、片状和粉末等），应该保持洁净；明胶溶液（2.5%）无不适气味。

3. 理化指标

食用明胶的理化指标见表8-12。

表8-12　　　　　　　　　食用明胶理化指标

项目		指标
水分/%		≤14.0
凝冻强度（6.67%溶液）/Bloom g		≥50
勃氏黏度（6.67%溶液）/（mPa·s）		≥1.5
透射比/%	450nm	≥5
	620nm	≥20

续表

项目	指标
灰分（质量分数）/%	≤2.0
二氧化硫/（mg/kg）	≤50
过氧化物/（mg/kg）	≤10
pH（1%溶液）	3.6~7.6
砷（As）/（mg/kg）	≤1.0
铬（Cr）/（mg/kg）	≤2.0
重金属（以Pb计）/（mg/kg）	≤50

4. 微生物指标

食用明胶的微生物指标见表8-13。

表8-13　　　　　　　　　食用明胶微生物指标

项目	指标
菌落总数/（CFU/g）	≤1000
大肠菌群/（MPN/g）	≤30
沙门菌	不得检出

（二）药用明胶

药用明胶应符合 QB 2354—2005《药用明胶》要求。

1. 原料

应该来自于非疫区，经有关部门检疫为健康的动物；不应该来自于经有害物处理过的加工厂；不应使用苯等有机溶剂进行脱脂。

2. 感官

产品为淡黄色或黄色颗粒，应该保持干燥、洁净、均匀、无夹杂物；药用明胶溶液（2.5%）无不适气味。

3. 理化指标

药用明胶的理化指标见表8-14。

表8-14　　　　　　　　　药用明胶理化指标

项目	指标要求							
	A 型				B 型			
	骨制药用明胶		皮制药用明胶		骨制药用明胶		皮制药用明胶	
	200	100	200	100	200	100	200	100
水分/%	≤14.0							
凝冻强度（6.67%溶液）/Bloom g	≤200	100	200	100	200	100	200	100
勃氏黏度（6.67%溶液）/（mPa·s）	≤2.6	1.8	3.5	2.0	4.4	2.8	4.4	2.8

续表

项目		指标要求							
		A 型				B 型			
		骨制药用明胶		皮制药用明胶		骨制药用明胶		皮制药用明胶	
		200	100	200	100	200	100	200	100
黏度下降/%		≤10.0							
透射比/%	450nm	≥70	50	65	45	70	50	70	50
	620nm	≥85	70	80	65	85	70	85	70
灰分（质量分数）/%		≤1.0	2.0	1.0	2.0	1.0	2.0	1.0	2.0
二氧化硫/（mg/kg）		≤50							
过氧化物/（mg/kg）		≤10							
pH（1%溶液）		4.0~6.5				5.3~6.5			
水不溶物（质量分数）/%		≤0.20							
镉（Cd）/（mg/kg）		≤0.50							
铬（Cr）/（mg/kg）		—		≤2.0		—		≤2.0	
砷（As）/（mg/kg）		≤0.8							
重金属（以 Pb 计）/（mg/kg）		≤50							

4. 微生物指标

药用明胶的微生物指标见表 8 – 15。

表 8 – 15   药用明胶微生物指标

项目	指标
菌落总数/（CFU/g）	≤1000
大肠菌群	
沙门菌	不得检出
金黄色葡萄球菌	

七、明胶在食品工业中的应用

食用明胶的应用范围很宽广，可以用于肉制品、肉馅制品、冻汁肉；奶糖、果汁软糖、牛轧糖；冰淇淋、酸乳制品；啤酒澄清剂；保健食品；糕点等食品的生产之中。在不同的食品中，明胶有不同的用量，在肉制品、肉馅制品、冻汁肉等食品中，明胶的用量为2%~9%；在果汁软糖生产中，明胶的用量为2%左右；在太妃糖的生产过程中，明胶的用量为0.4%~1.5%；在冰淇淋的生产过程中，明胶的用量为0.1%左右。

明胶作为一种有营养、有疗效的食品，已经被医学界所公认。对于需要特殊饮食的人，如预防肥胖症，明胶食品有一定的优越性，除了胶冻甜食外，在国外也有不加糖的纯食用明胶粉供应。作为一种食品，明胶除了缺乏色氨酸和胱氨酸外，也是人体摄取其他氨基酸的来源之一。对于一个成年人来说，每天的氨基酸需要量和能够从明胶中摄取的数量，如表 8 – 16 所示。

表 8 – 16	成年人每天的氨基酸需要量与从明胶中的摄取量	单位：g
氨基酸	成年人每天的氨基酸需要量	一汤勺明胶（7.5g）中的氨基酸含量
丙氨酸	0 ~ 0.18	0.75
组氨酸	0 ~ 0.55	0.06
亮氨酸、异亮氨酸	1.18 ~ 2.98	0.38
赖氨酸	0.80 ~ 0.99	0.35
蛋氨酸、胱氨酸	1.05 ~ 1.10	—
苯丙氨酸、酪氨酸	1.10 ~ 2.42	0.05
缬氨酸	0.80 ~ 1.18	0.20
色氨酸	0.25 ~ 0.32	—

（一）明胶甜食

食用明胶在单一食品生产上应用量最大的是明胶甜食的生产。这种产品由于其独特的质地、良好的味道、漂亮的外观及食用方便，在国外家庭中被广泛地食用。最受欢迎的是家庭用的小盒装的明胶粉，通常在超级市场出售。在美国、加拿大、中南美洲及欧洲非常普遍。食用时只需把它溶于热水中，然后在冰箱中冷冻即可。在英国和爱尔兰较普遍的形式是制成长方形的小块，其硬度类似橡胶。和粉状的制品一样，食用时加入热水溶解然后冷冻即可。在市场上也有现成的明胶甜食出售，食用时可以根据需要自己加上水果。还有一种是未加调味品的淡的明胶粉，供饭店、家庭主妇根据喜好配制调味品来制作明胶甜食。

明胶甜食的基本成分是明胶（包括 A 型明胶和 B 型明胶，或者是二者混合的明胶）、糖（蔗糖、葡萄糖）或其他甜味剂（糖精）、酸（柠檬酸、酒石酸、富马酸、己二酸）和香料（水果型或芳香型），有的也可以加色素调色。某些牌号的甜食中还加入一些缓冲盐类，以控制甜食的 pH，改善其凝冻和溶解性质。常用的盐类是柠檬酸盐、酒石酸盐或磷酸盐。有时也加少许食盐来调味。冻力在 175 ~ 275g 的任何等级的明胶都可以用。冻力等级高的明胶，用量可以减少。配制后含水甜食的含胶量为 1.5% ~ 2.5%。

（二）明胶糖果

据报道，全世界的明胶有 60% 以上用于食品糖果工业。在糖果生产中，明胶用于生产奶糖、蛋白糖、棉花糖、果汁软糖、橡皮糖等软糖。皮明胶具有吸水和支撑骨架的作用，明胶微粒溶于水后，能相互吸引、交织，形成层层叠叠的网状结构，并随温度下降而凝聚，使糖和水完全充塞在凝胶空隙内，使柔软的糖果能保持稳定的形态，即使承受较大的荷载也不变形。明胶在糖果中的一般添加量为 5% ~ 10%。在糖果生产中，使用明胶较淀粉、琼脂更富有弹性、韧性和透明性，特别是生产弹性充足、形态饱满的软糖、奶糖时，需要凝胶强度大的优质明胶。

明胶之所以被用于糖果，是由于它可使液体凝冻化，吃到嘴里以后逐渐溶化。添加明胶较多的糖果，溶化得更慢，从而使甜味和香味滞留较久。圆片状、菱形、棒状或其他各种形状的糖，是用少量低冻力（50～100g）的明胶与各调味品、糖黏合在一起成团块，用挤塑、切割等办法成型，然后干燥而成。有时也用明胶做糖果、油脂的色衣膜，如朱古力糖的外膜。一般可用1%的中等冻力的明胶。

1. 明胶果汁软糖

果汁软糖系将空气搅打进入热的含明胶2%～3%、水18%～25%的浓糖浆中制成。制成的泡沫糖浆倒在一块板上，然后切开，倒入淀粉的模槽中或挤压而成。

2. 牛轧糖

像果汁软糖一样，可由明胶或鸡蛋白或一种混合物制成，而且可做成粒状和非粒状的各式各样的结构形式，也可制成极硬而耐嚼的制品。牛轧糖的硬度由水分控制，它不可能像果汁软糖那样获得良好的搅打性质。

3. 麦西麦酪

明胶糖果中的另一类，在国外称为"麦西麦酪"，是把糖、面粉浆和明胶混合后的乳剂，用搅打的办法把空气搅入这些混合物中，制得泡沫状的物料，然后用挤塑或铸膜或切割成各种形状。在这一配方中，明胶是一个很重要的成分。由于明胶的胶体性质，可使泡沫稳定和定型，从而使"麦西麦酪"既松软而又有弹性。配方中如采用冻力为250g的明胶，用量为1%～1.5%。

4. 糖衣

明胶适合用于糕饼等各种糖衣。明胶（以及其他稳定剂）在热天时当液相增加时不致渗入糕饼中，也可改善光泽以及可与蛋白质制成稳定的含有气泡的糖衣。明胶用量为1%～2%，明胶除了在糖衣中作凝固剂外，也能控制糖晶体的大小，同时还可以降低甜食外皮的脆性。

（三）乳制品与冷食

在冷冻食品中，明胶可用作胶冻剂，明胶胶冻的熔点较低，易溶于热水，具有入口即化的特点，常用于制作餐用胶冻、粮食胶冻等。明胶还可用于制作果冻，明胶胶冻在温热而尚未溶化的糖浆中不会结晶，温热的胶冻在凝块被搅碎后还可重新形成胶冻。英国的餐用含糖胶冻添加量为7%～14%。

明胶作为稳定剂可用于冰淇淋、雪糕等的生产，明胶在冰淇淋中的作用是防止形成粗粒的冰晶，保持组织细腻和降低融化速度。在冰淇淋中的一般用量为0.125%～0.16%。

在奶酪、酸奶、干酪等乳制品中，一般需添加少量明胶，以防止水的析出，并保持其质地细腻。在牛奶中添加明胶，可以降低其固化张力。在其他如冷冻奶油馅饼、奶酪饼干及许多冷冻食品中，明胶已成为重要的成分之一，一般的配方用量大约在0.25%以下。

（四）肉类工业

明胶可用于制造多种肉制品，例如，牛肉冻、咸牛肉卷、舌头冻、碎肉冻（是一种用碎猪肉、菜屑和玉米粉等煮制的肉冻），也可用于制造鸡肉卷。明胶的作用是将存在于肉汁中的水结合起来，以保持稳定的外形。明胶的用量取决于肉的种类和明胶的冻力等级。冻力50～100g的明胶用量比冻力250～275g的明胶要多，一般用量为肉重的1%～5%。

明胶还广泛地用于罐头制造，其作用也是使汤汁结合起来，保持食品的湿度和香味，用量随明胶冻力而异，通常用量为罐头重量的0.4%～1.5%。由于明胶在罐头加工过程中因受热而使冻力降低，故宜采用冻力高一些的明胶。此外，对于熟火腿、夹肉面包，常常在装入包装盒前，先浸入明胶溶液。经过这样的处理，可将一些空隙填充起来，形成一个光洁的外观。

（五）酒、果汁工业

明胶可作为酒、果汁的絮凝澄清剂，对制品进行精制。酒或果汁中的单宁质果胶及类似物质，在接触剂（例如铁）的存在下，可与明胶迅速反应絮凝沉淀而使液体澄清透明，随后经过离心或过滤除去沉淀物。如果明胶的剂量合适、处理得当，不会改变产品的原有品质，并且可以防止其在储存过程中发生混浊的现象，提高啤酒的泡沫量和泡沫稳定的时间。A 型或 B 型明胶均可用作澄清剂，其用量一般为被处理物重量的 0.002% ~0.015%。

（六）食品涂层材料

近年来，日本等国较多地将明胶用于食品涂层。在食品表面涂覆明胶具有以下优点。

（1）当两种不同的食品组合在一起时，涂覆明胶能抑制褐变反应。如氨基酸和糖类混合在一起会发生美拉德反应，使产品着色、溶解性变差，并发生异臭。

（2）防止食品吸潮及硬化。在粉末状、颗粒状糖类的表面涂覆食用明胶，能防止糖类吸潮，避免结块现象。

（3）可使食品表面有光泽，提高食品质量。如生产葡萄黄油时，若预先在葡萄上涂覆食用明胶，则葡萄中的色素不会污染黄油，提高了葡萄黄油的质量。

（4）可防止食品腐败氧化。浓度为 10% ~15% 的明胶形成的涂层适用于火腿、腌肉、香肠和干酪等，可防止食品腐败，延长食品保存期。

八、明胶在生化制药中的应用

（一）明胶的生物学性能

1. 生物相容性

生物相容性是生物材料能否应用于临床的关键因素之一。评价一种生物材料的生物学性能，主要看材料与机体的相互作用，包括材料反应和宿主反应。明胶是一种天然的高分子材料，其结构与生物体组织结构相似，因此具有良好的生物相容性。

2. 生物可降解性

生物可降解高分子材料一般用于生物体内，作为非永久性植入材料，它在发挥作用之后能被活体吸收或参与正常的代谢而被排出体外，同时其降解产物对生物体无毒。相应于损伤部分的治愈情况，可降解材料必须具有相应的降解速度。明胶作为一种天然的水溶性的生物可降解高分子材料，其优点就是降解产物易被吸收而不产生炎症反应。在应用明胶的可降解性时，经常对其进行化学修饰，调控其降解速度以适应不同的需要。

（二）明胶用于制备生物医学材料的特点

1. 物理方面

抗张强度高，延展性低，易干裂，具有类似真皮的形态结构，透水透气性好。

2. 化学方面

可进行适度交联，可调节溶解性，可被组织吸收，可与药物相互作用。

3. 生物学方面

生物相容性好。有生理活性，如有凝血作用。明胶基生物医用材料主要有生物膜材料、医用纤维以及医用海绵等。

（三）明胶在生物医用材料的应用

明胶作为生物医学材料所具有的优势有低免疫源性；与宿主细胞及组织之间的协调作用；止血作用；可生物降解性；物理机械性能等。明胶的三螺旋结构及自身的交联结构使其具有很高的强度。明胶可用作止血纤维、止血海绵、代血浆、水凝胶、药物载体、固定化酶载体等。

1. 生物膜材料

明胶无抗原性、易于吸收，理应是良好的生物医学材料，但因其存在膜质脆、不耐水、潮湿环境中易受细菌侵蚀而变质、力学性能差等缺点而限制了其使用。国外早有报道，可用甲醛或戊二醛作为交联剂制成交联膜，但由于这些交联剂的毒性，使其无法用于医学领域。后来的研究证明，共混是提高高分子膜材料性能的有效方法，而且发现引入天然高分子材料与明胶共混，共混材料的生物相容性、可控降解性都得到了明显改善，可用壳聚糖、藻酸盐和透明质酸与明胶共混制备共混膜。现在国内外研究最多的明胶基膜材料主要是壳聚糖 - 明胶共混膜、明胶 - 丝素共混膜、聚乳酸 - 明胶共混膜以及聚乙烯醇 - 明胶共混膜等，这些材料的引入大大提高了明胶的理化性质，使明胶基高分子膜材料更加具有功能性。

（1）胶囊 由于明胶本身无毒，在体内能缓慢分解，产物可被吸收或排出体外，明胶可被用于胶囊材料。明胶在医药工业上的需要量大约为明胶总产量的 6.5%，其中用于生产胶囊的明胶就占有相当大的比例，抗生素类药、维生素类药以及鱼肝油等往往用胶囊封装。胶囊装药要求卫生灭菌，而且其中不遗留空气，避免氧化作用的发生，这对于生产维生素类胶囊尤为重要，因为用胶囊包装的维生素，可存放数年而不变质。

胶囊分硬、软两种。硬质胶囊由纯明胶制成，具有高凝胶强度的明胶最适用于制硬质胶囊，由形状大小不同、内装药物并互相紧密套合而成。软质胶囊一般以中级明胶和甘油为原料。它是将油类、对明胶无溶解作用的液体药物或混悬液封闭于球形或椭圆形的软性胶囊中制成的。硬质胶囊有如下优点：①一个胶囊在胃里几分钟即可被溶解，而药片则往往在到达小肠之前仍保持完整形状；②胶囊在存放过程中，其中的药物仍可保持稳定，而药片则在长期保存下会变质；③绝大多数固体物质均可装入胶囊；④胶囊没有味道；⑤容易吞服。

（2）药片与药丸 明胶是药片（丸）的结合剂和调料剂，也是糖衣的主要成分。明胶可用于生产各种药片，通常是将药物组分扩散在胶液中，经彻底混合后让其干燥，之后将这些已干燥物料研成粉末再压制成药片。还可在药片上再涂一层胶质糖衣，目的是保护药效和消除不良药味。也可用作润喉剂，使药效能维持较长时间。

（3）栓剂 甘油明胶的另一个用途是作栓剂的基料，在这方面它比任何材料都好。基料的性质大大影响了药物的有效性。某些杀菌剂，如用含甘油的明胶作为载体，它就对杀灭某些有害细菌有效，但若用别的基料就无效。

（4）微胶囊 微胶囊是由天然或合成高分子材料（称为壁材）将微小的固体颗粒、液滴或气泡（称为芯材）包覆的微小囊状物，直径一般在 $1 \sim 100\mu m$。微胶囊技术的研究始于 20 世纪 30 年代，在 50 年代中期得到迅猛发展，在此时期出现了许多微胶囊化产品和工艺。用于制备微胶囊的方法很多，目前文献报道的有 200 多种，从原理上大致可分为化学方法、物理方法和物理化学方法 3 类。化学法主要包括界面聚合法、原位聚合法等；

物理法主要包括喷雾干燥法、真空蒸发沉积法、空气悬浮法等；物理化学法主要包括水相分离法、油相分离法、粉末床法等。

微胶囊之所以被广泛地应用于工业品中，是由于通过对物质进行胶囊化后可以实现许多目的，可改善被包覆物质的物理性质，增加其应用领域。在可以控制的条件下，使芯材即刻释放出来，也可经过一段时间逐渐地释放出来，提高物质的稳定性，使物质免受环境的影响，改善芯材的反应活性、耐久性、压敏性、光敏性和热敏性，使药物具有靶向功能，降低对健康的危害，减少毒副作用，将不相容的化合物隔离等。

明胶具有良好的成膜性、生物相容性、可生物降解性，并且是一种有效的保护胶体，可以阻止晶体或离子的聚集，是制备微胶囊中重要的壁材原料，近年来药物微胶囊化取得了很大的进展。明胶微胶囊通常选用的制备方法有单凝聚法、复凝聚法、喷雾干燥法、冷冻干燥法等。

2. 止血材料

尽管纤维素胶水广泛地应用于外科手术的黏接、止血剂和密封胶上，但是它有感染病毒的危险。为了解决这个问题，科学家发现，可以用生物可吸收的明胶和高聚糖来制备安全的止血胶。此外，止血性材料由交联生物相容性材料和非交联生物相容性材料组成，交联聚合物以微粒状或碎屑状存在，在血液中可形成水凝胶，非交联的聚合物具有片状、球状或楔状，在血液中可以快速溶解。这样的材料适用于止血或药物释放。例如，非交联的明胶、交联及非交联的片状生物复合材料，都可以作为止血材料。

在组织表面使用止血材料的目的是使断裂的血管收缩闭合。止血机制通常是以物理的方式形成支架结构，直接促进凝血过程，主要用于广泛渗血创面，且渗血率不能过高。目前已经开发出许多种类的创面止血材料，主要有纤维蛋白胶、胶原蛋白、壳聚糖、多微孔类无机材料（如沸石等）、羧甲基纤维素（可溶性止血纱布）等。

（1）明胶海绵　明胶海绵是由明胶制成的海绵状物，具有良好的止血作用，能使创口渗血区血液很快凝结，被人体组织逐渐吸收，多用于内脏手术时毛细血管渗出性出血。

（2）外科用粉剂　明胶在142℃下处理约1天之后，在冷水中将不再具有黏力。这样它即可被用作外科手术手套的一种消毒撒粉剂，在与伤口接触时能加速伤口愈合，具有一种相当于明胶止血海绵的作用。

（3）明胶敷料　在锌明胶或用以治疗溃疡性静脉曲张的温拿氏糊剂中，明胶作为一种重要的组成部分。这种在正常体温下以液态形式敷于伤口上的糊剂是由氧化锌粉、明胶、甘油和水调制的。

3. 血液替代

自20世纪50年代以来，明胶替代血浆经过不断改进，其胶体渗透压与人血浆蛋白相近，但其扩容作用较右旋糖酐和羟乙基淀粉弱。近年来，临床常用的有脲联明胶和琥珀酰明胶两种溶液，琥珀酰明胶是目前广泛应用于临床的血浆代用品，现在新兴的明胶代血浆主要有聚明胶肽和多聚明胶肽。明胶作为血液替代品时，其优点是无特异抗原性、相对分子质量大、可以保持胶体的特性、在体内无蓄积、可参与体内代谢以及大量输入无毒性反应等。

明胶的蛋白质特征决定了明胶可作为重要的血浆膨胀剂。现代医学上，在遇到严重休克和损伤时，虽然没有可当血液使用的代用品，但病情如不严重就可使用明胶的稀释液作为血浆代用品，使血液循环量在紧急情况下得以恢复而又不至于感染到肝炎病毒。当然所选用的明胶必须是一种绝对灭菌和均一的制品，属于非抗原性明胶。以明胶作为血浆代用品的有效时间为 24～48h。

参 考 文 献

［1］林时作，肖剑. 家禽副产品的开发利用［J］. 浙江畜牧兽医，2004，29（4）：43.

［2］Sivakumar V，Balakrishnan P A，Muralidharan C，et al. Use of Ozone as a disinfectant for raw animal skins－application as short－term preservation in leather making［J］. Science and Engineering，2010，32（6）：449～455.

［3］潘春玲. 我国畜产品质量安全的现状及原因分析［J］. 农业经济，2004，9：46～47.

［4］高学军，吕英. 我省畜禽副产品深加工现状与发展前景［J］. 黑龙江农业，2003，11：22.

［5］孙健慧. 缺锰引起的疾病与食疗［J］. 中国锰业，2007，25（3）：57.

［6］Rall D P. Shoe－leather epidemiology——The footpads of mice and rats：animal tests in assessment of occupational risks［J］. Mount Sinai Journal of Medicine，1994，61（6）：504～508.

［7］郭兆斌，余群力. 牛副产物——脏器的开发利用现状［J］. 肉类研究，2001，25（3）：35～37.

［8］Koo D，Thacker S B. In snow′s footsteps：Commentary on shoe－leather and applied epidemiology［J］. Am J Epidemiol，2010，172（6）：737～739.

［9］于福满. 畜禽副产品加工现状和应用前景［J］. 肉类工业，2010，2：1～5.

［10］王学平. 畜禽产品加工的综合利用发展趋势［J］. 肉类研究，2008，11：11～14.

［11］刘彬，可金星，蔡绍皙等. PLGA/ECM 神经支架性质的体外评价［J］. 生物工程学报，2012，28（3）：349～357.

［12］褚庆环. 动物性食品副产品加工技术［M］. 青岛：青岛出版社，2005.

［13］陈阳楼，甘泉. 一种烧烤猪皮串的配方及其生产方法［P］. 中国专利：CN102283394A，2011－12－21.

［14］张小弓，卢进峰，王雅静. 一种乳化猪皮的加工方法［P］. 中国专利：CN102038198A，2011－05－04.

［15］Sakaguchi M，Hori H，Ebihara T，et al. Reactivity of the immunoglobulin E in bovine gelatin－sensitive children to gelatins from various animals［J］. Immunology，1999，96（2）：286～290.

［16］董四清. 猪皮海绵健美食品［P］. 中国专利：CN101731640A，2010－06－16.

［17］杨珊珊，肖华党，陈阳楼. 猪皮食品的开发利用［J］. 肉类工业，2012，9：9～11.

［18］Coffey R D，Cromwellg G. L. Use of spray－dried animal plasma in diets for weanling pigs［J］. Pig News and Information，2001，22（2）：39～48.

［19］牛岷. 一种平菇猪皮兔肉肠［P］. 中国专利：CN102894385A，2013－01－30.

［20］张慧芸，朱文学，刘丽莉等. 利用猪皮制备胶原蛋白抗氧化肽的方法［P］. 中国专利：CN102517367A，2012－06－27.

［21］Shirley R B，Parsons C M. Effect of ash content on protein quality of meat and bone meal［J］. Poult Sci，2001，80：626～632.

［22］Johnson M L，Parsons C M. Effects of raw material source，ash content，and assay length on protein efficiency ratio and net protein ratio values for animal protein meals［J］. Poult Sci，1997，76：1722～1727.

［23］Bureau D P，Harris A M，Bevan D J，et al. Use of feather meals and meat and bone meals from different origins as protein sources for rainbow trout（Oncorhynchus mykiss）diets［J］. Aquaculture，2000，181：281～291.

［24］刘代成，张圣强. 猪皮美容饮料及其制作方法［P］. 中国专利：CN101099592A，2010 - 11 - 03.

［25］Vertitas D N. Options for disposal or use of animal by - products［C］. U. K. Renderers Association，2001.

［26］秦立荣. 一种保健养颜牛皮休闲食品的制备方法［P］. 中国专利：CN102028237，2011 - 04 - 27.

［27］赵国琦，霍永久，徐嗣昌等. 一种用牛皮制备金属离子氨基酸螯合物的方法［P］. 中国专利：CN102217711A，2012 - 07 - 04.

［28］William B Grobbel. An introduction to archaeology of the leather industry［J］. North American Archaeologist，1997，18（2）.

［29］汪建国，汪琦. 阿胶黄酒的开发研制［J］. 中国酿造，2008，3：88 ~ 89.

［30］Hunter K T，Ma T. In vitro evaluation of hydroxyapatite - chitosan - gelatin composite membrane inguided tissue regeneration［J］. J Biomed Mater Res A，2012，9：1002.

［31］金文林. 农业副产品加工致富220法［M］. 北京：化学工业出版社，2000.

［32］Bayat M，Momen - Heravi F，Marjani M，et al. A comparison of bone reconstruction following application of bone matrix gelatin and auto genous bone grafts to alveolar defects：An animal study［J］. Nature Biotechnology，2009.

［33］陈丽清，马良，张宇昊. 现代加工技术在明胶制备中的应用展望［J］. 食品科学，2010，31（19）：418 ~ 421.

［34］崔晓峰. 明胶制造［M］. 北京：中国轻工业出版社，2005.

［35］林艺忠. 明胶的应用及生产［J］. 技术开发，2003：4 ~ 6.

［36］Rajendran S，Parveen K M. Insect infestation in stored animal products［J］. Journal of Stored Products Research，2005，41（1）：1 ~ 30.

［37］Polet，Robert. From frozen food to hot leather［J］. Fortune International，2007，155（9）：17.

［38］王远亮. 明胶食品［M］. 北京：中国食品出版社，1987.

［39］邓海燕. 鸡皮明胶的制备及性质研究［D］. 福州：福建农林大学，2004.

［40］付丽红，张铭让，曲健健等. 利用皮革含铬固体废弃物提取明胶［J］. 中国皮革，2002，31（19）：43 ~ 47.

［41］Natalia A，Quintero R，Silvana M，et al. Evaluation of quality during storage of apple leather［J］. Food Science and Technology，2012，47（2）：485 ~ 492.

［42］陈定一，王静竹，刘文林. 阿胶及其炮制品中氨基酸和微量元素的分析研究［J］. 中国中药杂志，1991，16（2）：83 ~ 84.

［43］Lutz H，Benner L. Animal experiments with a newly developed plasma substitute based on gelatin［J］. Anaesthesist，1991，20（2）：53 ~ 55.

［44］刘小玲，许时婴. 从鸡骨中制取明胶的加工工艺［J］. 食品与发酵工业，2004，30（9）：48 ~ 53.

［45］陈秀金，曹健，汤克勇. 胶原蛋白和明胶在食品中的应用［J］. 郑州工程学院学报，2002，23（1）：66 ~ 93.

［46］陈其康. 骨明胶生产工艺［J］. 明胶科学与技术，2000，20（4）：180 ~ 187.

第九章 其他副产物的综合利用

第一节 头的加工利用

一、猪头的加工

（一）猪头的预处理

1. 传统工艺处理

（1）工艺流程

（2）操作要点

猪头的加工，要先将其放在清水中浸泡 12~24h，再用火燎去头上的毛，刮净猪耳、嘴、鼻孔上的污物和黏液，使其不留污秽，外表洁白清爽。

2. 半自动化处理

（1）工艺流程

原料解冻→喷毛处理→清洗→劈半→清洗整理→半成品

（2）主要设备

夹层锅，冰片机，电子秤，温度计，刀具，操作台，喷枪，料斗车，不锈钢盘，不锈钢箱，镊子，劈头机。

（3）操作要点

①原料解冻：冻猪头来自肉类加工企业，质量符合 GB 2707—2005《鲜（冻）畜肉卫生标准》。经自然或水解冻后，选择大小相对均匀、重量 3~5kg、颊肥膘厚度不超过 1cm 的猪头为佳。

②喷毛处理：将解冻的猪头用喷枪喷毛，重点部位是口角、眼睑、两颊。喷毛时注意不能将皮烧焦。

③清洗：喷毛完毕的猪头，用清水将表面擦洗干净，再用镊子将表面的残毛、毛根拔去。

④劈半：猪头的反面朝上，用劈头机或砍刀将头从中间部位一劈两半。然后取出脑，割下鼻骨。

⑤清洗修整：经劈半的猪头，再擦去表面的污垢，割下淋巴结，修去多余的肥脂，在净水中冲洗干净，放在透水的食品周转箱中沥尽水分。记下重量，半成品转入冷藏库备用。

3. 全自动化处理

（1）工艺流程

猪头→ 烫毛 → 刨毛 → 燎毛 → 冲淋清洗 → 劈头 → 预冷 → 振动甩水 →半成品

（2）主要设备

输送机，烫毛输送机，刨毛机（见图9-1），燎毛机，冲淋清洗机，液压劈头机，提升输送机，螺旋式预冷机，振动筛。自动刨毛的循环输送线示意图见图9-2。

图9-1 刨毛机

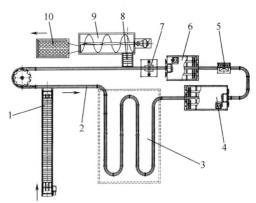

图9-2 自动刨毛的循环输送线示意图
1—输送机 2—烫毛输送机 3—烫池 4—刨毛机
5—燎毛机 6—冲淋清洗机 7—液压劈头机
8—提升输送机 9—螺旋式预冷机 10—振动筛

（3）操作要点

①输送机将屠宰摘取下来的新鲜猪头及时输送到副产物加工间，输送机设有调节支脚方便高度调整，由传感器接收信号，指令输送机进行工作。

②烫毛输送机自动输送猪头到达各个加工设备上，将整个加工工序联系起来达到连续不间断加工，浸烫时间通过变频调速器进行调节，保证烫毛质量，方便生产。

③滚轮托付链条和猪头通过轨道进入猪头烫池，设定烫毛水温在62～65℃，烫毛时间12～15min。

④刨毛过程中不断冲淋热水，保证猪头表面不被污染。

⑤燎毛机设置多只圆锥形火焰喷头，选用风机助燃方式，达到清除余毛和高温杀菌消毒的作用。

⑥冲淋清洗机采用管道泵加压自来水快速冲淋，凉水压力0.4MPa，水温10～15℃，使经过高温燎毛的猪头快速降温，将猪头表面的污物清洗干净。

⑦螺旋式预冷机的水槽是一个底部半圆形的长方体，水槽内存放0～4℃冷却水，采用

风机鼓风使水槽内的水翻滚起来，保持每个猪头都能够充分预冷，设置多个水池结构，入口是预清洗水池，水温5~10℃，时间约3min，然后自动捞出。进入第2个清洁水池，水温0~4℃，由自动温度控制器确保预冷质量，根据屠宰工艺整体预冷时间40~45min。

⑧猪头在振动筛筛槽内振动，甩水时间约25s，振动频率960次/min，以达到产品规定的含水率要求，保证产品外观新鲜，达到最佳沥水效果。

（4）工艺特点

①该循环输送线上自动刨毛机结构简单，操作方便。

②多台设备串联一体，连续自动化加工作业，加工生产效率高。

③无交叉污染，猪头外观新鲜并无热焐现象。

④自动刨毛干净无污染，广泛用于猪头在循环输送线上加工自动刨毛的设备。

（二）猪头加工食品

1. 扒烧整猪头

（1）产品配方

猪头100kg、酱油3.846kg、冰糖7.692kg、姜0.769kg、八角茴香0.231kg、香菜0.154kg、料酒15.385kg、醋3.077kg、小葱1.538kg、桂皮0.385kg、茴香籽（小茴香籽）0.154kg。

（2）工艺流程

猪头→ 净毛 → 劈半 → 浸泡 → 预煮 → 小火焖煮 → 整形 →成品

（3）操作要点

①初加工：将猪头去毛，在水中刮洗干净，面部朝下放在砧板上，用刀劈开，全舌头与面部不破，然后剔去骨头（去猪脑），放清水中浸泡2h漂去血污，下开水锅焯水，焯透捞出。入清水中再刮洗一遍，剜下两眼，卸下两只耳朵，修去耳孔内污物及毛。除去核子肉，将下颏切下，舌头刮去舌苔，割去气管洗净。再将头肉及下颏、眼、耳、舌下冷水锅烧沸，焯水3次，每次在锅内烧沸20min，至近七成熟。

②烹调：锅上火烧热，用油打滑离火，内放竹垫，放入葱段、姜片，八角茴香、茴香籽、桂皮用纱布袋装起放入，加料酒、酱油、醋、清水，清水没过猪头肉，盖上锅盖，烧沸。移小火焖3h左右到肉烂，拣去葱、姜及香料袋，移旺火将卤汁烧至黏稠，离火装盘，先放入舌头，上盖面部，下颏摆在两旁，耳朵放原处，眼球放还眼眶内，浇上卤汁即成。

③注意事项：猪头要反复刮洗，去净污秽及毛，保证3次焯水。猪头焖烧时清水要一次加足，并需小火慢慢焖烂，大火收干卤汁，不能勾芡，这样才能入味，卤味醇厚，保持色泽亮度和内外酥烂一致。猪头刮净、脱骨、扒烧时都要切实注意外形完整，防止缺损，影响形态美观。要使用竹垫，防止粘锅。

2. 蝴蝶猪头

（1）产品配方

100kg鲜猪头肉、食盐8kg、花椒100g、生姜100g、八角茴香100g、白酒300g、土硝50g、香料适量。

（2）工艺流程

选料 → 整理 → 腌制 → 撑板 → 上色 →烧烤

（3）操作要点

①选料：选用健康无病、无伤残的猪头，头部丰满、大小适度，耳、鼻、嘴完整无损。

②整理：将猪头剔骨，拔净头皮绒毛、残毛和毛根，用40℃温水漂洗干净。

③腌制：将洗净沥干的猪头用配料涂抹均匀，放入调配罐内腌制7～9d，中途翻料1次，做到各种配料均匀浸入。

④撑板：从调配罐内取出腌制的猪头，用竹片将头皮撑开，使左右脸皮和鼻尖呈一字形，形如飞翔的蝴蝶双翼。

⑤上色：用白糖和香料分别上色，使猪头色泽鲜艳，皮呈蜡黄色。

⑥烧烤：将上色后的猪头放入烤箱，烧烤48h左右，温度掌握先低后高再降低的原则，即进烤箱时温度控制在40℃，以后逐渐上升到60℃，再慢慢降至40℃。当猪头表皮油光发亮，皮脂呈黄白色、肌肉呈枣红色、清香无异味时，即可停止烘烤，此时取出猪头即为成品。

3. 腊猪头

（1）产品配方

去骨猪头肉100kg、食盐3～3.5kg、酱油2.5kg、白砂糖4kg、60°大曲酒2kg、硝酸钠50g。

（2）工艺流程

猪头去骨 → 腌制 → 烘焙 → 成品

（3）操作要点

①猪头去骨：将猪头从嘴角至耳间划一道深约1.6cm的刀痕，用刀劈成上下两面，上面为马面，下面为下颏（连舌头）。将脑顶骨敲开，取出猪脑，挖去眼睛，将马面上的骨头、残毛去尽后，用清水洗净。割下下颏猪舌，将余骨全部取出。割下的舌头必须将喉管上的污物和舌苔刮净，用水洗清，舌头侧面斜剖一刀使其外形扩大。猪头经上述拆骨后分成马面、下颏、舌头3部分。

②腌制：先用食盐和硝酸钠将猪头肉腌制18h，再用温水洗净，晾干。然后将酱油、糖、大曲酒放入容器内拌匀，把猪头肉放入其中再腌制2h，取出后将马面、下颏和舌头分开，平放在筛上。

③烘焙：烘房内两侧置有木架，地上放火盆，内燃青炭，每100kg猪头肉需青炭26kg，将盛有猪头肉的筛子依次上架烘焙。烘焙时应经常翻转猪头肉，使其各部位受热均匀，烘焙24h后，再依次移至较高木架上继续烘焙。至表面水分干燥时，用麻绳将马面、下颏和舌头分别串扎起来。将串绳后的3部分猪头肉依次挂在竹竿上，再送入烘房继续烘焙，先后共烘4～5d，待绝大部分水分蒸发后，即成腊猪头。也可采用日晒夜烘法加工，以节约青炭。

4. 猪头火腿

（1）工艺流程

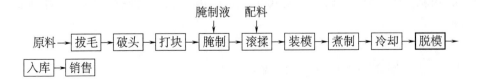

（2）操作要点

①原料要求：应选用经兽医卫检人员检验，符合卫生要求的鲜（冻）猪头，使用冻猪头时应先予以解冻。

②拔毛：用刀先将猪毛刮净后方可剔骨，拔毛后应再用喷灯将残留在猪头上的绒毛燎净。

③破头：按一般的破头操作进行。将肉中的碎骨、淋巴及不适宜于做火腿的松软结缔组织去除。

④打块：剔除头骨后，将肉放在操作台上，切成 40mm×50mm 大小的块状，然后用刀在肉块上扎一些洞，以便腌制时腌制液能顺利渗入肉块中。

⑤腌制：采用湿腌法，腌制液配方见表 9－1。

表 9－1　　　　　　　　　　　　　　猪头火腿腌制液配方　　　　　　　　　　　　　单位：kg

水	食盐	亚硝酸盐	自配混合粉	维生素 C
10～15	2.5～3.0	0.008	0.25	0.01

注：自配混合粉含有磷酸盐、葡萄糖、味精。

腌制时尽量将瘦肉压在下面，以使肉块较好地发色，并促进盐溶蛋白的析出，提高制品的持水性。腌制温度为 5～10℃，腌制时间 48h。

⑥滚揉：将腌制好的肉块放入滚揉机，先对肉块进行 2 次滚揉，每次滚揉时间 45min，停机 20min，滚揉期间温度保持在 15℃以下，然后将肉块移至搅拌机中，加入辅料与肉块一起进行搅拌，至料馅混合均匀并且发黏为止。辅料可根据各地的风味进行选择，并可加工成系列化产品，如表 9－2 所示是一种风味产品的配料比例。

表 9－2　　　　　　　　　　　　　　猪头火腿风味产品配料比例　　　　　　　　　　　　单位：kg

五香粉	花椒粉	大豆蛋白	淀粉
0.3	0.05	3	3.5

⑦装模：先将不锈钢模具刷洗干净，再将塑料袋放入模具，然后向里面装肉，装肉时应注意肉块大小、肥瘦搭配均匀，装完肉后将盖子与盒扣紧。

⑧煮制：夹层锅或方锅中放入足够量的水，使模具放入锅时水面距最上面一层模具为 10cm 左右。蒸汽将水温加热到 95℃左右，然后将模具放入锅中，保持水温在 88～90℃，煮制时间为 3.5～4h。

⑨冷却：煮好的肉连同模具一起从锅中取出，若进行自然冷却，可在 15℃左右的车间放置 10～16h，使其中心温度降至 25℃下，然后进行脱模。若为强制冷却，可将模具放入锅中，用流动的、温度为 10℃左右的加氯水（加氯量应符合饮用水标准）进行冲淋，使其中心温度降至 25℃下，时间不超过 3h。

⑩脱模入库：冷却好的火腿，打开压盖，将带有塑料袋的火腿取出，平整地放入包装箱中，进行包装。未销售完的火腿应及时入库，库温保持在 0～4℃，时间不超过 6 天。

5. 特色猪头肉

（1）卤烧猪头肉

①产品配方：猪头肉 100kg、食盐 3kg、酱油 4kg、黄酒 0.5kg、白砂糖 1kg、花椒 50g、八角茴香 50g、桂皮 50g、丁香 60g、小茴香 40g、白芷 40g、葱 0.2g、姜 0.1g、老汤适量、红糖 2kg、硬木屑 1kg。

②工艺流程：

猪头肉整理 → 清洗 → 预煮 → 去骨 → 煮制 → 烟熏 → 成品

③操作要点：

a. 猪头肉整理：将猪头放入清水中浸泡 6~8h，夏季浸泡时间可适当缩短。浸泡后去毛，刮去污垢，面朝下放在案板上，从后脑中间劈开，割掉淋巴结。

b. 清洗：将整理后的猪头肉放入清水中洗去血水，再用流动水冲洗干净。

c. 预煮：在锅内加入肉体积 1~2 倍量的清水，用大火烧开后放入猪头肉，烧煮约 10min。

d. 去骨：把猪头肉捞出，趁热去掉面骨及小骨头，注意保持肉的完整性。

e. 煮制：在空锅内加入老汤，加入量一般为总汤量的 1/5~1/3，再加入 50L 清水，将香辛料称重并用纱布包裹，将葱、姜另用纱布包裹，一起放入锅中加热烧开，放入猪头肉，再加入其他调料，用小火焖煮约 1h。香辛料包可重复用 3~4 次，葱、姜包可重复用 2 次。

f. 烟熏：将煮制好的猪头肉摆在架上放入烟熏室，再将红糖和木屑搅拌均匀撒在电热板上加热，烟熏 10~15min，取下装盘即为成品。

（2）北京酱猪头肉

①产品配方：猪头肉 100kg、白糖 3kg、料酒 1kg、葱 1kg、食盐 2.5kg、花椒0.1kg、八角茴香 0.3kg、桂皮 0.3kg、味精 0.1kg、硝酸钠 0.05kg、酱油 5kg、红曲米适量。

②工艺流程：

原料处理 → 腌制 → 煮制 → 浇汤 → 成品

③操作要点：

a. 原料处理：将猪头肉去净毛，剔去骨头，修割干净后备用。

b. 腌制：食盐、硝酸钠将原料肉腌制 1~2d。

c. 煮制：腌制结束后捞出，用清水清洗干净，沥干水分后进行煮制，煮制时先将腌制好的猪头肉下锅焯一遍，捞出后用老汤加辅料煮 2~3h，煮熟出锅后放在不锈钢盘内。

d. 浇汤：将锅内老汤清出倒入盛放味精的容器内，搅匀后把老汤浇在肉上（每 50kg 猪头肉加汤 7.5kg 左右）。

e. 冷却：把猪头肉放入冷库内冷冻 6h 左右，即为成品。

（3）猪头方肉

①产品配方：猪头肉 100kg、白酱油 9kg、生姜 0.26kg、食盐 3kg、八角茴香 0.26kg、白糖 4kg、味精 0.1kg、料酒 3kg、桂皮 0.2kg、葱 0.26kg、硝酸钠 0.05kg。

②工艺流程：

原料选择及整理 → 白烧 → 红烧 → 装模 → 成品

③操作要点：

a. 原料选择及整理：以猪头肉作原料，割去猪头两面的淋巴和腺体，刮净耳、鼻、眼等处的长毛、硬毛和绒毛，并割去面部斑点，洗净血污。

b. 白烧：将猪头放入夹层锅内，加水漫过肉面，加入50g硝酸钠和1kg食盐，旺火烧沸，用铲子翻动原料，撇去浮油杂质，用文火焖煮约1.5h，以容易拆骨为宜。取出后用冷水冲浇降温，拆去大骨，除净小骨、碎骨，取出眼珠，割去眼皮和唇衣，拣出牙床骨，肉汤过滤备用。

c. 红烧：先在锅底架上箅，防止原料贴底烧焦，将葱、姜、桂皮和八角茴香分别装于2个小麻布袋内，置于锅底。再放入坯料，肉朝下、皮朝上，一层一层地放入，每层撒一些盐。最后加入料酒、白酱油和过滤后的白烧肉汤，汤的加入量以低于坯料3cm为度。用旺火烧1.5h，使坯料酥烂。出锅前10min加入白糖和味精，红烧过程中不必翻动，出锅后稍冷却即可装模。

d. 装模：模具为西式火腿使用的长方形不锈钢成型模具，先在模具内垫上玻璃纸，割下鼻肉和耳朵，切成与模具相适应的长方形块。装模时，将皮贴于模具周围，边缘相互连接，中间放入鼻肉、耳肉、碎肉和精肉，注意肥瘦搭配。装满后，上面盖上一层带肉的坯料，用手压紧，倒出模型内流出的汁液，用玻璃纸包严，加模盖并压紧弹簧，放在冷水池中冷却5~6h。拆开包装后即为成品，一般切成冷盘食用。

二、牛头的加工

（一）牛头的预处理

国内还没有实现对牛头进行工业化预处理加工。实际上牛头肉在国外也有一定的市场，如在法国用煮熟的牛头肉切片后可以制作色拉。法国MCM公司研发的牛头和牛蹄清洗脱毛机可以对牛头、牛蹄进行工业化生产。

1. 工艺流程

牛头接收 → 充气 → 机械清洗 → 浸烫 → 脱毛 → 手工清理残毛 → 漂洗 → 最终产品

2. 操作要点

牛头、牛蹄脱毛机（见图9-3），用于牛羊头和蹄的清洗和脱毛。全不锈钢制造，滚筒内壁上安装有可以更换的磨石，使得脱毛干净、快捷。配备有水恒温调节装置和温度显示器，24V控制箱，电机转速为2挡。动力220~380V，三相，50Hz，11.5kW。水温55~65℃。生产能力：牛头30个/h，牛蹄360只/h，羊头280个/h，羊蹄2400只/h。

最终产品牛头和牛蹄可以使用1台脱毛机进行加工处理。加工牛头或牛蹄时，要根据牛的品种、年龄和季节的不同调整加工时间和热水的温度。经上述工艺处理过的牛头、牛蹄即可进一步深加工成熟肉制品上市销售，也可以直接鲜销。

（二）牛头加工食品

1. 红焖牛头

（1）产品配方

牛头1个、食盐适量、白糖10g、酱油20g、胡椒粉5g、味精、香油、鸡汤、水淀粉、油各适量。

（2）工艺流程

图9-3　牛头、牛蹄脱毛机

原料处理 → 油炸 → 蒸煮 → 切块 → 上料 → 焖 → 起锅 → 成品

（3）操作要点

①原料处理：将牛头放在清水中浸泡 12～24h，使牛头中的血水和异味浸出，用流动的清水浸泡，然后修刮牛头上的残毛，清水冲泡 10min，再用刀刮净皮上污泥、血水及其他杂质，用水冲洗干净。将牛头用开水煮熟，去骨头，擦干表面的水分。

②油炸：起锅放油烧热，将牛头肉炸至金黄色捞出。

③蒸煮：将炸好的牛头肉加入辅料，用锅蒸约 25min，切成块后，再加酱油、胡椒粉、味精、食盐等辅料蒸入味。

④焖：向牛头肉上撒上一层白糖，焖 10min 后装盘，原汤用水勾芡，淋香油后浇在牛头肉上即成。

2. 风味酱牛头肉

（1）产品配方

牛头肉 100kg、食盐 5kg、白糖 0.3kg（炒糖色用）、桂皮 0.19kg、丁香 0.01kg、小茴香 0.1kg、面酱 2kg、大葱 0.5kg、大蒜（去皮）1.5kg、鲜姜 0.5kg、花椒 0.1kg、八角茴香 0.2kg、白酒 0.5kg。

（2）工艺流程

原料选择 → 烫泡 → 修刮 → 劈牛头 → 配料 → 预煮 → 煮制 → 出锅扒牛头骨 → 码锅 → 酱制 →

出锅 → 成品

（3）操作要点

①原料预处理：先将牛头放在清水中浸泡 12～24h，使牛头中的血水和异味浸出，用流动的清水浸泡，然后修刮牛头上的残毛，用刀刮净皮上污泥、血水及其他杂质，用水冲洗干净。

②配料：将配比好的各种调味料用纱布包好扎紧，大葱和鲜姜另装一个料袋。炒糖色的操作方法是将小铁锅置于火炉上加热，放入少许豆油，再加入白糖，使用旺火并用小铁勺不间断地搅拌白糖，将其炒化为液态状，这时糖汁开始变色。待糖汁变成浅紫色时，继续用小勺快速搅拌，当糖汁熬制出现黑烟，马上减小火力。用铁勺捞起糖汁倒入白开水中，锅内的糖液变成了发脆的焦体形状即为"糖色"。糖色的浓度可根据生产需要添加热水，酱牛头肉糖色浓度略浅些为宜。

③预煮：将备好的牛头投入 100℃的热水中预煮 15～20min，清除牛头的血污和异味，撇净血沫，然后用清水冲洗干净以备煮制。

④煮制：煮制时先把准备好的料包、食盐、糖汁、酒同时放入酱锅内，放满水，水要超过牛头肉块。烧开后转为文火煮制，每 25min 翻 1 次锅，在翻锅过程中要随时撇去浮沫和汤油，煮制 90～100min，即可全部出锅。

⑤拆牛头骨：沿着牛头肉块部位将牙骨、头骨等拔下，一些小碎骨去掉。用凉水洗净牛头肉的油脂和汤沫。

⑥酱制：将原煮制牛头块肉汤去掉锅底和汤中的肉渣等，凉后备用。锅底部要放一个铁箅子，将牛肉块摆放锅内，将原汤注入锅中，放入适量清水和糖汁，用旺火煮 60min，再改用中火煮 30min 等待出锅。

⑦出锅：牛头肉熟软后即可出锅。

三、羊头的加工

（一）羊头的预处理

羊头的预处理加工过程和牛头基本相同，也采用头、蹄清洗脱毛机。其工艺流程如下。

羊头→机械清洗→浸烫→脱毛→手工处理残毛→漂洗→深加工→最终产品

（二）羊头加工食品

1. 白水羊头

（1）工艺流程

羊头→浸泡→清洗→预煮→煮制→去骨→原汤浸泡→成品

（2）产品配方

羊头 30kg、葱段 150g、姜块 150g、花椒 30g、八角茴香 30g、桂皮 30g、丁香 30 粒、香叶 50 片、清水 30kg、味精 30g、料酒 30g、食盐 30g、白胡椒 30g、白糖 30g、香油 50g、五香椒盐 100g。

（3）操作要点

①将羊头放在冷水中浸泡 2h，用板刷分别将表皮、耳、嘴、鼻等处洗干净，一定要将嘴、鼻、耳内的脏物涮出，从前腭顺划一刀至上唇，以便煮透入味和拆骨。

②锅内倒入凉水（水量要没过羊头 10cm 左右），在旺火上烧沸，加入配料，放入羊头，烧开后改用小火焖熟，原汤浸泡 30min 捞出，趁热去掉头骨，放凉，抹上香油。

③白水羊头要焖熟、焖透，食用时切成薄片装盘，撒上五香椒盐即可。

2. 卤羊头肉

（1）工艺流程

原料→解冻→烫毛→清洗→浸泡→焯水→配料煮制→修整装袋→真空封袋→高温反压杀菌→保温→外包装→成品

（2）产品配方

每 100kg 羊头肉：鲜生姜 0.5kg、花椒 0.15kg、八角茴香 0.1kg、草果 0.08kg、小茴香 0.3kg、陈皮 0.1kg、山奈 0.1kg、白芷 0.04kg、干辣椒 0.4kg、葱 1kg、食盐 2.5kg、白砂糖 2kg、焦糖色 1kg、料酒 2kg、酱油 2kg、味精 0.1kg、亚硝酸钠 0.01kg。

（3）主要设备

蒸汽夹层锅，自动真空包装机，日期封口机，杀菌釜，菌检设备，电子秤。

（4）操作要点

①解冻：原料来自非疫区屠宰点的新鲜或冷冻羊头。依据加工量的大小，将需解冻的羊头放入解冻清水池（最好在冷藏之前将原料上的毛脱除干净，再进行冷藏），解冻过程每 2~3h 换 1 次水，或以流动水浸泡 2h，同时也能使血水浸出，有利于减轻羊膻味。

②烫毛：控制水温至 70~90℃，烫 5~10min。羊头从两腮纵向划开，将上下颌分开，彻底清洗除去口腔异物。

③焯水：脱脂去膻。将清洗过的羊头浸于 2 倍质量的混合溶液中，时间为 60~90min，该溶液是 0.2% 的氯化钙和 0.15%~0.18% 的冰醋酸的混合物，之后漂洗至中性。把羊头

放入 85~95℃ 的水中恒温煮制 15min，以除去血沫和羊膻味。

④卤制：将各种香料装入洁净的布袋中，在夹层锅中加入适量的水及部分辅料，沸煮 20min 后把羊头放入其中，使卤水没过羊头，以 95℃ 煮制 50min。后期加入料酒和味精，按原料大小分批出锅。

⑤包装：内包装为真空耐压蒸煮袋，外包装袋为彩色标签袋。出锅的羊头送入空气净化风冷车间冷却，经冷却后真空包装。因卤制的羊头是带骨制品，需脱骨、修整。之后冷却，用蒸煮袋进行计量包装。

⑥杀菌：可以采用两种杀菌方法。一是针对有条件的企业，以蒸汽和空气的混合气体杀菌，冷水反压冷却，杀菌公式为（10min—40min—15min）/121℃、0.15MPa，冷却终点温度 40℃。二是经 85~90℃、30min 杀菌 2 次，中间急速冷却。生产中在达到杀菌目的的前提下，应尽可能降低杀菌温度。

⑦保温：杀菌冷却后，随机抽样，置于保温箱或专门的恒温室，在 37℃ 的环境条件下，保温 10d 检验。产品经检验合格后进行外包装，即为成品。

第二节　蹄的加工利用

畜蹄是屠宰加工企业的副产物，也是一种动物性蛋白资源。通过对蹄性质、成分的分析，结合现有的化工及生物技术，可作为一种化工原料用来生产各种氨基酸。另外，猪蹄、牛蹄、羊蹄等除去蹄壳，经过汆煮等精工细作，可制成许多菜肴，如五香牛蹄、扒牛蹄等菜品。

一、蹄的营养成分

蹄筋含有蛋白质、脂肪、糖类及丰富的胶原蛋白和生物钙，常食具有强筋壮骨之功效，并可增强皮肤弹性和韧性，有良好的食疗作用，不同家畜蹄筋中主要营养成分和矿物质的含量分别见表 9-3 和表 9-4。

表 9-3　家畜蹄筋中主要营养成分

项目	水分 /（g/100g）	蛋白质 /（g/100g）	脂肪 /（g/100g）	糖类 /（g/100g）	灰分 /（g/100g）	维生素/（mg/100g）				
						维生素 A	维生素 B$_1$	维生素 B$_2$	维生素 E	维生素 B$_3$
猪蹄	58.2	22.6	18.8	0	0.4	3	0.05	0.10	0.01	1.5
猪蹄筋	62.4	35.3	1.4	0.5	0.4	—	0.01	0.09	0.1	2.9
猪蹄（熟）	55.8	23.6	17.0	3.2	0.4	—	0.13	0.04	0.15	—
牛蹄筋	62.0	34.1	0.5	2.6	0.8	—	0.07	0.13	—	2.8
牛蹄筋（泡发）	93.6	6.0	—	0.2	0.2	5	—	—	—	0.7
牛蹄筋（熟）	64.0	35.2	0.6	0.1	0.1	—	—	—	—	0
羊蹄筋（生）	62.8	34.3	2.4	0	0.5	—	—	0.10	—	—
羊蹄筋（泡发）	89.5	8.4	—	1.9	0.2	4	—	0.04	—	1.2

表 9-4				家畜蹄筋中矿物质				单位：mg/100g		
项目	矿物质									
	Ca	P	K	Na	Mg	Fe	Zn	Se	Cu	Mn
猪蹄筋	15	40	46	178	4	2.2	2.3	0.01027	0.04	0.02
猪蹄（熟）	32	52	18	363.2	3	2.4	0.78	0.00420	0.08	—
牛蹄筋	5	150	23	153.6	10	3.2	0.81	0.00170	—	—
牛蹄筋（泡发）	6	5	1	81.0	3	2.3	0.73	0.00510	0.19	—
牛蹄筋（熟）	13	22	48	99.3	8	1.7	0.99	0.00435	0.04	0.04
羊蹄筋（生）	16	39	74	149.7	5	3.1	1.64	0.00356	0.10	0.12
羊蹄筋（泡发）	14	5	1	48.8	6	2.5	0.69	0.00099	0.04	0.08

二、提取氨基酸

从家畜蹄中可以提取 L-胱氨酸、L-亮氨酸、L-谷氨酸、L-精氨酸、L-酪氨酸等。其中，L-亮氨酸、L-谷氨酸、L-酪氨酸均为无色晶体，难溶于水及乙醇、乙醚等有机溶剂，易溶于酸、碱溶液，3 种氨基酸的熔点分别为 337℃、249℃、344℃，具有两性和等电点及氨基酸所具有的化学通性。在医学、食品、饲料等行业有广泛的应用。

（一）工艺流程

（1）原料→除杂→洗净、晾干→粉碎→水解→粗品 A→脱色→中和→粗品 B

（2）粗品 B→加酪氨酸晶种→过滤→干燥→粗品 C→中和→过滤→加晶种→粗品 D→中和→过滤→加晶种→粗品 E→脱色→过滤→干燥→酪氨酸精品

（3）粗品 A→调酸→浓缩→过滤→加谷氨酸晶种→谷氨酸粗品→碱液→脱色→过滤→干燥→谷氨酸精品

（4）粗品 A→浓缩→亮氨酸盐溶液→冰置→粗品 F→粗品 G→粗品 H→醇提→过滤→干燥→亮氨酸精品

（二）操作要点（以酪氨酸为例）

（1）将家畜的蹄除杂洗净，晾干，粉碎后使用。

（2）将处理好的原料投入酸解缸中，加入 3 倍量的 10mol/L 盐酸，用油浴加热至 116～117℃，保温搅拌水解 10h，趁热过滤。

（3）搅拌下用 0.3g/mL 氢氧化钠将滤液中和至 pH 为 4.8，静置 6h，过滤、抽干，得粗品 A。

（4）将粗品 A 溶于 2mol/L 盐酸中，调 pH 为 1.0，用水浴加热至 80℃，加入粗品量的 8% 的活性炭，搅拌升温至 90℃，保温搅拌 30min，趁热过滤，将滤液保温至 80%～90%，搅拌下加入 0.3g/mL 氢氧化钠中和至 pH 为 4.8，静置 36h，过滤、抽干，得粗品 B。

（5）将粗品 B 的母液于室温下加入少量酪氨酸晶种，静置 24h，过滤。滤液用水浴加热至 80℃，减压浓缩至原体积的一半，冷却至室温，加入少量晶种，静置 24h，过滤。

（6）合并两次滤液，抽干，于 60℃ 真空干燥，干燥后的固形物用浓盐酸溶解，搅拌下加入 20g/L 氢氧化钠中和至 pH 为 4.8，用水浴加热至 90℃，保温搅拌 30min，趁热过滤，滤液冷却至室温，加入少量晶种，静置24h，过滤、抽干，得粗品C。

（7）将粗品C用浓盐酸溶解，水浴加热，搅拌下加入40g/L氢氧化钠调pH为3.0，升温至90℃，保温搅拌30min，趁热过滤，将滤液冷却至室温，加入少量晶种，静置24h，过滤、抽干，得粗品D。

（8）将粗品D再用0.3g/mL氢氧化钠溶解，同时调pH为12.0，用水浴加热至95℃，搅拌下加入1mol/L盐酸中和，使pH为8.0，趁热过滤，将滤液冷却到室温，加入少量晶种，静置24h，过滤、抽干，得粗品E。

（9）将粗品E用1mol/L盐酸溶解，同时调pH为3.0，用水浴加热至70~80℃，搅拌下加入总液量5%的活性炭，升温至90℃，保温搅拌30min，趁热过滤，将滤液冷却至室温，加入少量晶种，静置24h，过滤、抽干，于70~80℃真空干燥，得L-酪氨酸精品。

其他几种氨基酸的精制工艺要点与L-酪氨酸精品工艺类似。

（三）酪氨酸的质量标准

酪氨酸的质量符合日本味之素氨基酸标准AJI97，具体指标见表9-5。

表9-5　　　　　　　　　　　　酪氨酸的质量标准

项目	指标	项目	指标
含量/%	98.5~100.5	铁（以Fe计）/（μg/g）	≤0.001
比旋光度 $[\alpha]_D^{20}$	-11.3°~-12.1°	重金属（以Pb计）/（μg/g）	≤0.001
干燥失重/%	≤0.20	砷（以As_2O_3计）/（μg/g）	≤0.0001
透光率/%	≥95.0	灼烧残渣/%	≤0.1
氯化物（以Cl计）/%	≤0.02	其他氨基酸	不得检出
硫酸盐（以SO_4计）/%	≤0.02	铵盐（以NH_4计）/%	≤0.02

三、猪蹄的加工

（一）炸猪蹄

1. 产品配方

猪蹄2kg、马铃薯泥1.25kg、葱头50g、胡萝卜50g、芹菜50g、食盐10g、胡椒粉少许、香叶2片、面粉50g、面包渣200g、鸡蛋150g、植物油200g、黄油50g。

2. 工艺流程

猪蹄→清洗→水煮→剔骨→油炸→成品

3. 操作要点

将净猪蹄加水，香叶、葱头、芹菜、胡萝卜煮软，取出凉后剔去骨，撒盐、胡椒粉，沾面粉，裹鸡蛋糊、面包粉。煎盘放油烧热，放猪蹄炸上色，起菜时配马铃薯泥，浇上黄油。

（二）烧元蹄

1. 产品配方

猪蹄100kg、青菜心15kg、酱油3.5kg、料酒1.5kg、白糖0.15kg、五香粉50g、葱1kg、姜1kg、大蒜蓉0.5kg、豆腐乳2.5kg、花生油2kg（蚝油0.85kg）。

2. 工艺流程

猪蹄→清洗→水煮→酱腌→油炸→复煮→浇汤料→屉蒸→扣盘→成品

3. 操作要点

（1）猪蹄下入清水锅中煮至七八成熟（约40min），捞出控净水，擦干油，抹上酱油。

（2）将猪蹄放入旺油锅中炸至表皮发脆。下入汤锅煮5min捞出。

（3）将煮好的猪蹄的肉部打十字花刀，皮保持完整，皮朝下装入碗中，取碗装入酱油、料酒、白糖、五香粉、大蒜蓉、豆腐乳，搅碎成汤汁，浇在猪蹄上，上面放葱、姜，上屉蒸至酥烂。下笼拣去葱、姜，扣盘。

（4）将原汤勾汁，浇在猪蹄上，青菜炒熟围边。

（三）金银全蹄

1. 产品配方

猪后蹄约750g、熟瘦火腿100g、冬笋（或春笋）200g、豆苗5g、食盐5g、味精5g、高汤750g、葱姜10g、料酒10g、猪油10g。

2. 工艺流程

猪后蹄→洗净→水煮→高汤料→屉蒸→扣盘→成品

3. 操作要点

（1）火腿切成5cm长、1.6cm宽、0.3cm厚的薄片约6片；冬笋修去老衣，下开水锅煮熟后，切成滚刀块待用。

（2）猪蹄去净毛桩，刮净皮上污物，洗净，把猪蹄的反面剖开（露出大骨）。放在锅中，加入冷水，待烧开后至断血捞出，洗净血秽，皮朝下放在扣碗中，加入高汤（50g）、料酒、盐、葱姜，上笼蒸约2h，至猪蹄酥烂后取出。除去葱姜待用。

（3）将炒锅放在炉上，倾入高汤700g，加入食盐、味精、冬笋块，随后将猪蹄中的原汤倒入锅中烧开，撇去浮沫，捞出笋块，放在汤碗底里，然后把猪蹄覆在笋块面上，再把火腿片整齐地排在猪蹄表面。随即将豆苗投入汤汁内烫熟后，淋入猪油，连汤倾入猪蹄碗中（不能冲散火腿）即成。

（四）莲子蹄膀

1. 产品配方

猪蹄膀800g、莲子150g、冰糖300g、湿淀粉20g、熟猪油15g。

2. 工艺流程

猪蹄→预煮→剔骨→屉蒸→勾芡→成品

3. 操作要点

（1）将猪蹄刮洗干净，放入开水锅煮15min，捞出后剔去骨，再放进净猪油内浸泡10min，取出盛于碗里，加上冰糖200g，上笼屉用旺火蒸3h。

（2）莲子放入开水锅煮10min，捞出时去芯，洗净盛于碗中，加上冰糖100g，上笼屉用中火蒸1h。

（3）取出蒸烂的猪蹄、莲子，蒸汁均倒在另一只碗中待用，猪蹄膀盛入腰盘，莲子放于蹄膀四周，炒锅放在旺火上，倒入蒸汁，加入清水150g煮沸，用湿淀粉调稀勾芡，最后舀入猪油推匀，芡汁淋于莲子蹄膀上即成。

四、牛蹄的加工

（一）酱卤牛蹄

1. 产品配方

牛蹄 100kg、腌制配料（食盐 7kg、白砂糖 1kg、生姜 5kg、葱 6kg、料酒 0.5kg、亚硝酸钠 0.015kg）、卤制配料（食盐 5kg、味精 0.2kg、白砂糖 6kg、花椒 0.3kg、葱 2kg、八角茴香 0.2kg、桂皮 0.3kg、香叶 0.4kg、草果 0.2kg、料酒 0.5kg、酱油 2kg、辣椒 3kg）。

2. 工艺流程

原料预处理 → 烫漂 → 冷却 → 腌制 → 清洗 → 卤制（制备老汤→卤水配制）→ 冷却 → 包装 → 杀菌 → 成品

3. 操作要点

（1）原料预处理　挑选大小均匀的冻牛蹄作为主要原料，一定条件下解冻，解冻后要求肉色呈鲜红色、无冰晶体、无血水流出、气味正常。然后用酒精喷灯均匀烧净皮上残毛，清水冲泡 10min，再用刀刮净皮上污泥及焦煳处，并对牛蹄进行去骨处理，剔除膝盖，割断与骨相联的骨膜、韧带、肌肉等，再将骨取出。除去结缔组织、血污等，清水冲洗后沥干。

（2）烫漂　将预处理过的牛蹄倒入开水中，烫漂 5~10min，去除附着的血沫和杂质。

（3）腌制　将食盐、白砂糖、生姜、葱、料酒、亚硝酸钠混匀，均匀涂抹于牛蹄上，8℃条件下腌制 12h。

（4）清洗　腌制好的牛蹄用清水清洗。

（5）卤制　牛蹄入锅前，先将香辛料用纱布包裹煮制 60min，然后将牛蹄入锅，注意掌握生熟程度，在适当时间及时捞出。

（6）包装　产品采用镀铝膜复合蒸煮袋包装，热合时间 7s，真空度为 0.1MPa。

（7）杀菌　121℃条件下杀菌 10min。

（二）牛蹄软罐头

1. 产品配方

牛蹄、香料水（八角茴香 35g、花椒 40g、小茴香 10g、肉桂 35g、甘草 20g、砂仁 8g、丁香 15g、檀香 5g、白蔻 10g、五味子 12g、白芷 40g、草果 10g、良姜 20g）、预煮液（白糖 2g、食盐 2.5g、鲜姜 250g、黄酒 2.4g、味精 0.8g、香料水 1.8g、酱油 100g、红曲 4g）、南酒 21kg、香油 20kg、白糖 18kg、酱油 7kg、味精 3kg、醋 1kg、食盐 6kg、明胶 6kg、辣椒粉 4kg、维生素 C 25g、乳酸菌肽 30g。

2. 工艺流程

牛蹄 → 处理 → 预煮 → 煮制 → 浸泡 → 挂色 → 油炸 → 调汁 → 称量 → 装袋 → 真空封袋 → 杀菌 → 冷却 → 检验 → 成品

3. 操作要点

（1）原料处理　选用新鲜或冷冻牛蹄。冷冻牛蹄首先要将其解冻，然后去除毛及其他杂质，再将牛蹄四分劈开，并去除碎骨。

（2）预煮　将牛蹄放入煮沸的水中继续煮沸 2min 后捞出。预煮时产生的浮沫要捞出丢弃，一般每煮 3 锅牛蹄换 1 次水。

（3）煮制　制备香料水，把八角茴香、花椒、小茴香、肉桂、甘草、砂仁、丁香、白芷、檀香、五味子、草果、白蔻、良姜等香料一起放夹层锅中，加入 5kg 清水煮沸后，微火煮 35min，用 100 目筛过滤，得香料水 3~3.5kg。预煮液（以 100kg 计）：食盐2.5kg、白糖2kg、鲜姜250g、黄酒2.4kg、味精0.8kg、香料水1.8kg、酱油100g、红曲4g。混合后把牛蹄放入煮沸，保持 50~60min。

（4）浸泡　预煮完后，把牛蹄及汤汁全部倒入不锈钢罐内，并及时加入维生素 C、乳酸菌肽，搅拌均匀，然后将牛蹄浸泡 10h。若进行连续生产，浸泡液可重复使用。

（5）挂色　捞出牛蹄，涂上挂色液（由饴糖：酱油 = 3：2 的比例制备挂色液）。涂抹要均匀，注意不要涂到瘦肉及切面上，然后晾干。

（6）油炸　在花生油中按 0.2g/kg 的用量加入叔丁基对苯二酚（TBHQ）。把油在夹层锅中升温到 185℃，放入晾干的牛蹄，油炸 30~40s，至皮色呈酱红色即可。

（7）调汁　先把明胶放入清水中，在夹层锅中溶解后，冷至 80℃，放入白糖、食盐，再分别加入其他配料，充分溶解，搅拌均匀即可。

（8）装袋　准确称量牛蹄210g，汁液30g装入蒸煮袋中，在 0.09MPa 真空度下封口。

（9）杀菌　采用杀菌公式（10min—20min—10min）/118℃。杀菌结束后，应抽样进行保温试验，方法为保温（37±2）℃，时间7d。可保证产品保质期为 12 个月以上。

五、羊蹄的加工

（一）红烧羊蹄

1. 产品配方

羊蹄 1kg、白菜 250g、青蒜丝 10g、植物油 25g、酱油 60g、食盐 1g、糖色 5g、冰糖50g、料酒 50g、味精 5g、葱 50g、姜 50g、白萝卜 250g、八角茴香 25g、桂皮 25g、清水1kg、水菱粉 10g。

2. 工艺流程

羊蹄→浸泡→清洗→辅料处理→水煮→屉蒸→成品

3. 操作要点

（1）羊蹄放在冷水中浸泡4h（泡去血水，减少羊膻气），洗净捞出，放在锅中，加入清水（以能淹没羊蹄为准），用大火烧至羊蹄内断血，捞出，洗净血秽。

（2）取 1 只铁锅放在炉上，锅内放入竹箅垫好，将羊蹄放在竹箅上，加入清水 1kg，放入葱、姜、白萝卜、八角茴香、桂皮、料酒，盖上锅盖，用大火烧开后，转用小火焗约1h 后，除去葱、姜、萝卜、八角茴香、桂皮，将羊蹄捞出，装入扣碗内。随即用旺火收浓汤汁，浇入羊蹄碗内，上笼蒸酥待用。

（3）白菜剥去老叶洗净，切成长 16.6cm、宽 4cm 的段。随后将炒锅放在炉上烧热，放入植物油，将白菜下锅焗透后，放入食盐、味精，将羊蹄内的原汁倒入白菜内，用水菱粉勾芡搅匀，起锅装入羊蹄碗内，然后放入深圆盘中，撒上青蒜丝即成。产品特点为酱红色，酥香肥浓，甜咸适口。

（二）炖羊蹄

1. 产品配方

羊蹄 1kg、香油 50g、糖色 5g、水菱粉 5g、酱油 5g，味精、鸭油各少许，牛肉、鸡、鸭汤各适量。

2. 工艺流程

羊蹄→ 洗净 → 清水焖煮 → 汤汁制备 → 煮制 →成品

3. 操作要点

（1）选用肥大羊蹄，收拾干净放入锅内，加水漫过羊蹄，先用大火烧开，再用小火焖煮 6h 左右，出锅，倒掉汤水，羊蹄用清水煮 3 次，去净腥膻，取出。

（2）香油、水菱粉、糖色、酱油、味精、鸭油放在一起，加牛肉、鸡、鸭汤调成浓汁，倒入另一锅内，放入羊蹄，煮约 15min，收干卤汁，出锅即成。

第三节　牛尾的加工利用

现代营养学分析牛尾营养价值极高，含有蛋白质、脂肪、维生素等成分。牛尾是牛体活动最频繁的部位，因而其肉味鲜美。同时，牛尾性味甘平，富含胶质，多筋骨少膏脂，能益血气、补精髓、强体魄、滋容颜，为健康营养食品。

一、清炖牛尾

1. 产品配方

牛尾 100kg、葱 8kg、姜 4～12kg、辣椒 4～12kg、鸡汁 4～12kg、味精 4～8kg、食盐 8～24kg、生抽 4～16kg、料酒 4～12kg、香油 8～24kg。

2. 工艺流程

牛尾→ 分切（修整） → 冷水清洗 → 调味汁浸泡 → 煮制 → 装袋 → 抽真空封包 → 高压蒸煮灭菌 →成品

3. 操作要点

（1）原料处理　选择优质牛尾为原料，取牛尾按照粗细程度分类，切成 3～5cm 长的段状，冷水中冲洗 3～6h，捞出控水。

（2）调味汁浸泡　加入葱、姜、辣椒调料，搅拌搓揉 5～10min。加入调味汁浸泡 5～10min，调味汁配方为：鸡汁 4～12kg、味精 4～8kg、食盐 8～24kg、生抽 4～16kg、料酒 4～12kg、香油 8～24kg。将以上调料放入锅中浓缩制得。

（3）煮制　在锅中加清水，将浸泡好的牛尾及调料放入锅中，水和牛尾的重量比为 1.8:1，加热蒸煮至六成熟，汤去沫后晾凉备用。

（4）装袋包装　捞出牛尾，拣出辣椒、生姜等调料，装袋注汤，抽真空封包。

（5）高压蒸煮灭菌　灭菌条件为压力 1.6kPa，温度 110～121℃，持续 15～20min。

二、红烧牛尾

1. 产品配方

牛尾 100kg、胡萝卜 5kg、冬笋 5kg、小葱 1.5kg、食盐 0.5kg、辣椒（红、尖、干）

1.5kg、姜1.5kg、八角茴香0.5kg、酱油2.5kg、白砂糖2kg、黄酒3kg、猪油6kg、甘草1.5kg、胡椒粉0.2kg、植物油1kg、花椒0.3kg。

2. 工艺流程

原料处理 → 腌制 → 辅料处理 → 油炸 → 煨 → 成品

3. 操作要点

（1）原料处理　将牛尾剥去皮，刮净，剁成3cm长的段，再将其冲洗浸泡，以肉块略有红色但无血水挤出为宜，捞出，沥干。

（2）腌制　将牛尾加入酱油、黄酒、食盐进行腌制。

（3）辅料处理　将胡萝卜削去皮，和冬笋均切成滚刀块状；葱、姜洗净，葱切成3.3cm长的小段，姜用刀拍松，辣椒去籽，待用。

（4）油炸　炒锅置火上，添熟猪油烧至五成热，倒入胡萝卜、冬笋，炸呈黄色捞出；再将牛尾沥干水分，投进油锅炸成淡黄色，捞出沥油；另取净炒锅置旺火上，添菜籽油烧沸，花椒炸黄捞出，辣椒炸透，葱、姜煸炒，再放入食盐、酱油、黄酒、白糖、胡椒粉、甘草、八角茴香，加鲜汤，放入炸好的牛尾。

（5）煨　待烧沸后改用小火煨透，至汤汁变浓，放进冬笋、胡萝卜烧熟，起锅盛入扒盘，拣去甘草、辣椒即为成品。

三、牛尾汤罐头

1. 产品配方

牛尾100kg、水500L、葱4kg、蒜3kg、胡椒粉适量、酱油0.9kg、食盐0.6kg、香油0.9kg。

2. 工艺流程

牛尾 → 解冻 → 分切（修整） → 浸泡 → 煮制 → 分选 → 装罐 → 封罐 → 杀菌 → 保温 → 贴标包装 → 入库保存

3. 操作要点

（1）解冻　从冷库中取出牛尾后，在加工车间（环境温度为10℃）打开包装箱，将牛尾分成单根即可，不宜完全解冻，以免影响切割。

（2）切割　沿牛尾垂直方向切割，切口整齐。牛尾根部近尾椎部分应切除弃掉。冷冻牛尾分开后应及时进行切割，工作前检查切割机工作状态，以保证分切质量，切割间的温度应保持在15℃以下。

（3）浸泡　将牛尾放在水中冲洗浸泡。水温控制在20℃以下，时间为30min左右。以肉块略有红色但无血水挤出为宜。浸泡好的牛尾应在15℃以下环境中存放，并在30min内及时进入下一工序。不得用超过20℃的水浸泡，且浸泡前肉温不能超过10℃。

（4）煮制　肉与清水比例为1∶1.2，保证肉完全浸入水中。将夹层锅通蒸汽煮沸，到肉水沸腾时开始计时，保持微沸8min即可。然后再将火调弱，煮3h左右。煮制时，把葱和蒜切成块放进去，并撇去浮油和浮沫。

（5）分选　对牛尾进行挑选、修理，选出符合质量要求的牛尾，同时去除牛毛、骨渣、碎肉等杂质。质量要求如下：①外观：骨肉紧密，切面整齐；②形态：骨肉紧密，肉块有弹性，微有腥味，无异味；③色泽：灰白色，略带肉红色，无异色。

（6）装罐 按850g容量罐计，要求固形物含量在45%~48%。以48%计，牛尾块的重量不得低于408g。将称好的牛尾块装入空罐中，尽量大小分布均匀。加入配好的盐水汁，使罐体净重不低于850g，加汁时汁液温度不低于85℃。

（7）封罐 口边要求紧密、光滑、平整，其厚度、宽度、埋头度应符合标准。卷边顶部内侧不得有缺口、快口、起筋或轧裂。卷边下缘不得有被滚轮轧伤的痕迹。卷边的轮廓应卷曲适当，不得被卷成半圆形。

（8）杀菌 将封口合格的罐头均匀地摆放在杀菌篮中，上下左右用有孔的不锈钢片隔开，以保证杀菌时蒸汽、热水的流通，确保受热均匀。将装好的杀菌篮按顺序推入釜中，关紧釜库门，准备杀菌。杀菌公式（40min—30min—25min）/123℃。

杀菌篮要求轻拿轻放，摆放均匀、整齐、结实，以免因操作时造成不必要的工程损伤。罐头杀菌冷却后，应立即进行擦罐，以免罐头表面残留水渍。

（9）保温 将杀菌后的罐头存入37℃的恒温库中贮藏7天，然后逐一检验，挑出胀罐、漏气、破罐等异常罐。合格产品经商业无菌检验合格后，进入外包装工序。

（10）贴标包装 按要求进行打码，包括生产日期、批号批次、保质期、合格证等，然后装箱。

（11）保存 按要求入库存放，做好相关产品标识，分种类、日期存放。注意防潮、防鼠、防倒塌。库存产品先进先出，并做好库存记录。

4. 产品质量要求

（1）杀菌后的产品要求骨肉不分离，不变色，肉有弹性，咀嚼性好。

（2）产品为按国家标准有关商业无菌要求检验杀菌后的产品，必须符合有关要求。

四、芝麻牛尾

1. 产品配方

牛尾100kg、陈卤汤375kg、生淀粉12.5kg、鸡蛋30kg、芝麻37.5kg、花生油20kg。

2. 工艺流程

原料→ 处理 → 蒸煮 → 油炸 →成品

3. 操作要点

（1）原料处理 将牛尾的残毛镊净，刮洗干净后斩成段，将其置温水冲洗干净，捞出，沥干。鸡蛋磕入碗里搅散。

（2）蒸煮 将牛尾放入沸水锅中焯水后，捞出，再将其放入卤汤锅里煮至牛尾酥烂，捞出晾凉。

（3）油炸 砂锅置旺火上，倒入花生油烧至六七成熟时，将牛尾逐个粘匀生淀粉并裹匀蛋液，再粘匀芝麻，放入油锅里炸至呈黄金色，捞出装盘即成。

五、虫草牛尾

1. 产品配方

牛尾100kg、虫草0.3kg、食盐1kg、味精0.5kg、蒜1.5kg、姜片0.2kg、料酒1.5kg、鱼露1.5kg、清汤90kg。

2. 工艺流程

原料→处理→蒸煮→成品

3. 操作要点

（1）原料处理 将牛尾的残毛镊净，刮洗干净后斩成段，冲洗干净后放入沸水锅里，同时放蒜、姜片煮至断生，捞出放入清水盆里，去除血污，捞出。

（2）蒸煮 把牛尾放入锅中，加虫草、鱼露、清汤和食盐，上笼用旺火蒸至牛尾酥烂，取出放入味精，即成。

第四节 眼的加工利用

可用牛眼制成眼明注射液，用牛（羊）眼制成眼生素注射液，用猪眼制成眼宁注射液。这些眼科用药对早期近视有较好的疗效。用猪眼制眼宁注射液的生产方法如下。

1. 工艺流程

猪全眼球 $\xrightarrow{\text{绞碎}}$ 全眼碎浆 $\xrightarrow{\text{提取}}_{\text{乙醇}}$ 滤液 $\xrightarrow{\text{除蛋白}}_{\text{磺基水杨酸}}$ 滤液 $\xrightarrow{\text{浓缩}}$ 浓缩液 $\xrightarrow{\text{磺基水杨酸、硅藻土}}_{\text{pH 3.8，过滤}}$ 滤液

$\xrightarrow{\text{除磺基水杨酸}}_{\text{717、732 树脂过滤}}$ 精制液 $\xrightarrow{\text{氯化钠、针剂炭}}_{\text{pH 5.8~6.2，过滤}}$ 成品

2. 操作要点

（1）乙醇提取 猪眼球用绞肉机绞碎，称重，加入原料重量1.5倍的95%乙醇（V/W）和0.5倍的蒸馏水，浸提搅拌24h，过滤，收集滤液，滤渣再加入上述半量的乙醇及蒸馏水，浸提搅拌2h，过滤，合并两次滤液。

（2）除蛋白质 将合并的滤液加磺基水杨酸调节pH为5.0，过滤。滤液减压浓缩到原料重量的38%左右（V/W），在浓缩液中再加入磺基水杨酸使pH达3.8，加入1% ~ 2%硅藻土（V/W），搅拌10min，离心或过滤，滤液用布氏漏斗复滤至澄清。

（3）除磺基水杨酸 滤液加717树脂（约原料量的10%）使pH达到10以上，不断搅拌，约30min后，取小样调pH为6.0，滴入氯化铁试液，应无水杨酸盐反应，否则应再酌加717树脂。合格后，过滤除去717树脂，在滤液中加入适量的732树脂使溶液的pH上升到6.0，立即过滤除去732树脂，交换液再用布氏漏斗过滤至澄清。

（4）制得成品 交换完毕的清液，以酸、碱调节pH为5.8~6.2，量取体积，送样测定氯化物含量，按所需加入氯化钠使其达0.85% ~ 0.95%，补足注射用水至投料量的40%（V/W），用4号垂熔玻璃漏斗过滤至澄清，灌封，100℃通蒸汽灭菌30min，即得成品。

第五节 睾丸和鞭的加工利用

一、透明质酸酶

透明质酸酶又名玻璃酸酶，是一种能够降低体内透明质酸的活性，从而提高组织中液体渗透能力的酶。透明质酸酶主要存在于哺乳动物睾丸、蛇毒以及其他动物毒液中。透明质酸酶根据其种类、相对分子质量大小、最适pH、降解底物的机制不同被分离。透明质

酸酶用于肿瘤治疗可以降低人膀胱癌的复发率，用于心肌梗死治疗可使心肌透明质酸含量显著降低、增加血流量，另外用透明质酸酶的酶液滴注眼前房可以降低白内障患者术后过高的眼内压。透明质酸酶不但在医药领域有着广泛的应用，而且在保健品领域也有卓越的贡献，人为补充透明质酸酶可消除皱纹或使局部器官增厚增高，使皮肤保持弹性，从而达到整容效果。

1. 工艺流程

原料预处理 → 匀浆 → 超声波浸提 → 搅拌提取 → 硫酸铵除杂 → 硫酸铵沉淀 → 透析 →
阳离子交换色谱层析 → 凝胶过滤色谱层析 → 真空冷冻干燥 → 包装 → 成品

2. 主要设备

组织捣碎机，超声波提取仪，高速冷冻离心机，联合色谱层析系统（纯化仪控制中心，中低压恒流泵，紫外检测器，电导率检测器，梯度混合器，自动收集器，进样泵，阳离子交换色谱层析预装柱，凝胶过滤色谱层析预装柱）。

3. 操作要点

（1）原料预处理　牛（或羊）屠宰后立即摘下睾丸，清洗干净，去除附属物，剥除外膜，切成 $1cm^3$ 左右的方块，在 4℃ 冰箱中冷藏备用。

辅料的质量标准为：乙酸钠，白色粉状固体，乙酸钠 ≥95.0%，分析纯。氯化钠，白色颗粒状固体，氯化钠 ≥95.0%，分析纯。硫酸铵，白色颗粒状固体，硫酸铵 ≥95.0%，分析纯。

（2）匀浆　经预处理的 50kg 睾丸与 0.5mol/L 的乙酸-乙酸钠溶液混合，料液比为 1:5，搅拌均匀后放入组织捣碎机，持续搅拌 10min，转速为 2000r/min。

（3）超声波浸提　匀浆液泵入超声波提取机中，在 50kHz 下超声波浸提 15min，浸提后过不低于 100 目的网筛，得到的沉淀物进行二次提取，合并 2 次过网筛后得到的滤液。

（4）搅拌提取　滤液泵入另一搅拌缸中，温度控制在 0℃，加入 0.5mol/L 的氯化钠，持续搅拌 4h，搅拌结束后，将其转入高速冷冻离心机，在 4℃ 下，离心 30min，转速为 4000r/min，弃去沉淀后得到透明质酸酶粗酶液 1。

（5）硫酸铵除杂　向上述得到的粗酶液 1 中加入固体硫酸铵，添加比例为 120g/L。加入时不断搅拌，使硫酸铵完全溶解后静置 3h。然后将含有硫酸铵的粗酶液转入高速冷冻离心机，在 4℃ 下，离心 30min，转速为 6000r/min，弃去沉淀后得到清液。

（6）硫酸铵沉淀　在得到的清液中加入固体硫酸铵，添加比例为 380g/L。加入时不断搅拌，使硫酸铵完全溶解后静置 3h。然后将其转入高速冷冻离心机，离心条件同上，弃去上清液得到含有透明质酸酶的沉淀。

（7）透析　本步骤用到的蒸馏水全部为 4℃。将得到的沉淀用蒸馏水溶解后装入截留分子量为 12kDa 的透析袋中，透析袋两头用棉线扎紧，然后把透析袋固定在透析缸中间的柱子上，透析缸中灌满蒸馏水，使透析袋完全浸没，搅拌 4h，每隔 30min 更换一次蒸馏水。透析结束后，将透析袋内的沉淀和蒸馏水转入高速冷冻离心机，离心条件同上，弃去沉淀后，将得到的液体过滤，滤膜的孔径为 0.21μm，得到透明质酸酶粗酶液 2。

（8）阳离子交换色谱层析

①平衡预装柱：将预装柱固定在铁架台上，连接好管路，打开纯化仪所有设备，在控制

中心设定好中低压恒流泵的流速，用纯化样品的平衡液或洗脱液流过整个管路，当纯化仪控制中心显示的电导率检测线、pH检测线、紫外检测线都保持平直1h后，平衡预装柱完成。

②进样：将进样泵与预装柱连接，打开进样泵，设定好进样泵的流速，该流速与中低压恒流泵的流速相同，用平衡液或洗脱液流过进样泵管路，除尽空气后停止泵，样品流过进样泵全部进入预装柱后，断开进样泵和预装柱，将预装柱封口待用。

③洗脱：将完成进样的预装柱按照管路连接顺序接好后，设定中低压恒流泵的流速、保护压力、梯度洗脱时间和样品采集时间。洗脱缓冲液通过梯度混合器、中低压恒流泵、pH电导检测器之后，进入分离柱开始洗脱样品，被洗脱的液体通过紫外检测器后由自动收集器全部收集。

阳离子交换色谱层析纯化步骤：平衡阳离子交换预装柱（SPXL），将透明质酸酶粗酶液2进样后，用80mmol/L的乙酸–乙酸钠溶液洗脱杂质，洗脱40min，洗脱液更换为80mmol/L的乙酸–乙酸钠溶液（其中包含0.5mol/L的氯化钠），流速为5mL/min，洗脱时间为6h，洗脱后测定每个收集管的酶活力，将有活力的液体全部混合后备用。

（9）凝胶过滤色谱层析　平衡凝胶过滤预装柱（Seph–adex），将上述得到的混合液，经透析后为凝胶过滤预装柱进样，用60mmol/L的乙酸–乙酸钠溶液（其中包含0.3mol/L的氯化钠）洗脱，流速为1mL/min，洗脱时间为3h，洗脱后测定每个收集管的酶活力，将有活力的液体全部混合。

（10）真空冷冻干燥　将得到的混合液经浓缩后置于真空冷冻干燥箱，使真空泵的压力达到300Pa、温度在4℃，冷冻干燥10h，取出干燥后的透明质酸酶，将其置于粉碎机中进行粉碎，即得透明质酸酶粉。

（11）包装　将透明质酸酶粉及时包装，于阴凉干燥处保存。

4. 质量标准

应符合《中华人民共和国药典2010》（第二部）的规定，具体指标见表9–6。

表9–6 透明质酸酶质量标准

项目	指标
感官性状	白色至微黄色粉末，无臭
溶解性	易溶于水，不溶于乙醇、丙酮、乙醚
酸碱度	pH为4.5~7.5
干燥失重/%	<5.0
吸光度	紫外检测280nm处吸光度<0.6，260nm处吸光度<0.42（300单位/mL）
酪氨酸含量/μg	<0.1
玻璃酸酶/（U/mg）	每1mg中比活力不得少于0.06

二、鞭的加工食品

（一）滋补牛鞭汤

1. 产品配方

主料：牛骨20~30kg、牛鞭6~10kg、牛尾3~8kg、牛睾丸2~3kg、巴戟0.15~

0.3kg、熟地 0.1~0.2kg、沙参 0.12~0.2kg、水 45~55kg。

辅料：莲子 0.06~0.12kg、枸杞 0.08~0.12kg、杜仲 0.10~0.15kg、玉竹 0.1~0.15kg、红枣 0.15~0.3kg、党参 0.08~0.2kg、黄芪 0.1~0.15kg、桂圆 0.05~0.1kg、薏米 0.05~0.1kg、百合 0.02~0.08kg、芡实 0.03~0.08kg、黄精 0.02~0.12kg、茯苓 0.02~0.15kg、薯蓣 0.04~0.2kg、麦冬 0.01~0.08kg、狗脊 0.03~0.1kg、五指毛桃 0.01~0.1kg。

2. 工艺流程

原料→ 清洗 → 切块 → 煸炒牛鞭 → 煲制 → 加入配料药材 → 文火熬煮 →产品

3. 操作要点

（1）将牛骨、牛鞭、牛尾等主料切成适中的块，洗净备用。

（2）砂锅内放入少量油，加热，然后加入牛鞭反复炒制，待牛鞭发出香味，加入适量的冷水，然后将备用的牛骨、牛尾放入水中一起煲制。

（3）升温 80~100℃，煲 2~3.5h。

（4）停火 10~20min，将汤的上层油撇去。

（5）然后加入其他配料药材，再用文火熬 4~5.5h，停火，即成。

（二）海参羊鞭羊睾丸食品

1. 产品配方

海参 10kg、羊睾丸 60kg、羊鞭 20kg、食盐 0.6kg、糖 0.6kg、味精 0.6kg、枸杞 0.2kg、加水至 100kg。

2. 工艺流程

原料预处理 → 配料 → 卤煮 → 装袋、瓶或罐 → 蒸煮 → 杀菌 → 检验 → 分级 → 冷却 → 包装 →成品

3. 操作要点

（1）鲜羊睾丸去外筋膜，顺长圆形切两半，再切深菊花刀，水开后下锅煮断血，即为半成品，待用。羊鞭洗刷干净去其筋膜，顺羊鞭切成锯齿状花刀，入高压锅蒸熟，待用。发好的干海参两边切直刀，用 80℃的水煮 5s 后倒入盆中，热水再发泡 1min 后，待用。

（2）将上述处理过的原料，每个包装羊睾丸半只、海参 1 只、羊鞭 1 条，配以适量的食盐、味精、糖、枸杞和水，经卤煮后装袋，蒸煮、杀菌、检验后包装入库。

（3）在工业化生产中，海参羊睾丸羊鞭菜肴产品可采用袋装、速冻即食食品和罐装食品等多种形式。

参 考 文 献

[1] 张长贵，董加宝，王祯旭. 畜禽副产物的开发利用 [J]. 肉类研究，2011，(3)：40~43.

[2] 闵令猛，王鹏，周伟生. 猪头在循环输送线上自动刨毛机 [P]. 中国专利：CN202618149U，2012-12-26.

[3] 鲍玉河，周毅，杜舍来等. 猪头火腿生产工艺 [J]. 食品科学，1990，20 (2)：29~30.

[4] 王敏等. 卤烧猪头肉加工技术 [J]. 保鲜与加工，2006，34 (3)：12.

[5] 王福红. 猪头肉加工技术 [J]. 肉类工业，2007，311 (3)：19~20.

[6] 赵改名. 特色猪头肉制作 [J]. 农产品加工，2010 (12)：16~17.

[7] 张傲. 五种猪肉食品的加工工艺 [J]. 中国猪业，2011 (7)：62~63.

［8］张文权. 酱卤猪杂的加工技术［J］. 肉类工业，2005（5）：5.

［9］陈滨香. 风味酱牛头肉的加工技术［J］. 黑龙江畜牧兽医，2003，7：51.

［10］彭增起. 牛肉食品加工［M］. 北京：化学工业出版社，2011.

［11］郭安民，吴宏，孙新纪. 软包装清真卤羊头肉的加工工艺［J］. 应用化工，2005，293（9）：4～5.

［12］王光亚. 中国食物成分表（第2版）［M］. 北京：北京大学医学出版社，2009.

［13］安娜. 一种清炖牛尾的制作方法［P］. 中国专利：CN102228261A，2011－11－02.

［14］刘丽燕. 牛尾汤罐头的生产工艺［J］. 广州食品工业科技，2004，20（2）：94～95.

［15］李丹，郭育涛，杨永利等. 牛睾丸中透明质酸酶提取工艺研究［J］. 应用化工，2011，40（8）：1427～1429.

［16］Kemparaju K，Girish K S. Snake venom hyaluronidase：A therapeutic target［J］. Cell Biochem Funct，2006，24（1）：7～12.

［17］Bertrand P，Girard N，Duval C. Increased hyalurondase levels in breast tumor metastases［J］. Cancer，1997，73（3）：327～331.

［18］Harooni M，Freilich J M，Abelson M. Efficacy of hyaluronidase in reducing increase in intraocular pressure related to the use of viscoelastic substances［J］. Arch Ophthalmol，1998，116（9）：1218～1221.

［19］El － Safory N S，Fazary A E，Lee C K. Hyaluronidases，agroup of glycosidases：Current and future perspectives［J］. Carbohydrate Polymers，2010，81：165～181.

［20］张子明. 一种滋补牛鞭汤及其制备方法［P］. 中国专利：CN1561846，2005－01－12.

［21］吕才. 海参羊宝羊鞭食品的制作方法及其产品［P］. 中国专利：CN101518337，2009－09－02.

第十章 家畜副产物加工产品的质量控制

第一节 家畜的检疫

原料选择是产品加工的第一车间，原料品质的好坏对产品的质量控制至关重要，因此，利用家畜副产物开发产品的质量控制中，首先要保证原料的质量。根据 NY/T 909—2004《生猪屠宰检疫规范》、GB 18393—2001《牛羊屠宰产品品质检疫规程》，为保证副产物产品质量，需要从宰前、宰后两个方面进行原料质量的控制。

一、宰前检疫

（一）猪的宰前检疫

1. 查证验物

（1）查证　查验并回收《动物产地检疫合格证明》，或《出县境动物检疫合格证明》，和《动物及其动物产品运载工具消毒证明》，查验免疫耳标。

（2）验物　核对生猪数量，实施临床检查，并开展必要的流行病学调查。

2. 待宰检疫

按照 GB 16549—1996《畜禽产地检疫规范》的规定实施群体和个体检查，将可疑的病猪转入隔离圈，必要时进行实验室检验。

（二）牛羊的宰前检疫

宰前检疫包括验收检疫、待宰检疫和送宰检疫。宰前检疫应采用看、听、摸、检等方法。

1. 验收检疫

（1）卸车前应索取产地动物防疫监督机构开具的检疫合格证明，并临车观察，未见异常、证货相符时准予卸车。

（2）卸车后应观察牛、羊的健康状况，按检查结果进行分圈管理。合格的牛、羊送待宰圈；可疑病畜送隔离圈观察，通过饮水、休息后，恢复正常的，并入待宰圈；病畜和伤残的牛、羊送急宰间处理。

2. 待宰检疫

（1）待宰期间检疫人员应定时观察，发现病畜送急宰间处理。

（2）待宰牛、羊送宰前应停食静养 12～24h，宰前 3h 停止饮水。

3. 送宰检疫

（1）牛、羊送宰前应进行一次群检。

（2）牛还应赶入测温巷道逐头测量体温（牛的正常体温是 37.5～39.5℃）。

（3）羊可以抽测体温（羊的正常体温是 38.5～40.0℃）。

（4）经宰前检疫合格的牛羊，由宰前检疫人员签发《宰前检疫合格证》，注明畜种、送宰头（只）数和产地，屠宰车间凭证屠宰。

（5）体温高、无病态的牛羊，可最后送宰。

（6）病畜由检疫人员签发急宰证明，送急宰间处理。

4. 急宰牛羊的处理

（1）急宰间凭宰前检疫人员签发的急宰证明，及时屠宰检疫。在检疫过程中发现难以确诊的病变时应请检疫负责人会诊和处理。

（2）死畜不得屠宰，应送非食用处理间处理。

二、宰后检疫与处理

（一）猪的宰后检疫

1. 同步检疫

生猪宰后实行同步检疫，对头（耳部）、胴体、内脏在流水线上编记同一号码以便查对。

2. 头、蹄检疫

重点检查有无口蹄疫、水泡病、炭疽、结核、萎缩性鼻炎等疫病的典型病变。

（1）放血前触检颌下淋巴结，检查有无肿胀。

（2）褪毛前剖检左右两侧颌下淋巴结，必要时剖检扁桃体。观察其形状、色泽、质地，检查有无肿胀、充血、出血、坏死，注意有无砖红色出血性、坏死性病灶。

（3）视检蹄部，观察蹄冠、蹄叉部位皮肤有无水泡、溃疡灶。

（4）剖检左右两侧咬肌，充分暴露剖面，观察有无黄豆大、两边透明、中间含有小米粒大、乳白色虫体的囊尾蚴寄生。

（5）视检鼻、唇、齿龈、可视黏膜，观察其色泽和完整性，观察有无水泡、溃疡、结节以及黄染等病变。

3. 内脏检疫

内脏检疫重点检查有无猪瘟、猪丹毒、猪副伤寒、口蹄疫、炭疽、结核气喘病、传染性胸膜肺炎、链球菌、猪李氏杆菌、姜片吸虫、包虫等疫病的典型病变。

开膛后立即对肠系膜淋巴结、脾脏进行检查，内脏摘除后依次检查肺脏、心脏、肝脏、胃肠等。

（1）肠系膜淋巴结检查　抓住回盲瓣，暴露链状淋巴结，做弧形或"八字形"切口，观察大小、色泽、质地，检查有无充血、出血、坏死及增生性炎症变化和胶胨样渗出物。注意有无猪瘟、猪丹毒、败血型炭疽及副伤寒。

（2）脾脏检查　视检形状、大小、色泽，检查有无肿胀、瘀血、梗死；触检被膜和实质弹性；必要时，剖检脾髓。注意有无猪瘟、猪丹毒、败血型炭疽。

（3）肺脏检查　视检形状、大小、色泽；触检弹性；剖检支气管淋巴结。必要时，剖检肺脏，检查支气管内有无渗出物，肺实质有无萎陷、气肿、瘀血及脓肿、钙化灶、寄生虫等。

（4）心脏检查　视检心包和心外膜，触检心肌弹性，在与左纵沟平行的心脏后缘房室分界处纵向剖开心室，观察二尖瓣、心肌、心内膜及血液凝固状态，检查有无变性、渗出、出血、坏死以及菜花样的增生物、绒毛心、虎斑心、囊尾蚴等。

（5）肝脏检查　视检形状、大小、色泽；触检被膜和实质弹性；剖检肝门淋巴结。必要时，剖检肝实质和胆囊。检查有无瘀血、水肿、变性、黄染、坏死、硬化，以及肿瘤、结节、寄生虫等病变。

（6）胃肠检查　观察胃肠浆膜有无异常，必要时剖检胃肠，检查黏膜，观察黏膜有无充血、水肿、出血、坏死、溃疡以及回盲瓣扣状肿、结节、寄生虫等病变。

（7）肾脏检查　剥离肾包膜，视检形状、大小、色泽及表面状况；触检质地，必要时纵向剖检肾实质。检查有无瘀血、出血、肿胀等病变，以及肾盂内有无渗出物、结石等。

（8）必要时，剖检膀胱有无异常，观察黏膜有无充血、出血。

4. 胴体检疫

（1）检查有无猪瘟、猪肺疫、炭疽病、猪丹毒、链球菌、胸膜肺炎、结核、旋毛虫、囊尾蚴、住肉孢子虫、钩端螺旋体等疫病。

（2）外观检查　开膛前视检皮肤；开膛后视检皮下组织、脂肪、肌肉以及胸腔、腹腔浆膜。检查有无充血、出血以及疹块、黄染、脓肿和其他异常现象。

（3）淋巴结检查　剖检肩前淋巴结、腹股沟浅淋巴结、髂内淋巴结、股前淋巴结，必要时剖检髂外淋巴结和腹股沟深淋巴结。检查有无瘀血、水肿、出血、坏死、增生等病变，注意猪瘟大理石样病变。

5. 肌肉检查

（1）剖检两侧深腰肌、股内侧肌，必要时检查肩胛外侧肌，检查有无囊尾蚴和白肌肉。两侧深腰肌沿肌纤维方向切开，刀迹长20cm、深3cm左右；股内侧肌纵切，刀迹长15cm、深8cm；肩胛外侧肌沿肩胛内侧纵切，刀迹长15cm、深8cm左右。

（2）检查膈肌　主要检查旋毛虫、住肉孢子虫、囊尾蚴。旋毛虫、住肉孢子虫采用肉眼检查、实验室检验的方法。在每头猪左右横膈肌脚采取不少于30g肉样各1块，编上与胴体同一的号码，撕去肌膜，肉眼观察有无针尖大小的旋毛虫白色点状虫体或包囊，以及柳叶状的住肉孢子虫。旋毛虫实验室检验：剪取样品24个肉粒（每块12粒），制成肌肉压片，置于低倍显微镜下或旋毛虫投影仪检查。

6. 摘除免疫耳标

检疫不合格的立即摘除耳标，凭耳标编码追溯疫源。

7. 复检

上述检疫流程结束后，检疫员对检疫情况进行复检，综合判断检疫结果，并监督检查甲状腺、肾上腺和异常淋巴结的摘除情况，填写宰后检疫记录。

（二）牛羊的宰后检疫

1. 内脏检疫

在屠体剖腹前后检疫人员应观察被摘除的乳房、生殖器官和膀胱有无异常。随后对相继摘出的胃肠和心肝肺进行全面对照观察和触检，当发现有化脓性乳房炎、生殖器官肿瘤和其他病变时，将该胴体连同内脏等推入病肉岔道，由专人进行对照检疫和处理。

（1）胃肠检疫　先进行全面观察，注意浆膜面上有无淡褐色绒毛状或结节状增生物、有无创伤性胃炎、脾脏是否正常；然后将小肠展开，检验全部肠系膜淋巴结有无肿大、出血和干酪变性等变化，食管有无异常；当发现可疑肿瘤、白血病和其他病变时，连同心肝肺将该胴体推入病肉岔道进行对照检疫和处理；胃肠清洗后还要对胃肠黏膜进行检疫和处理；当发现脾脏显著肿大、色泽黑紫、质地柔软时，应控制好现场，请检疫负责人会诊和处理。

（2）心肝肺检疫　与胃肠先后做对照检疫。

①心脏检疫：检验心包和心脏，有无创伤性心包炎、心肌炎、心外膜出血。必要时切检右心室，检验有无心内膜炎、心内膜出血、心肌脓疡和寄生性病变。当发现心脏上有神经纤维瘤时，及时通知胴体检疫人员，切检腋下神经丛。

②肝脏检疫：观察肝脏的色泽、大小是否正常，并触检其弹性；对肿大的肝门淋巴结和粗大的胆管，应切开检查，检验有无肝瘀血、混浊肿胀、肝硬变、肝脓疡、坏死性肝炎、寄生性病变、肝富脉斑和锯屑肝；当发现可疑肝癌、胆管癌和其他肿瘤时，应将该胴体推入病肉岔道处理。

③肺脏检疫：观察其色泽、大小是否正常，并进行触检；切检每一硬变部分；检疫纵膈淋巴结和支气管淋巴结，有无肿大、出血、干酪变性和钙化结节病灶；检疫有无肺呛血、肺瘀血、肺水肿、小叶性肺炎和大叶性肺炎，有无异物性肺炎、肺脓疡和寄生性病变。当发现肺有肿瘤或纵膈淋巴结等异常肿大时，应通知胴体检疫人员将该胴体推入病肉岔道处理。

2. 不合格肉品的处理

（1）创伤性心包炎　根据病变程度，分别处理。

①心包膜增厚，心包囊极度扩张，其中沉积有多量的淡黄色纤维蛋白或脓性渗出物，有恶臭，胸、腹腔中均有炎症，且隔肌、肝、脾上有脓疡的，应全部做非食用或销毁。

②心包极度增厚，被绒毛样纤维蛋白所覆盖，与周围组织膈肌、肝发生粘连的，割除病变组织后，应高温处理后出厂（场）。

③心包增厚，被绒毛样纤维蛋白所覆盖，与膈肌和网胃愈着的，将病变部分割除后，不受限制出厂（场）。

（2）神经纤维瘤

①牛的神经纤维瘤首先见于心脏，当发现心脏四周神经粗大如白线、向心尖处聚集或呈索状延伸时，应切检腋下神经丛，并根据切检情况，分别处理。见腋下神经粗大、水肿呈黄色时，将有病变的神经组织切除干净，肉可用于复制加工原料。

②腋下神经丛粗大如板，呈灰白色，切检时有韧性并生有囊泡，在无色的囊液中浮有杏黄色的核，这种病变见于两腋下，粗大的神经分别向两端延伸，腰荐神经和坐骨神经均有相似病变。应全部做非食用或销毁。

（3）牛的脂肪坏死　在肾脏和胰脏周围、大网膜和肠管等处，见有手指大到拳头大的、呈不透明灰白色或黄褐色的脂肪坏死凝块，其中含有钙化灶和结晶体等。将脂肪坏死凝块修割干净后，肉可不受限制出厂。

（4）骨血素病（卟淋沉着症）　全身骨骼均呈淡红褐色、褐色或暗褐色，但骨膜、软骨、关结软骨、韧带均不受害。有病变的骨骼或肝、肾等应做工业用，肉可以作为复制品原料。

（5）白血病　全身淋巴结均显著肿大、切面呈鱼肉样、质地脆弱、指压易碎，实质脏器肝、脾、肾均见肿大，脾脏的滤泡肿胀、呈西米脾样，骨髓呈灰红色。应整体销毁。

（6）有下列情况之一的病畜及其产品应全部做非食用或销毁　脓毒症、尿毒症、急性及慢性中毒、恶性肿瘤、全身性肿瘤、过度瘠瘦及肌肉变质、高度水肿。

（7）组织和器官仅有下列病变之一的，应将有病变的局部或全部做非食用或销毁处理　局部化脓、创伤部分、皮肤发炎部分、严重充血与出血部分、浮肿部分、病理性肥大或萎缩部分、变质钙化部分、寄生虫损害部分、非恶性肿瘤部分、带异色异味及异臭部分、其他有碍食肉卫生部分。

三、家畜及其屠宰检疫的相关标准与法规

（一）国外法规

国外家畜及其屠宰检疫相关法规见表 10 - 1。

表 10 - 1　　　　　　　　国外家畜及其屠宰检疫相关法规

国家	法规名称
日本	日本检疫法
	家畜传染病预防法
	屠宰场法
	日本厚生劳动省公告第 303 号
美国	联邦肉类检疫法
	美国畜禽肉类食品安全检疫法规
	减少致病菌、危害分析和关键控制点体系最终法规
欧盟	欧洲议会、欧洲委员会第 2004/853/EC 号欧盟指令
	欧洲议会、欧洲委员会第 2004/854/EC 号欧盟指令
	93/119/EEC 欧共体理事会指令、91/628/EEC 理事会指令、92/117/EEC 理事会指令
	92/118/EEC 理事会指令、96/23/EC 指令、2002/657/EC 指令

（二）国内标准

国内家畜及其屠宰检疫相关标准见表 10 - 2。

表 10 - 2　　　　　　　　家畜及其屠宰检疫相关标准

标准代号	标准名称
GB/T 20551—2006	畜禽屠宰 HACCP 应用规范
NY/T 1341—2007	家畜屠宰质量管理规范
SB/T 10718—2012	鲜（冻）畜禽产品专卖店管理规范
NY 467—2001	畜禽屠宰卫生检疫规范
GB/T 17237—2008	畜类屠宰加工通用技术条件
GB/T 20401—2006	畜禽肉食品绿色生产线资质条件
GB/T 22330.5—2008	无规定动物疫病区标准　第 5 部分：无非洲猪瘟区
GB/T 22330.3—2008	无规定动物疫病区标准　第 3 部分：无猪水泡病区

续表

标准代号	标准名称
GB/T 22330.4—2008	无规定动物疫病区标准 第4部分：无古典猪瘟（猪瘟）区
SB/T 10600—2011	屠宰设备型号编制方法
SB/T 10659—2012	畜禽产品包装与标识
GB/T 20094—2006	屠宰和肉类加工厂企业卫生管理规范
GB/T 18640—2002	家畜日本血吸虫病诊断技术
SB/T 10352—2003	畜禽屠宰加工厂实验室检验基本要求
GB/T 18645—2002	动物结核病诊断技术
GB/T 21324—2007	食用动物肌肉和肝脏中苯并咪唑类药物残留量检测方法
SN/T 1670—2005	进境大中家畜隔离检疫及监管规程
GB 16549—1996	畜禽产地检疫规范
GB/T 16569—1996	畜禽产品消毒规范
SB/T 10483—2008	活畜养殖场 HACCP 应用规范
SB/T 10464—2008	家畜放线菌病病原体检验方法
SB/T 10363—2012	猪屠宰分割安全产品质量认证评审准则
NY/T 678—2003	猪伪狂犬病免疫酶试验方法
NY/T 909—2004	生猪屠宰检疫规范
NY/T 825—2004	瘦肉型猪胴体性状测定技术规范
NY/T 821—2004	猪肌肉品质测定技术规范
NY/T 5344.6—2006	无公害食品产品抽样规范 第6部分：畜禽产品
NY/T 1958—2010	猪瘟流行病学调查技术规范
NY/T 1953—2010	猪附红细胞体病诊断技术规范
GB/T 17236—2008	生猪屠宰操作规程
GB/T 22569—2008	生猪人道屠宰技术规范
GB/T 50317—2009	猪屠宰与分割车间设计规范
SB/T 10746—2012	猪肉及猪副产品流通分类与代码
SB/T10396—2011	生猪定点屠宰厂（场）资质等级要求
SB/T 10353—2011	生猪屠宰加工职业技能岗位标准、职业技能岗位要求
GB/T 19479—2004	生猪屠宰良好操作规范
GB/T 17996—1999	生猪屠宰产品品质检验规程
GB/T 18642—2002	猪旋毛虫病诊断技术
GB/T 18644—2002	猪囊尾蚴病诊断技术
GB/T 18648—2002	非洲猪瘟诊断技术
GB/T 19200—2003	猪水泡病诊断技术
SN/T 1551—2005	供港澳活猪产地检验检疫操作规范
SB/T 10463—2008	猪肺炎支原体检验方法

续表

标准代号	标准名称
SN/T 1559—2010	非洲猪瘟检疫技术规范
SN/T 2702—2010	猪水泡病检疫技术规范
SN/T 2708—2010	猪圆环病毒病检疫技术规范
SN/T 1446—2010	猪传染性胃肠炎检疫规范
NY/T 537—2002	猪放线杆菌胸膜肺炎诊断技术
NY/T 544—2002	猪流行性腹泻诊断技术
NY/T 545—2002	猪痢疾诊断技术
NY/T 548—2002	猪传染性胃肠炎诊断技术
NY/T 564—2002	猪巴氏杆菌病诊断技术
NY/T 566—2002	猪丹毒诊断技术
NY/T 763—2004	猪肉、猪肝、猪尿抽样方法
GB/T 20765—2006	猪肝脏、肾脏、肌肉组织中维吉尼霉素 M_1 残留量的测定 液相色谱—串联质谱法
NY/T 546—2002	猪萎缩性鼻炎诊断技术
GB/T 50317—2009	猪屠宰与分割车间设计规范
GB/T 20746—2006	牛、猪的肝脏和肌肉中卡巴氧和喹乙醇及代谢物残留量的测定 液相色谱—串联质谱法
GB/T 20766—2006	牛猪肝肾和肌肉组织中玉米赤霉醇、玉米赤霉酮、己烯雌酚、己烷雌酚、双烯雌酚残留量的测定 液相色谱—串联质谱法
SN/T 1997—2007	进出境种羊检疫操作规程
SN/T 1691—2006	进出境种牛检验检疫操作规程
GB/T 19477—2004	牛屠宰操作规程
GB 18393—2001	牛羊屠宰产品品质检验规程
DB13/T 1393—2011	羊屠宰检疫技术规范
DB11/T 288—2005	牛羊屠宰检疫技术规范
DB13/T 963—2008	羊屠宰技术要求
SN/T 2732—2010	牛瘟检疫技术规范
SN/T 1164.1—2011	牛传染性鼻气管炎检疫技术规范
SN/T 2849—2011	进出境牛传染性胸膜肺炎检疫规程
SN/T 1084—2010	牛副结核病检疫技术规范
SN/T 1315—2010	牛地方流行性白血病检疫技术规范
SN/T 2515—2010	牛结节疹检疫技术规范
SN/T 1129—2007	牛病毒性腹泻/粘膜病检疫规范
SN/T 2710—2010	山羊传染性胸膜肺炎检疫技术规范

第二节　利用家畜副产物生产食品的质量控制

食品质量的构成有两类品质特性，其一是感官质量特性，其二是安全、营养及功能特性，在这些特性中安全是第一位的。食品企业要解决食品的安全问题，仅凭领导者传统的管理方式已经明显不适应，企业必须要有公众认可的管理模式及可信的证明材料。良好操作规范（good manufacture practice，GMP）是一种特别注重制造过程中产品质量与安全卫生的自主性管理制度。其在食品中的应用，即食品 GMP，是保证食品具有安全性的良好生产管理系统，从建厂开始，到产品设计、产品加工、产品销售、产品回收等，以质量与卫生为主线，全面细致地确定各种管理方案，是政府强制性的食品生产、储存卫生法规。所以，GMP 对于产品质量的控制至关重要。为此，利用家畜副产物生产食品的过程中必须要执行食品良好操作规范。美国食品生产企业良好操作规范、食品法典委员会制定的食品卫生通用规范以及我国食品良好操作规范的主要内容如下。

一、国外食品良好操作规范

（一）美国食品良好操作规范

根据美国联邦管理法规 21 章第 110 部分（FDA 21 CFR Part 110，2011），美国食品生产企业的良好操作规范内容主要有以下 7 个方面。

1. 人员

（1）疾病控制　经体检或监督人员观察，凡是患有或疑似患有疾病、创伤，包括疖、疮或感染性的创伤，或可成为食品、食品接触面或食品包装材料的微生物污染源的员工，直至上述病症消除之前，均不得参与食品生产加工，否则会造成污染。必须要求员工在发现上述疾病时向上级报告。

（2）清洁卫生　凡是在工作中直接接触食品、食品接触面及食品包装材料的员工必须严格遵守卫生操作规范，使食品免受到污染。保持清洁的方法包括，但不仅限于：

①穿戴适合生产加工的工作衣，防止食品、食品接触面或食品包装材料受污染。

②保持良好的个人卫生。

③开始工作之前、每次离开工作台之后，以及手被污染或其他任何情况下受到污染时，应在合适的洗手设施上彻底洗净双手（如要防止有害微生物的污染，则应进行消毒）。

④除去不牢靠的，可能掉入食品、设备或容器中的珠宝饰品和其他饰物，除去在手工操作食品时无法彻底消毒的首饰。如果无法除去首饰，可以用一块完整无损的、清洁卫生的，并能有效地防止食品、食品接触面或食品包装材料受污染的物料将首饰包套起来。

⑤使用的手套（如果用它们处理食品）应完整无损、清洁卫生。手套应当用不渗透的材料制作。

⑥在适当的场合，应戴发网、束发带、帽子、胡须套，或其他有效的须发约束物。

⑦衣物或其他个人物品应存放在不与食品接触或被清洗设备用具之外的场所。

⑧将以下行为限制在不与食品接触或被清洗设备及用具之外的区域：吃东西、咀嚼口香糖、喝饮料或吸烟。

⑨采取其他必要的预防措施，防止食品、食品接触面或食品包装材料受到微生物或异

物（包括但不仅限于：汗水、头发、化妆品、烟草、化学物及皮肤用药物）的污染。

（3）教育与培训 负责检查评定卫生不良或食品污染的人员应当受过教育培训或具有经验，或两者皆具备，这样才能保证生产出干净和安全的食品。食品加工和监督人员应当接受食品加工技术及食品保护原理的适当培训，而且应当认识到不良的个人卫生及不卫生操作的危险性。

（4）监督 必须明确地指定由符合要求的监督人员监管全体员工。务必使员工遵守本章的一切规定。

2. 厂房与地面

（1）地面 食品生产加工企业的地面必须保持良好的状态，防止食品受污染。维护地面的方法包括，但不仅限于：

①合理放置设备，清除垃圾和废料，铲除厂房及其构造物附近可能成为害虫习惯生活的孳生地或藏身处的杂草；

②搞好道路、厂区和停车场卫生，这些区域不得成为食品生产加工区域的污染源；

③凡因渗漏、鞋上的污染物或害虫滋生地可能污染的食品区域，不得有积水；

④废物处理系统不得成为食品裸露区域的污染源。如果毗连厂房的场地不在操作人员的管辖范围之内，而且不是按照规定的方法管理时，那么必须在厂区内认真地检查、灭虫或采取其他措施以消除可能成为食品污染源的害虫、废料和污染物。

（2）厂房结构与设计 厂房建筑物的大小、结构与设计必须便于食品生产的维修和卫生操作。厂房及各种设施必须遵循以下要求。

①提供足够的场地安装设备、存放物料，以利于进行卫生操作和食品的安全生产。

②应采取适当的预防措施以减少食品、食品接触面或食品包装材料受到微生物、化学物、污物或其他外来物污染的潜在危害。可以通过适当的食品安全控制及操作规范或有效设计，包括将可能发生污染的不同生产加工分开（可采用以下任何一种或数种手段：地点、时间、隔墙、气流、封闭的操作系统或其他有效方法），以减少食品受污染的潜在危害。

③采取适当的预防措施以保护露天发酵容器中的散装食品，可以采用以下任何一种有效的保护手段：使用保护性的覆盖物；有效控制食品容器周围的区域，使害虫无藏身之处；定期检查害虫及其活动情况；必要时除去发酵容器的表层漂浮物。

④结构合理：地板、走道、天花板应易于清扫，保持清洁及维护状况良好；支架和管道上滴下的冷凝水滴或冷凝物不得污染食品、食品接触面或食品包装材料；设备与墙面之间应留出通道和工作场地，且不能堵塞，其空间足以使员工进行操作，而且不使食品接触面与员工的衣裤或人体相接触而污染。

⑤洗手区、更衣室及衣帽间、卫生间，以及食品检验、加工、储存、设备或工器具清洗的一切区域均应有充分的照明；在食品生产加工的任何环节，在裸露食品的上方须安装安全灯泡、防护罩，或者用其他方法防止玻璃碎裂时污染食品。

⑥凡是在有害的气体可能污染的食品区域都应安装足够的通风或控制设备，以将各种气体和蒸气（包括水蒸气和各种有害的烟气）减少到最低限度；同时，将风扇及其他换气设备安装在适当的位置，以符合卫生要求，尽量减少污染食品、食品包装材料及食品接触面的潜在危害。

⑦在必要之处设置防止害虫的网板或其他防护装置。

3. 卫生操作

（1）一般保养 生产加工企业的建筑物、固定装置及其他有形设施必须在卫生的条件下进行维护和保养，防止食品成为条例所指的劣质食品。对工器具和设备进行清洗和消毒时必须认真操作，防止食品、食品接触面或食品包装材料受到污染。

（2）用于清洗和消毒的物质、有毒化合物的存放

①用于清洗和消毒的清洗剂和消毒剂不得被有害微生物污染，而且必须在使用时绝对安全和有效。可以通过一些有效的手段来证实是否符合上述要求，比如根据供货商的担保或证明书或检验这些物质是否存在污染而确定能否购买这些物质。在加工食品或食品裸露的厂房内，只许使用或存放下列有毒物质：为保持清洁和卫生状况所需的物质；化验室检验用的必需物质；厂房和设备保养及运转所需的物质；生产加工企业生产加工必须使用的物质。

②有毒的清洁剂、消毒剂及杀虫剂必须易于识别、妥善存放，防止食品、食品接触面或食品包装材料受其污染。必须遵守联邦、州及地方政府机构制定的关于使用或存放这些产品的一切有关法规。

（3）虫害控制 食品生产加工企业的任何区域均不得存在害虫。看门或带路的狗可以养在生产加工企业的某些区域，但它们在这些区域不得构成对食品、食品接触面或食品包装材料的污染。必须采取有效措施在加工区域内除虫，以避免食品在上述区域内受害虫污染。只有认真谨慎且有限制地使用杀虫剂和灭鼠剂才能避免其对食品、食品接触面及食品包装材料的污染。

（4）食品接触面的卫生 所有食品接触面，包括工器具及设备的食品接触面，均必须尽可能经常地进行清洗，以免食品受到污染。

①用于加工或存放低水分含量食品的接触面，必须处于干燥和卫生状态。这些食品表面用水清洗后，必须在下次使用前进行消毒并彻底干燥。

②在湿加工过程中，为了防止微生物进入食品而必须进行清洗时，所有食品接触面在使用前或可能被污染时都必须清洗和消毒。如使用该设备和工器具进行连续生产加工时，必须对这些工器具以及设备的食品接触面进行清洗和消毒。

③食品生产设备的非食品接触面也应当尽量经常进行清洗消毒，以防止食品受到污染。

④一次性用品（如一次性用具、纸杯、纸巾）均应存放在适当的容器里，并且必须认真处理、分发、使用和弃置，以防止污染食品或食品接触面。

⑤使用消毒剂时必须适量而且安全。如果已经证实某种装置、方法或机械能经常性地使生产设备和工器具保持清洁，并能充分地进行清洗和消毒，那么就可采用这种装置、方法或机械清洗和消毒生产设备用具。

（5）已经清洗干净、可移动的设备及工器具的存放和处理 与食品接触、已清洗干净并消毒的、可移动的设备以及工器具应以适当的方法存放在适当的场所，防止食品接触面受污染

4. 卫生设施及控制

每个生产加工企业都必须配备足够的卫生设施及用具，它们包括但不仅限于以下

内容。

（1）供水 供水必须满足预期的生产加工要求，而且必须来源充足。凡是接触食品或食品接触面的设备表面的水必须安全卫生并有良好的卫生质量。凡是需用水加工食品，用水清洗设备、工器具及食品包装材料，或需用水的员工卫生设施等均必须提供适当温度和所需压力的自来水。

（2）输水设施 输水设施的设计及安装必须得当，并得到良好的维护，使其能：①将充足的水输送到厂区所需用水的场所；②将厂区的污水、废液顺畅地排除；③避免对食品、供水、设施或工器具构成污染，或造成不卫生的状况；④清洁地面时，在大量用水处或在地面正常加工时排水或其他液体排放处，提供足够的地面排水管道；⑤排放废水或污水的管道系统与食品或食品加工用水的管道系统之间不得有回流或交叉连接现象。

（3）污水处理 污水必须通过适当的排污系统排放，或通过其他有效途径排除。

（4）卫生间设施 每个生产加工企业必须为其员工提供足够的、方便进出的卫生间设施。通过下列措施可以达到这一要求：①保持设施的干净卫生；②在任何时候必须保持设施良好；③安装自动关闭门；④卫生间的门不能直接开向食品裸露区域，避免使食品受不洁空气的污染，但是已采取其他措施防止这种污染的情况例外（如安装双重门或合理的气流系统）。

（5）洗手设施 洗手设施安装的位置必须恰当、方便，同时必须提供适当温度的流动水。只有满足下列条件即可达到这一要求。

①在生产加工区内的适当位置提供合理足够的手清洗和消毒设施，按照良好卫生规范要求员工洗手和消毒。

②做好有效洗手和消毒手的准备工作。

③提供干手用的卫生（纸）巾或合适的烘干装置。

④洗手消毒设施，如供水阀（水龙头等）的设计及结构应为非手动式，防止清洁消毒过的手再次受到污染。

⑤设立简明易懂的标语牌，提示负责加工未受保护的食品、食品包装材料及食品接触面的员工，在开始工作之前、每次离开工作岗位之后以及手可能被污染时，一定要洗手，并在适当的位置对手进行清洗消毒。这些标语牌可以贴在加工间及员工们可能接触上述食品、材料或表面的所有区域。

⑥存放废料的容器结构及其维护须达到防止食品受污染的要求。

（6）垃圾及废料 垃圾及废料必须适时运送、存放和清除，以减少气味，尽量不使其招引害虫或成为害虫的藏身处或滋生地，并避免食品、食品接触面、供水及地面受其污染。

5. 设备及工器具

（1）生产加工企业的所有设备和工器具，其设计、采用的材料和制作工艺，必须便于适当地清洗和维护，这些设备和工器具的设计、结构和使用，必须防止食品中润滑剂、燃料、金属碎片、污水或其他污染物的掺入。在安装和维修所有设备时必须考虑到，应便于设备及其邻近位置的清洗。接触食品的表面必须耐腐蚀。设备和工器具必须采用无毒的材料制成，在设计上应能耐受加工环境、食品本身以及清洁剂、消毒剂（如果可以使用）的侵蚀作用。必须维护好食品接触面，防止食品受到任何有害物，包括未按标准规定使用食品添加剂的污染。

（2）食品接触面的接缝必须平滑，而且维护良好，以尽量减少食品颗粒、异物及有机物的堆积，将微生物生长繁殖的机会降低到最低限度。

（3）食品加工、处理区域内不与食品接触的设备必须安装在合理的位置，以便于卫生清洁的维护。

（4）食品的存放、输送和加工系统，包括重量分析系统、气体流动系统、封闭系统及自动化系统等，其设计及结构必须能使其保持良好的卫生状态。

（5）凡用于存放食品并可抑制微生物生长繁殖的冷藏库及冷冻库，必须安装准确显示库内温度的测量显示装置或温度记录装置，并且还须安装调节温度的自动控制装置或人工操作控制温度的自动报警系统。

（6）用于测量、调节或记录控制防止有害微生物在食品中生长繁殖的温度、pH、酸度、水分活度或其他条件的仪表和控制装置，必须精确并维护良好，同时其计量范围必须与所指定的用途相匹配。

（7）用以注入食品，或用来清洗食品接触面或设备的压缩空气及其他气体，必须经过严格的处理，防止食品受到气体中有害物质的污染。

6. 加工及控制

食品的进料、检查、运输、分选、预制、加工、包装及储存等所有生产加工环节都必须严格按照卫生要求进行控制，必须采用合适的质量管理措施，确保食品适合人类食用，并确保包装材料安全无害。生产加工企业的整体卫生必须由一名或数名被指定的专职的人员进行监督。必须采取一切合理的预防措施，确保各生产工序不受任何污染物的污染。在必要时，必须采用化学的、微生物的或外来杂质的检测方法验证卫生控制的缺陷或可能发生的食品污染。凡是污染已达到条例规定的劣质程度的食品时必须全部召回，或者如果许可时，再经处理或加工以消除污染。

7. 食品成品的仓储与销售

食品成品的储藏与运输必须有一定的条件，避免食品受物理的、化学的或微生物的污染，同时避免食品变质和容器的再次污染。

（二）国际食品法典委员会有关食品卫生实施法规

根据联合国粮农组织与世界卫生组织国际食品法典委员会（Codex Alimentations Commission，CAC）2003 年修订的食品卫生通则（CAC RCP1），该通则是用于整个食品链（从初级生产到最终消费者）的基本卫生准则，有以下几个要点。

1. 初级生产

本部分目标是应采取能确保食物安全并适合预期使用的生产途径。必要时，可包括：避免使用周围环境对食物安全具有威胁的场所；对污染物、有害生物和动植物病害进行控制，避免对食品安全造成威胁；采取各种方法和措施确保在适宜的卫生条件下生产食品。

2. 加工厂（设计与设施）

根据生产活动的性质及其有关的危险因素，厂房、设备和设施在地点选择、设计和建设安装时应确保以下的目标：将污染降低到最低水平；设计和规划应有利于卫生保持、清洁处理和消毒灭菌，并最大限度地减少空气传播的污染；设备外表及材料，特别是与外表接触的部位，在其使用上必须是无毒的，并且在必要情况下应持久耐用、易于维护和清洁；必要时，有关的设施应具有温度、湿度或其他条件的控制功能；能有效地避免害虫侵袭或藏匿。

3. 加工的卫生控制

本部分目标是通过下列措施，确保安全的、适宜人类食用的食品生产：制定有关食品的原料、组分、加工、流通和消费者使用的设计要求，使得各类食品在制作和处理中符合这些规定；设计、实施、监测和审查建立有效的管理系统。

4. 工厂（维护与清洁）

本部分目标是建立有效的系统，以便确保实施充分和必要的维护和清洁；防治有害生物；处理废弃物以及监测维护与清洁措施的有效性。

5. 工厂（个人卫生）

本部分目标是为了确保那些直接或间接接触食品的人员不可能污染食品，应通过保持良好的个人清洁状况，良好的个人行为和操作行为实现。

6. 食品运输

本部分目标是在必要的情况下，采取适当措施，以便避免食品受到潜在的污染源污染；避免食品受到损伤，以免影响食品的宜食用性；创造良好的环境，其中能有效地控制食物中病原菌或腐败微生物的生长以及毒素的产生。

7. 产品信息和消费者的知情权

产品应提供适当的信息以保证为食品链中的下一个人获得充足易懂的信息，以便其能安全和正确地处理、储藏、加工、制作和展示食品；可容易地确认批次和批号量，以便在必要时召回。消费者应具备足够的食品卫生知识，以便使他们能够理解产品信息的重要性，明智地做出个人选择以及通过正确的储藏、制备和食用食品，防止食源性致病菌的污染、滋生或存活。

8. 培训

直接或间接地接触食品的从事食品加工的人员必须经过培训和指导，使他们了解一定的食品卫生知识，以符合食品加工的操作要求。

二、我国食品良好操作规范

根据 GB 14881—2013《食品生产通用卫生规范》，我国食品良好操作规范内容主要有以下几个方面。

（一）环境卫生控制

防止老鼠、苍蝇、蚊子、蟑螂和粉尘，最大限度地消除和减少这些危害因素对产品卫生质量的威胁。保持工厂道路的清洁，消除厂区内的一切可能聚集、孳生蚊蝇的场所，并经常在这些地方喷洒杀虫药剂。对灭鼠工作制订出切实可行的工作程序和计划，不能采用药物灭鼠的方法进行灭鼠，可以采用捕鼠器、粘鼠胶等方法。同时，保证相应的措施得到落实并做好记录。

（二）生产用水的卫生控制

生产用水必须符合国家规定的生活饮用水卫生标准。对于达不到卫生质量要求的水源，工厂必须要采用相应的消毒处理措施。厂内饮用水的供水管路和非饮用水供水管路必须严格分开，生产现场的各个供水口应按顺序编号。工厂应保存供水网络图，以便日常对生产供水系统的管理和维护。有蓄水池的工厂，水池要有完善的防尘、防虫、防鼠措施，并定期对水池进行清洗、消毒。工厂的检验部门应每天监测余氯含量和水的 pH，至少每月应该对水的微生物指标进行一次化验，每年至少要对 GB 5749—2006《生活饮用水卫生标准》所规定的水质指标进行 2 次全项目分析。制冰用水的水质必须符合饮用水卫生要求，制冰设备和承装冰块的器具必须保持良好的清洁卫生状况。

（三）原辅料的卫生控制

对原料进行卫生控制，分析可能存在的危害，制订控制方法，生产过程中使用的添加剂必须符合国家卫生标准，采用具有合法注册资格生产厂家生产的产品，对向不同国家出口的产品还要符合进口国的规定。

（四）防止交叉污染

在加工区内划定清洁区和非清洁区，限制这些区域间人员和物品的交叉流动，通过传递窗进行工序间半成品传递等；对加工过程中使用的器具，与产品接触的容器不得直接与地面接触；不同工序、不同用途的器具用不同的颜色加以区别，避免混用。

（五）车间、设备及工器具的卫生控制

对生产车间、加工设备和工器具的清洗、消毒工作应严格管理。一般每天每个工班前和工班后按规定清洗、消毒；对接触易腐易变质食品的工器具在加工过程中要定期清洗、消毒。生产期间，车间的地面和墙裙应每天进行清洁，车间的顶面、门窗、通风排气孔道上的网罩等应定期进行清洁。车间的空气消毒可采用紫外线消毒、臭氧消毒、药物熏蒸法等，以上几种方法均应在车间无人的情况下进行。此外，车间要设置专用化学药品存储柜，即洗涤剂、消毒剂等的存储柜，并制定相应的管理制度，由专人负责保管，领用必须登记。药品要用明显的标志加以标示。

（六）储存与运输卫生控制

定期对储存食品的仓库进行清洁，保持仓库卫生，必要时进行消毒处理。相互串味的产品、原料与成品不得同库存放。库内产品要堆放整齐，批次清楚，堆垛与地面的距离应不少于 10cm，与墙面、顶面之间要留有 30~50cm 的距离。为便于仓储货物的识别，各堆垛应挂牌标明本堆产品的品名规格、产期、批号、数量等情况。存放产品较多的仓库，管理人员可借助仓储平面图来帮助管理。

成品库内的产品要按照产品品种、规格、生产时间分垛堆放，并加挂相应的标识牌，在牌上将垛内产品的品名、规格、批次和数量等情况加以标明，从而使整个仓库堆垛整齐，批次清楚，管理有序。

食品的运输车船必须保持良好的清洁卫生状况，冷冻产品要用制冷或保温条件符合要求的车船运输。为运输工具的清洗、消毒配备必要的场地、设施和设备。装运过有碍食品安全卫生的货物，如化肥、农药和各种有毒化工产品的运输工具，在装运出口食品前必须经过严格的清洗，必要时需经过检疫检验部门的检疫合格后方可装运出口食品。

（七）人员的卫生控制

（1）生产、检疫人员必须经过必要的培训，经考核合格后方可上岗。食品厂的加工和检疫人员每年要进行一次体检，必要时还要做临时健康检查，新进厂的人员必须经过体检合格后方可上岗。

生产、检疫人员必须保持良好的人员卫生，进车间不携带任何与生产无关的物品。进

车间时必须穿戴清洁的工作服、鞋、帽。凡患有有碍食品卫生疾病者，必须调离加工、检疫岗位，痊愈后经体检合格后方可重新上岗。

（2）加工人员进入车间前，要穿着专用的清洁的工作服，更换工作鞋，戴好工作帽，头发不得外露。加工即食产品的人员，尤其是在成品工段工作的人员，要戴口罩。为防止杂物混入产品中，工作服应该无明扣，并且无口袋。工作服帽不得由工人自行保管，要由工厂统一清洗消毒，统一发放。

（3）工作前要进行认真的洗手、消毒。

第三节　利用家畜副产物生产生化原料药的质量控制

药品生产企业必须确保所生产的药品适用于预期的用途，符合药品注册批准的要求，并不让患者承担安全、质量和疗效的风险。目前，我国还未制定出利用家畜副产物生产生化原料药的质量管理规范，因此，在生产过程中应该参照药品生产的质量管理规范，以便确保利用家畜副产物生产生化原料药的质量。欧盟与我国的药品生产质量管理规范主要内容如下。

一、欧盟药品生产质量管理规范

根据欧盟药事法规第 4 卷中《人用药品及兽药生产质量管理规范》以及欧盟药品生产质量管理规范（european union good manufacturing practice for drugs，EUGMP）要点包括以下内容。

（一）质量管理

1. 原则

药品生产企业必须确保所生产的药品适用于预定的用途，符合药品注册批准的要求，并不让患者承担安全、质量和疗效的风险。为实现这一目标，药品生产企业必须建立涵盖 GMP 以及质量控制在内的全面的质量保证系统。

2. 质量保证

药品生产质量保证系统应确保：药品的设计和研发考虑 GMP 和 GLP（good laboratory practice of drug）的要求；明确规定生产和控制活动，并实施 GMP；明确管理职责；制订系统的计划，保证所生产、供应和使用的原辅料和包装材料正确无误；对中间产品实施必要的控制，并实施其他中间控制和验证；按预定规程正确地进行成品的生产和检查；只有经产品放行责任确认，每批药品符合药品注册批准及药品生产、控制和放行的其他法定要求后，产品方可销售；药品质量在有效期内保持不变；已制定自检或质量审计规程，定期检查评估质量保证系统的有效性和适用性。

3. 药品生产质量管理规范

生产和质量控制都是 GMP 关注的内容。GMP 的基本要求如下：

明确规定所有的生产工艺，系统回顾历史情况，证明所有的生产工艺能持续稳定地生产出达到要求的质量并符合质量标准的药品；关键生产工艺及其重大变更都经过验证；具有适当的资质并经培训的人员；足够的厂房和场地；适当的设备和维修服务；正确的物料、容器和标签经批准的规程和指令；适当的储运条件；使用清晰准确的文字，制定相关设施的操作说明和规程；操作人员经过培训，能按规程正确操作；生产全过程有手工或仪器的记录，规程和指令所要求的所有步骤均已完成，产品数量和质量符合预期要求，重大偏差经过调查并有完整记录；药品生产、发放的所有记录妥善保管，查阅方便，可追溯每一批产品的全过程；产品的发放（批发）应将质量风险降至最低限度；有可召回任一批已发放销售产品的系统；审查上市药品的投诉，调查导致质量缺陷的原因并采取措施，防止再次发生。

4. 质量控制

质量控制是 GMP 的一部分，包括取样、质量标准、检验及组织机构、文件系统和产品批准放行等。质量控制的基本要求包括以下内容。

（1）配备适当的设施和经过培训的人员，并有经批准的规程，可对原辅料、包装材料、中间产品、带包装产品和成品进行取样、检查；必要时进行环境监测，以符合 GMP 的要求。

（2）有经质量控制部门批准的人员，按规定的方法对原辅料、包装材料、中间产品、待包装产品和成品抽样。

（3）检验方法经过验证。

（4）有手工或记录仪完成的各种记录证明，所需的取样、检查都已完成，各种偏差都经过调查并有完整的记录。

（5）成品的活性成分符合药品注册批准规定的定性、定量要求，达到规定的纯度标准，以适当的容器包装并正确贴签。

（6）物料、中间产品、待包装产品和成品必须按照质量标准检查和检验，并有记录；产品质量审核包括对相关生产文件和记录的检查以及对偏差的评估。

（7）只有经产品放行责任人审核，符合药品注册批准的规定要求后，产品方可放行。

（8）原辅料和最终包装的产品应有足够的样品，以备必要的检查；产品的样品包装应与最终包装相同，但最终包装容器过大的可例外。

5. 产品质量回顾审核

应定期对所有注册的药品质量进行回顾审核，以确认工艺的稳定可靠，以及原辅料、成品现行标准的适用性，及时发现不良趋势，确定产品及工艺改进的方向。还应考虑以往回顾审核的历史数据，每年进行回顾审核并有文件记录。回顾审核至少包括下面内容。

（1）产品所用的原辅料，尤其是来自新供应商的原辅料。

（2）关键中间控制点及成品的结果。

（3）所有不符合质量标准的批次及其调查。

（4）所有重大偏差及相关的调查、所采取的整改措施和预防措施的有效性。

（5）工艺或分析方法的所有变更。

（6）药品注册批准所有变更的申报、批准或退审，包括来自第三国相关的变更信息。

（7）稳定性考察计划的结果及任何呈现的不良趋势。

（8）所有因质量原因造成的退货、投诉、召回及其当时的调查。

（9）其他以往产品工艺或设备的整改措施是否完善。

（10）新注册批准药品和有注册变更药品上市后的质量状况。

（11）相关设备和设施，如空调净化系统、水系统、压缩空气等的确认状态。

（12）对技术协议的回顾审核，以确保内容更新。

6. 质量风险管理

（1）质量风险管理是药品质量风险评估、控制、沟通和审核的一个系统程序。可以采用前瞻性的方式或回顾的方式来应用这个系统。

（2）质量风险管理系统应当做好以下保证：应根据科学知识和工艺的经验对质量风险进行评估，评估应与最终保护患者的目标相关联；质量风险管理过程的投入水准、形式和文件，应与风险的级别相适应。

（二）人员

1. 原则

建立、保持良好的质量保证系统，正确生产药品都取决于人，因此，应配备足够数量并具有适当资质的人员去完成各项操作。应明文规定每个人的职责，所有人员应明确理解自己的职责，并接受必要的培训，包括初级、继续培训及卫生要求方面的培训。

2. 概述

（1）药品生产企业应配备足够数量具备适当资质和实践经验的人员。每个人所承担的职责不应过多，以免导致质量风险。

（2）药品生产企业应有组织机构图；不同岗位的人员应有书面的、详细的工作职责，并有相应的职权，其责任可委托给资质良好的指定代理人。实施 GMP 中，人员的责任不得有空缺，重叠的职责应有明确的解释。

3. 关键人员

关键人员包括生产负责人、质量控制负责人，如其中一人或两人都不负 2001/83/EC 号法令所规定的职责时，则产品放行责任人也属关键人员。关键职位一般应由全职人员担任。生产和质量控制负责人应相互独立。

（1）产品放行责任人的职责　对欧盟生产的药品而言，产品放行责任人必须保证每批产品的生产及检验/检查均符合欧盟法令及药品注册批准的要求；对欧盟以外生产的药品而言，产品放行责任人必须保证每批进口药品在进口国已按要求进行检验；产品放行责任人必须在登记簿或类似文件中保证在药品生产过程中及在产品放行前，每批产品均符合要求。

（2）生产部门负责人的职责　①确保产品按书面规程生产、储存，以保证产品质量；②批准生产操作相关的各种指令并确保严格执行；③确保生产记录经指定人员审核并签名后，送交质量控制部门；④检查本部门、厂房和设备的维护情况；⑤确保完成各种必要的验证工作；⑥确保本部门人员都已经过必要的初级培训和继续培训，并根据实际需要调整培训安排。

（3）质量控制部门负责人的职责　①审批并放行原辅料、包装材料、中间产品、待包装产品和成品；试评价各种批记录；②确保完成所有必要的检验；③批准质量标准、取样方法、检验方法和其他质量控制规程；④批准并监督委托检验；⑤检查本部门、厂房和设备的维护情况；⑥确保完成各种必要的验证工作；⑦确保本部门人员都已经过必要的初级培训和继续培训，并根据实际需要调整培训。

（4）生产部门和质量控制部门负责人的质量责任　包括书面规程和文件的批准、修订；生产环境的监控；厂区卫生；工艺验证；培训；供应商的批准和监督；受托生产企业的批准和监督；物料和产品储存条件的确定和监督；记录的保存；GMP 执行状况的监控；为监控某些影响产品质量的因素而进行的检查、调查和取样。

4. 培训

（1）企业应对所有因工作需要进入生产区、质量控制实验室的人员（包括技术、维护和清洁人员）以及可能影响产品质量的其他人员进行培训。

（2）除接受 GMP 理论和实践的基础培训外，新招聘的人员还应接受相应岗位的职责培训和继续培训，继续培训的实际效果应定期评估。应有经生产部门负责人或质量控制部门负责人批准的培训方案，培训记录应予保存。

（3）在对健康有危害的高污染风险区（如高活性、毒性、传染性、高致敏性物料加工区或洁净区）工作的人员应接受专门的培训。

（4）参观人员和未经培训的人员最好不要进入生产区和质量控制区；不可避免时，应事先告知。

5. 人员卫生

（1）为满足企业的各种需要，应建立详细的人员卫生规程，包括与健康、卫生习惯及人员着装相关的规程。生产区和质量控制区的每个工作人员，应正确理解这些规程并严格执行。在培训中，应对人员卫生规程充分讨论，并通过管理手段促进人员卫生规程的执行。

（2）所有人员在招聘时均应接受健康检查。人员的卫生状况与药品质量相关，企业必须制订规程，以保持员工良好的健康状况。初次体检后，应根据工作需要及员工健康状况，安排再次体检。

（3）应采取适当措施，尽可能不让传染病患者或体表有创伤的人员从事药品的生产。

（4）任何进入生产区的人员均应穿着与所从事工作相适应的防护服。

（5）生产区、仓储区应禁止抽烟、饮食、咀嚼食品，或存放食品、饮料、烟草和个人使用的药品。总之，在生产区以及可能影响药品质量的其他区域内，应禁止不卫生行为。

（6）操作人员应避免裸手直接接触敞口暴露的药品及与药品相接触的设备表面。

（7）应指导员工使用洗手设施。

（三）厂房与设备

1. 原则

厂房和设备的选址、设计、建造、改造和维护必须符合药品生产要求。为避免交叉污染、积尘以及对产品质量的不良影响，厂房和设备的设计和布局应能最大限度地降低发生差错的风险，有利于清洁和维护。

2. 厂房

（1）概述　应根据厂房及生产保护措施综合考虑选址问题，厂房所处的环境应能最大限度地降低物料或产品遭受污染的风险；厂房应适当维护，应确保维修活动不影响产品的质量。厂房应按详细的书面规程进行清洁或必要的消毒。厂房应有适当的照明、温湿度和通风，确保生产和储存的药品质量以及相关设备的性能不直接或间接地受其影响。厂房的设计和装备应能有效防止昆虫或其他动物的进入。应采取适当措施，防止未经批准的人员进入。生产、储存和质量控制区不应作为非本区工作人员的通道。

（2）生产区

①为降低由交叉污染所致严重药害的风险，一些特殊药品，如高致敏药品（如青霉素

类）或生物制品（如用活性微生物制备而成）必须采用专用和独立的生产设施。某些抗生素、激素、细胞毒素、高活性药物类产品，不应和非医药产品使用同一生产设施；特殊情况下，如采取特别防护措施并经过必要的验证，则可通过阶段生产方式共用同一生产设施。药品生产厂房不得用于杀虫剂和除草剂等工业毒性物品的生产。

②厂房应按生产工艺流程及相应洁净级别要求合理布局。

③工作区和中间物料存储区应有足够的空间，以有序地存放设备和物料，避免不同药品或组分混淆，避免交叉污染，避免生产或质量控制操作发生遗漏或差错。

④原辅料、内包装材料、中间产品或待包装产品暴露环境的内表面（墙壁、地面天棚）应平整光滑、无裂缝、接口严密、无颗粒物脱落，便于有效清洁和必要时进行消毒。

⑤照明设施、送风口和其他公用设施的设计和安装应避免出现难以清洁的部位。应尽可能做到在生产区外部对其进行维护。

⑥排水设施应大小适宜，安装防止倒灌的装置。应尽可能地避免明沟排水；不可避免时，明沟宜浅，以方便清洁和消毒。

⑦应根据药品品种、生产操作要求及外部环境状况配置空调净化系统，以利于生产区有效通风。

⑧原辅料的称量通常应在专门设计的称量室内进行。

⑨在产尘区域（如干品的取样、称量、混合、生产和包装区域）内，应采取专门的措施避免交叉污染并便于清洁。

⑩用于药品包装的厂房应专门设计和布局，以避免混淆或交叉污染。此外，生产区应有足够的照明，特别是产品在线目检区。生产区内可设中间控制，但中间控制操作不得带来质量的风险。

（3）仓储区

①仓储区应有足够的空间，以有序地存放各类物料和产品（原辅料、包装材料、中间产品、待包装产品和成品，以及待验、合格、不合格、退回或召回的产品等）。

②仓储区的设计或建造应确保良好的仓储条件，应特别注意清洁和干燥，温度应保持在控制限度之内。需要特殊的储存条件（如温度、湿度）时，应予满足，并进行检查和监测。

③收发区应能保护物料和产品免受外界气候的影响。接收区的设计和装备配置应确保进货的外包装在进入仓储区前可进行必要的清洁。

④在采用物理隔离的单独区域储存待验物料时，待验区应有醒目的标识，且只限于经批准的人员出入。如果采用其他方法替代物理隔离，则该方法应具有同等的安全性。

⑤通常应有单独的原辅料取样区。如在仓储区取样，则应有防止污染或交叉污染的措施。

⑥不合格、退回或召回的物料或产品应隔离存放。

⑦高活性物料或产品应存放在安全的区域内。

⑧印刷包装材料是确保药品标识正确的关键，应特别注意安全储存。

（4）质量控制区

①质量控制实验室通常应与生产区分开，尤其是检定生物、微生物和放射性同位素的实验室，还应彼此分开。

②实验室设计应确保其适用于预定的用途。实验室应有足够的空间以避免混淆和交叉污染，同时应有足够的适合样品和记录保存的区域。

③必要时，应设置专门的仪器室，使灵敏度高的仪器免受静电、震动、潮湿等因素的干扰。

④处理生物或放射性样品等特殊物品的实验室应符合特殊要求。

（5）辅助区

①休息室、茶点室应与其他区域分开。

②更衣室和盥洗室应方便人员出入，并与使用人数相适应。盥洗室不得与生产区或仓储区直接相连。

③维修间应尽可能与生产区分开。存放在生产区内的维修用备件和工具，需放置在专门的房间或工具柜中。

④动物房应与其他区域严格分开，并设有专门供动物进入的通道以及空气处理设施。

3. 设备

（1）设备的设计、选址、维护应确保其适用于预定用途。

（2）设备的维修和维护不应危害产品质量。

（3）生产设备的设计应便于彻底清洁。应按详细规定的书面规程清洁设备，并只存放在清洁、干燥的条件下。

（4）应注意洗涤、清洁设备的选择和使用方式，以避免这类设备成为污染源。

（5）设备的安装方式应有利于防止差错或污染。

（6）生产设备不应对产品有任何危害，与产品接触的部件不应与药品发生化学反应，不应吸附或向药品中释放物质而影响产品质量并造成危害。

（7）应配备具有适当量程和精密度的衡器和量具，用于药品的生产和控制。

（8）应按照适当的方法定期对测量、称重、记录和控制设备进行校准和检查，并保存相关记录。

（9）固定管线应标明内容物，必要时，还应标明流向。

（10）应按照书面规程消毒蒸馏水、去离子水管道，以及其他供水管路（必要时）。书面规程中，应详细规定微生物污染的纠偏限度及应采取的措施。

（11）可能时，应将有故障的设备搬出生产和质量控制区，或至少贴上醒目的标志。

（四）文件和记录

1. 原则

良好的文件和记录是质量保证系统的基本要素。表达清晰的文件能够避免由口头传达所引起的差错，并有助于追溯每批产品的历史情况。必须有内容正确的书面质量标准、生产处方和指令、规程以及记录。

2. 概述

（1）质量标准、生产处方、生产和包装指令及规程的概念　质量标准是详细阐述生产过程中所用或所得产品或物料必须符合的技术要求；质量标准是质量评价的基础。生产处方、生产和包装指令是规定所有应采用的原辅料，并详细规定所有生产、包装操作的要求。规程是指导完成某些操作（如清洁、环境控制、取样、检验以及设备操作等）的文件。记录是用以记述每批产品历史情况的文件，包括其发放上市以及其他有关成品质量信息。

（2）应精心设计、制订、审核和发放文件，其内容应与药品生产许可、药品注册批准的相关要求一致。

（3）文件应由适当并经授权的人员批准、签名并注明日期。

（4）文件内容不可模棱两可；文件应标明题目、种类和目的；文件的放置应条理分明，便于查阅。以原版文件复制工作文件时，不得产生任何差错；复制的文件应清晰可辨。

（5）文件应定期审核、修订；文件修订后，应按规定管理文件，防止因疏忽造成旧版文件的误用。

（6）文件不应手工书写；如果文件需要填写数据，则应留有足够的空间，填写的内容要字迹清晰、易读，不易擦掉。

（7）文件填写内容的任何更改都应有签名并注明日期；更改应使原有信息仍清晰可读，必要时，应说明更改的理由。

（8）生产过程中的每项活动完成时均应记录，以便追溯所有重要的药品生产活动。所有记录至少应保存至产品有效期后一年。

（9）可使用电子数据处理系统、照相技术或其他可靠方式记录数据资料，但应有系统的详细规程；记录的准确性应经过核对。如果使用电子数据处理系统，只有受权人员方可通过计算机输入或更改数据，更改和删除情况应有记录；应使用密码或其他方式来限制数据系统的登录；关键数据输入后，应由他人独立进行复核。用电子方法保存的批记录，应备份到磁带、缩微胶卷、纸张上或采用其他方法，以保证记录的安全性。特别重要的是，数据资料在保存期间应便于查阅。

3. 必要的文件

（1）质量标准　原辅料、包装材料和成品应有经过批准且注明日期的质量标准；必要时，中间产品或待包装产品也应有质量标准。

（2）生产处方和生产指令　每种产品的每种生产批量均应有相应的经正式批准的生产处方和生产指令，它们通常合并为一个文件。

（3）包装指令　每一产品的每一规格、每一包装类型均应有各自的经正式批准的包装指令。

（4）批生产记录　每一批产品均应保存有相应的批生产记录。批生产记录应以现行批准的生产处方和生产指令的相关内容为依据。记录的设计应避免抄录差错。批生产记录应标注所生产批次的批号。

生产开始前，应进行检查，确保设备和工作场所没有上批遗留的产品、文件或与本批生产无关的物料，设备处于已清洁及待用状态。检查情况应有记录。

在生产过程中，每项操作进行时应即时记录下述内容，操作结束后，应由生产操作负责人确认并签注姓名和日期：产品名称；生产以及重要中间工序开始、结束的日期和时间；每一生产工序的负责人姓名；重要生产工序操作人员的姓名缩写；必要时，还应有这些操作（如称量）复核人员的姓名缩写；每一原辅料的批号和/或分析控制号以及实际称量的数量（包括投入的经回收或返工处理所得物料的批号及数量）；所有相关生产操作或活动，以及所用主要设备；中间控制和所得结果的记录以及操作人员的姓名缩写；不同生产工序所得产量；对特殊问题的注释，包括对偏离生产处方和生产指令的偏差情况的详细说明。

（5）批包装记录　每批产品或每批中部分产品的包装，都应有批包装记录。包装记录应以包装指令的相关内容为依据。记录的设计应注意避免抄录差错。批包装记录应有待包装产品的批号、数量以及成品的批号和计划数量。

包装开始前，应进行检查，确保设备和工作场所无上批遗留的产品、文件或与本批包装无关的物料，设备应处于已清洁及待用状态。检查情况应有记录。

每项操作进行时应即时记录以下内容，操作结束后，应由包装操作负责人确认并签注姓名和日期：产品名称；包装操作日期和时间；包装操作负责人姓名；重要包装工序的操作人员姓名缩写；根据包装指令所进行的鉴别和其他检查记录，包括中间控制结果；包装操作的详细情况，包括所用设备及包装生产线的编号；所用印刷包装材料的样张，包括印有批号、有效期及其他打印内容的印刷包装材料的样张；对特殊问题及异常事件的注释，包括对偏离生产处方和生产指令的偏差情况的详细说明，并经签字批准。所有印刷包装材料和待包装产品的名称、代码，以及发放、使用、销毁或退库的数量以及实得产量，以进行物料平衡检查。

（6）规程和记录

①收料：应有原辅料、内包装材料和印刷包装材料接收的书面规程，每次收料均应有记录。应有原辅料、包装材料或其他物料的标识、待验和储存的书面规程。

②取样：应有取样的书面规程，包括经授权的取样人、取样方法和取样用设备、取样量以及为避免物料污染或影响质量应采取的预防措施。

③检验：应有物料和不同生产阶段产品的书面检验规程，阐述所用方法和设备。检验结果应有记录。

④其他：

a. 应制订物料和产品放行与否判定标准的书面规程，特别是产品放行责任人根据欧盟2001/83/EC 号法令第 51 条批准成品放行销售；

b. 每一批发放上市的产品均应保存相应的发放记录，以便召回产品；

c. 应有下述活动相应的书面规程、所采取的措施或所得结果的相关记录：验证；设备的装配和校准；维护、清洁和消毒；培训及卫生等与人员相关的事宜；环境监测；虫害控制；投诉；药品召回；退货；

d. 主要生产操作和检验设备都应有明确的操作规程；

e. 主要设备或关键设备的验证、校准、维护、清洁或修理应有相应的设备记录；操作人员应在记录中签名并注明日期；

f. 用于产品生产的主要或关键设备以及生产区，应按年月日次序作好使用记录。

（五）生产

1. 原则

必须根据 GMP，严格按照明确的规程进行生产操作，以确保产品达到必需的质量标准，并符合药品生产许可和药品注册批准的要求。

2. 概述

（1）应由称职的人员从事药品的生产操作和管理。

（2）所有物料及产品的处理，如收料、待验、取样、储存、贴签标识、配料、生产、包装及发运均应按照书面规程或指令执行，并有记录。

（3）所有到货物料均应检查，以确保与订单一致。物料的外包装应贴签标注规定的信息，必要时还应进行清洁。

（4）发现外包装损坏或其他可能影响物料质量的问题，应予调查、记录，并向质量控制部门报告。

（5）所有到货物料和成品在接收或生产后应立即按待验要求存放，直至放行使用或放行发放上市。

（6）外购的中间产品和待包装产品的收料，视同原辅料管理。

（7）所有物料和产品应在生产企业规定的合适条件下，有序分批储存和周转。

（8）应检查产量和数额平衡，确保数额平衡符合设定标准。

（9）同一房间内不应同时或连续进行不同产品的生产操作，除非无混淆或交叉污染的风险。

（10）在生产的每一阶段，应保护产品和物料免受微生物和其他污染。

（11）干燥物料或产品的生产中，尤其是高活性或高致敏性物料的生产中，应采取特殊措施，防止粉尘的产生和扩散。

（12）生产期间，所有使用的物料、半成品容器、主要设备及必要的操作室均应贴签标识或以其他方式标明生产中的产品或物料名称、活性含量和批号，如有必要，还应标明生产工序。

（13）容器、设备或设施所用标识应清晰明了，其格式应经过生产企业的批准。除在标识上使用文字说明外，采用不同的颜色通常有助于区分被标识物的状态（如待验、合格、不合格或清洁等）。

（14）应检查产品从一个区域输送至另一个区域的管道和其他设备连接，确保连接正确无误。

（15）应尽可能避免出现任何偏离指令或规程的偏差。一旦出现偏差，应由主管人员签字批准，必要时，应由质量控制部门参与调查处理。

（16）生产厂房应仅限于经批准的人员出入。

（17）用于药品生产的设备或生产区，通常应避免生产非医药类的产品。

3. 生产过程中交叉污染的预防

（1）必须采取措施，防止原辅料或产品被其他物料或产品污染　生产过程中的物料、产品、设备表面残留物以及操作人员工作服有可能不受控制地释放尘埃、气体、蒸汽、喷溅物或生物体，从而导致偶发性的交叉污染，其风险大小因污染物和被污染产品的种类而异。最具危害性的污染物则是高致敏性物料、含有活性微生物的生物制品，如某些激素、细胞毒性物质以及其他高活性物质；对注射剂、大剂量给药和/或长期使用的药品而言，产品污染的危害性最为严重。

（2）应采取适当的技术手段或管理措施，防止交叉污染

①在隔离区内生产药品（如青霉素类、活疫苗、活菌制剂以及一些其他生物制品）；或采用阶段性生产的方式（按时间间隔）在适当清洁后生产。

②设置必要的气闸和排风。

③应尽可能降低因空气循环使用，未经处理或未经充分处理的空气再次进入生产区所致污染的风险。

④在容易发生交叉污染的产品生产区内，操作人员应穿戴防护服。

⑤由于清洁不充分的设备是常见的交叉污染源，应采用已知效果的清洁和去污染规程进行清洁。

⑥使用"密闭系统"生产。

⑦对残留物进行检测并使用设备清洁状态标识。

（3）应按设定的规程，定期检查防止交叉污染的措施及其有效性。

4. 验证

（1）验证应起到加强 GMP 的作用，并按照预定的规程进行；验证结果和结论应有记录。

（2）采用新的生产处方或生产方法前，应验证其对常规生产的适用性；验证应能证明，使用指定物料和设备时，预定的生产工艺能持续稳定地生产出符合质量要求的产品。

（3）生产工艺的重大变化，包括可能影响产品质量或工艺重现性的设备或物料的变更，都应进行验证。

（4）关键的工艺和规程应定期进行再验证，确保其仍可达到预定结果。

5. 原辅料

（1）原辅料的采购至关重要，应由对供应商详细、全面了解的人员参与。

（2）原辅料只能向符合质量审计要求，并经批准列入相关质量标准的供应商采购；应尽可能直接向生产商购买。原辅料的质量标准，建议由药品生产企业与供应商共同商定。所购原辅料生产和控制的各个方面，包括加工处理、贴签、包装要求、投诉以及产品不合格的判定等，最好也由药品生产企业与生产商及供应商共同商定。

（3）每次交货时，应检查容器外包装的完整性、密封性，且交货单与供应商标签的内容一致。

（4）如一次交货的物料是由数个批次构成，应按批取样、检验及放行发放使用。

（5）仓储区内的原辅料应有适当的标志，至少标明下述内容：①指定的产品名称和企业内部的物料代码；②企业接收时给定的批号；③物料状态（如待验、在检、合格、不合格）；④有效期或复验日期；⑤如使用完全计算机化的仓储管理系统，则不必以可读的方式在标签上标出上述信息。

（6）应有适当的规程或措施，确保每一包装内的原辅料正确无误；已被取样的待包装产品的容器也应作好标记。

（7）只有经质量控制部门批准放行并在有效期内的原辅料方可使用。

（8）应由专门指定的人员按照书面规程进行配料，确保合格的物料经精确称量或计算，然后装入洁净容器中，并进行适当标记。

（9）配制的每一物料及其重量或体积应由他人独立进行复核，并有复核记录。

（10）用于一批药品生产的所有配制集中存放，并标相应的明显标识。

6. 生产操作

中间产品及待包装产品的生产操作要注意以下内容。

（1）生产操作前，应采取措施，保证工作区和设备已处于清洁状态，没有任何与本批生产无关的原辅料、遗留产品、标签或文件。

（2）中间产品和待包装产品应在适当的条件下储存。

（3）关键工艺应经过验证。

（4）应进行必要的中间控制和环境监测，并予以记录。

（5）实际产量明显偏离预期产量时，应有记录并进行调查。

7. 包装材料

（1）内包装材料和印刷包装材料的采购、管理和控制要求与原辅料相同。

（2）应特别注意印刷包装材料，它们应存放在足够安全的区域内，以免未经批准人员进入。切割式标签或其他散装印刷材料应分别置于封闭容器内储运，以防混淆。只能由专人按照经批准的书面规程发放包装材料。

（3）每批或每次发放的印刷包装材料或内包装材料，均应设置特定的批号、编号或识别标志。

（4）过期的或废弃的印刷包装材料或内包装材料，应予销毁并有相应记录。

8. 包装操作

（1）制订包装操作规程时，应特别注意采取措施降低交叉污染、混淆或差错的风险。未经物理隔离，不同产品不应在相邻区域内包装。

（2）包装操作前，应采取适当措施，确保工作区、包装生产线、印刷机及其他设备已处于清洁状态，没有任何与本批包装无关的产品、物料或文件。应按照清场一览表的要求进行清场。

（3）每一包装操作场所或包装生产线，应标明包装中的产品名称和批号。

（4）向包装部门发放所有产品和需用的包装材料时，应核对数量、标识，且与包装指令相符。

（5）待灌装容器在灌装前应清洁。应注意避免并清除容器中任何玻璃碎片、金属颗粒类污染物。

（6）通常情况下，产品灌装、封口后应尽快贴签；否则，应按照相关的规程操作，以确保不会发生混淆或贴错标签等差错。

（7）任何单独打印或包装过程中的打印（如控制号或有效期）均应进行检查，确保其正确无误，并予以记录。应注意手工打印情况并定期复核。

（8）使用切割式标签，以及在包装线以外打印标签时，应有专门的管理措施。与切割式标签相比，卷筒式标签通常更便于防止混淆。

（9）应对电子读码机、标签计数器或其他类似装置进行检查，确保其准确运行。

（10）包装材料上印刷或模压的内容应清晰、不褪色、不易擦去。

（11）包装期间，产品的在线控制检查至少应包括包装外观；包装是否完整；产品和包装材料是否正确；打印内容是否正确；在线监控装置的功能是否正常。样品从包装生产线取走后不应再返还。

（12）只有经过专门检查、调查，并由授权人员批准后，出现异常情况时的产品方可返回包装操作，作正常产品处理。此过程应有详细记录。

（13）在数额平衡检查中，发现待包装产品、印刷包装材料以及成品数量有显著或异常差异时，应进行调查，未得到合理解释前，成品不得放行。

（14）包装结束时，已打印批号的剩余包装材料应全部销毁，并有记录。如将未打印批号的印刷包装材料退库，应严格按照书面规程执行。

9. 成品

（1）在按企业所制订的标准最终放行前，产品应待验储存。

（2）产品放行销售前，评价成品及所必需的文件见质量控制部分。

（3）成品放行后，应作为合格品按药品生产企业规定的条件存放。

10. 不合格品、回收以及退回的物料

（1）不合格的物料和产品均应有清晰醒目的标志，并存放在单独的控制区内，既可退回给供应商，也可在一定条件下返工，或作报废处理。不管采用哪种方式处理，均应经受权人员批准并有相应记录。

（2）不合格产品的返工应属例外。只有不影响最终产品质量、符合质量标准，且根据预定、经批准的规程对相关风险评估后，才允许返工处理。返工应有相应记录。

（3）只有经预先批准，方可将以前生产的所有或部分批次的合格产品，在某一确定的生产工序合并到同一产品的一个批次中予以回收。应对相关的质量风险（包括可能对产品有效期的影响）进行适当评估后，方可按预定的规程进行回收处理。回收应有相应记录。

（4）对返工处理后或回收合并的成品，质量控制部门应考虑需要进行额外的检验。

（5）从市场上退回并已脱离药品生产企业控制的产品应予销毁，除非对其质量无可置疑；只有经质量控制部门根据书面规程严格评价后，方可考虑将退回的产品重新发放销售、重新贴签，或在后续的批次中回收。评价时，应考虑产品的性质、所需的特殊储存条件、产品的现状与历史，以及发放与退回之间的间隔时间等因素。即使有可能利用基础化学方法从退货中回收原料药，但如对产品质量存有任何怀疑时，就不应再考虑产品的重新发放或重新使用。任何退货处理均应有相应记录。

（六）质量控制

1. 原则

质量控制涉及取样、质量标准、检验、组织机构、文件以及物料或产品的放行，它确保完成必要及相关的检验，确保质量判定为不合格的物料或产品不能放行使用或销售。质量控制并不只限于实验室工作，必须涉及与产品质量相关的所有决策。质量控制独立于生产是质量控制良好运作的基本原则。

2. 概述

（1）每一药品生产企业都应设质量控制部门，该部门应独立于其他部门。质量控制部门的负责人应具有相当的资质和经验，有权管辖一个或数个实验室。质量控制应配备足够的资源，以便有效和可靠地完成所有质量控制计划及相关活动。

（2）QC 部门负责人除基本职责外，还有其他职责，如制订、验证和实施所有质量控制规程，保存产品和物料的样品，确保物料和产品容器上的标识正确无误，确保监测产品的稳定性，参与产品质量投诉的调查等。所有这些活动都应按照批准的书面规程进行，并在必要时做好相关记录。

（3）成品的质量评价应包括所有相关因素，包括生产条件、中间控制结果、生产（包括包装）文件的审核、是否符合成品质量标准及最终包装的检查。

（4）QC 人员有权进入生产区进行取样及调查。

3. 质检实验室管理规范

（1）实验室的厂房和设备应符合质量控制区的一般要求和特殊要求。

（2）实验室的人员、场地、设备应同生产操作的性质和规模相适应。

（3）实验室文件主要涉及质量控制。质量控制部门的文件主要包括质量标准；取样规程；检验操作规程和记录（包括分析记录和/或实验室工作记事簿）；分析报告和/或证书必要的环境监测；必要的检验方法验证记录；仪器校验和设备维护的规程及记录。

（4）按欧盟2001/83/EC号法令第51（3）条的规定，批记录所有有关的质量控制文件应保存至产品有效期后的一年，以及放行证书后至少5年。

（5）宜采用便于趋势分析的方法保存某些数据（如分析检验结果、产量、环境控制）。

（6）除批记录相关的资料信息外，还应保存其他原始资料，如实验室记事簿和/或记录，以方便查阅。

（7）应按照经批准的书面规程取样，这些规程包括取样方法；所用器具；样品量；分样的方法；所用样品容器的类型和状态；样品容器的标识；取样注意事项，尤其是无菌或有害物料取样的注意事项；储存条件；取样器具的清洁方法和储存要求。

（8）样品应能代表被取样产品或物料的批次，为监控生产过程中最重要的环节（如生产开始和结束时），也可抽取其他样品。

（9）样品的容器应贴有标签标明内容物，注明样品名称、批号、取样日期、被取样包装容器的编号。

（10）检验方法应经过验证。药品注册批准所规定的所有检验项目均应按照批准的方法检疫。

（11）检验结果应有记录并应复核，确保结果与记录一致。

（12）所作检验应有记录。

（13）所有中间控制（包括生产人员在生产区所进行的中间控制），均应按质量控制批准的方法进行，检疫结果应有记录。

（14）应特别注意实验室试剂、定容玻璃仪器和溶液、对照品以及培养基的质量。它们均应按书面规程配制和准备。

（15）长期使用的试剂应标注配制日期和配制人员姓名。不稳定的试剂和培养基应标注有效期及特殊储存条件。

（16）必要时，在任何检验用物品（如试剂和对照品）的容器上，应标注接收日期，应按照有关说明使用和储存这类物品。某些情况下，在收货或使用前，应对试剂进行鉴别或其他试验。

（17）内包装材料、物料或产品检验用动物，必要时应在使用前隔离检验。饲养和管理应确保动物适用于预定用途。动物应有标识，并应保存使用的历史记录。

（18）此外，还要实行持续稳定性考察，目的是在有效期内监控产品，并确定产品可以或预期可以在标示的储存条件下符合质量标准的各项要求。

（七）委托生产和委托检验

为避免因误解而影响产品或工作质量，委托生产或检验必须正确界定、经双方同意并严格控制。委托方和受托方必须签订书面合同，明确规定各方的职责。

（八）投诉和药品召回

必须根据书面规程，详细审核所有的投诉以及有关产品潜在质量缺陷的其他信息。为了按 2001/83/EC 号法令要求应对所有突发事件，企业应建立一个系统，以便必要时可迅速、有效地从市场召回有质量缺陷或怀疑有质量缺陷的所有产品。

（九）自检

应进行自检，以监控 GMP 的实施情况，评估企业是否符合 GMP 要求，并提出必要的整改措施。

二、我国药品生产质量管理规范

根据 2010 年 10 月经卫生部审议通过的《药品生产质量管理规范》（卫生部令第 79 号），我国药品生产质量管理规范主要内容有以下几个方面。

（一）质量管理

1. 原则

（1）企业应当建立符合药品质量管理要求的质量目标，将药品注册的有关安全、有效和质量可控的所有要求，系统地贯彻到药品生产、控制及产品放行、储存、发运的全过程中，确保所生产的药品符合预定用途和注册要求。

（2）企业高层管理人员应当确保实现既定的质量目标，不同层次的人员以及供应商、经销商应当共同参与并承担各自的责任。

（3）企业应当配备足够的、符合要求的人员、厂房、设施和设备，为实现质量目标提供必要的条件。

2. 质量保证

（1）质量保证是质量管理体系的一部分。企业必须建立质量保证系统，同时建立完整的文件体系，以保证系统有效运行。

（2）质量保证系统应当确保以下内容。

①药品的设计与研发体现本规范的要求。

②生产管理和质量控制活动符合本规范的要求。

③管理职责明确。

④采购和使用的原辅料和包装材料正确无误。

⑤中间产品得到有效控制。

⑥确认、验证的实施。

⑦严格按照规程进行生产、检查、检验和复核。

⑧在储存、发运和随后的各种操作过程中有保证药品质量的适当措施。

⑨按照自检操作规程，定期检查评估质量保证系统的有效性和适用性。

（3）药品生产质量管理的基本要求

①制定生产工艺，系统地回顾并证明其可持续稳定地生产出符合要求的产品。

②生产工艺及其重大变更均经过验证。

③配备所需的资源，至少包括：a. 具有适当的资质并经培训合格的人员；b. 适用的设备和维修保障；c. 正确的原辅料、包装材料和标签；d. 经批准的工艺规程和操作规程；e. 适当的储运条件。

（4）应当使用准确、易懂的语言制定操作规程。

（5）操作人员经过培训，能够按照操作规程正确操作。

（6）生产全过程应当有记录，偏差均经过调查并记录。

（7）批记录和发运记录应当能够追溯批产品的完整历史，并妥善保存、便于查阅。

（8）降低药品发运过程中的质量风险。

（9）建立药品召回系统，确保能够召回任何一批已发运销售的产品。

（10）调查导致药品投诉和质量缺陷的原因，并采取措施，防止类似质量缺陷再次发生。

3. 质量控制

（1）质量控制包括相应的组织机构、文件系统以及取样、检验等，确保物料或产品在放行前完成必要的检验，确认其质量符合要求。

（2）质量控制的基本要求

①应当配备适当的设施、设备、仪器和经过培训的人员，有效、可靠地完成所有质量控制的相关活动。

②应当有批准的操作规程，用于原辅料、包装材料、中间产品、待包装产品和成品取样、检查、检验以及产品的稳定性考察，必要时进行环境监测，以确保符合本规范的要求。

③由经授权的人员按照规定的方法对原辅料、包装材料、中间产品、待包装产品和成品进行取样。

④检验方法应当经过验证或确认。

⑤取样、检查、检验应当有记录，偏差应当经过调查并记录。

⑥物料、中间产品、待包装产品和成品必须按照质量标准进行检查和检验，并有记录。

（3）物料和最终包装的成品应当有足够的留样，以备必要的检查或检验；除最终包装容器过大的成品外，成品的留样包装应当与最终包装相同。

4. 质量风险管理

（1）质量风险管理是在整个产品生命周期中采用前瞻或回顾的方式，对质量风险进行评估、控制、沟通、审核的系统过程。

（2）应当根据科学知识及经验对质量风险进行评估，以保证产品质量。

（3）质量风险管理过程所采用的方法、措施、形式及形成的文件应当与存在风险的级别相适应。

（二）机构与人员

1. 原则

（1）企业应当建立与药品生产相适应的管理机构，并有组织机构图。企业应当设立独立的质量管理部门，履行质量保证和质量控制的职责。质量管理部门可以分别设立质量保证部门和质量控制部门。

（2）质量管理部门应当参与所有与质量有关的活动，负责审核所有与本规范有关的文件。质量管理部门人员不得将职责委托给其他部门的人员。

（3）企业应当配备足够数量并具有适当资质（含学历、培训和实践经验）的管理和操作人员，应当明确规定每个部门和每个岗位的职责。岗位职责不得遗漏，交叉的职责应当有明确规定。每个人所承担的职责不应当过多。

所有人员应当明确并理解自己的职责，熟悉与其职责相关的要求，并接受必要的培训，包括上岗前培训和继续培训。

（4）职责通常不得委托给他人。确需委托的，其职责可委托给具有相当资质的指定人员。

2. 关键人员

关键人员应当为企业的全职人员，至少应当包括企业负责人、生产管理负责人、质量管理负责人和质量受权人。

质量管理负责人和生产管理负责人不得互相兼任。质量管理负责人和质量受权人可以兼任。应当制定操作规程确保质量受权人独立履行职责，不受企业负责人和其他人员的干扰。

（1）企业负责人　企业负责人是药品质量的主要责任人，全面负责企业日常管理。为确保企业实现质量目标并按照本规范要求生产药品，企业负责人应当负责提供必要的资源，合理计划、组织和协调，保证质量管理部门独立履行其职责。

（2）生产管理负责人

①资质：生产管理负责人应当至少具有药学或相关专业本科学历（或中级专业技术职称或执业药师资格），具有至少三年从事药品生产和质量管理的实践经验，其中至少有一年的药品生产管理经验，接受过与所生产产品相关的专业知识培训。

②主要职责：药品按照批准的工艺规程生产、储存，以保证药品质量；严格执行与生产操作相关的各种操作规程；确保批生产记录和批包装记录经过指定人员审核并送交质量管理部门；确保厂房和设备的维护保养，以保持其良好的运行状态；确保完成各种必要的验证工作；确保生产相关人员经过必要的上岗前培训和继续培训，并根据实际需要调整培训内容。

3. 培训

（1）企业应当指定部门或专人负责培训管理工作，应当有经生产管理负责人或质量管理负责人审核或批准的培训方案或计划，培训记录应当予以保存。

（2）与药品生产、质量有关的所有人员都应当经过培训，培训的内容应当与岗位的要求相适应。除进行本规范理论和实践的培训外，还应当有相关法规、相应岗位的职责、技能的培训，并定期评估培训的实际效果。

（3）高风险操作区（如高活性、高毒性、传染性、高致敏性物料的生产区）的工作人员应当接受专门的培训。

4. 人员卫生

（1）所有人员都应当接受卫生要求的培训，企业应当建立人员卫生操作规程，最大限度地降低人员对药品生产造成污染的风险。

（2）人员卫生操作规程应当包括与健康、卫生习惯及人员着装相关的内容。生产区和质量控制区的人员应当正确理解相关的人员卫生操作规程。企业应当采取措施确保人员卫生操作规程的执行。

（3）企业应当对人员健康进行管理，并建立健康档案。直接接触药品的生产人员上岗前应当接受健康检查，以后每年至少进行一次健康检查。

（4）企业应当采取适当措施，避免体表有伤口、患有传染病或其他可能污染药品疾病的人员从事直接接触药品的生产。

（5）参观人员和未经培训的人员不得进入生产区和质量控制区，特殊情况确需进入的，应当事先对个人卫生、更衣等事项进行指导。

（6）任何进入生产区的人员均应当按照规定更衣。工作服的选材、式样及穿戴方式应当与所从事的工作和空气洁净度级别要求相适应。

（7）进入洁净生产区的人员不得化妆和佩戴饰物。

（8）生产区、仓储区应当禁止吸烟和饮食，禁止存放食品、饮料、香烟和个人用药品等非生产用物品。

（9）操作人员应当避免裸手直接接触药品、与药品直接接触的包装材料和设备表面。

（三）厂房与设施

1. 原则

（1）厂房的选址、设计、布局、建造、改造和维护必须符合药品生产要求，应当能够最大限度地避免污染、交叉污染、混淆和差错，便于清洁、操作和维护。

（2）应当根据厂房及生产防护措施综合考虑选址，厂房所处的环境应当能够最大限度地降低物料或产品遭受污染的风险。

（3）企业应当有整洁的生产环境；厂区的地面、路面及运输等不应当对药品的生产造成污染；生产、行政、生活和辅助区的总体布局应当合理，不得互相妨碍；厂区和厂房内的人流、物流走向应当合理。

（4）应当对厂房进行适当维护，并确保维修活动不影响药品的质量。应当按照详细的书面操作规程对厂房进行清洁或必要的消毒。

（5）厂房应当有适当的照明、温度、湿度和通风，确保生产和储存的产品质量以及相关设备性能不会直接或间接地受到影响。

（6）厂房、设施的设计和安装应当能够有效防止昆虫或其他动物进入。应当采取必要的措施，避免所使用的灭鼠药、杀虫剂、烟熏剂等对设备、物料、产品造成污染。

（7）应当采取适当措施，防止未经批准人员的进入。生产、储存和质量控制区不应当作为非本区工作人员的直接通道。

（8）应当保存厂房、公用设施、固定管道建造或改造后的竣工图纸。

2. 生产区

（1）为降低污染和交叉污染的风险，厂房、生产设施和设备应当根据所生产药品的特性、工艺流程及相应洁净度级别要求合理设计、布局和使用，并符合下列要求。

①应当综合考虑药品的特性、工艺和预定用途等因素，确定厂房、生产设施和设备多产品共用的可行性，并有相应评估报告。

②生产特殊性质的药品，如高致敏性药品（如青霉素类）或生物制品（如卡介苗或其他用活性微生物制备而成的药品），必须采用专用和独立的厂房、生产设施和设备。青霉素类药品产尘大的操作区域应当保持相对负压，排至室外的废气应当经过净化处理并符合要求，排风口应当远离其他空气净化系统的进风口。

③生产 β-内酰胺结构类药品、性激素类避孕药品必须使用专用设施（如独立的空气

净化系统）和设备，并与其他药品生产区严格分开。

④生产某些激素类、细胞毒性类、高活性化学药品应当使用专用设施（如独立的空气净化系统）和设备；特殊情况下，如采取特别防护措施并经过必要的验证，上述药品制剂则可通过阶段性生产方式共用同一生产设施和设备。

⑤用于上述各项的空气净化系统，其排风应当经过净化处理。

⑥药品生产厂房不得用于生产对药品质量有不利影响的非药用产品。

（2）生产区和储存区应当有足够的空间，确保有序地存放设备、物料、中间产品、待包装产品和成品，避免不同产品或物料的混淆、交叉污染，避免生产或质量控制操作发生遗漏或差错。

（3）应当根据药品品种、生产操作要求及外部环境状况等配置空调净化系统，使生产区有效通风，并有温度、湿度控制和空气净化过滤，保证药品的生产环境符合要求。

洁净区与非洁净区之间、不同级别洁净区之间的压差应当不低于10Pa。必要时，相同洁净度级别的不同功能区域（操作间）之间也应当保持适当的压差梯度。

口服液体和固体制剂、腔道用药（含直肠用药）、表皮外用药品等非无菌制剂生产的暴露工序区域及其直接接触药品的包装材料最终处理的暴露工序区域，应当参照"无菌药品"附录中D级洁净区的要求设置，企业可根据产品的标准和特性对该区域采取适当的微生物监控措施。

（4）洁净区的内表面（墙壁、地面、天棚）应当平整光滑、无裂缝、接口严密、无颗粒物脱落，避免积尘，便于有效清洁，必要时应当进行消毒。

（5）各种管道、照明设施、风口和其他公用设施的设计和安装应当避免出现不易清洁的部位，应当尽可能在生产区外部对其进行维护。

（6）排水设施应当大小适宜，并安装防止倒灌的装置。应当尽可能避免明沟排水；不可避免时，明沟宜浅，以方便清洁和消毒。

（7）制剂的原辅料称量通常应当在专门设计的称量室内进行。

（8）产尘操作间（如干燥物料或产品的取样、称量、混合、包装等操作间）应当保持相对负压或采取专门的措施，防止粉尘扩散、避免交叉污染并便于清洁。

（9）用于药品包装的厂房或区域应当合理设计和布局，以避免混淆或交叉污染。如同一区域内有数条包装线，应当有隔离措施。

（10）生产区应当有适度的照明，目视操作区域的照明应当满足操作要求。

（11）生产区内可设中间控制区域，但中间控制操作不得给药品带来质量风险。

3. 仓储区

（1）仓储区应当有足够的空间，确保有序存放待验、合格、不合格、退货或召回的原辅料、包装材料、中间产品、待包装产品和成品等各类物料和产品。

（2）仓储区的设计和建造应当确保良好的仓储条件，并有通风和照明设施。仓储区应当能够满足物料或产品的储存条件（如温湿度、避光）和安全储存的要求，并进行检查和监控。

（3）高活性的物料或产品以及印刷包装材料应当储存于安全的区域。

（4）接收、发放和发运区域应当能够保护物料、产品免受外界天气（如雨、雪）的影响。接收区的布局和设施应当能够确保到货物料在进入仓储区前可对外包装进行必要的清洁。

（5）如采用单独的隔离区域储存待验物料，待验区应当有醒目的标识，且只限于经批准的人员出入。不合格、退货或召回的物料或产品应当隔离存放。如果采用其他方法替代物理隔离，则该方法应当具有同等的安全性。

（6）通常应当有单独的物料取样区。取样区的空气洁净度级别应当与生产要求一致。如在其他区域或采用其他方式取样，应当能够防止污染或交叉污染。

4. 质量控制区

（1）质量控制实验室通常应当与生产区分开。生物检定、微生物和放射性同位素的实验室还应当彼此分开。

（2）实验室的设计应当确保其适用于预定的用途，并能够避免混淆和交叉污染，应当有足够的区域用于样品处置、留样和稳定性考察样品的存放以及记录的保存。

（3）必要时，应当设置专门的仪器室，使灵敏度高的仪器免受静电、震动、潮湿或其他外界因素的干扰。

（4）处理生物样品或放射性样品等特殊物品的实验室应当符合国家的有关要求。

（5）实验动物房应当与其他区域严格分开，其设计、建造应当符合国家有关规定，并设有独立的空气处理设施以及动物的专用通道。

5. 辅助区

（1）休息室的设置不应当对生产区、仓储区和质量控制区造成不良影响。

（2）更衣室和盥洗室应当方便人员进出，并与使用人数相适应。盥洗室不得与生产区和仓储区直接相通。

（3）维修间应当尽可能远离生产区。存放在洁净区内的维修用备件和工具，应当放置在专门的房间或工具柜中。

（四）设备

1. 原则

（1）设备的设计、选型、安装、改造和维护必须符合预定用途，应当尽可能降低产生污染、交叉污染、混淆和差错的风险，便于操作、清洁、维护，以及必要时进行的消毒或灭菌。

（2）应当建立设备使用、清洁、维护和维修的操作规程，并保存相应的操作记录。

（3）应当建立并保存设备采购、安装、确认的文件和记录。

2. 设计和安装

（1）生产设备不得对药品质量产生任何不利影响。与药品直接接触的生产设备表面应当平整、光洁、易清洗或消毒、耐腐蚀，不得与药品发生化学反应、吸附药品或向药品中释放物质。

（2）应当配备有适当量程和精度的衡器、量具、仪器和仪表。

（3）应当选择适当的清洗、清洁设备，并防止这类设备成为污染源。

（4）设备所用的润滑剂、冷却剂等不得对药品或容器造成污染，应当尽可能使用食用级或级别相当的润滑剂。

（5）生产用模具的采购、验收、保管、维护、发放及报废应当制订相应操作规程，设专人专柜保管，并有相应记录。

3. 维护和维修

（1）设备的维护和维修不得影响产品质量。

（2）应当制定设备的预防性维护计划和操作规程，设备的维护和维修应当有相应的记录。

（3）经改造或重大维修的设备应当进行再确认，符合要求后方可用于生产。

4. 使用和清洁

（1）主要生产和检验设备都应当有明确的操作规程。

（2）生产设备应当在确认的参数范围内使用。

（3）应当按照详细规定的操作规程清洁生产设备。生产设备清洁的操作规程应当规定出具体而完整的清洁方法、清洁用设备或工具、清洁剂的名称和配制方法、去除前一批次标识的方法、保护已清洁设备在使用前免受污染的方法、已清洁设备最长的保存时限、使用前检查设备清洁状况的方法，使操作者能以可重现的、有效的方式对各类设备进行清洁。

如需拆装设备，还应当规定设备拆装的顺序和方法；如需对设备消毒或灭菌，还应当规定消毒或灭菌的具体方法、消毒剂的名称和配制方法。必要时，还应当规定设备生产结束至清洁前所允许的最长间隔时限。

（4）已清洁的生产设备应当在清洁、干燥的条件下存放。

（5）用于药品生产或检验的设备和仪器，应当有使用日志，记录内容包括使用、清洁、维护和维修情况以及日期、时间、所生产及检验的药品名称、规格和批号等。

（6）生产设备应当有明显的状态标识，标明设备编号和内容物（如名称、规格、批号）；没有内容物的应当标明清洁状态。

（7）不合格的设备如有可能应当搬出生产和质量控制区，未搬出前，应当有醒目的状态标识。

（8）主要固定管道应当标明内容物名称和流向。

5. 校准

（1）应当按照操作规程和校准计划定期对生产和检验用衡器、量具、仪表、记录和控制设备以及仪器进行校准和检查，并保存相关记录。校准的量程范围应当涵盖实际生产和检验的使用范围。

（2）应当确保生产和检验使用的关键衡器、量具、仪表、记录和控制设备以及仪器经过校准，所得出的数据准确、可靠。

（3）应当使用计量标准器具进行校准，且所用计量标准器具应当符合国家有关规定。校准记录应当标明所用计量标准器具的名称、编号、校准有效期和计量合格证明编号，确保记录的可追溯性。

（4）衡器、量具、仪表、用于记录和控制的设备以及仪器应当有明显的标识，标明其校准有效期。

（5）不得使用未经校准、超过校准有效期、失准的衡器、量具、仪表以及用于记录和控制的设备、仪器。

（6）在生产、包装、仓储过程中使用自动或电子设备的，应当按照操作规程定期进行校准和检查，确保其操作功能正常。校准和检查应当有相应的记录。

6. 制药用水

（1）制药用水应当适合其用途，并符合《中华人民共和国药典》的质量标准及相关要求。制药用水至少应当采用饮用水。

（2）水处理设备及其输送系统的设计、安装、运行和维护应当确保制药用水达到设定的质量标准。水处理设备的运行不得超出其设计能力。

（3）纯化水、注射用水储罐和输送管道所用材料应当无毒、耐腐蚀；储罐的通气口应当安装不脱落纤维的疏水性除菌滤器；管道的设计和安装应当避免死角、盲管。

（4）纯化水、注射用水的制备、储存和分配应当能够防止微生物的滋生。纯化水可采用循环，注射用水可采用70℃以上保温循环。

（5）应当对制药用水及原水的水质进行定期监测，并有相应的记录。

（6）应当按照操作规程对纯化水、注射用水管道进行清洗消毒，并有相关记录。发现制药用水微生物污染达到警戒限度、纠偏限度时应当按照操作规程处理。

（五）物料与产品

1. 原则

（1）药品生产所用的原辅料、与药品直接接触的包装材料应当符合相应的质量标准。药品上直接印字所用油墨应当符合食用标准要求。进口原辅料应当符合国家相关的进口管理规定。

（2）应当建立物料和产品的操作规程，确保物料和产品的正确接收、储存、发放、使用和发运，防止污染、交叉污染、混淆和差错。物料和产品的处理应当按照操作规程或工艺规程执行，并有记录。

（3）物料供应商的确定及变更应当进行质量评估，并经质量管理部门批准后方可采购。

（4）物料和产品的运输应当能够满足其保证质量的要求，对运输有特殊要求的，其运输条件应当予以确认。

（5）原辅料、与药品直接接触的包装材料和印刷包装材料的接收应当有操作规程，所有到货物料均应当检查，以确保与订单一致，并确认供应商已经质量管理部门批准。

物料的外包装应当有标签，并注明规定的信息。必要时，还应当进行清洁，发现外包装损坏或其他可能影响物料质量的问题，应当向质量管理部门报告并进行调查和记录。每次接收均应当有记录，内容包括：交货单和包装容器上所注物料的名称；企业内部所用物料名称和/或代码；接收日期；供应商和生产商（如不同）的名称；供应商和生产商（如不同）标识的批号；接收总量和包装容器数量；接收后企业指定的批号或流水号。

2. 原辅料

（1）应当制定相应的操作规程，采取核对或检验等适当措施，确认每一包装内的原辅料正确无误。

（2）一次接收数个批次的物料，应当按批取样、检验、放行。

（3）仓储区内的原辅料应当有适当的标识，并至少标明下述内容：指定的物料名称和企业内部的物料代码；企业接收时设定的批号；物料质量状态（如待验、合格、不合格、已取样）；有效期或复验期。

（4）只有经质量管理部门批准放行并在有效期或复验期内的原辅料方可使用。

（5）原辅料应当按照有效期或复验期储存。储存期内，如发现对质量有不良影响的特殊情况，应当进行复验。

（6）应当由指定人员按照操作规程进行配料，核对物料后，精确称量或计量，并做好标识。

（7）配制的每一物料及其重量或体积应当由他人独立进行复核，并有复核记录。

（8）用于同一批药品生产的所有配料应当集中存放，并做好标识。

3. 中间产品和待包装产品

（1）中间产品和待包装产品应当在适当的条件下储存。

（2）中间产品和待包装产品应当有明确的标识，并至少标明下述内容：产品名称和企业内部的产品代码；产品批号；数量或重量（如毛重、净重等）；生产工序（必要时）；产品质量状态（必要时，如待验、合格、不合格、已取样）。

4. 包装材料

（1）与药品直接接触的包装材料和印刷包装材料的管理和控制要求与原辅料相同。

（2）包装材料应当由专人按照操作规程发放，并采取措施避免混淆和差错，确保用于药品生产的包装材料正确无误。

（3）应当建立印刷包装材料设计、审核、批准的操作规程，确保印刷包装材料印制的内容与药品监督管理部门核准的一致，并建立专门的文档，保存经签名批准的印刷包装材料原版实样。

（4）印刷包装材料的版本变更时，应当采取措施，确保产品所用印刷包装材料的版本正确无误。收回作废的旧版印刷模版并予以销毁。

（5）印刷包装材料应当设置专门区域妥善存放，未经批准人员不得进入。切割式标签或其他散装印刷包装材料应当分别置于密闭容器内储运，以防混淆。

（6）印刷包装材料应当由专人保管，并按照操作规程和需求量发放。

（7）每批或每次发放的与药品直接接触的包装材料或印刷包装材料，均应当有识别标志，标明所用产品的名称和批号。

（8）过期或废弃的印刷包装材料应当予以销毁并记录。

5. 成品

（1）成品放行前应当待验储存。

（2）成品的储存条件应当符合药品注册批准的要求。

6. 特殊管理的物料和产品

麻醉药品、精神药品、医疗用毒性药品（包括药材）、放射性药品、药品类易致毒化学及易燃、易爆和其他危险品的验收、储存和管理应当执行国家有关的规定。

7. 其他

（1）不合格的物料、中间产品、待包装产品和成品的每个包装容器上均应当有清晰醒目的标志，并在隔离区内妥善保存。

（2）不合格的物料、中间产品、待包装产品和成品的处理应当经质量管理负责人批准，并有记录。

（3）产品回收需经预先批准，并对相关的质量风险进行充分评估，根据评估结论决定是否回收。回收应当按照预定的操作规程进行，并有相应记录。回收处理后的产品应当按照回收处理中最早批次产品的生产日期确定有效期。

（4）制剂产品不得进行重新加工。不合格的制剂中间产品、待包装产品和成品一般不得进行返工。只有不影响产品质量、符合相应质量标准，且根据预定、经批准的操作规程以及对相关风险充分评估后，才允许返工处理。返工应当有相应记录。

（5）对返工、重新加工或回收合并后生产的成品，质量管理部门应当考虑需要进行额外相关项目的检验和稳定性考察。

（6）企业应当建立药品退货的操作规程，并有相应的记录，内容至少应当包括：产品名称、批号、规格、数量、退货单位及地址、退货原因及日期、最终处理意见。同一产品同一批号不同渠道的退货应当分别记录、存放和处理。

（7）只有经检查、检验和调查，有证据证明退货质量未受影响，且经质量管理部门根据操作规程评价后，方可考虑将退货重新包装、重新发运销售。评价考虑的因素至少应当包括药品的性质、所需的储存条件、药品的现状、历史，以及发运与退货之间的间隔时间等因素。不符合储存和运输要求的退货，应当在质量管理部门监督下予以销毁。对退货质量存有怀疑时，不得重新发运。

对退货进行回收处理的，回收后的产品应当符合预定的质量标准。退货处理的过程和结果应当有相应记录。

（六）确认与验证

（1）企业应当确定需要进行的确认或验证工作，以证明有关操作的关键要素能够得到有效控制。确认或验证的范围和程度应当经过风险评估来确定。

（2）企业的厂房、设施、设备和检验仪器应当经过确认，应当采用经过验证的生产工艺、操作规程和检验方法进行生产、操作和检验，并保持持续的验证状态。

（3）应当建立确认与验证的文件和记录，并能以文件和记录证明达到以下预定的目标。

①设计确认应当证明厂房、设施、设备的设计符合预定用途和本规范要求。

②安装确认应当证明厂房、设施、设备的建造和安装符合设计标准。

③运行确认应当证明厂房、设施、设备的运行符合设计标准。

④性能确认应当证明厂房、设施、设备在正常操作方法和工艺条件下能够持续符合标准。

⑤工艺验证应当证明一个生产工艺按照规定的工艺参数能够持续生产出符合预定用途和注册要求的产品。

（4）采用新的生产处方或生产工艺前，应当验证其常规生产的适用性。生产工艺在使用规定的原辅料和设备条件下，应当能够始终生产出符合预定用途和注册要求的产品。

（5）当影响产品质量的主要因素，如原辅料、与药品直接接触的包装材料、生产设备、生产环境（或厂房）、生产工艺、检验方法等发生变更时，应当进行确认或验证。必要时，还应当经药品监督管理部门批准。

（6）清洁方法应当经过验证，证实其清洁的效果，以有效防止污染和交叉污染。清洁验证应当综合考虑设备使用情况、所使用的清洁剂和消毒剂、取样方法和位置，以及相应的取样回收率、残留物的性质和限度、残留物检验方法的灵敏度等因素。

（7）确认和验证不是一次性的行为。首次确认或验证后，应当根据产品质量回顾分析情况进行再确认或再验证。关键的生产工艺和操作规程应当定期进行再验证，确保其能够达到预期结果。

（8）企业应当制订验证总计划，以文件形式说明确认与验证工作的关键信息。

（9）验证总计划或其他相关文件中应当作出规定，确保厂房、设施、设备、检验仪器、生产工艺、操作规程和检验方法等能够保持持续稳定。

（10）应当根据确认或验证的对象制订确认或验证方案，并经审核、批准。确认或验证方案应当明确职责。

（11）确认或验证应当按照预先确定和批准的方案实施，并有记录。确认或验证工作完成后，应当写出报告，并经审核、批准。确认或验证的结果和结论（包括评价和建议）应当有记录并存档。

（12）应当根据验证的结果确认工艺规程和操作规程。

（七）文件管理

1. 原则

（1）文件是质量保证系统的基本要素。企业必须有内容正确的书面质量标准、生产处方和工艺规程、操作规程以及记录等文件。

（2）企业应当建立文件管理的操作规程，系统地设计、制定、审核、批准和发放文件。与本规范有关的文件应当经质量管理部门的审核。

（3）文件的内容应当与药品生产许可、药品注册等相关要求一致，并有助于追溯每批产品的历史情况。

（4）文件的起草、修订、审核、批准、替换或撤销、复制、保管和销毁等应当按照操作规程管理，并有相应的文件分发、撤销、复制、销毁记录。

（5）文件的起草、修订、审核、批准均应当由适当的人员签名并注明日期。

（6）文件应当标明题目、种类、目的以及文件编号和版本号。文字应当确切、清晰、易懂，不能模棱两可。

（7）文件应当分类存放、条理分明，便于查阅。

（8）原版文件复制时，不得产生任何差错；复制的文件应当清晰可辨。

（9）文件应当定期审核、修订；文件修订后，应当按照规定管理，防止旧版文件的误用。分发、使用的文件应当为批准的现行文本，已撤销的或旧版文件除留档备查外，不得在工作现场出现。

（10）与本规范有关的每项活动均应当有记录，以保证产品生产、质量控制和质量保证等活动可以追溯。记录应当留有填写数据的足够空格。记录应当及时填写，内容真实，字迹清晰、易读，不易擦除。

（11）应当尽可能采用生产和检验设备自动打印的记录、图谱和曲线图等，并标明产品或样品的名称、批号和记录设备的信息，操作人应当签注姓名和日期。

（12）记录应当保持清洁，不得撕毁和任意涂改。记录填写的任何更改都应当签注姓名和日期，并使原有信息仍清晰可辨，必要时，应当说明更改的理由。记录如需重新誊写，则原有记录不得销毁，应当作为重新誊写记录的附件保存。

（13）每批药品应当有批记录，包括批生产记录、批包装记录、批检验记录和药品放行审核记录等与本批产品有关的记录。批记录应当由质量管理部门负责管理，至少保存至药品有效期后一年。质量标准、工艺规程、操作规程、稳定性考察、确认、验证、变更等其他重要文件应当长期保存。

（14）如使用电子数据处理系统、照相技术或其他可靠方式记录数据资料，应当有所用系统的操作规程；记录的准确性应当经过核对。

使用电子数据处理系统的，只有经授权的人员方可输入或更改数据，更改和删除情况应当有记录；应当使用密码或其他方式来控制系统的登录；关键数据输入后，应当由他人独立进行复核。用电子方法保存的批记录，应当采用磁带、缩微胶卷、纸质副本或其他方法进行备份，以确保记录的安全，且数据资料在保存期内便于查阅。

2. 质量标准

（1）物料和成品应当有经批准的现行质量标准；必要时，中间产品或待包装产品也应当有质量标准。

（2）物料的质量标准一般应当包括物料的基本信息；企业统一指定的物料名称和内部使用的物料代码；质量标准的依据；经批准的供应商；印刷包装材料的实样或样稿；取样、检验方法或相关操作规程编号；定性和定量的限度要求；储存条件和注意事项；有效期或复验期。

（3）外购或外销的中间产品和待包装产品应当有质量标准。如果中间产品的检验结果用于成品的质量评价，则应当制订与成品质量标准相对应的中间产品质量标准。

（4）成品的质量标准应当包括产品名称以及产品代码；对应的产品处方编号（如有）；产品规格和包装形式；取样、检验方法或相关操作规程编号；定性和定量的限度要求；储藏条件和注意事项；有效期。

3. 工艺规程

（1）每种药品的每个生产批量均应当有经企业批准的工艺规程，不同药品规格的每种包装形式均应当有各自的包装操作要求。工艺规程的制定应当以注册批准的工艺为依据。

（2）工艺规程不得任意更改。如需更改，应当按照相关的操作规程修订、审核、批准。

（3）制剂的工艺规程的内容

①生产处方：产品名称和产品代码；产品剂型、规格和批量；所用原辅料清单（包括生产过程中使用，但不在成品中出现的物料），阐明每一物料的指定名称、代码和用量；如原辅料的用量需要折算时，还应当说明计算方法。

②生产操作要求：对生产场所和所用设备的说明（如操作间的位置和编号、洁净度级别、必要的温湿度要求、设备型号和编号等）；关键设备的准备（如清洗、组装、校准、灭菌等）所采用的方法或相应操作规程编号；详细的生产步骤和工艺参数说明（如物料的核对、预处理、加入物料的顺序、混合时间、温度等）；所有中间控制方法及标准；预期的最终产量限度，必要时，还应当说明中间产品的产量限度，以及物料平衡的计算方法和限度；待包装产品的储存要求，包括容器、标签及特殊储存条件；需要说明的注意事项。

③包装操作要求：以最终包装容器中产品的数量、重量或体积表示的包装形式；所需全部包装材料的完整清单，包括包装材料的名称、数量、规格、类型以及与质量标准有关的每一包装材料的代码；印刷包装材料的实样或复制品，并标明产品批号、需要说明的注意事项，包括对生产区和设备进行的检查，在包装操作开始前，确认包装生产线的清场已

经完成等；包装操作步骤的说明，包括重要的辅助性操作和所用设备的注意事项、包装材料使用前的核对；中间控制的详细操作，包括取样方法及标准；待包装产品、印刷包装材料的物料平衡计算方法和限度。

4. 批生产记录

（1）每批产品均应当有相应的批生产记录，可追溯该批产品的生产历史以及与质量有关的情况。

（2）批生产记录应当依据现行批准的工艺规程的相关内容制订。记录的设计应当避免填写差错。批生产记录的每一页应当标注产品的名称、规格和批号。

（3）原版空白的批生产记录应当经生产管理负责人和质量管理负责人审核和批准。批生产记录的复制和发放均应当按照操作规程进行控制并有记录，每批产品的生产只能发放一份原版空白批生产记录的复制件。

（4）在生产过程中，进行每项操作时应当及时记录，操作结束后，应当由生产操作人员确认并签注姓名和日期。

（5）批生产记录的内容应当包括产品名称、规格、批号；生产以及中间工序开始、结束的日期和时间；每一生产工序的负责人签名；生产步骤操作人员的签名；必要时，还应当有操作（如称量）复核人员的签名；每一原辅料的批号以及实际称量的数量（包括投入的回收或返工处理产品的批号及数量）；相关生产操作或活动、工艺参数及控制范围，以及所用主要生产设备的编号；中间控制结果的记录以及操作人员的签名；不同生产工序所得产量及必要时的物料平衡计算；对特殊问题或异常事件的记录，包括对偏离工艺规程的偏差情况的详细说明或调查报告，并经签字批准。

5. 批包装记录

（1）每批产品或每批中部分产品的包装，都应当有批包装记录，以便追溯该批产品包装操作以及与质量有关的情况。

（2）批包装记录应当依据工艺规程中与包装相关的内容制定。记录的设计应当注意避免填写差错。批包装记录的每一页均应当标注所包装产品的名称、规格、包装形式和批号。

（3）批包装记录应当有待包装产品的批号、数量以及成品的批号和计划数量。原版空白的批包装记录的审核、批准、复制和发放的要求与原版空白的批生产记录相同。

（4）在包装过程中，进行每项操作时应当及时记录，操作结束后，应当由包装操作人员确认并签注姓名和日期。

（5）批包装记录的内容包括产品名称、规格、包装形式、批号、生产日期和有效期；包装操作日期和时间；包装操作负责人签名；包装工序的操作人员签名；每一包装材料的名称、批号和实际使用的数量；根据工艺规程所进行的检查记录，包括中间控制结果；包装操作的详细情况，包括所用设备及包装生产线的编号；所用印刷包装材料的实样，并印有批号、有效期及其他打印内容；不宜随批包装记录归档的印刷包装材料可采用印有上述内容的复制品；对特殊问题或异常事件的记录，包括对偏离工艺规程的偏差情况的详细说明或调查报告，并经签字批准；所有印刷包装材料和待包装产品的名称、代码，以及发放、使用、销毁或退库的数量、实际产量以及物料平衡检查。

6. 操作规程和记录

（1）操作规程的内容应当包括题目、编号、版本号、颁发部门、生效日期、分发部门以及制订人、审核人、批准人的签名并注明日期、标题、正文及变更历史。

（2）厂房、设备、物料、文件和记录应当有编号（或代码），并制定编制编号（或代码）的操作规程，确保编号（或代码）的唯一性。

（3）下述活动也应当有相应的操作规程，其过程和结果应当有记录：确认和验证；设备的装配和校准；厂房和设备的维护、清洁和消毒；培训、更衣及卫生等与人员相关的事宜；环境监测；虫害控制；变更控制；偏差处理；投诉；药品召回；退货。

（八）生产管理

1. 原则

（1）所有药品的生产和包装均应当按照批准的工艺规程和操作规程进行操作并有相关记录，以确保药品达到规定的质量标准，并符合药品生产许可和注册批准的要求。

（2）应当建立划分产品生产批次的操作规程，生产批次的划分应够确保同一批次产品质量和特性的均一性。

（3）应当建立编制药品批号和确定生产日期的操作规程。每批药品均应当编制唯一的批号。除另有法定要求外，生产日期不得迟于产品成型或灌装（封）前经最后混合的操作开始日期，不得以产品包装日期作为生产日期。

（4）每批产品应当检查产量和物料平衡，确保物料平衡符合设定的限度。如有差异，必须查明原因，确认无潜在质量风险后，方可按照正常产品处理。

（5）不得在同一生产操作间同时进行不同品种和规格药品的生产操作，除非没有发生混淆或交叉污染的可能。

（6）在生产的每一阶段，应当保护产品和物料免受微生物和其他污染。

（7）在干燥物料或产品，尤其是高活性、高毒性或高致敏性物料或产品的生产过程中，应当采取特殊措施，防止粉尘的产生和扩散。

（8）生产期间使用的所有物料、中间产品或待包装产品的容器及主要设备、必要的操作室应当贴签标识或以其他方式标明生产中的产品或物料名称、规格和批号，如有必要，还应当标明生产工序。

（9）容器、设备或设施所用标识应当清晰明了，标识的格式应当经企业相关部门批准。除在标识上使用文字说明外，还可采用不同的颜色区分被标识物的状态，如待验、合格、不合格或已清洁等。

（10）应当检查产品从一个区域输送至另一个区域的管道和其他设备连接，确保连接正确无误。

（11）每次生产结束后应当进行清场，确保设备和工作场所没有遗留与本次生产有关的物料、产品和文件。下次生产开始前，应当对前次清场情况进行确认。

（12）应当尽可能避免出现任何偏离工艺规程或操作规程的偏差。一旦出现偏差，应当按照偏差处理操作规程执行。

（13）生产厂房应当仅限于经批准的人员出入。

2. 防止生产过程中的污染和交叉污染

生产过程中应当尽可能采取措施，防止污染和交叉污染。在分隔的区域内生产不同品种的药品；采用阶段性生产方式；设置必要的气锁间和排风；空气洁净度级别不同的区域应当有压差控制；应当降低未经处理或未经充分处理的空气再次进入生产区导致污染的风险；在易产生交叉污染的生产区内，操作人员应当穿戴该区域专用的防护服；采用经过验证或已知有效的清洁和去污染操作规程进行设备清洁；必要时，应当对与物料直接接触的设备表面的残留物进行检测；采用密闭系统生产；干燥设备的进风应当有空气过滤器，排风应当有防止空气倒流装置；生产和清洁过程中应当避免使用易碎、易脱屑、易发霉器具；使用筛网时，应当有防止因筛网断裂而造成污染的措施；液体制剂的配制、过滤、灌封、灭菌等工序应当在规定时间内完成；软膏剂、乳膏剂、凝胶剂等半固体制剂以及栓剂的中间产品应当规定贮存期和贮存条件。

应当定期检查防止污染和交叉污染的措施并评估其适用性和有效性。

3. 生产操作

（1）生产开始前应当进行检查，确保设备和工作场所没有上批遗留的产品、文件或与本批产品生产无关的物料，设备处于已清洁及待用状态。检查结果应当有记录。生产操作前，还应当核对物料或中间产品的名称、代码、批号和标识，确保生产所用物料或中间产品正确且符合要求。

（2）应当进行中间控制和必要的环境监测，并予以记录。

（3）每批药品的每一生产阶段完成后必须由生产操作人员清场，并填写清场记录。清场记录内容包括：操作间编号、产品名称、批号、生产工序、清场日期、检查项目及结果、清场负责人及复核人签名。清场记录应当纳入批生产记录。

4. 包装操作

（1）包装操作规程应当规定降低污染和交叉污染、混淆或差错风险的措施。

（2）包装开始前应当进行检查，确保工作场所、包装生产线、印刷机及其他设备已处于清洁或待用状态，无上批遗留的产品、文件或与本批产品包装无关的物料。检查结果应当有记录。

（3）包装操作前，还应当检查所领用的包装材料正确无误，核对待包装产品和所用包装材料的名称、规格、数量、质量状态，且与工艺规程相符。

（4）每一包装操作场所或包装生产线，应当有标识标明包装中的产品名称、规格、批号和批量的生产状态。

（5）有数条包装线同时进行包装时，应当采取隔离或其他有效防止污染、交叉污染或混淆的措施。

（6）待用分装容器在分装前应当保持清洁，避免容器中有玻璃碎屑、金属颗粒等污染物。

（7）产品分装、封口后应当及时贴签。未能及时贴签时，应当按照相关的操作规程操作，避免发生混淆或贴错标签等差错。

（8）单独打印或包装过程中在线打印的信息（如产品批号或有效期）均应当进行检查，确保其正确无误，并予以记录。如手工打印，应当增加检查频次。

（9）使用切割式标签或在包装线以外单独打印标签，应当采取专门措施，防止混淆。

（10）应当对电子读码机、标签计数器或其他类似装置的功能进行检查。确保其准确运行。检查应当有记录。

（11）包装材料上印刷或模压的内容应当清晰，不易褪色和擦除。

（12）包装期间，产品的中间控制检查应当至少包括下述内容：包装外观；包装是否完整；产品和包装材料是否正确；打印信息是否正确；在线监控装置的功能是否正常。样品从包装生产线取走后不应当再返还，以防止产品混淆或污染。

（13）因包装过程产生异常情况而需要重新包装产品的，必须经专门检查、调查并由指定人员批准。重新包装应当有详细记录。

（14）在物料平衡检查中，发现待包装产品、印刷包装材料以及成品数量有显著差异时，应当进行调查，未得出结论前，成品不得放行。

（15）包装结束时，已打印批号的剩余包装材料应当由专人负责全部计数销毁，并有记录。如将未打印批号的印刷包装材料退库，应当按照操作规程执行。

（九）质量控制与质量保证

1. 实验室管理

（1）人员、设施、设备应当与产品性质和生产规模相适应。

（2）负责人应当具有管理实验室的资质和经验。

（3）检疫人员至少应具有相关专业中专或高中以上学历，并经过相关的实践培训且通过考核。

（4）实验室应该配备药典、标准图谱等必要的工具书，以及标准品或对照品等相关的标准物质。

（5）实验室的文件应符合的要求

①实验室应具备的文件：质量标准；取样操作规程和记录；检验操作规程和记录；检验报告或证书；必要的环境监测操作规程、记录和报告；必要的检验方法验证报告和记录；仪器校准和设备使用、清洁、维护的操作规程及记录。

②每批药品的检验记录应当包括中间产品、待包装产品和成品的质量检验记录，可追溯该批药品所有相关的质量检验情况。

③采用便于趋势分析的方法保存某些数据（如检验数据、环境监测数据、制药用水的微生物监测数据）。

④除与批记录相关的资料信息外，还应当保存其他原始资料或记录，以方便查阅。

（6）取样应符合的要求

①质量管理部门的人员有权进入生产区和仓储区进行取样及调查。

②应当按照经批准的操作规程取样。操作规程应当详细规定：经授权的取样人；取样方法；所用器具；样品量；分样的方法；存放样品容器的类型和状态；取样后剩余部分及样品的处置和标识；取样注意事项，包括为降低取样过程产生的各种风险所采取的预防措施，尤其是无菌或有害物料的取样以及防止取样过程中污染和交叉污染的注意事项；储存条件；取样器具的清洁方法和储存要求。

③取样方法应当科学、合理，以保证样品的代表性。

④留样应当能够代表被取样批次的产品或物料，也可抽取其他样品来监控生产过程中最重要的环节（如生产的开始或结束）。

⑤样品的容器应当贴有标签，注明样品名称、批号、取样日期、取自哪一包装容器、取样人等信息。

⑥样品应当按照规定的储存要求保存。

（7）物料和不同生产阶段产品的检验应当符合的要求

①企业应当确保药品按照注册批准的方法进行全项检验。

②符合下列情形之一的，应当对检验方法进行验证：采用新的检验方法；检验方法需变更的；采用《中华人民共和国药典》及其他法定标准未收载的检验方法；法规规定的其他需要验证的检验方法。

③对不需要进行验证的检验方法，企业应当对检验方法进行确认，以确保检验数据准确、可靠。

④检验应当有书面操作规程，规定所用方法、仪器和设备，检验操作规程的内容应当与经确认或验证的检验方法一致。

⑤检验应当有可追溯的记录并应当复核，确保结果与记录一致。所有计算均应当严格核对。

（8）检验记录应当包括的内容

①产品或物料的名称、剂型、规格、批号或供货批号，必要时注明供应商和生产商（如不同）的名称或来源。

②检验依据的质量标准和检验操作规程。

③检验所用的仪器或设备的型号和编号。

④检验所用的试液和培养基的配制批号、对照品或标准品的来源和批号。

⑤检验所用动物的相关信息。

⑥检验过程，包括对照品溶液的配制、各项具体的检验操作、必要的环境温湿度。

⑦检验结果，包括观察情况、计算、图谱或曲线图，以及依据的检验报告编号。

⑧检验日期；检验人员的签名和日期；计算复核人员的签名和日期。

⑨所有中间控制（包括生产人员所进行的中间控制），均应当按照经质量管理部门批准的方法进行，检验应当有记录。

⑩应当对实验室容量分析用玻璃仪器、试剂、试液、对照品以及培养基进行质量检查；必要时应当将检验用实验动物在使用前进行检疫或隔离检疫。饲养和管理应当符合相关的实验动物管理规定。动物应当有标识，并应当保存使用的历史记录。

（9）建立检验结果超标调查的操作规程　任何检验结果超标都必须按照操作规程进行完整的调查，并有相应的记录。

（10）留样的概念与要求　留样为企业按规定保存的、用于药品质量追溯或调查的物料、产品样品。用于产品稳定性考察的样品不属于留样。留样应当至少符合以下要求：应当按照操作规程对留样进行管理；留样应当能够代表被取样批次的物料或产品；成品的留样；物料的留样。

（11）试剂、试液、培养基和检定菌的管理应当符合的要求　试剂和培养基应当从可靠的供应商处采购，必要时应当对供应商进行评估；应当有接收试剂、试液、培养基的记录，必要时，应当在试剂、培养基的容器上标注接收日期；应当按照相关规定或使用说明配制、储存和使用试剂、试液和培养基。特殊情况下，在接收或使用前，还应当对试剂进行鉴别或其他检验；试液和已配制的培养基应当标注配制批号、配制日期和配制人员姓名，并有配制（包括灭菌）记录。不稳定的试剂、试液和培养基应当标注有效期及特殊储存条件。标准液、滴定液还应当标注最后一次标定的日期和校正因子，并有记录；配制的培养基应当进行适用性检查，并有相关记录。应当有培养基使用记录；应当有检验所需的各种检定菌，并建立检定菌保存、传代、使用、销毁的操作规程和相应记录；检定菌应当有适当的标志，内容至少包括菌种名称、编号、代次、传代日期、传代操作人；检定菌应当按照规定的条件储存，储存的方式和时间不应当对检定菌的生长特性有不利影响。

（12）标准品或对照品的管理应当至少符合的要求

①标准品或对照品应当按照规定储存和使用。

②标准品或对照品应当有适当的标识，内容至少包括名称、批号、制备日期（如有）、有效期（如有）、首次开启日期、含量或效价、储存条件。

③企业如需自制工作标准品或对照品，应当建立工作标准品或对照品的质量标准以及制备、鉴别、检验、批准和储存的操作规程，每批工作标准品或对照品应当用法定标准品或对照品进行标化，并确定有效期，还应当通过定期标化证明工作标准品或对照品的效价或含量在有效期内保持稳定。标化的过程和结果应当有相应的记录。

2. 物料和产品放行

（1）物料和产品放行的操作规程　建立物料和产品放行的操作规程，明确批准放行的标准、职责，并有相应的记录。

（2）物料的放行应当符合的要求　物料的质量评价内容应当至少包括生产商的检验报告、物料包装完整性和密封性的检查情况和检验结果；物料的质量评价应当有明确的结论，如批准放行、不合格或其他决定；物料应当由指定人员签名批准放行。

（3）产品的放行应当符合的要求　在批准放行前，应当对每批药品进行质量评价，保证药品及其生产应当符合注册和本规范要求；药品的质量评价应当有明确的结论，如批准放行、不合格或其他决定；每批药品均应当由质量受权人签名批准放行；疫苗类制品、血液制品、用于血源筛查的体外诊断试剂以及国家食品药品监督管理局规定的其他生物制品放行前还应当取得批签发合格证明。

3. 持续稳定性考察

目的是在有效期内监控已上市药品的质量，以发现药品与生产相关的稳定性问题（如杂质含量或溶出度特性的变化），并确定药品能够在标示的储存条件下，符合质量标准的各项要求。

4. 变更控制

企业应当建立变更控制系统，对所有影响产品质量的变更进行评估和管理，需要经药品监督管理部门批准的变更应当在得到批准后方可实施。

5. 偏差处理

企业应当建立偏差处理的操作规程，规定偏差的报告、记录、调查、处理以及所采取的纠正措施，并有相应的记录。同时，评估其对产品质量的潜在影响，企业还应当采取预防措施有效防止类似偏差的再次发生。

6. 纠正措施和预防措施

企业应当建立纠正措施和预防措施系统，对投诉、召回、偏差、自检或外部检查结果、工艺性能和质量监测趋势等进行调查并采取纠正和预防措施。调查的深度和形式应当与风险的级别相适应。纠正措施和预防措施系统应当能够增进对产品和工艺的理解，改进产品和工艺。

7. 供应商的评估和批准

质量管理部门应当对所有生产用物料的供应商进行质量评估，会同有关部门对主要物料供应商（尤其是生产商）的质量体系进行现场质量审计，并对质量评估不符合要求的供应商行使否决权。

8. 产品质量回顾分析

应当按照操作规程，每年对所有生产的药品按品种进行产品质量回顾分析，以确认工艺稳定可靠，以及原辅料、成品现行质量标准的适用性，及时发现不良趋势，确定产品及工艺改进的方向。应当考虑以往回顾分析的历史数据，还应当对产品质量回顾分析的有效性进行自检。

9. 投诉与不良反应报告

（1）不良反应　建立药品不良反应报告和监测管理制度，设立专门机构并配备专职人员负责管理，主动收集药品不良反应，对不良反应应当详细记录、评价、调查和处理，及时采取措施控制可能存在的风险，并按照要求向药品监督管理部门报告。

（2）投诉　建立操作规程，规定投诉登记、评价、调查和处理的程序，并规定因可能的产品缺陷发生投诉时所采取的措施，包括考虑是否有必要从市场召回药品。同时，应当有专人及足够的辅助人员负责进行质量投诉的调查和处理，所有投诉、调查的信息应当向质量受权人通报。此外，所有投诉都应当登记与审核，与产品质量缺陷有关的投诉，应当详细记录投诉的各个细节，并进行调查。

第四节　利用家畜副产物生产饲料的质量控制

为确保利用家畜副产物生产饲料的质量，在生产过程中必须按照饲料生产的良好操作规范进行生产。联合国粮农组织与我国的饲料生产规范主要内容如下。

一、联合国粮农组织制定的饲料生产规范

按照国际饲料工业联合会（IFIF）成员与联合国粮农组织（FAO）制定的《饲料工业良好规范手册》，饲料生产规范的内容包括以下几方面。

（一）建筑物与设施

所有建筑物与设施的设计和施工应确保在任何时候饲料产品都不受污染。应该有足够的空间用于各种操作以及设备与材料的安全存放。应可方便地进行维护和清洁操作。建筑物的地点、设计和施工应尽可能防止害虫或限制害虫进入。

（二）饲料厂的位置

决定在何处设立饲料厂时，应考虑潜在的污染源以及任何可能用于保护饲料的合理措施的有效性。饲料厂应位于不会受到有害烟雾、灰尘和其他污染物影响的位置。饲料厂通常应远离：环境受到污染、对饲料构成严重污染威胁的地区和工业区；遭受水灾的地区（除非提供充分的安全保障）；容易遭受害虫侵袭或存在养殖和野生动物的地区；无论是固体还是液体废弃物均难以有效清除的地区。

（三）设计与布局

厂房内部设计与布局应符合良好卫生规范，并包括对交叉污染的保护措施。各活动区

应采用物理或其他有效方法充分分割，防止出现交叉污染。

建筑物和设施的设计应方便进行清洁，包括进入相关设备的内部。应该有足够的空间可以很好地进行各项加工操作和产品检验。建筑物外部的设计建造和维修应可防止污染物和昆虫的进入。所有出入口均应受到保护，进气口应位于合适的部位，应维护好屋顶、墙面和地面，防止泄漏。

花园和其他植被应仅限于外部区域。停车场、外部区域和所有到饲料制造厂的道路设计应避免生产区域被污染，比如汽车碾压的泥迹或雪迹。

如有必要，应指定并适当设计用于有毒、易爆或易燃材料的储存区域，并远离生产、储存和包装区域。

进口和装卸设施的设计和建造应保证购入原料和出厂成品饲料的安全。应进行适当的控制以避免水或害虫的污染。

（四）内部构造与配件

厂房内的构造应采用耐用材料。应容易维护与清洁，适当情况下，可进行消毒。特别是在需要保证饲料安全性和适用性的地方应满足如下具体条件。

（1）墙壁、隔板和地面的表面应以无毒性作用的不透水材料制作。

（2）墙壁和隔板表面应平滑，能够方便清洁；必要时根据操作性质建造地面，应方便排水和清洁。

（3）应建造并完成天花板和架空装置，减少污物的形成和结块，以及颗粒的掉落。

（4）窗户应方便清洁，减少污物的形成，安装容易拆卸和清洗的防虫窗帘。

（5）门的表面应平滑、不吸水、容易清洁。

（6）工作台面，如可能直接与饲料组分接触的称重台，应状况良好、耐用、容易清洁和维护。

供应任何与饲料产品接触的水应该达到饮用水质量，应该有合适的设施用于储存、分发和温度控制。饮用水应符合世界卫生组织（WHO）饮用水水质标准最新版本要求。用于消防、生产蒸汽、制冷和类似目的的非饮用水应使用单独的系统。非饮用水系统应该明确认定，并不应与饮用水系统连接或回流。所有软管、水龙头和其他类似可能污染源的设计应可防止回流或虹吸。如果需要使用水处理化学品，应该与食品相容。化学品处理应该进行监测和控制，以确保提供正确的剂量。

循环水应进行处理、监测和维护，以适合于其目标用途。循环水应带有单独的分配系统，并明确标识。

（五）清洁设施

应提供合适的设施。如果合适，可以指定用于清洁饲料的用具、设备和用于运输饲料产品的车辆。如果可能，此类设施应充分供应热水和冷水。设施最好应采用耐腐蚀材料建造，能够方便清洗，并应该提供温度适合于清洁用化学品使用的饮用水。所有化学清洁剂应与食品相配伍。设备清洁设施应与饲料储存、加工和包装区域适当分开，以防止污染。

（六）个人卫生设施

应提供个人卫生设施，以确保维持合适的个人卫生。在适当的时候，设施应包括：合适的卫生洗手和干手方法，包括洗手盆和热水及冷水供应，或适当控制温度的水；稳定供应饮用水；数量足够、设计卫生的厕所，带有洗手盆并近距离提供肥皂、纸巾或其他合适的干手方法；根据员工情况适当改变设施。设施应该进行合适的定位和设计。如果操作性质需要，在生产处理区域应该提供洗手和/或消毒手的设施。

（七）空气质量、温度和通风

应提供合适的自然或机械方式的通风，减少饲料因气溶胶和冷凝水引起的空气传播污染，特别是在开放式生产系统中；在可能对饲料安全产生不利影响之处控制环境温度。如果有必要，应该设计安装加热、冷却或空调系统，使进气口和排气口不会污染产品、设备或用具；提供足够的通风能力，防止墙壁和天花板聚合凝结油脂；控制湿度，确保饲料安全性和适用性。通风系统的设计和建造应确保仅吸入清洁的空气。理想的设计应该确保气流从清洁区域流向污染区域。机械通风系统应该进行适当的维护和清洗。

（八）照明

照明光源应足以保证在整个生产和储存区域的卫生条件得到维持，以及洗手区域和厕所的设备和器具获得清洁。凡需要人工照明的地方，设计应确保显示真正的颜色。合适的光照条件在饲料目检或仪器检测区域特别重要。

（九）设备

设备和容器应该采用无毒材料制备，能够拆卸，方便维护、清洗和检疫。

（1）设备应远离墙壁，方便清洁和维护，防止虫害。

（2）设备的设计应能实现和控制特定工艺条件，如应采用合适的计量设备测定温度、湿度和气流，其准确性应定期检查。这些要求旨在确保：将有害或不良微生物及其毒素消除或降低到安全水平，或有效控制微生物的存活和生长；在合适情况下，在以 HACCP 为基础的计划中确定可以进行监测的关键限值；达到并保持饲料安全和适用性必需的温度和其他条件。

（3）用于废弃物、副产品以及不可食用或危险物质的容器应有特别标识、结构合适。存放危险物质的容器应有明确标识并上锁，防止污染产品和环境。用于存放废弃物或有害成分的容器不应用于存放饲料产品。

（4）用于打开袋子及称量添加剂和药物的勺、刀等器具应系住或保证安全，不要放在地上或堆放在原料袋和托盘上。混合机的重量和体积范围必须合适，以获得均匀的混合物。

（5）称量设备如秤和其他计量设备应该适合于所用的重量和体积。称量和投料设备应该与所称量的项目相符。

（6）如果使用散装容器，应该进行适当的控制，以确保只有正确的原料才能添加到料仓中。

（7）筛网、滤网、过滤器和分离器应定期检查是否损坏，并确保其有效操作。

（8）与饲料接触的设备、容器和其他器具的设计和建造应确保必要时能够充分地清洗和维护，以避免饲料污染。设备、容器和器具应以无毒材料制成。设备的设计应能够进行维修、清洁、检测并方便检疫虫害。

（9）涂料、油漆、化学品、润滑油和其他用于表面或与饲料接触设备的材料应不会造成饲料产生不可接受的污染。

（10）用于混合、蒸煮、储存和运输饲料的设备应达到并维持所要求的操作条件。此类设备的设计应可以监测和控制必要的温度、湿度、压力和混合条件。任何执行的控制措施应确保：在适当条件下，基于HACCP计划中确立的关键限值可以监测；能够有效达到并维持温度、湿度和饲料安全和适用性必需的其他工艺条件。

（11）对所有可能对饲料安全有影响的监测设备和控制装置的校准方法和频度应符合制造商的建议。设备的校准应由经过训练的有资格人员执行。

（十）个人卫生

如果存在污染饲料产品的可能性，已知或怀疑患有或将成为饲料传播疾病载体的人员不应允许进入任何加工区域。任何受到影响的人都应立即向管理人员报告疾病或疾病症状，并另外分配合适的工作或停工休息。应该向管理人员报告的症状包括：黄疸、腹泻、呕吐、发烧、咽痛发烧、明显的皮肤感染性损伤（疔疮、伤口等）以及耳朵、眼睛或鼻子流液。

（十一）清洗

清洗应该除去可能是污染来源的残留物和污物。清洗方法和材料必须与饲料产品相配伍。应采用合适的清洗标准以确保尽量减少加工、储存和处理各阶段中害虫和病原体的接触。清洗方案应记录在案，并确保加工、储存和处理设施的清洗方式可充分保持各个阶段的饲料安全。应该对清洁和消毒计划的适用性和有效性进行监测。应由经过授权的人员执行清洁检查，所有检查记录应该保存。只有与食品配伍的清洁和消毒剂/消毒药物才可以与饲料产品接触，并应该按照制造商的建议和安全数据表要求使用。如果清洁剂和消毒剂/消毒液与饲料产品相接触，必须确保控制系统随时提供正确和有效的稀释水平。必要时，清洁剂和消毒剂/消毒化学品必须分开储存在标示清晰的容器中，避免（恶意或意外的）污染的风险。

（十二）维护

设备应按计划进行维护，以保证设备处于安全有效的工作状态。对饲料安全生产至关重要的设备的任何维护记录都应保留，例如，重要的测量设备、蒸煮用具、磁铁等。对现场工作的工程师和承包商应进行控制，保证维护和建造工作对饲料安全不会产生不利影响。应该制订合适的计划，确保在已进行维护或建造工作的地方重新开始工作前完成清洁和整理工作。

（十三）虫害控制

（1）应积极采取措施，控制或限制各个加工、储存和处理区域的昆虫活动。应该使用风险评估方法确定潜在的各类动物问题（如鸟类、昆虫、爬行动物和哺乳动物），无论其是野生还是养殖动物。应保存记录，以表明虫害风险得到了适当的管理，并一直处于控制之下。

（2）如果可能，应从饲料生产厂房的地面和储存及加工厂周围区域清除动物。如果无法避免害虫的存在，应该执行防止饲料产品受到潜在污染的程序。存在害虫重大风险的地方，进出点应该防止害虫进入。如果可能应尽可能保持门紧密关闭以防止害虫。

（3）建筑物应保持维修良好，防止害虫进入，消除害虫潜在的滋生地。洞穴、下水道及其他害虫可能进入的场所应尽量保持密封。如果无法密封，金属网等措施应到位，以减少有害生物进入的可能性。

（4）虫害应及时处理，采取的任何行动应与饲料产品相容。如果采用枪击作为控制有害生物计划一部分，不应使用铅和其他有毒弹药。

（5）所有装饵容器应固定在预定的位置，除非有特殊理由证明这是不合适的。打开装饵容器，撒放饵料不应置于可能对饲料产品造成危害的地方。虫害控制程序应当记录，并确保杀死或抑制害虫的材料不会污染饲料产品。

（6）害虫控制记录应该包括任何有毒物质的详细情况，包括安全数据表；参与害虫控制活动人员的资质；表明任何诱饵点位置的地图，以及投饵点；发现的任何害虫记录；执行纠错行动的详细情况。

（十四）废弃物与下水道

必须确认、分开并移除废弃物和不适合用于饲料的材料。废弃物不得在饲料加工、处理和其他工作区域积聚。废弃物应收集并储存在标识明显的箱子或容器中，并隔离以消除意外或不当使用的可能性。废弃物应合法处置，并符合任何适用的环境法规。用来装垃圾的容器不得用于饲料产品。对害虫有吸引力的存放废物的容器应加盖。这些装垃圾容器的储存也应远离加工和存储区域，并尽可能经常清除垃圾。垃圾储存点必须进行适当的清洁，并应该包括在清洗和消毒计划中。

下水道的设计和维护必须确保不会对任何饲料产品造成危害。废水或废水系统回收的材料不应添加到饲料组分中。

（十五）储存

原材料和成品储存区应分开，以防止交叉污染。这些设施应该不含化学品、化肥、农药和其他潜在的污染物。饲料产品应以很容易识别的方式储存，并避免与其他产品混淆。药物和药物预混合料应存放在安全的地方，并仅限于有权限的人员访问。任何拒收产品应明确标明并存放于隔离区域，以防止意外使用。获得批准并符合规格的成品饲料应储存在合适的包装材料或容器中。药物饲料应存放在一个独立的安全区域。储存设施的设计和建造应可防止害虫进入。储存区域应完全清理并定期清洁。原材料和成品应保持阴凉、干燥，防止霉菌生长。必要时进行温度和湿度控制。应该有合适的库存控制措施，确保饲料组分或成品不会在使用、发运前或储存期间变质。如果可行，必须按照先进先出的原则使用原料。

（十六）运输

（1）饲料组分及成品在运输过程中应进行适当保护。各种交通工具，无论是自备或外包、散装或箱装、水路运输、铁路运输还是地面运输，都应进行适当清洗，控制并降低污染风险。

（2）最合适的清洁方法取决于装运物的性质。一般装运工具应保持干燥，清扫或吸尘是有效的。如果装运黏湿物料，有必要使用高压清洗机或蒸汽清洗机。

（3）曾用于加药饲料和其他高风险物质运输（包括后来确定感染昆虫或病菌的物质）的车辆，在再次用于运输饲料产品前，应彻底清洗、消毒并干燥。

（4）要注意合同约定的运输，保持清洁运输应该是租用条件之一。应定期检查是否符合这项规定。

（5）前次运输的装运物不应继续留在箱式卡车、箱子或其他以前装运饲料产品的容器中。容器在装货前应清洁并干燥。

（6）应检查此前装运在任何运输工具中的装载物是否与后面将要装载的饲料相配伍。应该确认此前三次装载的货物，并保证用于运载饲料运输工具没有被用于运输可能导致长期污染的物料。所有运输饲料产品的交通工具应接受定期清洗和消毒程序，以确保清洁的运输条件，没有残留物质的累积。

（7）产品应避免污染，保持干燥。如果无法在密闭车辆中运输，应该将运载物加盖。盖子也应该保持清洁、卫生和干燥。

（十七）培训

良好的培训对确保饲料和食品安全必不可少。从事饲料生产和处理操作的从业者应进行饲料卫生、产品规程以及饲料产品处理的培训。所有人员都应了解自己在保持饲料安全方面的作用和职责。所有的培训活动都应当记录在案。应该定期对培训和指导计划的有效性进行评估，并进行日常监督检查，以确保计划有效实施。

经理和主管人员应具备饲料和食品卫生原则必要知识，以便能够判断潜在风险，并采取必要的行动。培训计划应定期评估和更新。

二、我国的饲料企业良好操作规范

我国在 GB/T 16764—2006《配合饲料企业卫生规范》的基础上制定了饲料企业良好操作规范，主要内容有以下几个方面。

（一）建筑设施（房屋和地面）

饲料、饲料添加剂加工设施的设计和建设应合理，以防出现产品污染。应保证厂区内没有垃圾和废墟，且排水畅通。同时，建筑物应该修建牢固而且维修及时。建筑物本身设计应该保证在生产过程中不会导致产品污染，而且害虫（昆虫）、鸟和鼠类等不宜进入厂房。厂区内还应该有足够的废物收集和处理系统。

（1）建筑设施应有足够的空间和照明以保证日常生产的正常进行和安全性。

（2）在加工过程中凡是使用蒸汽的地方，应保证蒸汽用水符合生活饮用水标准，且饲料生产的蒸汽系统不得与其他非标准用水连接，管道应不对蒸汽造成污染。

（二）接收、储存和运输

（1）产品加工过程中使用的所有储存容器应保持清洁。

（2）原料接收区域的设计布局应有利于减少潜在的污染。

（3）接收原料时，应检查原料是否受到污染；应检查、确认和管理所有的药物饲料添加剂原料，以保证药物添加剂的质量，并进行妥善保存。

（4）应用书面的原料入库的标准，入库前实施检查，并有记录可以证明。

（5）所有设备，包括储存、加工、混合、运送、分配（包括运输车辆）设备，如果与原料或成品有接触，应有合理和有效的操作程序来防止产品受到污染。采用的步骤应该包括以下一种或几种：吸尘、清扫或清洗；物料冲洗；产品按特定顺序生产；容器隔离使用或其他同样有效的方法。

（6）所有的原料和产品应按照一定的周转方式进行储存，以保证物料不交叉污染。

（7）回收的物料、加工用的原料、退料和冲洗物料应当清楚地划分、储存和正确使用，以防止与其他的产品和原料发生交叉污染。

（三）卫生和害虫控制

饲料厂应有书面的房屋设施清洁（卫生）计划，包括清洁程序，而且能够通过记录文件证明清洁计划得到贯彻执行。饲料厂应有书面的害虫控制计划，而且能够通过记录文件证明害虫控制计划得到贯彻执行。

（四）设备运行和维护保养

（1）饲料厂用于加工饲料的设备应设计、组装、操作、维护保养得当，以有利于制订设备的检查和管理程序，防止交叉污染。

（2）饲料厂应有书面的设备预防性维护保养方案，而且能够通过记录文件证明这个方案得到贯彻执行。

（3）生产过程中使用的所有计量秤和仪表应在规定的量程内使用，而且应该检测其精度及组装正确与否。按照规定周期进行检定或校正，或根据具体情况多次检测这些仪器设备的性能。

（4）生产过程中使用的所有混合设备应检查其安装正确与否，性能是否达到要求。按照规定的检测方法定期检测。

（五）人员培训

（1）每批产品都应该由接收过防止产品污染培训的专职人员来生产。

（2）饲料企业应有书面的培训计划，而且培训记录应该保留存档。

（3）饲料企业应为所有员工提供岗位技能和防止产品污染的培训，而且有长期监督和评估生产人员的方案。

（4）饲料企业应有一定的预防措施确保员工不会对产品造成污染。饲料企业应该保存培训记录，以证明培训计划得到贯彻执行。为了证明培训活动以及后来的工作有效进行，饲料企业应能够出示采取了足够预防措施的证据。

（5）控制非生产人员和访问者进入生产区，应防止可能造成的污染。

（六）加工控制和文件管理

（1）饲料企业应有书面程序确保生产的产品符合有关标准，每批产品都应该按照这些程序进行生产。这些书面程序包括：①操作人员的岗位职责；②保证产品质量和安全所采用的方法；③证明原料和成品饲料符合标准的取样分析方法。

（2）饲料企业生产的每批产品或销售的产品应根据行业有关要求和溯源需要，在出厂后保留样品至规定的时间。这些样品应标明以下信息：饲料名称；饲料生产日期；饲料生产批号；出库或使用前的仓号或其他辨认仓号的记录。

（3）生产含有药物饲料添加剂的饲料时，需要采用合理的生产程序，以减少药物在设备上的残留而导致的饲料污染，并保证药物混合的均匀性。

（4）散装料仓应根据需要合理安排装卸饲料或清空料仓程序，或采用其他有效的方法防止饲料出现交叉污染。

（5）饲料企业应当对药物饲料添加剂饲料原料进行严格的库存管理，并建立药物饲料添加剂使用规范，确保药物饲料添加剂的正确使用。

（6）每日的库存记录中应该记载原料生产商的生产批号或饲料企业的送货批号。

①药物饲料添加剂购进或使用的实际数量，数量应通过称量、点数、测量或其他适当的方法加以确认。

②生产期间每种药物饲料添加剂使用的理论数量。

③每天确认每种药物饲料添加剂使用的实际数量和理论使用数量的一致性。

④采取正确的措施处理库存与记录上的差异。

（7）任何受到药物饲料添加剂库存差异影响的饲料应当停止销售或使用，直至查明问题原因。

（8）从事饲料销售或贸易的饲料企业，应在标签、包装、发票或送货单上注明产品的生产批号、产品代码、生产日期或其他合适的标识。

（9）从事销售的饲料企业应建立严格的标签管理制度，严格按照 GB 10648—2013《饲料标签》的规定设计和印制，确保所有的饲料标签分门别类地进行保管使用，防止误用现象的发生。标签管理程序应包括：清查标签；定期检测标签的库存情况；废弃有错误或停止使用的标签。

（10）饲料配方应由饲料企业专职人员负责制定、核查、标注日期和签名，以确保其正确性和有效性。饲料企业应保留每批加工饲料的配料单（生产文件）。饲料企业应保存每批饲料的生产配方原件，包括饲料产品名称、用于生产饲料的各种原料的名称和添加数量。

（11）制订所有生产操作规范和必要的文件，如混合步骤、混合时间、设备安装等。

（12）制订产品化验分析取样频率和取样方法的操作规范。

（13）饲料企业应该保留所有的生产文件，如化验室分析报告、送货或销售票据以及其他可以证明饲料是按照有关标准生产的资料、客户对饲料企业的投诉及处理记录，而且在配方使用后至少每隔 6 个月检查一次这些记录资料。

（14）饲料企业应有处理客户投诉的书面制度，包括以下内容：投诉日期；投诉人姓名和地址；投诉的产品标签和批号；投诉的详细内容；饲料企业解决投诉所采取的调查和处理过程的细节。

（七）追溯和召回

饲料企业应有书面的召回程序，以便完整、及时地召回市场上有疑点或已发现问题的产品，而且应证明通过记录文件可以保证召回程序得到贯彻执行。

参 考 文 献

［1］夏延斌，钱和. 食品加工中的安全控制［S］. 北京：中国轻工业出版社，2008.

［2］国家食品药品监督管理局药品认证管理中心. 欧盟药品 GMP 指南［J］. 北京：中国医药科技出版社，2008.

［3］董颖超，秦玉昌，李军国等. 配合饲料加工过程卫生标准操作程序［J］. 饲料广角，2005，（20）：23～26.